中广核 CGN

# EPR 全球首堆工程
# 台山核电厂一期建设与创新

## 综合卷

台山核电合营有限公司 编

中国原子能出版社
China Atomic Energy Press

图书在版编目（CIP）数据

EPR 全球首堆工程：台山核电厂一期建设与创新. 综合卷 / 台山核电合营有限公司编. —北京：中国原子能出版社，2020.11

ISBN 978-7-5221-1091-2

Ⅰ. ①E… Ⅱ. ①台… Ⅲ. ①核电厂–建设–中国 Ⅳ. ①TM623

中国版本图书馆 CIP 数据核字（2020）第 214018 号

**EPR 全球首堆工程　台山核电厂一期建设与创新　综合卷**

出版发行　中国原子能出版社（北京市海淀区阜成路 43 号　100048）
责任编辑　刘　岩
装帧设计　赵　杰
责任校对　冯莲凤
责任印制　潘玉玲
印　　刷　北京华创印务有限公司
经　　销　全国新华书店
开　　本　787 mm×1092 mm　1/16
印　　张　24.25　　插页　20
字　　数　628 千字
版　　次　2020 年 11 月第 1 版　2020 年 11 月第 1 次印刷
书　　号　ISBN 978-7-5221-1091-2　　　定　价　**188.00** 元

网址：**http://www.aep.com.cn**　　E-mail：**atomep123@126.com**
发行电话：**010-68452845**

# 《EPR 全球首堆工程》

## 丛书编写委员会

主　　编：郭利民
副 主 编：刘海军　邓正平
委　　员：赵文生　蒋德华　张利强　王洪波　黄建华　刘　瑜
　　　　　金成毅　闫善君　杨　斌　王跃青　刘宝鹏　关　宇
　　　　　宗文彪　刘康泰　杨吉成　郭瑞珽
推 进 组：蒋德华　宗文彪　朱明星　徐平生　李　旭　王月娥
　　　　　郭文贺　孙韶波

## 综合卷编写组

主　　编：刘海军
副 主 编：邓正平　蒋德华
组　　员：王洪波　马国录　黄建华　刘　瑜　闫善君　杨　斌
　　　　　王跃青　关　宇　刘康泰　朱汪强　黄　伟　郭瑞珽
　　　　　刘本利　蒋顺军　吴　芳　徐誉心　陈　华　张明平
　　　　　王万芳　卢蔚林　邱学彬　曹邦伟　仕妍君　陈建锐
　　　　　韩继伟　李文荣

## 出版社编辑工作组

主　　任：李　涛
副 主 任：王　朋　刘　岩
组　　员：谭　俊　赵志军　李新邦　张关铭　张书玉　张　琳
　　　　　刘东鹏　付　凯　胡晓彤　白皎玮　杨晓宇　徐　明

2005 年，台山核电厂现场原始地貌

2018 年，台山核电厂一期工程

2008 年 8 月，1 号机组核岛负挖开工

2009 年 9 月，1 号机组常规岛浇筑第一罐混凝土

2009 年 10 月 26 日，1 号机组核岛筏基混凝土整体浇筑

28G
中核华兴

2010 年 3 月，1 号机组核岛首个钢衬里模块化施工

中核华兴

2011 年 10 月 23 日，1 号机组核岛穹顶吊装

至诚至信

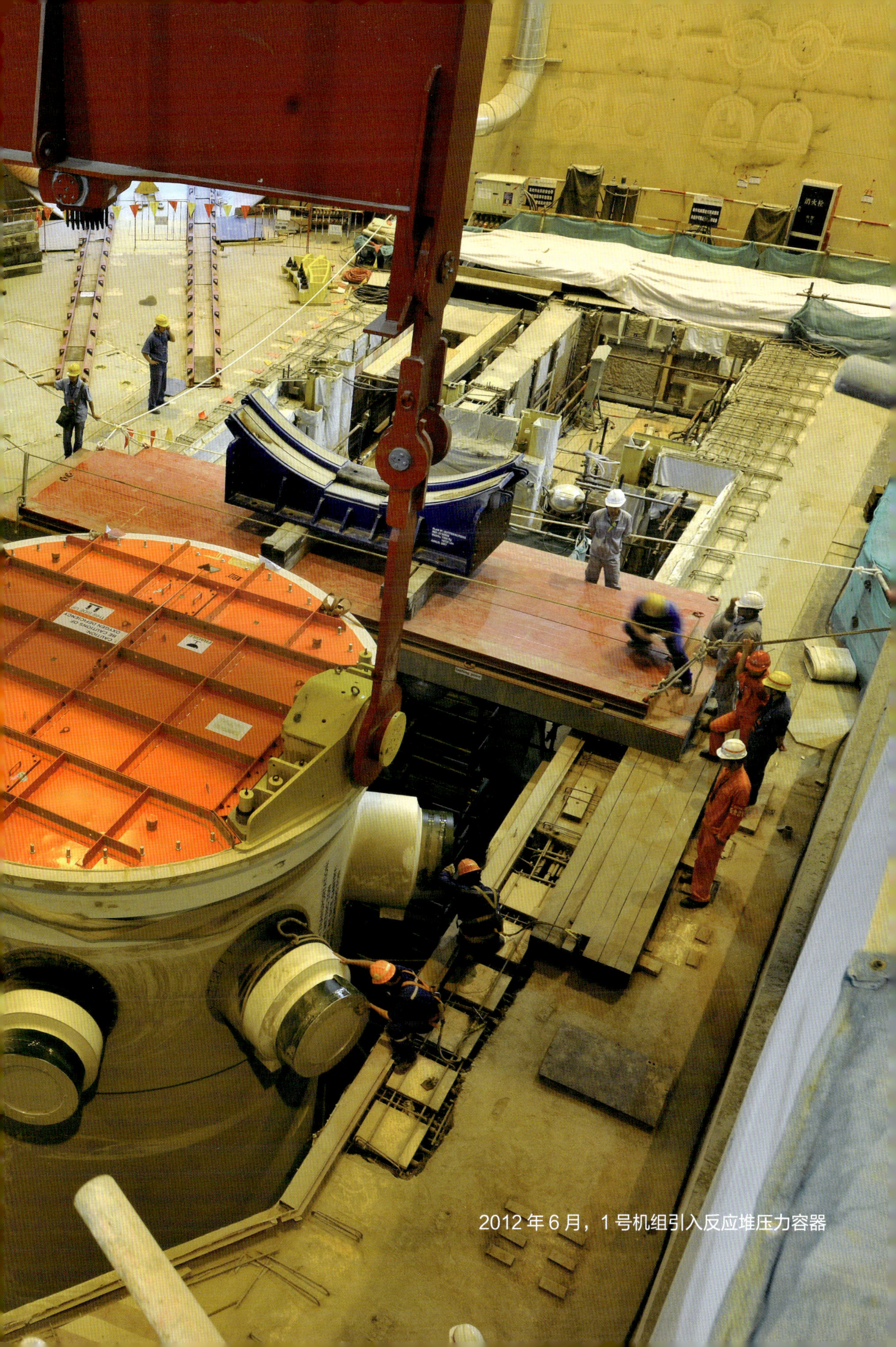

2012 年 6 月，1 号机组引入反应堆压力容器

2012 年 7 月，1 号核岛主管道焊接

2012 年 10 月 19 日，法国阿维尼翁教皇宫，台山项目协调委员会第四次会议

2013 年 5 月，国产蒸汽发生器发货

2005年
DEC
东方电气
NO ARC STRIKING AND IMPACT
不得弧击和碰撞

2014-10-15
09:30:03

2014 年 9 月，全范围模拟机可用

2014 年 10月，1 号机组泵站进水

GSB=437886KG
GAB PORT=484457KG

2014 年 10 月，国产反应堆压力容器发货

2016 年 1 月，1 号机组冷试完成

Overpressure protection of CFT
1EHP0002YC
台山核电1号机组
一回路水压试验压力
234.25 barg
CGN
LG NORM 10KV CONVENTIONAL ISLAND
1LGA 1101YC

2016 年 11 月，1 号机组热试前，反应堆压力容器扣盖

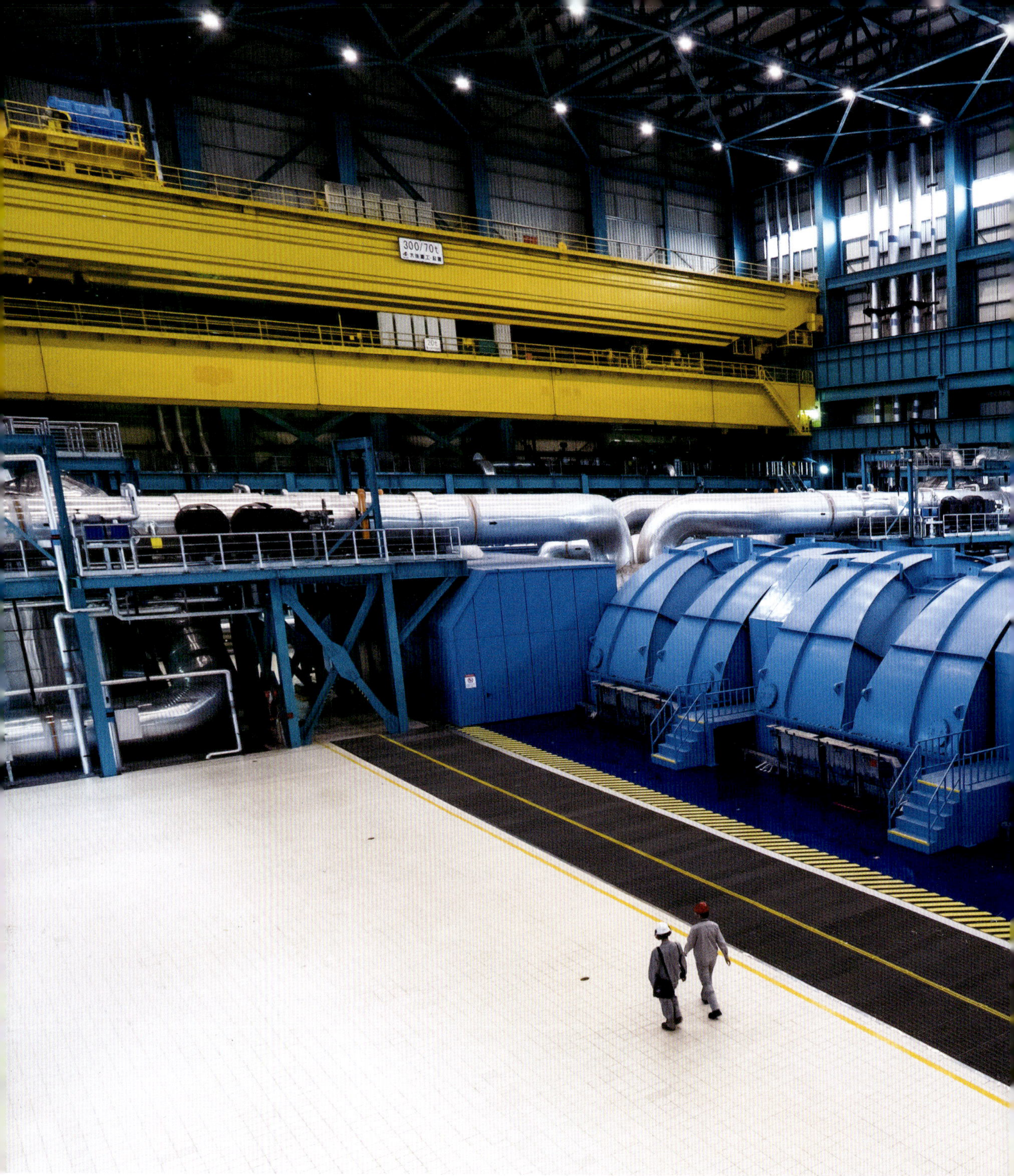


2017 年 7 月，1 号机组汽轮机非核蒸汽冲转一次成功

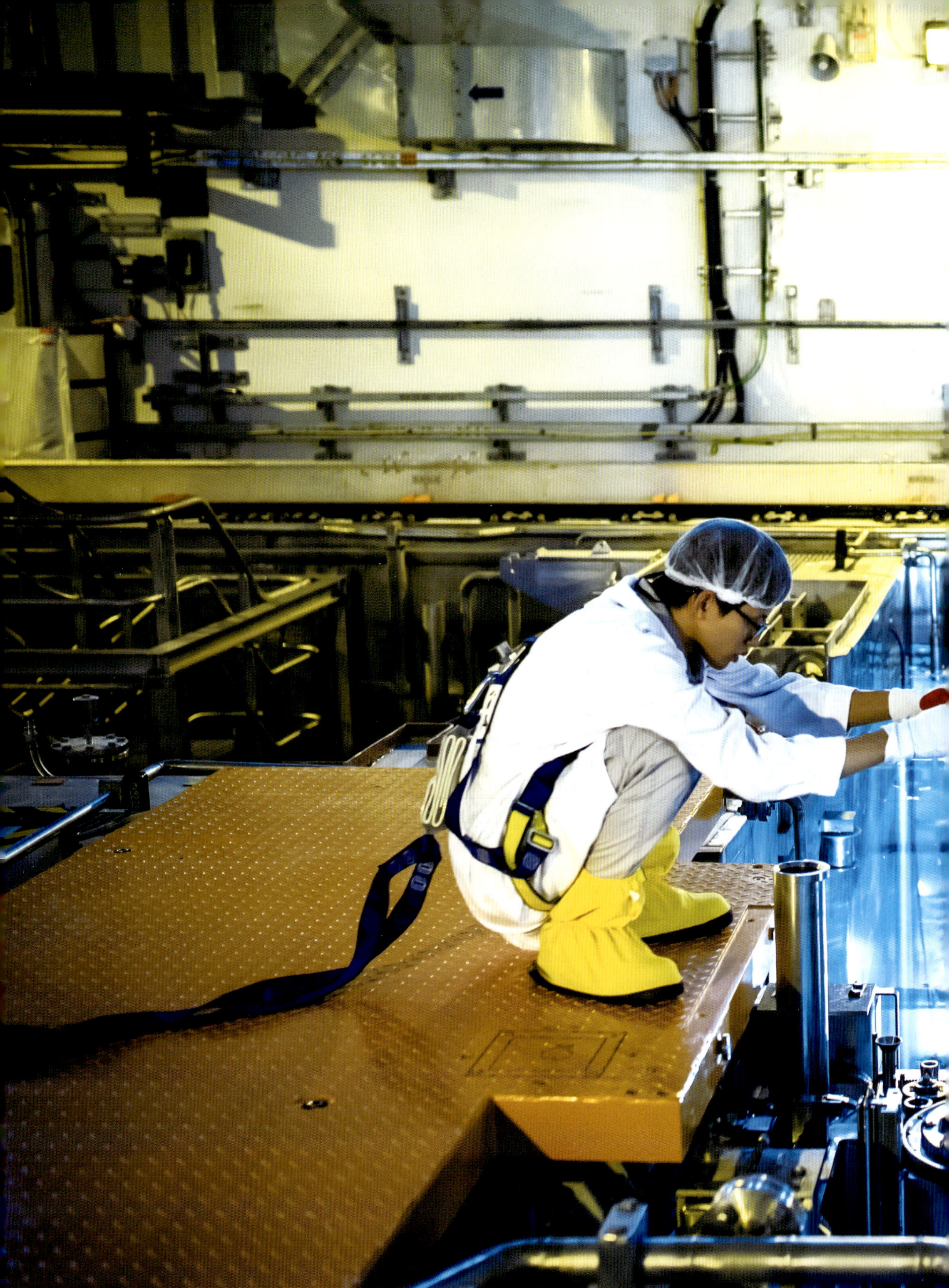

2017 年 10 月，1 号机组燃料厂房首次接料

2018 年 4 月 10 日，1 号机组首次装料批准书颁发

2018 年 6 月，三式分享国际专场，中法英芬连线直播

2018 年 6 月 29 日，1 号机组首次并网发电

2018 年 12 月 13 日，1 号机组完成 168 小时示范运行并具备商运条件

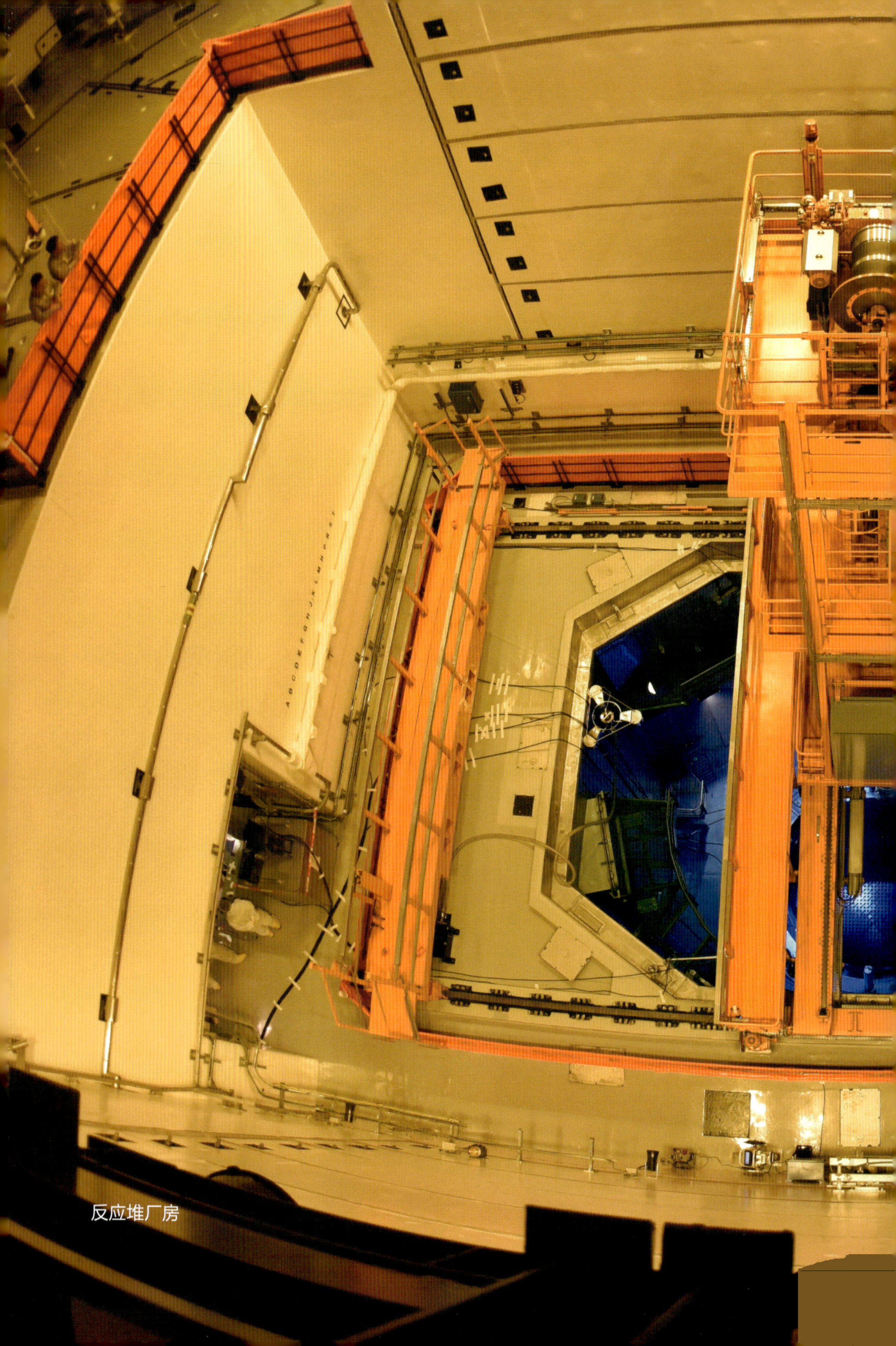

反应堆厂房

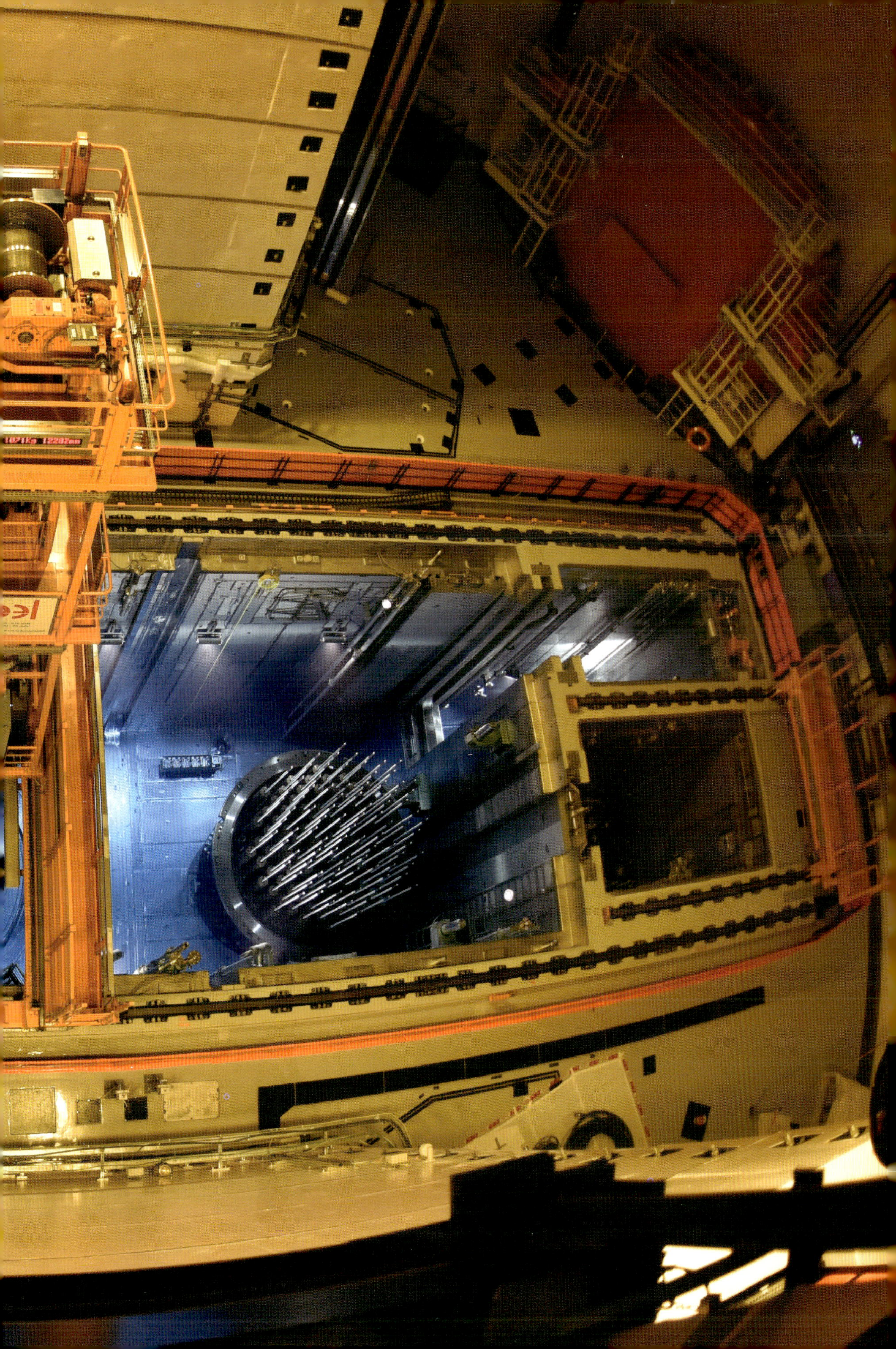

除盐水车间

# 序　一

引进第三代核电技术欧洲先进压水堆（EPR）建设台山核电站是国家从战略高度作出的重要部署。从 2007 年 11 月 26 日在两国元首共同见证下中法企业签署合资、合作建设两台 EPR 核电机组的相关协议开始，台山核电站建设经历了前期准备、紧密跟随、首堆转折、建成首堆等不同阶段。在业主倡议、主导和统筹下，中外参建各单位秉承“团队、使命、承诺、共赢”的合作理念，克服困难挑战，台山核电站 1 号机组于 2018 年 12 月 13 日投产，建成 EPR 全球首堆；2 号机组于 2019 年 9 月 7 日投产，成为全球第二个商运的 EPR 机组。台山核电站建设 EPR 全球首堆的过程，也是国际三代核电建设的一次有益探索，可以为国际国内同类项目提供借鉴，也为三代核电建设提供了示范。

台山核电站建成 EPR 全球首堆是新时代贯彻国家核安全观取得的重要成就。自 2009 年开工以来，台山核电站始终严格执行国家各类法律法规和适用技术标准，始终坚持“安全第一、质量第一”的建设方针，始终将安全质量控制作为项目建设的重要内容。2014 年以来，各参建单位认真贯彻“理性、协调、并进”国家核安全观，持续改进管理，为首堆工程提供了坚强保障。

台山核电站建成 EPR 全球首堆是新时代我国核能综合实力的重要展现。我国从 20 世纪 80 年代开始核电站建设，通过自主研发、技术引进等多种方式积极发展核电，建立了一套完备的核电工业体系，走出了一条与我国国情相适应的民用核能发展之路。在 EPR 全球首堆建设过程中，国内核电建设单位充分发挥多年不间断建设核电在体系、技术、人才、经验等方面形成的能力，创造性解决首堆工程遇到的各类技术管理难题，展现了国内核电行业的整体实力。

台山核电站建成 EPR 全球首堆是新时代中法核能合作取得的最新成果。从 20 世纪 80 年代合作建设大亚湾核电站开始，中法两国在民用核能领域建立了良好合作关系。台山核电站是中法两国能源领域最大的合作项目，采用合资经营、合作建设模式。在业主统筹下，中法企业按分工联合设计、供货，项目管理和建安调试分别由业主和国内单位负责。两国企业发扬多年合作传统，密切协作，优势互补，共同创造了中法核能合作的典范。

台山核电站建成 EPR 全球首堆为新时代国际国内三代核电建设提供了有益借鉴。台山核电站作为全球第一批开工建设的三代核电项目之一，通过中外各方的共同努力，率先建成两台三代 EPR 核电机组，并通过多种方式支持正在建设中的国外 EPR 项目。EPR 全球首堆经验将助力全球三代核电建设和核能可持续发展。

台山核电站建成 EPR 全球首堆是新时代开放合作团结共赢的良好实践。台山核电站建设过程中，中外参建各单位秉承“团队、使命、承诺、共赢”的合作理念，强化围绕总体目标的团队协作，在坚持安全质量的前提下，保持开放态度，实现高效协同、优势互补，为首堆工程建设提供了重要的条件；强化建设 EPR 首堆工程、国际三代标杆的使命意识，坚持目标导向、问题导向、结果导向，推动工程建设顺利进行，是项目成功的重要保证；强化目标认同、责任担当、承诺践行的责任意识，将执行力转化为建设成果，为克服首堆工程建设面临的各种挑战提供了重要支撑；强化项目最终成功是各参建单位最大成功的共赢理念，实事求是创造性解决各类问题和矛盾，最终实现台山核电一期工程全面建成。

2019 年 11 月 6 日，习近平总书记在同法国总统马克龙会谈时指出“台山核电站 1 号和 2 号机组全面建成投入商运，为全球第三代核电站建设提供了成功范例”。中国广核集团将以此为新的起点，深入贯彻新发展理念，认真落实“理性、协调、并进”国家核安全观，继续秉承“发展清洁能源，造福人类社会”的崇高使命，始终坚持“安全第一、质量第一、追求卓越”的基本原则，始终坚持“严慎细实”的工作作风，保持使命担当、开放态度、创新意识和专研精神，传承首堆精神，利用首堆经验，持续提升核电站运营管理水平，努力成为国际三代核电运营标杆，为国际国内核电事业高质量发展做出新的贡献。

中国广核集团有限公司党委常委
中国广核电力股份有限公司总裁

**2020 年 10 月**

# 序　二

欧洲先进压水堆（EPR）吸收了法国 N4 型和德国 KONVOI 型核电站的最新设计和运行经验。台山核电厂一期工程两台 EPR 机组是继芬兰奥尔基洛托 3 号机组（简称“OL3”）、法国弗拉芒维尔 3 号机组（简称“FA3”）之后，第三、第四台开工建设的 EPR 机组，1 号机组较芬兰 OL3 和法国 FA3 分别晚四年和两年开工。2018 年 12 月 13 日，作为 EPR 全球首堆工程的台山核电 1 号机组正式投入商业运行。2019 年 9 月 7 日，2 号机组投入商业运行，宣告台山核电厂一期工程全面建成。

台山核电项目前期准备和建设之初，采取跟随策略，以国外先行开工建设的 EPR 项目为参考电站，期望发挥后发优势，用最小的投入获得最大的收益。但随着国外 EPR 项目工程建设的不断延期，台山项目在开工建设三年后，工程管理策略由跟随策略转为首堆工程策略。台山项目工程建设过程中相比国外项目，走过紧密跟随、积极主导、全面领先三个建设阶段，最终解决了建设中的一个个难题，将 EPR 全球首堆工程由预期变为现实。

台山核电厂 1 号机组于 2009 年 10 月开工建设伊始，中国广核集团就牵头中法各主要参建单位，基于“团队、使命、承诺、共赢”的理念，建立了一把手亲自参与的年度高层协调机制。项目建设初期采用跟随策略，充分借鉴了法国和芬兰参考电站和 CPR1000 批量建设的经验，不仅未发生影响工程进展的重大安全和质量事件，而且创新应用了筏基大体积混凝土浇筑等多项先进施工工艺，保障了土建施工顺利推进。

建设过程中，面对参考电站大幅延期的形势，台山公司从 2011 年就开始思考和研究参考电站延期的应对策略。2012 年下半年，通过对国内外类似核电项目的广泛调查与深入研究和正向推演，若继续跟随国外项目，台山项目将会大大延期，于是与参建各方一致同意将台山核电厂 1 号机组作为 EPR 首堆工程来推动。

面对首堆工程建设的各项挑战，台山公司始终坚守安全质量底线，积极主导，通过深入动员和整合内外部、上下游的资源和能力，通过全面掌控进度、协同管控设计、高效组织协调、整合首堆要素等一系列实践、探索和创新，率先处理了 EPR 从概念设计和初步设计延续到详细设计中尚未解决的问题，成功应对和化解了设计反复迭代给下游设备制造、安装和调试的叠加和放大效应，接纳和消化了大量不可避免的返工所带来的焦虑和痛苦，克服了工程大幅延期后合同和商务安排上特有的困难，保障了工程建设有序推进。以 2015 年 12 月 30 日开始冷试为标志，台山核电厂 1 号机组如期取得领先态势，实现全面领跑。2018 年 4 月 10 日，1 号机组开始装料，成为第一个开始装料的三代核电机组。在 2018 年 12 月 13 日完成 168 小时示范运行后，EPR 全球首堆工程全面建成。

商运以来，台山核电厂 1 号机组保持了安全运行稳定，从商运到第一次停机大修，累计上网电量 184.69 亿度；其中 2019 年上网电量 119.53 亿度、机组能力因子为 90.88%，商运第一年的实际运营业绩优于预期。与 WANO 公布的 2019 年全球核电厂 12 项业绩指标的先进值比较，1 号机组 5 项指标达到 WANO 先进值。

EPR 全球首堆工程的成功建设，得益于中法核电企业的互补优势、经验和能力，也得益于国家在核电领域的整体实力和体制优势，特别是中广核和中方参建单位所拥有的 30 多年不间断核电发展所积累的产业能力、经验和技术优势。EPR 全球首堆工程的成功建设，不仅实现了项目开工建设之前预期的技术引进、消化和吸收，进一步完善和发展了 EPR 技术，培养了一批国内核电制造企业，具备了 EPR 机组自主设计、自主制造和自主建设的能力。从工程项目管理的角度有 12 条主要管理经验：高层协调机制；同行经验反馈；计划紧跟变化；设计贴近现场；紧盯厂家设备；严控设计变更；聚焦系统安装；并行开展调试；下游推动上游；基层深度动员；分级技术决策；技商集中统筹。首堆工程建设所获得能力和经验，正在为芬兰、法国和英国建设 EPR 机组的国际核电同行所分享。EPR 全球首堆工程的建设成就得到了国家领导人的高度关注和充分肯定。2018 年 1 月 9 日，国家主席习近平与法国总统马克龙，在北京人民大会堂共同为台山核电站 1 号机组成为 EPR 全球首堆工程揭牌。

EPR 全球首堆工程建设是在设计成熟度明显不足、参考电站政策无以为继的背景下建设核电站的一次尝试、实践和探索，也是对核电工程管理能力的一次检验和发展，进一步延展了核电工程管理的内涵。在探索首堆工程建设规律的过程中，对首堆工程设计的特点、难点和规律等有了进一步认识，并据此在项目管理的多个方面进行了创新，对后续类似的新建核电项目具有借鉴意义。由于首堆工程在建设之初，EPR 三代核电技术尚处于从产品研发到工程实现的过渡阶段，创新性的技术尚未经工程实践验证，深层次的问题尚未充分暴露，存在较多的未知和不确定因素。从这方面看，EPR 全球首堆工程具有科研任务和大型工程项目的双重特征，兼具科研任务的不确定性和大型工程项目的复杂性。EPR 全球首堆工程建设过程中实施的创新和实践经验也对其他大型工程项目和科研项目具有借鉴意义。

台山核电厂 1 号机组作为 EPR 全球首堆工程，其建设过程典型反映了采用新一代核电技术的首堆工程的建设过程，在工程建设过程中实施的创新和实践经验为开发和建设新一代核电技术机组提供了重要指导作用，也对其他大型工程项目和科研项目的管理有一定的借鉴意义。为了深度总结和提炼 EPR 全球首堆工程建设的宝贵经验，台山公司组织动员参加过台山核电首堆工程建设的员工，编写出版了《EPR 全球首堆工程——台山核电厂一期建设与创新》丛书，希望丛书可以为国内外核电建设同行或其他相关人员提供借鉴。

曾任台山核电合营有限公司党委书记、董事、总经理
现任中国广核集团有限公司核电管理部总经理

**2020 年 10 月**

# 前　言

台山核电厂址规划建设六台百万千瓦级核电机组，一期工程引进欧洲先进压水堆（European Pressurized Reactor，EPR）第三代核电技术，建设两台单机容量为 1 750 MW 的 EPR 机组，1 号机组和 2 号机组分别于 2009 年 10 月和 2010 年 4 月开工建设。1 号机组于 2018 年 6 月 29 日成功并网发电，成为全球首个并网发电的三代核电机组，同年 12 月 13 日投入商运，成为 EPR 全球首堆工程。2 号机组在充分吸收 1 号机组建设经验的基础上，于 2019 年 9 月 7 日实现商运。

台山核电厂两台机组全部建成投入商运，验证了 EPR 技术的可行性，发展和完善了 EPR 技术，为全球第三代核电站建设提供了成功范例，为全球三代核电技术发展贡献了中国智慧和中国方案。台山核电厂 1 号机组建成 EPR 全球首堆工程，既是我国核电建设、运营综合实力的充分展示，也是中法核电企业紧密协作、优势互补的重要成果，同时也为我国三代核电发展提供了借鉴。

对台山核电厂建设过程进行总结，可以更加深入总结 EPR 技术特点和首堆建设规律，提炼首堆建设的技术、管理经验；分享 EPR 首堆建设经验，为具有首堆特征的同类核电项目提供参考。组织工程技术管理人员对工程建设经验进行总结是对建设过程和基本规律进行深入思考和提炼的过程，在积累经验的同时，也将促进队伍技术能力、管理能力的进一步提高。

本丛书旨在系统全面介绍台山核电厂一期工程建设过程中遇到的挑战、采取的措施和开展的创新，重在记录创新实践、总结经验做法，突出 EPR 核电特点、全球首堆特色。丛书内容力求理性、客观、实事求是。鉴于丛书编写人员和文章作者主要是参与工程建设和生产准备的技术、管理人员，文章主要体现工程技术价值和经验。由于作者的专业面、视野及文章篇幅限制，虽然经过仔细审查，但难免存在部分内容不全面、不准确的地方。

本丛书包括《综合卷》《工程控制卷》《设计采购卷》《施工卷》（上、下）、《调试卷》（上、下）、《生产准备卷》，约 540 万字。《综合卷》是对工程各阶段进行了概括性总结，系统总结了工程技术、管理方面的经验，展示了工程建设的总貌；其他卷由各专业领域单篇文章汇编而成，每一篇文章聚焦一个专题，对工程各阶段具有 EPR 首堆特色和台山核电特色的经验进行较为全面的总结。

台山核电合营有限公司高度重视工程建设经验总结编写工作，2015 年底启动经验总结编写工作，2016 年初成立经验总结编写策划小组，并成立了由编写委员会、推进组、各卷编写组、专家组、编审组等机构，动员全员参与。

丛书从策划到出版历时 4 年有余，内容主要由参与台山核电建设的公司员工编写，编写过程中得到了各兄弟单位、参建单位的大力支持，也得到了外部相关专家和出版社同仁的帮助。在本丛书出版之际，特别感谢中广核工程有限公司、中广核工程设计有限公司等单位在稿件审查过程中提出的宝贵意见建议；特别感谢西安交通大学朱继洲等 3 位老教授在初期对编写人员的悉心指导；特别感谢中国原子能出版社李涛社长、刘岩主任、各卷责任编辑对丛书编写组织方式、稿件规范要求等方面提出的专业指导意见，以及在审校过程中所做的大量卓有成效的工作。

由于作者水平所限，不足之处在所难免，恳请广大读者批评指正。

**《EPR 全球首堆工程》编写委员会**

**2020 年 10 月**

# 综 述

引进欧洲先进压水堆（European Pressurized Reactor，简称“EPR”）第三代核电技术，建设台山核电一期工程（简称“台山核电”），是国家从能源战略高度作出的重要决定，历来受到中法两国政府的高度关注。

2007 年 11 月 26 日，胡锦涛主席和萨科奇总统共同见证了中法合作建设台山核电系列协议签订。2018 年 1 月 9 日，在台山核电后来居上、全面领先国外两个先行 EPR 项目建设进度后，习近平主席和马克龙总统在北京人民大会堂共同为台山核电 1 号机组成为“EPR 全球首堆工程”揭牌。1 号和 2 号机组分别在 2018 年 12 月 13 日和 2019 年 9 月 7 日全面建成投入商运，单台机组的发电功率为 1 750 MW，是迄今为止世界最大的发电机组。2019 年 11 月 6 日，习近平主席在同马克龙总统会谈中指出，“台山核电站 1 号和 2 号机组全部建成投入商运，为全球第三代核电站建设提供了成功范例”。

EPR 是由法、德两国核能企业基于法国 N4 系列和德国 KONVOI 系列核电工程实践联合开发的第三代核电技术，采用循序渐进式的设计改进，并引入大量先进的前沿技术和理念，具有更高的安全性和经济性，辐射防护更优，自动化、智能化程度更高。为适应中国的监管要求、用户需要和厂址条件，在台山核电又作了一些适应性改进。

台山核电合营有限公司（简称“台山公司”）负责台山核电的建设、运营和管理，承担核安全责任。1 号和 2 号机组分别于 2009 年 10 月 26 日和 2010 年 4 月 15 日开工，是继芬兰奥尔基洛托核电厂 3 号机组（Olkiluoto 3，简称“OL3”）和法国弗拉芒维尔核电厂 3 号机组（Flamanville 3，简称“FA3”）之后开工建设的第三、第四台 EPR 机组。为充分借鉴和利用两个 EPR 先行项目的经验，台山核电在建设初期采取跟随策略，主要以 FA3 为参考电站，部分参考 OL3。为了消化、吸收和全面掌握 EPR 第三代压水堆核电技术，提高我国核电产业的自主化和国产化能力，台山核电采用中外合作、联合设计、共同建造的建设模式，在工程设计、设备制造、建安施工和机组调试等各领域集成了中法核工业的最强力量。参建各方秉承团队、使命、承诺、共赢的合作理念，旨在将台山核电建设成为国际一流的三代核电标杆工程和两国企业成功合作的典范。

台山核电建设先后经历了跟随、主导和领先三个发展阶段，在项目决策假设/边界发生根本变化的情况下，深入分析困难、形势和任务，果断调整方向、目标和路径，积极主导，动态调整，持续创新，坚守底线，逐步完成工程建设任务。

在跟随阶段，台山核电充分吸取参考电站和国内核电建设的经验反馈，土建施工和主设备安装总体进展顺利，创造了一系列施工新纪录。由于 EPR 技术尚处于从产品研发到工程样机实现的过渡阶段，创新性的技术尚未经工程实践验证，仍然存在较多的未知和不确定因素，技术性难题已成为影响工程推进的关键，国外两个先行项目的实际进展不如预期也是例证。除具有与技术成熟的核电项目相同的工程复杂性之外，台山核电在建设中首堆特征逐渐显现。

在主导阶段，面对严峻的工程形势，2012 年 10 月台山公司决策按 EPR 首堆工程推进台山核电项目，得到了中国广核集团（简称“中广核”）及各主要参建集团的广泛支持。为适应首堆特点，台山公司及时进行了深度地调整和转变，聚焦首堆的本质特征——设计迭代，用首堆产品集成的思维，积极主导，整合资源，协同推进。按照在发展中逐步暴露和解决问题的原则，逐步形成了总体评估、分段做实、动态调整、逐步逼近的工程管理思路，将战略目标细化成可预测、可分解、可落实、可实现的小目标，并不断取得阶段性突破。综合分析形势，及时提出和决策建设 EPR 全球首堆工程，是扭转困局、掌握主动、后来居上的最关键一步。

2015 年 12 月率先实现冷试，标志着台山核电 1 号机组进入了全面领先阶段。通过广泛动员和深度整合国内、国际核电产业链的优势力量，协同攻关，率先面对和处理 EPR 技术从概念设计到详细设计、产品研发尚未解决的难题，应对和化解了首堆设计迭代给设备采购与制造、施工和调试带来的叠加放大效应，接纳和消化了大量设计变更，克服了工程延期后资金筹措和商务安排上特有的困难。冷试的成功实施检验了首堆工程管理的科学性和可行性，为全面推进后续工程奠定了基础。

2018 年 4 月 10 日，台山核电 1 号机组成为全球第一个开始装料的三代核电机组，进入了带核运行的新阶段。与成熟核电机组相比，首堆启动过程中面临许多新的挑战，包括：堆芯设计验证、多种瞬态试验、大容量机组接入电网等。台山公司始终以安全质量为基础，以风险控制为导向，通过调试发现并解决了首堆设计缺陷和深层次问题，进一步加深了对 EPR 首堆设计的理解，积累了 EPR 运维的初步经验。在完成启动阶段试验及 168 小时示范运行后，各项性能指标满足设计要求，于 2018 年 12 月 13 日具备商运条件，EPR 全球首堆全面建成。

在中、法两国政府、领导的高度重视和大力支持下，通过各参建单位和全体建设者十年的共同努力，成功建设全球 EPR 首堆，是中国核电在 CPR1000 基础上形成的管理体系、核心能力、实践经验、人才储备等综合因素，与欧洲 EPR 技术开发者、全球最大核电运营商及欧洲芬兰、法国两个 EPR 核电站的主要参建单位，在中广核全面主导、动态管控下，在保障安全质量的基础上，进行产品集成、跨界创新、优势互补、一体协作形成的成果，是将首堆工程的不确定性与成熟核电项目管理体系有机结合的探索，是对核电工程管理能力的一次检验和发展，是大型项目国际合作的成功实践。

EPR 首堆的成功建成，充分证明了 EPR 技术的可行性，为世界三代核电发展提供了一种重要的现实技术选择。在建设过程中所获得的技术和管理经验，适用于具有首堆特征的其他核电项目，还可以为具有研发型、大型复杂工程和大型国际合作项目提供管理上的借鉴。各参建单位积累了技术和经验，培养了能力和人才，为参建其他核电项目奠定了基础。中法核能合作经过三十多年发展，在台山核电 EPR 首堆工程建设中进一步深化，得到了新的拓展、创新和升华，为新时代、新阶段中法、中欧核能和其他领域的合作作出了重要示范。

台山核电建成后，预计每年可以向粤港澳大湾区提供超过 260 亿千瓦时的安全、清洁、稳定电力。对优化能源结构、保障能源安全、推动绿色发展和带动地方经济社会发展等方面具有重要意义。

# 目　录

# 第1章 项目背景及概况

## 1.1 项目背景

核电作为清洁能源，是全球减少碳排放的主要贡献者。自 20 世纪 50 年代中期第一座商业核电厂建成投运以来，核电技术先后经历了原型堆、第一代、第二代、第二代改进型、第三代等发展阶段。进入 21 世纪，为有效应对能源需求快速增长、全球气候变暖和环境保护等方面的挑战，世界核电发展进入了全面复苏的新时期。随着发展中国家经济的迅速发展，世界核电发展的中心正从欧美等发达国家向亚洲等发展中国家转移。随着科技进步、管理升级，核电的安全性越来越高，新建机组以安全性能更高的第二代改进型和第三代核电技术为主，具有第四代特征的核电技术也同步开始示范建设，国际社会也正在合作攻关核聚变技术，核电为人类解决能源大规模安全稳定供给提供了思路和方案。

我国是世界上少数几个拥有比较完整核工业体系的国家之一。为推进核能的和平利用，20 世纪 70 年代国务院做出了发展核电的决定，经过四十多年的努力，我国核电从无到有，得到了很大发展，培育了完善的核电产业链和自主化建设能力，积累了丰富的核电技术和管理经验，培养和储备了一大批专业技术人才。目前在压水堆核电站设计、设备制造、工程建设和运营管理等方面已经形成了一定优势。

进入 21 世纪，我国社会经济快速发展，能源需求快速增长，电力供求矛盾突出，为解决能源短缺问题，我国决定加快核电建设。在“十一五”规划中，核电发展方针由“适度发展”调整为“积极推进”，形成了一轮核电发展高潮。2007 年 11 月，国务院发布《核电中长期发展规划（2005—2020 年）》，规划到 2020 年核电运行装机容量达到 40 000 MW，在建 18 000 MW。2012 年 10 月，国务院审议通过《核电安全规划（2011—2020 年）》和《核电中长期发展规划（2011—2020 年）》，规划到 2020 年核电运行装机容量争取达到 58 000 MW，在建 30 000 MW。

改革开放以来，广东省社会经济保持快速、稳定发展，电力需求同步快速增长。2008 年广东省能源消费总量约占全国消费总量的 8%，用电量约占全国总用电量的 10%，但广东能源自给率仅 10%。因此，广东省委、省政府大力支持能源建设，特别是积极支持发展核电和核电产业。根据广东省“十一五”电源发展规划及 2020 年远景目标规划，全省在“十一五”和 2011－2020 年分别新增电源 31 000 MW、61 000 MW，计划在 2020 年前新建成投产核电装机容量 20 000 MW，在建 10 000 MW。以此发展规划为目标，广东省从能源需求、电力市场和能源结构优化需要出发，计划批量化建设多台百万千瓦级压水堆核电机组。

中法两国建交以来携手共进，在多个领域开展了合作。核能合作作为两国技术、经济合作的重要内容，取得了重要成果。四十多年前，我国从法国引进成熟的压水堆核电技术，成功建设了我国首座大型商用核电站——大亚湾核电站。通过大亚湾核电站的建设，我国完成了大型商用核电站技术的“引进、消化、吸收”，实现了核电高起点起步和发展的历史重任。从大亚湾核电站开始，中法两国企业在核能领域的合作不断拓展和升华，已经成为核电领域的战略合作伙伴，发挥各自优势，推进核能合作向纵深发展。

1988 年，台山核电厂址曾作为广东第二核电厂的推荐厂址开展了厂址查勘和比选。随着新一轮核电发展，2005 年中广核启动了台山核电厂址前期准备工作。2006 年，台山核电项目被列入广东省“十一五”规划。2007 年，第三代核电技术招标结束后，国家安排中广核继续与法国企业进行 EPR 三代核电技术引进谈判，原计划在阳江核电厂址建设两台 EPR 机组。此时，阳江核电厂址经过多年准备，各方面条件已经成熟，但 EPR 技术从合同谈判到建设实施还需要一系列准备过程。为避免现场出现长时间等待，中广核统筹考虑，提出将 EPR 技术落户在台山核电厂址，以利用现场准备时间同步开展上游合同谈判。台山核电厂址与阳江核电厂址距离较近，海洋及地质等自然条件相似，经论证，在台山核电厂址建设 EPR 机组技术上不存在障碍，不会影响 EPR 项目的总体进度。最终，EPR 三代核电项目落户台山。

## 1.2　EPR 技术特点

EPR 是法德联合设计的改进型压水堆。它以世界上轻水反应堆几千堆·年的运行经验反馈为基础，主要采纳了法德两国的 N4 和 KONVOI 反应堆所应用的新技术，并在此基础上进行了优化，提高了安全性、经济性和智能化程度。

### 1.2.1　安全性

EPR 采用了先进的设计理念和大量新技术，充分吸收和借鉴第二代压水堆的经验反馈，全面考虑了严重事故的预防和缓解措施，堆芯熔化概率小于 $10^{-6}$/堆·年，早期放射性大量释放的概率小于 $10^{-7}$/堆·年。

**1. 双层安全壳**

为了最大限度地避免放射性物质进入环境和抵御外部飞行器撞击，EPR 机组反应堆厂房设计采用双层安全壳。内层安全壳采用预应力钢筋混凝土结构，上部为椭圆球形，内壁为钢衬里，承担放射性包容功能。外层安全壳采用整体式高强度钢筋混凝土结构，又称为抗飞机撞击（Anti－plane crash，APC）壳，主要功能是抵抗商业飞机等飞行器的撞击。除了反应堆厂房，核燃料厂房和 2 号和 3 号安全厂房也采取了抗飞机撞击的双层结构设计。

**2. 四列安全系统冗余设计**

EPR 通过冗余性、多样性设计确保安全系统可靠。在冗余性设计方面，采用 N+2 设计理念，安全系统设计四个独立系列，即一列运行、一列备用、一列故障（单一故障准则）、一列检修，四列均为实体独立，功能上互为备用，一列可用即可保证机组核安全。

此外，核岛电气系统、仪控系统、重要厂用水及设备冷却水系统也采用了四列冗余设计和实体隔离。在丧失厂外电源和主发电机组的情况下，四列独立的应急柴油发电机组的任一列启动，都可保证机组实现安全停运。

**3. 核岛冷源系统多样性**

除了重要厂用水系统（SEC）作为最终热阱外，还设计了专设最终冷却水系统（SRU）作为备用热阱。当 SEC 最终热阱不可用时，则由两列独立的 SRU 继续为反应堆安全壳和乏燃料水池提供冷源，保证安全壳的完整性和乏燃料水池的衰变热导出，从而缓解事故后果，保证电站安全。SRU 的冷却水源采用两种不同的方案，可以分别从核电厂的取水口和或排水口取水，保证水源的可靠性。

**4. 电源冗余性和多样性**

为了保证核岛电源的可靠性，避免共模失效和单一故障，更好地应对事故工况，台山核电的电源设计充分考虑了冗余性和多样性要求。按照纵深防御的原则，共有 7 种不同供电方式，其中厂外电源为三路 500 kV 主电网和一路 220 kV 辅助电网，厂内电源包括每台机组的汽轮发电机组、4 列独立的 10 kV 应急柴油发电机组、2 列 690 V 电站黑启动（SBO）柴油发电机组、4 列 220 V 的 2 小时蓄电池组和 2 列 220 V 的 12 小时蓄电池组。

**5. 严重事故缓解措施**

按照消除高压堆熔、控制氢气风险、稳定安全壳内的堆芯熔融物、保证安全壳热量导出和完整性以及限制放射性物质外泄等严重事故后果的总体策略，预防和缓解严重事故的措施包括：

（1）在安全壳内安装非能动的氢气复合器，降低氢气爆炸风险。

（2）利用高度可靠的稳压器卸压系统，避免发生堆芯熔融物的高压熔喷，并降低由此导致的安全壳直接加热的风险。

（3）采用约 80 000 $m^3$ 大自由容积的安全壳，冷却剂丧失事故时质能完全释放亦不会超压，喷淋不必启动；并采用干式堆腔设计，避免大量的水直接与堆芯熔融物接触，防止压力容器外的蒸汽爆炸。

（4）设计有 170 $m^2$ 堆芯熔融物展开区，并通过非能动冷却系统实现熔融物的长期冷却。

（5）换料水箱设置在安全壳内部，避免受到外来威胁，并起到了安全壳地坑的作用，事故时无须向再循环模式过渡，在严重事故堆芯融化时可以冷却熔融物，防止其破坏安全壳。

## 1.2.2　经济性

EPR 在设计中把经济性作为目标之一，其经济性主要体现在以下方面：

**1. 每千瓦装机成本降低**

EPR 设计可选择的堆芯热功率为 4 300～4 590 MW，可选择的净电功率为 1 560～1 750 MW，通过机组的容量规模效应降低每千瓦装机成本。

**2. 机组效率提高**

EPR 采用饱和蒸汽自然循环式蒸汽发生器。与以往核电机组不同的是，EPR 的蒸汽发生器增设了轴向节能器，可以大幅提升热交换效率，在相同的管束传热面积下，出口蒸汽压力可以提高 0.3 MPa。此外，EPR 蒸汽发生器换热管为三角型排列，传热管数量增加至 5 980 根，换热面积增加至 7 960 $m^2$，机组效率可达到 38.2%。

**3. 提高机组可用率**

EPR 采用了“两房模式”的创新设计。机组为双层安全壳，内层安全壳内划分为设备隔间和服务/工作隔间两部分，围绕设备隔间，应用了“生物/中子屏蔽”实体隔离及空间负压控制技术，将设备隔间以外区域的辐射水平降低至可接受水平。这样的设计允许工作人员可以在电厂正常运行工况下进入内层安全壳的服务/工作隔间（环廊、贯穿件区域、燃料平台、环吊等区域 ）进行相应的维修和检查活动，实现“在线检修”的设计理念，减少停堆维修时间，进而提高机组可用率。

**4. 设计寿命增加到 60 年**

EPR 反应堆压力容器采用四环路设计，接管筒节一体化，压力容器本体法兰与 8 个管嘴环段采取整体锻造成型，取消了连接焊缝。核燃料与堆芯筒节之间设置重反射层替代以往机组常用的“围板”，降低了从堆芯内部泄漏的中子数量，既能够提高核燃料的利用率，又可以保护反应堆压力容器免受快中子过度照射，降低其引发的寿命缩短、脆性断裂的风险。反应堆压力容器的所有贯穿件都集中在反应堆压力容器顶盖上，核堆芯测量仪表导管从堆盖引入，下封头不再布置贯穿件，从而提高了整体结构性能。通过上述改进，反应堆压力容器的设计强度提高至 17.6 MPa 以上，增加了燃料燃耗深度，降低了对燃料富集度的要求以及从堆芯泄漏的中子数量，使用寿命达到 60 年以上。

### 1.2.3　智能化

EPR 机组控制系统具有多样化、自动化及智能化的特点。

控制系统多样化方面，仪控系统由安全仪控平台（TXS）及运行仪控平台（SPPA－T2000）两个不同的控制平台组成，不同的供应商、独立的系统设计、不同的部件以及独立的制造和验证过程，确保了控制系统的可靠性及多样化。保护功能的多样化方面，对于重要保护功能(如安注、跳堆等)除在 RPR 系统中进行实现外，在安全自动化系统(SAS)系统中进行了多样化实现，确保机组保护信号的可靠性。

机组控制的自动化方面，一是根据控制系统采集的信息自动判断机组运行状态，通过机组运行状态控制操纵员控制平台的报警项目；二是大量使用“组控”，实现了复杂/重要操作的顺序控制、一键启停，如一键机组自动升温升压、一键设备冷却水自动切列等；三是实现重要参数的自动控制，发现偏离时自动补偿，无须操纵员干预；四是实现事件/事故的自动诊断，通过分析 6 个关键状态参数（堆芯次临界度、剩余功率导出、一/二回路水装量、蒸汽发生器完整性、安全壳完整性）实现事件/事故的自动诊断及运行策略导向。这些措施有效缓解了操纵员工作负荷，减少人因失误。

机组控制的智能化方面，EPR 机组设计了操纵员辅助功能（OAF）、运行限制条件（LCO）、运行限制功能（limitation），对机组运行异常及瞬态进行自动干预。一般首先是机组停止升功率、控制棒停止提升；若被保护参数仍然恶化，机组开始自动降功率、插控制棒，直至把机组带回可控区间。通过自动干预避免保护系统的动作，确保机组的安全稳定运行。

高自动化及智能化控制系统不仅简化了操纵员的操作，降低了人因失误，也给机组运行提供了更多的缓冲空间，降低了非计划停机/停堆风险，在确保机组安全运行的同时提高了机组的可用性。

### 1.2.4 台山核电适应性改进

根据我国法律法规、用户需求和厂址条件，台山核电部分设计在参考电站基础上做了适应性改进。为进一步增强仪控系统的健壮性，台山核电在仪控总体结构中增加了硬核系统（Hard Kernel System，HKS）。根据日本福岛核事故反馈，增设了移动式应急补水泵和移动式应急柴油发电机。与参考电站相比，台山核电的堆芯功率、热效率、发电功率、净电功率均有所提高，设备尺寸、厂房容积相应有所增大。台山核电厂址属于亚热带海洋性季风气候，与参考电站厂址的气候明显不同，所有与环境气温和海水温度相关的冷却系统容量均有所增加，通风系统相比参考电站增加了超过 30%。由于能动设备功率增加导致厂用电系统的设计、设备布置也相应变化，应急柴油发电机的功率增加最为明显。核岛设备冷却所需负荷大，参考电站选用的管式热交换器无法满足需要，台山核电采用效率更高的板式热交换器。为提高运行经济性，台山核电汽轮发电机厂房采取下沉式布置，循环水泵运行更加节能。基于厂址条件，台山核电适应性调整冷源取水设计，通过 2.7 km 明渠和 4.5 km 长的海底取水隧道从厂址附近深水海域取水，在循环水泵房前设计海水库，应急工况下通过橡胶坝实现近岸纳潮取水。

## 1.3 项目概况

2007 年 8 月，中广核决定 EPR 三代核电技术落户台山核电厂址。台山核电厂址规划建设六台百万千瓦级核电机组，一期工程采用 EPR 技术建设两台机组，单机容量为 1 750 MW，是迄今为止世界最大的发电机组，是继芬兰 OL3、法国 FA3 后全球第三、第四台开工建设的 EPR 机组。

### 1.3.1 厂址条件

台山核电厂址位于广东省台山市赤溪镇腰鼓村。厂址西北侧为低山丘陵区，东南侧为珠江崖门水道和虎跳门水道出海口，外围有大襟、高栏、荷包等岛屿为屏障，取排水条件较好。所在区域地壳稳定性良好，半径 150 km 范围内未发现第四纪火山活动；半径 25 km 范围内没有 $M \geqslant 4\frac{3}{4}$级的破坏性地震记录。主要建筑物均坐落在岩石地基上，核岛区域地基岩体呈块状及整体结构，地基稳定。

### 1.3.2 项目股东

台山公司是台山核电一期工程的业主公司，负责台山核电的建设和运营，并承担最终核安全责任，由中广核、法国电力集团（Electricite De France，简称“EDF”）和广东省能源集团有限公司按照 51%、30%和 19%出资比例设立，注册资本金为 286 亿元人民币，合营期为 50 年。

### 1.3.3 总体安排

台山核电项目作为我国首次引进 EPR 技术的项目，承载着实现 EPR 三代核电技术引进、消化、吸收、再创新的重任，中广核以将台山核电建设成为国际一流的三代核电标杆工程为目标，期望通过台山核电建设实现三代核电技术自主化。为达成上述目标，台山核电在筹备策划阶段就对相关工作做了安排。

**1. 参考电站政策**

为充分借鉴和利用两个 EPR 先行项目的经验和技术成果，台山核电在项目初期决策阶段就确定了参考电站政策，并在主要合同中特别明确规定了主要参考 FA3、少量参考 OL3 的原则及具体内容，设计采购等方面尽可能利用成熟技术、产品和渠道，工程建设尽可能参照参考电站的经验和做法。参考电站政策的执行保证了台山核电的主要技术方案与参考电站一致。

**2. 中外合作、联合设计、共同建造**

为充分发挥参建各方的优势，确保项目成功建设，台山核电项目采用了中外合作、联合设计、共同建造的模式。外方的合作单位均是 OL3 或 FA3 的建设主体单位，中方的合作单位均具有丰富的国内核电设计、采购、制造、建设和运行经验。这一方面可以通过外方单位充分借助国际同行在 EPR 先行项目上的经验反馈，避免台山核电建设走弯路；另一方面有利于发挥国内单位多年来积累形成的在核电建设人才、经验等方面的优势；同时，中方单位通过与外方单位合作，进一步提升了核电技术、制造和建设能力，为消化、吸收和全面掌握第三代压水堆核电技术创造了条件。

**3. 技术转让和国产化、自主化安排**

为加快 EPR 技术自主化能力的形成，中广核在台山核电起步阶段与 EPR 技术开发者法马通公司签订了核岛技术转让合同。法马通公司承诺全面、充分地转让其拥有的 EPR 核岛技术，包括系统设计、设备设计和制造技术、先进的建安施工技术、调试、运行、维修和项目管理经验，转让技术范围覆盖了建设 EPR 机组涉及的各个领域。

核岛工程设计方面，中广核下属的中广核设计有限公司以联合设计的模式全面参与 EPR 核岛设计。在法马通公司对技术、质量和进度负总体责任的前提下，设计公司派遣设计人员深入到法马通公司及其设计合作单位的设计队伍，参加了安全分析、核蒸汽供应系统和设备、核岛辅助系统和设备、土建设计和电厂布置、电气系统和仪控等专业的初步设计。同时，施工单位也按合同约定分别承担一部分详细设计工作。常规岛及 BOP 设计方面，设计公司负责部分常规岛和全部 BOP 的设计工作，通过与 GE－ALSTOM 联合开展常规岛设计、自主进行 BOP 设计，能够具备 EPR 核电机组常规岛和 BOP 的设计能力。

设备制造方面，核岛设计供货合同中规定至少有一台套主设备由中国企业负责制造。法马通承诺通过提交文件、提供培训和技术支持等措施来实施制造技术转让，内容覆盖关键设备主要部件的制造技术。常规岛主设备也作了类似的安排，在汽轮发电机组设计供货合同中，中方份额达到三分之二。

**4. 业主主导、团队协同**

台山核电工程建设参考岭澳核电一期工程建设模式，采用大业主管理模式，由业主自行负责工程建设和管理。该模式有利于落实中广核专业化战略，整合工程和运营领域的一部分优势资源长期专注于 EPR 项目建设，有利于对 EPR 技术引进、消化、吸收及整体能力的培育、快速提升及人才培养。

台山核电各主要参建单位在长期友好合作中已经形成了战略合作伙伴关系，通过强强联合和优势互补，形成了荣辱与共的紧密共同体。为将台山核电建设成为国际一流的三代核电标杆工程，参建各方按照“团队、使命、承诺、共赢”的理念建立了高层战略沟通和定期协调机制（台山项目协调委员会，简称“C9”），一致承诺加强项目管理，加大资源投入，提高运作效率，强化进度跟踪，重视接口管理，创造条件推动解决影响工程进展的各类重大问题，确保实现预期目标。

**5. 计划安排**

台山核电在策划阶段结合两个 EPR 先行项目的计划安排、实际进展，自身有利条件以及国内其他三代项目的工期安排，在项目建设初期确定的计划工期较为乐观，1 号、2 号机组进度间隔为 10 个月。

# 1.4　组织与分工

## 1.4.1　台山公司

台山公司负责工程建设管理和核电站投产后的运营，组织机构分为工程线、生产线、职能线，如图 1－1 所示。其中，工程线负责工程建设总体管控、设计采购管理、建安施工管理以及工程调试，人员主要来自中广核工程有限公司，主要骨干均具有丰富的核电建设经验；生产线负责质量保证、生产准备和运营等；职能线负责财务、人力资源、法律审计、后勤和党政等管理。总经理部分管领导作为工程管理的直接责任人领导工程线，承担台山核电工程管理的总责任，负责从项目前期准备、设计采购、土建、安装、调试、移交运行、建成投产、竣工验收全过程的项目管理。台山公司工程线组织机构如图 1－2 所示，分为设计采购、施工、调试、工程合同、工程控制五个业务板块，各板块共下设 25 个专业队办。

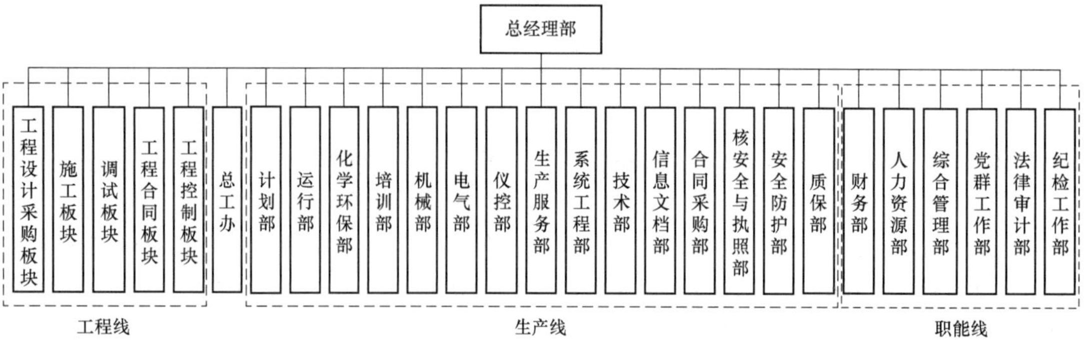


图 1－1　台山公司组织机构

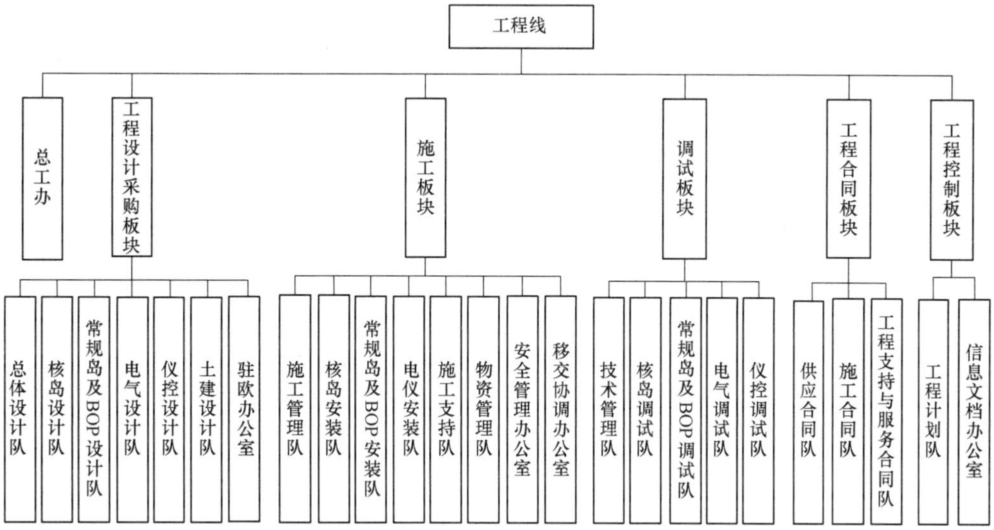


图 1－2　台山公司工程线组织机构

### 1.4.2　参建单位

台山核电集合了中法两国核电建设领域实力雄厚的设计、制造、建安、调试、工程管理及技术支持力量，共约 450 家单位参与了台山核电建设，其中主要参建单位如下。

1. 中国广核集团，是台山公司控股股东，其所属各专业化公司和共用技术平台通过各种方式服务和支持本项目，其中中广核工程公司和设计公司全面参与和支持本项目的工程管理、设计和设计管理、设备采购和设备监造、施工管理和机组调试等工作。

2. EDF，是台山公司第二大股东，也是参考电站 FA3 的业主单位，向本项目派遣有经验的人员，提供技术支持。

3. 法马通公司（FRAMATOME，原 AREVA NP，简称“法马通”），是核岛设计采购联合体的牵头方和核燃料供应方，也是 OL3 总承包合同的联合体牵头方、FA3 核岛主设备和仪控系统的设计供货单位。

4. GE－ALSTOM（原阿尔斯通），是汽轮发电机组设计供货联合体、常规岛设计供货联合体的技术牵头方，也是 FA3 汽轮发电机组的设计供货单位。

5. 东方电气集团（DEC），是汽轮发电机组设计供货联合体的合同牵头方，同时负责核岛部分主设备制造，是国内主要的核电设备制造单位。

6. 上海电气集团（SEC），负责核岛部分主设备和辅助设备的制造，是国内主要的核电设备制造单位。

7. 中国核工业建设股份有限公司（CNEC），隶属于中国核工业集团有限公司，是中国核电建设的主力军，核岛建设经验丰富。所属成员单位中国核工业华兴建设有限公司负责 1 号核岛土建施工、2 号核岛钢衬里、土石方工程及部分 BOP 厂房施工，中国核工业二三建设有限公司负责 1 号和 2 号核岛安装。

8. 中国建筑集团有限公司（CSCEC），是中国建筑业界的龙头企业。所属成员单位中国建筑第二工程局有限公司参与过国内多座核电厂建设，负责 1 号、2 号常规岛土建和 2

号核岛土建施工。

9. 中国能源建设集团公司（CEEC），是中国电力建设的主力军，参与过国内多座核电厂建设。所属成员公司广东火电工程有限公司负责 1 号、2 号常规岛安装及部分 BOP 厂房施工，广东电力设计研究院负责常规岛及部分 BOP 厂房土建和安装详细设计。

### 1.4.3 合同结构与分工

台山核电的主要设计采购合同由中外企业组成联合体承担，核燃料由法马通负责供应，主要建安合同由国内施工单位独立承担，施工管理、工程调试、生产准备、电站运维由台山公司负责，中广核运营公司、中广核研究院、苏州热工研究院等技术平台提供生产准备、电站运维支持，主要合同结构与分工如图 1－3 所示。

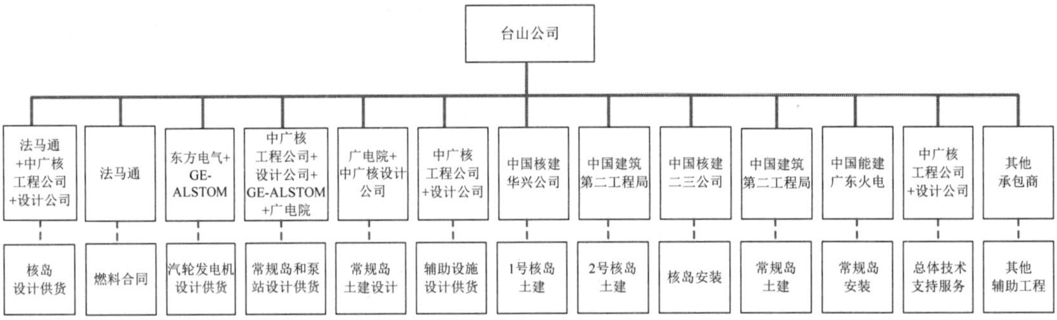


图 1－3 台山核电合同结构与分工

## 1.5 建设历程

台山核电于 2005 年启动前期准备工作，2007 年 11 月 26 日签订了主要合作协议。2009 年 10 月 26 日 1 号机组浇筑了核岛第一罐混凝土，2011 年 10 月 23 日完成反应堆厂房穹顶吊装，2015 年 12 月 30 日开始冷试，2018 年 4 月 10 日开始首次装料、6 月 29 日首次并网、12 月 13 日完成 168 小时示范运行，成为全球首台投入商运的 EPR 机组。

回顾 1 号机组工程建设过程，主要经历了两次重要转折：首堆决策和冷试；三个发展阶段：跟随阶段、主导阶段和领先阶段。

**1. 跟随阶段**

在跟随阶段，紧密跟随参考电站，快速推进，土建实现后来居上。2007 年 12 月 17 日国家发展和改革委员会同意台山核电开展前期工作。前期工作的主要包括厂区四通一平、工程总体设计、合同采购、建造许可证申请等工作。为加快向设计提资，1 号核岛在厂平开工前就完成了原始地貌下的地质详勘。2008 年底四通一平基本完成，现场办公楼、混凝土生产链投用。1 号机组于 2009 年 2 月 28 日完成核岛负挖，2009 年 10 月 26 日核岛主体工程开工。从主要协议签订到正式开工实际用时 23 个月。

按照决策阶段确定的参考电站政策，1 号机组主体工程开工后，充分借鉴了芬兰 OL3、法国 FA3 经验反馈，针对参考电站出现的问题，结合国内核电建设经验和能力优势，提前组织研究，通过技术创新与优化，有效地解决了核岛筏基大体积混凝土施工、钢衬里施工、主管道自动焊等一系列关键难题，工程总体进展顺利。2011 年 10 月 23 日，1 号核岛在第一罐混凝土浇筑后 23.9 个月完成了反应堆厂房穹顶吊装目标，大大超前于法国 FA3。

**2. 主导阶段**

在主导阶段，决策建设 EPR 首堆工程，积极主导，加快调整转变。2012 年 6 月 3 日，1 号机组反应堆压力容器吊装就位；2012 年 7 月 27 日，1 号机组主管道自动焊开始。在主体工程开工 38 个月后完成了核岛主设备安装及主管道焊接，大幅缩小了与参考电站的进度间隔，关键路径的实际进度已经超越法国 FA3。此时，芬兰 OL3 和法国 FA3 已分别将首次并网日期调整至 2015 年和 2016 年，已大幅晚于台山核电 1 号机组的计划投产日期。台山核电决策阶段设定的边界已发生了根本变化，已无法执行参考电站政策，按照 EPR 首堆工程推进正逐步成为现实。

台山公司经过全面深入的形势研判和严密的正向推演，在与相关方充分沟通并达成共识后，2012 年 10 月，公司董事会、第四次 C9 协调委员会先后同意按照首堆工程建设台山核电，要求采取一切办法、全力建设 EPR 全球首堆工程。决策建设首堆工程是台山工程建设过程中的第一次重大转折，也是最为关键的战略调整。

实体工程进展方面，2012 年完成土建施工上量，土建施工逐步转入房间装修与移交；2014 年实现机务安装上量，2015 年实现电仪安装上量，其中核岛安装从 2014 年 4 月份开始，实现了两台机组 4 月份 30 万点、5 月份 35 万点、6 月份 40 万点的关键爬坡，6 至 10 月份两台机组稳定在 40 万点，11 至 12 月份连续 2 个月 1+9 号机组单月完成 40 万点，12 月份两台机组单月完成 45 万点；40 万点和 45 万点的数据均创造了中广核纪录。

设计方面，聚焦影响首堆建设的设计问题。2013 年 10 月台山公司与法马通完成核岛设计供货一揽子协议谈判，将法马通设计团队转移至台山核电现场办公；2014 年 2 月组织集团内外部力量开展了核岛系统设计审查，完成第一阶段设计固化。

工程进度方面，以尽早实现 NCC、冷试为目标。2013 年 12 月 17 日 1 号机组核岛第 3 环路中压安注箱排放试验开始，12 月 20 日 4 个环路试验全部完成、结果合格。2014 年 11 月提出尽早开始冷试、同步推动及早完成详细设计、分段解决问题、以重大工程里程碑作为控制点的工程总体管理思路，并与内外各方协调一致。

**3. 领先阶段**

在领先阶段，成功完成首堆冷试，全面领先，全面建成首堆。在先后解决了工程设计、设备采购、建安施工、移交调试等方面存在的诸多问题和困难后，2015 年 12 月 30 日 1 号机组开始冷试，成为全球同期第一个开始冷试的三代核电项目，2016 年 1 月 27 日 1 号机组冷试结束。

冷试是工程取得的重要标志性进展，也是首堆建设中具有里程碑意义的重要转折。从管理上检验了评估设计变更影响、设定阶段目标、精确管理组态的思路；从技术上验证了核岛主要系统、辅助系统的可行性和匹配性；从进度上为全面完成详细设计、后续加速推进腾出了时间窗口，做到了在推进冷试中同步解决其他问题；从进展上做实了 1 号机组领先全球 EPR 核电建设，为全面推进后续工程奠定了基础。

冷试后，1 号机组开展了核岛通风、三废系统等系统试验，完成了安全壳打压试验，并根据现场情况调整优化了热试方案。2016 年 6 月，最后一批核岛电气设计文件出版，标志着全厂工程设计基本完成。2016 年底，1 号机组未到货设备降至 345 台，设备供货进入最后的收尾阶段。

2016 年 11 月 5 日 1 号机组进入热试前期阶段，在完成 BAS 试验、消缺验证后，2017 年 3 月 3 日开始一回路进水，4 月 1 日开始升温升压，8 月 4 日 1 号机组热试结束。热试期间完成了各系统功能验证、13 项首堆试验、安注系统、OIC、COC 等大型瞬态试验，以及一回路首次钝化、汽轮机非核冲转等专项试验，EPR 设计总体性能得到了充分验证。

热试后，台山公司继续调动内外部资源，集中组织装料前建安尾项、遗留试验、系统移交等各项条件收口，DCS 补充验证、BOSS 头排查整改及执照申请遗留问题顺利解决。2017 年 12 月 18－22 日国家核安全局组织了 1 号机组装料前综合检查。

2018 年 1 月 9 日，中法两国元首共同为台山核电站 1 号机组全球 EPR 首堆工程揭牌，极大地鼓舞了项目参建方和全体建设者。2018 年 4 月 10 日，1 号机组获准开始装料，成为第一个开始装料的三代核电机组。装料是机组启动的开始和又一个重要转折点，标志着机组进入带核运行的新阶段。

装料后，机组进入启动阶段。机组启动是在热态功能试验后全面检验反应堆、核岛系统、常规岛系统及堆机调节等在带负荷情况下性能的重要阶段。首堆启动过程中先后进行了堆芯设计验证、堆控系统验证、核岛与常规岛调节性能及匹配性验证，各种安全性、可用率和响应性相关的瞬态试验验证，大容量机组接入电网的适应性验证，全厂总体性能试验等。面对验证过程中出现的偏差，台山公司协调各方，快速响应，按照风险导向、保守决策原则，先后解决了 EPR 引入中子反射层设计带来的堆芯径向、轴向功率与设计模型存在偏差的问题，机组升功率阶段先后遇到的一二回路系统匹配性、发电机低频功率振荡、常规岛汽水系统调节性能等重要技术问题。

在完成启动阶段试验及 168 小时示范运行后，2018 年 12 月 13 日 1 号机组具备商运条件。以此为标志，首堆工程全面建成。

继 2018 年 12 月 13 日 1 号机组商运后，2019 年 9 月 7 日 2 号机组投入商运，标志着台山核电项目全面建成投产。两台机组主要里程碑完成日期见表 1－1。

**表 1－1　主要工程里程碑完成日期表**

| 序号 | 里程碑 | 1 号机组 | 2 号机组 |
|---|---|---|---|
| 1 | 核岛第一罐混凝土 | 2009 年 10 月 26 日 | 2010 年 4 月 15 日 |
| 2 | 常规岛第一罐混凝土 | 2009 年 9 月 1 日 | 2010 年 3 月 13 日 |
| 3 | 泵房第一罐混凝土 | 2009 年 11 月 26 日 | 2010 年 2 月 4 日 |
| 4 | 核岛安装开始 | 2010 年 11 月 1 日 | 2011 年 8 月 30 日 |
| 5 | 安全壳穹顶吊装 | 2011 年 10 月 23 日 | 2012 年 9 月 12 日 |
| 6 | 反应堆压力容器到货 | 2011 年 10 月 30 日 | 2014 年 10 月 29 日 |
| 7 | 主回路焊接完成 | 2012 年 12 月 26 日 | 2015 年 7 月 19 日 |
| 8 | 核回路冲洗开始 | 2015 年 9 月 20 日 | 2017 年 12 月 26 日 |
| 9 | 冷试开始 | 2015 年 12 月 30 日 | 2018 年 7 月 3 日 |

续表

| 序号 | 里程碑 | 1 号机组 | 2 号机组 |
|---|---|---|---|
| 10 | 热试开始 | 2017 年 3 月 3 日 | 2018 年 12 月 10 日 |
| 11 | 首次装料 | 2018 年 4 月 10 日 | 2019 年 4 月 12 日 |
| 12 | 首次临界 | 2018 年 6 月 6 日 | 2019 年 5 月 30 日 |
| 13 | 首次并网 | 2018 年 6 月 29 日 | 2019 年 6 月 23 日 |
| 14 | 商业运行 | 2018 年 12 月 13 日 | 2019 年 9 月 7 日 |

# 第 2 章

# 首堆工程管理探索与实践

台山核电 1 号机组是全球第三台采用 EPR 三代核电技术建设的核电机组，在国外两个参考电站出现大幅延期的背景下，先后经历了两次重要转折和跟随、主导、领先三个发展阶段。台山核电除具有一般核电工程的特点外，还具有明显的首堆特征和自身特点，遇到了比成熟堆项目更多的困难和挑战。

台山公司在项目决策假设和边界发生根本变化的情况下，深入分析困难、形势和任务，果断调整方向、目标和路径，积极主导，动态调整，持续创新，坚守底线，通过决策建设首堆、协同管控设计、高效协调机制、全面掌控进度、整合首堆要素、安全质量保障等一系列实践、探索和创新，逐步完成工程建设任务，最终建成了全球 EPR 首堆工程。在此过程中进行的工程管理探索与实践，对后续类似的新建核电项目具有借鉴意义。

## 2.1 从参考电站策略到首堆策略

综合分析形势，考虑工程遇到的具体困难和下一阶段可能面临的重大问题，及时提出、决策建设 EPR 全球首堆工程，是扭转困局、掌握主动、后来居上最为关键的战略调整。

### 2.1.1 参考电站政策及其实施效果

**1. 参考电站政策**

本项目初期采用参考电站政策，主要参考 FA3 建设（少量参照 OL3），并在 NIEP、TGP 和 CIEP 合同中作出具体规定。

总体要求是：自设计开始的所有工程建设工作都要参照参考电站的工程经验，包括设计阶段的总体设计、安全分析、初步设计和详细设计等，施工阶段的施工技术方案和调试方案，运行阶段的运行策略和运行方案等。为保证核安全相关系统与辅助系统的一致，核岛和常规岛设计主要以 FA3 项目为参考，包括系统和设备设计；BOP 在借鉴 CPR1000 成熟经验基础上，充分考虑 FA3 设计及经验反馈，作为本项目的设计参考。因为设计采购合同有明确规定，并且主要设计单位与参考电站相同，从根本上保证了本项目的主要技术方案与参考电站的一致性。在此基础上，本项目将参考电站政策作为工程管理的主要原则，在管理方式、技术决策、商务策划、人员培训等方面都作出了相应安排。

**2. 参考电站政策下的工程推进及效果**

在项目建设初期，通过派员培训、经验反馈等形式，直接或间接吸取了 FA3 已有的设计成果和土建施工前期经验；同时，也借鉴了 OL3 土建和安装方面的部分经验。具体的技术问题利用与 EDF 的总体合作协议，通过工作单、问题单、澄清单、专家派遣及专题交流等形式，尽可能借鉴 FA3 的经验和成果。在初步安全分析报告（Preliminary Safety Analysis Report，PSAR）、环境影响评价报告（Environmental Impact Assessments Report，EIR）评审中，FA3 的经验和成果也起到了重要作用。

（1）前期工程阶段

前期工程阶段（1 号机组核岛 FCD 之前）的特点与成熟堆项目相似，以尽早实现 1 号机组核岛 FCD 为目标推进工程建设。该阶段的进度管理思路是以工程进度目标“后墙不倒”为原则安排工作；技术方案选择方面，以尽量采用参考电站实践成功的技术方案、我方可控的技术方案或不确定因素最少的方案为指导思想；在组织方面，为专项推动、协调重要节点相关问题的解决，参照成熟堆项目的运作模式，成立了 1 号机组核岛负挖协调委员会、1 号机组核岛 FCD 协调委员会。

因为独特的厂址条件，台山核电土石方工程量和海工工程量都很大，土石方的动态平衡相当困难。现场以减少甚至不发生土石方转运量为目标，以土石方动态平衡为手段，统筹策划土石方相关工程（如护岸和防波堤工程，场平二期，海工进、排水渠）的施工顺序、范围和进度要求。通过设计、进度、商务、施工四方对供需时间窗口进行专题研究，确定合理的方案，从而减少土石方迁移和转堆。回填场地几乎都是填海区，淤泥层厚，地基处理复杂；海底隧道、海水库、常规岛和泵房负挖淤泥量大，需解决淤泥迁移方案及消纳场地；通过专题研究确定了采用先抛填挤淤，再固化淤泥包的方案，解决软基处理与土石方消纳之间的矛盾。针对海底隧道，主要通过选择国内最有实力的设计院、承包商和监理、咨询公司形成强强联合、共同攻关的局面，针对重大方案和重大风险请专门组织、权威专家进行把关。

根据总体计划，1 号机组核岛 FCD 日期为 2009 年 9 月 1 日。受项目批复时间和合同等因素影响，前期准备关键路径工期缺口有 13.5 个月，向设计方提供 1 号机组核岛详勘资料的工期也有 8 个月的缺口。考虑到地质详勘的重要性并且现场详勘可以不受厂址选择安全分析报告和环境影响报告书的影响，综合分析各种条件后，最终决定打破常规，在厂址原貌就开始核岛地质详勘。经过各方面的共同努力，2007 年 11 月 21 日 1 号机组核岛地质详勘外业完成并按合同规定的时间向设计方提供了 1 号核岛详勘资料，2008 年 8 月 15 日 1 号机组核岛达到场平标高、8 月 26 日开始负挖，2009 年 8 月 17 日现场比计划提前 14 天具备 1 号机组核岛 FCD 条件，10 月 26 日实现了 1 号机组核岛 FCD。

（2）土建施工阶段

土建施工阶段（从 1 号机组核岛 FCD 至穹顶吊装）以尽早实现穹顶吊装为目标推进工程建设。该阶段的主要推进策略是参考电站政策的有效实施及经验反馈体系的高效运作，经验反馈体系包括设计经验反馈、重要设备制造经验反馈、主体工程建安施工经验反馈、调试经验反馈和工程管理经验反馈共五部分。该阶段的进度管理思路和技术方案选择指导思想与前期工程阶段保持一致，并成立了 1 号机组核岛穹顶吊装协调委员会。

通过经验反馈体系的有效运作，台山核电成功避免了曾在参考电站出现的一系列重大质量和进度问题，并在实践中形成了一系列技术创新与突破，如核岛筏基大体积混凝土整体浇筑、钢衬里模块化吊装、钢衬里底板设计和施工方案优化、钢衬里及贯穿件焊接、双安全壳施工等，通过施工方案优化缓解了工程图纸设计滞后等不利影响，保障了现场连续施工。2011 年 10 月 23 日顺利实现 1 号机组核岛穹顶吊装里程碑，创造了开工后 24 个月内实现穹顶吊装的 EPR 工期最短纪录，也是继 OL3 后第二个实现穹顶吊装的 EPR 项目。

参考电站政策在工程早期发挥了积极作用，特别是概念设计、初步设计、土建设计及主设备选型等工作，工程早期总体进展顺利，前期工程、土建结构施工阶段创造了 EPR 工程建设的多项纪录，为工程奠定了基础。与此同时，工程推进过程中也逐步暴露出设计进度不满足需求、设备供货进度滞后、设计变更较多且完成日期不确定等问题，直接影响着工程建设的平衡、可持续、中长期安排。

### 2.1.2 参考电站延期的影响

从 2009 年下半年开始，参考电站先后多次宣布延期。OL3 按 48 个月建设工期应于 2009 年下半年商运，但实际还处于土建高峰，且设计遇到重重困难、迟迟不能完成；FA3 开工后土建进展缓慢，在 2011 年下半年宣布延期至 2016 年并网，随后又遇到环吊牛腿施工质量问题，穹顶吊装还将推迟 1 年左右。参考电站建设工期的大幅调整，且趋势持续恶化、不可控制，对台山核电工程建设产生了大幅度、多方面、深层次的影响。

一是参考电站进度目标晚于本项目进度目标 3 年多，参考电站政策继续执行的前提不复存在。台山核电的核岛部分关键路径的实际进展已超过 FA3，与 OL3 的实际差距已缩短到 1 年半左右，并且 OL3 从 2012 年上半年开始进展缓慢，预期差距还将缩小，可供借鉴的技术成果和经验越来越少。基于原来框架安排设定的管理参照系不再适用，工程进度、投资等各方面管理、评价基准及原来的管理方法、方式需要进行调整。

二是项目决策和合同执行的边界条件发生了根本变化。受前两个 EPR 项目拖期影响，原合同（包括下游分包合同）的假设条件发生了重大变化，对技术、进度、商务等多方面执行带来了直接影响，技术实现、工程超期、计划外工作、商务谈判原则等问题已经成为制约工程进展的重要约束条件，成熟项目的管理思路面临重大考验。

三是 EPR 共性难题逐步暴露，各项目面临的困难及所处阶段逐渐趋同，DCS 技术方案、严重事故分析和对策、关键设备鉴定、调试总体逻辑等解决难度大的共性问题突出。新堆型、新设计遇到此类困难和问题实属正常，这也是本项目采用参考电站政策的初衷。因为实际困难远超预期，继续执行原定的策略已很难达到预期的效果。

基于参考电站政策确定的跟随策略面临重新决策，是放慢节奏继续跟随，暂停等待、后移投资重心以减少损失，还是独立推进，随着工程推进和形势变化，逐步摆在了面前。

### 2.1.3 首堆策略管理思路、措施及效果

台山公司从 2011 年就开始思考和研究参考电站延期的应对策略，摸情况、理思路、找方法，广泛沟通，凝聚共识，为后续发力创造良好氛围和条件。对 1 号机组按 EPR 首堆工程建设的可能性、困难、风险及应对措施等进行了全面分析，识别出了对工程推进有重大影响和风险较高的各类问题。通过对国内外类似核电项目的广泛调查与深入研究，发现台山核电更接近于“首堆”项目。首堆是指反应堆采用新设计且首次或首批开工建设的核电机组，通常采用许多新技术并且没有完整的建设经验。首堆工程建设必须要解决

从“设想”到“实现”中遇到的一系列新情况、新问题，经历新堆型所必需的设计迭代过程，在实施过程中未知和不确定因素多、风险大。首堆与成熟堆项目的特点对照如表 2–1 所示。

**表 2–1　首堆与成熟堆项目的特点对照**

| 堆型 | 成熟堆 | 首堆 |
|---|---|---|
| 技术 | 已经过完整验证 | 未经过完整验证 |
| 设计 | 技术成熟，翻版设计，早于所需 | 新设计，反复迭代，设计变更多，晚于所需 |
| 供应链 | 配套完善，批量化生产 | 需研发新设备或拓展供应渠道 |
| 实施主体 | 有类似项目的经验 | 缺乏经验 |
| 技术标准 | 标准基本不变 | 标准有提高 |
| 风险 | 确定性高，风险小 | 未知和不确定性高，风险大 |
| 计划安排 | 已经验证科学合理，切实可行 | 未经验证，不确定因素多，合理性不足 |
| 进度管理 | 侧重于纠正偏差 | 侧重于分析研究，动态调整 |

随着时间推移，台山核电在进度上超前 FA3 项目的趋势还将延续，与 OL3 项目的进度差距进一步缩小，原定参考电站政策执行的基础已不复存在，项目初始假设和边界条件发生了根本变化，初期确定的策略、目标和机制等已经不能适应项目推进的需要。经过严密的正向推演，逐步认清了项目前景及 1 号机组所面临形势的复杂性、严峻性。按照 EPR 首堆工程推进台山核电建设正逐步成为现实。

综合分析形势，纵观全局也发现危中有机，台山核电在设计、设备制造、建安施工和调试等工程建设各个环节集成了中法核工业的最强力量，更具整体优势且合作共赢的理念深入人心，台山核电基本具备率先突破 EPR 技术难关的条件。及时提出并决策建设 EPR 全球首堆工程，是扭转困局、掌握主动、后来居上最为关键的战略调整。

**1. 首堆策略管理思路**

（1）明确“建设 EPR 首堆工程”战略任务

自 2011 年下半年开始，台山公司就把台山核电建设成为国际 EPR 首堆工程的可能性、面临的困难、采取的措施等进行了研究，并与法马通和 EDF 进行了多次交流。经过综合评估项目形势、任务和挑战，特别是影响重大的 9 项技术问题，2012 年中编制《参考电站延期应对策略报告》，提出建设首堆工程。在同年 10 月召开的第 16 次董事会上，按照“建设 EPR 首堆工程”的总体策略推进台山工程建设工作得到批准。随后，在第四次台山项目协调委员会会议上，与会各方就按照“EPR 首堆工程”建设台山核电项目取得高度共识。该共识的取得，为台山 EPR 首堆工程相关各项建设工作的启动和全面展开奠定了坚实基础，为国内外各参建单位转变工作方式、资源投入等做出了重要安排。

（2）构思“三阶段、两步走”总体策略

从台山核电前期实践、国际 EPR 项目建设历程及各项目当前所处阶段、面临问题、管理模式及建设环境等方面判断，台山核电有可能经历“紧密跟随”“积极主导”“全面领先”三个阶段：以主回路安装开始为标志，第一阶段已经结束；第二阶段的重要特点是“业主主导、发挥合力”、按照“独立项目、首堆工程”推进工程建设，这是项目必须经历的阶段，也是最为艰难的阶段；第三阶段“全面领先”取决于内、外两方面，即根据工程实际进展、结合外部形势，适时明确提出“建设首堆工程”的战略目标，力争实现工程建设的超越。

在上述三阶段中，第一步的预期效果已实现；第二步是由“紧密跟随”向“积极主导”转变，是一次重大转折，也最为关键；从“积极主导”到“全面领先”则是目标的提高、工作的延续、成果的体现，应是水到渠成。故“三阶段、两步走”，重点要走好第二步，将“积极主导”抓实做好，按建设首堆工程的思路、方法和要求推进台山工程建设。

（3）落实“积极主导、协同推进”思路

立足工程实际，力求掌握主动。回归到项目的进度基本属性，坚持目标引领，在推进过程中逐步暴露和解决技术、管理问题，要点是目标反映工程实际、合理可达、适度从紧。鉴于OL3、FA3项目已经出现的问题及后续进展的不确定性，做好率先完成EPR首堆工程建设的各方面准备，深入分析台山核电进展、自身优势、存在困难、焦点问题和发展趋势，动态研究和调整工程总体目标，立足工程建设目标和焦点问题，提出工程后续各种可能的路径、策略和完整方案，根据实际需要分步、分阶段实施既定方案，力争掌握工作主动。

共性问题互通有无，个性问题独自处理。作为国际上采用EPR技术的首批项目，随着3个项目建设进展的接近，台山核电与OL3、FA3既面临大量EPR技术的共性问题，也有各自的个性问题。通过经验反馈、现有渠道和其他方式，紧密跟踪OL3、FA3进展。针对共性问题，利用OL3、FA3在相关领域的方案、成果和经验，在此基础上进行创新和突破。针对个性问题，台山公司独立自主处理，聚焦关键、不等不靠、全力突破、全速推进。

统合资源，协同推进。参考电站政策调整及按EPR首堆工程建设台山核电，对各单位能力、资源投入、组织方式等提出了新的要求。一是，倡导、协调并推动业主、主供应商共同解决EPR共性问题；二是，发挥中广核、EDF和法马通已经建立的合作关系和合作平台，分工协作解决重大技术问题；三是，统筹中广核集团内部相关单位的资源投入和依托力量，集中优势力量寻求解决方案；四是，继续发挥建安施工单位的主观能动性和经验能力，为后续工作创造条件。利用优势互补解决设计、采购问题，尽可能用下游工作弥补上游工作的不足。

同时，保持与监管部门的密切沟通，针对参考电站政策调整，及时报告执照申请文件准备、审评组织及审评方式等工作过程中需关注的问题，有效推动执照申请等各项工作的顺利开展。

**2. 影响首堆策略推进的主要问题和应对措施**

（1）主要问题

按照建设EPR首堆工程的思路，通过对工程建设各环节进行深入分析，识别出对工程后续推进影响较大的三类9项重大技术问题，如表2－2所示，主要影响在设计采购、执照申请、工程调试等几个方面，这也是整个项目实施过程中难度最大、影响最大的部分。

**表 2-2 影响首堆策略推进的 9 项技术问题**

| 类型 | 序号 | 技术问题 |
|---|---|---|
| 一、工程设计 | 1 | 原型设备的鉴定 |
| | 2 | DCS 设计及平台测试方案固化 |
| | 3 | 堆芯设计 |
| | 4 | 原型堆试验（即 FOAK 试验） |
| | 5 | FSS 设计和测试方案固化 |
| 二、文件编制 | 6 | FSAR 文件出版 |
| | 7 | 运行文件出版 |
| 三、总体逻辑 | 8 | 役前检查及在役检查窗口及实施 |
| | 9 | CTT、CFT、HFT 窗口安排和现场实施 |

第一类型分为三种不同情况：一是三个 EPR 项目共同面临的还未固化的设计方案，如 DCS 设计和平台测试方案、堆芯设计等；二是根据合同初始安排，本应该在参考电站项目上固化和实施的工作，不得不在本项目实施，如 FOAK 试验、设备鉴定等工作；三是在本项目初期采用参考电站方案进行包络设计，由于参考电站大幅推迟，后续的跟踪、验证和修改将成为困难。这些工作涉及的设备或系统大都与核安全相关，影响大，风险也大。

第二类型与第一类技术方案相关，并将影响执照申请和生产准备（包括操纵人员取照）。由于在 NIEP 合同中已明确了参考电站政策，审评将参考电站经验作为主要原则之一，从核安全审评角度，参考电站的影响很大，约束力很强。台山核电需在参考电站前完成文件编写，对设计方和台山公司来说都是挑战。

第三类型问题是首堆工程面临的特殊问题，涉及工程总体逻辑和组织方案。由于 EPR 技术特殊性，不能完全参照 CPR1000 执行。

除此之外，在工程组织管理方面，台山核电从前期准备开始，一直按照既定的参考电站政策和跟随策略推进。调整为首堆战略后，对项目管理思路、决策能力、工作方式、思想认识等各个方面都将带来深刻影响，迫切要求摆脱参考电站政策的影响，在各方面尽早形成新的支撑。

（2）应对措施

一是加强预测分析和总体策划，从技术、商务、执照申请等方面思考应对之策，做好建设“EPR 首堆工程”的各方面准备。思想上，充分认识参考电站延期带来的影响，在继续借鉴先行项目成果、经验的同时，指导思想、管理模式和工作机制逐步、尽快、全面向“建设首堆工程”过渡；技术上，按照轻重缓急，加快推动 9 项重大技术问题的解决，并继续滚动更新问题清单，分阶段逐步解决其他技术问题，并要关注三个 EPR 项目重大技术方案的偏差管理；进度上，根据首堆项目建设特点，推行实施首堆工程进度管理机制，按照“明确目标、倒排计划、适度从紧，分段做实、动态优化、科学管理”的原则，升版进度控制大纲和相关管理程序，并按此推进工程进度计划管理工作；机制上，在高层的大力支持下，探索建立“中广核组织和全面参与，设计方为主负责，充分发挥 EDF 作用，协同解决 EPR 重大技术难题”的三方平台和机制，作为技术保障；商务上，在上述框架和背景下，积极主动与相关各方探讨商务方面的经济补偿和奖惩机制，以调动各方的积极性。

二是以尽早实现核回路冲洗（NCC）为主线，重点突破 EPR 瓶颈问题，全面推动各项工作。以尽早实现 NCC 为目标，统筹安排全厂关键路径工作，协调推进设计、供货、施工和调试进展，全面完成既定各项任务；明确目标、制定计划、分解责任，重点推动、逐个突破影响 EPR 建设的设计固化、设备鉴定、DCS、首堆试验等 9 项瓶颈问题；根据轻重缓急，抓紧推动解决对 NCC 影响较大的问题。

三是抓住主要矛盾和关键环节，多层面、多渠道推动设计方加快解决关键问题。在 C9 委员会、C9 协调小组会基础上，进一步加大高层互动频率，协商建立高层季度（双月）协调机制，通过高层推动设计方加快解决 EPR 项目的共性问题（如 NI 设计固化、设备鉴定、DCS 等）；坚持项目月度协调会制度，在项目层推动台山核电的特殊问题（设计团队办公地点向现场转移，协调效率、技术问题等）；在合同边界条件发生重大变化的背景下，加强重大商务策略研究，利用合同奖罚机制促进关键问题突破。

四是积极主动与主管部门及利益相关方进行沟通汇报，尽可能争取各方支持，为项目顺利推进创造各方面条件。加强向国家核安全局（NNSA）的汇报，围绕 FSAR 评审，就 NNSA 关注的 EPR 首堆评审及安全分析、事故规程、设备鉴定等焦点提前进行沟通；加强沟通汇报，进一步发挥好各股东方相关单位和资源对台山核电各方面的支持保障作用；在上游条件不利的情况下，统筹兼顾各方实际情况和合理利益诉求，尽量保持下游施工单位的动力和投入，一旦上游条件改善，现场工作即能全面推进；加强与工程公司各层面在核岛 BNI 采购等方面的沟通、交流和互动，重大问题提前协商一致，协调推进工作。

五是加强内部协调，强化责任落实。对于 NCC 关键路径工作和关键行动，以及其他影响工程推进的重大事项或问题，成立跨部门的专项协调组织、制订专项计划，专人、专项协调和推进相关工作；以加快推动解决影响工程建设的重大问题为目标，调整进度协调会组织方式，将协调责任直接落实到人，并与个人绩效挂钩；积极应对 EPR 首堆工程挑战，通过对标和找短板，明确管理改进计划和能力提升计划，加强队伍能力建设，提高工程管理水平。

**3. 首堆策略下的工程推进及效果**

（1）安装施工阶段

1 号机组实现穹顶吊装标志着核岛从土建施工阶段全面转向设备安装阶段。该阶段项目管理的策略由“参考电站”策略，逐步转变为“EPR 首堆工程”策略，以尽早实现冷试为目标推进工程建设，通过早日实现 NCC 为抓手，深入探索 EPR 首堆工程建设规律和首堆工程管理方式。

这一阶段主要工作包括：聚焦影响首堆建设的设计问题，完成设计第一阶段固化，探索并初步形成设计管理思路和方法；集中解决了与首堆工程直接相关的首堆试验文件、设备和人员等方面的准备；以尽早实现 NCC、冷试为目标，集中攻坚设备鉴定、DCS 修改等设备供货问题，在支持工程进展的同时，逐步形成了首堆工程管理的总体思路；从制造、施工、调试和商务等方面入手，引入新的力量和元素验证首堆设计、应对首堆设计迭代，分步解决了技术攻关、组织方式、资源投入等一系列问题，在整合能力方面进行了探索；继续全面推进实体工程进展。

以 NCC 准备为主线，明确目标、制定计划、分解责任，重点推动、逐个突破影响 EPR 工程建设的瓶颈问题；同时，为加强内部协调，强化责任落实，针对 NCC 关键路径工作和关键行动，成立跨部门的专项协调组织、制订专项计划，协调和推进 NCC 相关工作，并成立了 NCC 相关的 9 个专项工作小组。

全面梳理 NCC 所必需的系统和设备条件，通过逐个系统和采购包的详细梳理，识别出影响 NCC 的关键因素（采购包、设备、文件等），集中力量重点突破并探讨可能的优化措施或对策。调试方面，打破常规调试逻辑，研究提出开始 NCC 的 4 套备选方案；根据“及早开始 NCC、争取局部突破”有利于首堆工程的总体判断，结合设计供货的实际情况，动态优化并最终决策实施试验难度和影响较大、外部约束较小的最小方案（NCC4）——中压安注箱排放试验；采取倒逼机制，反向推动法马通局部固化完成了与试验相关的系统设计、施工图纸和调试文件，协调解决大量设备供货方面的问题。

在设计未最终固化的条件下，主动策划，通过加大协调力度和内部挖潜等措施确保现场施工和安装上量；围绕机组联调各重要节点，结合上、下游工作进展，细化安装上量和系统安装竣工状态报告（End of Erection Status Report，EESR）安排。在系统移交方面，提前梳理、分析系统 EESR 条件，对于处于关键路径的重要核岛系统，调试提前介入，以系统尽早开始调试为目标，全面跟踪、推动遗留问题的解决。

2013 年 12 月 17 日 1 号机组核岛第 3 环路中压安注箱排放试验开始，12 月 20 日 4 个环路试验全部完成、结果合格。2015 年 9 月 26 日最终完成了完整的 NCC。

在推动 NCC 目标过程中，EPR 重大技术问题逐步得到解决，首堆工程管理经验逐步积累。后续工程推进过程中将 NCC 前提条件梳理方法扩大到全厂，并对安全壳打压试验、冷试、热试、装料等后续关键里程碑的前提条件进行全面分析，以便及早发现问题、解决问题，加强全厂上下游的协同贯通。

（2）调试阶段

当安装量到达一定比例之后，安装工作由上量为导向转为以系统为导向，进而进入冷试准备阶段。至此，工程推进策略转变为“以下一个联调节点准备为中心，统筹考虑整个联调周期工作”的模式。

1）冷试准备及实施

经过前期探索、尝试和总结，并组织多方案比选、深入研究、反复讨论，2014 年 11 月台山公司提出尽早开始冷试、同步推动及早完成详细设计、分段解决问题、以重大工程里程碑作为控制点的工程总体管理思路，并与内外各方协调一致。在此基础上，以计划为龙头、以调试为牵引，组织专项攻坚组，逐个解决问题，加快冷试准备。整个冷试准备过程由冷试准备委员会（2014 年 1 月份启动，后期改为冷试协调委员会）牵头进行冷试相关事宜的安排、跟踪、分析、决策。

为保证 1 号机组尽早开始冷试，根据工程实际进展，提前与设计方共同分析、充分讨论，对冷试所需系统、功能和条件进行多次优化、比选和论证，并据此修订文件，制订专项计划，进行动态控制。

在准备的初期，策略是整体推动冷试相关 186 个核岛子系统的移交和调试，但受制于设计配置状态文件升版（设计修改）滞后和系统移交过程中遇到的上游问题，冷试相关机务系统移交进展缓慢。

为了解除设计配置状态升级对冷试的制约，工程线决策采用满足冷试的配置状态（CSE+）进行冷试，而满足热试的配置状态则放到冷试后再进行升级。针对冷试相关机务系统移交进展缓慢，工程线分析梳理出“42 个冷试关键机务子系统+14 个重点辅助子系统”进行重点推动。其中 42 个冷试关键机务子系统分属于 10 个系统，成立 10 个对应的专项组推动移交和调试，每个专项组由单独的部门级经理牵头，且由总经理部领导进行监管。采取上述措施的根本目的是为了推动 1 号机组尽早完成冷试，把项目带入下一个阶段，也以此促进核岛 EP 供应商尽快完成设计固化。

文件准备方面，充分发挥设计队伍在现场的优势，推动优先出版冷试所需文件。系统移交方面，在设计文件推迟提交的情况下，大力推动解决安装上量及系统完整性问题，较短时间内完成电仪安装上量和系统消缺；在总体进度偏紧的情况下，创新工作机制，工程、生产各部门紧密协作，通过调试提前介入安装、EESR 与 TOB 并检、机电分开联检、提前预检等方式，全面带动工程向前推进，系统移交实现突破。面对调试初期遇到的各种问题，调动工程生产各部门、设计供货和建设单位、集团相关兄弟单位等各方面的资源，专家诊断、备件补供、物资调配、报关报检等各个方面都及时响应现场需求，快速解决问题；在调试工期大幅压缩的情况下，坚持下游推动上游，调试主导工程主线，动态优化调试逻辑和试验安排，及时调配和保障人力资源。

经过专项推动，42 个冷试关键机务子系统在 2015 年第三季度完成了 EESR 移交。2015 年 12 月 30 日，1 号机组冷试开始，2016 年 1 月 27 日结束，成为全球第一个开始和完成冷试的 EPR 核电项目。

冷试的成功实施，是工程建设战略调整后，经过三年的调整、转变、探索和推进所取得的重要、标志性进展。从管理、技术、进度等方面检验了首堆策略的可行性，为后续加速推进工程腾出了时间窗口，为全面推进后续工程奠定了基础。

2）热试准备及实施

热试准备的工作多于成熟堆项目，主要体现在前期遗留项、设备改造（主泵、CRDM 等）、首堆因素（首堆试验仪表安装）、系统移交比率较低、大量设计变更等方面。其中因配置状态升级而导致的大量设计变更是最为关键的因素，直接关系到系统的移交和调试。

基于上述情况，台山核电 1 号机组热试准备阶段重点推动三方面的工作：一是堆腔主线，包括首堆试验仪表的安装；二是设计变更和设备改造；三是热试相关系统的移交和调试。整个热试准备过程由热试准备委员会（2016 年 2 月启动，后期改为热试协调委员会）牵头进行热试相关事宜的安排、跟踪、分析、决策。为了加大重点工作的推动力度，成立了 14 个专项组，与热试委员会一起，形成完整的热试推动体系。

堆腔主线推进过程中，由于 PMC 干试期间问题较多，进度一再延后，故决策将剩余干试推后至热试后再执行，在一定程度上增加了热试至装料的堆腔主线工作，但可以大大缓解热试前堆腔主线的工作压力。

对于设计变更，总体的推动策略是冷试后尽早完成现场执行，为系统移交和调试创造时间。台山核电 1 号机组实际于 2016 年 4 月至 8 月期间完成了 DCS、中低压配电盘、电气贯穿件的改造，这也是 1 号机组最后一次大规模的集中改造，后续的改造均采用逐项或小批量执行的策略。

对于热试相关系统移交和调试，分析明确了热试相关系统清单并优先推动。受设计变更影响，热试相关系统的 EESR 移交集中在 2016 年的第三、四季度。

2017 年 3 月 3 日 1 号机组开始一回路进水，4 月 1 日获监管部门批准升温升压，8 月 4 日热试结束，EPR 首堆设计的总体性能得到了充分验证。

3）装料准备及实施

热试后组织快速修改新发现设计、设备问题并集中组织消缺、收尾和核清洁等工作，组织对影响工程的 RPV 顶盖、DCS 修改测试及其他执照申请重大问题等进行集中攻坚。装料准备阶段的工程推进策略类似于热试准备阶段，重点推动堆腔主线和 HK 接料、系统调试、设计修改/设备改造，不同之处在于装料准备期间对尾项消缺和执照申请工作的要求更高。

组织方面，整个装料准备过程中由装料准备委员会（2017 年 2 月启动，后期改为装料协调委员会）牵头进行装料相关事宜的安排、跟踪、分析、决策。为了加大重点工作的推动力度，在热试准备期间各专项组的基础上，先后运作了 19 个专项组，与装料委员会一起，形成完整的装料推动体系。

2017 年 12 月 18－22 日国家核安全局组织了 1 号机组装料前综合检查，开始装料前消缺。2018 年 4 月 10 日 1 号机组开始首次装料，4 月 16 日首次装料顺利结束，标志着机组进入带核运行的新阶段。

4）机组启动

机组启动是在热态功能试验后全面检验反应堆、核岛系统、常规岛系统及堆、机调节等在带负荷情况下性能的重要阶段，与成熟核电机组相比，首堆启动过程中有许多新的特点，包括：堆芯设计验证、堆控系统验证、核岛与常规岛调节性能及相互匹配性验证、从电站安全性、可用率和响应性等方面考虑的各种瞬态试验验证、大容量机组接入电网的适应性验证、全厂总体性能试验等。

在此期间，堆芯物理试验、核岛对常规岛带负荷情况下调节需求的响应、机组接入电网以后表现及 60%、100%两个功率平台下的瞬态试验等经过了一个渐进的认识过程。启动阶段，共发生了 9 次非计划停堆，其中有人因相关部分，但主要还是人机、厂网、堆机等接口在负荷变化情况下的首次匹配和适应过程，也是调试发现首堆设计缺陷和深层次问题、进一步加深对 EPR 首堆设计理念、方案和手段理解的过程。在此过程中，通过摸索、创新和总结，逐步形成了以“事前推演”和“事后复盘”为核心的“7+3+3”启动阶段机组风险控制做法，积累了 EPR 新技术核电站运维的初步经验。

在完成启动阶段试验及 168 小时示范运行后，台山核电 1 号机组于 2018 年 12 月 13 日具备商运条件。以此为标志，首堆工程全面建成。

## 2.2 首堆工程本质特征和主要挑战

与技术成熟、标准化、批量化建设的核电项目不同，台山核电开工时，EPR 三代核电技术尚处于从产品研发到工程实现的过渡阶段，创新性的技术尚未经工程实践验证，深层次的问题尚未充分暴露，存在较多的未知和不确定因素，技术性难题对项目建设具有重要影响。因此，台山核电首堆工程具有科研任务和大型项目的双重特征，兼具科研任务的不确定性和大型项目的复杂性。前者主要体现在工程设计环节，以及由设计要求引起的制造、施工、调试、运维各环节的研发、创新等需求；后者是大型核电项目的典型特征。

### 2.2.1 EPR 首堆的本质特征

回顾台山核电建设过程，设计的反复迭代、修改是首堆的本质特征。

第一，从提出设计目标、到建成首堆工程，需要经历概念设计、初步设计、详细设计、设备研发和制造、现场施工、系统调试和运维检验等多个阶段，具有科技研发、大型项目和核电工程等多重特征，存在较大不确定性，需要考虑缓冲和调整空间，管理上还要保留一定灰度。

第二，基于概念设计阶段总体目标提出的设计要求未充分考虑产业链承接能力，要满足三代核电提出的高目标和高要求，制造、施工、调试、运维等各环节都面临新考验，核岛设备研发、鉴定等由于能力、经验等原因耗费了大量时间，最长设备研发时间超过 10 年、部分设计因技术不成熟退回原来的设计；新的施工工艺及新系统、新设备的调试也需要一个探索、适应的过程。

第三，设计的多重目标相互矛盾，初始假设中更多从单一角度考虑提出的分项目标没有基础，按照在最新压水堆核电站基础上渐进式改进的思路，为实现总体安全性、运行灵活性、辐射防护性能、电站 60 年寿期及经济竞争性等多重目标，设备、系统、厂房复杂、数量多、工程量大，且盘根错节、相互影响，造成设计迟迟不能固化，同时影响初始目标和工程推进。

第四，首堆设计的反复迭代是后工序验证前面各工序必然经历的过程，验证就存在成立和不成立两种可能，需要多个环节互动，边向前、边发现、边解决问题，由此带来的设计迭代影响到工程各个环节，并对设计目标形成挑战。

### 2.2.2 首堆工程的主要挑战

从工程建设的整体来看，台山核电遇到的主要困难和挑战体现在以下方面。

设计方面，新堆设计面临从初步设计到详细设计再返回初步设计的反复迭代过程。初步设计从概念设计出发，依据以往积累的工程经验，以包络和假设开始，需要详细设计阶段的计算、细化及实施，也需要设备和材料的设计、制造和鉴定，还需要施工和调试阶段的检验。因为是新堆，研发和设计之初潜伏下来的问题，到设备研制、系统安装和调试阶段才充分显现出来，存在很长的滞后效应，不能或难以提前预见。自 2009 年以来台山核电设计已经历六个设计组态，如图 2-1 所示，工程设计无成熟项目参考，设计固化推迟，设计变更量大、反复多，既影响设备制造与供货，又影响下游施工安装和调试。

设备采购和供货方面，EPR 设计标准提高，全球供应链尚未适应三代核电要求，设备研发及验证耗费大量时间，并且反向影响工程设计，导致设备及材料供货延误。部分 EPR 新设备研发难度较大，对供货进度及设备质量产生较大影响，尤其是核岛辅助设备的供货延误非常严重，不仅严重滞后于合同规定，而且滞后于实际需求。相比成熟堆型，首堆工

图 2－1　仪控设计组态

程设备鉴定要求高、管理难度大，进而影响设备按期交付和安装、调试工作。受设计变更的影响，新增物项的采购较多，影响较为突出，核岛大宗材料供货缺料情况较为普遍和严重，部分设备需要重新制造或返修。2012 年底，设备供货不足 40%；2013 年底，设备的供货仅达到 80%；直至 2018 年 4 月装料前仍有少量的设备没有到货，成为制约 1 号机组关键因素之一。

施工方面，新堆型、新技术给施工带来了新挑战，主要体现在三个方面：一是 EPR 自身工程量大，主体工程土建和安装的工程量均远大于 CPR1000；二是施工过程设计尚未最终固化，上游设计采购和供货与计划偏差大，制约施工上量，且设计变更多导致返工量大，按施工合同计划，施工周期短，资源高峰集中；三是新的厂房布置和系统设计导致施工逻辑更复杂，土建移交房间与安装需求不匹配，土建施工顺序改变、房间数目增多，造成多厂房、多工种的深度交叉施工，加大了施工协调的难度。

首堆试验和联调方面，为验证系统安全设计假设，不仅在调试阶段要完成常规试验，还在首台机组调试过程中增加了 17 项首堆试验，其试验方案、条件准备、结果验证和风险控制存在很大的难度和不确定性，如堆芯流致振动试验，除了技术风险，全部 52 个特殊探头，仅仅采购周期就需要 18 个月，现场安装和拆除还需要 6 个月。首堆联调过程还要克服原型堆、原型机、首台套、厂址技术特点、最先进最复杂的 DCS 控制系统、一回路对二回路的瞬态响应、超大功率机组接入电网等方面的各种技术挑战和风险。

进度方面，在建设初期，台山公司参照中广核成熟堆项目的成功经验，建立了常规的全周期六级进度计划管理体系，对工程建设的设计、采购、施工及调试全过程进行目标管理和过程控制。随着首堆工程的推进，设计方面大量上游技术问题短期无法有效解决，对下游各个环节产生影响，且相互交叉、效应放大，导致进度管理难度增加、可控性变差，工期延长且难以预测和评估。“总体目标基本不变，重点管控局部偏差”的常规方法已不能适应工程建设的新形势，也不能有效发挥计划的指导作用。

资源方面，既有由于工作量上升导致的总体资源需求增加，也有无规律的资源需求阶跃、起伏，还有应对设计变更等特殊需求的短期资源匹配等。

成本方面，作为 EPR 全球首堆的台山核电 1 号机组虽然后来居上，但相比 2013 年底投产的预期，仍然晚了五年。工期的延长直接导致成本大幅上升，包括延期导致的财务和管理费用，由于直接、间接原因导致的工程量增加、返工、窝工等额外费用。伴随着首堆建设的全过程，台山核电始终面临造价和成本控制的巨大压力。

合同和商务方面，首堆工程建设过程中的进度、成本和资源等因素对合同和商务管理的既定框架形成了冲击，原有的合同都是在对 EPR 技术和项目建设普遍乐观的预期下确定的，当困难开始显现并逐步加剧时，已进入项目中期。已经形成的利益格局、需要追加的资源投入，参建各方长期利益和短期利益的平衡，都可能成为必要调整和解决问题的重大障碍。

国外 EPR 项目方面，由于总资源受限，同一承接单位要在三个项目之中确定优先级，这是贯穿工程全过程的问题。同时，由于三个项目在不同国家，政府监管、标准规范等方面还不尽相同，台山核电后来居上后，需要应对起源于其他项目的一些特殊情况。

此外，在遇到困难、调整转变和攻坚突破的过程中，由于人的惯性思维、依赖思想、畏难情绪、能力经验等因素，组织的思想转变、能力提升、战斗力保持等方面的挑战也不可忽略。

## 2.3 关键管理举措

首堆工程建设面临诸多挑战，工程推进的方向、目标和任务等不确定性大幅增加，各参与方的能力、资源和安排等方面的不适应性逐步显现，严峻形势要求各方面进行调整、转变和创新。在始终坚守安全质量底线的前提下，充分发挥大业主模式优势和业主的主导作用，尽可能保持项目各阶段都有清晰的方向、明确的目标、到位的资源和高效的响应，在动态变化过程中抓住主要矛盾、聚焦关键问题、突破薄弱环节、快速响应联动。

### 2.3.1 协同应对设计挑战

设计迭代修改是首堆设计的最本质特征。首堆从概念设计、初步设计、详细设计，到设备研发、鉴定、制造，再到建安施工、系统调试、运行检修等各环节，后一阶段总是验证前面各阶段累积的假设、成果等，是一个连续过程。由此引起的首堆设计修改及其影响的管控，就成为贯穿工程的一个现实挑战。其中又以核岛的设计修改问题最为突出、复杂和困难。

**1. 设计管理的总体策略**

一是主导节奏、整合能力，在原设计方总体责任不变的前提下，通过与设计方全面协商，引入设计院、研究院等后援单位进行评估、审查并根据情况分担部分设计任务，以尽可能主导设计管理思路、走向、路径和进程。

二是及早固化、分段实现，经过与设计方的反复争论，2013 年 9 月至 2014 年 2 月组织了集中设计审查，基本固化了潜在修改项目，明确了与工程节点结合、分段完成详细设计的安排。

三是严控修改、优化窗口，严格控制新增设计变更，与设计方讨论形成设计变更控制机制和流程，由“批量修改”调整为“一单一改”，设计方提出、业主审查、最终讨论确定每一项新增修改，实施时间由业主根据主线计划统筹管理。

四是质量优先、坚守底线，无论如何主导、如何推进、如何控制，必须以确保安全和质量为前提，考虑修改必须高度重视设计方所做的必要性和影响分析。这一策略的直接效果是设计管理的思路逐步得到设计方认可、执行，并通过整合能力、分担任务等方式，提高了整体效率。

**2. 分类分段解决设计开口问题**

设计固化审查是首堆设计推进过程中的重要分水岭，其成果主要体现在固化的设计范围和方案、待解决的开口问题清单两个方面。

2014 年核岛设计固化及后续安排落地，整合内外部力量完成了系统设计审查，确定核岛设计组态及后续设计修改原则和流程，完成全部核岛设计修改项必要性和影响分析，与设计方最终达成核岛设计一揽子解决协议，包括最关键的 CSE＋及 HFT 的设计固化，消除了设计因素对设备制造进度和现场施工形成的制约，将项目整体进程纳入可控范围。

设计固化之后的管理原则是：聚焦解决影响功能的问题，严格控制锦上添花的项目。

对于审查发现的开口问题和后续新发现问题实行分类管理：核安全相关问题，逐项跟踪，单独管理，推动及早解决；涉及不同参与方的设计接口问题，重点关注，大力协调，力争一次解决；由二级、三级分包商负责详细设计的部分工作，如通风、火灾探测、通信、照明等，专人负责，集中推动，确保底线需求；电气、仪控是设计的后专业、调试的前专业，工程后期也是设计完善程度和质量的风向标，须重点关注；其他问题，按重新制订的详细设计计划推进。

总体上，按照主工艺系统、辅助工艺系统、支持功能系统、电气系统、仪控系统等逻辑、顺序，通过专业内纵向符合性检查、专业间横向一致性检查等手段保证设计质量，并从全厂设计总体完整性、设计文件完整性等方面进行校核。

**3. 创新应用技术组态管理方法**

按正常逻辑，设计组态固化、设计完成后，转入施工组态，重点管理设计修改；后转入调试阶段，重点管理变更申请；运维阶段组态管理的重点是电站改造。首堆工程各个部分是第一次匹配，且前后迭代、相互影响。设计固化审查以后，最初考虑是全面完成设计修改后加快推进工程建设，但很快出现了新的矛盾：完成全部设计修改涉及多个领域、多家单位、多个环节，实际用时远超预期，还不断发现新的问题，且现场已经完成的施工需要大面积返工。

经过反复分析、比较和评估，2014 年下半年决定调整策略，分两段执行：

第一阶段，以冷试为目标，按“最小条件＋裕量”原则确定必需的系统范围，利用安装阶段组态下已经完成的设计、施工成果和基础，在确保方案可行、不出现颠覆性问题的前提下，推动以“安装组态为基准、补充必要修改”尽快完成设计，延后现场返工时间，及早开始冷试，为全面完成设计修改、详细设计争取时间。

第二阶段，以“启动阶段组态”作为最终状态，全面完成设计修改、详细设计，分 HFT－1、2、3 三批编制详细设计计划，以此控制冷试后的工程建设。以实现冷试为目标，运用组态管理的思想、原则和方法，确定最小范围、基准组态、实施方案及第二阶段安排，是在特殊条件下进行的一项特殊尝试。该方法在热试前集中修改完成后的单项修改管理过程中，如实施窗口、工作打包、文件出版、质量控制等方面，一直得到延续应用。

**4. 采购应对设计迭代影响**

首堆设计对采购的影响体现在采购各个环节、工程各个阶段，包括订单（选型及数量）、鉴定（产品研发）、制造（质量及进度）、运输及保养等，须区别对待、分类处理。

为应对设计修改引起的订单修改，推动设计结合现场实际考虑方案，选择已供货物项永久或临时替代；成立 BNI 联合采购队，负责采购变化、制造进度及其他问题协调。

为解决设备鉴定问题，采用工厂与现场结合、分段解决问题方式，以中间产品、产品部件等支持现场安装、调试工作，同步解决鉴定问题、后续填平补齐；引入中广核研究院作为技术支持单位协助国内供应商进行设备鉴定。

对于少量国外设计供货的设备，决策通过自主化方式进行设计修改，或以国产化替代供货；部分问题纳入中长期计划进行管理，在评估可行基础上分阶段解决。

对于紧急特殊物项，启动应急响应机制，将工厂、运输、通关、安检、仓储、配送等各环节工作由串联进行改为下游与上游交叉、并行推进，做到“负接口”管理，第一责任随物流环节而自动转移。

**5. 建安施工的承上启下作用**

设计迭代直接、间接对建安施工的影响表现在：设计、供货大幅滞后，设计、供货各专业进展严重不平衡，修改量大、时间晚且存在部分反复，从基本具备条件到系统移交的时间短等。主要从几方面应对：

一是调整施工逻辑，由原“N－2 楼层土建移交——各专业按逻辑区域安装——移交系统”逻辑，几经调整、逐步形成“按优先级移交房间——具备条件、立即安装——各专业分阶段、快速集中上量——统筹调试需求与修改实施移交系统——配合调试和移交进行分散或集中消缺”，施工组织方式和节奏控制相应进行调整。

二是重视技术补台，通过向上延伸参与设计审查、提出建议方案、带技术方案澄清、完善现场设计等方式，加快固化设计方案，验证施工方案工艺，减少不必要修改，降低设计修改量，并以此作为调整施工计划的重要输入。

三是加强修改控制，重点从实施窗口规划、修改内容打包、安全质量控制等方面加大措施，统筹规划、集中实施土建二次钢结构两次大范围修改、冷试前批量修改、热试前批量修改，加强控制、较好组织了分散在各个施工阶段的大量修改，统一协调、牵头实施了设备供货到现场以后的数批设计修改，并配合调试以应急响应队等不同方式进行系统移交以后的修改。

四是参与物资保障，为应对供货滞后、不平衡、返工影响，施工与采购紧密协调、一体运作，加强物资盘点、动态评估和预期管理，研究并动态更新阀门、管道、电缆、附件等设备、材料的采购需求、优先级及底线要求，建立大宗材料缓冲库及材料调配机制，按“尽量靠近现场原则”拓展场内、场外仓储容量应对阶段性仓储峰值的挑战。

五是强化统筹协调，由上游条件决定的阶段性上量、集中修改、大面积返工等对施工资源组织是很大挑战，必须加强预期管理、超前判断和统筹协调；同时，丰富、深化协调机制和方式，打通上下，提高效率。按照“推动上游、响应下游”思路，推动调逻辑、延范围、变节奏、改方式、强协调，承上启下、应对上游变化、适应下游需求。

**6. 调试启动是重要环节**

与成熟项目执行程序、发现并解决偏差异常不同，首堆项目调试需完善试验方案程序，全面验证设计可行性，并协助设计方共同分析问题、寻找方案，既是设计的延伸和补充，也需控制设计修改影响。

在程序文件方面，将成熟机组调试经验、EPR 新设计相结合，参与编写系统调试大纲、试验程序等文件；研究、整合并编制总体联调试验的引导程序，将全厂不同设计方的设计整合成一个整体，验证系统的总体响应性能；参与策划 EPR 首堆试验项目及试验程序审查，组织试验实施及方案优化。

在试验方案方面，通过子系统划分文件包、试验操作单等方式，在上游文件基础上细化单系统试验、联调试验实施方案；适应 DCS 工厂测试、现场调试范围调整等变化，进行试验方法创新；结合设计特点和运行要求，细化联调试验期间的机组状态控制方案等。在设计变更方面，区别上游引入设计变更和调试发现问题变更，对变更实施窗口、方案及操作等进行策划安排，统筹安排 DCS、工艺系统设计变更在调试阶段的执行；针对调试过程中发现的问题，从调试角度分析、提出建议，补充完善流程、逻辑、参数等设计方案；深入评估设计修改影响，研究明确设计变更验证方案，保证效果。

总体上，前期优化逻辑、永临结合、创造条件推进单系统调试；联调阶段充分暴露问题、分析提出方案、确保验证效果；启动阶段加强分析推演准备、优化瞬态试验管理、加强与设计互动并多平台交叉验证、严格控制机组风险。

**7. 现场设计队及其机制不可替代**

现场设计队是在首堆战略调整关键阶段、原合同安排设计工时已近封顶情况下，在共同全力推进首堆建设的前提下，保持外方设计方总体责任不变、继续发挥其能力优势并尽可能保持设计工作连续性，而采用成本分摊机制作出的一种机制安排。

此安排缓解了设计工作因成本大幅增加可能中断或受阻的矛盾，为现场问题快速响应、处理创造了条件，并吸取合同执行前期教训从机制上规避了设计是否合同责任的争议，是一个从项目全局出发、兼顾各方关切、简化合作模型、提高协调效率的方案，在首堆工程建设过程中发挥了至关重要的作用。与此同时，从 2013 年逐步展开的自主化工作，从鼓励自主处理问题、建立自主化分拣机制，到承担一部分详细设计文件修改，再到自主推进个别领域的设计专项工作等，促进各级思想逐步转变，前置一个自主选项，积极主动承担部分有能力处理的问题，分担外方设计方的一部分任务，通过优势互补、发挥合力，便于聚焦解决关键问题，提高了效率，也培养了能力。自主化是一种有益补充，从技术、体系、质量等方面都不能取代前者的作用。

### 2.3.2 分级分类强化协调

在应对快速、深度、持续变化的首堆工程建设过程中，响应效率是重要因素，也是衡量指标。设立高层、专项、日常等协调机制将总体策略、年度目标、分解任务及阶段重点传递到各单位决策、执行层，确保执行顺畅、高效、到位。

**1. 高层协调机制**

在项目初期创新设立并坚持运作由中外主要参建单位主要领导参加的 C9 协调委员会，

确立了“团队、使命、承诺、共赢”的合作理念，其主要任务是：

—统一目标，即建设首堆、各阶段重要目标等都首先在各参与单位高层讨论并统一意见；

—形成共识，项目合作理念、围绕目标制定的各阶段工作思路和行动等须首先在高层形成共识；

—履行承诺，通过 C9 协调平台，各单位高层代表本单位对下一阶段的任务、目标和行动等作出承诺，并在下次会议反馈；

—作出示范，各方主要领导高度重视、大力支持和亲自参与，从战略高度给予支持，为各级做出示范、提出要求、传递信号。

作为 C9 协调机制的重要组成部分，在 C9 协调委员会下，由各单位分管领导组成的协调小组承担中间协调、专项推动和督促检查的职责；业主公司运作的协调委员会办公室负责跟踪检查和日常协调。

作为 C9 协调机制的重要补充，聚焦项目推进过程中的焦点、难点问题，建立高层双边协调机制，由分管领导出面、针对影响项目全局的 NIEP 合同、核岛建安、部分重要采购包等问题进行双边协调，核心和要点是找到方法、形成方案、建立机制、重在破局，这是高层协调围绕焦点的变形。

C9 高层协调机制是大型、复杂、重要项目高层协调机制的一个创新，也是项目的一个重要协调平台。此机制始终聚焦项目共同目标，项目初期确定建设“三代核电标杆工程”，转折阶段确定建设“EPR 首堆工程”，各阶段审定项目年度目标，围绕上述目标分解的任务、措施，各方都积极承诺、行动和落实。秉承 C9 理念，根据项目不同目标建立了高层、项目层、工作层形式多样的双边、多边协调机制，进一步丰富了项目协调机制，延伸了 C9 机制和理念的效果。

**2. 业主快速决策**

台山工程采用大业主管理模式，业主公司作为台山核电站业主，既承担项目建设单位的投资责任，也是项目建设的直接管理方，同时也是核电站投产后的运营者。这种三位一体的责任安排，决定了业主公司对项目建设承担的唯一、最终和不可转移的责任。发挥大业主模式优势和主导作用，始终保持项目各阶段都有清晰的方向、明确的目标、到位的资源和高效的响应，应对首堆工程的不确定性。

具体安排方面，公司层面建立技术决策平台，通过工程执委会及时决策技术问题；建立工程进度协调月会机制，及时研究决策与进度有关的目标、组织、资源及协调等问题；建立成本管理委员会，及时研究决策工程延期、投资超概情况下的成本相关事项；针对工程推进过程中遇到的特殊问题、困难，及时组织专题会议，形成决策和行动。上述会议由公司总经理主持，公司班子成员和相关部门负责人、专业人员参加，保证会议决策效率。

在项目环境变化、合同相对复杂、多目标预期、遇到极大困难的情况下，业主作为电站最终责任方直接面对、决策和处理各类问题，直接协调各方，及时作出决策，跟踪落实行动，预测项目风险，可以有效规避决策链条过长、沟通环节降效等矛盾。事实证明，对于不确定性、内外部条件变化大的项目，尽可能缩短责任链条、决策环节是管理模式设计、组织机构设置中需要考虑的重要因素。

**3. 项目动态协调**

工程部门作为直接责任部门，在首堆建设中有多重定位：指挥部，负责首堆工程建设的日常指挥、协调和推进；作战部，确保按照既定方向、目标落实各项行动，将方案变成结果；联络部，统一归口收集，并按照分级原则，协调、处理、解决各类信息、问题、矛盾等；参谋部，负责针对各阶段、各方面、各类型不确定因素，加工信息、预测分析、研究策划和提出方案，并就高层协调、公司决策等提出明确意见建议。

按照上述定位，工程部门及以下各级建立日常、动态协调机制，包括：内部不同层级的周、月协调会和不定期专题会；与设计、供货单位的定期协调会、不定期专题会；与施工单位的周、双周、月、季度协调例会，以及不定期专题协调会；各阶段围绕重大里程碑目标建立的专项协调委员会、指挥部和工作组；其他定期、不定期协调机制等。

项目层面协调的要点始终围绕目标、聚焦问题，动态调整、快速推进，项目决策、专家支持，打通壁垒、平台一体。根据合同结构、主要矛盾和动态变化，针对设计采购联合体、核岛设计采购难点、设备延长期保养维护等特殊问题建立、强化专项协调机制。项目层是第一线，协调须看到问题、深到本质、找到办法，忌掖、躲、无视问题。

**4. 专项协调机制**

作为协调机制的重要组成部分，工程攻坚阶段建立的、具有首堆特色的专项协调机制起到了重要的推动、保证和补充作用。

一是，围绕重要目标、针对特殊任务、采用攻坚形式进行阶段性、专项协调，第一次系统应用是 1 号机组冷试准备阶段，为解决系统不完整、尽早实现冷试，以 RCP、RCV、RRI、SEC、REA 等冷试相关系统移交、消缺、调试为目标，成立了部门级经理牵头、各部门派工程师参与的 10 个跨部门专项协调组进行攻坚，实现了最初看似不可能的目标。此后，专项协调机制在热试准备、装料准备、移交接产等方面得到了坚持和推广，收到了积极成效。

二是，专项协调机制强调横跨部门、纵向贯通，共商方案、分头行动，落实责任、闭环跟踪，采用日会、双日会及简报等紧凑、灵活、高效方式。

三是，目标明确、定期检查、及时反馈、形成竞争，作为阶段性攻坚组织，专项组必须有明确清晰的目标，工程进度协调会和重大里程碑协调委员会定期检查专项组工作，在肯定进展、成绩、做法的同时，及时反馈问题、不足和差距，并促进专项组之间取长补短、共同提高。

四是，公司管理层直接参与，在部门经理牵头协调基础上，公司总经理部成员每人监管 1 个专项组、参与小组运作，直接与工程师讨论方案、承担高层推动任务、监控小组运作效果。这是关键阶段针对攻坚项目采取的特殊举措，直接、间接起到了推动、示范和激励作用。

该机制在 2 号机组冷、热试阶段发展和应用，在发扬协调机制优势的同时，还在线反馈了 1 号机组经验教训，对控制冷、热试准备及实施工期起到了促进作用。

**5. 快速响应机制**

快速响应机制是项目协调效率的重要一环。借鉴其他项目经验、结合 EPR 项目特点，建立覆盖各主要参建单位的快速响应机制，包括联系网络及升级机制等，后根据实际从管理层介入、信息报告、协调方法及分包单位延伸等角度进行了完善和加强。

现场快速响应的要领是加强现场协调，明确现场协调经理及其责任，第一时间对问题进行分析、判断、协调和报告，在建安协调、主线工作协调、关键活动协调等方面发挥了重要作用；场外快速响应的重点是打通各环节，形成覆盖设计、制造、外部专家、补充资源等跨层级的协调网络，保证现场需求与场外响应的紧密衔接；针对国外负责设计、供货的部分，充分利用国内外时差，做好充分准备，保证沟通效率，快速解决问题；对于联调阶段需要紧急响应的事项，建立非工作时间、节假日应急响应机制，中、外一起参与保证主线工作。首接负责、偏差报告、负接口、关键链管理等在其中发挥了重要作用。

**6. 一体化协调**

一体化是保证协调效果的重要因素。首先要坐在一起，无论是高层协调、公司协调、项目协调还是专项推进，尽可能将相关方聚拢到一起，打通壁垒心结，同一平台协作；其次，创造开放的讨论环境，围绕解决问题，困难、矛盾、诉求等都可以谈，只有摊开了、谈透了，才能真正把问题找到，才能有效落实责任，才能第一时间得到反馈。最后，一体化也有表现形式，无论是内部还是外部，要统一任务、目标并形成一体化计划，涉及多单位、多部门参加的活动尽可能实行一体化组织，逐步形成一体化合作理念、项目文化。

### 2.3.3 主导掌控工程进度

计划是项目管理龙头，也是首堆工程难点。与成熟项目“进度监控+局部偏差管理”不同，EPR 首堆进度管理是摸着石头过河，原计划不可执行，且技术上存在较大不确定性，编制全周期进度困难大，进度管理成为一个难题。

**1. 进度管理的三个指导原则**

第一，坚持“在发展中逐步暴露和解决问题”，在设计严重滞后、迭代修改明显、潜在问题较多的情况下，通过暂时搁置、逻辑解耦、串改并联、分段推动等方式，创造条件推进工程，在推进过程中逐步消化、解决问题；

第二，坚持“用合理、可行、有挑战的目标牵引工程”，面对工程现实与项目目标出现很大差距的困境，在总体评估基础上，以调试节点等综合目标为牵引，下游推动上游、一级推动一级、紧紧咬住目标，用项目动态进展凝聚力量；

第三，坚持“短、中、长相结合和分类指导”，总体进度重在指导，中期进度做实做细，专项进度补充保障；重点管理核岛进度，常规岛和 BOP 跟随核岛并保持一定提前量，以处理项目不确定性与确定性阶段目标的关系。

**2. 执行“总体评估、分段做实、动态调整、逐步逼近”管理思路**

总体评估着眼于机组全周期进度的评估，范围覆盖核岛、常规岛和 BOP，并统筹 1 号、2 号机组之间的关系，重点是识别 EPCS 全链条、各环节的关键问题和影响因素，对机组的总工期、各阶段重要节点目标等进行预测、评估，并提出建议。

分段做实是在总体评估基础上、分阶段确定各个阶段具有代表性、可行性的目标，聚焦目标，分解要素，落实条件，以综合协调进度方式指挥各阶段的工程推进。

动态调整既包括对总体评估的模型、数据等进行调整，也包括对执行进度的条件和趋势进行调整，通过调整、优化逻辑、顺序、分工等方式，评估变化情况，更新评估报告、进度计划，并对措施和机制等进行调整。

逐步逼近的目的主要是管理预期，在做不到一蹴而就编制可靠全周期计划的情况下，只能通过动态调整和控制，逐步逼近真相、事实和结果。

1 号机组最初在维持商运目标不变的前提下定期、不定期调整总体进度，后调整为编制总工期分析报告，报告的分析结果和工作建议到后期才逐步趋于稳定，过程中 NCC4、SEC 系统启泵、NCC、冷试、热试、装料等目标都是为落实上述管理思路而作出的安排，越往后掌控度越高。总体评估是基础，分段做实是目的，动态调整是手段，逐步逼近是效果。

**3. 构建“总体进度后台指导、协调进度日常指挥、专项进度补充保障”为主干的管理体系**

在原一、二、三级进度计划实质失效的大背景下，建立“总体进度后台指导、协调进度日常指挥、专项进度补充保障”为主干，辅以年度重要里程碑、年度建造计划、二级里程碑、月度进度节点及承包商承接目标编制的工作进度等，共同构成的进度管理体系。

总体进度方面，参照梳理 NCC 的方法将范围进一步扩大到后续重要节点（CTT、CFT、HFT、FLG），并以系统和联调逻辑为纽带建立了涵盖 EPCS 各环节的“全周期进度分析模型”，每季度根据最新进展动态分析全厂总体进度及其关键影响因素；结合 EPR 特点、合同进度、OL3/FA3 和 CPR1000 项目的进度经验反馈等，研究确定 13 条工程关键路径，在此基础上编制全厂关键路径网络计划，并辅以“系统进展”“专项分析”进行校核，力求准确评估、动态调整总体目标，并用以指导项目总体进度策略、资源投入安排和协调短、中、长目标，此进度及评估结论不大范围发布，作为评估下级进度的依据由进度控制部门掌握。

在总体评估和进度指导下，以阶段性综合协调计划、围绕重要调试里程碑的调试一体化进度等不同形式的综合协调进度牵引工程主线和阶段性目标，如土建阶段厂房移交计划、安装阶段系统 EESR 计划、冷试准备计划、热试准备计划、装料准备计划、各阶段调试一体化计划、3T+BHO 计划等，作为当期执行计划和日常指挥计划，根据不同阶段、目的和性质，分别由进度控制部门、调试部门等编制。

专项进度计划是为实现协调进度提出的综合进度目标，按照专业、系统、分类编制的下一级计划或针对专项工作、特殊项目编制的攻坚计划，是短期、专项性质，主要目的是支撑协调进度的执行。

总体进度重在指导，定量分析加定性判断，保持灵活性；协调进度重在指挥，定量为主，确保可执行；专项进度重在保障，聚焦问题和行动，衔接紧密是关键。

**4. 探索“针对 EP 特点困难、全面掌握进度主动”的管控方法**

对于首堆工程，设计、采购的状态、趋势和条件直接影响进度的可信度，特别是设计，甚至可能影响项目管理的根基——项目范围。

第一步，根据基于总体进度确定的中期目标，分别由施工（土建结构施工阶段）、调试（安装、调试阶段）综合分析提出实现目标的建议、条件及问题等。

第二步，进度控制部门牵头、EPCS 各部门充分参与，采用定量、定性相结合，从设计输入、进展、开口项及文件状态等方面对设计状态进行全面评估，主要通过定性判断，以衡量设计进展是否支持特定目标，底线是不出现颠覆性、不可接受、推倒重来等修改可能，如：NCC、CFT 等重要节点，都是首先对设计状态进行总体评估判断；后期设计评估，首先分析的是 DCS、EM8 设计修改状态等设计条件。

第三步，用调试、施工确定的范围，评估设备采购对目标的支撑程度，大宗材料采用定性方法，设备采用“基于系统构成和需求时间的设备评估模型”进行定量分析，结合重要性形成结论。

第四步，完成上述评估后，全面调集和动员施工、调试资源，全力冲刺和突破阶段性目标。对于过程中遇到的局部条件缺失、新增动态变化、上下游资源协调等问题，主要依托调试、施工，从逻辑优化、资源可控和管理责任等方面克服。

**5. 发挥调试牵引推动作用**

坚持目标驱动、下游推动上游，调试开始后，逐步形成、持续强化“工控总体控制”和“调试牵引推动”双向发力机制，工控更多关注远期、总体目标和相应安排，调试为主推动近、中期目标的达成。

主要体现在：在工程局面较为复杂、进展不平衡、条件不充分的情况下，以最能体现工程最终成果、具有象征意义的综合、局部调试里程碑作为工程阶段性目标，将总体目标分解成一个个可执行、可操作的小目标，始终保持现场工作有一条主线，以此主线牵引、协调各环节；调试部门基于工程逻辑，考虑实际条件，牵头研究优化试验方案、最小条件，明确工作优先级和底线需求，以临时工具、装置、措施等弥补条件不足，研究开口问题的后续实施、验证方案，并牵头编制计划、推动计划执行；按主线计划，设计、供货、系统移交等各环节，上下联动，快速响应，全力推动目标实现。

在分解目标、推进主线的同时，将解决不平衡、不充分问题的期限后移，为解决问题争取了宝贵时间，契合了首堆工程设计、供货问题较多的实际。从 2013 年开始，调试一直发挥着重要的“火车头”作用。

**6. 动态优化进度管理的协调机制**

一方面，由下至上，逐步建立和完善“进度工作小组——工控（或调试）部门——工程线专项评审——公司进度协调会——C9 协调委员会”的进度编制、评审和审批机制，尽可能提高计划的可行性，并统一各方各级的认识；另一方面，与成熟项目进度管理相比，进度管理的范围和深度相应延伸，工控部门与各专业部门之间通过不同阶段成立的进度工作组、专项工作组、攻坚组等形式，深度交叉、融合和衔接，尽可能提前预警、专项评估、研究对策，以应对项目的不确定性。

### 2.3.4 动态整合首堆要素

首堆工程是一个由设计、制造、施工、调试、运维等过程构成的有机整体，不同阶段定位、目标、任务不同，上下游之间相互独立、相互衔接、相互渗透，只有集成起来，才是一个完整的首堆产品。EPR 首堆须充分用好已有核电建设运营的经验、基础，充分考虑 EPR 技术的特性、创新点，充分整合各个要素、实现优势互补，在更高起点上实现产品集成。

**1. 纵向整合产业链各环节能力**

产业链任何一环的薄弱都会影响工程整体推进，都可能成为产品流程中的短板。按照合同安排，施工、调试、运维等工作由具有 CPR1000 连续建设经验和较强能力的中方单位负责，设计、制造通过设计供货合同、联合体协议、国产化合同、自主化协议等由中外相关单位分工负责。

针对EPR技术特点、首堆工程特征、设计主要矛盾等情况，重点关注设计环节。在发挥原设计方优势、总体责任不变的前提下，按照优势互补、责任跨界、填平补齐的原则，一方面，尽可能发挥施工、调试和运维单位的作用，通过“下游推动上游”“下游支持上游”“下游补充上游”等方式，弥补设计在工程实现、方案优化、问题处理、运维管理等方面经验不足的问题，提高设计方案的可实施性；另一方面，大力推动自主承接任务，在施工设计修改、专项设计任务、现场问题处理等方面由中广核设计院、下游单位尽可能承担任务、自主处理；同时，对于与执照申请相关的设计问题，更多安排由业主会同中方相关技术支持单位负责。

在制造环节，利用CPR1000连续建设形成的基础、能力和产能，特别是引入中广核研究院参与设备鉴定等工作。施工、调试和运维环节，中方全面负责，考虑EPR特殊性，安排少量外方支持。

从首堆全链条集成角度，通过各环节跨界协作、下游关口前移、引入技术支持单位和自主化等手段，重点对设计环节进行补强，使各环节能力尽可能平衡、总体能力尽可能最优。

**2. 横向整合全厂各部分设计**

设计阶段，业主与中广核设计院共同承担总体院职责，业主通过接口管理、技术审查和合同管理，协调管理核岛、常规岛和BOP的统一规划、相互接口和技术一致性；通过协议委托中广核设计院负责全厂的安全分析、总体布置、配套设计和技术支持等工作。

施工阶段，关注跨岛施工作业的文件审查、责任落实和完工验证等安排，确保接口协调一致。

调试阶段，通过调试计划协调、编写总体程序、总体和瞬态试验等工作，调整、优化系统的参数、配置等，全面检验全厂各部分的接口一致性、确保电厂总体性能满足要求。

在整个工程建设过程中，业主同时负责电站运营、工程管理，生产人员在工程各阶段深度参与设计、采购、施工和调试，在提前技术准备的同时，更重要的是有利于从最终用户、全厂平衡等角度进行技术判断和决策。

**3. 聚焦问题动态协调资源**

参与台山核电工程建设的各主要单位，集合了CPR1000、法国EPR、芬兰EPR的主要承建单位，且各单位与中广核之间、相互之间都有着长期合作经验。根据不同需求，将资源整合到主要战场、突出问题和生产一线，并逐步向现场集中，是保证首堆推进的关键。

设计方面，以最关键的核岛设计为例，经历了三个阶段：初步设计在法国进行、中方设计单位派员参与；初步设计后期到详细设计初期，转移至深圳、外方派员参与；综合修改量、响应效率等各方面因素，2013年10月起成立现场设计队，与后台形成呼应机制，负责后期设计及现场问题处理。

制造方面，对于需要鉴定的重要设备，将设计单位、技术支持单位集中在制造厂进行攻坚突破；重要设备制造关键阶段，集中业主单位、设备设计、工艺支持、监造等人员在制造厂，加快处理问题。

施工阶段按照“基本队伍+短期调集”模式，针对阶段性上量、集中修改等对技术骨干、劳动力的需求，进行短期动员、培训和组织。调试阶段，通过前后台互动、动态调配资源，并视需向现场派出专家力量支持。特殊修改窗口和特殊项目安排，根据需要调集参建单位已有资源为主，并同步启动后备技术支持单位资源调配，在责任单位牵头下、各方组建联队实施。热试前电气盘、DCS 改造集中了国内外 10 家公司的 300 多名技术人员，进行了为期 3 个月的集中突破。首堆建设要做好中后期、产品集成阶段快速解决问题的准备，安装开始上量后，所有资源按照“围绕现场、靠近现场、立足现场、服务现场”的原则，逐步向现场集中。

**4. 以最大公约数整合形成合力**

台山核电工程建设中遇到了工程策划阶段未能完全预计的情况，整合各参与方想法，形成项目共同意志，是一个重要措施。

第一，用总体目标统一认识，在工程建设各阶段，先后用国内第一个 EPR 三代核电项目、国际 EPR 标杆工程、全球 EPR 首堆工程等项目总体目标作为各参建单位和全体建设者的共同奋斗目标，统一各方意志。

第二，用共同合作理念引导协作，第一次台山项目协调委员会通过并在第二次峰会以宣言形式固化的“团队、使命、承诺、共赢”一直是指导项目前行的理念，得到了各方的高度认同和长期坚持，各方始坚持项目优先、任务导向，全力建设 EPR 首堆工程，最终实现共赢。

第三，以工程不断取得的重要进展凝聚人心，特别是 2013 年开始的 NCC4、SEC 启动、冷试、扣盖、热试、装料和商运等年度目标、重大里程碑，对后期工程推进起到了重要激励作用。

**5. 商务保障机制管控各方预期**

要素整合的要点是原负责方能够接纳新引进负责、参与方，跨越责任边界，相互取长补短，真正形成合力。在工程严重超期、各方投入增加的大背景下，要做到这点，需要在商务安排方面予以策应、保障。

一是，在“团队、使命、承诺、共赢”共同理念指导下，各方形成了 “技术先行、商务跟进”等服务工程目标、妥善处理争议的重要原则，较好支持了工程出现重大变化、面临很大压力下的问题应对。

二是，按照“情势变更”原则，协调各方形成“基于合同、超越合同”的共识，从项目总体和长远考虑，实事求是、有理有节地处理和解决各方的商务、责任等各种诉求。

三是，坚持将商务安排与工程进展和目标成果挂钩，引导各方履责任、估风险、算大账，并通过里程碑激励、分担风险等方式协调各方行动。

四是，基于“发生成本”评估，动态考虑各阶段的投入需求，紧密结合工程建设的中心，提前研究、制定并动态更新各阶段商务方案，指导具体问题的处理。

五是，坚持短、中、长相结合，综合运用承诺、支付、索赔等各种方式的组合，全过程保证各参与方的积极性。回顾合同管理过程，在共同理念指导下，坚持实事求是原则，坚持围绕工程目标，坚持动态预测评估，较好管控了各方预期，为工程顺利推进提供了保障。

业主在整合首堆建设要素中发挥主导作用。一方面，在首堆策略明确后，依据目标任务、主要矛盾、行动路线等对各要素进行检查评估，并重新策划、整合、调整到位；另一方面，业主作为首堆工程的主导方和总推手，必须立足项目全局、长远和本质，协调和处理各类遇到的问题，这是一个重要原则。

### 2.3.5　始终坚守安全质量底线

台山核电工程建设，始终坚持“安全第一、质量第一、追求卓越”基本原则，牢牢守住核安全底线、严控系统风险，采取有效措施、严管设计迭代、变更实施、设备维保等特殊风险，与同类工程对比，未发生对项目推进有重大影响的安全、质量事件，是重要前提、基础和保障。

**1. 选择有核电经验的供应商**

在设计、制造、施工和调试等各环节，将有核电经验作为选择承办商的最重要原则之一。

在设计、制造环节，国外供应商尽可能选用国外 EPR 项目的供应商，国内选择 CPR1000 核电项目的成熟供应商；在施工领域，核岛建安、常规岛建安、BOP 建安等，选择中国开始核电建设以来一直未间断参与建设核电工程的施工单位；在调试领域，中广核调试队伍从大亚湾核电站起步、一直连续进行。

有经验供应商参与 EPR 首堆工程建设，其优势在于：第一，核电成熟供应商建立了完整的质量、安全管理体系，对核安全文化有深刻理解，这是安全、质量管理的最基础工作，需要长期培育和形成；第二，国内成熟供应商有超过 30 年连续、不间断建设核电的实践，技术掌握、能力储备和经验积累对项目实施、技术创新形成了较强的支撑；第三，拥有一支专业门类齐全、年龄层次合理、有实战经验的技术骨干队伍，包括安全质量领域的专门人才。

与国外 EPR 项目相比，这点是首堆工程安全质量控制的重要基础。

**2. 用好中法合资企业的监管优势**

通过中法合资合作，实现中法两国核电建设、运营的能力互补，是台山核电的重要优势。按照建造阶段、运营阶段质量保证大纲，建立完整的质量保证体系并严格执行，加强核安全文化建设，建立工程重大风险动态识别和评估、安全风险先兆指标等机制，通过“安质环标准化建设”“遵守程序、反对违章”等专项活动，推动安质环水平持续提升；充分发挥合资公司法方管理人员、员工的独特作用，公司核安全、质量、工业安全及各主要技术部门配备法方副经理、重要岗位工程师，参与过程控制、问题处理和独立评价，如针对首堆工程设计迭代、变更实施、设备鉴定、首堆试验、调试再验证等特殊风险，以及由于工期延长导致的作业环境和设备维保等问题，中法员工组成联合工作组，制定专项措施，严控各类风险；重视中法股东层面的离线监督，双方股东除通过公司董事会提出安全质量方面的管理要求外，中广核通过核安全文化评估、安质环标准化建设、年度和专项质保监查等方式对项目进行离线监管，EDF 每年也对项目安全质量情况进行监督并发布报告。

**3. 加强内外部经验反馈**

建立与国内 CPR1000、国外 EPR 项目的经验反馈渠道，工程早期主要通过设计、制造、施工和调试各责任主体的在线反馈，尽可能利用 CPR1000、国外 EPR 项目已有成果和现成经验，取长补短、少走弯路；中后期，除在线反馈外，通过中广核经验反馈平台、EDF 经验反馈及 EPR 业主联盟、EPR 之家等平台离线反馈作为补充。

加强项目内部经验反馈，区别技术、管理不同性质和正、反两方面问题确定适用范围，决定在发生问题所在单位、整个现场、整个项目进行反馈，以尽可能从事件中学习，主动预防问题。

坚持按照“及早获取信息、主动排查分析、尽量利用成果、快速推动处理、加强事件学习、做到举一反三”原则处理外部经验反馈，2009 年以来国外 EPR 项目反馈的 DCS 架构设计、CRDM 承压壳焊缝、RPV 顶盖碳偏析等重要问题，国内 CPR1000 反馈的主设备支撑螺栓安装、高强螺栓制造控制、小支管焊缝等问题，都得到了及时处理，其中部分问题得益于直接运用其他项目的成果。

**4. 主动接受核安全监管**

经过 30 多年的开放发展，中国建立了与国际接轨的核安全监管体系、能力和实践，积累了核电建设、运营监管的丰富经验。台山核电工程建设过程中，坚持开放透明态度，主动接受国家核安全监管机构的监管，积极沟通、通报和报告项目建设进展及各阶段遇到的问题，严格按照核安全监管要求进行技术、管理、文化等方面的整改，持续提升全员核安全文化素养和安全质量管理水平。

与此同时，在国家核安全监管机构要求的统筹下，以开放心态欢迎多国核安全机构对首堆试验等工作的见证、考察，并积极配合世界经合组织（OECD）组织的 EPR 多国联合审查工作组相关工作。

总体上，国家核安全监管机构充分利用多年积累的核电建设、运营监管的丰富经验和全面能力，从核安全监管、核安全技术审评、核安全监督等方面对台山 EPR 首堆工程建设起到了重要的把关、支持和保障作用，特别是在许可证颁发前综合审评、重要控制点的核安全审评及日常监督、见证和评价等方面。

**5. 将外部评估交流作为重要契机**

以开放心态接受国际同行评估，并以此为契机全面提高电站装料准备度。1 号机组热试后，邀请国际原子能机构（IAEA）进行运行前安全评估（PRE-OSART），邀请世界核电运营者协会（WANO）进行运行团队表现观察、重要运行经验报告等专项评审，以检查机组带核调试、运行前的整体状态、重要领域准备度，与公司内部自查、股东专项检查、国家核安全监管机构全面审查有机结合起来，集中组织进行整改、改进和提升，对做好装料前准备工作起到了重要促进作用。

装料之后 IAEA 和 WANO 的回访结论表明，这个阶段的改进收到了较好的效果，工程阶段向运营阶段的过渡平滑、高效。此外，台山项目一直与法国 EPR 项目保持交流，安全质量控制也是对标的重要内容，起到了相互借鉴、共同提高的作用。

## 2.4　经验体会

中广核从大亚湾核电站起步，经过 30 多年连续、不间断发展核电，通过“引进、消化、吸收、再创新”和标准化、系列化、批量化发展 CPR1000，走出了一条中国核电高起点起步、发展、壮大的道路，在核电站建设、运营、研发等领域形成了综合能力，积累了丰富经验，建立了人才储备，并对中国核电产业整体能力建立、发展和提高起到了引领和带动作用，促进了中国核电产业综合能力的持续发展和提高，在核电站工程设计、设备制造等方面形成了良好基础，在核电建安、调试、运维和管理等领域在全球具有领先地位。

台山核电站 1 号机组建成全球 EPR 首堆工程，是中国核电在 CPR1000 基础上形成的管理体系、核心能力、实践经验、人才储备等综合因素，与欧洲 EPR 技术开发者、全球最大核电运营商及欧洲参与芬兰、法国两个 EPR 核电站建设的主要参与单位，在中广核全面主导、动态管控下，在保障安全质量的基础上，进行产品集成、跨界创新、优势互补、一体协作形成的成果。

### 2.4.1 首堆特征项目管理的探索

将首堆工程的不确定性和核电项目的成熟管理体系有机结合起来，在全球规模化发展核电的最新实践——CPR1000 核电项目管理基础上，台山核电找到关键结合点切入，进行有针对性的改进、创新，总体适应了首堆建设管理的要求。

尊重科研项目规律，充分重视设计迭代对项目全范围的影响，在确保安全、质量的前提下，动员一切力量，力争尽早固化设计；与项目实际需求紧密结合，分类分段解决设计开口问题；制定机制和流程，严格控制新增设计修改，优化必须修改项的实施窗口；充分利用制造、施工、调试及运维等下游环节对设计的反馈、补台作用，协同应对设计迭代影响。

在全周期框架下进行思考，按照“目标动态优化、过程柔性管控”原则，坚持在发展中逐步暴露、解决问题，用合理、可行、有挑战的目标牵引工程，实行短、中、长相结合和分类指导，执行“总体评估、分段做实、动态调整、逐步逼近”管理思路，以应对首堆工程的不确定性。

项目总体责任方或牵头方的主导作用至关重要，要以总体目标统一认识，以共同理念引导协作，以工程进展凝聚人心，以商务机制管控预期，以形成共同意志，发挥各方合力。

根据工程不同阶段需求和焦点问题统筹协调各环节资源，逐步将力量转移至工程现场；建立并高效运作战略层、决策层、项目层和执行层的分级协调机制，以专项攻坚协调、快速响应机制等作为补充；通过一体化进度、组织和文化保证协调效率，以应对首堆工程的快速、深度、持续变化。

### 2.4.2 EPR 首堆工程的产品集成

由核岛、常规岛、辅助设施共同构成的 EPR 首堆，是 CPR1000 核电建设运营基础与 EPR 技术特点充分结合基础上创新形成的成果。按照“满足设计目标、方案足够好”的原则，充分利用 CPR1000 经验和欧洲 EPR 开发、建设的成果，在整合、优化全厂各部分形成总体设计方案的同时，设计、制造、施工、调试和运维等各环节进行了创新，实现各环节的总体平衡和优化。EPR 首堆集成过程对具有研发特征的大型工程项目具有一定借鉴意义。

第一，在继承基础上发展，充分利用前期成果和成熟经验。在项目开发、建设各个阶段，应充分利用同类型成熟项目已经形成的体系、能力、经验和人才基础，尽可能收集产品前期研发已经取得的成果，打通与同期建设项目动态共享经验的渠道，并实现设计、制造、施工、调试和运维等各环节能力、经验和资源的优势互补，提前共商、优化方案，为后续实施、验证创造条件。

第二，确定合理有限目标，渐进整合优化方案。在多方参与项目设计、建造的过程中，重视项目牵头方、设计总体院在项目集成过程中的突出作用，以法规要求、最终用户需求作为最重要依据，按照“满足要求、足够好”的原则，在审定各方设计方案、整合全厂方案的过程中逐步优化、调整和管理设计方案，在实现全厂各部分相互匹配、总体平衡的同时，提高设计方案的可实施性。

第三，产业链各环节共同参与创新集成。在持续关注、动态管控项目设计的同时，对由于新设计对制造技术、施工工艺、调试手段、运维管理等各环节提出的新要求须引起重视，各环节提前介入审查、完善和补充设计方案，精心准备、实施并及时反馈制造研发、工艺创新、调试验证和运行维修等首次实施、首次验证的结果和经验，在完善最终产品方案的同时，各环节也同步形成了创新成果。

第四，重视并组织好总体验证。总体验证是产品集成的最后阶段，大型工程项目的总体验证包括各组成部分的接口验证、人机接口验证、软硬件结合的验证、总体性能验证及项目与外部接口的验证等等，技术准备、试验实施和结果确认等涉及方方面面，既要做到验证充分，又要管控好风险，力争一次成功。

### 2.4.3 核电工程管理能力的检验和发展

台山核电是在设计成熟度明显不足、参考电站政策无以为继背景下建设核电站的一次尝试、实践和探索，建成全球 EPR 首堆工程也是对核电工程管理能力的一次检验和发展。

EPR 首堆工程实践，延展了核电工程管理的内涵。在探索首堆工程建设规律的过程中，对首堆工程设计的特点、难点和规律等有了进一步认识，并据此在项目管理的许多方面进行了创新，为后续同类工程积累了经验。

为项目出现重大转折的应变管理积累了经验。首先要回归工程建设基本规律，在总体牵头方主导下，准确判断影响工程推进的深层原因、关键因素和转折时机，并及时作出决策；二是，始终立足项目全周期活动评估、调整和安排，尽可能用好短期受影响、冲击的时间窗口，兼顾眼前障碍和影响长远的问题，为转机以后尽快突破做好准备；三是，对出现重大变化后项目“有序展开、冲击影响、关键转折、调整适应、快速突破”的发展过程有一个基本预判，动态应变。

核电工程控制手段有了进一步发展。为应对首堆挑战而进行的工程管理实践和创新，对核电工程技术管理、进度管理、商务管理、投资管理及协调机制等方面都有进一步深化和发展，已经并将继续为国外其他 EPR 项目、同类型核电项目管理提供借鉴。

### 2.4.4 大型项目国际合作的实践

全球 EPR 首堆工程是中国核电建设、运营领域最有经验的队伍与欧洲 EPR 技术开发者、全球最大核电运营商及欧洲参与芬兰、法国两个 EPR 核电站建设的主要参与单位共同携手、强强联合，在过去成功合作基础上取得的又一成果。

面对首堆工程与项目初期预测出现巨大偏差的情况，各参建方在共同理念指导下，从组织模式、协调机制、管理方法、协作方式等方面持续创新，创造性地解决了甲乙方、上下游、牵头与参与等各种复杂关系，有力地支持了项目的顺利进行，为国际大型项目合作提供了借鉴。

第一，充分发挥业主的主导作用。大型国际合作项目出现较大偏差情况下，业主作为总牵头方，始终要掌控项目前进的方向，明确各阶段推进的思路，制定工程建设的目标，并设立管控机制，统筹各参与方的行动、措施和资源。一方面，要用好合同和经济手段这个最重要的手段，了解各方诉求，合理管控预期；另一方面，评估需求并找到可以发挥作用的依托方或支持单位，以增强对项目总体形势、关键环节和影响因素的判断能力、决策能力和掌控能力。

第二，形成共同意志，实现强强联合。在可能的情况下，通过挖掘、策划和运筹，提高国际合作项目的影响力、标志意义，并与关键合作方尽可能关联，使各方认同共同目标。建立高层协调机制，确定项目合作理念，明确目标任务，并通过高层互动，逐步建立互信，强化协作基础。上下游互动、跨界协作，以具体实践和取得的成效持续强化项目一体化协调的作用，强强联合，优势互补。

第三，妥善管控项目冲突。国际合作的基础是经济合同，在项目遇到较大困难的情况下，项目冲突不可避免，主要表现在责任争议、投入补偿和项目目标等方面。一方面，深入分析各方不同层面诉求，找到各方关切与项目目标的连接点，商务条件与工作成效挂钩，短中长期安排相结合；另一方面，建立不同层级的沟通渠道，上下互动管控冲突，并在方式上注意留有余地和斡旋空间。同时，努力争取各阶段目标按预期达成是项目进展合作成效的体现，是增强互信的催化剂。

第四，相互尊重，求同存异。大型、长周期、具有鲜明特征的国际项目合作，处理文化差异是一个重要问题。在相互尊重、求同存异的大原则下，通过相关方长期交往、密切互动和共同战斗，可以逐步形成体现项目特殊性的语言系统、行为习惯和默认方式，并逐步演化成项目特征相适应的项目合作文化。

### 2.4.5 几点反馈

由于台山核电的决策背景和深刻变化的外部环境，1 号机组建设经历了一个边摸索、边前进、边解决问题的过程，特别是两次转折都体现了大开大合的管理特征。回头看，对于类似项目的管理，还有几点值得反馈的地方。

第一，项目开工条件、时间和建设工期等在项目开工前进行尽可能深入、准确和全面评估，并考虑各种潜在风险和可能预案，以提高可信度，保证准备度。

第二，研发项目的早期设计阶段引入下游产业链参与，共同确定设计目标，共同参与技术开发，并控制好研发设计向项目建设的转入点。

第三，在面临较大困难的情况下，聚焦解决项目主要矛盾成为重中之重，项目的精细化管理要求往往做不到完全兼顾，须思考处理好两者关系，并持续改进。

# 第 3 章
# 综合管理

## 3.1 概述

大型核电项目是复杂的系统工程，技术要求严、建设周期长、投资金额高、管理难度大。台山核电项目管理叠加首堆因素，面临的挑战更大。在首堆建设过程中，台山公司借鉴成熟核电项目管理经验，在安质环管理、技术管理、进度管理、成本管理和资金管理、合同管理、全面风险管理、经验反馈管理、信息化管理、文档管理、组织能力建设等方面，结合工程实际和首堆特点不断探索、调整、创新，采取一系列有效措施，助力破解首堆难题。

台山公司始终坚持贯彻“安全第一、质量第一、环境友好、以人为本、持续改进、追求卓越”的安质环管理方针，在工程实践中逐渐探索，形成并不断完善安质环一体化管理体系，高度重视安全文化建设，为工程建设提供重要保障。

针对 EPR 新堆型、新技术及首堆设计迭代等特点，台山公司建立了相应的技术管理体系，通过技术方案评审、技术状态控制、差异化管理、设计变更控制等一系列措施，以及技术分级决策机制，将技术管理贯穿到工程建设全过程，确保设计质量和工程进展。

以“总体评估、分段做实、动态调整、逐步逼近”为指导原则创新首堆进度管理方法，研究并不断完善进度分析评估模型，在复杂的局面中持续开展前瞻探索，分析评估项目总体进度形势并识别关键制约，提前研究对策并采取措施，按照总体最优的原则管控项目进度。

建立健全适应首堆特点的工程成本管理模式，实现了工程成本的合理控制且优于同期同类型机组；通过多元化的筹融资模式在复杂多变的经济金融形势下有力保障了建设资金需求。

按照“基于合同、超越合同”的管理理念，以服务工程为中心，坚持共赢理念，按照“技术先行、商务跟进”的原则，通过明确接口关系、优化机制等一系列灵活有效的措施，保障工程正常推进。

根据“战略导向、全员参与、全过程管理、充分整合、减免损失与创造价值相结合”的原则，探索并实践关键风险的管理方法，构建了较完善的、融入公司整体业务的全面风险管理体系。

项目伊始就策划建立了经验反馈管理体系，并随着工程推进不断完善，通过有效落实参考电站经验反馈、多渠道开展国内外核电项目经验反馈和国际交流等措施，保障经验反馈工作有效开展。依托工程生产一体化模式，建立涵盖工程建设和生产准备的信息和文档管理系统，实现了工程数据和工程文件全电子化管理，确保了工程数据和工程文件高效运作和高质量归档，有力支持了工程建设和生产准备。

结合公司战略调整，着重在能力培养、士气激发等组织能力建设方面下功夫，建立了导向更为清晰的机制，激发了队伍活力，促进了团队协作；通过持续开展领导力培训、“三式学习”等措施，提升建设首堆需要的领导力和执行力等。

## 3.2　安全管理

台山公司不断学习借鉴国内外安全管理良好实践，持续探索适应台山首堆工程的安全管理模式并在实践中不断完善。

安全文化建设方面，台山公司充分借鉴中广核及核电行业成功经验，多角度、多样化推进安全文化建设，形成良好的安全文化氛围。核安全管理方面，通过运行技术规格书和相关安全文件的审查编写促进人员核安全知识技能及意识的提升；建立完备的核安全决策和文件体系；通过核安全监测和监督管理有效管控了首堆建设过程中的核安全风险，最终确保首堆启动期间机组始终在设计安全裕度内运行。工业安全管理方面，结合土建施工、设备安装、工程调试等各阶段特点，重点围绕责任落实和风险管控两方面，完善了风险防控机制和安全生产责任体系，安全绩效得到有效提升。另外，通过国内外同行评估，发现差距并进行整改，使安全管理水平得到进一步提升。

### 3.2.1　安全文化建设

安全文化是指组织和个人以“安全第一”为管理方针，以维护公众健康和环境安全为最终目标，达成共识并付诸实践的价值观、行为准则和特性的总和。台山公司发挥中外合资企业的优势，一方面积极吸取中外核电企业的安全文化建设经验，另一方面不断加强与国际原子能机构（IAEA）、世界核电运营者协会（WANO）等国际组织合作，积极开展安全文化对标，查找薄弱环节，明确改进方向，持续提升安全文化水平。在活动组织方面，坚持领导承诺示范、骨干推进辐射、员工全面参与的工作思路，建立了良好的安全文化氛围，使安全文化的理念深入人心。

**1. 在传承基础上，发展安全文化**

台山公司自成立起就建立了安全文化推进组织，充分借鉴中广核及核电行业安全文化建设的成功经验，指导安全文化建设工作。

在安全文化的传承中，台山公司主动吸取中广核及行业内安全和质量核心理念，对接安全管理体系和制度，充分借鉴中外核电行业安全文化建设的良好实践。开发核安全文化课程并纳入员工基本安全授权培训，旨在向各级人员普及安全文化，使广大员工深刻认识到核电厂安全问题的重要性。每年组织安全文化震撼教育活动，公司总经理部成员亲自授课，各级人员及主体承包商认真参与，深刻剖析内外部典型事件，提升全员的安全责任和安全意识。

**2. 多角度、多样化推进安全文化建设**

台山公司每年制订安全文化推进计划，明确年度安全文化建设的整体思路和目标。通过建立区域安全管理、现场网格化管理、干部管理巡视、标准化和标杆班组建设、个人安全业绩档案等制度，推动属人、属地、属事责任的落实，以制度促进安全文化落地，营造良好的安全文化氛围。

利用多样化的分享平台，以形象化、生动化、易接受的方式传播安全文化。针对切尔诺贝利核事故周年纪念组织集体观影和专题研讨，号召每一位员工践行安全文化、传递安全文化、释放安全文化，立足本职工作，贯彻执行台山核电安全建设和运营的方针政策。组织“执行力·年代秀”，通过分享故事、相互分析故事执行力要素和实现方法，并与现场观众互动，以新颖活泼的表现形式，使得企业文化核心价值观和安全文化得到有效传播。

通过国际原子能机构机组运行前安全评估（IAEA Pre－OSART）、世界核电运营者协会机组启动前评估（WANO PSUR）以及中广核核安监中心专项独立评估、安全文化专项评估等活动，对标国际、国内同行的标准和先进做法，识别安全文化建设中存在的薄弱环节并加以改进，全面提升安全文化水平。

### 3.2.2 核安全管理

台山公司建立了完备的核安全管理决策和执行体系，通过对核安全活动的离线及在线独立监督，识别可能会引起核安全管理、核安全相关系统或设备性能降级的潜在异常并及时处理。通过核安全文件准备、遗留项分析清理、工作过程纵深防御把关及生产参与工程等活动，促进了人员核安全知识技能及意识的持续提升、设备缺陷和影响的及时消除，确保现场活动的核安全风险得到有效管控，最终实现首堆启动期间机组始终在设计安全裕度内运行。在首堆建设过程中，台山核电核安全管理提升路径如图 3－1 所示，以下措施对核安全有效管理起到了重要作用。

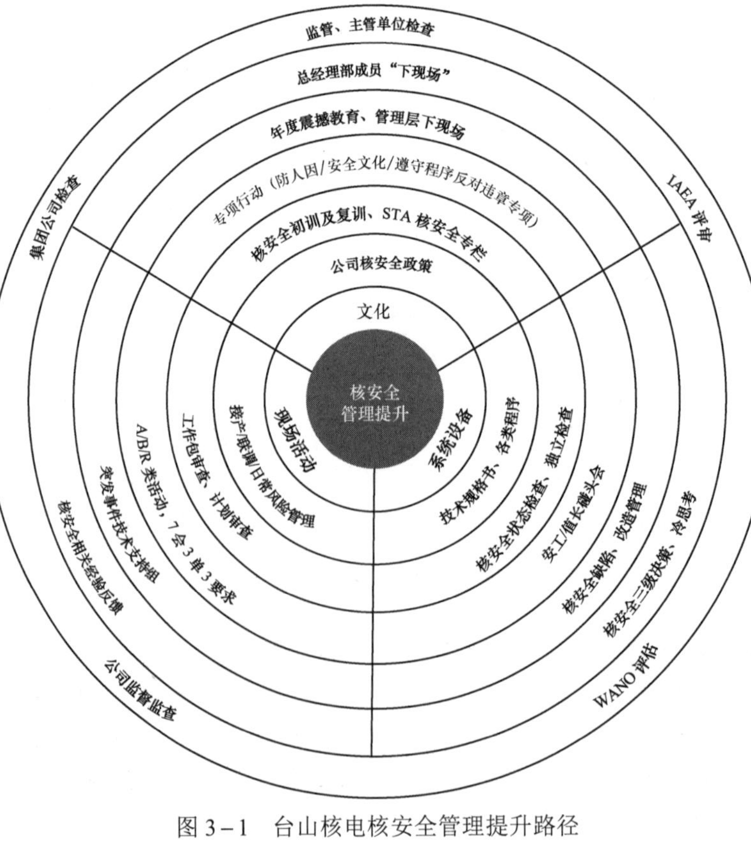


图 3－1 台山核电核安全管理提升路径

**1. 在线决策与离线思考相结合的核安全决策机制**

核安全相关的重大技术议题决策共经历三个管理阶段，工程建设期间主要通过工程执委会决策，联调阶段开始逐步转向电站核安全委员会，1 号机组首次装料后则全面转由电站核安全委员会进行决策，如图 3-2 所示。

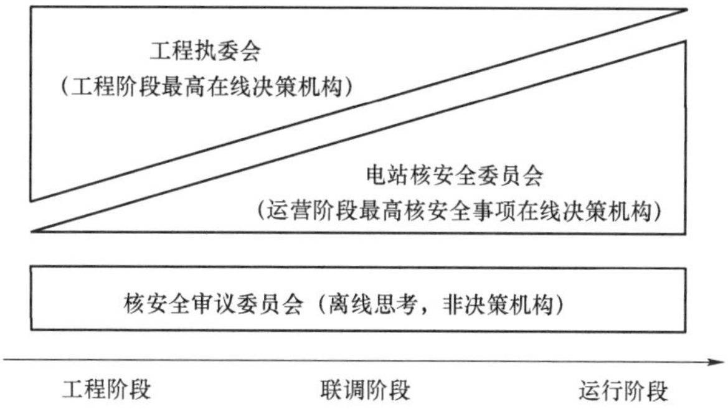


图 3-2　核安全相关议题决策机构示意图

工程执委会成立于 2008 年 11 月，主席由公司总经理担任，委员由总经理部成员、总工办成员及相关部门经理组成。工程执委会是台山核电特有的技术决策和协调平台。工程建设的重大核安全、质量相关的技术问题在此平台进行研究和决策，确保技术决策的及时、科学、合理和可行。

电站核安全委员会（Plant Nuclear Safety Committee，PNSC）成立于 2010 年 8 月，主席由公司总经理担任，副主席由分管生产的副总经理担任，委员包括与电站安全生产直接相关的其他总经理部成员、生产线总工办成员、相关部门经理等。其职能是审查和评价电站核安全相关重要事项，提升核安全系统和设备状态、提高核安全相关活动风险管理水平、促进核安全文化发展，以确保核电站满足核安全要求，达成和维持电站良好核安全绩效。

核安全审议委员会（TNRB）成立于 2011 年 4 月，委员包含总经理部相关成员、投资方代表和专家委员，主席由总经理担任，每半年针对设计、制造、施工、调试、运行模块的重大反馈，召开一次会议。TNRB 是一个离线的、开放的交流和反思平台，坚持冷思考，履行核安全离线审查职能，评估核安全体系运作的有效性和审查重大核安全问题。

台山核电建设期间，通过有效运作核安全决策机制，核安全重大事项均得到了妥善处理。通过对核安全决策的离线冷思考，不断提升核安全管理水平。

**2. 深化核安全知识的理解、推广及应用**

台山公司员工全程参与并负责 EPR 运行技术规格书及相关文件审查，利用与设计方直接对话澄清的契机，追本溯源，深度理解核安全相关的设计原理。针对运行、维修、技术等不同专业的工作特点和具体需求，公司开发了运行技术规格书个性化培训课程，并结合实际推广应用。此外，安全技术顾问通过发布核安全专栏推广应用核安全知识，内容涵盖核安全控制、技术规格书、灾害管理、EPR 设计、事故及严重事故管理、国际重大核事故等主题，累计达到 68 期，通过多维度多层级的知识点介绍，增进员工对核安全的理解。

**3. 结合重要工程节点，针对性开展核安全风险管理**

结合成熟机组经验和 EPR 技术特点，按照运行技术规格书及其他执照申请文件要求，参照 DCS、电气、燃料操作、实物保护及应急、气源等分类原则，台山公司梳理机组冷试、热试、装料、临界、并网等节点所需系统并形成清单，根据清单核安全管理部门牵头组织对各类遗留项进行全面、系统的核安全分析，针对识别出的问题，在首堆启动前完成处理并进行评价，消除了首堆启动过程中潜在的核安全风险。

此外，台山公司通过制定核安全先兆性指标进一步强化安全责任制，范围主要包括反应性控制、余热排出、放射性包容、辅助支持、外电源和冷源安全等方面。根据统计结果总结分析数据、事件的先兆性，通过早期干预降低较大及一般性事件数量、降低风险，避免重特大事件。

**4. 核安全独立监督与评估**

核安全监督与评估的目标是确保电厂所有活动和设备状态满足核安全要求。其范围涉电厂安全、质量相关的所有活动，以及重要的构筑物、系统和设备。

安全技术顾问独立监督活动的过程包括探测—分析—建议—跟踪。整个过程具有闭环和迭代的特性，如图 3－3 所示。

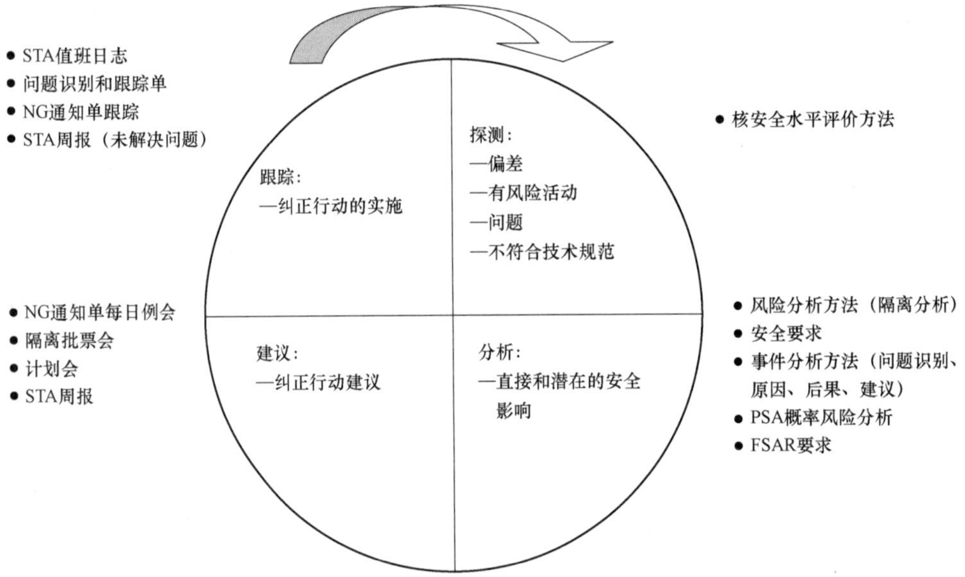


图 3－3　安全技术顾问独立监督活动过程

**5. 主动接受核安全监管**

在核电厂建设的不同阶段，运营单位需要向核安全监管部门申请并获得许可，接受监管部门及其派出机构对核设施制造、建造和运行现场的严格监督。核安全许可证申请、现场及设备的核安全监督，贯穿台山核电从选址、建造、首次装料到投入商业运行全过程。

日本福岛核事故后，随着台山核电 1 号机组成为 EPR 全球首堆工程，核安全许可证审评与核安全监督更为严格。一方面，没有国外审评经验可供借鉴；另一方面，作为首堆，审评结论更具有国际参考价值，责任更重大。为此，台山公司发挥一体化管理优势，总体统筹，统一协调各合作单位参与执照申请。通过执照申请专项组，全面负责组织、策划及保障各阶段许可证申请及核安全监督协调工作。通过规范化、流程化管理执照申请各项工作。相关工作策划、文件编制、审评答辩管理、遗留项管理、控制点迎检组织、现场核安全监督协调、进口核级设备安检等均细化分工、相互协同、规范流程，确保执照申请工作可控。

在执照文件审评中，因EPR采用的新理念、新设计多，受关注度高，审评进度存在不确定性。针对FSAR的疑难问题，监管部门、技术评审单位和台山公司聚焦关键问题，集中力量组织专题研究，形成了44项技术见解，历经9次评审会，最终完成了EPR技术评审。技术见解的形成，及时有效地对重点问题归纳总结和稳妥处理，对完成审评发挥了关键作用。

### 3.2.3 工业安全管理

台山核电工程建设期间，工业安全管理方面面临两大挑战：一是装机容量大、安全设施多，工程量大，施工人员多；二是没有同类机组的成熟经验参考，所面临的新情况更多，新问题更复杂。为此，台山公司针对土建施工、设备安装、工程调试等不同阶段的特点，结合工程生产一体化管理，重点围绕责任落实和风险管控两方面开展工业安全管理。

**1. 推动安全生产责任落实**

（1）创新责任区管理，建立网格化管理机制

为进一步落实属地管理责任，台山核电实行责任区管理机制。将台山核电基地内的地域划分为工程责任区、生产责任区、办公生活责任区、第四责任区，覆盖完整、边界清晰、无死角、不重叠，责任和管理分工明确，对属地管理责任落实起到了重要作用。

在责任区划分的基础上，工程责任区和生产责任区进一步分解落实，实施最小网格化管理。对每个厂房和重要厂房的每个楼层，确定各专业的责任人，并建立工程与生产专业人员网格化管理的对接机制，推动移交接产过程中消除最小单位内的安全隐患。

（2）优化安全管理指标，促进安全管理提升

指标管理是职业安全管理的一个重要工具，发挥着重要作用。常用的指标多数是结果指标和监控指标，侧重于后果评价及改进。为了防患于未然，前瞻性识别风险并采取针对性措施，降低发生安全事件的概率，台山核电在常规的职业安全结果指标和监控指标的基础上开发了一套职业安全方面的先兆性指标。以人的不安全行为、物的不安全状态、管理缺陷隐患为基础，将已经发生的事故事件原因和日常监督检查发现的隐患分别进行归类，再结合程序规定和安全红线要求，从重要缺陷或隐患中识别出最主要、最典型的表现，作为先兆性指标。通过该方法，开发出一套覆盖职业安全七个领域（工业安全、消防、厂房管理、辐射防护、安保、职业健康和核应急）的56个先兆性指标。

每月通过对先兆性指标的动态分析和评估，及早发现苗头性、趋向性风险和高风险领域，为快速反应、有效应对赢得了先机。将管理要求的落实情况量化、可视化，使得管理要求向前延伸到具体工作，既实现了安全预警作用，又夯实了各责任部门的安全责任，体现了安全管理追求卓越的要求。通过抓早抓小，降低了事件发生的概率。

（3）引入安全信用机制，创建个人安全业绩档案工具

以事故、重大违章、隐患为对象，基于属人、属事、属地、管生产管安全的基本原则，

确定以管理层、执行层、监督层、区域负责人作为责任记录主体，制定了一套责任记录方法，包含事故责任裁定机制、重大隐患挂牌督办机制和评优机制。应用该项工具有效地推动了安全责任的认定和落实。

**2. 提高安全风险管控水平**

（1）提升隐患排查工作质量

通过调研分析并结合台山公司对隐患管理的特点，建立隐患排查治理闭环管理流程，并将该流程引入信息化系统。引入信息化系统不仅提高了隐患排查工作的效率，并且为后续隐患数据的统计分析和运用提供了技术支持。

（2）开发动态安全风险识别、评估与防范工具

月度动态风险的识别和评估使用风险矩阵法。通过统计分析每月发现的安全隐患，预测安全风险出现的可能性，同时统计过去 12 个月中广核各核电基地实际发生安全事件的潜在后果，得出风险后果的严重程度，最后采用风险矩阵法评价风险等级，并将得分最高的三项作为下月最重要的安全风险，同时结合现场主要作业活动计划，制定相应的控制措施加以防范。

**3. 管理巡视**

除了安全管理专业人员的日常监督检查外，台山公司充分发挥管理层作用，开展经常性的领导在现场管理巡视活动。各级管理层按计划对各责任区域进行管理巡视，重点关注安全、质量和环境问题。

**4. 开展核电工程安全标准化建设工作**

开展安全标准化建设，既是上级主管部门的强制要求，也是内部完善管理，改进安全条件和提升安质环绩效的迫切需要。以安全标准化建设为抓手，尤其是以一线班组建设和现场作业标准化为关键落脚点，通过持续地对标、评估、检查以及整改与反馈，不断完善安全管理体系，提升安全管理水平，实现了安全绩效的持续改进。

### 3.2.4 运行前安全评估

国际原子能机构（IAEA）于 2017 年 1 月对台山核电 12 个领域开展运行前安全评估（Pre－OSART），评估团由 9 个国家的 15 位专家组成，国家原子能机构以及华南核与辐射安全监督站参加了评估活动。评估共识别 9 项可供其他核电厂借鉴的良好实践，包括运行值顾问、调试阶段老化管理、生产人员广泛参与设计审查等；同时提出 13 项纠正意见和 10 项改进建议。2019 年 1 月，国际原子能机构开展 Pre－OSART 回访，经过评估，23 项意见项中 14 项关闭，其余 9 项进展正常。

台山公司始终保持开放、透明及主动改进的态度，借外部评估的机会提升内在改进的动力，从发现事实走向管理改进，最大限度地受益于评估活动。利用 Pre－OSART 的契机，公司通过开展一系列自我评估、培训、整改等工作，发现并有效消除了多项隐患和缺陷，提升了系统设备状态，规范了人员安全行为以及厂房管理，提高了安全管理水平。

**1. 自我评估**

台山公司结合 EPR 特点制定了 Pre－OSART 自评方法，如图 3－4 所示，对国际原子能机构安全标准、OSMIR 数据库及 OSART 评估方法的甄别和使用，对电厂工作程序、管

理要求、外部经验反馈及评估报告的对照，以及现场实践与提升等贯穿自评全过程。针对分类筛选出的良好实践，多次开展专项培训和宣贯，提高了员工安全意识和认知度。

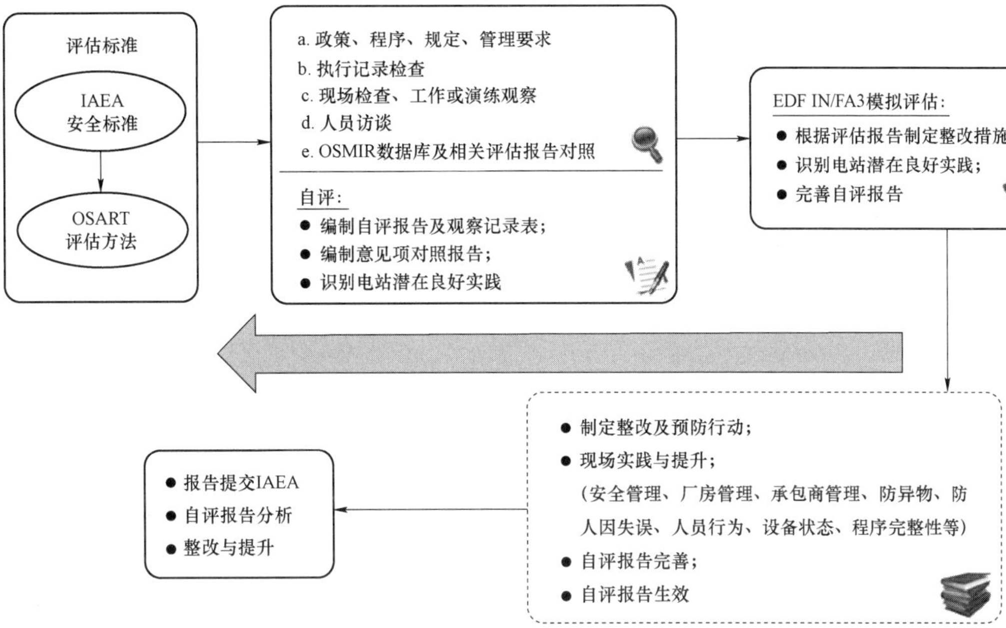


图 3-4　台山核电厂运行前安全评估自评方法

通过两次 Pre-OSART 全面自评，共发现 487 项偏差并制定整改措施予以改进；同时，邀请 EDF 安全总监及 FA3 核电厂专家开展模拟评估，针对评估意见和建议制定了 37 项改进项并加以整改；法方专家深度参与评估准备，每周现场巡视，并开展模拟评估及管理层访谈，用外部视角和经验帮助电站提升状态。

工程与生产部门在评估各阶段高效对接，对安全管理进行系统梳理并实施，全面提升了现场状态。在生产准备按照国际标准对标的同时，也将标准延伸到工程现场的安全管理，实现了电站安全和运营水平的整体提升。

**2. 整改**

针对 Pre-OSART 评估发现的意见和建议，台山公司召开多次专题会，深入分析问题的根本原因及关联性，最终审定并形成 208 项整改行动，全面覆盖现场和管理提升；制定行动项管理规范，按照意见项分类→行动项分级→行动评估关闭→意见项消除后小结的流程规范化管理并确保落实。

Pre-OSART 回访评估结束后继续开展整改，针对未关闭项制定专项行动，同时挖掘已关闭项中仍可进一步提升的方面，制订提升计划并实施，做到以外部评估为抓手持续推动安全管理提升。

## 3.3　质量管理

在质量管理方面，台山公司一方面注重基础性工作，采用两级 QA（Quality Assurance，质量保证)、三级 QC(Quality Control，质量控制)的质量管理组织模式，充分考虑项目特点，策划并建立了包含工程管理、生产准备等在内的完整的质量管理体系，另一方面强化质量管控措施，为首堆工程建设提供了有力的质量保障。

### 3.3.1 质量管理文件体系

台山公司按照活动对象将质量管理体系文件分为综合分册、工程管理分册、生产准备分册、生产分册。

工程管理分册对工程总体协调、设计、采购、施工、调试等各项活动的管理进行了详细规定。根据首堆工程推进需要，适时补充、升版了部分工程质量管理程序，并结合 EPR 首堆特点和工程实际情况持续优化、不断完善。针对现场技术问题处理等重点和难点，分析制定了多项进一步改进措施，以满足现场需求，最终构建了一个与台山 EPR 首堆工程特点相适应的三代核电工程质量管理程序体系。

以分层、分级的思路，清晰定位各层级文件，将体系文件分为政策、管理制度、工作文件三个层次。政策层分为公司政策和业务政策，公司政策从公司层面对质量管理工作的总体管理原则和控制方法做出原则性规定，全面承接核安全法规要求；业务政策从具体业务管理角度进行整体策划，确定出为实现业务目标所必须开展的各类活动并给出具体的控制原则，同时，对本业务领域管理程序架构进行设计。管理制度文件对工作活动或相关业务的具体管理要求做出规定，同时符合政策文件的原则要求。业务管理部门针对具体工作活动出版工作文件，给出详细的操作方法和要求，是现场作业人员的直接依据文件。工程建设阶段，针对土建、安装、调试、运行、维修等各类活动出版了管理程序 1 200 多份。

### 3.3.2 质量管理与质量控制措施

台山核电采用两级 QA、三级 QC 的质量管理组织模式，各施工单位设立一级 QA、二级 QC，台山公司设立一级 QA、一级 QC。业务部门承担对设计、设备制造、施工、调试的质量控制职责，主要负责设计审查、设备监造、施工文件审查、不符合项管理、质量控制、质量监督等。质保部作为独立监督部门，承担管理体系运作有效性独立评估职能。台山公司以风险为指引，确定年度监查和专项监督项目，监查覆盖了公司内部所有业务部门、主体施工承包商及少数重要、风险性高的设计、制造单位等。专项质保监督项目来源于重大施工节点、重要工艺、高风险作业活动及存在典型或普遍缺陷的领域，并根据工程进展辅以日常例行监督，力求质保监督监查有效性持续提高、全范围覆盖。为提升对设计、设备制造活动监查的有效性，对提供重要物项和服务的设计和制造供应商，依托工程公司的质保支持，发挥其在设计采购领域的专业优势和在该领域监查的成熟经验。

在此基础上，为进一步提升质量管理水平，台山公司采取了一系列加强措施。

(1) 建立了公司安全质量委员会、工程安全质量委员会、施工质保月评会三级会议制度，加强对现场作业活动的质量监管。台山核电建设初期就成立了施工质保月评会制度，利用月评会评价各承包商的质量管理工作，推动相互学习、共同提高，针对存在的问题提出改进建议和纠正预防措施，杜绝问题重复发生。工程安全质量委员会为施工重大质量事项决策、质量管理措施推进、质量管理状况评估提供平台，通过与承包商签订安质环责任书，强化对工程质量的监管。

（2）推动新引进的施工单位持续改进，通过识别施工单位项目管理中存在的薄弱领域，有针对性地制定改进方案，加强对薄弱领域和环节的监管和管理提升。

（3）聚焦高风险及重要的工程建设活动，在保证质保监查全覆盖的基础上，有针对性地开展专项质保监督。对主要施工单位及重要部门，全年至少开展一次质保监查。对于主设备制造商及重要设备的供应商，在合同执行期内至少开展一次质保监查。同时，针对核岛第一罐混凝土、穹顶吊装、主设备安装等关键性、阶段性目标的准备和实施情况，适时安排了专项质保监督，保证各项工作顺利实施。针对监督监查发现的问题，引入倒查机制，查找根本原因和管理责任，有针对性地制定纠正措施并跟踪落实，闭环管理。

（4）开展安质环标杆班组建设，推动基层作业人员的行为规范化和安质环业绩提升。结合台山核电实际情况，有针对性地开发一些特有活动，助力班组建设，对班组日常生产经营活动中涌现的安全质量良好实践进行汇编并在各参建单位之间推广应用、组织编制作业人员质量行为规范、开展质量标杆点建设和 QC 小组专项活动等。

（5）针对 EPR 设备的特殊性，为防范风险，成立由质保部、施工板块和承包商工程师、QA、QC、班组长组成的关键设备安装质量控制专项小组，根据工程进展识别当年度关键设备并制定年度管理方案，按照方案开展图纸、技术规格书、质量计划会审、验证质量风险措施、日常巡检和质保监督等专项工作，并全程监控关键设备现场安装活动，以有效控制设备安装质量。另外，质保人员深度介入现场质量活动，参与施工高风险作业控制点见证，强化现场质量管理。

（6）加强质量文化建设，提高人员质量意识，落实质量承诺和质量责任制。通过质量口号和知识宣传、震撼教育、典型质量事件影响分析、良好实践推广、班组建设活动等措施，提升个人质量文化素养。通过发布质量行为红线、建立质量考核机制等手段，加强现场人员行为规范化管理，强化人员质量意识。台山公司组织承包商梳理作业过程中 20 条最典型的质量违规行为，通过每个月的隐患排查对上述行为进行监测并纳入承包商的安质环考核，推动员工建立不敢违规的意识。同时还建立质量约谈机制，对质保监督监查、质量监督站监督、经验反馈等渠道发现的严重质量违规行为，约谈相应部门或承包商的负责人，从上而下推动质量管理体系的改进与质量意识的提升。

### 3.3.3 质量管理体系评估

为全面、准确地对质量管理体系运行情况作出评价，建立了包括执行层的自我评估、管理层的管理评审及监督层的质保监查监督在内的多层级评估机制。台山公司质量管理体系评估范围覆盖工程、生产在内的各项活动；深度聚焦设计固化、调试风险、机组控制、临时控制变更等活动，更加突出营运单位的核安全责任。

台山公司通过确定评估标准→收集实际状况数据→对比分析→持续改进的自我评估方式，使各部门管理者更加聚焦于所负责领域管理的有效性和业绩，找出管理上的薄弱环节，并及时加以改正，进而达到持续改进的目的。通过 900 多项自我评估项目，有力地推动了各领域的管理持续提升。

管理层每年通过基础性评估、重要领域专项评估对质量管理体系的完整性、适宜性和充分性进行动态评估。基础性评估包括总体评价、方针目标和指标实现情况、组织结构和人力配置合适性等方面，重在评估范围的全覆盖。同时，结合目标指标实现情况、重要事件和异常情况以及下一阶段的重要工作，识别重要改进领域并分析现状，制定改进措施。先后针对联调期间风险控制、装料后的风险控制、临时控制变更风险管理、防异物管理、调试防人因等方面进行了专项讨论及改进。

通过上述评估及监督监查的有序开展，不断发现各类管理问题并推动改进，促进了台山核电质量管理水平的不断提升。

## 3.4 环境管理

台山公司严格遵守国家核安全法规、适用的环境法律法规、安全分析报告和环境影响报告中的要求和承诺，充分考虑相关方的期望，控制污染，节能降耗，保护生态环境，以树立绿色环保的良好企业形象，促进与自然的和谐发展。

环境管理紧跟环境法律法规的最新要求，不断的改进完善，保证工作合法合规。公司通过 ISO14001 认证，通过环境管理体系的建立及有效运作，保障了现场环境管理工作的有序开展。从目标指标建立、监督检查计划编制、监督检查执行，到绩效考核，不断提升现场环境保护水平。同时通过环保培训、宣传等活动有效提升了环保意识。

台山核电现场环境管理状况良好，各项环境指标均达标，未发生环境负面事件和违规排放，能源消费总量远低于目标值。

### 3.4.1 管理体系和目标

台山公司依托专业化管理部门，依据自身发展规划、行业和上级管理要求、管理政策，建立了台山核电环境管理体系和目标、指标，包括法律法规要求、环境影响报告承诺、上级考核指标等，可测量、可统计、可实现，符合环境友好管理方针。通过对环境管理目标指标层层分解，将责任和要求落实到基层单位和个人。

### 3.4.2 管理责任和程序

台山核电的环境管理责任区划分与安全责任区一致。每个责任区确定责任部门，切实将环境保护的责任落实到部门和责任人。各单位认真履行环境管理责任，共同做好环境保护。

通过环境管理程序明确各单位的责任分工，规范现场文明施工与环境管理，使现场各项活动符合国家相关安全、环境法规及公司安全环境方针、政策的要求。对水环境、空气环境、噪声环境、固体废物、危险废弃物、海洋环境、水土保持与绿化的控制进行了详细规定。同时还明确了各单位应建立员工的环境培训制度，将环境培训纳入其日常的培训工作中。

环境管理的要求与技术程序相融合。维修程序中明确维修过程中产生的含油废物、使用过的化学品容器、产生的废水及电子元器件等处理要求。在合同中，明确要求合作单位遵守环境法律法规，遵守环境管理规章制度等。

### 3.4.3 监督控制措施

**1. 环境监理**

根据《建设项目环境保护管理条例》的规定，国家鼓励有条件的建设项目开展环境监理工作。在工程建设阶段，台山公司聘请环境监理单位开展施工环境管理工作。环境监理在工程建设阶段发挥了积极的引导及监督作用，编制了环保监理规划和监理细则并有效执行，审核各施工单位报送的施工组织设计和环保方案，监督检查各施工单位建立、健全施工环保体系，定期对施工现场及各施工单位进行环境保护监督巡查，对发现的环境隐患、问题，及时通知责任单位限期整改，按期检查验收。每月召开环境工作会议，通报和评价工程现场环境保护状况。组织实施环境管理及环境保护方面的专项培训；对环境管理相关工作提出专业指导意见，不断完善台山核电的环境管理措施，提升环境管理质量。

**2. 日常监督检查**

制订详细工作计划，按计划对所有责任区环境管理状况实施监督检查。监督检查方式以现场勘查、文件查看为主要形式。现场勘查主要涉及生活区、垃圾池、危险废弃物中转场、建筑垃圾中转场、施工道路、施工现场、餐厅、仓库等。文件检查主要涉及污水站出水检测报告、大气环境监测结果、施工废水监测结果、噪声监测结果、海域环境监测报告等。

台山公司每年对各部门开展环境内审，通过环境内审确保各部门环境因素识别全面、固体废物及危险废弃物管理满足程序要求，确保环境风险得到有效控制。

**3. 第三方评价**

聘请第三方环境管理机构定期开展环境监督检查。检查内容涉及管理程序、文件记录、现场查看等，针对检查发现的问题及时落实整改，闭环管理，按时提交环境与社会监测报告，落实环境与社会管理计划中规定的内容，环境管理水平得到进一步的提升。

同时，台山公司先后聘请索格利、伊尔姆等国际环境咨询公司，对环境管理工作开展独立检查、评估。在检查过程中，第三方环境管理机构认为台山公司环境保护工作满足法律法规及环境标准要求，对环境保护工作取得的成效给予了肯定。

## 3.5 技术管理

核电厂建设具有技术复杂、标准高、要求严、专业性强、涉及面广的特点，技术管理贯穿了设计、采购、制造、施工、调试和生产运行的全过程，对保证机组的建设质量和核安全、达到设计性能指标有重要影响，与进度、成本也密切相关。台山核电首次引进EPR三代核电新技术，面临诸多难题，其中尤以设计迭代与设计变更对工程整体进展影响最大。因此，做好技术管理，确保决策正确、及时，方案科学、合理、可行，实施效果符合预期，对首堆工程顺利推进尤为重要。

台山公司通过技术管理体系创新，采取技术方案评审、技术状态控制、差异化管理、技术变更控制等措施有效管控技术活动，既满足了首堆工程建设需要，也使机组技术性能得到充分保证。

### 3.5.1 技术管理体系

**1. 技术责任体系**

为落实工程建设各环节技术管理责任，台山核电搭建合同承建方、外部支持单位、台山公司的大团队技术责任体系。各合同参建方依据合同规定和业主要求开展技术活动，承担合同范围内技术责任；其技术活动由台山公司业务对口部门基于合同进行协调、控制、管理。

基于项目业务内容与组织机构特点，台山公司建立由公司总经理部、工程线、EP/施工/调试板块、专业队办组成的四级技术责任体系，落实技术管理责任，全面协调、管理工程建设过程中前期准备、设计、采购、制造、施工、调试、移交接产过程中各项技术活动。

考虑到台山核电采用 EPR 三代核电新技术，且首堆建设充满各种不确定性，为提高技术管理的准确性和总体最优性，台山核电根据工程建设不同阶段的特点与难题，充分调动内外部技术资源，内部发挥大业主模式优势，生产线提前介入技术管理过程，外部委托 EDF、中广核运营公司、中广核研究院、苏州热工研究院等单位提供技术支持和保障。

**2. 管理程序体系**

为确保工程建设各项技术活动的正确性、有效性和项目适用性，满足法律法规（含进口国法律法规）、行业标准、合同规定、业主管理规程等要求，台山核电制定了完整的技术管理程序体系，共包含三个层级。

第一层包括法律法规（含中国法律法规、出口国法律法规）、规范、标准、设计采购合同，这些是各方开展技术活动的基础，也是各参建方编制项目管理大纲和项目质保大纲的依据。

第二层包括项目管理大纲、项目质保大纲，这两份大纲是参建方按合同要求编制并提交给业主的、用于其进行项目管理的纲领性文件，是编制各类执行程序的顶层设计。

第三层包括项目管理程序、参建方之间的接口管理程序、内部管理程序、工作执行程序，这些程序是在第一层和第二层基础上编制的，是执行技术活动的直接指导文件。

各参建方根据台山公司管理程序建立相应的技术管理体系，相应程序经台山公司审查同意后实施，以实现管理程序的统一性、匹配性、规范性，确保各方在相同的语言环境、畅通的平台下开展技术活动，规范技术行为。

### 3.5.2 技术决策机制

为充分调动各方面技术资源，实现技术决策及时性、正确性、最优化，台山核电建立技术分级决策机制。基于组织机构与技术责任体系，各层级根据岗位职责和授权范围分级负责、分级决策。对于无法决策的技术问题、技术方案，提交上一层进行决策。总经理部依托工程执委会工作平台，作为技术决策的最高决策者。具体如下。

（1）队办层

—本专业单纯性技术问题处理方案；

—本专业对工程进度、造价、安质环无影响或影响较小的一般技术问题处理方案。

（2）板块层

—本板块业务范围内跨专业的单纯性技术问题处理方案；

—本板块业务范围内跨专业，对工程进度、造价、安质环影响较小的一般技术问题处理方案；

—对核安全保证的一般技术变更；

—各队办提交板块层决策的事项。

（3）工程线

—对工程进度、造价、安质环有较大影响的技术方案；

—跨板块业务范围对工程进度、造价有一定影响的技术方案；

—对核安全保证的较大技术变更；

—各板块提交工程线决策的事项。

（4）工程执委会

—对核安全保证的重大技术变更；

—对未来机组运行有重大影响的安排和策略；

—与机组可用率和/或机组维修相关的重大变更；

—与参考电站政策的重大技术偏离；

—处理重大质量事件的技术方案；

—对工程进度有重大影响的技术方案或技术偏离；

—工程线技术决策平台提交工程执委会决策的事项；

—投资控制委员会办公室提交工程执委会决策的技术方案。

### 3.5.3　主要措施与成效

**1. 技术方案评审**

台山核电以核安全为底线，严格评审技术方案，确保标准合理、技术可行，把控技术风险。审查过程中，统筹考虑安全、质量、进度、成本、环境的影响，实现技术方案的最优化。

通过三代核电自主依托项目招标，EPR技术获得了国内专家的技术评审和认可。NIEP合同签订后，台山核电的主要技术方案、安全分析报告、环境影响评价报告、可行性研究报告均通过了监管部门组织的专业评审，从顶层设计上保证了EPR技术的安全性、先进性、科学性、合理性，并在建设中接受监管部门的监督检查和关键点管控，通过技术评审和综合检查后才能开展下一阶段的工作。

各项技术活动中，优先采用安全、先进、成熟的工程技术；针对新技术、新工艺等，深入研究分析、专业论证，必要时进行试验推演、模拟仿真，识别管控风险，确保技术正确、方案可行。

对于工程重大技术问题和方案，充分重视借鉴经验反馈，组织专家论证和评审，适时引入EDF、中广核运营公司、中广核研究院、中广核“8＋1”重大设备办公室等外部专家提供技术咨询和指导，保守决策，有效管控工程重难点问题，保障了工程安全和质量。

**2. 技术状态控制**

台山核电采用配置管理方法管控项目技术状态，确保技术文件满足设计要求，现场实体与技术文件之间、机电仪各专业之间保持一致。

工程前期采用以机组技术状态基线为参照，批量化处理设计变更的方式进行核岛配置管理。通过 R0C（Reference 0 Configuration）、RC1（Reference Configuration 1）、CSE（Consistent State for Erection）三个基准技术状态确保各类文件的一致性以满足设计要求。在参考电站设计的基础上，充分考虑了厂址条件变化带来的差异，落实了核安全监管部门评审要求，处理了参考电站后续的修改，完成初步设计和详细设计，各专业设计实现一体化。

工程建设进入首堆建设阶段后，为应对设计迭代对现场工作的影响，公司优化调整配置管理模式，采取以技术变更为管理对象的配置管理方式，围绕快速高效地解决现场技术问题、确保设计变更执行后快速恢复系统可用开展技术管理。通过“技术变更通知单”管理设计要求、设计文件以及现场实施，将技术变更和设备改造文件的出版与现场实施纳入统一的模式下开展工作，满足机组进入调试阶段后现场实体修改的要求。

**3. 差异化管理**

差异化管理是对被管理对象进行分类，并针对不同类别的管理对象实施不同管理方法，或者将管理对象与参照体系对比分析，找出差异项目，再对差异项目实施有针对性的管理。

台山核电在开工后对 EPR 与国内成熟项目的技术差异进行了全面系统的分析，针对相同的部分优先按照成熟的模式和方法管理，针对不同的部分则集中力量重点研究和攻坚突破，如钢衬里模块化施工技术、三维测量技术、4D 模拟技术和主管道自动焊技术等。

梳理、识别和聚焦与参考电站、国内成熟项目的技术差异，采取针对性的应对措施，有利于识别关键、抓住重点、控制技术风险。

**4. 技术变更控制**

技术变更控制是现场执行阶段技术管理的重点之一。为管控首堆设计迭代引起的大量技术变更，台山核电采用源头控制、强化审查、修改管控等措施进行技术变更控制。

（1）源头控制

台山核电转变为按照首堆工程推进后，为推动尽快完成设计固化，加快技术澄清和方案讨论，减少后续设计变更的数量，台山核电组织集中设计审查，联合法马通、EDF、中广核设计公司梳理、分析参考电站设计修改项及重大技术问题、设计开口项、最终用户关注问题、现场反馈等 2 148 项问题，筛选出必改项。集中审查后，台山核电明确后续仅修改影响核安全、影响机组可用率的设计，不再接受“锦上添花”式的设计修改。

（2）强化审查

制定设计变更审查机制，严控设计变更的新增。台山核电成立变更文件审查小组，在设计方自身审查的基础上对每一项设计变更进行专项技术审查。设计方逐项说明变更的修改来源、必要性、实施窗口建议、不执行该修改的后果、变更涉及的专业等内容。台山公司在设计方建议的基础上，结合工程实际详细审查设计变更的技术细节，同时考虑设计变更对系统功能的影响，判断变更必要性，并统筹决定执行与否及执行窗口。

（3）修改管控

台山核电全面掌控现场修改的实施窗口。结合现场实际情况，分批次、分阶段实施现场修改。每一个设计修改的实施带有特定的目的，冷试相关系统修改后经冷试验证就不再对影响冷试结果的部分作出新的修改，热试相关系统修改后经热试验证也不再对影响热试结果的部分作出修改，层层推进，逐步逼近系统的最终状态。

针对大量变更，在详细分解和分析系统设备功能的基础上，台山核电梳理出现场执行的优先次序。现场修改前，精细策划每个步骤和细节。按照人、机、料、法、环等因素，统筹现场修改的质保管理和全面质量管理流程，确保现场修改质量。

**5. 技术问题应对**

打通上下游，快速高效解决技术问题。现场建立设计团队，紧密结合现场，利于设计人员快速澄清、处理现场施工和调试过程中发生的问题；派出人员参加联合体的采购团队，协助设计方和设备制造商解决设备制造过程中的技术问题。梳理工程节点清除缺陷清单，集中资源重点突破，确保有限资源下对制约重要工程节点问题的处理

广泛动员优势技术资源，充分发挥参建各方已有经验，解决工程难题。协调发挥施工单位作用，推动施工单位带建议方案澄清；与设计方达成同类型问题参照之前答复自行处理，授权业主、现场承包商分类处理；策划中广核工程公司派出设计小分队和维修小分队到现场，快速解决现场各类技术问题。

推行技术自主化，确定建立以能力和效率为中心的现场问题处理机制，对现场问题进行分析并分类，设定优先级，集中资源处理高优先级问题，通过现场问题快速处理自主化、设计自主化、采购自主化、维修自主化等方式承接落实自主化分拣任务。

对于工程关键和重大问题，充分利用公司内外专家的技术力量，深入研究问题、审慎稳妥决策，控制风险，确保安全和质量。

## 3.6　进度管理

在建设初期，台山公司参照中广核成熟堆型核电厂建设的成功经验，建立了较为完善的常规全周期六级进度计划管理体系，对工程建设的设计、采购、施工及调试全过程进行目标管理和过程控制，逐步梳理并建立了 EPR 关键路径分析模型，不断分析评估工程总体进度形势、识别关键因素。

按照参考电站政策和跟随策略，台山核电 1 号机组在土建和主回路安装阶段的实际进展基本正常，但各方面逐步表现出与成熟堆项目明显不同，首堆特征逐步凸显。在穹顶吊装前后，工程实际进展与原定计划目标已发生明显偏差，传统进度管理方法遭遇挑战。

经过广泛调查与深入研究，台山公司转变思路、探索创新，从 2011 年底开始按“积极推进、全力争取、合理优化、动态调整”的原则管控进度，并建立了年度进度计划体系和相关配套措施。2012 年，在推进和管控 1 号机组 NCC 进度的过程中，建立了以系统为导向、以设备为中心的设备进度分析模型，准确预测评估了 1 号机组总体进度形势，识别出了关键制约因素。不仅支持了台山核电首堆策略转变决策，也为 NCC 推进方案的策划和实施奠定了基础。

通过各方共同努力，台山核电在国际三个 EPR 项目中率先实现了 NCC，创新的进度管理方法也得到实践和验证，并在项目后续不断得到应用、发展和完善，逐步形成了“总体评估、分段做实、动态调整、逐步逼近”的进度管理原则和网格矩阵进度管控体系，相关配套措施也不断完善，并进一步发展建立了综合进度分析模型。

通过不断探索、创新、实践和完善进度管理方法和工具，台山公司有效应对了 EPR 首堆进度管理挑战，为台山核电 1 号机组率先实现冷试、热试、装料等关键里程碑并后来居上建成 EPR 全球首堆工程发挥了重要作用。

### 3.6.1 初期进度管理体系及方法

EPR 是三代核电技术，与成熟的核电技术有显著差别，对其工程技术特点、作业内容、工期安排、逻辑关系和进度管理的认识是一个逐步加深的过程。

**1. 建立常规进度管理体系**

在 NIEP 合同谈判阶段，考虑 EPR 在全球已有两台机组开工建设、国内核电产业链在岭澳二期的良好表现、主要供应商的承诺和项目经济性，台山核电两台机组采取参考电站政策并且计划工期安排相对较短。以 2008 年 11 月《工程进度控制大纲》首次出版为标志，台山公司参照中广核以往成功经验，建立了常规进度管理体系。该体系对于成熟堆有良好的适用性和有效性，其主要特征如下。

（1）基于合理的进度目标

根据以往项目实际经验及本项目具体特点，按照略高于平均水平制定总体进度目标。

（2）以建造二级进度为核心

通过分层运作、分级管理、分块控制，建立六级进度计划体系和各司其职的责任分解机制。由于技术成熟，项目进度总体可控，建设期内总体进度目标和一级进度计划一般不需调整。以一级进度计划为目标、二级进度计划为核心，下级计划必须服从上级计划；编制计划适度留有裕量，保证其科学性和可行性。

（3）执行中侧重于控制进度偏差

在计划执行中，强调计划的严肃性，针对局部偏差采取纠正措施，确保不影响上级进度目标，特别是工程总体进度目标。

**2. 建立 EPR 关键路径分析模型**

基于传统的进度管理方法和 EPR 技术特点、参考电站经验反馈及台山核电项目特点，台山公司在开工后逐步梳理建安施工各类关键工作、制订出相关详细计划，并建立了各方面之间的接口和逻辑关系，最终基于 P3E/C 软件平台建立了 EPR 关键路径分析模型。

基于该模型，按照如下方法动态分析与评估项目进度：

—输入实际进展（包括上游条件）及其预计进度；

—计算各关键路径的浮时并排序，识别出关键；

—重点对超过控制基准的关键路径深入分析和研究优化，制定应对措施，如加强资源配置、调整优先级、优化技术方案或组织管理等；

—定期和不定期分析与评估，基于分析成果确定下一阶段管理重点和进度目标。

EPR 关键路径分析模型作为后台进度分析的工具，对识别各类建安关键路径、合理配置资源发挥了积极作用。经过长时间实践，模型不断完善，为进度管理提供了支持，也是后续各类进度分析工具创新的基础。

### 3.6.2　进度管理挑战及创新

**1. 进度管理挑战**

得益于参考电站政策、良好的经验反馈、国内参建单位成熟完善的管理体系和高素质建设队伍，台山核电开工后的施工安全和质量控制良好，1 号机组从开工到穹顶吊装的实际工期为 23.9 个月，同比参考电站缩短约一半的工期，与成熟机组的工期大致相当。然而，与一级进度计划相比，1 号机组开工受项目审批影响就推迟了 2 个月；开工后受设计、采购等影响，到穹顶吊装时已比计划推迟了近 6 个月。从进度管理角度，原定目标和计划已失去合理性和可行性。

按照参考电站政策，台山核电能够充分利用参考电站的设计及采购文件、设备鉴定、调试运行文件等技术成果和产业链资源，并吸取通过实践验证的成熟经验反馈。实际上，参考电站受各种因素影响多次宣布大幅度延期，其设计和设备鉴定、调试运行文件出版的进度也严重滞后，一些 EPR 项目共性或个性化的问题还没有得到有效解决，前景不明并且没有改善的迹象。随着台山核电 1 号机组逐渐赶上和局部超越参考电站，能够从参考电站获得的技术成果和经验反馈越来越少，三个同期建设的 EPR 项目面临的问题逐步趋同。关键在于核岛设计未固化，设计迭代过程中不断发现新的问题。设计文件是采购、制造、施工、调试、维修和运行等下游各环节所必需的执行依据，设计在源头上的任何细微变化都必然会影响下游环节，并产生鞭梢放大效应，导致项目可控性差，进度难以预测和评估。

总体上看，EPR 难度远超预期，大量上游技术问题短期无法快速解决，预计后续还有大量不确定因素。台山核电进度管理因此也遭遇挑战，再按“总体目标基本不变，重点管控局部偏差”的常规方法已不能适应工程建设的新形势，也不能有效发挥计划的指导作用。

**2. 首堆进度管理创新**

基于对首堆特征和台山核电实际情况的分析和认知，台山公司转变进度管理思路，创新建立年度进度计划体系，发展建立了设备进度分析模型，策划实施了相应的配套管控措施，来适应台山 EPR 特点，对进度进行有效管控。

（1）确定“合理优化、动态调整”进度管理原则

首堆项目不同于成熟堆项目，难以一次性准确预测和确定建设总工期，实施过程中必须计划紧跟变化，进行动态进度管控。为此，台山公司决定按照“积极推进、全力争取、合理优化、动态调整”的原则，分年度制订并动态调整项目建设进度计划。

（2）创新年度进度计划体系和动态调整流程

2011 年 12 月，台山公司升版《工程进度控制大纲》，开始按新的进度管理体系运作，以便于更加符合首堆项目建设的客观规律。新体系的最大特点是打破了传统的管理模式，转为分年度制订工程重要里程碑和年度进度计划，并动态评估和优化调整，尽可能提高进度计划的合理性和指导性。调整前后的对照如表 3 – 1 所示。

**表 3-1 台山核电进度计划体系调整前后对照**

| 序号 | 原进度计划体系 | 年度进度计划体系 |
|---|---|---|
| 1 | 一级里程碑 | 年度重要里程碑 |
| 2 | 一级进度计划 | |
| 3 | 二级里程碑 | 年度里程碑 |
| 4 | 二级进度计划 | 年度进度计划 |
| 5 | 专项进度计划 | 专项进度计划 |
| 6 | 三级～六级进度计划 | 三级～六级进度计划 |
| 7 | 进度控制点 | 月度进度控制点 |

年度计划体系要求进度计划本身能够紧跟变化，切实发挥指导作用，其动态调整具体如下。

—每年下半年，根据工程实际进展、进度分析评估及预测结果，确定下一年度进度目标，主要体现为年度工程重要里程碑；

—依据年度工程重要里程碑，按照匹配原则编制用以指导下一年度工程建设的年度建造进度和年度工程里程碑；

—推动相关合同商按批准的年度进度计划开展相关工作；

—年度计划执行中，紧密跟踪进展，如实际进展与计划已发生较大偏差，要及时采取调整措施。

新体系下强调了“前台进度计划执行＋后台总体进度分析与评估”的进度管控模式。前台通过年度进度计划全面安排当年的各项工作，通过专项进度计划细化安排阶段性关键工作。后台通过进度分析模型等工具对总体进度进行评估并及时研判形势、识别关键因素并研究可行的应对措施，为前台进度计划管控提供指导和支持。

（3）优化建立设备进度分析模型

进度计划“分年度实施”和“动态调整”虽然理论上可以提高项目执行进度目标和计划的合理性和指导性，但也要基于对工程总体进度形势和关键制约的准确分析与识别。

按正常逻辑，台山核电在穹顶吊装后将进入安装大规模上量阶段，但工程实际已面临大量制约因素，尤其是上游设计采购。由此导致工程进度形势及关键制约因素复杂且不明朗，对进度目标制定和施工组织等产生严重影响。之前已建立的“关键路径网络计划”侧重于现场建安及调试逻辑，无法直接评估设计采购大量延误的具体影响并识别关键。故需要在其基础上，进一步寻找新的方法。

NCC 是穹顶吊装后安装阶段转向调试阶段的一个关键点，实现 NCC 需要“水、电、仪、气”等各方面条件，能串联和带动起工程在该阶段的绝大部分关键工作。如果能找到办法对这一阶段进度形势进行准确分析并采取措施推动实现 NCC，除工程可取得有效进展外，还有可能摸索出有效的进度分析和管理方法。因此，台山公司决定从 NCC 节点突破，首先探索方法来分析 NCC 进度形势并识别关键制约。

通过总体分析，各类因素对 NCC 的制约和影响关系如下。

—设计：存在大量不确定性，每张图纸信息量不一，与 NCC 之间的逻辑关系不尽相同，过程变更相对较多；可总体评估影响，但全面精确评估的可行性差；

—采购：是现场安装上量阶段的关键制约，且实际供货进度不确定性极高，但设备到货后变动相对较少；采购进度能在很大程度上反馈出上游设计进度；每台设备与系统及 NCC 之间的逻辑清晰，理论上可精确量化评估；

—其他：大宗材料、房间移交、人力、机具等，台山公司可以根据需求主动掌控，确保不成为关键制约。

基于上述分析，台山公司决定选择最关键且可靠的因素，回归最底层逻辑，精确梳理分析每台设备供货进度对 NCC 的影响；同时对其他因素进行总体分析，两者结合实现对 NCC 的进度分析和关键因素识别，如图 3－5 所示。

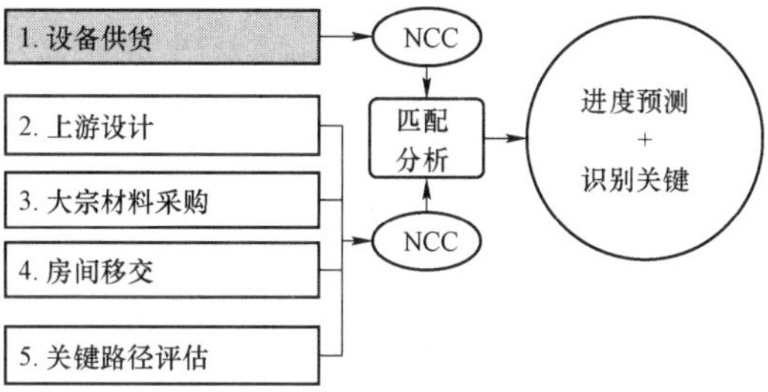


图 3－5 NCC 进度分析策略

台山公司按照“结硬寨，打呆仗”的思路，通过组织上百人团队的数月协作，理清了 NCC 所涉及的 210 个子系统、15 146 台设备、144 个采购包的供货计划、内在逻辑、作业工期等信息，建立起“设备进度分析模型”。过程如图 3－6 所示：

第 1 步，依据调试大纲，梳理出 NCC 所涉及的全部子系统，分析其调试逻辑及工期；

第 2 步，从系统对应的流程图中，逐个梳理出该系统所涉及的全部设备；

第 3 步，依据每台设备的编码，逐台核实供货计划，同步分析设备的安装逻辑及工期；

第 4 步，综合所有信息，建立起数据库模型。

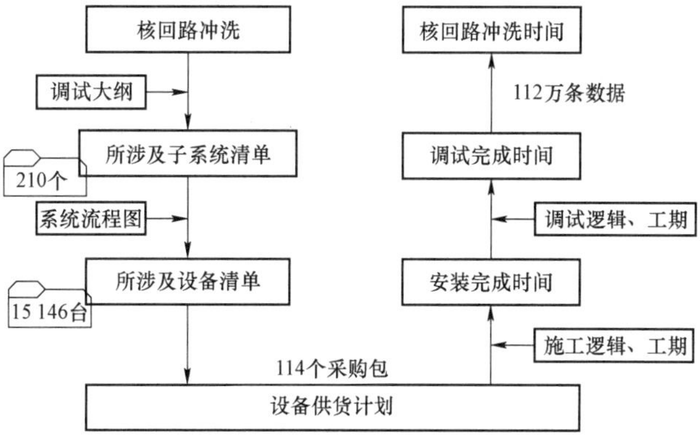


图 3－6 设备进度分析模型建立过程

模型建立后，经过多轮测试，逐步完善和优化，最终全面理清了 NCC 所需的全部系统、设备信息和逻辑关系，主要有：

—核岛电气系统、流体系统的影响重大，从系统数量上分别占总数的 54%和 31%；

—NCC 对系统 EESR 的需求，最早在 NCC 前 16 个月，高峰期在 NCC 前 10 个月左右；

—理清了每台设备与 NCC 节点的完整进度逻辑，评估出了每台设备供货进度对 NCC 的具体影响，进而对关键设备从各个方面实施主动管控。上游供货商：根据现场需求逻辑，调整工厂排产计划、优化制造工期、调整货运方式及鉴定安排等；现场建安及调试：优化安装和调试逻辑、调整设备需求时间等；实施临时措施：如阀门可用临时短管替代、临时仪表暂时替代正式仪表等。

2012 年 9 月，台山公司完成了 1 号机组 NCC 设备进度的首次分析。随着输入信息逐步完善和明朗，到 2013 年 3 月预测结果已趋于稳定，与 30 个月后的实际结果几乎一致，其可靠性和精确性比关键路径法有大幅提升。两种方法的预测与实际结果对照如图 3－7 所示。NCC 预测日期的跳动综合反映了设备供货进度的影响程度，以及针对关键设备从设备鉴定、工厂制造、运输、安装到调试各环节所采取优化措施的效果。

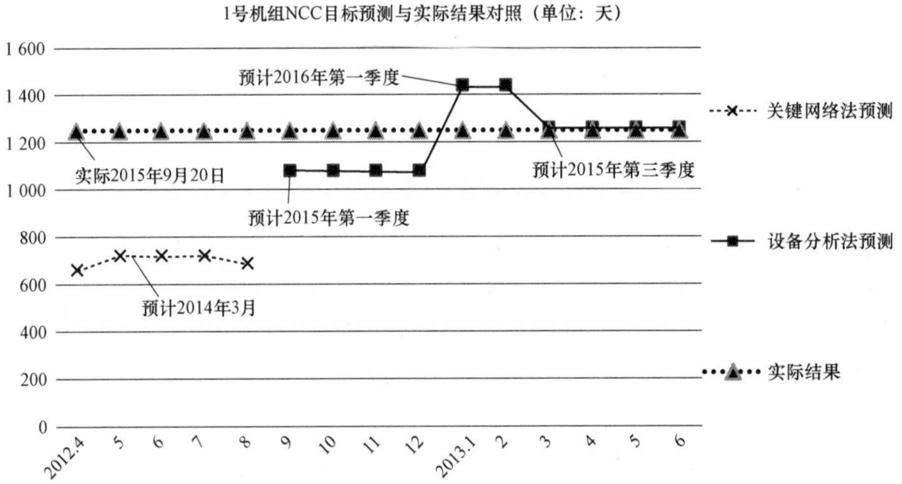


图 3－7 1 号机组 NCC 目标预测与实际结果对照

基于准确、可信的 NCC 分析成果，台山核电第一次认清了工程建设面临的严峻形势，获得了“来自未来的珍贵情报”。

通过建立以系统为导向、以设备为中心的设备进度分析模型，准确预测了 1 号机组以 NCC 为代表的总体进度形势并识别了关键因素，为项目管理决策和过程管控提供了重要的支持。随后基于同一原理拓展开来对 CFT/HFT/FLG 节点进行了全面分析，建立了完整的“设备进度分析模型”并持续发挥作用。

（4）摸索实施配套进度管理措施

为使年度计划体系运作更有效，台山公司还针对性地建立实施了一系列的配套措施，如进度分级预警机制、重要事项通报机制、专业部门进度分析报告及各类评估报告等。

### 3.6.3 首堆进度管理实践及发展

**1. NCC4 进度管理实践**

根据 NCC 分析成果及转变后的首堆进度管理方法，台山公司对 NCC 工作进行了全面策划，实施了一系列措施，其总体过程和重要举措如图3－8所示。

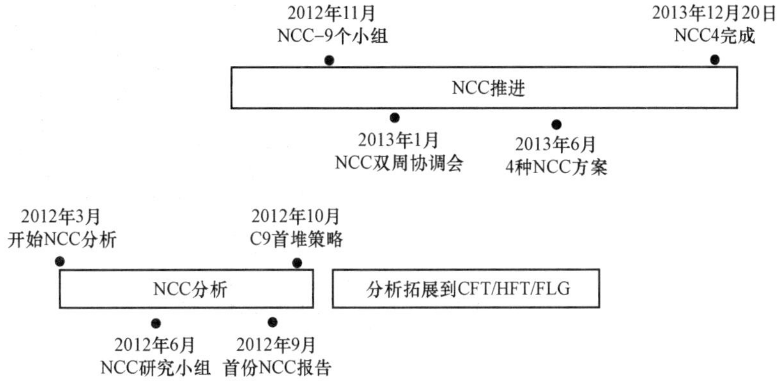


图3－8 NCC推进过程

—对于识别出的关键制约和重要工作，2012年11月份成立了9个专项小组，由公司各部门主要领导挂帅，着力推动进行攻坚；

—2013年1月份，在NCC分析和认识更加完善、专项小组顺利运作的基础上，成立了NCC协调委员会，全面统筹、协调和推进NCC各项工作；

—在全面推动NCC工作的同时，鉴于完整NCC面临制约较多，预计可实现时间较晚，台山公司在2013年6月研究策划出4种NCC方案；按照在发展中逐步、充分暴露和解决问题的原则，结合工程实际情况，决定先以2013年底实现NCC4（中压安注箱注入管道阻力特性测量及其冲洗）为阶段性目标进行局部突破；

—2013年12月20日，台山核电1号机组实现NCC4，2015年9月26日完成了完整的NCC。

**2. 首堆进度管理后续实践及发展**

台山核电在国际三个EPR项目中率先完成NCC，不仅极大地鼓舞了参建方的士气，也让首堆进度管理方法得到了实践和验证。在1号机组后续推进过程中，不断应用前期摸索出的有效方法进行管理并发展完善，其主要历程如图3－9所示。

在NCC及后续首堆进度管理过中，台山核电进度管理思路逐步进化、管控体系不断完善、配套措施日益丰富、分析工具持续进化。

（1）逐步进化形成“总体评估、分段做实、动态调整、逐步逼近”的进度管理原则

通过不断实践，台山核电的首堆进度管理思路逐步进化，得到团队认可。最终形成了“总体评估、分段做实、动态调整、逐步逼近”原则。

1）总体评估

首堆工程制约因素多，尽管不可能一次性认知透彻，但要尽可能向这个方向努力，尽早认清形势、提前识别潜在风险，方可有效应对。

为此，台山公司持续开展总体进度分析和前瞻性研究，不断改进和完善进度管理工具。研究成果一方面用于确定后台总体进度管控的底线，另一方面用于指导前台执行计划的调整和优化，为加强管理、采取有效应对措施指明了方向。

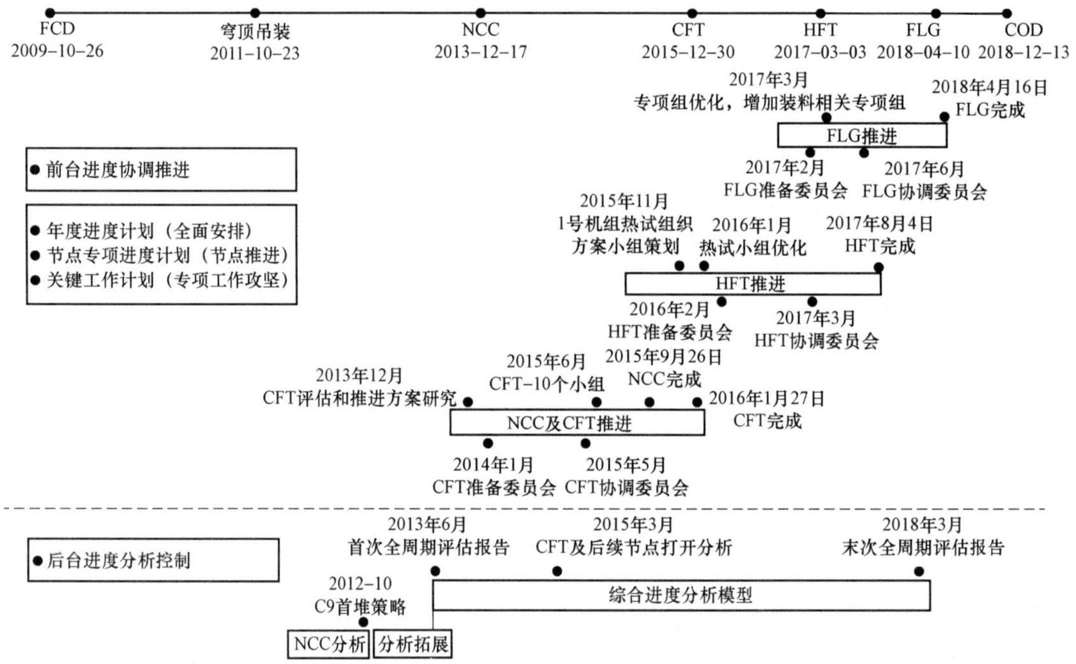


图 3-9 1 号机组 NCC4 后管理推进

2）分段做实

首堆建设难度大，不可能一蹴而就，通过分阶段突破不断发现和解决首堆建设中的共性或个性难题。在总体评估的基础上，按照合理、可行、有挑战的原则，每年通过台山项目协调委员会确定和发布下一年度的工程重要里程碑和关键目标，各主要参建单位在战略层面形成共识、达成一致并做好组织动员，然后通过年度计划等分解落实。

台山公司每月通过工程进度协调会检查实际进展，指挥、协调和决策执行中遇到的难题。针对冷试、热试等关键里程碑，通过专门的协调委员会统筹推进。针对重点、难点问题，成立跨部门的专项小组，发挥各方合力攻坚克难、逐个突破，想方设法创造条件向前推进。

3）动态调整

推进过程紧密跟踪进展并动态分析，当进展与计划出现较大偏差时，认真分析根本原因并采取针对性调整措施，既包括对各类进度目标、计划的调整，也包括对施工方案、管理措施等方面的优化。

4）逐步逼近

面对首堆建设中的未知和不确定性，在做不到一蹴而就编制可靠全周期计划的情况下，通过分段做实和动态调整，在发展中逐步暴露问题并解决问题，逐步逼近真相、事实和结果。

（2）不断完善形成首堆进度管控网格矩阵

随着工程的不断推进，台山核电的进度管控体系也逐步完善，在计划与目标、管理主体、协调平台等方面形成了网格矩阵，如表 3-2 所示。

**表 3-2　台山核电进度管控体系**

| 后台总体管控 | 前台执行计划 | 目标 | 管理主体 | 协调平台 |
|---|---|---|---|---|
| 关键路径计划→设备进度分析模型→综合进度分析模型 | 年度工程重要里程碑 | 战略决策，目标制定 | 集团领导 | 台山项目协调委员会 |
| | 年度进度计划 | 目标分解，总体协调 | 公司领导 | 工程进度协调会 |
| | 关键里程碑 专项进度计划 | 聚焦阶段性、综合性目标 | 公司领导 | 里程碑协调委员会 |
| | 关键工作专项进度计划 | 攻坚克难、逐个突破 | 中/基层管理者 | 专项工作小组 |

（3）持续优化形成综合进度分析模型

在 1 号机组 NCC4 后，CFT/HFT/FLG 各阶段的进度管理方法和主要措施与 NCC4 阶段并无本质区别。期间随着安装和调试工作进一步推进，各项工作日益细致化，工程制约因素也更加复杂和具体。除了设备以外，文件出版、变更、施工准备、系统移交及尾项消除等都可能成为阶段性关键制约。为此，在“关键路径网络计划”和“设备进度分析模型”的基础上，进一步优化，充分考虑各种实际情况，补充、细化和完善模型内部逻辑，形成了“综合进度分析模型”，适应了新阶段进度分析和识别关键因素的需求。优化过程见图 3-10。

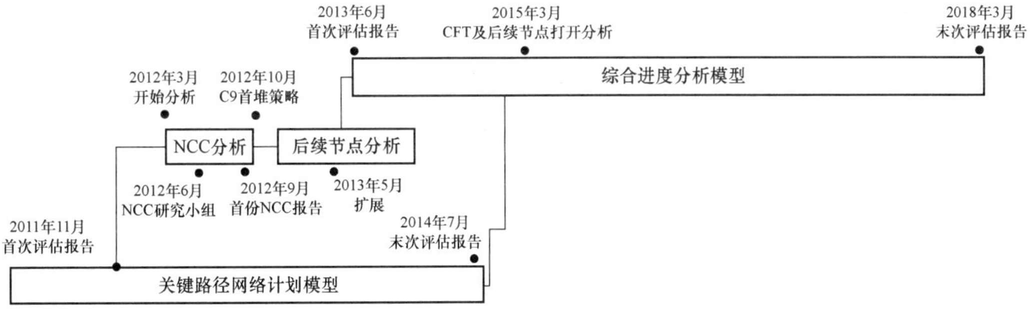


图 3-10　分析工具优化过程

（4）不断丰富配套进度管理措施

在台山核电首堆进度管控过程中，进度管理的配套措施也在日益丰富。

1）进度分析与评估报告制度

在紧密跟踪实际进展和动态评估的基础上，按期出版各类进度分析与评估报告，供各级管理者及时掌握情况、抓住关键，如表 3-3 所示。

**表 3-3　台山核电进度分析与评估报告**

| 序号 | 名称 | 出版频率 | 编制单位 | 报告对象 |
|---|---|---|---|---|
| 1 | 工程进展月报 | 每月 | 进度管理部门 | 决策层＋管理层 |
| 2 | 统计月报 | 每月 | 进度管理部门 | 决策层＋管理层 |
| 3 | 关键路径分析报告 | 每月 | 进度管理部门 | 决策层＋管理层 |
| 4 | 工程进展分析与评估报告 | 每月 | 进度管理部门 | 管理层 |
| 5 | 重要专题分析报告 | 不定期 | 进度管理部门 | 管理层＋工作层 |
| 6 | 设计实际进展跟踪分析报告 | 每月 | 设计管理部门 | 管理层＋工作层 |

续表

| 序号 | 名称 | 出版频率 | 编制单位 | 报告对象 |
|---|---|---|---|---|
| 7 | 采购与制造实际进展跟踪分析报告 | 每月 | 采购管理部门 | 管理层+工作层 |
| 8 | 建造实际进展跟踪分析报告 | 每月 | 施工管理部门 | 管理层+工作层 |
| 9 | 各进度计划的进展分析与评估报告 | 按计划 | 进度管理部门 | 工作层 |

2）分层运作体系

成立专项组或厂房经理，加强上下游环节的协调，尽可能提高工作效率。通过决策层、管理层和工作层的分层运作进一步明确了各级管理者的责权利，优化了项目组织和协调机制，对重要事项实施及时通报和决策机制。

通过 NCC4 实践，形成了专项工作小组机制。各小组基于前瞻分析识别的关键、重难点问题而设，成员来自 E、P、C、S 及计划等各专业，打破行政组织界限，灵活高效，且大部分小组由总经理部领导牵头和监管，推动力度强，着力于阶段性关键问题的攻坚突破。

通过将这一机制常态化，并与 C9、工程进度协调会及里程碑协调委员会融合，形成了台山核电首堆特色进度协调体系，在各个层级对各类进度目标实现了有效管控。如表 3－4 所示。

**表 3－4 台山核电首堆进度协调体系**

| 协调机构 | 协调层级 | 任务目标 |
|---|---|---|
| 台山项目协调委员会 | 集团战略级 | 战略协调，目标制定 |
| 工程进度协调会 | 公司级 | 工程总体进度协调 |
| 里程碑协调委员会 | 部门级 | 阶段性重要目标总体协调 |
| 专项工作小组 | 工作层级 | 攻坚克难、关键突破 |

## 3.6.4 经验体会

台山核电的进度管理经历了认识—实践—再认识—再实践的螺旋式上升过程，在进度研究与信息收集、形势研判等方面做了一些有益的尝试。

在跟随阶段，台山公司与核岛设计、供货方共同成立了进度工作组，重点研究了 EPR 核岛安装与土建接口、安装顺序、安装与调试接口等进度逻辑，及其与成熟机组的差异，为后续指导关键区域的装修、安装进度等发挥了重要作用。通过适时启动对 NCC 等联调进度研究，提前识别了重点、难点问题，为后来的调整优化奠定了基础。

在首堆策略阶段，每月开展集体进度评议会，一方面评估项目总体进展、识别关键因素，另一方面掌握计划执行中遇到的实际困难和潜在问题，通过共享信息、统一认识、明确要求，有利于抓住关键、指导实际工作。在工程建设后期，通过进度、调试、生产三方进度协调月会机制，定期共享信息、研究相关进度问题，尤其是装料准备及装料后机组启动阶段问题。对工程整体进度管理提供了参考，也为三方信息互通和工作协调提供了平台。

另外，进度计划的执行除通过行政体系传导外，还建立了辅助的进度传导体系，具体分为如下两个层次。

第一层次，从NCC开始至冷试、热试、装料，先后成立运作了52个专项组，实际作用突出、效果显著，现场问题能直达对口的专业工程师，节省了大量的沟通、协调时间，为加快项目进度作出了贡献。

第二层次，进度工程师深入参与各专项组，对推进关键工作发挥了指导、跟踪和协调作用，与后台一起形成进度管控网络。进度管理部门对各方面工作有了更广、更深的掌握，有利于总体管控；针对关键或复杂进度问题能够及时组织专题研究，提出应对建议或解决思路。执行部门对进度计划的理解、支持明显加强，各专项组的信息反馈更加顺畅、准确，总体协同效果更好。

在首堆工程建设中，技术上的未知和不确定因素多，是影响总体进度的最主要因素。因此，更有必要开展前瞻探索与研究，需要参建单位各展所长、密切协同，为提前发现和解决问题、化解风险赢得先机。台山公司充分吸取国内外同行的经验反馈，不断探索、发展和完善了具有首堆特点的进度管理方法，能够从纷繁复杂的局面中前瞻性看清形势和识别出关键因素，确保有的放矢，为首堆策略转变和建成EPR全球首堆发挥了积极作用。

## 3.7 成本管理和资金管理

由于首堆工程的建设工期较计划差距较大，工期的延长直接导致成本大幅上升，台山核电建设过程中始终面临成本控制的巨大压力。台山核电通过探索、实践与借鉴，建立健全了有效的工程成本管理模式，实现了工程成本的合理控制且优于同期同类型机组；通过多元化的筹融资模式在复杂多变的经济金融形势下有力保障了建设资金需求。

### 3.7.1 工程成本管理

台山核电的工程成本管理主要围绕目标管理、源头管理和过程管理三方面开展工作。即以项目概算为管控目标，实施目标分解、责任落实，从源头上抓住影响工程成本的关键因素，在过程中实施精益化管理并推广全员参与的成本文化。

为对重大成本管理事项进行审议、协调，解决成本管理相关的重要问题并促使项目成本合理优化等，台山公司在项目早期成立了成本管理委员会。后根据工程特点聚焦于及时研究、决策工程延期、投资增加情况下的成本管理事项。公司总经理担任成本管理委员会主任并主持会议，委员由总经理部成员和相关部门经理组成，财务部经理担任成本管理办公室主任。成本管理委员会一般由委员会主任提议，或由成本管理办公室主任提议并经委员会主任同意后召开。委员会除审议重大成本管理事项、协调和解决成本相关重要问题等，要求财务部和各业务部门分别对总体概算额度执行情况、各自概算额度执行情况向成本管理委员会汇报。

通过成本管理委员会，台山公司各部门深度参与造价过程控制，将概算额度分解到各部门并将责任层层落实到人，建立了概算额度管理办法及相应的配套机制。通过一系列措施，建立了横向到边、纵向到底的多层次的造价管理责任体系，全员成本控制的参与程度和责任意识得到提高，对工程建设期有效进行成本控制起到了积极作用。

**1. 以概算为管控目标层层落实管理责任**

项目概算是进行项目决策、制定成本管理目标、编制投资计划和筹集建设资金的重要依据。台山核电始终以概算作为项目成本管理总目标，以预算为年度管理目标，通过预算、立项、承诺和支付不可逆的层层控制开展成本管理。台山公司借鉴中广核多年的项目成本管理经验，在项目建设初期就制定了一整套规范的管理制度，对各岗位责任、权利进行了明确规定，使各项工作程序化、制度化，保障造价控制工作规范运作。

在工程后期，项目推进面临困难较多，机组商运时间不确定，且预计仍将发生较大的工程支出。为了有效控制工程成本，台山公司加强了全面的概算目标与责任分解机制，将概算额度分解落实到各部门，并预留一部分公司级预备费，各部门再层层分解到具体的项目和责任人，将分配的额度作为成本管控目标。为强化变更与索赔管理，台山公司将变更与索赔额度也分解到业务部门和合同管理部门共同管理，并明确业务部门为第一责任主体。公司各部门成本管理的目标、责任与其权力相匹配，并可预计预期。

为了动态掌握工程概算执行情况，台山公司建立了工程成本管理监控及反馈机制，定期统计分析工程项目预算、立项、承诺和支付金额，跟踪各部门及各项目的目标偏差情况，并向成本管理委员会汇报，对于存在目标偏差的项目或部门，及时预警和提出应对建议。对于实际执行超出控制目标的部门或项目，按照概算额度管理办法和管理授权规定作调整；公司级基本预备费须经成本管理委员会审核后方可使用。

**2. 完善重大投资决策与设计方案管住源头**

项目建设成本的源头主要是项目前期的投资决策和设计方案。投资决策是工程成本管理的开始，主要明确项目是否实施、多大范围实施，成本是否合理等；投资决策明确后，设计方案主要明确项目建设规模、技术和标准等。两者对工程成本具有决定性的影响。

（1）完善决策机制，管住项目立项

为了加强投资决策管理，确保相关决策科学、严谨、合理，台山公司通过基地规划委员会、工程执委会、成本管理委员会，从规划的合理性、技术的可行性和项目的经济性对重大项目决策层层把关。

在规划阶段，规划委员会统筹规划和决策全厂生产及附属配套项目，确保整体规划的科学合理，通过永久项目与临时措施相结合等方式既满足工程实际需要，又尽可能避免重复建设、节省不必要的投资。

在技术方案审查阶段，工程执委会严格审查其必要性、可行性，确保标准合理、技术可行，在保证质量、安全的同时兼顾经济性。工程执委会作为台山核电解决跨部门有分歧的技术决策平台，保障了重大技术决策的科学性。

在项目立项前，成本管理委员会重点审查重大项目的经济合理性，业务量与类似项目对标，价格与市场价、历史价、其他核电基地采购价对标，论证合理并审核通过后项目才能立项。

（2）科学实施首堆工程决策

2012 年下半年，由于参考电站建设延后，若台山核电项目继续采取跟随策略不仅处于被动且工期和成本都不可预测、难以把控。在深入分析技术可行性、时间价值、额外投入与财务可承受度等基础上，台山核电决定变被动为主动，把握项目建设的主导权，按照“EPR

首堆工程”策略推进项目建设。相对于等待参考电站所承受的代价，“EPR 首堆工程”的代价更可控，虽然局部投入有所增加，但总体上大量节约了建设工期和建设成本。

（3）努力实现设计固化

台山核电 EPR 首堆是将全新的设计理念转化为初步设计、详细设计、工程样机的过程，需进行大量的实践验证和反复调整，建设过程中产生大量设计变更，成本也不断增加。设计及其变更成本能否固化成为项目建设成本控制的关键因素。为此，台山公司一方面努力将设计团队从欧洲迁到深圳、再转移到现场，集中内外部力量进行系统设计最终审查，提高解决现场问题的效率，控制设计变更的源头和流程。另一方面，台山公司与法马通按照双赢的原则就首堆后续关键问题签订一揽子协议锁定成本，促成核岛设计能够满足工程推进的需要，也使后续商务流程顺利执行。设计的尽早固化，不仅节省设计、设备、施工、调试等直接费用，而且通过缩短建设总工期节省了大量的管理和财务费用。

**3. 上下联动、持续优化成本管理过程**

台山公司通过确立成本管理目标、落实管理责任、抓重大成本源头及大力推广成本文化，助推各部门实施全过程成本管理行为，形成了主动有为、上下游协同控制工程建设成本的氛围。

（1）加强计划管理

建设总工期是影响工程成本的重要因素之一。台山核电高度重视工期管理，通过制订科学严谨的工程计划，加强日常的工期管理，及时反馈计划执行的偏差并采取积极、合理措施。同时，依托 EPR 综合进度分析模型开展了大量前瞻性分析研究，每月动态分析工程总体形势并识别出关键影响因素，组织研究应对方案，为优化资源配置、降低成本提供了有力支撑。

（2）上下游协同

面对首堆建设的种种不确定性，台山核电形成以现场需求为牵引，下游推动上游，自上而下和自下而上相结合的组织推动模式。下游施工和调试部门充当了发动机的作用，及时发现和识别问题，积极推动上游各个专业响应和解决问题；上游部门快速响应现场需求，在考虑成本管理要求下严格审查其必要性、方案和时机，最大程度地利用现有资源、渠道、能力和经验，及时反馈、调整和优化。上下游协同提升了队伍解决问题的效率和效果，有效降低了工程建设不确定性带来的时间成本和建设成本。

（3）提升自主化能力

台山公司专门设立了技术自主化专项奖，激励在各攻坚领域勇于承担并自主解决现场问题的团队及个人。各部门积极响应，通过主动优化设计施工方案等方式节约了工程建设成本。例如设计采购部门通过将某项欧洲技术标准转化为中国标准，成功实现了 2 号机组孔洞封堵材料国产化，同比 1 号机组国外采购降低成本约 50%。

（4）优化采购机制

针对备品备件采购，台山公司建立了信息共享机制，整合了工程和生产备件采购需求，既保障了现场需求，又提升了资源使用效率。对于工程备件采购，首先考虑领用生产备件，其次考虑不同采购途径的时间、价格等因素，选择既能满足工程建设需求，又能最大化节约成本的方式；对于生产备件采购，需先核实生产仓库备件数量、工程已移交和待移交备件数量，确有必要的方能采购。

（5）严控合同正负变更

项目后期存在大量正负变更需处理，成本管理能否取得良好效果，合同正负变更结果是工程尾段成本控制的关键因素。

为加强变更阶段的技商结合，台山公司明确了业务部门为第一责任主体，即设计变更金额由设计部门主体负责、施工变更金额由施工部门主体负责，并计入部门分解的概算额度目标中，商务部门对所有变更和索赔共同承担责任。通过变更责任主体改变，前端业务部门成本管理、担当意识明显增强，主动收集合理依据开展变更管理。

此外，台山公司提前对未处理的变更、索赔进行测算，同时根据各部门反馈信息建立负变更、反索赔台账，通过组织专业工程师分析论证，设定控制目标及考核办法，并将此目标作为相关业务部门的控制目标，考核办法设置行为指标考核和结果指标考核，引导业务人员通过过程行为举措获得目标实现。

（6）加强工程结算量复核

工程量是工程合同结算的重要依据。为保障工程结算的准确性，台山公司在 2010 年就通过招标方式引入外部两家中介机构，在建安工程完工结算前进行工程量复核。事实证明，此举的成本投入与回报的占比为 1:6 左右，经济上可行；同时也促进相关工作质量不断提高。

（7）落实财税鼓励政策

台山公司在做好税务基础工作、严控税务风险的前提下，通过积极落实国家财税政策降低了项目成本。一方面，根据海关法规在项目前期申请物资进口凭担保放行，有效降低了财务费用；落实国家外资鼓励类项目进口税收优惠政策；落实重大技术装备进口税收优惠以及针对三代核电行业出台的设备进口税收优惠。另一方面，根据我国签署的避免双重征税协定，为供应商申请非居民税收协定待遇，有效降低公司服务进口、境外借款利息相关税务成本；根据国家财政补贴相关政策，申请进口产品贴息、基建贷款贴息等。

### 3.7.2 资金管理

核电项目属于资本密集型项目，投融资需求大、期限长。台山核电还面临首堆建设的不确定性和技术、设备进口的外汇需求，融资情况更为复杂和困难，因此做好资金保障是项目顺利建成的重要因素。在项目核准前，中广核便统筹与国家开发银行、中国银行为牵头行的银团开展谈判，完成了项目银团贷款协议的谈判，确定了银团贷款框架与融资安排。随着台山核电工程投资规模发生较大变化，项目在建设中后期经历了初步设计概算融资、中期概算融资、中期概算（第 2 版）调整融资等一系列重大资金筹措。面对不断增大的融资压力和复杂多变的经济金融形势，台山核电建设始终得到了股东方的大力支持，项目坚持发挥银团贷款基础性作用，不断拓展“多元化”融资渠道，提前做好债务风险管理，完成了“满足需求、降低成本、管理风险”的融资目标。

**1. 股东资金**

台山公司股东资金包括股东资本金、临时搭桥性贷款及日常性委托贷款三种方式。股东资本金出资比例占项目概算投资额约 33%，资本金与贷款同比例到位。股东资本金及时到位为项目建设提供了坚强后盾，保障了项目融资安全。在2017－2019年新增股东资本金注入审批阶段，由于工程建设资金需求大，为满足银团贷款放款条件，保障项目顺利建设，经与银团及股东协商，全体股东向台山公司提供临时搭桥性贷款，即由股东先按拟增资金额以委托贷款的形式全额提供给台山公司并出具次级承诺函；待取得增资批准文件后，股东再将委托贷款资金转换为资本金。该项过渡性融资安排及时缓解了资金保障压力，为获得外部融资提供了有力支持。此外，针对公司日常经营周转，股东通过委托贷款的方式提供给台山公司，满足项目建设资金短期需求。

**2. 银团贷款**

核电项目融资期限长、金额大，单一金融机构由于金融监管及风险控制等原因一般难以提供全额建设贷款，主要通过多金融机构合作的银团贷款模式解决融资需求。台山公司以股权、售电收入、保险权益为质押，具体贷款项目包括长期人民币贷款、长期备用人民币贷款、出口买方信贷、长期备用欧元贷款等。为满足工程建设投资增加的资金需求，台山核电签署了项目银团增贷协议。每次增贷过程国内宏观环境及信贷环境都有不同情形，公司通过与银团成员相互沟通，最终都取得了金融机构的理解和认可，及时保障了项目融资需求，并始终将项目新增融资条件保持在初始贷款的同等水平。为降低流动性风险，在商运前台山核电开始与银团成员行积极沟通，按照匹配项目现金流的总体原则，优化银团人民币贷款合同项下还本计划，缓解了运营初期现金流压力。

**3. 多元化融资渠道**

（1）跨境融资

在项目建设过程中，随着人民币国际化进程的加快和外汇监管政策放宽，国内企业的融资渠道逐渐从单一国内市场向全球市场发展。整体上，台山核电在银团贷款框架内持续利用外商投资企业“投注差”的政策制度以及国家外债政策改革带来的“全口径”融资方式，不断发掘境内外资金来源，在欧洲、澳大利亚、南非、阿联酋、新加坡以及中国香港、澳门地区等获得大量融资资金，在满足资金保障的同时，也降低了项目成本；另一方面在国内信贷形势紧张时为资金保障提供了重要来源。如图3－11所示，从2011年至2019年，台山核电通过人民币、美元、欧元等币种，灵活开展人民币直接跨境融资、外币跨境融资加货币调期等方式，都较国内同期融资有较大成本优势。

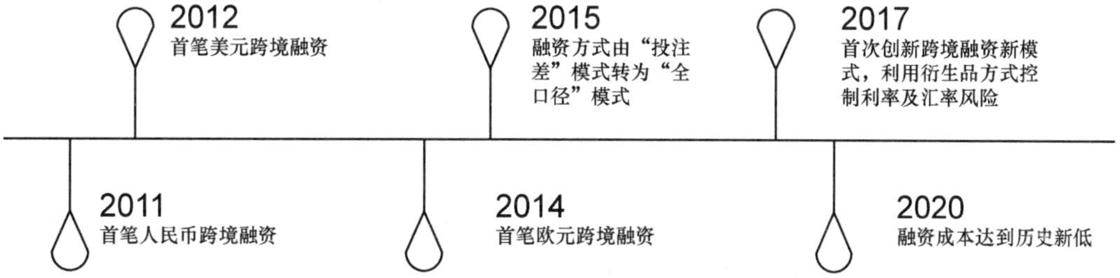


图3－11　台山核电跨境融资

（2）私募债

私募债（非公开定向债务融资工具）是一种市场化融资工具，资金面更广、与投资者接触相对直接，资金用途广泛，价格机制市场化程度高，相比于银行信贷更为灵活。台山核电在 2014 年及 2016 年先后两次注册私募债发行额度，由两家银行联合承销。在初始承销协议的约定中，承销费由两家承销银行平均分配，无法构成有效竞价，实际发行效果不及预期。为此，台山核电积极调整策略，使用同一评级和律师意见，但由各家承销商独自承销。按此方式，可以同期向各行询价，各行分别报价并办理承销手续，形成一定的竞价机制。

私募债在台山核电的定位是备用融资渠道，可帮助企业进一步拓展融资渠道，增加资金保障的安全系数，也能更贴近资金市场，有利于获得价格相对公允的融资。

（3）运营期固定资产贷款

台山核电在建设期形成了较多债务，随着 1 号、2 号机组进入商运后，银团人民币债务开始进入还款期。针对还款支出与电费收入的现金流不匹配问题，经过与相关银行沟通，最终获得运营期长期固定资产贷款，此类贷款用途用于置换台山核电建设形成的负债性资金。

（4）供应链融资

供应链融资不同于传统的银行融资产品，其主要抓住大型优质企业稳定的供应链，围绕供应链上下游经营规范、资信良好、有稳定销售渠道和回款资金来源的企业进行产品设计，以大型核心企业为中心，选择资质良好的上下游企业作为商业银行的融资对象。这种业务既突破了商业银行传统的评级授信要求，无须另行提供抵押质押担保，同时也切实解决了中小企业融资难的问题。台山核电根据金融市场形势以及资金需求陆续开展了海外代付、保理、信用证、承兑票据等供应链融资产品，进一步降低了资金成本。

**4. 债务风险管理**

台山核电在可承受成本的原则下开展债务风险管理，坚持实盘交易，以简单工具为主、衍生工具为辅，借助金融信息系统工具动态跟踪、分步骤实施债务风险管理方案。在项目筹建阶段，公司债务风险管理偏向于资金成本风险管理；项目开工后，合同外币支付需求较为集中，汇率风险相对突出，成为债务风险管理的重点；按首推工程推进后，现金流风险成为主要风险，债务风险管理逐渐与项目筹融资方案相融合。整个建设期债务风险呈现明显的阶梯式关闭效果，汇率风险敞口率相较于建设初期显著下降。

（1）以成本优化为目标的债务风险管理

台山核电在筹建期借入了固定利率欧元搭桥贷款。随着宏观形势变化，为尽可能降低资金成本，公司抓住时机以债务置换目的融入一年期的浮动利率美元贷款，并以即期换汇购得欧元提前偿还了上述欧元债务；同时通过远期交易锁定了该笔美元债务的到期还款汇率。提前关闭了上述欧元汇率风险，而美元债务期限较短并且利率波动不大，实现了整体风险可控。

（2）基于商务合同支付的汇率套期保值

台山核电商务合同以外币支付结算的金额达数十亿欧元，出口信贷额度并不足以覆盖。如果全部融入外币债务则项目建设后期和商运期的外汇风险敞口累计过大；如果即期购汇则面临较大的汇率风险。为此，台山核电在欧元下行区间择机提前对一部分欧元商务合同支付进行了汇率保值。

（3）基于外币债务汇率风险敞口的管理

2014 年，希腊债务危机引发欧洲市场波动，欧元对人民币跌到历史低位，公司存量的外币债务汇率风险突出。为此，公司在 2014—2015 年期间，借助欧元大幅贬值的窗口时期，通过债务置换贷款，以人民币购汇方式提前偿还大量欧元、美元债务以关闭外币债务风险敞口，相对于一般的远期外汇保值交易，减少了汇率升水带来的交易成本。此外，2015 年中国人民银行突然宣布人民币汇率形成机制进行重大改革，同时人民币对美元汇率中间价进行大幅调整，公司通过即、远期购汇方式及时关闭了美元债务风险敞口，减少了汇兑损失。

## 3.8 合同管理

台山核电的工程合同分为设计供货合同、施工合同、支持和服务合同三大类，合同数量累计超过 1 300 项，合同签订主要参考岭澳一期的合同模式和合同条款。针对首堆建设过程中合同执行的复杂性和不确定性，台山公司积极探索和转变合同管理的思路与方法，与各合同方形成了“基于合同、超越合同”的战略伙伴合作关系，按照“技术先行、商务跟进”的原则稳妥处理，共同分担了首堆工程建设延期、工程量和技术难度增加、成本要素价格上涨等方面的风险和挑战，在资源总体有限的情况下，保障了台山核电建设质量和进展。

### 3.8.1 主要挑战

合同接口复杂，涉及面广，跨度大。台山公司直接管理各设计、供货、建安和服务合同，并承担这些合同间的接口和兜底责任。同比其他项目，台山核电具有总分包接口关系复杂、合同数量多等显著特点。主要设计供货合同既体现了中外联合体总包特点，也具有按分包采购与执行的特点，进一步增加了合同管理的复杂性和难度。在合同范围、接口、责任、上下游关系等方面都需要统筹协调和精细化管理。

合同执行期长，边界条件变化大。自 2007 年主要合同签订至 2019 年台山核电全面建成投产，合同执行期在原计划七年的基础上又延长了近五年，期间重要合同的边界条件已发生了重大变化，包括参考电站延期及功能失效、实际工程量大幅度增加、成本要素市场价格水平大幅度上涨、设计和供货进度延误、设计迭代引发的大量变更与返工等。此外，2011 年日本福岛核事故后，核电产业发展环境、核安全监管要求、技术改进等要求对合同执行也产生了重要影响。

### 3.8.2 管理思路

台山公司的合同管理坚持以服务工程为中心，保障工程正常推进，重点是对合作单位的管理（能力、动力、协同）和合理控制造价，将好钢用在刀刃上，以有限的资源共同实现工程目标。

根据工程建设不同阶段，以现场条件为基准，制定合同管理短、中、长期目标，结合各主要合同专项工作形成一体化、连续性实施方案，如开口合同管理、精细化合同管理等策略。

按工作计划与目标实施重大合同年度盘点、编制年度成本控制方案、按月和周编制各合同资金利用表、编制合同支付与变更管理台账、物资进口管理台账等。通过信息化、透明化的管理方法和手段，跟踪任务执行，落实工作目标。

在合同管理工作中对各合同中涉及的商务问题实施分类管理、分级决策。将变更的金额、确定性、谈判时机、产生的作用等关键因素以及根据其相似性进行分级，一方面按照优先次序逐步实施，另一方面按照授权决策，做到控制谈判节奏，把握承诺释放顺序，争取效果好、代价小、效率高。

在合同管理和执行过程中重点关注设计效率、供货效率、施工效率、技术支持效率、成本利用产出率等。充分利用商务资源与工程推进相匹配，将效率与实现工程重大里程碑相联系，加速推进设计与采购、施工等各环节工作。建立多渠道供应和工程服务保障体系，实施和规范技术支持接口管理制度，编制技术支持专家服务工作指南。

按照“基于合同、超越合同”的管理思路，坚持实事求是的工作原则，针对现场施工进展编制实体工程量清单，针对设备供货及相应技术支持的进展编制关键供应商短名单，实施分类、分级管理并制定相应问题处理措施方案，针对各合同接口及上下游关系梳理相关信息，形成负变更、反索赔动态管理机制和体系。针对合同执行阶段遇到的问题，以合同为依据，实事求是地解决分歧化解矛盾。

### 3.8.3 关键举措

**1. 构建框架体系，明确接口关系**

在前期策划阶段，基于以往成熟项目经验、自身目标与特点，台山公司就构建了系统、完整、稳健的合同框架和管理体系，明确了各合同之间的接口关系。

针对合同执行中发现的个别疏漏或意外事项，坚持基于已有的合同框架和条款协商解决，通过变更或补充协议予以完善，保证了项目始终能够有章可循和行稳致远。在首次处理核岛设计采购合同的堆芯补集器采购漏项时，不仅妥善地解决了合同责任分歧和合理定价问题，探索了一套方法，降低了供应商的索赔预期，而且依据合同责任边界与供应商形成了费用合理分摊的惯例，为后续处理类似问题积累了经验，提供了参考。

**2. 聚焦核岛设计，达成一揽子协议**

在 EPR 首堆策略转变的关键阶段，核岛设计逐步失去参考，与合同约定已有不同，并且存在设计资源投入不够、设计文件出版延误、技术文件答复不及时等问题，对工程推进的不利影响日益突出，导致施工单位窝工。同时，合同约定的核岛联合设计团队设计工时虽然已经用完，但是设计工作尚未完成，供应商提出了费用补偿诉求；其在深圳租赁的办公楼即将到期，若不能妥善解决，情况可能会进一步恶化，对项目总体推进和参建各方都不利。

通过高层战略沟通和工作层的密切磋商，双方最终达成了一揽子协议，决定加大核岛设计的关键资源投入，供应商基于费用分担机制和部分价格优惠，成立一个有后台支持的、专属台山核电的核岛现场设计团队，致力于完成所有为保障核岛功能完整性和正确性而必须进行的设计工作，除非经高层认可不再产生设计相关变更。支付条件包括考勤支付和按里程碑完成情况支付，将合同部分款项的支付时间前移，并与冷试、热试、装料、商运等重要里程碑目标和文件交付进度紧密结合。

通过该一揽子协议与主要供应商形成了更为紧密的利益共同体，不仅能够激励其全力配合首堆工程建设、尽早完成剩余设计工作，而且能够减轻业主因工程延期和窝工产生的损失，预期收益远大于因此增加的支出，是一项多赢的安排，为率先实现冷试创造了有利条件。同时，保持了国外设计方总体责任不变，继续发挥其自身优势，尽可能保证设计工作的连续性。既避免了核岛设计可能中断或恶化的风险，又为快速响应、处理技术问题创造了条件。

核岛现场设计团队成立后，各方不再签发设计相关的合同变更，开始集中力量推进设计工作。由于采取费用分担的方式，各方均有动力尽快完成所有设计相关工作。在工程延长期，各方基于共同的长远利益，秉承合作共赢的精神推动首堆建设，形成了合同管理新格局。

**3. 结合现场实际，动态调整管理策略**

针对部分合同因环境变化，造成的合同边界变化较大、费用增加快速等情况，在合同执行前期即建立关键要素指标体系，跟踪合同执行健康状态，并随着工程推进逐步改变跟踪内容、制定执行策略并纳入总体概算控制，完成了从开口合同管理、重大合同盘点、重大合同商务策略的进化，适应了各阶段的商务工作需要。在实施合同管理流程化、标准化、精细化的同时，逐步建立并健全指令清单、再供货专项等体系化管理机制，实施多角度跟踪、多通道调整和管理。

在核岛安装启动阶段，受上游设计供货条件不匹配、工作面有限等影响，导致实际投入与产出偏差较大，安装单位的生产经营和资金流转面临困难。台山核电通过深入研究和充分协商，采取了包括提高预付款比例、工程款预支等一系列措施，保障了安装单位顺利度过该困难阶段。

在上游条件改善后，1 号机组核岛安装进入了攻坚阶段。为充分调动安装承包商的积极性，加大资源投入尽早完成安装上量，台山公司与核岛安装单位共同商定了激励措施并取得了良好效果。不仅快速实现了安装爬坡上量，在 2014 年连续 7 个月单月完成超过 40 万点，而且在 2015 年春节期间现场仍然保持了 4 000 人的安装队伍、全年完成 435 万点，创造了中广核的多项施工新纪录，为 1 号机组率先实现冷试奠定了基础。

在工程进入延长期后，实际工程量逐步超过了主要施工合同约定的工程量，现场承包商的人员投入、管理支出远超合同预期，索赔事项大量增加。如不及时解决将会影响合同执行和工程建设。

为保障工程顺利推进，台山公司按照情势变更和公平原则积极处理。第一，结合设计固化情况分批、分阶段完成了合同工程量的调整。动态分析、精准评估确定了保持正常施工所需的资金并予以支持。第二，分类处理现场急需问题，加快协商重大变更。有效组合及应用商务手段，既推动工作开展，也为未来合同结算赢取时间。第三，坚持索赔权利，调整合同大额支付时机，优化合同商务谈判策略，将支付与实现重大工程进度目标实现挂钩，将控制成本与调动合作伙伴的积极性相结合，实现工程建设目标。第四，策划实施合同精细化管理，梳理并识别出合同管理的各环节、各关键事项，做到无遗漏、无差错、无死角和全覆盖，与技术部门联合制定工作标准，保证每个细节准确无误。第五，适时制定反索赔策略，有的放矢开展反索赔谈判促进相关单位积极履约，实现双赢，为合同结算打好基础。

**4. 优化机制，保障供货需求**

在安装上量和系统完善的高峰期，大宗材料供应、设备缺陷处理与补供的需求急剧增加。为此，台山核电建立了大宗材料变更框架协议及缓冲库、小额补供变更快速响应机制等。对于影响大、涉及情况复杂的供货责任界定问题，台山核电将供货流程与责任界定流程并行处理，采取搁置争议，先行供货的办法，既加快了合同采购进程、支持了主线进度，又为妥善解决商务问题争取了时间。

进入首堆工程攻坚的关键阶段，现场对设备再供货的需求增多且更紧急，单纯依赖原有供货合同模式远不能满足工程实际需要，供应保障问题日益突出。针对这些种类多、批次多，数量少、金额小但直接影响主线工作推进的紧急和关键物资，如何建立与之相适应的现场供应保障体系和机制至关重要也极具挑战。为缓解突发的紧急需求与原合同采购响应不及时的矛盾，台山核电积极探索和拓展供应渠道，按质保要求分类实施。台山公司主导建立了包括原合同采购、自主维修、框架协议、原厂采购等多种渠道和标准化流程，制定了再供货采购渠道的选择准则，根据现场实际需求自主选择最为快捷、高效、经济的途径，通过技商集体研究和紧密协同、快速决策，机动灵活地处理相关问题，最大限度地增加了主动性，提高了采购效率，保障了现场需求。既最大限度利用了总包方、采购管理方、采购代理商及业主自身的采购管理优势，取长补短，又整体上缩短了补充采购的周期。通过积极开展国产化替代，不仅拓宽了备品备件来源、节约了采购成本，还有利于促进相关企业的发展进步。

针对大量设备、关键部件及原材料进口涉及的诸多环节，台山公司以大物流、大关务为主要抓手，全面布局统筹制定应对供应链各环节突出问题的策略和措施，形成了上下游联动、前后台联动的整体方案，实现了从工厂制造、预发货、发货、运输、通关、交货验收、仓储、配送的全过程控制，各环节由串联接口转换为效率更高的并行推进和下游与上游交叉的接口管理，实现责任随链条自动转移。

在大关务管理思路引领下，针对设备、部件、原材料进境口岸多，紧急物资多的特点，通过建立海关与企业联合工作组制度，实现规范申报、简化审批、推动异地关区核查及免税核销同步进行，打破各部门职责分工界限，落实联动、互动机制从专业角度向全供应链各环节和各层面提供支持，助力提高紧急、关键物资到货率。台山公司根据各个合同的特征以及项目的整体利益，提前统筹谋划和申请各项国家、地方支持政策并充分落实执行，尽可能降低工程成本。

同时，通过规范和优化国外技术支持与服务接口，不断提高现场服务响应效率和服务质量；依托国内单位的专业化力量，实施重点突破、快速响应。

### 3.8.4 经验体会

合同是形成紧密型利益共同体的纽带，项目成功是合同各方的共同目标，是形成共识、凝聚力量的有力保障。首堆工程项目合同管理复杂，管理思路、办法需要根据内外部形势变化及时作出调整，提前分析并识别各主要合作单位优势劣势、经营状况、商务预期、风险因素等，开展精准评估工作，同时充分借鉴类似项目经验反馈，结合实际情况制定策略。

在互信的基础上妥善管理分歧，合作单位的合理诉求应及时响应，快速处理、有效支持。公司内部应信息共享、技商联动、沟通准确和汇报及时。

按照“技术先行、商务跟进”的原则，合同方面要快速跟进、有效配合，通过不断积累互信提高总体工作效率。对技术指令需要第一时间掌握背景情况，分析并识别商务工作的重点和难点，制定多种商务措施并组合应用，满足不同阶段的现场保障、成本控制需要。对采购、执行、结算等商务工作要制定完整、详细、标准的管理流程和程序，形成高效管理体系。

合同管理要正视现场存在的问题，需要对执行中的各类风险进行评估，切实掌握各阶段的保障需求、影响工程推进的重大变更等。通过识别出激励及约束要点，分析评估履行各项任务的关键障碍，制定合理、可行的商务方案。在落实和执行层面，需要力求避免因商务问题成为解决技术问题的关键路径和阻碍。

加强对现场资源投入情况的跟踪、资料搜集和整理，尽可能掌握第一手信息，平衡好资源保障与成本控制的关系，充分利用合同承诺、支付等商务手段提升并加强现场施工整体效率，集中并全面统筹资金调配。

合同管理队伍专业化是减少失误、降低风险、提高效率的基础。只有做好自身能力建设，才能发挥好商务部门的牵头作用。合同管理部门与业务管理部门、财务部门通过定期沟通实现了信息共享、高效协同和快速决策。针对重大专题，组建跨部门的联合工作组，通过前后台联动、专业分工、集中合作的模式，共同制定应对策略和方案。

充分利用中广核各专业化平台的优势，解决采购和合同管理方面的问题；通过内外部的交流学习，充分借鉴国内外同行的经验和良好实践。充分的信息收集和调研，有助于知己知彼，妥善制定商务策略，合理划分采购包，确定采购方式，选择更优的合作伙伴和合作模式。

## 3.9 全面风险管理

台山核电项目建设过程中的未知和不确定风险因素较多，公司严格遵照《风险管理指南》（ISO31000）、《中央企业全面风险管理指引》和中广核全面风险管理制度，按“战略导向、全员参与、全过程管理、充分整合、减免损失与创造价值相结合”的原则，探索并实践关键风险的管理方法，构建了较完善的、融入公司整体业务的全面风险管理体系，制定了风险管理策略，合理识别和评估项目面临的各种风险并积极采取各种风险应对措施，取得了良好的风险管控效果。

### 3.9.1 风险管理体系与组织

台山公司从项目启动开始就高度重视风险管理，建立了全面风险管理体系，覆盖影响中长期发展战略和年度经营管理目标实现的各个环节。公司将全面风险管理体系与业务管理体系充分整合，通过对业务流程、组织职能、制度程序和信息系统的梳理，对相关的风险管理要素加以整合与完善。

台山公司董事会作为公司全面风险管理的最高决策机构，确定风险管理总体目标，批准重大事项的风险评估及其决策；公司总经理部决定全面风险管理政策、组织架构及职责分工，审议重要事项的风险评估及全面风险管理报告；公司依托财务部建立了全面风险管理体系框架和基本流程，组织、协调日常运作：公司业务部门开展相关的风险评估、确定应对策略、实施、监控和报告。公司按月、半年、全年的频度滚动开展风险的动态评估和更新。

### 3.9.2　风险管理策略与评估

**1. 风险管理策略**

台山公司风险管理策略包含风险承受度、风险应对策略和资源配置原则。风险承受度从多个维度进行衡量，以下风险被视为公司不可接受的风险：

—严重影响战略目标实现的风险；

—对公司信誉、形象和战略地位造成重大损害的风险；

—经济损失超过 1 亿元人民币的风险；

—造成人员死亡的安全事故风险。

风险应对策略包括风险控制、风险转移、风险承担和风险规避等。

风险管理资源配置原则：首先保障公司工程建设的需求，同时兼顾风险管理的紧迫性与风险、收益的平衡。

**2. 风险识别和评估**

根据风险管理政策和流程，公司主要对安全、质量、环境、工程进度、造价、公共关系和投资收益等因素的潜在影响进行风险识别和评估。

风险评估主要考虑三个因素，即对项目的整体影响、发生可能性和控制级别。对项目的整体影响是指项目战略目标的影响程度、对项目经济价值的影响程度、对项目安全的影响程度、对项目声誉的影响程度等；发生可能性是指在公司目前的风险管理水平下，风险事件发生概率的大小或者发生的频繁程度；控制级别是指对某个风险事件的现有管理措施有效性是否不足，以及需强化管理的迫切程度。

从上述三个维度按风险程度从低到高按 5 分制分别打分，再将三大因素的分数相乘(对项目整体影响 × 发生可能性 × 控制级别)。乘积越高代表风险越大，乘积越低相对风险可控性越强。为增强评估的准确性，由各部门代表组成专项小组，公司分管领导定期召集会议，对业务部门梳理出的主要风险进行集体评审，归纳总结出公司层面的主要风险。

### 3.9.3　主要风险及管理措施

台山公司的主要风险分为造价类、管理类、技术类。造价类风险包括建设成本超支、资金链断裂等。管理类风险包括自身能力与战略目标不匹配、管理能力和管理体系不足、关键资源不足导致安全质量事件、进度延期等。技术类风险包括设计、采购、施工、调试、运行等环节发生技术偏差的风险。

除了一年定期开展两次全范围的风险评估外，风险管理牵头部门在日常工作中还建立和维护了各种信息沟通的渠道，包括正式的报告渠道和非正式的信息收集途径，通过查阅各类事件报告、统计指标，参加专项讨论重点了解项目管理的重要议题和重大新举措，动态监控各主要风险的变化情况，评估当前实际情况与上期评估结果是否发生重大偏差。结合公司年度重点工作计划和经营考核指标的完成情况，通过每月定期访谈主要归口管理工程师，了解主要工作计划的重点和难点及其应对办法，即黄灯和红灯项对关键路径的影响及相应的对策，不断优化风险监控指标及应对策略。

同时注意落实和完善风险管理的闭环机制，使之贯穿于风险的识别、筛选、报告、预案、处置、跟踪、降级直到关闭的整个过程。针对公司层面主要风险的每一个管理环节，制定相应的行动计划，并按照业务分工和相关流程制定更加细致的行动计划，将其融入战略焦点的逐级分解直至落地的全过程。年终考核时既关注经营业绩指标的达成情况，又关注各业务归口部门在风险管控过程中相关具体行动计划的完成情况。全面风险管理已与公司计划预算考核管理闭环紧密结合，成为公司管理的重要抓手。

# 3.10　经验反馈管理

为充分吸取参考电站和国内外核电建设的技术成果及经验教训，台山公司从项目策划阶段就非常重视经验反馈工作，在项目伊始就建立了经验反馈管理体系，并在工程推进中不断完善。通过体系的有效运作，实现了重大安全质量事件零重发。在从国内外同行吸取有价值经验的同时，也以各种形式对其他核电项目输出和分享经验。

## 3.10.1　组织体系

台山公司在 2009 年建立了工程生产一体化的经验反馈组织体系，组织构架包括经验反馈委员会、经验反馈工作组、执行部门三级，如图 3－12 所示。台山公司主管工程建设和主管生产准备的副总经理、安全总监、工程线和生产线各部门经理各司其职，基层员工深度参与，经验反馈专职工程师负责日常协调和推动，自上而下将经验反馈落到实处，从信息获取、填报、筛选、分析、跟踪、关闭实施闭环管理，确保有价值的信息得到有效反馈。

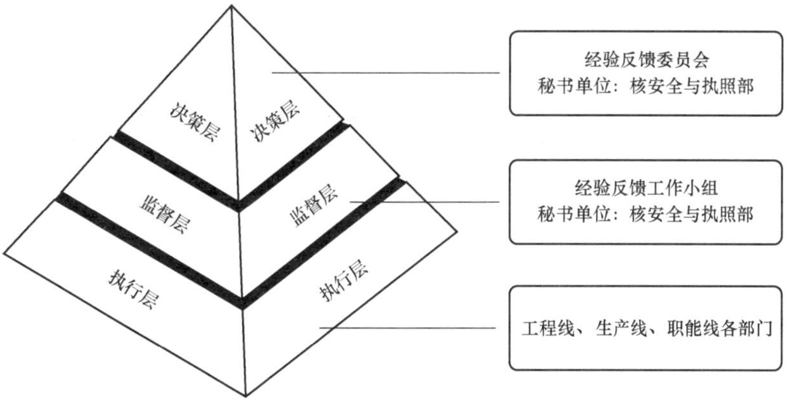


图 3－12　经验反馈组织架构图

经验反馈委员会：工程建设期由公司主管工程、生产的副总经理分别担任主任、副主任，每半年召开一次会议，审查经验反馈体系运作和经验反馈指标的有效性，审查重大事件报告，就经验反馈重大问题进行决策。

经验反馈工作组：由公司安全总监担任组长，以双周会的形式运作，负责组织经验反馈日常管理、筛选经验反馈内外部事件、协调需管理层决定和决策问题等。

执行层：工程线、生产线、职能线各部门，由各部门经理负责本部门的经验反馈工作和问题反馈；设立部门和队办两级兼职经验反馈工程师，负责本单位的具体工作。

为促进经验反馈组织体系的日常运作，依托秘书单位，由多名经验反馈专职工程师负责统筹管理公司内外部经验反馈工作、协调跨部门经验反馈工作，开展数据统计及趋势分析，管理经验反馈系统等。为确保经验反馈有序开展，台山公司出版了专门的程序，对经验反馈进行流程化、系统化、集约化管理。

通过有效运作工程生产一体化经验反馈机制，保证了工程建设期间的跨部门事件得到充分反馈。对于涉及多部门的重大事件，成立专项调查组，开展专项调查，确保事件分析到位并得到落实，避免了类似事件重发。通过对所发生事件及时筛选、分析、反馈和学习，确保了事件反馈得到有效落实，保障了工程顺利开展，提升了工程管理水平。

### 3.10.2　流程与机制

在台山核电建设中，为了借鉴国际同行的研究成果和良好经验，台山公司通过各种平台和机制与国际同行开展交流与合作，主要包括：与 EDF 签署项目支持和技术服务协议；通过 EPR 之家平台，与 OL3、FA3 建立了长期合作管理机制和经验反馈共享渠道；与 FA3 开展技术交流合作，双方定期研讨和更新合作内容及优先级，通过同行互利合作机制，将合作交流的业务范围逐步拓展到多个领域。

为及时、充分地吸取参考电站和国内核电建设的经验反馈，保障工程建设顺利推进，台山公司在设计采购合同中专门设定经验反馈条款，规定了各参与主体的责任和义务，要求供应方在线反馈 EPR 先行项目的经验，在设计、制造阶段就从根源上解决问题。台山核电的外部经验反馈处理流程如图 3－13 所示，一方面注重对外部技术交流和经验反馈，充分吸取一切可以利用的、有益的经验反馈；另一方面加强与国内成熟核电项目之间的交流，学习应用其良好实践。

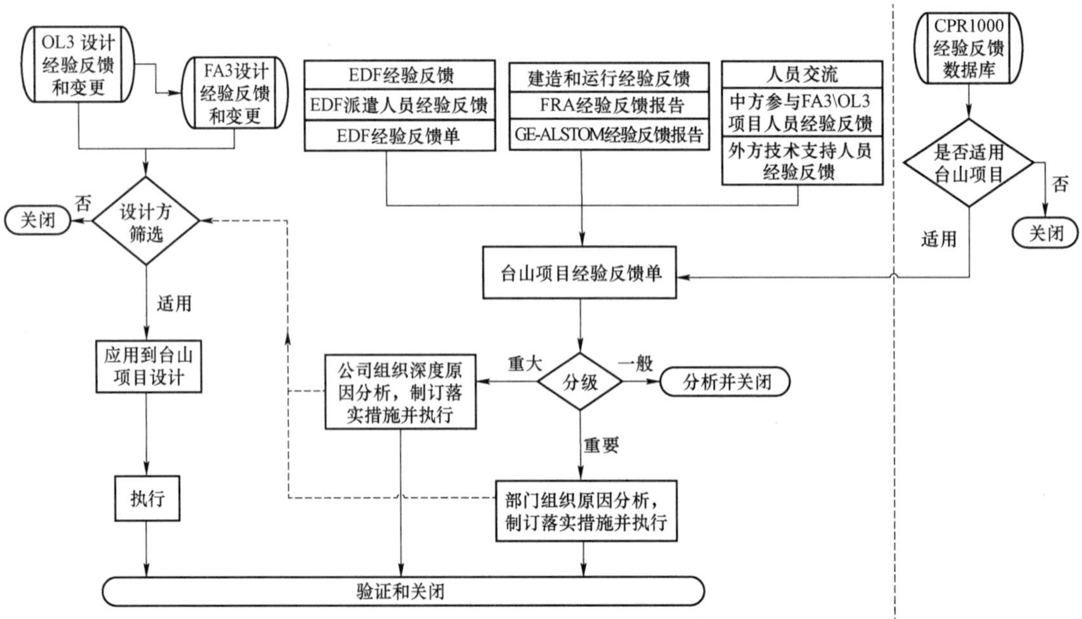


图 3－13　台山核电外部经验反馈处理流程

为确保先进的施工方案和施工工艺、施工质量事件等全部在台山核电得到及时反馈，除了依托中广核工程和生产领域的经验反馈体系外，台山公司还与 EDF 建立了 EPR 全方位经验反馈和共享机制，充分发挥 EDF 后台技术支持作用。台山核电工程经验反馈内容包括核岛和常规岛设计、重要设备制造、主体工程施工、工程管理、调试五方面，实施机制如表 3－5 所示。

**表 3－5 台山核电工程经验反馈实施机制**

| 序号 | 范围 | 主要内容 | 执行主体 | 经验反馈实施机制 |
|---|---|---|---|---|
| 1 | 核岛和常规岛设计经验反馈 | OL3、FA3 核岛和常规岛的设计单位在实施中积累的设计经验和设计改进 | 负责台山核电核岛和常规岛设计的单位 | 1）把核岛和常规岛设计任务委托给与 OL3 或 FA3 相同的单位为主负责实施，由设计单位根据合同要求在设计中反馈其在 OL3、FA3 积累的经验。<br>2）通过合同条款要求核岛和常规岛设计单位对 OL3、 FA3 上的所有设计改进是否适用于台山核电进行评估，并根据评估结论反映到工程设计中。<br>3）EDF 和 GE－ALSTOM 定期提交 FA3 经验反馈报告，法马通定期提交 OL3 和 FA3 经验反馈报告 |
| 2 | 重要设备制造经验反馈 | OL3、FA3 重要设备的制造单位在设计和制造中积累的经验 | 负责台山核电重要设备制造的单位 | 1）法马通和 GE－ALSTOM 把重要设备制造工作分包给 OL3、FA3 对应的制造厂负责实施，制造厂在重要设备制造过程中反馈其在 OL3、FA3 制造中积累的经验；<br>2）EDF 和 GE－ALSTOM 定期提交 FA3 经验反馈报告，法马通定期提交 OL3 和 FA3 经验反馈报告 |
| 3 | 主体工程施工经验反馈 | 1）国内主体工程施工经验。<br>2）OL3 和 FA3 主体工程施工经验 | 负责台山核电厂主体工程施工的承包商为主，台山公司为辅 | 1）委托核电主体工程施工经验丰富、综合能力强的承包商负责施工，承包商在施工中反馈已积累的经验。<br>2）台山公司派遣技术和管理骨干参与 FA3 的施工管理，跟踪反馈 FA3 的施工经验。<br>3）EDF 派人参加台山核电的施工管理，定期提交 FA3 的经验反馈报告。<br>4）法马通和 GE－ALSTOM 定期提交 OL3、FA3 的经验反馈报告 |
| 4 | 调试经验反馈 | 1）国内核电项目积累的调试经验。<br>2）OL3 和 FA3 调试中产生的经验 | 台山公司 | 1）由承担过 CPR1000 系列调试任务的中广核工程有限公司调试中心承担台山核电的调试任务。<br>2）法马通根据合同提供技术服务，派人支持调试。<br>3）EDF 派人参与台山核电调试。<br>4）台山公司派人参加 OL3、FA3 调试或培训，现场直接获取 OL3、FA3 的调试经验 |
| 5 | 工程管理经验反馈 | 1）国内核电建设积累的工程管理经验。<br>2）OL3 和 FA3 工程管理中产生的经验 | 台山公司 | 1）岭澳一期的主要参建单位在台山核电中承担类似的工作，工程管理模式参照岭澳一期的经验规划和实施，充分发挥参建单位在岭澳一期积累的经验。<br>2）选派具有岭澳一期或类似核电工程管理经验的骨干到台山公司工作，充分利用和发挥其已有经验。<br>3）合资经营，EDF 选派有经验的人员参加台山核电的工程建设和生产运营 |

在工程早期，台山核电主要是从国外参考电站和国内核电项目吸取经验反馈，通过设计、制造、施工和调试等各责任主体在线反馈。在工程中后期，除在线反馈外，通过中广核经验反馈平台、EDF 经验反馈及 EPR 业主联盟、EPR 之家等平台离线反馈作为补充，进一步丰富和完善了经验反馈体系。针对外部经验反馈，按照尽早获取信息、主动排查分析、充分利用成果、快速推动处理、加强事件学习、做到举一反三的原则进行反馈落实。

同时，在台山核电内部加强经验反馈，建立了工程建设和生产准备经验反馈数据库和长效机制，区别不同性质的反馈并确定适应范围，从事件中学习，主动预防问题。

### 3.10.3 实践与效果

**1. 有效落实参考电站经验反馈，确保工程初期进展顺利**

为有效落实参考电站的经验反馈，针对 OL3 和 FA3 出现的重大事件，台山公司都提前分析研究，逐一制定了应对措施，取得了良好成效，既保证了安全、质量，又加快了建设进度。对参考电站的典型事例反馈如表 3－6 所示。

**表 3－6 参考电站的典型事例反馈**

| 序号 | 参考电站经验反馈 | 台山核电应对措施 | 实施效果 |
| --- | --- | --- | --- |
| 1 | 核岛筏基混凝土开裂 | 深入分析根本原因，结合 CPR1000 项目的成功经验优化施工方案，在混凝土配合比、混凝土供应能力保障、养护等方面提前开展研究、模拟验证并进一步完善实施方案，经国内外权威专家评审，决定采取整体浇筑方案 | EPR 核岛筏基混凝土整体浇筑首次成功，一次连续浇筑混凝土超过 9 200 立方米，各项质量指标良好，同比传统的分层分段施工方法至少节省 2 个月工期；随后在 2 号机组和其他核电项目得到推广应用 |
| 2 | 反应堆厂房底部钢衬里焊接困难，因质量偏差严重影响工程进度 | 经过分析发现是局部设计不合理，施工单位发挥自身优势提出了设计优化建议，获得了设计方的认可；同时加强焊工培训、考试和施工质量控制管理 | 焊接质量一次合格率高，进度快 |
| 3 | 钢衬里模块对接变形大 | 为控制钢衬里模块变形，专门设计制作了钢衬里模块吊装桁架 | 模块吊装时一次对接成功，有利于质量控制，加快了施工进度 |
| 4 | 预埋件的锚固钢筋与结构钢筋空间有冲突，处理难度大 | 在配置钢筋时提前统筹考虑预埋件的位置，并在后续执行中跟踪落实 | 减少了钢筋和预埋件的空间冲突，取得较好效果 |

通过经验反馈体系的有效运作，台山核电充分吸取了参考电站和国内核电建设的经验反馈，在跟随阶段成功避免了曾在参考电站发生的重大质量事件，形成了一系列技术创新与突破，土建施工质量明显优于参考电站，关键路径的实际工期同比也得到了大幅度缩短，实现了工程建设的良好开端，为后续首堆策略调整奠定了坚实基础。

**2. 多渠道开展经验反馈，为首堆工程保驾护航**

随着台山核电工程建设进度逐步超越参考电站并且决定按 EPR 首堆工程推进后，台山核电从参考电站可得到的有效经验反馈大幅度减少。因此，台山公司更为关注国内外类似核电项目的经验反馈，更加注重利用中广核经验反馈平台和台山公司内部的经验反馈。

针对冷试、热试、装料和临界等工程重要节点，台山公司及时搜集国内外同期有价值的事件进行节点前专项反馈，在重大试验开始前开展专项系统化的经验反馈。针对冷试期间容易出现的问题进行了 57 起典型事件和 9 份良好实践反馈；针对热试期间容易发生的失效事件，进行了 54 起典型事件和良好实践的反馈；针对装料和临界试验，进行了 35 起典型事件的反馈。通过对典型事件的适用性分析和反馈，提前识别了风险、改进了管理方法、优化了试验方案、明确了职责定位并闭环跟踪管理，杜绝安全质量事件重发。

针对运营领域获取的事件报告，也及时反馈至工程部门；除组织上与参考电站建立了工作联系外，各部门也充分利用法方员工和自身渠道，及时获取有价值的反馈，并确保信息共享和充分反馈，包括供应商的信息反馈、现场变更、技术和良好实践的反馈、同类问题排查、重要经验专题反馈等。

**3. 两台机组之间精准反馈，大幅缩短2号机组联调工期**

台山公司从设计变更、调试异常、维修活动、运行事件等方面全面梳理，识别出需要在两台机组之间进行反馈的项目，尤其是1号机组向2号机组的反馈。针对设计变更类经验反馈，自1号机组产生的设计变更，如涉及两台机组则安排同步或尽早实施；针对调试类经验反馈，通过对1号机组调试中发现的问题全面梳理，识别出需要在2号机组落实的经验反馈2 100项；通过对1号机组小修期间发现的问题梳理、识别及分析，确定了60多项需向2号机组反馈；通过对所有运行事件的纠正行动梳理，识别出是否需要反馈到2号机组。另外，基于1号机组开展的关键敏感设备排查等良好实践，对2号机组联调顺利开展也发挥了重要作用。得益于1号机组更有针对性的快速反馈，2号机组联调进展更为顺利，避免了重大异常事件重发，调试启动阶段的工期同比1号机组缩短了60%。

**4. 国际交流与经验输出**

（1）在MDEP框架下共享首堆试验成果

MDEP（Multinational Design Evalation Programme）是总部设在法国巴黎的经济合作与发展组织下的核能署牵头成立的、针对新型核电机组的多国联合审查组织。其主要工作职能是对全球范围内的新反应堆型进行技术审查，并推动国际成果互认和标准归一化工作，以简化同一堆型在不同国家的审评准入过程。该组织成员广泛，几乎涵盖世界上所有正在或者即将发展民用核能的国家核监管机构，以及相应的营运单位和供应链。其中常设EPR技术工作组，负责EPR堆型相关问题。

在MDEP框架下，台山核电深度参与了EPR技术工作组，并分享了在仪控、事故安全分析等方面的成果、EPR首堆试验确定方法论和清单、对首堆试验结果引用合理性的认识，接待了多国代表见证台山核电执行EPR首堆试验等。2017年3月1号机组热试期间，法国、芬兰和英国核安全局及三家EPR业主单位现场见证了EPR首堆试验中最关键的堆内构件流致振动试验，试验取得了圆满成功并得到了各方高度肯定。核能署代表认为，整个试验过程质量控制和技术管理严格可靠，核安全监管得当。因此，台山核电的EPR首堆试验结果可以为各国互认。2017年9月，这个活动作为MDEP的良好实践，向MDEP的所有成员国分享。通过MDEP平台，台山公司向国际同行展示了公开透明的核安全文化和扎实的技术功底，有利于后续开展国际开发和合作。

（2）EPR首堆建设经验输出与共享

台山核电建设的成功经验逐渐得到了芬兰、法国和英国EPR在建和新建项目的重视。2016年以来，具有台山核电建设经验的中广核调试团队已经走出国门，先后应邀支持了OL3和FA3的调试任务。另外，中广核还与英国HPC签订了相关技术支持协议，将全面支持英国HPC项目建设。

# 3.11 信息化管理

台山核电采用工程生产一体化模式，既要建设一套同时满足电站工程建设和生产运营全寿期的信息系统，还要与国内外主要合作伙伴的信息系统数据兼容，信息化建设面临新的挑战。在充分调查研究的基础上，台山核电采用 1+1 的模式，既借鉴了中广核已有的成熟信息化成果，也考虑了自身特点，引进、消化及吸收了先进技术和理念并创新应用。按照“不同时期、各有侧重”的原则，经历信息化建设、深化应用、优化与提升三个阶段，建立了适应自身实际需要的信息管理体系和信息系统，为 EPR 全球首堆工程建设提供了有力保障，为核电厂生产运营信息化奠定了良好基础。

## 3.11.1 管理体系与策略

信息化基本业务主要包括：信息化规划与信息化项目建设、信息系统以及 IT 基础设施运行与维护、厂区通信系统管理、信息安全管理、信息资产管理与服务。为做好信息化工作，台山核电不断完善网络安全与信息化组织体系，建立了网络安全与信息化委员会（网信委）、网络安全与信息化办公室（网信办）、信息文档工程师团队、SAP 管控团队，为信息化工作开展提供了有效的支撑。

从 2009 年到 2012 年，工作原则为“保障工程、兼顾生产”，完成了信息化组织制度体系建设、覆盖工程管理全业务的信息系统建设、厂区通信系统的设计与采购、基地服务器等网络基础设施建设、生产信息化建设方案策划及生产准备信息系统建设。

从 2012 年到 2015 年，工作原则为“保障工程、满足生产”，立足工程和生产业务需求完善了组织制度体系，完成了 20 多个生产专项信息系统建设、厂区通信系统建设、挖掘工程数据的应用价值、基地永久数据中心及服务器建设、SAP 项目实施及进一步深化工程信息系统应用。应用系统逐步覆盖了生产运行的核心业务，建立了 IT 基础技术架构和标准。

从 2015 年开始，工作原则为“保障生产、兼顾工程”，以生产业务为核心进一步完善信息化组织制度体系，完成了覆盖电厂业务的生产信息系统建设、保障厂区通信系统及数据中心安全稳定运行、启动工程系统及数据移交、挖掘工程数据对生产的应用价值、推动工业化与信息化的融合，进一步实现了业务流程电子化、电子化流程移动化，根据标准化电站方案建设了生产运行信息系统或者直接引用群厂信息系统。

## 3.11.2 工程信息管理与创新

核电厂从工程设计阶段就开始建立信息系统，并通过一定的方法或工具实施电站配置管理。台山公司通过引进、消化及吸收国内外先进信息技术理念，规划建设了一套覆盖工程设计、采购、施工及调试全业务的工程信息管理系统。

因为参建方众多，作为参建各方的数据交换枢纽，台山公司规划建设的工程信息系统需要与主体承包商系统数据兼容，实现信息在参建各方间的高效传递，并最终实现全电站全寿期数据的收集管理。高质量工程数据是保障核电厂工程建设及生产运营业务开展的基础，有效的工程数据管理机制是保障工程数据质量的基准和依据。做好工程数据管理，必须要从管理机制、数据标准、信息技术、业务流程和数据应用五个方面建立完善的数据质量管理体系，并将管理过程融入工程建设及生产运行业务的全过程。

2008 年至 2010 年为引入、消化阶段，完成了工程文档管理、三维设计、物资采购等系统的引入，研习外方先进方法和理念，不断改进和完善系统建设规划及实施方案；2010 年至 2014 年为吸收阶段，借助外方和自身已有经验成果，结合台山核电业务实际，完成工程文档管理系统本地化、三维 WEB 平台部署、工程物资系统开发及 IMS 施工调试系统建设等；2014 年至 2017 年为创新阶段，通过创新技术方法，完成工程数据应用系统，实现工程管理全过程数据治理及深化应用。

台山核电工程信息系统既直接利用了中广核已有的成熟信息化成果，也充分考虑了自身特点，专门建立了符合自身需求的独有信息系统（如文档管理、物资管理等），实现了全电站工程文件、进度数据、设计采购数据、三维数据、施工数据、调试数据的全过程管理，被全面应用于公司内部及与上下游承包商间的工程数据快速交换，更符合台山核电特色和大业主模式特点，工程信息系统架构图见图 3－14。

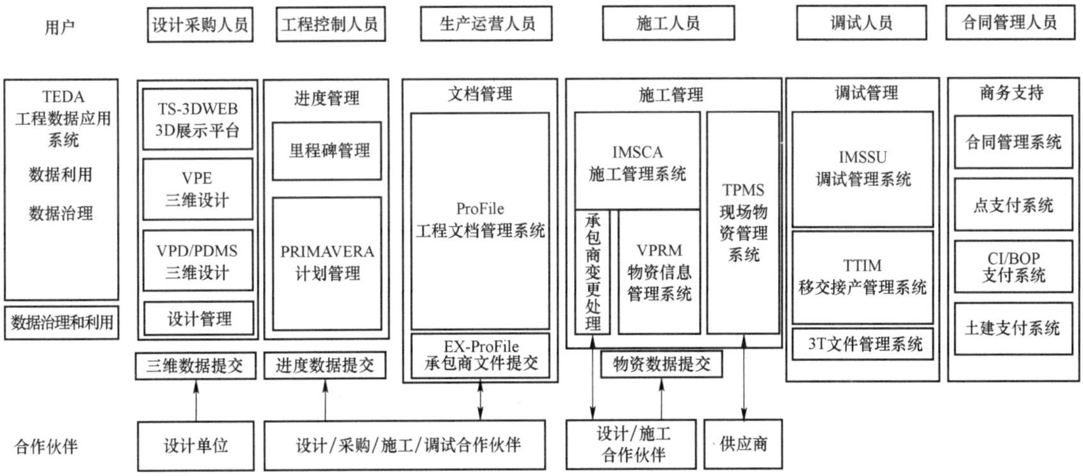

图 3－14　台山核电工程信息系统架构图

**1. 全厂一体化的工程物资管理系统建设与应用**

按照上游设计采购合同，台山公司部署了项目资源管理系统（VPRM），但在工程物资管理精细化程度以及业务流程等方面与实际业务需求存在差距。为此，在 VPRM 系统基础上建设实施了一套满足工程物资管理业务需求，实现全厂一体化数据管理的 TPMS 工程物资管理系统。该系统利用了 VPRM 系统上游承包商的设计采购数据，涵盖了工程物资从计划、运输、到货、验收、库存，一直到发放的全过程，以物资管理部门为关键用户，覆盖了设计、安装、合同、调试、生产等部门，同时也纳入了下游承包商及运输商。主要包括计划、报关、运输、到货、验收、库存、发放、报表、文档、系统管理以及与其他系统接口等功能模块。

工程建设期产生物资数据 20 万余条，高峰期每天访问量 3 500 余次。主要应用点体现在：统一信息平台实施、全厂工程物资一体化管理、快速数据流转、全电子化文档管理、远程移动办公、应用范围全面、分级授权管理等。该系统创新地采用与上游设计采购系统相结合的方式进行建设，初步破解了复杂合同关系带来的物资管理难题，建立了有效的上下游物资数据信息链，实现了全厂物资的一体化数据管理。

**2. 基于三维模型的三维设计信息系统建设应用**

EPR 技术新、规模大，其工程数据特别是基于三维模型的三维数据应用贯穿了工程设计、采购、施工、调试各阶段。为此，台山公司从工程建设开始，就同步建设了基于三维模型数据的三维设计信息系统。以引入的三维设计采购系统（VPE 工艺流程设计、VPRM 工程物资采购、VPD 三维布置设计）为基础，面向三维设计应用需求，对引入系统的功能进行扩展与延伸，对三维模型进行定制处理，实现三维模型数据的充分、合理与高效利用。主要实现如下目标：工程一体化协同设计、三维数据集成与共享、现场施工调试支持、节约成本、提高效率、为数字化电站打基础。主要典型应用包括设计审查及可视化协同设计、施工调试三维图纸制作、施工进度模拟、大型设备 4D 安装过程模拟等。

在实施基于三维模型数据的三维网页端扩展系统的同时，设计了科学的上下游三维数据同步方案，进而搭建统一的核电厂三维设计信息系统平台，并最终应用到核电厂工程建设实践中。三维 WEB 扩展系统是本项目实施的重要组成部分，该系统通过整合台山核电的三维系统资源，针对不同的应用需求对三维模型进行定制化处理，满足了不同用户的使用需求，有效解决了引入系统成本高昂、相对封闭二次开发比较困难、难以满足庞大的用户群体和多样化的使用需求等问题。

借助于三维模型的三维设计信息系统，不但积累了全厂三维设计模型数据及大量施工图纸，探索出了对核电工程信息管理系统的应用与管理新思路，同时也为后续三代核电机组设计提供了基础设计数据。该系统不仅可应用于核电厂工程建设期的设计、采购、施工、调试，也可应用于生产运营期，从而满足核电厂全生命周期对三维模型数据的需求。

**3. 运用“大数据”理念的工程数据应用系统建设**

设计采购、施工业务以基于业务流程的数据处理为主，调试业务除基于业务流程的数据处理外，还涉及大量上游数据的查询利用。在系统调试准备、实施及移交期间，试验人员为准备调试工具包（即调试文件准备）需要大量搜集利用工程设计采购、施工及调试期间产生的各类关键成果数据。试验人员在实际工作中难以及时、准确地获取各类所需数据，收集的数据缺少集中存储和共享机制，众多调试文件仍采取纸质方式管理，尚无调试系统中电子表单形式文件的归档机制等方面，影响了调试工具包准备效率和质量。

为此，台山公司运用大数据技术理念，聚焦调试业务需求，启动了工程数据应用系统（Taishan Engineering Data Application System，TEDA）建设和数据管理工作，旨在解决调试人员实际工作中面临的重大数据应用问题。该系统集成了台山公司程序文件及工程建设各阶段的数据，实现了电站数据树、工作文件一站式查询、系统厂房文件包预制、个性化工作文件准备、文件智能定制、信息便捷共享等功能。创新提出基于业务规则的核电厂数据自动化处理机制，实现了数据统一集成、数据自动纠正处理、数据自动归类、调试文件准备及一站式数据查询。

TEDA 系统借助智能化技术手段为台山公司员工提供便捷、高效、统一的数据集成利用平台。项目全面建成时，已累计集成同步 11 个系统共计 562 万条数据；配置清洗规则和归类规则 654 项，累计清洗数据项 175 万项；实现 2 492 个（子）系统及厂房 75 类数据类型的自动检索归类，归类数据量共计 125 万项；发起数据协同处理流程 548 次；共有 2 626 人、11.9 万人次访问系统，检索 34 万次。作为调试文件准备的重要工具，提高了调试准备工作的标准化、自动化及智能化水平。借助调试文件包自动归类和推送功能，单个系统调试文件包初始准备时间由 14 天缩减为 1 天，节省了调试文件包的准备时间。在满足调试工具包准备需求的同时，通过对工程数据的“调试”，验证工程数据质量、发现和改进数据质量问题，为工程数据向生产移交奠定基础。

### 3.11.3 生产运营信息管理与创新

在充分吸收核电厂信息系统建设成熟经验的基础上，2012 年 4 月台山公司策划完成了“EPR 核电厂电厂生产准备期信息系统规划方案”，规划了以生产运营为核心的信息管理系统，2015 年 11 月前逐步实施。

实施策略：以 SAP 软件为核心的生产运营管理平台、以现有核电成熟系统为核心的专业系统群、以标准技术平台为核心的电厂基础数据管理平台，分别作为生产运营信息系统的三大支柱。同时建立一套业务需求区分标准，使得未来电厂的新需求能够通过其中一个信息平台得到支撑。

在长达 60 年的核电厂运营期间，电站运营人员能否在需要时及时准确地获取电站工程建造原始数据，对确保电站安全稳定运营至关重要。这也是核电厂业主重视工程数据及其质量的根本原因。台山公司针对如何较好地接收工程期间合作伙伴提交的数据、如何较好地利用工程期间产生的多种数据进行了深入的研究，先后启动了工程数据应用系统建设、工程数据移交、数据管理等专项工作。

工程数据的整体移交，极大方便了生产运营期的应用。其中，工程三维数据是一个亮点。通过建立全厂三维模型的数据基础，可以利用现有资源对其进行完整性和准确性审查，使其尽可能地趋同于二维竣工图纸；生产运营期可利用三维扫描及逆向建模技术逐步完善，使其保持与现场一致性，从而可在其基础上扩展实现三维数字化电厂的愿景。

总结台山核电工程数据移交经验，今后项目建议按照“合同优先、制度保障、协同工作”的原则管理。在合同签订阶段就约定好三维模型等关键数据的相关条款；建立相关管理制度及程序文件，明确业主与合作单位关于工程数据流转的职责分工，确保数据及时高效的流转；采用协同工作机制，能在系统层面统一的数据尽量集成，如上下游合作单位在统一的模型数据库中同步修改等。

## 3.12 文档管理

文档是记录和传递核电厂技术的重要载体，是工程建设和生产运营的重要基础保障。根据我国核安全法规以及欧洲用户要求，EPR 机组从工程设计阶段就开始进行全寿期的文件控制和记录管理，通过严格控制文件版本等措施来保持技术文件与现场实体的一致性。因此，建设一套完整文档管理体系，实现核电厂全寿期文档的有效管理，成为台山公司文档管理的重要任务。

### 3.12.1 管理和组织体系

台山公司作为参建各方文件、数据与档案的交换枢纽，文档管理体系需要与各主要合作单位的体系兼容，实现工程信息的高效传递和全寿期文档、数据的收集管理。为此，在中广核多年的文档管理经验和法方先进的电子化管理理念基础上，通过工程生产文档一体化管理和全电子化管理，来满足工程建设和生产运营对文档的利用需求。文档业务需求如表 3－7 所示。

**表 3－7 文档业务需求**

| 序号 | 业务划分 | 文档来源 | 业务需求 |
| --- | --- | --- | --- |
| 1 | 综合文档管理 | 党群工作、人力资源、财务管理、综合管理、审计管理等 | 来自公司职能部门的文件规范与归档控制需求等 |
| 2 | 工程文档管理 | 项目管理、设计采购、建安施工、调试启动、工程合同等 | 来自工程管理各部门的工程文件规范、通信渠道建设、设计文件分发、竣工档案接收要求等 |
| 3 | 生产文档管理 | 生产准备、运行管理、维修管理、技术管理、培训管理、安全质保等 | 来自生产各部门的生产文件规范、技术程序管理、技术文件分发、运行与维修记录归档要求等 |

公司建立了包括组织机构、技术处理、业务标准、工作流程等方面的文档工作一体化运作机制。在工程线和生产线分别设立了信息文档办公室与信息文档部，通过同一个团队运作，在工程建设期按信息文档办公室实体运作，商运后按信息文档部运作。信息文档办公室集中统一管理文件、档案和图书资料，在工程建设阶段同时承担工程和生产信息文档管理的职责，建成投产后再向生产转移。

这种管理模式促使工程与生产文档管理理念相互融合，档案工作得以向文件阶段延伸，将工程文件和档案管理工作作为一个整体运作，在改善和保证整个项目文件和档案质量的同时提升了文档工作效率。把各项生产文档要求提前落实到工程文档管理的各项工作中，还有利于文档工作从工程到生产的平稳过渡。

台山公司成立网信委、网信办、信息文档工程师三级工作网络（简称“三网”），其中网信委是公司文档业务的最高决策机构。通过建立的文档管理工作网络，保证了台山公司各项文档工作的顺利开展。文档管理的基本业务包括文档体系建设、文档控制管理、文档服务利用等，如表 3－8 所示。

**表 3－8 文档管理基本业务**

| 序号 | 业务类别 | 主要工作内容 |
| --- | --- | --- |
| 1 | 文档体系建设 | 文档组织与程序体系建设、文档工作网络建设与维护（含各参建方）、人员培训与授权、业务检查与指导、档案行政部门接口等 |
| 2 | 文档控制管理 | 文件产生与流转控制、文件归档控制与组织、文件通信渠道建立与维护、系统设计手册和设备运行维修手册母本文件审查与接收等 |
| 3 | 文档服务利用 | 文件/档案库房管理、文档利用与服务、档案工作统计与编研、图书资料管理、文印装订服务、文档设施设备与耗材管理等 |

### 3.12.2 实践与创新

**1. 工程文件全电子化管理**

为与法方电子文件对接并满足工程文件快速流转的需要，台山公司在项目开始阶段就确定了工程文件全电子化，以电子文件为工作文件。工程文件全电子化管理存在的困难主要包括：工程文件来源复杂，合作单位和通信渠道均超过 400 个，各单位文档管理水平参差不齐，文件种类繁多，文件格式和编码不能完全统一，文件传递方式和流转过程多样化，不利于规范化管理；技术文件数量大、时效性强，各个环节均需要及时处理，否则会影响工程进度。

实现以电子文件为工作文件，除了建立适用的文档管理程序体系、业务标准外，还需要先进高效的信息化管理平台。台山公司选用在国际同行中已应用较为广泛的 EMC Documentum 平台支撑全电子化工程文件管理。按照“紧跟业务需求分步实施”的原则，分三个阶段推进。

第一阶段以消化吸收为主，借鉴法方合作单位经验，基于 Documentum 5.3 平台完成了 ProFile 一期建设，实现了文件收发的基本功能，但是系统使用界面和各项功能过于复杂，应用效果尚不理想。另一方面，由于文件管理的方式、方法有了显著变化，中方用户从传统的纸质文件转向全电子化处理尚需一个适应过程。

第二阶段在总结经验的基础上，基于界面友好的 Documentum 6.5 平台，以提升文件处理效率和用户便捷访问体验为突破口奠定了文档管理基础，获得了大多数使用者的认可。在文件的分发管理方面，设计了具有人工智能特征的自动分发功能，使文件一旦导入系统中，就能自动被识别并自动分发给对应的人或单位。同时搭建了文件交换平台 EX－ProFile，实现了与国内外合作单位间电子文档、元数据的实时交换，提高双方文档交换效率，降低了文档交付和处理成本。

第三阶段实现了文档一体化管理，在第二阶段基础上开发了档案管理模块，实现从文件到档案的一站式管理。

在全电子化环境下，文件流转迅速高效，平均收发时间从 2 个工作日短缩至 0.5 个工作日，节省了人力成本和时间成本，避免了人员操作失误。工程建设期文件收发总量超过 250 万份，高峰期每周处理超过万份、年度处理超过 53 万份，文件分发无延误，用户满意度和接受度不断上升。工程文档全部纳入信息化平台统一管理、统一利用、使用方便，较好地解决了文档业务与工程业务有机融合等难题，在电子文件的元数据管理、文件关联、自动分发机制、文档安全访问等方面的积极探索和尝试，为后续电子档案管理打下良好基础。

**2. 技术文件编码与控制**

（1）全厂技术文件编码方案

文件编码是文档管理的核心要素，相当于文件的“身份证”，很多文档管理业务是围绕这个要素开展的。台山核电在签订主要合同时，还缺少针对业主运营需求的 EPR 全厂技术文件编码规则。

通过对国内外典型核电项目工程技术文件管理的广泛调研和综合分析比较，统筹考虑生产运营各专业的使用特点，台山公司决定先解决文件编码的唯一性，再解决文件分类及检索。文件编码规则采用项目代码、机组号、合同号、内部识别码相结合的四段式组合，对工程文件作出唯一的标识，如图 3-15 所示。再根据技术文件属性，建立了以"系统（厂房）代码+文件类型"为核心的多维度分类体系，实现了多维度下电子文件的自动归类与聚类功能，既可根据文件属性检索、全文检索进行多种组合查询与利用，也可根据专题、机组、岛别、设备编码、系统代码、厂房代码、文件类型、制造厂家、采购包编码等元数据进行各类文件的任意筛选、同步聚类。在此基础上，台山公司根据实际需要确定了工程文件流转策略，并针对各类技术文件、工程信函等通用文件类型，建立起有效的文件分发矩阵。通过信息化平台进行文件标准分发，既解决了技术人员对工程文件的紧迫需求，又实现了对文件的有效控制。

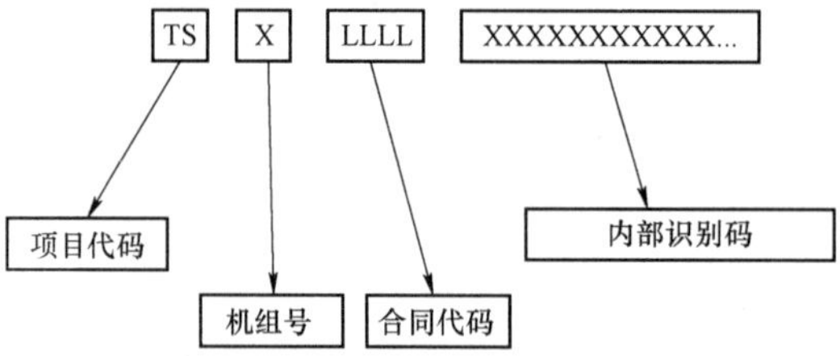


图 3-15　技术文件编码规则

其中，设计阶段的 1、2 号机组技术内容完全相同，则适用于 1、2 号机组的设计图的文件编码中的机组号为 X。但在土建、安装的施工阶段 1、2 号机组分别发生不同的变更，至竣工阶段 1、2 号机组的工程实际情况也各异；因此，文件编码为 X 机组的设计图应在施工图、竣工图阶段按 1、2 号机组分别编制。

（2）应对设计变更和设计自主化文件控制难题

针对设计变更文件多和设计自主化引发的文件控制难题，台山公司采取了以下创新方法予以解决。

针对变更文件升版，采取在原电子文件上突出标示全文升版，这样相对于传统的仅出版局部变更文件，在文件使用上更便利。

针对变更文件使用，按"双线"模式管理：一条线是变更线，即保持变更文件管理主线不变，按变更文件走完处理流程；另一条是技术参考线，因为变更文件是全文升版，虽然以变更文件状态提交，但具有技术文件的全部属性。台山公司将此类文件二次导入技术文件库，但不做分发处理，仅供技术参考使用。由于此类文件与现场状况更为相符，技术人员参考使用时更为便捷，有效地缩短了文件识别时间，且后续再升版的时候可以进行文件版本覆盖，可有效避免文件版本失控的情况。

在设计自主化中，部分详细设计转为中方设计院负责。按程序规定，设计院出版的技术文件只能采用自身的文件编码规则，但与原设计文件编码完全不同。这样将无法再通过文件编码建立文件关联关系，容易造成文件使用混乱。按照"双编码、双版本"方式解决这一问题：即中方设计院在升版外方文件时，在使用自身文件编码规则的同时，在文件封面保留原文件编码与版本信息；在接收这类文件时，按原设计文件编码、版本进行文件管理，版本时间更新为升版后文件出版时间，同时建立文件的各种关联关系，中方设计院的文件编码和版本信息作为参考信息录入。这样既符合了文档管理要求，也满足了设计自主化文件的需要。

**3. 文档管理与工程期业务有机融合**

台山公司从工程开始，就将文档管理纳入了工程项目管理，通过合同管理、工程进度计划管理、工程技术管理、质量管理体系等方式将文档管理的要求落实到各项具体工作中。

通过工程文件全电子化，并根据文档管理与设计、采购、施工、调试、生产准备等业务的需要，有效地将文件流转与业务办理相结合，通过信息化平台实现了文档管理与工程期业务的高度融合。

（1）与设计管理业务融合

台山公司内部的文件管理与设计文件审查高度融合，文件的流转过程与文件的审查过程紧密结合；设计文件的主办部门、主办者与协办部门、协办者在同一信息化平台协同办理。台山公司外，参与设计方通过电子文档交换平台同步接收其所需设计文档，可更快了解上游所使用的技术和设计接口信息，同步进行技术准备与协同设计。各级管理者可以通过系统报表，动态监督设计文件审查与答复情况，设计文件提交进度等。整个设计文件审查过程与文件管理流程紧密结合，形成闭环，成为设计文件各管理参与方与文件管理工作者的协同办公平台。

（2）与施工管理业务融合

除了施工文件在信息化平台协同办理外，还通过电子文档交换平台使合作单位同步接收其所需上游设计文件，可更快了解上游所使用的技术和施工接口信息，同步进行施工技术准备与材料准备。当施工管理部门签发 For Use（供施工用）函件时，文档人员同步下发该函件配套纸质文件，作为现场施工母本文件使用。同时，建立起技术文件与施工图纸、Work Ready（工作准备就绪，可工作状态）信函 、For Use 信函的关联关系，并通过关联关系管理、最新版本管理，展示技术文件的最新状态，实现现场技术文件的版本控制和数据管理，确保施工管理人员和施工方使用最新版文件。

（3）与调试管理业务融合

除了调试文件在信息化平台协同办理外，还根据调试业务与设计采购、施工业务在文档管理及应用方面存在的差异，开发 TEDA 系统（工程数据运用系统），开展以文档系统基础数据为主的深化挖掘，在借助智能化技术手段，提供便捷、高效、统一的数据和文件集成利用平台，实现了电站数据树、工作文件一站查询、系统厂房文件包预制、个性化工作文件准备、文件智能定制、信息便捷共享等功能。

（4）与生产准备业务融合

生产技术人员和工程技术人员同时在信息化平台进行设计、施工、调试文件技术审查，并深度参与工程建设，同步接收文档人员分发的上游技术文件进行运行与维修相关的技术准备，在开展运营所需技术程序编写的同时将生产运营的需求反馈到工程，使得相关需求在工程阶段就得以落实。

**4. 工程档案管理**

在工程建设期间，做好档案的收集整理、保管和检索利用，解决工程生产一体化模式下由工程向生产移交的档案质量保障尤为重要。台山核电因项目规模大、工期长、国内外合作单位众多，工程档案管理具有更多特点。

（1）根据文件特点，采用电子档案进行设计采购类档案管理

设计采购档案管理是整个项目主体档案管理工作的起点。主要工程技术文件由国内外合作单位提供，电子化程度高。台山公司按照全电子化工程文件管理策略与之无缝对接，配套元数据可信并且经过了工程建设过程的验证，通过前端质量控制实现工程文件全电子化、工程数据的有效管理，在有效解决文件高速流转的同时，也解决了设计采购档案的完整性以及入口质量控制，使单套制电子档案成为可能。

（2）统筹管理工程竣工档案，严控档案质量

土建、安装类工程竣工档案是整个项目档案工作的重点，主要由 ECSR（End of Construction Status Report，土建竣工状态报告）、EESR 描述和 ECSR、EESR 文件两个部分组成。描述部分主要包括：竣工工程描述、遗留项清单、施工过程综述、施工状态图纸清单、质量计划清单、合格证书、制造完工报告清单（如有）、不符合项报告清单和澄清变更文件清单；文件部分主要包括经业主签署的描述、质量计划、制造完工报告（如有）、竣工状态图纸、探伤胶片、不符合项报告以及变更文件（澄清要求、技术变更、现场变更令）等。

工程竣工档案质量控制过程如图 3－16 所示。

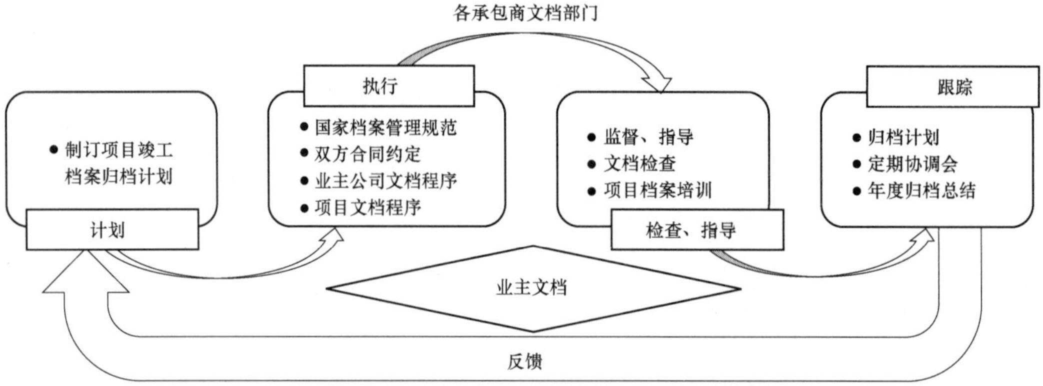

图 3－16　工程竣工档案质量控制过程

台山公司针对竣工档案的形成与移交编制了相关程序，从程序上规定开展竣工档案移交的各方责任、移交流程，配套程序的建立是竣工档案前端控制和全程管理的实施起点，建设过程中的文档监督检查是竣工档案质量保障的关键。针对文档监督检查和最终移交审查过程中常见的问题，通过文档检查单的形式发给各合作单位，要求合作单位进行整改，直至满足归档要求为止；共性问题在与各合作单位的专题会议或协调会中进行通报，以便相关的要求在项目范围内得到贯彻执行。

工程竣工档案验收采用百分制进行最终质量控制，验收结论作为工程竣工档案整改或移交的依据。技术责任部门组织人员对工程竣工档案案卷内在质量的完整性、准确性指标进行审核、评分，并签署意见。凡是案卷内在质量完整性、准确性指标出现扣分情况的，责任单位必须在完成整改后方可进行后续指标的审核以及评分。评分合格的竣工档案才能通过正式信函，发起档案移交。总体移交进度由台山公司主导，合作单位参与编制竣工档

案移交专项计划，对整个工程竣工档案的最终移交进行统筹管理。

国标验评资料作为建安竣工文件的重要组成内容，由各承包商根据其所负责的工程范围，按照国家标准进行编制和整理，和 ECSR/EESR 以及竣工图一起构成了完整的工程竣工档案。

（3）根据专业特点，管理调试启动与工程合同档案

调试部门在机组商运后整理调试档案，并申报工程归档计划，以机组和系统为特征组卷移交。合同档案以单份合同为主线，按节点进行归档管理，合同部门会在合同签署后十个工作日内移交合同文本，一个月内移交采购（招投标）过程文件，合同关闭后一个月内移交执行文件。

在对工程档案全程控制中，台山公司还引入外部专家，从合法合规性的角度，协助指导审查工程档案质量，提出改进建议，对提高工程档案质量产生了积极的影响。通过实施分阶段竣工档案验收策略，对确保项目档案最终质量和完整性起到了促进作用。

## 3.13　组织能力建设

组织能力建设是企业战略实施和转型过程中的关键因素。在 EPR 全球首堆工程建设过程中，台山公司经历了“阳（江）台（山）”项目厂址置换和人员调整、工程生产一体化模式融合、首堆战略调整、项目长期处于逆境并面对不确定性等多种考验和困难，对组织能力建设和提升提出了严峻的挑战。

结合工程建设各阶段的实际情况，依托中广核人力资源管理平台，通过人力资源管理的不断实践和持续创新，台山公司在队伍能力提升、士气激发、组织模式优化等方面走出了一条适应首堆工程特点的组织能力建设之路。

### 3.13.1　主要挑战

台山核电建设比原计划延期较多，又经历了从跟随参考电站到建设首堆的重大战略调整，整个工程建设遇到的超出预期的困难和不确定性，对组织能力建设提出了较大挑战。

项目最初采取跟随策略并取得了初步成效，队伍普遍认为工程建设应该与成熟堆项目一样“短、平、快”。但开工不久就遇到参考电站延期、设计供货进度延误和首堆战略调整，原本乐观的队伍面对突如其来的反差和实际工作难题，速胜的期待变成了持久的考验，难免存在一定程度的倦怠、焦虑和迷茫情绪。长期面对逆境和不确定性，对于当时平均年龄不到 30 岁的年轻队伍而言，经验、能力与建设首堆的艰巨任务需求之间存在较大差距。其中，管理干部多数是从技术骨干中培养和选拔出来的，领导能力尚不足以带领队伍高效应对首堆建设艰难、复杂的形势。同时，首堆建设中遇到诸多复杂问题，需要业主发挥主导作用，最大限度地整合内外部资源协同应对，特别是内部协同和能力挖掘。然而，在内部协同中两个方面问题尤为突出：一是如何发挥自身优势，促进工程线和生产线形成合力；二是在处理复杂问题时，如何打破专业壁垒，高效协同、快速响应。

### 3.13.2 实践与创新

围绕上述突出问题，台山公司就如何快速打造和提升 EPR 首堆型组织能力开展了积极探索和尝试。

**1. 分类别、各有侧重地提升队伍能力**

（1）针对管理干部，持续提升领导力

攻坚突破始于领导力，攻坚突破关键在于领导者。在核电建设中管理干部既需要技术指导和决策，更需要带动所属团队解决难题。对于管理短板，常规培训针对性不强，效果有限。为此，台山公司自 2012 年起，每年根据形势要求和任务变化组织全体管理干部开展领导力提升专项主题活动，有针对性地赋能和帮助管理者解决主要的现实难题。其特点如下：一是领导力主题契合需求，培训选题内含递进逻辑，围绕一根主线体系化推进，方法上的理论与工具搭配，保证培训内容是管理者的迫切需要，便于接受、感悟和内化；二是培训过程中设计的研讨题目往往是自身案例，以此贴近实际，培训研讨产生的成果可以直接拿来应用；三是通过外界信息输入，触发思考。

领导力培训核心之处就是主题选取。找准管理者的痛点，方能更好促成内化和应用。关键之处就是要分析年度战略目标遇到的困难，并按照当年面临的形势以及目标任务变化来选取。特别需要多方访谈收集信息，与公司高层不断对标，找出管理者面临的最大难题，尽可能保障所选主题是管理者急需的。台山公司在首堆工程建设期开展的管理干部领导力培训主题如表 3－9 所示。

**表 3－9 台山公司管理干部领导力培训主题**

| 序号 | 年度 | 主题 | 序号 | 年度 | 主题 |
|---|---|---|---|---|---|
| 1 | 2012 年 | 领导者的使命 | 5 | 2016 年 | 组织的进化（让创新与模仿各就其位） |
| 2 | 2013 年 | 创造性解决问题（六顶思考帽） | 6 | 2017 年 | 动员群众解决难题（领导力修炼） |
| 3 | 2014 年 | 组织能力提升与突破 | 7 | 2018 年 | 故事的力量（故事领导力） |
| 4 | 2015 年 | 高效执行 | 8 | 2019 年 | 复盘 |

管理培训首先要统一管理者对领导力和管理的认知，从内心真正理解并接受领导力的价值和作用。随后，由浅入手，逐步深入剖析和提升水平，完成自然过渡。最后，提升管理培训的难度和专业化程度，课程的适配性也会逐步向高层管理者靠近，最终使管理者认知理论基础达成共识、能够运用工具和方法指导他人、领悟战略并引领团队达成组织目标。

培训的关键在于应用。在领导力提升培训过程中，台山公司探索实施了多种方式，促进管理者深度参与、思考并逐步内化，并鼓励在团队内部通过转训、分享、研讨等形式进一步推广应用。思想碰撞往往会有意想不到的收获。如 2013 年以“创造性解决问题”为主题，给提高有争议性会议的效率带来了新方法。

（2）针对基层员工，首创激发新生代员工的“三式学习”

队伍的学习能力是首堆工程建设的关键组织能力之一。首堆的推进和突破需要“摸着石头过河”，基层员工不能拘泥于已有的知识和经验，需要根据实际面临的困难创造性解决问题，而局部创造的新经验和新方法，也需要快速提炼和分享，让更多的员工受到启发和借鉴。受到 TED 演讲平台的启发，台山公司探索并实践了“三式学习”，即分享式、体验式、启发式学习，英文翻译为 Share、Experience、Arouse，缩写为 SEA。打造基层员工创造性解决问题的展示平台，挖掘基层经验，激发组织能力提升的链式反应。

通过基层深度动员，在工程建设各领域不断涌现出创造性攻克难题的成功案例。这些成功案例为“三式学习”提炼成功经验、进行分享传播提供了源源不断的素材。“三式学习”的分享者必须是真实成功案例的核心成员。真实成功的案例是源头，可以增强团队对首堆的信心，激发团队从成功走向成功。

为提高工具、方法传播与应用的有效性，参照知识管理金字塔，在“三式学习”中搭建了涵盖案例事件、流程、方法、可操作性概念、道理的“三式学习”金字塔，如图 3－17 所示。可操作性概念是“三式学习”的精华所在，是解决跨界应用的关键。其有两层含义：一个是可操作，一个是概念化。其中可操作是指“三式学习”所提炼的方法可以直接拿来使用，对照实施即可，无须学习者再去提炼，即“好用”。概念化是将所提炼出的方法用形象化的语言进行表述，让人容易理解和记忆，即“好记”。

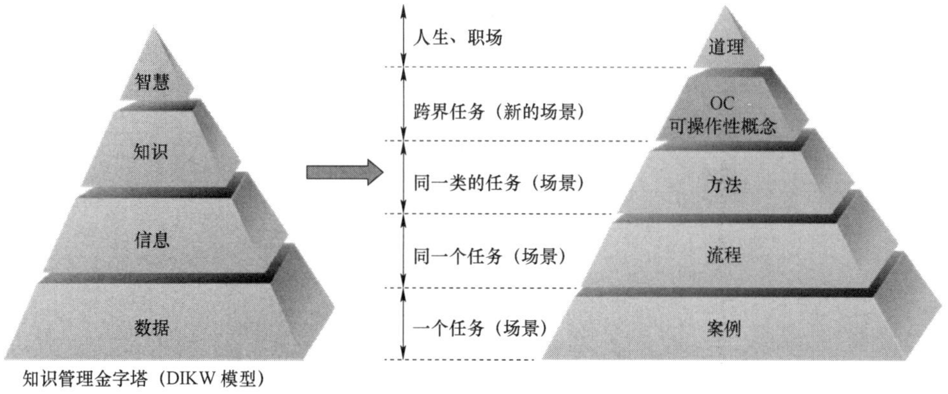


图 3－17 “三式学习”金字塔

“三式学习”最终目的和落脚点是促成更多人“跨界”应用，将“三式学习”提炼出的好方法更广泛地应用到各专业各领域的工作中去，这样才可以启发跨领域、不同类型问题的解决或处理，增加使用的范围和层面，扩大成功经验的价值。

从 2015 年到 2019 年共开展了 14 期公司分享，涉及 45 个案例，累计到场员工超过 4 000 人次，其中三个案例通过中法英芬四国连线在国际 EPR 项目中得到了同步分享。

**2. 持续激发士气和向心力**

为打造一支敢打硬仗的员工队伍，激发员工主人翁意识和工作积极性，台山公司制定了“组合拳式”总体激励方案，以“统筹谋划、集约资源、精准激励”的思路，针对不同层级、不同群体的不同需求，搭建了“钱、前、权、情”统筹使用的总体激励机制。

（1）“钱”：花小钱办大事，灵活运用，调动积极性

资源总是有限的，“花小钱办大事”核心在于通过少量奖金的精准安排体现导向，发挥激励效果。一是突出荣誉激励，以公司发文通报表彰、海报宣传、公司年会优秀员工代表

发言等方式，使员工的关注度不再仅限于“钱”，而是更多地给予认可、精神鼓励和荣誉感；二是精准激励，准确识别并激励攻坚克难的关键领域和团队，安排配套奖金，同时明确规定奖金分配的限额，确保奖金最终分配到贡献最大的员工；三是树立典型，在年度技术岗位聘任中，设置专项聘任指标，用于奖励在重点项目攻坚中做出突出贡献的优秀员工。

（2）“前”：拓宽发展路径，加速成长，以前景促动力

青年员工是公司发展的生力军，对个人职业发展有更大的渴望。台山公司通过加强对职业发展的政策谋划，体现价值导向，引导青年骨干提升自我，想干事、会干事、干成事。

在年度技术岗位聘任中，台山公司设置导向类、群体类、功成类三种激励指标，每年根据战略目标、攻坚任务及难易程度对具体指标类型、指标数量及评选方式进行动态调整。导向类指标鼓励跨专业协同解决难题、树立青年优秀典范、开展技术攻关，体现在破格、激励协同、“三式学习”、技术自主化等聘任指标上；群体类指标针对具有项目阶段特点的团队，在攻坚和困难时期，专门给予职业发展倾斜，体现在 BNI 联合团队和移交接产等方面；功成类指标主要是围绕重大专项设立相关激励指标，激励为工程建设作出突出贡献的人员。与此同时，针对在工程建设中涌现出的优秀青年骨干进行专项选拔和培养，特别是“业绩硬、群众赞、上级挺”的青年骨干，作为后备干部进行针对性培养和发展，树立标杆和典型。

（3）“权”：充分给予用人权和主导权，提高管理力

按照“谁负责，谁主导”的工作理念，给予管理干部日常绩效考核、奖金分配、正常岗位聘任中的主导权，给予负责临时性跨部门专项团队的主导权，给予在专项奖金分配中的主导权。在技术岗位聘任协同指标人选产生流程中给予“客户”提名权，通过民主测评方式充分听取参与方意见。另外，给予员工一定的参与公司事务的权利，强化责任承担，提高员工的主人翁意识。

（4）“情”：打造关怀体系，提升凝聚力

选择投身台山核电建设，“并不是因为它容易，而是因为它很难”，这是强者的逻辑。很多人当初主动选择台山核电都是出于强烈的使命感和建设三代核电的宏伟愿景，希望工作得到认可并创造价值，能力得到提升并获得发展，“工作时有归属感，离开时有荣耀感”。这是参建队伍齐心协力建好台山核电的思想和感情基础。

在工程推进的不同时期，台山公司通过专题研究、专项调查、专场座谈、工作动员、青年骨干沙龙等灵活多样的活动，认真研判形势，充分听取员工意见，引导队伍：在顺利的时候要有危机意识和风险意识，遇到困难和挑战的时候则需要有英雄气概，有战胜困难的勇气；增强整体协调能力和大团队合作精神，通过有效沟通和合作产生协同的聚变效应，逐步实现内外部的高度协同。按照“能解决的立马办，暂无法解决的有回应”原则，解决员工最紧迫诉求；通过“送服务上门”活动，为一线员工提供方便、快捷、贴心的服务，提高员工便捷度和满意度。同时，积极发挥影像的力量，拍摄台山首堆建设的纪录片、宣传片、专题影集，开展讲故事培训活动，用自己的故事和成就激励队伍，强化全体员工及各参建单位的文化认同，以情打动和凝聚人心。

**3. 优化组织模式，加强内部协同**

（1）多管齐下充分发挥工程生产一体化模式优势

台山公司人员组成较复杂，为大力强化内部协同，充分发挥自身优势，主要采取了三大举措。一是多措并举促进工程人员融入台山公司。在政策实施时按有利于工程人员的利益考虑，形成与中广核工程公司的定期协调机制推动具体问题解决、推动将台山工程人员纳入中广核工程公司各项政策谋划与服务的考虑范畴之内，另外台山公司党政工团各方多种渠道关心工程人员，促进了工程员工的融入；二是推动生产人员多种形式深度参与工程，从项目前期就推动生产各专业以全职、临时参与等方式参与到工程各专业，并出台相关人员管理的配套政策；三是安排工程、生产干部交叉任职，特别是安排生产主要干部兼任工程管理岗位，便于工作的协调和对接，深度推动协同攻坚，提高工作积极性和协同力度。

（2）分阶段搭建灵活的人员“调防”机制

在首堆工程不同阶段，碰到了很多覆盖多部门多专业的复杂问题，处理的周期也比较长。为此，台山公司在首堆攻坚不同阶段成立了各种攻坚专项组，制定了密切结合的配套政策，为专项组织高效运作保驾护航。一是针对首堆全周期，始终明确提倡的上下游协同，制定了专项激励政策牵引（如激励协同奖、聘岗的激励协同指标等）；二是针对阶段性攻坚任务和团队，提供相应激励政策（如技术自主化评奖），同时提供少量活动经费支持非正式组织的工作开展和团队建设；三是整个过程中进行全程跟踪和定期沟通服务，及时给予支持，助力首堆攻坚中突破小团队视野和部门壁垒，应对不同阶段联合作战的需求，激励大团队协作，使人员调防变得更加灵活。

### 3.13.3　经验体会

**1. 始终加强干部队伍建设**

在项目策划和前期阶段，尽可能组建专业配套、结构合理、能力互补的干部队伍将会起到事半功倍的效果。干部到位后，在使用和培养方面也需要下大力气，提升整体能力，充分发挥各级干部的领头羊作用。

统一思想凝聚共识。公司各项战略和政策要落地，各级干部发挥承上启下的关键作用，需要最大限度地凝聚共识。采取自上而下和自下而上相结合的方式，将确定的战略与目标深入人心。

持续提升能力。首堆项目在攻坚克难阶段所碰到一些独特性的新情况、新问题，没有成熟经验作为参考，需要提升干部的整体能力，尤其是思维方面和管理能力，可以持续开展领导力主题培训，持之以恒就会收到效果。

大力使用青年干部。青年富有朝气和活力，创造性比较强，面对挑战会迎难而上。需要充分发挥青年骨干在首堆攻坚中的作用，有意识提拔一些青年骨干到管理岗位，同时选拔一批作为后备干部重点培养，既要压担子也要多方式赋能，帮助其在实践中提升成长。

**2. 构建“组合拳式”的激励体系**

核电项目从前期实质性启动到成功商运，中间过程持续时间比较长，队伍状态会受到项目进展影响，遇到倦怠、低落等情况时，党政工团需要群策群力持续激发队伍士气。

人力资源方面，需要将能起到主要激励效果的资源全部集中、统筹谋划，如每年度的岗位聘任、绩效考核、专项奖金等，根据每年度中心工作、关键群体，规划激励的额度、方式、节奏，以达到及时、有效、精准的效果；在奖金安排上，要突出以非物质激励为主，严格控制总额度，体现花小钱、办大事的导向。

其他方面，需要统筹党工团的荣誉激励体系（各种评先评优）、后勤资源安排等，结合当年度的中心工作和关键群体统一考虑，充分发挥其激励作用，起到 1 + 1>2 的效果。

**3. 打造导向清晰的配套机制**

首堆攻坚需要全体干部员工按照各年度确定的目标和要求全力协同，心往一处想、劲往一处使。建立配套的牵引机制可以进一步强化公司的导向。一方面要及时制定出台相应制度和规定，过程中让一线业务部门和管理干部充分参与进来，上下联动，形成共识；另一方面各项机制建立后应保持业务政策的连续性，在总体框架延续的基础上，每年根据情况变化局部进行优化调整，不断深耕细作。

# 第 4 章
# 设计采购管理与技术

# 4.1 概述

核电工程建设包括前期策划、可行性研究、设计、采购、设备制造、建安施工、系统调试、移交运营等一系列过程。设计和采购活动贯穿核电工程的全过程，既是对前期策划与研究的重要支撑，也是工程实施的先决条件，同时也为后续高质量运营提供先天保障。

台山核电的工程设计、设备选型、设备鉴定与采购在前期采取跟随策略，尽可能参考和借鉴两个 EPR 先行项目已有的设计成果。由于厂址条件不同、EPR 设计没有完成，加上参考电站建设延期，2012 年开始，台山公司结合内外部因素，经过全面、深入分析，决定基于台山的条件和已有参考电站的设计成果，推动固化台山核电的设计，将 1 号机组作为 EPR 首堆工程推动。

在首堆工程推进中，与经过充分验证的成熟技术相比，设计采购工作遇到了首堆项目特有的诸多困难。如首堆工程必须经历正向设计的完整过程，需要先后解决新堆型技术要求与核电产业链能力之间的适配，新设备研发与核级设备鉴定，岛间和机电仪专业间的横向匹配，设计固化与设备采购、安装、调试间的纵向协同与迭代等问题。

为此，台山公司充分发挥业主的主导作用，在参建各方的支持和配合下，整合上下游优势资源，以项目需求为导向优化设计与采购管理模式。优化配置管理，分阶段分批次解决方案设计、初步设计和详细设计固化有关问题。抓住设计与设备接口管理、核级新设备研发与鉴定等关键工作，管控系统设计与设备性能的相互迭代过程。围绕系统完整性和设备可用保障供应，建立 BNI 设备采购执行团队，通过预见性采购提高设备供货与现场需求的匹配度。台山核电的建设，在设计与采购方面率先突破了 EPR 首堆工程建设难题，为成功建设首推工程奠定了基础。

# 4.2 设计采购总体策划

## 4.2.1 管理目标

设计和采购活动处于工程建设的最前端，主要任务是提供设计文件和设备材料，为施工、调试提供技术和物资保障。业主的设计采购管理部门协调处理各阶段设计、设备类相关问题，及时处理和答复监管部门和评审专家提出的技术问题。

台山核电设计采购的管理目标如下。

（1）确保设计采购各项工作符合质量和进度要求，按计划出版设计文件并推动设备到货，及时分析和解决设计、制造、安装、调试过程中的相关问题，满足项目进展的需要。

（2）实现关键设备国产化。充分利用国内装备制造业的已有能力，发挥设计采购联合体的作用，在国内完成一台套主设备制造，使我国企业基本掌握和具备自主制造 EPR 关键设备所需的各项技术和能力。

（3）实现三代核电技术自主化。在台山核电的建设中，通过中外联合设计、技术转让及对 EPR 技术的引进、消化、吸收，使中广核及国内合作单位具备 EPR 核电厂建造能力和调试能力，并基本具备设计能力。

### 4.2.2　组织模式

台山核电采用“横向分岛、纵向分段”设计采购模式，设计与采购的合同总体结构如图 4－1 所示。设计采购管理组织包括台山公司设计采购板块及各设计采购联合体。

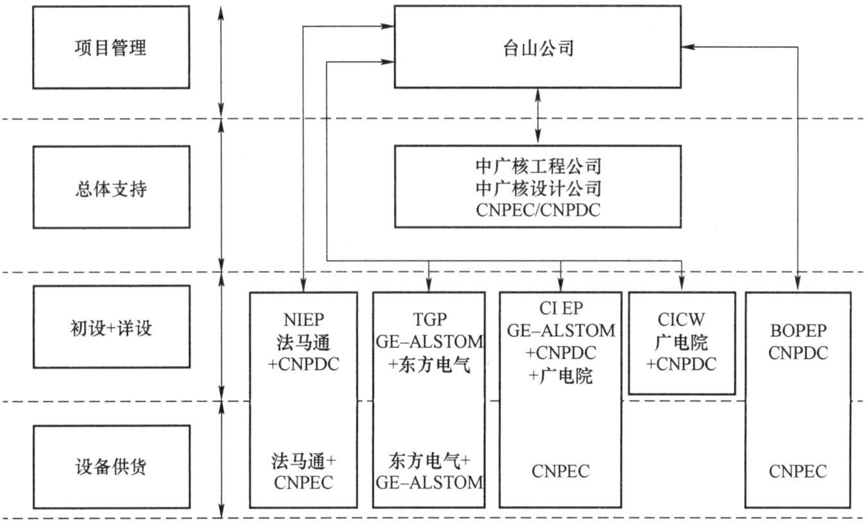


图 4－1　台山核电设计与采购合同总体结构

台山公司业主的设计采购板块共设七个管理队，包括总体设计队、核岛设计队、常规岛及 BOP 设计队、电气设计队、仪控设计队、土建设计队和驻欧办公室。人员主要来自中广核工程公司、台山公司生产部门、EDF 和各技术支持单位，通过多种渠道保障了人员配置。

设计采购供方包括 NIEP 联合体、TGP 联合体、CIEP 联合体、BOPEP 联合体、CICW 联合体。另外，中广核工程公司和中广核设计公司通过总体技术支持与服务合同参与执照申请、设备监造、总体设计、厂址勘察等工作。

### 4.2.3　任务与分工

设计管理的主要任务是依据设计合同，在标准法规执行、设计策划、设计进度、设计接口、设计审查、设计过程控制等方面制定严格的程序，规范设计流程和设计管理工作，保证设计质量和进度的实现，最终履行设计合同的约定。

采购管理是核电工程项目管理的重要组成部分，贯穿于核电工程建设全过程，通过采购管理，逐步将设计转化为设备实体、文件和服务，确保设备、材料符合合同要求，满足工程建设的需要。

以下为台山公司设计采购相关组织的主要任务与分工。

**1. 台山公司设计采购管理部门**

承担全厂设计采购业主职责的管理工作，负责对各联合体进行管理，协调和联络设计、采购事项，组织技术方案业主决策，并协调设计供货方为施工及调试提供技术文件、设备供货、技术支持等保障。

**2. NIEP 联合体**

NIEP 合同由法国法马通公司作为牵头方、中广核工程公司及中广核设计公司为参与方组成的联合体承担，联合体内部组织与分工如图 4－2 所示。

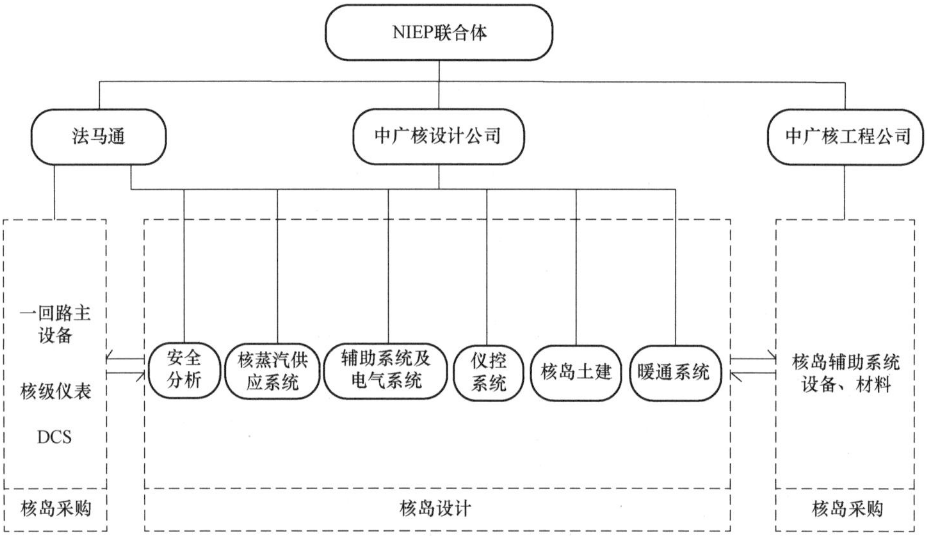


图 4－2 核岛设计采购联合体组织与分工

法马通负责核岛全部工艺系统和土建厂房的设计工作，具体承担安全分析、核蒸汽供应系统设计、核岛内部接口、土建设计等，对核岛设计供应合同范围内设计、性能担保、功能和实体完整性负责，并负责一回路主设备、核测仪表、核级过程仪表以及全厂 DCS 的供货。中广核设计公司全面参与核岛的初步设计和详细设计，中广核工程公司负责核岛辅助设备和大宗材料的供货。

**3. TGP 联合体**

TGP 合同为总价采购合同，由东方电气集团和 GE－ALSTOM 组成的联合体承担。东方电气集团是联合体的管理牵头方，负责 TGP 合同的总体管理工作；GE－ALSTOM 是联合体技术牵头方，负责 TGP 合同的性能保证。合同范围包括下列设备供货以及相关设计、服务和培训：

1）1 750 MW 级凝汽式非调节抽汽半速汽轮机与发电机；

2）汽水分离再热器；

3）汽轮发电机组基础（包括弹簧隔振器）；

4）TG 辅助系统和设备；

5）凝汽器本体和喉部低压加热器；

6）上述系统和设备相关的仪表控制系统、消耗品、备品备件、专用工具等。

**4. CIEP 联合体**

CIEP 合同范围包括 TGP 合同外的其他常规岛系统及设备的设计、供货和服务，由中广核工程公司、GE－ALSTOM、中广核设计公司、广东电力设计研究院、AWEC（GE－ALSTOM 的国内子公司）组成的联合体承担。

中广核工程公司是联合体的管理牵头方，全面负责常规岛辅助设备（BCI）的总体协调、设计、采购以及 BCI 大部分设备的采购工作；GE－ALSTOM 是联合体的技术牵头方，承担技术责任，负责部分采购包的供货。

**5. BOPEP 联合体**

BOPEP 合同由中广核工程公司和中广核设计公司组成的联合体承接，合同范围涵盖了除 NIEP、TGP、CIEP 采购合同范围以外的系统和设备。中广核工程公司和中广核设计公司共同承担合同范围内所有物项的设计、供货以及该合同项下所规定的所有服务和培训工作。中广核工程公司负责合同执行，包括所有 BOP 相关系统的设备及材料采购和供货。中广核设计公司负责相关的建筑物/构筑物及其系统的设计；广东电力设计研究院作为中广核设计公司的分包方，承接部分系统详细设计工作。

**6. CICW 联合体**

CICW 合同主要覆盖除汽轮机发电机基座以外的常规岛土建设计工作，由广东电力设计研究院和中广核设计公司组成的联合体承担。广东电力设计研究院作为联合体牵头方，承担合同总体责任，中广核设计公司负责初步设计，广东电力设计研究院全面负责详细设计。

### 4.2.4　重点工作

根据设计采购合同和项目特点，台山核电设计采购管理的重点工作如下。

**1. 执照申请**

业主负责制订执照申请工作计划，根据项目里程碑的要求，按计划完成执照申请文件的编制（PSAR、EIR、FSAR 报告）并上报；与监管部门就报告评审进度达成一致，按承诺的时间组织答辩并提供支持文件，保持评审工作中良好沟通；整体协调执照申请技术活动，对供应商给出的技术意见进行审核和确认。

**2. 接口管理**

台山核电按岛签署设计供货合同，当各岛供应商之间需要信息交换时便产生了接口，接口管理是设计采购管理最为重要的工作之一。台山公司负责与各方建立统一的接口交换规则，重点管控岛间一级设计接口，推动各设计方按期交换接口，提供输入参数，及时关闭接口；审查接口交换信息的正确性、有效性，确保设计方切实履行合同责任、接口交换信息符合合同规定的技术要求；审核、确认新增、修改接口的合理性和必要性，承担接口关闭的技术把关责任；向设计方提供地质、气象、水文等现场接口参数；建立有效沟通协调机制，协调解决接口交换过程中出现的问题，使得设计活动顺利开展。

**3. 设计审查**

设计审查是为了保证设计的正确性及设计文件从内容、格式等方面都满足合同要求而由业主对设计者提交的设计成果进行检查和确认的过程。供货商或设计院的重要设计文件、设计图纸完成之后，须提交给业主进行审查。

业主应审查设计文件的完整性、一致性、准确性，确保设计内容符合合同、法规、标准、规范要求。重点关注与参考电站由于厂址条件变化、法规和用户要求不同而引起的差异及其适应性问题。

**4. 采购管理**

跟踪采购技术规格书出版进展；审查采购文件中合同责任、供货范围、交货工期、交货条件、所需的业主输入条件等内容，确保合同范围内供货责任的全面落实；参与部分分包合同采购；跟踪供货合同签订和供货进展，及时掌握潜在的延误因素，采取针对性解决措施，确保设备材料的按时交付；协调现场施工调试期间设备问题的处理。

**5. 设备监造**

依托中广核工程公司专业化设备监造团队代表台山公司执行设备监造。利用设备制造协调会、设备监造月报和其他设备监造专题报告，跟踪、协调和监管设备监造工作。重点关注设备监造报告反映的问题，开展设备制造质量趋势分析、设备制造进度跟踪与趋势分析，及时发现并消除设备制造过程中出现的质量问题和进度延误。

**6. 进度控制**

重点协调、组织、推动各项设计采购进度满足三级进度计划。审查设计采购三级进度的完整性、合理性和逻辑性；根据进度要求，制定工程文件索引（Index of Engineering Document，IED），跟踪设计文件提交进展；分析供应商月进展报告，找出进度偏差并解决；根据合同确定的关键路径计划，紧密跟踪关键路径计划执行进展，确保关键路径项目执行顺畅、进度受控。

**7. 现场施工及调试移交配合**

在施工及调试移交过程中，由于设计接口的改变、设计错误、施工过程中的不符合项、调试过程中的异常事件等，都会触发上游设计变更，以满足现场的实际需求。对现场施工、调试及移交接产过程中出现的问题及时响应和处理是设计采购工作的一项重要内容。

## 4.3 推进策略与转变

面对台山核电工程建设的各阶段形势、任务和挑战，台山公司在继承国内外多年实践经验的基础上勇于创新，因时而动、因势利导，变被动为主导，动态调整优化设计采购推进策略和应对措施，为将台山核电建成 EPR 全球首堆工程起到了决定性的作用。

### 4.3.1 前期策划与准备

从项目启动到 1 号机组核岛开工，设计采购的中心任务是对设计采购活动进行全面布局并创造项目核准所需要的各项条件，主要围绕项目核准和建造许可证申请、全面开展工程设计、启动各项采购活动等三条主线开展工作。

#### 4.3.1.1　项目核准和建造许可证申请

项目核准和建造许可证申请的核心工作是可行性研究报告、PSAR、环境影响报告书等文件编制与评审、行政许可类文件获取等。

台山核电于 2005 年 7 月先于设计供货合同签订前，开始可行性研究报告的编制，于 2009 年 2 月通过审查。在可行性研究报告的基础上，台山公司于 2009 年 4 月提交了项目申请报告。台山核电所需的项目投资审批、海域使用许可、用地许可等 20 项批文，均在项目核准前获得。

2007 年 8 月启动 PSAR 编制，2008 年 7 月完成第一阶段文件出版，2009 年 8 月通过评审。

2007 年 12 月提交环境影响报告书（选址阶段），2009 年 2 月提交环境影响报告书（设计阶段）并于 2009 年 9 月通过评审。

#### 4.3.1.2　全面开展工程设计

2007 年 11 月签订 NIEP 合同，同期签署的 NITT 合同为技术引进、消化、吸收打下基础。2008 年 9 月法马通分别与 Sofinel 和 IOSIS/COB 签订核岛辅助系统设计、土建设计分包合同。2008 年 2 月签订 TGP 合同，2008 年 7 月签订 CIEP 合同和 CICW 合同，2008 年 11 月签订 BOPEP 合同。2009 年 7 月签订总体技术支持与服务合同。各合同均采用联合体运作模式，该联合体安排整合了国内外优质资源，平衡了各方特点，特别是国内近 30 年不间断的施工和制造经验，合同执行中，业主掌控力度高、中方参与力度深，为首堆转变奠定了基础。

在设计采购合同签订后，主要任务转为落实合同，全面启动设计，动员人力、调配资源，推动核岛联合体成员及分包商组建项目团队，参考岭澳一期模式组建台山设计采购团队；启动工程设计，完成概念设计，进入初步设计阶段，为工程采购和实体建造提供条件，保证主体工程开工和连续施工。

这一阶段主要设计活动是参考电站政策落实和优化、接口交换、系统设计和土建设计。

1）跟随参考电站开展设计，并将电气设计从参考 OL3 转为参考 FA3，局部根据中国法规和厂址条件进行适应性调整。

2）接口管理特别是一级接口管理促使各联合体成员保持进度和技术的总体协同。岛间接口由台山公司负责推动设计方及时打开接口交换信息，出版了岛间接口控制手册规范管理；岛内接口则由联合体制定内部接口规则实施管控。

3）系统设计的重点工作是出版第 1、2 阶段系统设计手册（System Design Manual，SDM）SDM1 和 SDM2；参考 FA3 文件并做适应性修改，SDM1 出版与合同进度基本持平；设计方投入大量人力，处理 SDM2 相关系统设计与设备设计的接口问题。

4）由于土建设计需求较早，是设计管理的重中之重，在 FA3 设计成果的基础上，着重解决两项目适用法律法规、标准规范、厂址条件、厂房布置的差异化转换，确定了厂房尺寸和布置，按施工需求出版总平面布置图、核岛基坑负挖图、廊道布置图等；采取紧急措施消化了土建设计分包合同落实延误、工艺设计延误等带来的影响，土建设计达到高峰，满足现场施工需要。

#### 4.3.1.3 启动工程采购活动

以设计为引领策划设备采购分包，做好主设备采购安排和 2 号机组国产化安排。设计方出版采购技术规范，联合体寻找合格供应商，全面落实相关采购合同签订。重点推动主设备及长周期铸锻件采购合同的签订、跟踪制造进展；落实需求较早的土建预埋设备采购并推动按现场需求进度供应。

为应对核岛采购技术规格书固化滞后，台山公司通过多层级协调机制，推动 NIEP 联合体明确责任分工，着重管理总包合同和分包合同的一致性，及时明确边界和范围，促进技术规范固化；加强采购的策划和组织实施，推动供货合同签订并及早锁定各类供应商资源。

为充分利用参考电站拓展的供应链资源、应用参考电站的设备鉴定成果，核岛设备的分包商大多选择 FA3 和 OL3 原供应商；同步拓展国内外的供应商资源，对于市场可选择多面广的非关键设备，则通过招标方式全球采购。确定了国内以中广核工程公司为主、欧洲核岛主设备的制造以 EDF 为主的监造模式，优势监造资源互补。

#### 4.3.1.4 取得的成效

台山核电设计采购完成全面布局，虽然核岛设计分包合同签订有所延误，但到 2011 年设计总体进度逐步接近参考电站的工程进度；建设过程中，核岛开工所需预埋设备和材料基本按合同计划到货；主设备合同中长周期锻件的采购和制造与合同进度偏差较少；联合体之间采购包划分发挥了各家的优势，除部分 BNI 设备采购存在局部延误外，整体采购工作进展正常。

### 4.3.2 合同全面执行

从 1 号机组核岛开工到 2012 年 10 月决定 1 号机组按首堆工程策略推进，台山核电的设计采购尽可能跟随参考电站的安排，最大限度借鉴、利用参考电站的设计和设备鉴定成果。受参考电站延误、设计变更、日本福岛核事故等因素影响，核岛设计迟迟不能收尾，对工程施工造成较大制约，设计固化成为关键。2011 年 1 月核岛设计达到安装一致性状态（CSE），并依此为基准开展系统详细设计，为现场施工及设备安装提供条件。采购方面，主要推动设备采购、长周期设备和 1 号机组预埋设备制造。由于参考电站设备设计和设备鉴定延误，与 OL3 和 FA3 供应商相同的设备也受到了影响，核岛辅助设备开始出现延误，无法按计划交付。

#### 4.3.2.1 设计管理

从初步设计转向详细设计，根据参考电站设计变更情况，台山核电设计历经 R0C、RC1 和 CSE 三个基准技术状态。

为应对设计延误，台山公司与设计方展开了多方位的协调，优化施工方案，尽可能缓解设计变更与施工进度的矛盾，推动关键的施工文件及早出版；通过控制设计采购三级进度以及 IED 管控设计进度。设计方将整个工程中需要出版的设计文件、采购文件汇编成 IED，每季度更新发布，台山公司根据 IED 监督、协调设计进度；通过设计审查监控设计与设计之间、设计与采购之间的二级接口交换，加大对设计文件的审查力度，控制供应商内部接口信息，核实详细设计与初步设计、详细设计与设备数据之间的一致性，以保障不同设计单位、供货商之间的设计连贯性、接口交换和固化及时性。

根据外部经验反馈和PSAR评审意见，增加HKS，选用安全级DCS平台TXS实现相关功能，提高DCS系统的可靠性及应对极低概率事件的可用性；日本福岛核事故发生后，开展全面安全检查、充分研究福岛核事故、吸收其他核电厂改进的经验反馈，从应对极端外部灾害、超设计基准事故预防和缓解等多个角度系统地分析论证，形成台山核电福岛事故后改进方案，满足福岛改进通用技术要求。

#### 4.3.2.2 采购管理

采购管理的主要任务是推动设备采购技术规范出版，落实采购、制造商的设备设计和制造安排，控制、缓解和消化设计变更对设备制造的影响等。EPR设计对设备材料有新要求，如新设备的设计与鉴定要求、进口设备材料的HAF604注册规定、进口核级设备开箱放行要求，以及大宗材料的采购要求等。设备采购管理直接影响现场建安工作及项目的总体进度。

消化设计变更影响。设计变更对采购造成了较大影响。已签订合同的，通常需要4～6个月完成变更处理；部分采购包甚至需重启采购流程。台山公司一方面推动加快设计比对分析，及时释放采购变更令；另一方面加强沟通协调，依据设备需求进度确定优先级，协调供应商按照优先级开展设备设计和制造。如专项解决了环吊设备交付等制约穹顶吊装关键路径的问题。

推进补充设备鉴定。由于参考电站的鉴定成果不能完全覆盖，部分鉴定需要根据台山技术要求重新开展，影响供货进度；部分供应商没有独立完成鉴定的能力，在发货前提交鉴定报告存在困难。台山公司在严格执行原有鉴定体系和策略的基础上，协调中广核研究院提供技术支持及驻厂咨询协助完成鉴定。

推动BNI设备和材料交付。受设计延误影响，部分BNI非预埋设备进度延误，总体延误12个月以上；部分设备制造文件提交延误，已到货的阀门不具备开箱条件，影响现场关键管道安装；部分已到货大宗材料与设计文件不匹配。台山公司与联合体派出30余名工程师长期驻厂，了解和协调供货方解决遇到的技术和工艺问题，加快文件出版、设备验收和放行。

推动HAF604注册登记。由于进口设备多，进口民用核安全设备监督管理（HAF604注册）成为重点工作，核岛联合体详细分析了潜在影响并与供应商专项沟通，但由于EPR设备分级体系不同于国内成熟的分级体系，识别界定HAF604监管设备范围存在一定困难，部分供应商不熟悉HAF604注册的技术要求。台山公司赴欧洲集中宣传推介，推动并协助境外供应商开展HAF604注册。

#### 4.3.2.3 取得的成效

跟随参考电站完成初步设计，SDM2文件全面出版；SDM3出版完成32%，核岛土建设计基本完成，核岛安装类施工文件陆续出版；DCS测试完成约30%，调试文件出版25%；基本完成了FSAR编制，并领先于参考电站；压力容器、蒸汽发生器、汽轮机等关键设备已到货。

### 4.3.3 转向首堆工程

台山核电设计进度不同程度地逼近、局部反超参考电站，由于参考电站大幅度延期，无法继续向台山提供更多参考和输入，跟随参考电站开展台山核电的设计已经无法满足现场施工及里程碑需求。2012 年 10 月台山核电转变为按照首堆工程策略推进，直到 2015 年 12 月 1 号机组率先开始冷试为止，历时 38 个月。从跟随 FA3 转变为主导技术决策和设计状态管控，从“设计要求驱动”调整到“现场实体引领设计”，优先完成冷试相关系统设计一致性检查和设计固化，决定按 CSE+状态执行冷试，尽早验证 EPR 核岛主系统设计的参数和各项功能。中心任务是利用配置管理的理念完成系统设计固化，并重新调配整合资源，优先满足项目的各阶段需要。

#### 4.3.3.1　设计管理

设计管理的重点从跟随参考电站设计转为主导首堆工程设计进程，首先完成设计固化，形成台山核电自身的设计配置，并分阶段实施。对设计变更进行分析和决策，包括 FA3 反馈的设计变更、FSAR 评审中提出的设计要求、现场施工中发现的问题、系统和设备设计开口项等，完成了设计固化分析和决策。对首堆设计迭代及其规律的认识更加深刻，深度介入设计管理，审慎开展技术决策；根据工程进展情况，设计从分区域分楼层管理为主，转变为以调试需求的逻辑为牵引，以实体和功能完整性为核心的系统管理，优先完成冷试相关系统的设计一致性检查和设计固化。加强资源配置和自身能力建设，实施设计配置管理、设计变更管控、设备设计及鉴定、现场技术类问题处理、调试文件出版等，解决制约里程碑的电气仪控详细设计、三废设计等突出问题。

**1. 核岛设计团队转移到现场**

按照合作共赢、贴近现场的原则，台山核电专属的核岛设计团队转移到现场，全面推进详细设计。严格管控设计变更，从源头上控制设计变更，加快核岛设计固化、掌控设计管理的主导权和决策权，为全面实现首堆工程奠定了基础。

**2. 优化设计配置管理**

针对详细设计出现的设计变更，优化了设计配置管理流程。设计配置状态不再按批次管控和出版设计变更，而是按照一事一议的原则，严格管控每一个设计变更及其设计状态一致性。在发布设计变更时，由设计方建议实施的最佳窗口，现场根据实际情况灵活安排执行窗口，由台山公司管理设计文件和现场实体的一致性。为了控制设计质量，对 DCS 的设计变更实行批处理方法。

**3. 加强设计变更管理**

首先，通过监督管理现场设计团队，台山公司加深了对核岛设计流程的管理。其次，从源头开始控制设计变更，组织对全厂设计进行全面审查，主动、提前消除变更产生的来源。最后，完善设计变更决策机制，建立严格的控制流程。通过最终系统设计审查，决定将 CSE+作为最终的设计组态。

**4. 以 NCC 和冷试系统完整性为导向**

以系统完整性为导向，全面分析 NCC 和冷试相关系统完整性，动态识别相关问题，分析评估 NCC 和冷试所需条件；成立十个冷试关键系统专项组，抓住主要矛盾，针对关键问题，协调相关单位快速处理；建立与 NIEP 联合体的快速接口，聚焦关键问题并推动快速解决；依托国内单位及专家经验丰富、响应及时的优势，建立技术小分队和现场消缺专项组，分拣、整合部分设计变更。

**5. 推动电气仪控详细设计**

针对电气仪控专业详细设计严重滞后的问题，台山公司首先推动增加设计人员投入；其次，为提高效率，将按系统出版调整为按区域出版；再次，通过设计方扩大对安装单位授权，在安装单位设计资质范围内的现场相关问题，由安装单位结合现场实际情况妥善处理；最后，鼓励施工单位在提出技术问题时能够结合自身经验、现场实际情况提供建设性意见和方案，并按优先次序统筹管理，将部分问题安排在冷试后处理。

**6. 固化三废系统设计**

三废系统具有典型的首堆特征，存在设计严重滞后、设计与制造不匹配、中欧标准转换等问题。台山公司结合现场实际对三废系统设计文件重新组织了全面审查，采取措施解决控制系统软硬件不匹配的问题；委托国内专业单位按照中国标准重新研发相关配方，加快了三废系统设计固化。

**7. 组织出版调试文件**

受设计变更影响，上至调试导则下至调试程序出版缓慢，台山公司充分利用自身优势弥补相关设计单位的短板，根据调试需要组织专业人员参与编制调试文件，优先出版工程急需的调试程序，保证调试活动能够正常开展；在文件正式发布前，台山公司提前介入审查，提高了调试文件出版的质量和效率。

#### 4.3.3.2　采购管理

采购方面，BNI 设备和材料交付成为重点。台山核电通过动态识别关键因素，推进设备鉴定、设备设计及早完成，积极缓解设计变更对设备设计和制造的影响，协调供应商将资源向台山核电倾斜，按现场需求的优先次序推动设备制造和批量化交付。聚焦系统的完整性和设备材料可用，将核岛设备采购管理阵地前移，派员长期驻厂紧盯关键设备进展和潜在问题，强化过程管理，提高解决技术问题的效率。

**1. 组建 BNI 联合执行团队**

台山公司联合中广核工程公司成立 BNI 联合执行团队，借助中广核工程公司强大的专业化后台组织保障能力，对 BNI 设备供货进行采购包精细化管理，直接介入 NIEP 联合体内部设计与采购间的沟通协调，建立设计方、制造厂、现场之间的快速沟通渠道，加快双向提资；与供应商共同商定符合实际情况的计划安排；派驻人员协同供应商应对变更修改，协调资源向台山核电倾斜；增加监造驻厂人员，及时释放制造质量控制点；通过技商分级决策解决设备供货和出现的商务问题。

**2. 匹配设备供应与现场需求**

台山公司首先以现场需求为导向全面梳理核回路冲洗和冷试相关系统缺货情况，形成清晰的设备缺货清单。其次，对影响面大的关键供应商，公司高层赴欧洲专门协调，落实资源和设备排产，快速解决制约性问题。此外，加强设备发货后管理，组建开箱专项申报小组，专题解决安检、开箱申报的问题。最后，加强与法马通和分供商的协调机制，制定六个月供货滚动计划，以提前准备清关、运输及安装等工作。

**3. 解决大宗材料短缺问题**

为减少因设计变更导致材料浪费和新增采购需求，台山公司一方面组织核对系统设计的完整性、正确性，另一方面采用设计与施工相结合的材料数量核算方式，上下游共同核实、确定合理的供货数量。对于新增的材料需求，通过建立材料缓冲库、自主采购、材料代换等方法解决。

#### 4.3.3.3 取得的成效

台山公司充分发挥自身主导作用，统筹上下游资源，加速了冷试相关系统设计固化，设备和材料供应基本满足现场需要，为安装上量和成为首台冷试的 EPR 机组提供了技术和物质保障。同时，探索并形成了一套以阶段性里程碑为目标、以（子）系统为核心的管控方法，全面梳理所有设计、供货、施工、调试条件，针对关键影响因素和重点环节集中精力重点突破。

### 4.3.4 首堆工程实现

从 1 号机组冷试开始到 2018 年 12 月具备商运条件，历时 36 个月。首堆工程建设进入实现阶段。设计方面，采取分阶段实施设计变更、技术自主化、任务分拣等多种灵活手段，冷试后对电气系统和仪控系统进行了集中修改，热试后结合现场消缺实施了小范围变更，装料后快速响应以人机、厂网、堆机匹配为代表的紧急和深层次问题，分阶段逐步完成了最终配置并解决了联调发现的问题。采购方面，着重推进剩余设备材料到货、紧急和预见性采购新增物资、设备故障和设备缺陷处理、供应商现场支持与服务等。

#### 4.3.4.1 设计管理

**1. 分阶段完成最终配置**

热试前集中执行设计变更。冷试以“最小条件＋裕量”原则确定必需系统，冷试后，再分步解决热试和装料相关系统机电仪状态的匹配问题。台山公司统筹考虑，整合内外优势资源，全面管控电气配电盘和电气贯穿件、仪控机柜、电缆敷设和端接等设计变更的现场执行，从开始文件准备到设计变更完成及再验证共用时 4.5 个月。

机电仪状态一致性控制。设计变更时需要严格控制系统的机械、电气和仪控状态一致，台山公司作为配置管理实施的牵头方，对设计文件下发、确定设计变更实施窗口、协调供应商介入等重要环节进行控制。设计方对每项设计变更提供专门的分析文件。台山公司逐项分析设计变更的必要性和合理性，分级决策是否执行和如何执行；结合总体进展和机组状态，统筹确定设计变更执行窗口，确保系统的机电仪设计变更同步实施、状态一致。

**2. 联调问题快速处理**

1 号机组进入联调阶段后，跨岛、跨系统联动不匹配等深层次问题逐步显现。为加快响应和解决现场发现的问题，台山公司优化了技术类问题的处理流程，采用任务快速分拣及技术自主化机制。

建立以能力为中心的现场问题处理机制。依托技术后援单位和专家团队通盘分析分拣各类技术问题，通过现场简单问题快速处理自主化、采购自主化、维修自主化三种方式分配落实自主化分拣任务；能够自主解决的就自主解决，必须设计供货单位解决的才外发处理，形成分类处理问题单的模式；组建电缆敷设和端接自主化小组、设计小分队和维修小分队等多个专项工作组，多方协同、快速解决各类技术问题。

自主实施资源投入型设计工作。为快速出版文件、解决现场问题，根据设计方输入，委托中广核设计公司升版电缆敷设和端接文件，组织调试人员参与调试程序和首堆试验程序编写，组织有资质的测试工程师实施 DCS V&V 测试。

**3. 申请装料许可**

在 FSAR 审评阶段，国家核安全局和相关的技术审评单位，依据国内的法律法规、建造经验和出口国实践，对 EPR 首堆的装料申请，进行了科学、细致、严谨的审查。台山公司负责组织各方解答了审评提出问题。2018 年 4 月 10 日国家核安全局为台山核电 1 号机组颁发了 EPR 首堆装料许可证。

#### 4.3.4.2 采购管理

采购管理的难点是新增和突发物项需求的快速采购供应、设备类缺陷的快速处理等。

**1. 保障设计变更所需新增物项**

动员供应商优先排产、分批次供货，组织跨部门专项组，缩短订舱、运输、开箱和入库等各环节的时间周期，落实设备材料供应等各项前提条件与现场实施改造的窗口匹配。在配电盘集中执行设计变更时，针对每个机柜实施最小单元的材料匹配管理，及时保障了现场需求。

**2. 设备类缺陷处理**

针对 1 号机组调试中发现部分设备类缺陷，一方面积极协调供应商到场处理，另一方面依托国内力量分析诊断、评估风险，在确保风险可控的情况下自主改造、修复缺陷。

**3. 应对紧缺物项采购**

面对大量的材料采购需求，通过大宗材料缓冲库缓解现场的迫切需求；建立系统性梳理、风险评估和预见性采购机制，从组织、需求优化、流程优化、技术决策、渠道拓展等多方面推动紧缺物项快速采购供货；采取机组间调配、EPR 项目间调配、中广核内调配、国内维修等多种方式，保障紧缺物项供应。

#### 4.3.4.3 取得的成效

通过精心策划和严格管控，分阶段分批次完成了 1 号机组冷试后、热试后设计变更执行，机电仪状态达到最终配置；1 号机组所需设备材料全部到货；通过预见性采购有效应对了现场突发的物资保障需求；通过快速响应机制，解决了机组联调中遇到的紧急问题，保障了工程需要。

### 4.3.5 小结

回顾设计采购全过程，经历了常规项目管理向首堆特色管理的转变。

在前期阶段，通过主合同及分包合同的安排，整合了中法优势资源，并嵌入国内设计力量，承担工作量同时为后续的现场设计和自主化打下了基础；策略上核岛和常规岛总体参考 FA3，总体设计和外围设计根据中国法规和厂址条件进行调整和转换；进度上，设计和采购总体落实合同安排和既有计划，基本满足要求。初步设计在法国进行、中方派员参与；详细设计初期，转移至深圳、外方派员参与。

随着参考电站延误，设计进展逐步逼近参考电站。以设计固化为转折点，配置管理、分段实施理念逐步凸显，上下游逻辑上也以“设计引领现场”变为“现场驱动设计”。以冷试为目标，按“最小条件＋裕量”原则确定必须系统，在确保方案可行、不出现颠覆性问题的前提下，推动以“安装组态为基准、补充必要修改”为原则尽快完成设计，延后现场返工时间，及早开始冷试，为全面完成设计修改、详细设计争取时间；冷试后，以“启动阶段设计配置”为最终状态，从集中、分批修改演化为单项修改，全面完成设计修改、详细设计，以此控制冷试后的工程建设。此阶段，设计主力已经转移至现场，后台协助支持。装料后的联合调试阶段，设计采购转变为现场问题的快速响应和自主化处理。

## 4.4 管理实践与创新

台山核电是中法合作、在国内建设的首个 EPR 项目。在中外建设方的广泛参与下，从紧密跟随参考电站，到决策建设首堆，再到率先实现冷试、热试、装料，直至商运，台山核电建设经历了边摸索、边前进、边解决问题的过程，设计采购工作在联合体组织与运作、接口管理、配置管理、设计变更管控、自主化管理、采购匹配性管理、设备鉴定、DCS 设计采购管理等实践中，既继承和发扬了中广核 30 多年成熟项目管理经验，也结合项目特征进行了探索和实践，进一步丰富和发展了设计采购管理的内涵。

### 4.4.1 联合体组织与运作

台山核电采用欧洲先进压水堆技术，其技术复杂，没有成熟核电站可以参考，再加上核电建设周期长、投资高，如果采用总包方式，则总包方的风险较大，选择联合体的方式进行招标，则可有效利用各成员的技术和管理优势，降低各成员承担的风险，确保项目顺利开展。

#### 4.4.1.1 设立联合体的背景

**1. 核岛设计采购合同（NIEP 合同）**

国家组织的三代核电招标结束后，授权中广核与法国企业商谈建设两台 EPR 机组的合同。核岛是核电站最关键的部分。中广核在 2007 年初成立 EPR 核岛谈判项目小组，对核岛设计采购合同进行招标和谈判工作。基于三代招标的谈判基础，双方共同商定法马通负责两台 EPR 机组核岛设计、供货及技术转让。技术转让合同接受方由中广核主导。合同谈判期间，为了更好发挥中广核的能力和经验以及落实技术转让，核岛设计供货方成立由法马通牵头、中广核工程公司和设计公司参与的联合体。鉴于法马通在核岛主设备和 NSSS 系统具有绝对优势，并且掌握了 EPR 的设计理念，故让其在 NIEP 合同中承担牵头方的责任，并承担主系统和全厂 DCS 的供货；中广核设计公司和中广核工程公司当时已具备了百万千瓦级核电机组的总包能力，让中广核设计公司参与核岛设计有助于发挥其在核电机组设计中的优势，并且能够借此提升其自身的设计能力，为后续三代核电设计积累经验，中广核工程公司也已具备 BNI 设备成套的能力，故让其负责 BNI 采购。法马通和中广核都没有 EPR 土建设计经验，考虑工艺与土建接口多，土建设计对工程造价和进度影响很大，土建设计由法马通负责对工程建设有利，为此在谈判中，土建设计工作由法马通承担。

**2. 汽轮发电机组设计采购合同（TGP 合同）**

汽轮发电机组设计采购合同参考了岭澳一期、二期及其他 CPR1000 项目的供货范围进行招投标，包括汽轮机、发电机、凝汽器、汽水分离再热器在内的汽轮发电机组主要系统以及相应的辅助系统。在合同谈判时，EPR 技术尚无一台建成电站的运行经验反馈，且台山 EPR 汽轮发电机额定功率为 1 750 MW，为世界上容量最大的机组，国内汽轮发电机厂家没有相关的设计供货经验。如果设计采购全部外包给国外供应商，在设计优化、技术保障、供货质量上无疑具有较高的可靠性，但是价格高昂，也不利于对三代技术的引进消化和吸收。鉴于此，最初谈判时，对合同模式的设想是由国内供应商总包，关键技术和设备再分包的方式，但是 GE－ALSTOM 坚持 EPR 机组的汽轮发电机设计是其知识产权，不同意以分包的方式参与，必须以技术合作的模式参与投标，故最后由法国 GE－ALSTOM 与东方电气集团（DEC）以联合体的形式参与投标。GE－ALSTOM 承担联合体技术牵头方的责任，负责 TGP 合同的初步设计和性能保证。东方电气集团承担项目管理牵头方的责任，负责 TGP 合同的详细设计和管理工作。

**3. 常规岛辅助系统及设备设计采购合同（CIEP 合同）**

经过国内 30 余年的核电项目建设，国内的设计院和制造单位在常规岛辅助系统及设备的设计和制造方面积累了大量的经验，具备设计自主化和设备国产化的能力。因此在 2005 年国家统一进行三代核电招标时，设定的供货范围并不包括常规岛辅助系统及设备部分。然而，台山核电的参考电站是 FA3 项目，部分厂房布置为全新设计，如汽轮机厂房采取的半地下式布置、取消了单独的除氧器间、专设电气厂房等。如果全部由国内设计院和制造商承担，台山核电将无法高质量继承参考电站已有设计和经验成果，国内设计院还需要较长的时间来重新开展常规岛设计。此外，在 2008 年 3 月份启动 CIEP 合同谈判时，NIEP 和 TGP 合同已经签订并生效，与 CIEP 合同的各项接口亟待交换确定。全盘国产化的方式在项目进度上存在较大弊端。因此最终决定引入 GE－ALSTOM，作为中广核工程公司的合作伙伴参与 CIEP 合同的投标。

通过合同谈判，最终 CIEP 合同是由台山公司与 GE－ALSTOM、AWEC、中广核工程公司、中广核设计公司和广东电力设计研究院五方签署，其中 GE－ALSTOM 和 AWEC，中广核设计公司和广东电力设计研究院分别组成两个小的联合体。在合同中，GE－ALSTOM 为技术牵头方，中广核工程公司为管理牵头方。

#### 4.4.1.2　联合体的运作与管理

**1. 联合体运作的一般方式**

联合体是为了完成一项特定的任务而临时组成的一个非法人组织，联合体内部成员间的关系相对松散。在合同签订前，联合体成员内部之间的权利、义务、责任等通过订立单独的合同或协议确定。理论情况下，联合体运作按照合同或协议分工来执行，但在实际情况下，联合体在执行合同的过程中，会因为各自的出发点不同、利益的诉求不同、关切点不同而产生不一致的意见，这时就需要业主出面协调。

**2. 台山核电联合体的管控实践**

（1）联合体内部的运作

为了满足项目管理要求，规范联合体内部运作，联合体出版了相关的程序，其程序体系如图 4－3 所示。项目程序将合同中的通用技术和管理要求细化为程序；联合体程序根据联合体内部分工，将项目程序进一步细化到执行成员；联合体成员内部程序用于规范成员内部的工作流程。

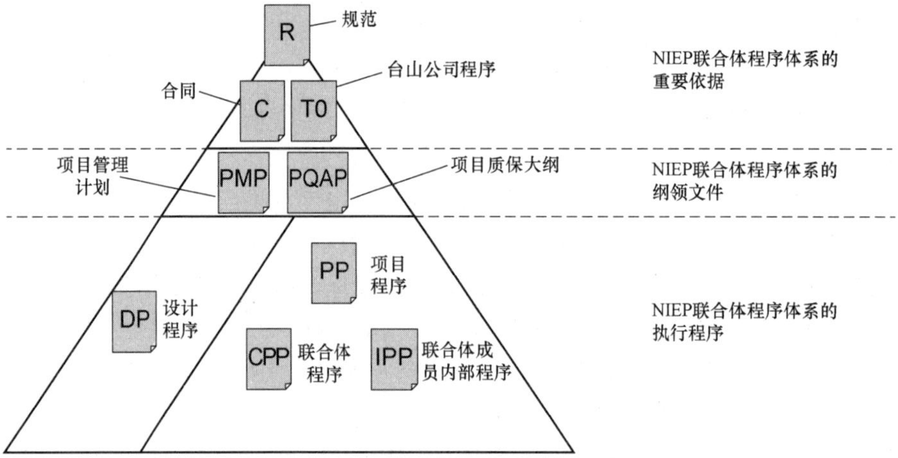


图 4－3 NIEP 联合体程序体系构架

联合体内部程序体系的建立，规范了联合体内部成员的工作和管理流程，使各方都在同一个平台下工作，规范了协调渠道，提升了协调效果。

（2）业主方对联合体的管控

核电业主对联合体的管理在项目管理中扮演着重要的角色。在项目伊始，台山公司就筹划加强对联合体的管理。在日常工作中，相关责任部门会对比合同要求、倾听联合体各成员的诉求、从往来信函和报告中发掘和收集联合体内部的运作情况，对联合体的运作情况进行季度评价，绘制如图 4－4 所示的联合体运作情况的雷达图，根据评价结果，督促联合体相关方采取纠偏措施来满足项目的需求。

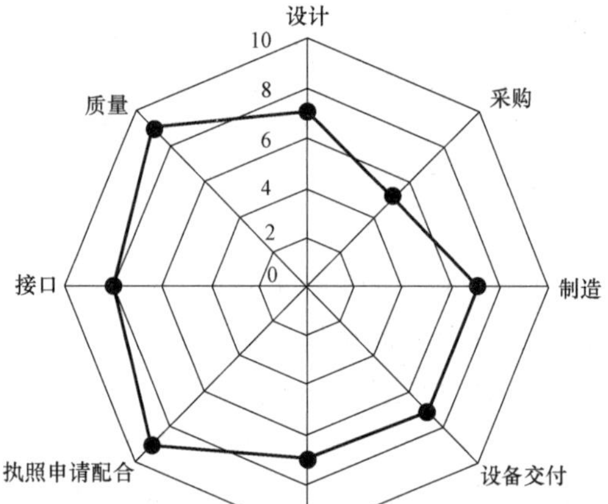


图 4－4 联合体运作雷达图

在联合体协调和管理中，台山公司秉承从项目实际需求出发的原则来开展工作。当某合同中联合体成员 A 遇到的问题其自身不能解决，但是联合体内部成员 B 可以解决并且有意愿参与解决，则协调通过“合纵”的方式调整联合体内部的分工来处理此问题。这样联合体在本合同中的整体责任并没有改变，但是问题得到了解决；但联合体内部成员虽有能力解决但是并无意愿参与此问题时，则可以考虑不在本合同中的成员 C 给与 A 支持，通过“连横”的方式解决。

**3. 高层协调目标驱动**

台山核电联合体众多，项目技术复杂，建设周期长。通过上述项目层面的措施来协调联合体运作，可以有效解决“点”上的问题，但对于项目整体推进这个“面”的作用有限，需要通过一个共同的目标来驱动各方，“建成世界 EPR 首堆”就是参与各方的共同目标，秉承“团队、使命、承诺、共赢”的理念，在 C9 等高层协调推动下，项目各参建方相互理解、相互支持、相互补台，为台山核电建成 EPR 首堆贡献了各自力量。

#### 4.4.1.3 联合体运作的效果

台山核电 NIEP、TGP、CIEP 三大设计采购合同都采用联合体模式，参与方众多，管理难度大。其中 TGP、CIEP 联合体有一个共同特点，那就是外方成员是技术牵头方，中方成员是管理牵头方。外方为技术牵头方可以更好地发挥外方的技术优势，这也是引进三代核电的现实需要；中方为管理牵头方可以更好地理解中国本土项目建设的管理理念，也可以方便快捷地与业主方进行沟通交流，能够较好地理解业主的诉求。

在 TGP 和 CIEP 中，GE－ALSTOM 都为技术牵头方，从技术和管理考虑，台山公司协调 GE－ALSTOM 管理 TGP 和 CIEP 之间的技术接口，使原来两个合同的一级接口转化为二级接口。这样一来，GE 可以将参考电站 FA3 的设计成果通过适应性修改快速运用到台山核电，另外也减少了接口交换传递流程和时间，使常规岛在合同启动较晚的情况下，快速完成了初步设计，满足了一级接口提资的技术和进度需求。

总而言之，台山核电各大设计采购合同采取中外联合体的方式，是基于“引进、消化、吸收、再创新”以及国产化的需要而设立的。在项目执行过程中各联合体成员充分发挥了各自优势，特别是在建设 EPR 首堆的策略确定后，联合体之间取长补短，项目管理更具有灵活性，使 EPR 首堆建设成为现实。

#### 4.4.1.4 经验反馈

台山核电的主要设计采购合同采用联合体模式是基于实际需求出发的。后续在策划一些资金和技术要求比较高的项目建设时，依靠单个投标人的力量很难顺利完成，可以考虑几家企业组成联合体的方式，发挥各自的优势，降低项目建设风险。

在联合体管理上可以根据项目实际需求、联合体成员各自的情况采取灵活的管理措施。以下两点建议可以在合同签订时适当考虑：

（1）在合同签订时，将联合体协议作为合同附件的一部分，这样在联合体内部出现分歧时，业主方可以更有依据来居间协调；

（2）合同支付里程碑的设立不建议按照联合体成员单独设置，而是按照合同整体来设立，联合体成员的里程碑金额按照合同总价的百分比来设置，以促进联合体成员之间加强合作；或通过设置合同条款，提升管理牵头方在合同执行过程中的管理责任和手段。

### 4.4.2 接口管理

在核电工程领域，接口主要是指各参建单位之间，根据各自的职责分工和供货范围，在设计、采购、施工和调试各个环节，为完成工程建设而在时间、空间、逻辑顺序上需要衔接和协调的界面或工作关系，包括功能界面、实体界面等。

设计接口是不同的设计相关责任主体因责任分工而形成的工作界面，设计接口管理是对接口交换的规则、接口信息内容和交换时间等要求进行规范、记录和控制，从而满足设计相关方的设计输入要求。设计接口因设计分工而形成多种接口关系：设计方与业主之间的接口；不同设计方之间的接口；设计方与采购方之间的接口；设计方内部不同专业之间的接口。

#### 4.4.2.1 台山核电接口组成及特点

台山核电采用整岛采购模式，业主和各联合体的多家设计单位参与接口信息交换，组织接口关系复杂。各岛设计方与业主之间的接口和各岛设计方之间的接口为一级接口，由业主负责管理；各岛联合体内部不同单位之间的接口为二级接口，包括不同设计单位间接口和设计方与采购方接口，由联合体牵头方负责管理；各设计单位内部不同专业间接口为三级接口，由各设计单位负责管理。

按照中法合作建设核电站成熟做法及各岛供应合同约定，台山核电与各岛供应商通过接口控制手册（Interface Control Manual，ICM）管理一级接口。分岛采购模式下的首堆工程，复杂的组织接口关系和设计迭代对接口管理带来较大挑战：

（1）复杂的联合体组织方式。分岛采购及复杂的联合体组成，使业主承担了接口管理总体院职责；各联合体成员多，内部分工存在缺失或模糊地带；多家设计单位均参与接口交换，通信渠道多，存在信息传递遗漏的风险；各岛间接口涉及专业多、信息交换量大。

（2）采购方式选择多样。联合体模式下，设计和采购由不同的单位负责，核岛主设备由法马通供应，BNI 设备由中广核工程公司采购，大量的设计与设备接口信息需要交换；核岛供应合同中规定了部分业主自行采购物项，这些物项与核岛供应商供应物项产生接口，业主不仅是一级接口的管理方，也是接口信息的提资方。

（3）反复的设计迭代影响。设计迭代使得接口交换、关闭的策略与时机不同于成熟电站；上游信息的延迟固化影响下游接口的交换进度和质量。

（4）中欧工程实践差异。欧洲的工程项目一般由施工单位直接承担施工设计，且不同设计单位负责不同工种。国内的实践是由设计院进行全部工程的施工设计。需要协调核岛设计方适应中国实践。

#### 4.4.2.2 管理方法与措施

为统筹规划全厂设计，确保核岛、常规岛和 BOP 有机统一，确保建成后的核电厂按额定参数运行，确保全厂系统、设备在技术参数、技术规格和运行方式上相匹配，促进各岛设计方在设计界面上接口信息的完整性、及时性和一致性，业主通过合同明确各方的设计责任分工和设计进度安排，统一接口交换规则和管控原则，并采用一系列的管控措施进行接口管理。

**1. 在合同中统筹规划各岛接口分工**

为明确各岛供应商开展设计的基本要求，业主在与各联合体签订供应合同前，统筹考虑了各岛分工，分别与 NIEP、CIEP、TGP 和 BOPEP 协商制定了统一的实体接口和重要功能接口数据等内容。

（1）实体接口

各岛供应合同对各类实体如建筑物、廊道、管网、电缆、电缆桥架等设施，在设计分工、供货边界、具体坐标、允许误差等方面做出明确而具体的接口分工。

（2）功能接口

为保证核电站按额定参数运行，各岛供应商按系统和设备相互配合原则，互提系统接口资料，以保证系统功能的实现，进而保证核电站总体性能的实现。01 类功能接口数据在签署合同时就被确认为重要数据，它将影响合同的可行性，在情况发生变化时可能有价格影响，但其中确有一部分条件还不成熟，所以又分为 D 类（Definitive）和 P 类（Preliminary）。对于 D 类，在合同签订之日就已确认，不可再变。但对 P 类，则给出了一个日期，通过接口交换来加以确认。

对于其他类型的接口，各岛供应商可以向业主提出新增接口需求，经业主审核同意后通过接口单进行交换。因此，在合同执行阶段，业主基于合同与各岛供应商协商制定第一版的 ICM 至关重要。

**2. 统一接口交换规则和管控原则**

设计人员为开展设计建立输入条件，需要在不同阶段，根据工程进度需要向相关方索取需要的技术文件，并提供相关技术文件给需要的有关方，从而达到系统、设备与设计相吻合的效果。除合同中明确给出的 01 类功能接口数据外，随着设计不断深入，各岛供应商之间大量接口信息需要进行交换。为方便接口管理，业主编制接口管理程序明确接口交换规则，包括 18 类接口如何分类、如何选择合适的接口类别；如何通过定义接口编码建立唯一的接口；如何新增接口、重新打开接口；如何通过接口专用传递渠道交换接口；接口审查期限；业主与各供应商的 ICM 数据库如何维护、交换、共享等内容。另外，业主与各供应商明确了相关接口管控原则。

（1）分层管理原则：设计接口广泛存在于各个专业，涵盖面非常广，但 ICM 不能管理所有的设计输入，包罗极广必然是走向失控，因此接口管理必须强调分层管理的原则。接口必须经过筛选，尽量将具有真正接口含意的、在进度上属于关键路径的一级接口编入控制手册，对于联合体内部的二级接口和三级接口由联合体按照内部分工进行分层管理。

（2）分类管理原则：一级设计接口划分为 18 类，不同类别的接口分别在不同的阶段进行交换，在建立接口时避免将不同类别的信息放到一个接口中交换。接口交换应符合“短、平、快”原则，避免一个接口涵盖内容太广，信息成熟时间相差太大。

（3）高岛优先原则：在 NI－CI－BOP 这个顺序中，当两两发生接口交换时，位于左侧的称为高岛，右侧的称为低岛。此处“高”是指高投入。高岛供货商提出接口要求，包括功能接口要求，如流量、压力、温度等内容；实体接口信息，如几何位置、尺寸、材料和实体连接方式等内容，低岛供货商据此开展设计，尤其要优先满足经过核安全分析后高岛提出的接口要求。

（4）双方同意原则：接口双方在进行接口交换时遵守双方同意原则，只有双方都同意的接口信息才能作为设计输入，当业主也没有意见时由业主签发关闭单关闭接口。如果接口双方存在争议，业主跟踪、协调接口交换过程，召集各方进行协商直至分歧解决为止。

（5）前瞻性原则：基于核电站建造总进度的要求，接口提出方不能按部就班地完成本部门设计后再提交接口资料给接受方，更不能在接受方完成设计后再提出增加接口的要求，因此接口提出方在建立接口和交换接口信息要求时要具备前瞻性，第一时间提出接口要求，在接口接受方开展设计前提出明确的接口要求，必要时按照初版和终版进行交换。

（6）完整性原则：在系统设计时，为明确相关设计输入或输出，需明确该系统的边界以及上下游系统，系统要正常工作，它所需要的支持系统和原料提供系统就构成了它的上游系统，系统的用户系统就构成了它的下游系统。接口各方均提出与自身设计所需的设计输入有关的接口，并对接口的完整性和正确性负责。

**3. 一级接口管理**

设计处在工程项目的最前沿，也是整个工程项目各种接口关系的交汇点。各设计单位之间组织接口关系复杂，设计接口信息交换量大，因此加强设计接口管理就显得尤为重要。台山核电采取一系列措施确保接口交换的进度和质量满足工程需要。

（1）进度管理

通过拆分与组合建立专项接口，优化接口交换进度安排。对于信息量大且相对集中的岛间一级接口，为保证所有信息能够在规定时间内完成交换，台山公司通过拆分、组合的方式规范管理。对接口信息来源固定、需求明确且交换量较大的接口，按类别逐项建立接口，比如为PSAR和FSAR编制，为所需信息按章节建立接口；DCS和全范围模拟机提资，为所需每一个系统的每一个章节建立接口。对信息交换集中、涉及多个系统、容易存在信息遗漏的接口，建立一个接口集中交换，比如为核岛与BOP所有管道的实体接口建立一个接口，以廊道截面图的形式明确所有管道的物理参数和实体接口信息；为布置在核岛范围内且由核岛供电的BOP设备建立一个接口，集中提出所有的供电需求。

采用包络法和反向提资法，缓解接口交换进度不匹配的矛盾。供应商在按照各自的计划设计时，部分接口信息交换存在进度不匹配的矛盾。接口提资方的系统设计尚未完成，无法提交准确的接口信息，接口接收方却急需该信息作为设计输入。对此，台山公司通常会协调接口提资方给出包络值，作为下游设计输入，以便接口双方的设计都能正常进行。如核岛给出需BOP提供偏碱性除盐水参数的包络范围，BOP使用该包络值完成了系统设计。针对部分接口提资方无法提出功能需求的情况，为不影响双方的系统设计，台山公司会根据实际情况协调接口接收方提交本方能确认的接口信息，然后反向要求接口提资方确认能否满足该需求。如氢气供应系统接口，在核岛无法提出准确需求的情况下，台山公司把BOP能提供的氢气信息发给核岛核实，在征得核岛同意后双方按此信息开展设计。

优化调整接口关闭策略，应对设计迭代影响。一级接口按时关闭虽然是接口管理的重点任务，但并非所有接口都适合快速关闭。在EPR首堆建设中，部分设计文件宣布可用后，经过施工、调试环节验证发现了一些问题需要设计变更处理，其中有些设计变更会改变已经通过一级接口交换的信息。台山公司经过分析识别、筛选，部分接口在完成信息交换后仍保持开启状态，并且给出后续存在修改的预期，预防产生合同方面的争执。如DCS提资接口和DCS电缆端接敷设接口，在常规岛和BOP设计文件宣布可用时，通过接口向核岛提交的系统设计文件可用于DCS设计，台山公司并未宣布关闭该接口。实践证明，常规岛和BOP在堆机联调阶段修改了较多的仪控信息，并通过DCS提资接口反馈给核岛，此类接口在电站具备商运条件时关闭是合适的。

（2）质量管理

审查接口信息质量。虽然接口信息的质量由各供应商负责，但业主作为接口管理方在保证接口交换通畅的同时也进行技术审查，包括：审查接口交换信息是否符合设计采购合同的相关技术要求，是否与接口提资方的设计文件、设备采购文件信息一致；审核各设计供应商的接口关闭请求，当接口双方一致同意关闭接口时，审查接口交换信息（数据、图纸等）的正确性、有效性，并依据接口管理程序发出接口关闭单。如审查发现并解决了核岛与常规岛某系统管道实体接口因厂坪标高差异导致的坐标不匹配问题。

用类比法和拓展法检查、确保接口的完整性。台山公司不仅使用ICM管理接口，还运用配置管理的思维，通过采用类比法和拓展法检查 18 类一级接口设置是否存在遗漏，及时提醒各岛供应商增加接口。如通过电缆敷设接口完整性检查，发现 DCS 机柜的电缆抽换及机柜供电设计遗漏，进而提醒常规岛和 BOP 侧增加供电需求接口、电缆敷设接口、电缆端接接口。类似方法也运用到设备布置以及台山公司自行采购设备的供电、散热、安装、电缆敷设等接口上。

接口交换促进设计方案优化和固化。一级接口通常按初版和终版交换，初版信息通常在初步设计阶段完成交换，可通过检查接口的及时关闭与否，排查潜在设计开口点。台山公司通过推动初版接口交换和关闭，督促了供应商尽快完成设计方案的选择和固化。如核岛提出 ASG 和 PTR 系统补水来源于 BOP，经过充分考虑 ASG 和 PTR 系统在各工况下的用水需求后，BOP 确定了水池容量及其布置方案；通过优化经放射性废物处理废液管道布置方案，取消了一条专用廊道；为防止地震工况下核岛厂房内发生氢气聚集，在 BOP 氢气供应系统范围内增设隔离阀和限流装置等。

**4. 其他接口管理**

虽然没有全面介入到各联合体内部管理二级接口和三级接口，但是在首堆建设过程中设计迭代带来诸多困难的情况下，台山公司通过多种方式参与并协助各联合体解决制约工程进展的接口问题。

（1）通过设计审查推动解决接口问题。台山公司通过审查安全分析报告以及报送安审机构评审、各个阶段设计文件审查、核岛最终设计固化审查、施工文件现场实施前检查、设备出厂测试、现场调试等多种方式审查设计文件，重点审查是否存在由于二级接口或三级接口信息错误引发的设计错误、专业间设计信息不一致、设计与设备信息不一致等问题。通过对结果文件的审查，督促供应商加强其内部接口管理，解决出现的设计问题。

（2）参与复杂物项的接口协调。对于一些特殊物项，如核岛供应商将核岛通风系统设计和设备供应整体分包给第三方，由于该供应商不具备系统设计能力，详细设计被再次分包，详细设计与设备设计之间的接口、详细设计与核岛机电仪等各专业设计之间的接口因为两层分包而更加复杂。核岛通风系统不仅承担了核岛厂房内可居留性功能，而且承担了核安全相关电气系统和仪控系统设备正常运转所需温湿度的控制功能及部分工况下放射性物质的包容和吸附功能。核岛通风系统设计与其上下游系统的接口多，且涉及多种工况下的安全分析，在详细设计阶段进行迭代修改时，接口管理尤为重要。为保证设计质量和进度满足工程需要，台山公司派遣专业工程师进入核岛通风详细设计单位，组织协调各方进行二级接口和三级接口的信息交换，提高了接口交换效率，保障了核岛通风详细设计和设备供应。

（3）协调联合体成员分工及接口。虽然联合体内部各成员公司之间的责任分工在合同中已明确，但是在实际执行过程中仍然存在较多不确定性。台山公司在推动联合体提交结果文件时，也会上溯到联合体内部的分歧，协助解决相关接口问题。

（4）协调上游供应商与下游承包商间接口。结合国内核电建设实践，下游承包商仅负责少量详细设计，如小管布置和次桥架设计。大部分施工文件由上游供应商出版，在施工文件宣布可用后，现场按照文件施工。如果发现问题则通过澄清单的方式发送台山公司，由台山公司协调供应商进行澄清或发布变更。

#### 4.4.2.3 取得的成效

在参建各方的共同努力下，通过合同规定、编制统一的管理程序、协商补充统一的接口管理原则，采取一系列管理措施有效保证了接口信息交换的一致性、完整性、前瞻性和准确性，为保证工程正常推进奠定了基础。

### 4.4.3 配置管理

配置管理，一般也称为技术状态管理，是指在整个产品寿命周期内对产品或项目技术状态和结构进行一致性管理的过程。具体过程为通过对一套设施的功能特性和物理特性进行标识和记录，控制这些特性的变化和分析变化所影响的范围和具体内容，并对变化的落实情况予以核实，以确保这些变化均被恰当地研究、评估、批准、发布、执行、验证、记录并最后合并到该设施的文档中。

核电工程项目系统众多，设备、部件数量庞大，接口复杂，业主、各设计方、设备供应商之间相互影响，导致设计状态动态迭代和变化。为保持设计文件、工程实体与设计要求的一致性，需要采用系统有效的管理方法进行一致性管理。法马通在开发 EPR 技术时，将配置管理方法体系引入核电厂设计活动当中，并应用于台山核电工程建设实践。

台山核电工程前期采用以机组技术状态基线为参照，批量化处理设计变更的方式进行核岛配置管理。随着工程不断推进，原有“参考电站”策略转变为按 EPR 首堆推进策略，配置管理也根据项目实际情况做出优化调整，采取以技术变更为管理对象的配置管理方式，解决了设计迭代过程中的设计变更与现场工作不匹配的问题。

#### 4.4.3.1 常规配置管理方法

台山核电设计之初按照合同约定以参考电站FA3的R0C设计状态和合同特殊规定为设计基线，合同签订后，参考电站涉及核安全的设计修改，均纳入台山项目的设计变更。台山项目配置管理主要考虑参考电站变更、台山项目的特殊要求和厂址特点等，技术状态控制、技术状态一致性检查、设计数据冻结管理等是配置管理的重要内容。

**1. 技术状态控制**

技术状态控制的核心是对“设计要求”的管理，它始于基准技术状态的确定并贯穿整个设计过程。基准技术状态定义了核岛设计的总体要求，是各设计参与方在开展设计过程中必须遵循的统一基准。

台山核电核岛设计执行过程中，由于参考电站变更的原因，双方先后确定了 R0C、RC1、CSE 三个参考电站的技术状态。

（1）R0C：以 NIEP 合同签订时参考电站所处的技术状态为基础，对参考电站已发生的技术变更（Technical Change Note，TCN）进行分析，筛选并增加了其中需要在台山核电执行的 1020 项 TCN，构成了台山核电核岛设计的基准零技术状态，即初始技术状态。核岛设计方在 R0C 基准技术状态下完成了系统设计手册第一阶段和采购技术规格书的编写。

（2）RC1：以 R0C 为基础，并对参考电站后续发生的技术变更进行分析，筛选并增加了其中需要在台山核电执行的 300 项 TCN。核岛设计方在 RC1 基准技术状态下完成了系统设计手册第二阶段，为 DCS 设计提供输入。

（3）CSE：以 RC1 为基础，根据设备供应商的反馈，并对参考电站后续发生的技术变更进行分析，筛选并增加了其中需要在台山核电执行的 432 项 TCN。核岛设计方在 CSE 基准技术状态下完成了系统设计手册第三阶段，升版了 DCS 设计输入，并出版了可用于施工、调试的文件。至此，核岛设计完成了第一阶段固化，设备陆续制造和交付。

**2. 技术状态一致性检查**

对于每一个基准技术状态均需要进行技术状态一致性检查，以确保以往所批准的技术变更均已落实到设计文件中，并且所有技术文件的变更内容保持一致，从而保证全厂技术状态的一致性，为开展下一阶段工作创造条件。

**3. 设计数据冻结管理**

系统按照专业分为流体系统、电气系统、仪控系统、通风系统等，而系统设计所需要的数据（参数）更是多专业参与，相互关联迭代设计的成果。为了在设计流程中合理发布和使用这些数据，需要对其分阶段冻结。在 R0C、RC1 及 CSE 三个技术状态下，设计数据冻结后，设计方先后出版了系统设计手册第一阶段、第二阶段、第三阶段的文件。

#### 4.4.3.2　配置管理探索和实践

根据参考电站的安装情况，CSE 状态是参考电站安装后的状态。设计固化后，项目才能进入安装阶段，后续如有少量修改，通过 DEN 方式发布设计变更、CIN 方式进行设备改造，即可管控设计与现场实体的一致性。由于参考电站延期，台山项目转向首堆，将率先面对施工和调试中发现的新问题，必须通过设计变更解决，包括不同专业的系统和设备设计修改、现场实施等环节，后续的每一道工序均可能对前一阶段的设计成果提出修正要求，这是一个必需的迭代过程。

CSE 基准技术状态后，2013 年 3 月设计方又发布 CSE+基准技术状态，增加了来自参考电站和施工中发现的 116 项技术变更，为 NCC 和冷试所需系统的必要修改；CSE+之后还有 CSE++、HFT 等多个批次的设计修改。

**1. 固化设计**

在按首堆工程推进后，所有参考电站及其他项目在 2013 年后的修改仅作为外部经验反馈，一事一议审核后，纳入设计变更管理。为做到这一点，2013 年底台山核电组织 EDF、设计方、用户部门以及技术支持单位等主要参与方对核岛系统设计进行了一次全面的系统设计审查（FSDR）。审查的主要目标包括确保系统设计满足合同规定的安全和功能要求；全面审查系统设计接口，尤其是核岛内部接口；协商解决系统设计中存在的技术开口；识别设计变更项目，明确设计变更项的实施窗口；确定最终设计配置，固化核岛系统设计等。

在设计审查组织方面，共设立了电气系统、消防系统、冷链系统、乏池冷却系统、主系统、安全系统、二回路系统、通风系统、仪控系统、三废系统等 10 个专业组。除了设计方由设计经理牵头，协调欧洲的后台设计工程师、现场各专业工程师、合作方（Sofinel）设计工程师等参与专项组工作外，台山公司集中了中广核的设计、技术、运行、维修等各方面的资源参加专项组工作。

设计审查历时 4 个月，对参考电站设计变更项目、设备供应商的设备设计问题、执照申请问题、最终用户关注问题、设计文件审查意见、现场反馈等问题进行了梳理。经过专业评审和审慎决策，将涉及核安全、机组可用率、运行维修需求、工业安全、辐射防护等方面的议题纳入设计变更，也对设计方遗留的设计开口点逐项给出处理建议，从而实现了对设计固化的落实。

**2. 先行开展冷试**

台山项目领先参考电站后，结合工程进度，2014 年 11 月台山公司提出尽早启动冷试、同步推动尽早完成详细设计、分段解决问题、以重大工程里程碑作为阶段性目标的管理思路，以实现台山核电 1 号机组在 EPR 首堆工程建设中取得实质性突破的目标。设计管控的重心由紧盯设计方出版设计文件，转向以现场调试逻辑为引领、以冷试必需系统完整性为导向，优先完成冷试系统可用。

台山核电以冷试为首要目标，按“最小条件+裕量”原则梳理、确定冷试必需的系统范围，利用 CSE+状态下已经完成的设计、施工成果和基础，在确保方案可行、不出现颠覆性问题的前提下，推动以“安装组态为基准、补充必要修改”为原则尽快完成设计，延后现场返工时间，及早开始冷试，为全面完成设计修改、详细设计争取时间。根据冷试所需系统完整性梳理和设计条件、现场安装和调试过程中发现问题的核查，推动设计方逐项落实解决，修改设计。最终基于 CSE+状态，率先完成冷试所需的 164 个子系统的设计固化。

冷试完成后，结合冷试中发现的问题以及热试的需要，台山核电再次组织热试相关系统的问题梳理，在 4.5 个月内完成电气仪控系统设计变更的集中实施，为热试奠定了基础。

**3. 转变配置管理方式，严格控制设计变更**

CSE+基准技术状态之后的配置管理不仅要把“设计要求”落实到“设计文件”中，还要将“设计要求”落实到“现场实体”，并且保证“设计要求”“设计文件”与“现场实体”的一致性，如图 4–5 所示。“设计要求”和“现场实体”两个循环通过现场反馈的问题澄清和设计方发布的设计变更联系在一起，两个循环相互独立，但又相互依赖且保持同步。

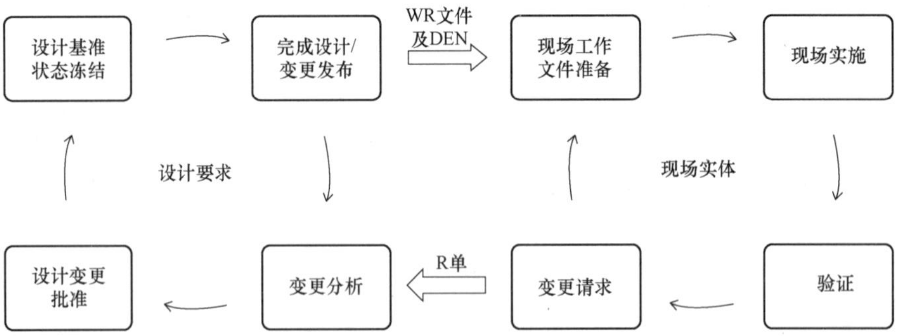


图 4–5　配置管理示意图

工程实体进入调试阶段后，任何技术变更的实施均会影响机组调试的正常开展。台山项目在管控上需要创新，原有配置管理按“批量处理”的方式难以执行。配置管理需从“设计要求驱动”调整到“现场实体引领”。

为尽可能缓解设计变更对工程实体推进的影响，台山核电优化配置管理模式，制定了严格的设计变更管控准则，原则上固化现有的设计状态，不仅要确保影响核安全、影响机组可用率、影响系统功能实现的各项改错或改进能够有效落实，同时要有效减少非必要的设计变更。台山公司和设计方共同形成新的设计变更管控机制，将“批量处理”设计变更优化调整为“一事一议”、以单项技术变更为管理对象的配置管理，确定 CSE+状态之后的纠错修改均通过“技术变更通知单”（TST）管理设计要求、设计文件以及现场实施。任何设计变更均需要在经过详细分析、审查并经过管理决策后确定是否执行。具体工作流程如下。

（1）技术变更识别及发起

设计方起草“D 单”，对变更内容进行说明，提供初步的修改方案，经设计方的技术变更管理委员会审查同意后发台山公司审核，设计方需在 D 单中向台山公司提出技术变更的建议执行节点，比如在热试、装料等节点前完成。

（2）技术变更评估及发布

对新增设计变更，台山公司建立严格的审查制度，逐项分析其必要性、合理性、可行性。经台山公司审核同意后，设计方内部发布“T 单”，生成对流体、电气、仪控、通风、土建等所有受影响专业的变更指令，各专业按指令进行升版或发布设计变更文件，包括：系统设计手册、施工文件、设备改造通知（CIN）、设备补充采购单（NAR）、调试文件、运行文件、执照申请文件等，设计方向台山公司提供文件出版进度，并且在执行文件出版完成后，提交初版 TST 文件出版报告（IDR）。

（3）技术变更关闭

TST 影响的所有设计变更文件出版完成后，设计方内部出版“R 单”并向台山公司发送终版的 IDR。台山公司参照 IDR 管理设计变更、设备改造等现场实施工作。所有内容完成后关闭该 TST。

**4. 配置管理思路下的变更实施**

现场实体进入系统联调阶段时，大量系统不具备随时停止运行执行设计变更的条件，尤其是与诸多工艺系统关联的配电系统和 DCS 系统。一旦配电系统和 DCS 系统停运，所有与此有关联的系统也会停运，将严重影响调试活动。匹配技术变更执行与系统联调进度尤为重要，既不能盲目停止系统运行执行技术变更，也不能因未执行必要的技术变更而影响下一阶段的机组联调。技术变更的现场执行需要综合考虑各方面的因素（如实施条件、时间窗口、系统恢复要求等）来确定实施时间和安排。因此，技术变更的可执行性管理是实施阶段配置管理的重点，主要包括以下内容：

（1）TST 发布时，供应商需定义现场执行窗口，即必须在哪项联调试验前执行；

（2）从“监控全局、聚焦最近联调试验”的角度，系统性分析该联调试验前所必须执行的 TST，梳理各项 TST 之间的关联性，明确执行各项 TST 的现场条件；

（3）统筹考虑 TST 实施需要的“人、机、料、法、环”等条件和资源需求；

（4）分析制定合理的计划工期；

（5）讨论制定最优的实施方案，制订详细的实施计划；

（6）组织执行单位制定详细的作业流程，识别风险点，保障作业安全。

在确保整体风险可控、设备安全的前提下，以满足联调逻辑为牵引，结合现场实际情况，分批次、分阶段实施设计变更。以阶段性目标为引领，以满足系统必要功能为抓手，逐步逼近系统最终状态。变更实施与设计固化先后经历了冷试、热试、装料、临界等几个阶段。

对于设计修改，台山公司与设计方结合机组控制状态的要求，综合考虑“人机料法环”等各方面的准备情况，共同确定具体的实施时机和实施方案。对于 1 号机组 DCS，由于工艺系统设计修改，DCS 需要配合发起设计变更。根据情况，在具体实施过程中分别采取了整体式覆盖变更、增量式变更、系统整体停盘后集中变更等多种方式，最终在安装调试期间成功执行了多个批次的变更；针对电气系统在设计和施工中发现的问题，为尽可能减轻对调试的影响、确保电气系统早日投用，统一安排在选定的窗口集中执行设计变更；对于管道、暖通和其他支持性系统和设备（火警、通信、照明等）的设计变更，则在上游条件具备后，在确保每一项变更尽可能不改变前一阶段的工作成果，以减少再鉴定工作为前提，采取“见缝插针”的方式执行完成。通过对设计变更执行窗口的严格管控，尽可能减少对工程推进的不良影响。

#### 4.4.3.3 取得的成效

在设计文件可用于现场施工之前，设计方通过配置管理的方式分别制定了 R0C、RC1、CSE 三个基准技术状态，并在每个基准技术状态下对文件进行升版，确保各类文件的一致性以满足设计要求。这一阶段的配置管理是将“设计要求”及时落实到“设计文件”中并完成设计固化，为台山核电顺利施工和冷试奠定了基础。

随现场安装进展，设计变更由“批量修改”调整为“一单一改”，增加了执行计划安排的灵活性，提高了总体管理效率。单项 TST 的有效实施可以满足机组在调试阶段执行设计变更的要求，有利于将设计变更、设备改造文件出版与现场实施纳入统一的模式下，减少了澄清和答复，驱动方式由“设计变更驱动现场实施”调整到“设计变更服务现场实施”，更好地适应了首堆工程建设的需要。

#### 4.4.3.4 配置管理小结

设计阶段和现场实施阶段不同的配置管理方法，取得了良好效果。现场实施阶段的配置管理是设计阶段配置管理的延伸和细化，两者的管理要点如表 4－1 所示。

**表 4－1 设计阶段和现场实施阶段配置管理要点**

| 维度 | 设计阶段配置管理 | 现场实施阶段配置管理 |
|---|---|---|
| 典型特征 | 基于“整岛组态”的配置管理，进行“批量修改” | 基于“单项修改”的配置管理，进行“一事一议” |
| 管理目标 | 设计文件与设计要求的一致性 | 现场实体与设计文件、设计要求的一致性 |
| 责任主体 | 供应商 | 由业主统筹，各供应商、承包商配合 |
| 管理内容 | 设计变更、物项采购 | 设计变更、物项采购、现场实施窗口确定、工器具准备、人员配置、工业安全措施、现场实施逻辑推演及优化、现场实施后验证 |
| 管理要点 | 机电仪各专业设计变更及物项采购在各基准状态下的一致性。 | 机电仪各专业基于某项变更在设计、采购、现场实施、调试验证等上下游各环节的连贯性、匹配性，现场问题响应的及时性 |

### 4.4.4 设计变更管控

台山核电遵循首堆建设的客观规律，妥善应对设计变更对工程建设的影响，从变更源头管控、统筹规划变更实施、上下游协作保障等方面统筹考虑并全面管控设计变更，逐步逼近系统和设备的最终状态。

#### 4.4.4.1 变更源头管控

台山核电引进 EPR 时参考电站尚处在工程阶段，在台山核电推进的各阶段，设计、设备制造和建安调试的问题逐步暴露，设计修改在所难免。台山核电按照“接纳评估、分段发布、严控新增、闭环管控”的策略从源头上进行变更管控。

**1. 加强审核，严控新增变更**

设计管理初期，台山核电亦步亦趋跟随 FA3 项目，FA3 的修改项目经设计方认可后直接在台山核电执行，台山公司对设计变更采取全面接纳策略，但是大量的变更，制约了项目的进展。2014 年初，在完成 FSDR 审查的基础上，台山公司要求供应商对新引入的 TST 逐项报告修改来源、必要性、实施窗口建议、不执行该修改带来的后果、涉及哪些专业的变更等内容，进而从技术变更的影响和实施难易程度方面逐项组织审查。

（1）技术变更执行必要性审核包括 4 个方面：判断是否影响系统安全相关功能实现，判断设备是否存在重大缺陷无法实现设计功能需要重新采购或维修，判断设备布置是否影响后续维修活动，判断是否违背辐射防护最优化原则造成现场长期存在辐射安全隐患。

（2）技术变更执行难度审核包括 3 个方面：评估变更文件出版时间与现场实施周期及窗口的匹配性，评估物项到货时间与现场实施周期及窗口的匹配度，评估对系统调试或多系统联调的影响程度。

经台山公司审核同意后，供应商结合台山公司的审查意见执行 TST，各专业落实 TST 内容并发布 DEN 和 CIN 等变更文件。影响核安全和机组可用率的技术变更优先安排执行，非（核）安全、机组可用率相关的技术变更一律被排除，最大限度减少不必要的变更对工程的影响。

**2. 审慎评估变更**

首堆工程设计必须经历设计迭代过程，包括不同专业、设备设计、设备鉴定、设备制造、建安和调试等环节验证，后续的每一道工序均可能对前一阶段的设计成果提出修正要求，是一个正常的迭代过程。

在项目建设过程中，面对持续的技术变更，台山项目评估变更，以最小的扰动，分别在设计、设备制造、土建安装、系统调试和联调启动等环节选择合适的时机，分阶段消纳。

（1）系统设计阶段执行的变更

在系统设计阶段完成多版次的系统设计变更或升版，包括多个版次的工艺系统、通风系统、电气系统、监测和控制系统、三废系统等设计变更。主要来源于参考电站修改、安全分析要求、设计开口项、DCS 验证分析等，涉及工艺流程图、仪表控制要求、操作员界面和报警、设备清单等，直接导致新增设备采购需求或设备换型、管道布置、配电需求、控制逻辑等变更。设计文件在宣布可用于现场实施前的变更，对现场实体的影响相对有限。

（2）设备设计及制造阶段执行的变更

EPR 设计对设备设计及选型提出了更高要求，部分设备需要经过较长时间的研发和鉴定才能确定是否满足设计要求，鉴定结果又有可能反向导致设计适应性修改，系统设计和设备设计经过多次迭代修改才能实现设计要求。台山公司严格控制设备设计和设备交付质量，设备发货前其性能必须满足设计要求，满足合同规定的发货条件。因此，在设备制造环节需配合设计变更实施大量修改甚至换型，在设备发货前已知的且影响设备性能的技术变更需在厂家完成实施。对于部件更换、软件升版等不影响设备性能的设备修改，经供应商评估是否存在风险并承诺后续解决，台山公司审核同意后，可以通过 CIN 的方式在设备运抵现场后改造。

（3）建安阶段执行的变更

在核岛安装上量阶段产生了不少土建设计修改和设备布置修改，一方面源于系统设计变更或电仪设备变更，另一方面在受力或抗震验算后进行结构补强或者解决现场安装中发现的碰撞问题。布置设计变更导致钢结构、管道、电缆桥架、支吊架反复拆装，土建承包商移交安装承包商，安装承包商再反向移交给土建承包商，双方配合执行相关变更。此外在设备安装阶段也处理了大量的工艺设备厂家介入等修改。

（4）系统调试和联调启动阶段执行的变更

经过系统 EESR 移交，机电仪系统已具备较好的完整性，设计变更主要集中在系统调试发现的机电仪系统集成方面的问题，包括中压配电盘、低压配电盘、DCS、电气贯穿件等。中压配电盘的设计变更主要来自设备试运行后，新增了电气接口和设备或者是控制与保护回路修改；低压配电盘的设计变更主要来自用电负荷提资变更、新增用电负荷等；DCS 的变更主要是为适应性匹配工艺系统或电气系统的控制需求，配套完成软件、硬件修改；电气贯穿件的设计变更主要是馈通及其芯线换型。

此外，台山核电结合 CFT、HFT、FLG、临界等联调试验的需求，确定各个阶段性目标需要的子系统，核查处理相应子系统的设计开口项、设备到货及变更处理情况以及现场发现的技术问题处理情况，分批次、分阶段推动供应商发布设计变更。

**3. 变更文件管理**

批量修改模式下，施工文件、调试文件、运行维修文件、系统手册等变更文件在某个组态固化后，供应商集合该组态下所有变更统一出版。配置管理模式由批量修改转换到一单一改后，设计变更文件的发布方式也需要做出调整。根据需求的优先级，对同一修改项下的变更文件优先发布现场实施急需的 DEN 和 CIN，再结合现场需求进度发布用于系统调试的变更文件，最后集中发布 SDM 等描述性文件和运行维修文件。个别情况下，多个同类问题也会集中到一个 TST 中处理。

为保证变更文件的完整性、及时性，台山公司与供应商建立台账，标记 TST 项下所有类型的变更文件，记录各类变更文件的发布计划以及完成情况，根据现场需求随时沟通处理现场实施需要的文件。

随着工程不断推进，现场实施 TST 对上游文件的完整性要求有所提高，尤其在机组装料后，变更实施窗口较短，变更实施后需要进行调试再验证，变更实施按照在运机组的工程改造模式管理。考虑到装料后技术变更数量大幅减少，台山公司与供应商协商同一 TST 项下的所有变更文件同步出版，以满足现场实施变更的需求。

#### 4.4.4.2 变更实施管控

对于已经安装调试的系统和设备，除因为质量保证或技术要求必须返厂处理外，在现场执行设计变更是影响最小的最佳选择。设备安装到现场后实施设计变更和设备改造，需要在部分系统移交生产、部分系统仍在安装、调试的环境下进行，变更实施存在诸多困难，包括修改时间紧、修改范围广、修改数量多、人力和物料需求量大、修改空间有限等。为保障变更有效、有序地实施，台山核电从“匹配窗口、梳理逻辑、精心准备”等方面进行变更实施规划。

**1. 变更管控**

供应商在发送 TST 方案给台山公司审查时，给出建议的执行窗口，如热试前、热试后与装料前、装料后与商运前、商运后等。经审核同意后，供应商发布的 DEN、CIN 等变更文件标记对应的建议执行窗口，台山公司按该建议执行窗口正式发送承包商执行。对于尚未到执行窗口的变更，台山公司共享变更文件给承包商，承包商仅用作实施前的准备。等台山公司正式发送后启动现场实施。个别情况下，施工部门认为具备条件可以提前实施时，经变更管理小组讨论同意后也可下发实施。

现场实体进入调试阶段后，任何 TST 的实施都需要考虑变更实施后系统恢复可用问题，现场设备之间相互关联，配电盘、DCS、电气贯穿件、用电负荷等通过电缆连接在一起，构成了一个供电、用电和控制的闭环。如果仅实施 TST 项下某个专业的变更，会造成现场实体机电仪各专业的不匹配，系统功能恢复会受到影响。因此，所有 TST 的变更文件在正式发送承包商实施前，均需要核实确认同一 TST 项下的变更文件的完整性和一致性，只有所有的变更文件和物项到货状态达到一致时，才安排在合适的窗口内实施。

**2. 变更实施**

虽然在一单一改模式下供应商逐项发布 DEN 和 CIN，但现场实体在执行变更时，为了能够在有限的时间窗口内尽量实施相关变更，台山公司梳理其内在逻辑后组合实施，尤其是涉及影响较大的电气和 DCS 变更。当配电盘、DCS、电气贯穿件、电缆都面临批量设计变更时，配电设备必须在断电状态下完成修改，断电的先后顺序需要统筹考虑工程对每一台关联设备的需求、每一项设备修改工期的需求之间的配合，包括涉及变更和不涉及变更的设备，最大限度减少对现场调试活动的用电影响；DCS 设备的变更需要在稳定带电的前提下执行，因而必须与配电设备“错峰”执行变更，并且保障不间断或交叉互联的稳定电源。因此，现场在实施变更前，既要统筹考虑符合该阶段性目标要求的 TST 范围，也要识别关联设备之间的解耦和恢复连接的内在逻辑。

为了准确解耦各个设计变更项之间的相互联系，台山公司各部门协同分析各阶段所有 TST 所涉及系统每台设备的功能需求，包括回路或流程中的作用、逻辑顺序、联调功能需求和调试次序、设备隔离边界、维保周期计划等。在详细分解和分析系统设备功能的基础上，针对不同种类的变更，探索并按照优先次序管理，包括：

（1）中压配电盘设备变更匹配机组总体调试计划安排，优先采用整列停电的方式；

（2）低压配电盘设备变更匹配单系统调试计划安排，按照系统内设备变更“选择树”分析，确定系统内执行变更的次序；

（3）DCS 设备变更与为其供电的配电盘“错峰”执行，列与列组合，按照机组联调顺序确定分区修改次序；

（4）电气贯穿件按照配电盘供电、负荷用电的“回路联络图”确定变更执行次序；

（5）电缆敷设端接变更，在匹配所有相关配电盘、电气贯穿件、DCS 的设备变更窗口的基础上，按照设备恢复可用计划确定完成次序；

（6）工艺系统设计变更或设备改造一般独立进行，涉及同步进行电气或 DCS 修改时匹配电气 DCS 修改。

**3. 修改安全质量管控**

现场设备改造属于技术要求和质量要求极高的“工厂”工作。一方面需要确保设备改造对设备鉴定结论的影响可控，另一方面需要审慎操作以确保工业安全，要求工作人员必须掌握和精通设备改造相关技术。

为确保安全和质量，设备改造必须采取比制造厂更为严格的全面质量管理。按照人、机、料、法、环等因素，统筹质保管理和全面质量管理流程，精细策划每个步骤和细节。人员方面，发掘国内有资质人员，组织和培训足够数量的、经考核合格并获得授权的人员。工机具方面，需要按照并行作业的需要，提前备足标准工具、专用工具、特殊工具和消耗品等。仪器仪表类试验工具，需满足计量标定的要求。物料方面，逐个预备和整理相关元器件和连接件，并留足余料和备件。程序方面，提前完成设备变更文件的出版、质量计划的生效，在执行过程中准确、如实记录，执行完成后统一列入设备完工报告。环境方面，现场环境必须保证安全、清洁、照明、通信等工作条件，尤其要在人员流动的情况下，能够持续保证无异物、无安全隐患的状态。工业安全方面，确保断电、断水、断气等隔离条件具备后实施，同时做好防异物掉落、防走错间隔、抽取电缆时防剪错电缆等管理。

#### 4.4.4.3　上下游协作保障

首堆工程是一个由设计、制造、施工、调试、运维等过程构成的有机整体，不同阶段定位、目标、任务不同，上下游之间相互衔接、相互渗透、高度集成，才是一个完整的首堆产品。三代 EPR 首堆须充分用好已有核电建设运营的经验，充分考虑 EPR 技术的特性、创新点，上下游密切协作、优势互补，实现产品集成。

**1. 设备采购保障**

首堆设计对采购的影响体现在采购各个环节、工程各个阶段，包括采购需求的变化、设备选型调整和设备修改等。

采购数量的变化主要是大宗材料（主要是管道和阀门）的调整，为避免因合同责任界定进一步延缓所急需的采购进程，台山公司一方面根据设计变化动态盘点和跟进采购订单调整，必要时启动自主采购，另一方面根据大宗材料消耗频度和未来需求，超前采购一批物资，建立了大宗材料缓冲库，有效缓解了因新增采购需求对工程的影响。

EPR 新设计对设备标准提出了更高要求，制造难度比较大，部分设备需要经过较长时间的研发和鉴定过程才能确定是否满足设计要求。鉴定结果又有可能反向导致设计适应性修改。因此，设备本身的设计迭代也会导致设备选型调整，成为制约工程推进的主要因素之一。此外，设计迭代也会导致已安装的部分设备因不再满足新的要求，需要重新供货或设计变更。为应对设备和材料采购遇到的困难，台山公司和中广核工程公司专门成立了 BNI 执行团队，密切联系设计方和制造厂，重点推动解决各类采购和设备制造问题。对于紧急特殊物项，建立了应急响应机制，将制造厂、运输、通关、安检、仓储、配送等各环节工作由串联改为交叉并行推进，确保设备质量与设备到货满足现场需求。

**2. 建安协作匹配需求与供应**

设计迭代直接、间接对建安施工的影响表现在：设计、供货大幅滞后，设计、供货各专业进展不平衡，修改量大、时间晚且存在部分反复等。施工管理部门和建安承包商分别从施工技术补台和参与物资保障等方面，匹配现场需求与设计采购供应。

重视技术补台，充分发挥中方多年不间断核电建设所积累的经验和技术优势，通过向上延伸参与设计审查，主动给设计方反向提供设计方案和建议，通过主动提出建设性意见和建议（如钢衬里设计优化建议）、带技术方案的问题澄清、现场设计完善等方式，协助设计方更清晰地了解现场技术问题并快速发布设计变更解决问题。特别是工程后期，现场绝大多数设备已就位，设计方案的调整应充分考虑现场实际状态和条件，尊重施工方面的意见，最大限度地减少设计变更对工程的影响。

参与物资保障，为应对供货滞后、不平衡、返工影响，建安与采购紧密协调、一体运作，加强物资盘点、动态评估和管理预期，梳理设计、设备和材料状态，向设计供货单位提出精准的设计文件状态和需澄清的技术问题需求，对已到货的大宗材料（管道管件、阀门、电缆等）进行精准调配，使用到优先系统施工上。对于短期内无法到货的设备、材料，制定特殊的管控措施优先满足调试的需要，如用管段临时替代未到货的阀门、用非核级的设备临时替代核级设备等。

**3. 调试协助完善设计**

调试作为工程建设的后端，是保证工程建设质量和机组长期安全稳定运行的重要保障。与成熟项目执行程序、发现并解决偏差异常不同，首堆项目调试面对不断的设计变更。为妥善应对设计变更影响，协助设计方完善试验方案程序，全面验证设计可行性。根据调试发现的问题，协助设计方共同分析原因、寻找解决方案。

在程序文件方面，台山核电调动各方资源，将成熟机组调试经验与 EPR 新设计相结合，参与编写系统调试大纲、试验程序等文件；研究、整合并编制总体联调试验的引导程序，将全厂不同设计方的设计整合成一个整体，验证系统的总体响应性能；协助设计方编制仪控整体试验程序、常规岛控制系统失电程序、安全壳压力试验程序等。

在试验方案方面，通过子系统划分文件包、试验操作单等方式，在上游文件基础上细化单系统试验、联调试验实施方案；适应 DCS 工厂测试、现场调试范围调整等变化；结合设计特点和运行要求，细化联调试验期间的机组状态控制方案等。

在设计变更方面，区别上游引入设计变更和调试发现问题变更，对变更实施窗口、方案及操作等进行策划安排，统筹安排 DCS、工艺系统设计变更在调试阶段的执行；针对调试过程中发现的问题，从调试角度分析、提出建议，补充完善流程、逻辑、参数等设计方案；深入评估设计修改影响，研究明确设计变更验证方案，保证效果。

总体上，前期优化逻辑、永临结合、创造条件推进单系统调试；对联调阶段发现的问题，积极分析设计问题，提出解决方案，确保验证效果；启动阶段加强分析推演准备、优化瞬态试验管理、加强与设计互动并多平台交叉验证、严格控制机组风险。

#### 4.4.4.4 取得的成效

台山核电充分尊重首堆项目的客观规律，重视设计迭代修改对项目全范围的影响。在确保安全和质量的前提下，加强项目管理，凝心聚力，充分动员上下游各单位、内部各部门的力量，充分发挥制造、施工、调试及运维等下游环节对设计的反馈和补台作用，与项目需求紧密结合，分类分段解决设计开口问题、控制设计变更、实施设计变更，妥善消化了设计迭代修改对首堆工程的影响。

### 4.4.5 自主化实践

技术自主化是在策划引进建造 EPR 三代核电机组时制定的目标，通过参与联合体，实现设计自主化、主设备国产化目标；随着参考电站不断延期，台山核电决定将 1 号机组按照 EPR 首堆来建设，通过多种自主化方式应对设计迭代，统合上下游及外部资源，快速高效解决现场技术问题。

#### 4.4.5.1 项目自主化目标

在签订 EPR 技术供应合同时，不仅包含项目本身所需的工程设计采购内容，还包含 EPR 技术转让。通过中外合作开发建设两台 EPR 机组，以及相关的技术转让协议，实现项目自主化、国产化目标。

为加快 EPR 技术路线核岛自主化能力的形成，与法马通签订了核岛和核燃料组件两个技术转让合同。

法马通在核岛技术转让合同中承诺全面、充分转让它和子公司拥有的 EPR 核岛技术，包括：核岛总体设计、安全分析、系统设计、主要设备的设计和制造、堆芯设计、仪控设计和设备制造、运行和维修、工程管理。

法马通在核燃料组件技术转让合同中承诺转让的技术基本范围包括：堆芯换料设计、燃料棒设计、燃料组件机械/热工水力设计（包括部件设计）、相关组件设计、燃料制造/贮存/运输过程临界研究、破损组件啜漏试验、辐照组件检查/探测/修复设备、新燃料运输容器设计、燃料组件及相关组件制造技术。

法马通在合同中承诺的技术转让范围覆盖了建设 EPR 核电机组涉及的各个领域，包括了核电站设计技术、核电设备制造技术和先进的建安施工技术等，转让的内容和深度满足国内自主建设后续 EPR 核电机组的需要。

#### 4.4.5.2 中方深度参与设计采购

通过台山核电 EPR 三代核电的建设，中方企业全面、深度参与设计与采购，全面掌握 EPR 核电站的总体设计和初步设计，掌握核岛关键系统、构筑物的详细设计能力，核电站主要关键设备实现了国产化制造。

**1. 全面参与核岛设计**

在一期工程 NIEP 合同实施过程中，中广核设计公司全面参与 EPR 核岛工程设计，通过“在线”学习来掌握 EPR 的设计技术，并根据自己的技术能力和已经掌握的设计技术对设计技术转让“任务包”中的核心技术进行引进、消化、吸收和进行必要的人员培训来掌握其核心技术，形成对后续核电机组的自主设计能力。

在合作模式上，中广核设计公司与法马通采用联合设计方式，NIEP 合同工程设计是在法马通负全部技术、质量和进度责任的前提下，中方根据合同对相应设计岗位的人员要求，按计划派遣中方设计人员到法马通设立在欧洲和在中国的 EPR 项目核岛工程设计队，全面参与其设计工作，包括设计输入和总体参数、总体功能设计、工艺系统设计、机械设备设计、电厂布置和土建设计、电气系统和设备设计、I&C 设计、设计项目管理和控制、核岛厂房防火设计及放射性屏蔽设计。中方参与联合设计的工作量为 268 万人时，高峰期中方设计人员达到 500 人。

**2. CI 设计自主化**

常规岛系统设计由 GE－ALSTOM 和中方成员按照协议分工共同负责，联合体各成员各负其责。作为技术牵头方的 GE－ALSTOM 仅负责其范围内 26 个主系统初步设计，中广核设计公司和广东电力设计研究院负责施工图设计；另外 41 个系统初步设计及施工图也由中广核设计公司和广东电力设计研究院负责。在 CI 布置设计方面，中广核设计公司负责了常规岛厂房施工图布置设计、泵房总体初步设计和施工图设计、常规岛电气厂房和常规岛应急柴油机厂房布置、CIEP 联合体范围内廊道的初步设计和施工图设计。

**3. 全面负责总体技术支持和 BOP 设计**

CNPDC 全面负责总体技术支持和 BOP 设计，为项目顺利推进发挥了支撑作用。CNPEC 和 CNPDC 发挥专业化平台优势和兜底作用，为台山核电提供了工程建设所必需的、不可缺少的技术支持与服务，包括全厂设备监造、采购代理、主体工程监理、专业技术支持与服务（人力资源、执照申请、信息系统、项目管理、质量保证、设计、施工、调试）及其他双方协商一致的事项等。

**4. 设备制造本地化**

为落实 EPR 核岛主设备的制造国产化，在合同中双方协商一致至少有一台套的核岛主设备由法马通分包给中国企业负责制造。中国企业在完成对应的主设备供货任务后，将掌握和具备自主制造所需的各项技术和能力。NIEP 联合体所属分包商与国内制造厂签署分包合同，法方负责原材料采购、文件准备，提供全面技术支持并承担技术责任。在法马通总包模式下，东方电气集团承担了 2 号机组核岛反应堆压力容器、稳压器、两台蒸汽发生器、部分主泵电机定子和转子、两台机组主设备重型支撑等设备制造任务；上海电气集团承担两台蒸汽发生器、堆内构件、控制棒驱动机构（部分）、八台安注箱、两台机组的反应堆冷却剂疏水箱和卸压箱等设备制造任务。

对于汽轮发电机设备，供货合同不涉及技术转让和国产化。供货方自愿结成联合体，为台山项目提供设计供货服务。东方电气集团作为 TGP 联合体成员承接 1 号机组的汽轮机、发电机和 2 号机组所有主设备的制造。GE－ALSTOM 负责主设备初步设计，以技术合作模式向东方电气集团提供技术支持，并承担性能保证。

主设备国产化实际范围基本和策划范围一致，核岛主设备国产化比例达到了 50%；在汽轮发电机设计制造合同中，中方和外方各负责 1 号机组约 50%主要设备的供货，2 号机的主要设备全部由中方供货。

#### 4.4.5.3 建设阶段自主化实践

在跟随策略下，经过落实上游供应合同中的自主化安排，基本实现了策划阶段制定的自主化目标。随着工程推进和参考电站延期，跟随策略的边界条件发生根本变化。经综合评估项目形势、任务和挑战，台山核电决定建设 EPR 首堆工程，并针对 EPR 技术特点和首堆工程特征，发挥大业主优势，落实“积极主导、协同推进”思路，统合产业链各环节资源，解决其中的薄弱环节。部分工作突破边界限制，通过自主化尝试，重点对设计采购环节进行补强，使各环节能力尽可能平衡、总体能力尽可能最优。

**1. 补足外方人力短板，整合中方资源突破关键瓶颈**

设计迭代不仅带来了由于工作量上升导致的总体资源需求增加，也导致了无规律的资源需求阶跃、起伏，还有应对设计变更等特殊需求的短期资源匹配等问题。台山核电通过统合资源，集中力量解决关键问题，有效应对了首堆工程产业链各环节对资源需求的变化。一是，倡导、协调并推动各 EPR 在建项目业主、主供应商共同解决 EPR 共性问题；二是，发挥中广核、EDF 和法马通已经建立的合作关系和合作平台，分工协作解决重大技术问题；三是，统筹集团内部相关单位的资源投入和依托力量，集中优势力量寻求解决方案。

针对上游供应商部分专业人力资源短缺的情况，台山公司派遣工程师全面支持调试文件编写、V&V 测试、FSS 测试等工作；针对处在 HFT 设计变更现场实施关键路径上的 DCS 改造，台山公司协调国内专业人员经供应商培训合格后参与改造，通过增加人力将多机柜串行改造优化为并行改造；针对大型联调试验中发现的技术问题，生产线维修部门参与多项重大改造项。

另外，为发挥中广核工程公司在 CPR1000 项目的建造经验，快速处理现场技术问题，协调中广核工程公司派出设计小分队和维修小分队到台山核电现场，与台山公司联合组成了 EM8 自主化小组等多项专项小组，各方协同，快速解决现场各类技术问题。

**2. 部分设计自主实施，与原供方实现优势互补**

设计自主化并非完全切断与原设计方的联系，而是与原设计方商量达成一致后，根据各方的优势，在充分调动设计方发挥其长处的同时，以己之长补设计方之短，双方优势互补保障工程快速推进。台山公司委托在个别专业具有优势能力的国内设计单位接管相关设计并出版设计变更，如核岛电缆设计。在不改变核岛设计方合同责任的情况下，核岛设计方授权台山公司及其委托单位在他们已出版的文件基础上进行设计修改，并且核岛设计方移交了电缆敷设设计的数据库、核岛电缆端接文件、敷设文件等。

台山公司为了充分发挥其自身快速响应能力，承接了供应商部分文件整合工作，在设计方给出设计变更内容的情况下，整合各岛供应商发布的文件，自主修改各类母本文件，如 FSAR 升版、EOP/OTS 升版、SDM 母本整合等。

**3. 建立自主化分拣机制，分类快速处理现场技术问题**

按原有的工作流程，因涉及设备性能担保，所有现场安装调试发生的问题均需报送原供应商处理。台山核电主要设计和设备供应商来自欧洲，合同关系复杂，现场问题数量巨大且处理周期冗长，严重制约工程推进。

在对问题进行分类分析后，台山公司对现场技术问题的处理做出流程优化，以能力和效率为中心建立处理现场问题的自主化分拣机制。通过对现场问题进行分析和分类，将采购类、设计类、文件升版类问题进行区分，并设定优先级，集中资源处理高优先级问题，通过现场问题快速处理自主化、设计自主化、采购自主化、维修自主化等方式承接落实自主化分拣任务。对于只能由供应商解决的问题，明确工作范围，快速流转至供应商，并推动限期完成；对于可以立足自身资源处理的问题，立即进入自主化处理模式。经过技术自主化分拣机制筛选和自主化处理，现场问题单平均答复周期由 24.5 天压缩到 4.9 天，大大减少了需要上游设计方和设备供应商处理的问题数量，高效快速地解决了诸多现场问题。

此外，台山公司相关部门出台相应的配套激励措施，一方面充分调动了各方可用资源以及广大员工的积极性，另一方面也让自主化在公司形成一种工作态度，一种文化。

**4. 自主管控现场紧急变更**

设计方出版设计变更时，有时每一份变更文件包含了若干项修改，修改内容积攒到一定程度后才发布。该方式可以减少设计变更出版数量，减少设计文件审查、批准及文档发布等环节的工作量，但对现场执行而言，单份设计变更包含的修改内容多，现场执行时需要按照区域或子系统进行拆分，增加了现场管理流程等工作量的同时也增加了等待时间。

为消除设计变更发布与现场需求之间在设计变更出版进度、设计变更发布范围等方面的偏差，对于需求比较紧急的设计变更，在技术方案已经明确但 DEN 尚未发布的情况下，为控制风险、提高效率，台山核电自主发布现场变更单（ECN），在信息管理系统中起草并下发到施工或调试部门，与施工、调试的工作流程快速衔接，同时将 ECN 向设计方反馈，保证设计文件与现场施工文件的一致性。

为保证合规性、设计文件与现场执行文件的一致性，对 ECN 实行闭环管理，ECN 发布必须依据设计方提供的信息作为输入，ECN 关闭必须由设计方出版的设计变更作为依据。

#### 4.4.5.4　取得的成效

台山核电引进建造 EPR 三代核电机组，通过“中外合作、共同设计、共同建设”的模式及全面技术转让，实现自主化、国产化目标，完成三代核电自主化。

通过建造 EPR 首堆，在发挥原设计方优势、总体责任不变的前提下，按照优势互补、责任跨界、填平补齐的原则，大力推动自主承接任务，以多种自主化途径支持补齐全产业链各薄弱环节，争取整体最优，实现自主化的技术输出和项目管理能力。

### 4.4.6　采购管理

采购管理是核电工程项目管理的重要组成部分，贯穿于核电工程建设全过程，通过采购获得设备、材料和服务等，通过合同将参建各方与工程建设目标紧密连接在一起，逐步将设计转化为设备实体、文件和服务，保障项目安装和调试按计划开展。

台山核电参照岭澳一期，采取按岛采购模式。设备供应分核岛设计和供货合同（NIEP）、汽轮发电机组供货合同（TGP）、常规岛辅助系统设计和供货合同（CIEP），电站配套系统设计和供货合同（BOPEP）四大采购合同，每个采购合同又根据不同的设备类型划分为多个采购包。

#### 4.4.6.1　台山核电采购工作特点

由于 EPR 为新堆型，应用大量新设备、新技术和新工艺，而且台山的厂址条件较欧洲两台 EPR 机组存在差异，不能完全采用参考电站的设备，因此台山项目的设备采购工作具有一些自身的特点。

（1）部分设备采购技术要求超出已有的产品性能，需要供应商在设备研发上投入资源。

（2）设计变更引起对设备设计的变化需求，当采购输入条件发生变化，相应的设备采购规范和合同范围也随之变更，这就要求供应商有较强的变更应对能力。

（3）设备数量多，供货单位众多，采购包及其分包的合同模式、合同边界被重新构造，二级接口错综复杂，管理此类二级接口是一项非常庞大的工程。

（4）主合同联合体内的设计与采购分工相对独立，从设计传递到供货的流程较长。

#### 4.4.6.2 台山核电采购管理实践

采购管理贯穿于台山核电建设的全过程，由于首堆项目的复杂性，建设周期较长，不同阶段采购工作所面临的形势不同，主要矛盾也随之发生变化。台山公司结合国内 30 年不间断核电建设所积累的经验，综合内外部因素，根据项目的进展，提前预测关键点，提前采取应对措施，如 BNI 联合执行团队、预见性采购专项组、大宗材料缓冲库、全范围按系统梳理供货信息等，从而牢牢掌握项目主动权，有力保障了首堆项目的设备和材料供应。

**1. 工程前期采购安排**

工程前期，采购工作的重点在于根据项目整体进度计划，进行采购分包策划及采购规范出版、长周期铸锻件采购、主设备和辅助设备分包合同签订、合同接口和边界管理（包括提资）、供应商组织策划及采购资源投入管理等，并结合 1 号机组核岛第一罐混凝土、穹顶吊装等项目重大节点，确保需提前引入或预埋的设备按时到货。

在此阶段，芬兰和法国先行开工建设的两台 EPR 机组为台山核电提供了许多有价值的借鉴，台山核电尽量跟随参考电站，少走了许多“试验性的弯路”。例如，部分采购技术规格书可直接参考 OL3 和 FA3，尽量采用参考电站的原供应商，以降低设备详细设计和设备鉴定带来的技术风险。这是台山核电前期能够快速推进的重要因素。

但是，由于台山核电的厂址条件较参考电站有较大变化，从而导致设计输入变化，采购工作也面临一些新的挑战，主要体现在：

（1）部分核岛采购技术规格书固化较晚

在 NIEP 联合体内，采购边界划分及明确经历了一段时间的磨合。一方面，参考电站 FA3 的设计未全部完成、台山核电核岛初步设计方的分包合同启动较晚且人力组织有所延迟，为了降低对采购的影响，法马通采取了包络设计的方式释放采购规范；另一方面，所采购物项需要遵循工业实践经验并满足核安全质量要求，部分潜在供应商无法提供满足采购规范的可行方案，为此，需要根据实际情况做出优化和调整。

（2）潜在合格供应商选择

EPR 设计采用了一些新技术，NIEP 联合体需要尽可能选用已有核电及同类设备供货经验的供应商，不仅要评估供应商的制造能力，还要确保其具备相应的设备设计能力。对于特殊要求的设备，可供选择的范围较少。

（3）部分重要设备需重新选型

根据不同的设计输入，相对参考电站，台山项目部分重要设备需要重新选型，例如核岛设备冷却水系统（SEC/RRI），由于厂址条件变化，需在参考电站基础上加大系统冷却的容量和能力。为此，台山核电将安全厂房尺寸相对 FA3 加大了 2～3 m，以适应更大容量的系统设备。因为冷却容量加大，SEC/RRI 热交换器如参照 FA3 使用管式热交换器，设备尺寸将增大较多，厂房内布置空间不足。经综合评估，台山核电最终采用体积更小、成熟度更高、换热效率更高的板式热交换器，成功解决了大功率与小空间的矛盾。

面对以上形势，台山公司通过多层级协调机制，推动 NIEP 联合体明确责任分工，促进采购技术规范固化，加强采购的策划和组织实施，积极推动联合体完成供货合同签订并及早锁定各类供应商资源。同步挖掘国内成熟的供应商资源，尽量选择有国外 EPR 或国内 CPR 经验的承包商，保障设备的质量和交付进度。

在此阶段，1 号机组核岛主设备采购合同按计划签订，反应堆压力容器、蒸汽发生器和稳压器、主泵电机、CRDM、主管道等相关原材料采购和制造进展基本可控；常规岛及 BOP 主要设备采购合同按计划签订，高中压缸汽缸、发电机转子锻件制造进展正常；土建预埋设备及管道供货进度基本满足现场需要，BNI 设备采购合同签订有所滞后。

**2. 采购管理重心调整**

受各种因素影响，参考电站进展严重延误。2011 年下半年开始，台山核电已不能按预期获取参考电站的成果和经验。因此，台山核电继续执行“跟随策略”的前提和边界条件发生了变化，核岛设计和设备鉴定对设备供应的制约逐渐显现，设备采购面临的形势更加复杂和严峻。

此时，台山核电核岛已全面进入设备设计和制造阶段，由于部分设备为首次设计制造，并且设计方面持续发出设备设计变更，如设计设备参数、功能等级、鉴定要求、采购范围等方面的调整和修改，产生了 800 多个 NAR，对设备制造和交付进度造成不利影响。因此，快速识别关键制约因素，有效应对设计变更对设备设计和制造的影响，及早固化设备设计，抓紧设备制造和批量化交付成为本阶段的主要任务。

按过往核电工程采购管理经验和采购计划，1 号机组处于关键路径的主设备在此阶段已基本到货，但是涉及面更广、数量更多的 BNI 设备供货上量不足成为本阶段的核心问题。尽管按照关键路径方法管理，完成了 1 号机组环吊和部分预埋设备到货，按期实现了穹顶吊装，但是大量的核岛辅助设备到货推迟，严重影响了安装上量。

实际上，BNI 设备各专业的采购规范出版按照前期部署已发布完成，分包合同也已全部签订，但由于部分设备设计输入变化、设计变更导致采购变更或制造返工、设计文件未能及时审查等多种原因导致设备无法按期到货。特别是部分设备设计和制造进展逐步超前于参考电站的进度，设备供应商不得不面临在设计输入没有固化的情况下开展详细设计和设备制造的局面。同时，设计变更仍持续不断，设备设计和选型问题正在逐步暴露。CSE、CSE＋、电气参考策略调整产生的设计变更，导致了采购策略与采购内容的调整。

为加强 BNI 设备采购管理，台山公司联合中广核工程公司于 2012 年 12 月成立了 BNI 联合执行团队（简称“BNI 团队”），进行采购包精细化管理。台山公司充分依托 BNI 团队发挥主导作用，具体采取措施如下。

（1）推动解决系统设计和设备设计的接口问题，建立法马通与供应商的快速沟通渠道，为双向提资起到了纽带作用；

（2）与供应商建立符合工厂实际情况的进度计划，通过派驻人员协同供应商一起应对变更修改，并协调供应商厂内资源向台山核电倾斜；

（3）增加监造驻厂人员，及时释放制造质量控制点；

（4）通过技商分级决策解决设备供货和出现的质量问题。

BNI 团队针对中广核工程公司在 NIEP 中承担的供货责任，借助其强大的后台组织保障能力，承上启下、沟通内外，很快在法马通、制造厂、台山核电现场之间发挥了关键的枢纽作用。同时，台山公司也加深了对 BNI 设备制造和交付困难的认知和理解，通过系列措施，推动欧洲制造商在排产安排上向台山核电倾斜，取得一定成效。

**3. 现场需求主导下的采购管理**

2012 年 6 月，为了对 1 号机组核回路冲洗（NCC）的各项前提条件进行客观、准确评估，合理确定核回路冲洗进度目标，台山公司开始组织对所需设备的供货计划进行全面分析，涉及 15 000 余台设备，分析结果显示因核岛设备制造、鉴定和交付延误，进度面临的不确定性较大，并根据识别出的影响较大的关键设备，预计至少推迟到 2015 年才能实现 NCC。

核岛 BNI 设备中，约 90%的 EM3 非预埋设备无法满足安装需求，非预埋设备累计到货仅 27%，总体延误约 13.5 个月。因制造文件和供应商内部不符合项等原因，尽管 EM4 阀门已到货，但阀门具备开箱、入库条件的比例低，影响了关键的 EM4 安装正常推进。大宗材料虽已大量交付，但仍存在型号、数量与设计文件不匹配的情况，缺料较多。EM5 通风设备仅到货 21.3%，总体延误约 16.5 个月，在 NCC 全范围设备进度分析期间（2012 年 8 月），其详细的供货计划尚未落实。EM8 设备和材料中，中压配电盘及部分直流设备（如蓄电池）已经到货，但受设备鉴定影响低压配电盘的供货时间将推迟到 2013 年 6 月，对 NCC 实现构成了直接影响。

因核岛设备交付延误导致安装无法全面展开，成为本阶段的主要矛盾。为此，台山公司集中精力，投入大量资源，采取了针对性极强的管理措施，逐步逼近进度目标。

（1）以项目重大节点目标为牵引，梳理设备材料清单并展开分析。如针对 1 号机组 NCC，全面梳理 NCC 所需系统的设备材料清单，有效识别采购重点和难点，为采购工作部署和具体工作安排提供了指导；分层分级推动供应商围绕关键系统集成所需的设备供货，在设备设计、制造、变更消纳、鉴定等方面提前谋划、及时响应；在台山公司内部，加强部门间的沟通协调，通过专题周例会、技术问题跟踪系统等管理和技术手段，加快信息流转，确保现场需求转化为采购订单的及时性和准确性，必要时商讨备用或临时措施。后续的冷试、热试、装料等重大节点也一直延续了该管理措施。

（2）动态评估和落实设备最佳到货进度。为有效缓解设备供货延误对工程的影响，台山公司通过详细分析设备到货需求，优化设备供应的优先级，为连续施工提供支持。同时，综合考虑仓储能力及设备保养需要，从设备供货进度管理的角度，争取按设备最佳到货时间管理。基于设备位置信息和核岛房间移交计划对比分析，按所在房间移交前 1 个月为设备最佳到货时间控制。

以设备清单为基础，明确设备功能位置码和供货计划，作为匹配性分析的输入。统一收集房间移交计划，并进行定期动态评估，制定设备到货与房间移交匹配的进度计划，形成最佳的到货需求时间；按月动态收集设备供货计划，形成统计表，并与最佳到货需求时间对比分析。根据对比分析结果，推动厂家调整优化排产计划，尽可能匹配现场需求。

（3）围绕系统完整性，保障系统移交。采购包的划分逻辑与现场以系统为主的施工调试逻辑存在明显不同，已交付的设备和材料无法构成完整水压试验回路，更无法移交系统开展调试；而系统移交所需的设备材料却存在缺货和延误。为尽快完成水压试验，保障系统移交的完整性，台山公司采取了多重应对措施。

1）组织人力物力，以现场需求为导向，对照系统流程图及设备清单全面梳理相关系统缺货情况，形成清晰的设备缺货清单。

2）对影响面大的 15 家关键供应商，公司高层亲自赴欧洲集中催货，协助供应商快速解决接口提资问题，落实设备排产，协商解决制约的商务问题，产生了积极作用。

3）制定设备永久、临时使用相结合的方案，在保证试验要求和试验效果的前提下，优先考虑优化安装调试逻辑，缓解供货压力，对于仍无法及时到货的部分设备，采取同类型、国产化临时或永久替代，确保试验按期完成。

4）加强设备发货后管理，组建开箱专项申报小组，专题解决安检、开箱申报的问题，与供应商制定灵活的发货方式，如文件有条件放行、分批、分体发货等。

通过匹配现场需求，采购工作变得更有针对性、计划性和可操作性，也缓解了设备仓储和维护保养的压力。更为重要的是，通过建立系统维度的采购方案，构建了完整的调试系统，支持了冷试、热试和装料等重大里程碑的顺利实现。

**4. 预见性采购**

为保障机组联调进展并尽量减少紧急采购，台山公司需结合前一阶段的经验反馈，前瞻性、系统性、精细化地梳理后续阶段的关键物资需求，并开展预见性采购。为此，台山公司采取了相应措施。

（1）专项组统筹协调管控

为满足项目的采购需求，台山公司成立预见性采购专项组，统一管控采购资源，抽调采购各环节经验丰富人员参加，建立多渠道多层级协调和分工合作机制，通过上下游紧密联动，提高物资保障效率。

专项组定期梳理物资保障问题，定期更新和预警，结合过往经验反馈、发生概率、系统和设备状态、变更预期等，预测潜在的物资采购需求，通过多部门参与的任务分拣会共同商定采购流程、渠道、技术可行性、计划安排等，强化管理和技术的分级分层决策，制定特殊情况下的应急采购机制，确保所需材料能够及时采购到货。

（2）多渠道并举保障供应

在工程后期，积极探寻更优、更快、更省的采购渠道和采购方式。借助中广核工程公司集成采购平台的优势和广泛的供应商资源，通过役前在役框架合同使之提前参与、快速启动物资采购；充分利用一批专业采购集成商，开拓自主化采购渠道，非核级或非安全相关设备、材料，优先考虑自主化采购；核级或安全相关设备材料，以原供应商为主，同步启用有资质供应商采购渠道，多方对比，择优选用；引入国内专业设备维修单位提供支持；对接 CPR1000 项目剩余物资进行匹配性分析，同步建立物资调配机制和流程，以应对紧急需求。

（3）优化流程提高效率

从采购需求提出到下订单，需要经历需求申请、立项审批、采购规范编写、发函询价等多个环节，有些环节可能会出现往复多次澄清，且容易出现信息不对称、信息误判，造成效率低下，内部流程时间不可控。为此，台山公司建立对口协调机制，面对面解决新增采购内部审批问题，两个工作日内确认采购物项技术要求、立项、采购渠道。对核级物项和重要物项订单进行项目分解，采购工程师联合商务、供应商，以现场需求为底线制定详细的供货计划，并按周、日报跟踪。加速推进合同结算，通过商务手段促进供应商积极配合，将台山核电的设备材料排产放在优先位置。协同监造人员加强设备开箱文件的管理，确保发货时的文件完整性。

总体来说，预见性采购机制的建立，逐步缓解了供货延误问题，采购自主化能力提升，提高了采购的机动性和灵活性；并且通过引入了采购管理方、采购代理商等资源，减少了采购中间环节，节约了采购成本；通过采购流程优化，提升了总体采购效率，后续的补充采购周期约 1.5 个月，相比传统补供流程经常大于 6 个月的采购周期，有了显著改善。

### 4.4.7 设备鉴定

设备鉴定是按照相应的程序和标准为确认安全重要物项能够在其整个设计运行寿期内满足使用条件（或使用工况）下执行其规定安全功能而进行的一系列验证。核安全相关且在地震工况下或环境降级条件下具备可用性的能动设备都需要鉴定。鉴定起到对同一型号（或同一设计）设备进行资格考核或提供资格性证明的特殊作用，鉴定与设计、制造、维修、定期审查等共同构成了确保设备功能的完整保障体系。

台山核电建设之初尽量跟随参考电站，以便最大程度借鉴参考电站鉴定成果，但是，由于台山设计适应性修改、设备选型变化、国内法规及监管要求，台山核电仍需结合自身实际情况进行设备鉴定管理。

**1. 明确设备鉴定范围**

台山核电在充分借鉴参考电站经验和成果的基础上，结合自身实际情况完善设备鉴定的总清单和鉴定类别。台山公司与供应商明确需要进行鉴定的设备范围及其采用的鉴定方法，并进行动态跟踪。

**2. 全范围审查鉴定文件**

设备鉴定文件主要包含鉴定大纲和鉴定总结报告。考虑在电厂运行期间设备维护过程中，可能对已鉴定设备造成影响，台山公司协调供应商出版鉴定保持单。鉴定大纲规定鉴定要求、执行内容和顺序、参考标准等内容；鉴定总结报告编写鉴定执行过程的情况，并对鉴定结果进行评估；鉴定保持文件则对后续设备长期维护或改造过程中鉴定状态保持提出执行要求及注意事项。这三类文件的出版需要法规标准、大量法国实践规范及导则（由 EDF 出版）、试验记录文件、计算报告书、设备手册等予以支持。

为加强对设备鉴定的技术管控，要求对鉴定文件进行 100%审查，台山核电出版了设备鉴定管理导则，明确设备鉴定文件审查要点，除了一般设计文件的审核要求外，还对设备功能要求、运行条件、环境条件、鉴定方法等进行审核；联合中广核研究院专业团队，详细审核在鉴定过程中的实际验证情况能否覆盖鉴定需求，鉴定过程采用的方法和操作过程是否合理合法。通过对鉴定文件的全范围审查，确保鉴定质量可靠。

**3. 妥善处理设计变更对设备鉴定的影响**

设计变更对设备鉴定的影响包括三方面：

（1）部分设计修改会影响设备设计，进一步会影响设备鉴定。

（2）部分设计对设备鉴定要求过高，设备鉴定无法满足要求时会返回修改设计。

（3）部分设计修改会在设备调试后进行改造，设备改造不能影响设备鉴定的结果，设备改造需要在鉴定保持单范围内执行。

**4. 设备鉴定进度管控**

设备鉴定需满足项目建设进度的需要，为加快设备鉴定进展，台山核电成立设备鉴定专项管理组，由台山核电和供应商确定专项负责人，按设备鉴定类型文件制定完成目标，通过与设计方的鉴定专题会沟通进展，及时发现阻碍点并进行相应行动安排，按优先级完成行动及鉴定文件出版。建立上下游联动机制。对于正在制造的设备，根据现场进度要求，加紧推动设备鉴定进展，使现场的紧急需求传递到上游设计方和设备制造厂，分优先级调动资源确保现场需求。

**5. 专业化团队帮扶供应商完成鉴定**

为更好地组织设备供应商完成设备鉴定，台山公司发挥集团内专业化公司的优势，引入中广核研究院鉴定团队。一方面，全面审查鉴定文件；另一方面，为部分首次供应 EPR 设备的供应商提供鉴定技术指导。在专业化公司鉴定团队的指导下，共同完成了设备鉴定。

## 4.4.8　DCS 设计采购管理

DCS 是核电站的大脑和神经系统，EPR 核电机组控制的智能化水平有明显提高。由于工艺系统的设计变更，DCS 必须为满足工艺的需求而相应变更。

### 4.4.8.1　台山核电 DCS 特点

台山核电 DCS 系统由法马通公司供货的安全级 TXS 平台和西门子供货的非安全级 SPPA－T2000 平台组成，主要特点如下。

**1. 多层次、多样化的分级架构设计**

初始设计在功能上分为 4 个安全等级，架构上采用 4 层设计，在功能、设备两个层次采用多样化技术，加强了冗余性、独立性、优先级管理等策略，防止共模故障，4 个安全序列物理上隔离。

后续又逐步进行优化，加强了健壮性和独立性，包括增加硬核系统作为非安全级 DCS 平台的后备；增加了安全级和非安全级平台之间、非安全级平台内部的通讯隔离；所有的 DEC－B 功能集中分配到独立的机柜，降低 DEC－B 功能和常规功能的耦合；通过增加设备和分隔处理，减少工程师站对操纵员界面的影响等。

**2. 高度集成化、模块化**

全厂约 300 个系统的控制和联动在 DCS 中实现，应用软件庞大，大量采用基本逻辑模块，降低了组态复杂度和工作量，提高了设计质量和效率。

**3. 高度智能化**

EPR 机组的智能化控制水平明显提高，增加了操纵员辅助系统设计，对机组各种运行状态进行自动诊断，在异常工况下自动进行事件事故策略初始导向、重新定向；通过操纵员辅助功能、运行限制条件和运行限制功能 3 个功能，在保护系统动作之前，对机组状态进行自动调节，尽可能将机组自动拉回到正常状态；大量使用成组控制技术，实现重要操作顺序控制、重要参数自动调节。以上设计可有效提高机组的智能化水平、运行灵活性、可用率，减少对重要设备的瞬态影响，降低操纵员工作负荷、人因失误。

#### 4.4.8.2 全周期配置管理策略

首堆工程 DCS，在坚持全周期质量控制本质要求的前提下，充分考虑设计迭代影响，按照分段控制、动态优化的方式推进。

**1.“全范围基准”管理阶段**

第一阶段为 DCS 机柜出厂前，采用“全范围基准”策略，根据 DCS 总体要求、工艺系统输入，确定基准版本的数据库。工艺系统向 DCS 的提资管理是此阶段重点。

台山核电设计联合体及其成员众多，各方工艺控制流程均需通过 DCS 实现，除核岛联合体内部，其他提资需要通过业主，面临诸多挑战：① 与其他数字化电站相比，通过 DCS 控制的设备和系统大幅增加，使得 DCS 系统提资量大；② DCS 的工艺需求方除了核岛联合体外，还有常规岛三家联合体，接口多；③ DCS 设计方使用标准化和模块化设计，而设计导则逐年升版，增加了提资管理难度；④ 核岛外的联合体成员对 DCS 及其相关的设计要求不熟悉。为此，台山公司采取了以下措施。

（1）固化设计导则和规范设计审查。DCS 模块的设计导则逐年升版影响工艺系统设计，业主明确固化导则并要求后续的升版由 DCS 设计方内部消化；业主编制导则对各参与方提资在全面性、一致性和同步性控制方面进行规范，以确保每项修改的影响得到全面分析和落实。

（2）建立工艺设计方与 DCS 设计方的协调机制。通过系统澄清会由 DCS 设计方澄清工艺系统需求，通过系统审查会由工艺设计方审查 DCS 的设计结果匹配性；同时优化了提资方式，从传统文件改为 DCS 直接适用的逻辑图，减少文件转换环节。

（3）延后 DCS 需求时间。采用措施开展早期系统、设备单体调试，延后 DCS 需求时间；DCS 发货与工艺系统安装上量、系统移交、系统调试总体上匹配。

**2.“基准 + 偏差”管理阶段**

第二阶段为机柜出厂后至 DCS 调试开始前，采用“基准 + 偏差”整体策略，对于出厂前少量开口问题、设计修改等相对于基准状态的偏差，在完成 DCS 设计修改、仿真平台偏差测试后，现场组织针对偏差进行集中修改、集成测试、功能测试，现场数据状态与设计数据库保持一致。

此阶段先后在工厂和现场完成了 DCS 制造测试，工厂测试由供应商完成，交付现场后的测试由业主主导，供应商配合执行。除在实际机柜上验证外，供应商较多地采用了仿真工具用于功能的辅助验证，提前发现问题、推动项目进展。

**3. 应对设计变更的偏差管理阶段**

第三阶段，DCS 调试至热试前，采用“动态偏差 + 阶段对齐”策略，后台 DCS 设计修改、测试根据工艺输入、按整体方式推进；现场根据调试需求化整为零、实施偏差修改，重要节点前分别组织集中修改，现场数据库实行偏差管理。

第四阶段，从热试开始，采取“偏差管理＋双数据库”策略，后台 DCS 修改、测试根据工艺系统输入“分批”进行，现场为保证机组特性参数有效、数据管理连续，采用增量修改方式，实际形成了 1 号机组数据库、DCS 设计数据库两个数据库。

以上两个阶段的重点是变更管控。DCS 现场修改主要源于工艺设计修改，占 DCS 修改总量的 95%以上，包括工艺逻辑修改、设备参数更新、控制参数优化、降级模式缺省值等，DCS 平台修改占比小于 5%。台山公司 DCS 变更管控措施如下。

（1）加强工艺系统设计输入管理，同时处理好工艺修改与 DCS 修改的逻辑关系。严格控制工艺系统新增设计修改，尽可能降低工艺修改对 DCS 滞后影响；从 DCS 设计角度，对工艺系统设计输入要求、TEC4 工具等进行格式化，优化输入管理流程；加强 DCS 设计与工艺设计之间、不同设计方之间的协调。修改实施的计划编制过程中，首先确定 DCS 修改窗口；其次是分析与 DCS 密切相关的电气盘、电缆和重要工艺系统的修改，并匹配 DCS 修改窗口策划各专业的修改量和具体安排；最后是钢结构、支架等其他非直接相关的修改安排。

（2）强化 DCS 配置基线管理。在设计固化审查后，工艺修改按照“一单一议”控制，DCS 曾在短期内跟随执行 “一单一议”方式，由于修改量大，频繁产生执行文件，除流转速度下降外，质量控制的难度增加，调整为按月“分批”修改，降低版本控制难度的同时兼顾响应速度。在质量控制上，台山公司联合供应商严格落实配置管理，出版配置文件，对配置基线状态进行把握，包括逐项列明每项修改的输入来源，逐一分析修改内容对软件、硬件、响应时间、缺省值等的影响，严格控制输出文件的编码及版本，严控跨专业修改。

（3）现场修改实施。根据修改内容和机组状态，选择三种不同方式：机柜下电、离线修改，软件整体覆盖，硬件集中修改；机柜下电、离线修改，软件增量覆盖，硬件集中修改；系统带电、在线修改，软硬件局部修改。其中的难点是分析需求、确定方案和控制风险。严格控制质量，制定专项质量控制方案，以质量控制基准文件为依据，提前进行培训、考核、授权，严格执行修改、测试、验证等过程控制。

（4）通过现场沟通提高效率。利用现场工艺设计团队 TDT 的驻场优势，DCS 设计人员、组态工具也迁至现场，并在现场搭建验证确认 V&V 平台，现场沟通和处理问题效率大为提升。同时业主人员派遣人力参与到工艺与 DCS 设计团队，并承担了 70%以上的工作量，减少沟通偏差提升工作效率。

#### 4.4.8.3 采购保障

为确保 DCS 的采购问题得到及时解决，主要采取了如下措施：一方面，采用包络采购。在制造阶段，包络性地采购一定量的板卡和耗材存储，应对设计迭代带来的修改。在调试阶段，工程备件消耗较快，1 号机组使用两台机组的工程备件和生产备件，并充分利用两台机组的时间差，提前预判性地采购了一批 2 号机组保障备件。另一方面，备件互相支持。台山公司和供应商在特殊情况下，互借备件满足工作需求。台山公司和中广核集团备件中心也建立了购买和借用渠道。

#### 4.4.8.4 取得的成效

台山核电 1 号机组充分利用欧洲 EPR 项目前期取得的成果，借鉴国内 CPR1000 核电 DCS 设计、制造、施工、调试和运维等领域成熟的经验，面对首堆设计迭代、DCS 技术发展和机组智能化控制等挑战，通过大量准备和创新实践，支持了首堆工程的建设。

#### 4.4.8.5　经验反馈

**1. 运用配置管理技术管控设计修改**

（1）设计迭代是 EPR 首堆建设面临的最大挑战，工艺系统设计修改又是造成 DCS 修改的主要原因。工艺系统设计及早固化、早日完成是规避 DCS 反复修改的根本。

（2）配置管理作为对工程文件、实体进行全过程、全周期匹配性管理的技术，是管理设计迭代修改的有效工具。DCS 作为电站中枢，配置管理更为重要。

（3）结合工程需求和技术可行性，分别从 DCS 设计、现场管理两侧，运用机组配置、批量配置、单个修改配置等不同方式，可有效应对设计迭代修改、多因素交织的挑战。

**2. 机组智能化控制及 DCS 技术发展的应对**

（1）EPR 机组增加了大量智能化控制功能，对控制机组状态、降低操纵员工作负荷等具有积极作用，是今后技术发展的方向。控制理念变化对人、机、法的匹配提出了新要求，人员培训、实战训练等需要提前策划、启动，并有必要适当拉长周期。

（2）EPR 机组 DCS 采用了大量运算模块、成组控制等技术，为 DCS 工厂测试、现场调试分段控制、减少重复工作提供了可能。难点是工程早期策划需关注鉴定、测试、调试等各环节的分工原则、相互衔接等问题，特别是验证分布在不同环节以后的功能验证完整性、覆盖性和有效性等问题。

（3）虚拟仿真平台是伴随 DCS 技术发展产生的重要工具，可提高 DCS 设计、修改效率，进一步推广应是趋势，虚拟仿真平台的鉴定要关注。

**3. 关注 DCS 对工程推进策略的影响**

（1）DCS 在工程建设中处于枢纽地位，反映了工程总体进展，也影响工程总体判断、策略制定，需要综合技术、质量、时间等因素及时决策。

（2）EPR 首堆工程建设中，DCS 一直是关键路径。DCS 的推进安排要结合 DCS 本身进展、工程阶段需求两个方面，动态评估，精细管控。

（3）DCS 可以作为设计管理、进度管理的重要抓手之一，在技术可行、质量可控的前提下，通过设定目标、分段控制，推动及早暴露、解决问题。

## 4.5　设计采购技术与创新

台山核电 1 号机组作为 EPR 三代机组的首堆工程，在安全性和经济性方面相比二代堆型作出了诸多改进。安全性方面，将堆熔概率、早期释放概率降低一个数量级，在安全壳内增加包容堆芯熔融物的特殊设计，核岛重要厂房具备防飞机撞击功能；经济性方面，通过增大额定功率和维修可达性来提高其经济性，不可更换设备按 60 年寿期设计等。

以纵深防御原则为基础，建立了五个层次的防御体系来预防和缓解技术或人因故障，以保证机组反应性控制、余热导出、放射性物质包容三大安全功能目标。在安全性方面的典型设计包括采用双层安全壳、四列专设安全系统、冗余及多样性设计、系统大容量设计等。台山核电 EPR 机组是目前世界上在建和在运核电机组中单机容量最大的机组，反应堆热功率 4 590 MW、机组电功率 1 750 MW，设计寿期 60 年。“两房模式”设计有效地提高了机组的经济性。在电源系统设计中采用冗余性和多样性设计，满足安全性和经济性要求。仪控系统采用核电行业目前最先进的 DCS 控制平台，总体结构具有足够的健壮性，先进的自动控制功能可以降低操纵员的人因失误，提高机组的安全性和经济性。根据厂址条件采取离岸取水的方式以提高循环冷却水的品质，同时采用纳潮取水的创新方案保障了事故工况下核电厂的安全用水。

台山核电在设计和设备制造过程中采用了很多新技术、新方法、新工艺，本节对典型技术与创新进行简要介绍。

## 4.5.1　核岛总体设计

台山 EPR 在核岛总体设计与布置方面进行了优化，如双层安全壳、提高抗震级别、设置堆芯捕集器、设置安全壳内置换料水池、“两房模式”设计、乏燃料密集储存等，提高了机组的安全性、维修便利性和经济性。

### 4.5.1.1　双层安全壳设计

为了最大限度地避免放射性物质进入环境和抵御外部飞行器冲击，EPR 机组反应堆厂房设计采用双层安全壳。内层安全壳采用 1.3 m 厚的预应力钢筋混凝土结构，上部为椭圆球形，内壁为碳钢衬里，以承担放射性包容功能。外层安全壳采用 1.8 m 厚的整体式高强度钢筋混凝土结构，又称为 APC 壳。APC 壳的主要功能是抵抗飞机等飞行器撞击，保护内部的重要厂房。两层安全壳之间为 1.8 m 宽的环形空间，正常运行时保持相对负压；在事故工况下，内层安全壳发生泄漏时，可通过专设的通风系统来保证放射性不外泄。安全壳底部建有堆内换料水箱（In-containment Refueling Water Storage Tank，IRWST），容积约为 1 900 $m^3$，可以通过启动顶部喷淋系统吸收安全壳内的热量，降低安全壳内部温度和压力。安全壳内的有效自由空间约 80 000 $m^3$，可保证事故工况下足够容纳安全壳内高能流体的质能释放而不会导致超压，同时确保放射性包容，防止放射性物质向环境释放。

内安全壳的设计限值是：压力 0.55 MPa（绝对压力），温度 170 ℃，最大泄漏率为 0.3% 容积/天。

### 4.5.1.2　提高核岛抗震级别

为了保证系统设备的可靠性和构筑物的抗震能力，EPR 在抗震设计时选用的地面水平峰值加速度为 0.25*g*、厂址安全停堆的地面水平加速度峰值为 0.18*g*。安全相关构筑物、系统和设备均按抗震一级设计，系统、设备设计中采用的楼层响应谱包络了 EPR 标准设计谱及台山核电特定厂址谱。

在构筑物、系统和设备设计中，根据设计基准地震 0.25*g* 计算各厂房楼层对应的楼层响应谱，将其作为输入开展相关设计（如疲劳分析、抗震鉴定等），提高了在安全分析、系统设计、设备设计、设备鉴定等方面抗震设计的裕度，确保机组安全停堆和余热导出。

同时，台山核电在设计中根据欧洲先进压水堆通用要求及 EPR 堆型技术导则，选择 0.05*g*（即设计基准地震的 1/5）作为 EPR 低水平地震，即检查地震。当发生大于检查地震时，机组停堆并重新检查。该设计虽然相对保守，但是有利于保障机组安全。

### 4.5.1.3　堆芯捕集器设计

堆芯捕集器是 EPR 设计改进的重要标志之一，是重要的严重事故缓解措施，可以有效缓解“低压熔堆”严重事故的后果，从而确保反应堆厂房的放射性包容功能，限制放射性物质向环境释放。

堆芯捕集器的主要作用是捕集和稳定堆芯熔融物，由捕集区、排放通道和扩展稳定区构成。捕集区位于反应堆正下方的堆坑，反应堆堆坑和排放通道表面均采用由牺牲性混凝土和锆砖组成的保护层。扩展稳定区通过排放通道与堆坑相连，表面为牺牲混凝土，下层为铸钢冷却模块。

堆芯捕集器能够避免高温堆芯熔融物对反应堆厂房筏基的损害。在发生反应堆低压熔堆时，堆芯熔融物首先落入堆坑捕集区，在堆芯熔融物积累到一定程度后，熔融物与牺牲混凝土的融化混合物将会熔断堵塞门的固定销轴，然后依靠重力通过排放通道流向面积达 170 $m^2$ 的扩展稳定区。融化混合物在扩展区展开后，有利于进一步的冷却稳定，进一步熔化扩展区表层的牺牲混凝土并持续降温。若高温混合物将非能动隔离阀拉丝熔断，则隔离阀被打开，反应堆内换料水池的含硼水将在重力作用下流向扩展稳定区熔融物下方，并逐渐淹没熔融物，实现对熔融物的有效冷却。此外，作为严重事故长期管理措施，还能够通过安全壳热量导出系统的能动管线，对扩展稳定区内的熔融物进行能动淹没并长期冷却。这也体现了纵深防御的设计理念。

#### 4.5.1.4 安全壳内换料水池设计

不同于以往核电堆型将换料水储存在反应堆厂房外部，EPR 设计采用安全壳内换料水池。这样既可以避免受到外来威胁，又能起到安全壳地坑的作用，事故时无需向再循环模式过渡。当发生堆芯融化的严重事故时，可以冷却堆芯熔融物，防止其破坏安全壳。此外，安全壳喷淋水、蒸汽冷凝水和系统破口流出的水均可以回流到 IRWST，以供循环使用。

IRWST 位于反应堆厂房底部的堆坑和安全壳内墙之间，设计为混凝土结构加不锈钢衬里，是一个上表面开放的水池。作为堆芯应急冷却系统的水源、热阱以及返回水箱，四列专设安全注入系统和两列安全壳热量导出系统分别通过底部的 6 个集水坑吸水。IRWST 和安全壳墙体之间的空间采用混凝土填充，防止事故发生时聚集冷凝水。IRWST 水池储存约 1 900 $m^3$ 的含硼水，其均匀程度、液位及温度由仪控系统实时监控。

为了防止异物掉入 IRWST 水池以及可能的异物堆积造成 6 个吸水地坑堵塞，在水池上边沿设计有 50 mm 矮墙，在盖板的开口处设有 30 cm 高的拦污栅（100 mm × 100 mm），拦污栅下布置有 4 个滞留篮（2.1 mm × 2.1 mm），IRWST 内安装有入口过滤器（2.1 mm × 2.1 mm）和吸入口过滤器的反冲洗等五道防堵塞措施，提高了循环冷却系统取水的安全性和可靠性。

#### 4.5.1.5 两房模式设计

通常情况下，核电厂功率运行期间不允许人员进入反应堆厂房，必须在厂房内执行的停堆换料检修准备或机组启动运行后的消缺只能等待换料大修期间处理，客观上增加了换料大修工期并影响机组可用率。为此，EPR 采用了“两房模式”的创新设计。

EPR 机组为双层安全壳，内层安全壳内划分为设备隔间和服务/工作隔间两部分，这样的设计允许工作人员可以在电厂的正常运行工况下进入内层安全壳的服务/工作隔间（环廊、贯穿件区域、燃料平台、环吊等区域）进行相应的维修和检查活动，实现“在线检修”的设计理念，进而提高机组可用率和减少停堆维修时间。

设备隔间包括辐射水平高的换料池区域、蒸汽发生器区域、主泵区域、稳压器房间、堆芯测量仪器设备隔间。围绕设备隔间，应用了“生物/中子屏蔽”实体隔离及空间负压控制（如换料池盖板密封、蒸汽发生器及主泵隔间密封、稳压器房间密封等），将设备隔间以外区域的辐射水平降低至可接受水平。服务/工作隔间主要有：反应堆厂房内 +19.50 m 层大厅、反应堆厂房内 +0.00 m 层及以上楼层的外环廊空间。为满足“在线检修”人员安全工作的环境条件，由通风系统 DWN/EBA/EVF/EVR 实现两个隔间的动态屏蔽，服务/工作隔间气压相对于设备隔间保持 100 Pa 的正压，并维持小流量通风吹扫。停堆换料检修期间，通过调整通风系统运行方式，可以将“两房模式”切换为“一房模式”，以方便检修活动开展。

EPR“两房模式”的创新设计，在热停堆前 7 天或启动并网后 3 天内，人员可以进入反应堆厂房服务/工作隔间从事停堆换料检修准备或启动并网后的消缺工作，甚至实施某些系统/设备的“在线检修”，从而缩短了停堆换料检修总工期。屏蔽设计技术的创新应用，大大降低了辐射控制区的管理成本，对电厂经济性有显著贡献。

2020 年 4 月 21 日，1 号机组在功率运行模式下首次打开了反应堆厂房气闸门，提前开始了 T101 大修核岛内环吊预检等准备工作，完成部分影响大修关键路径的工作，初步测算可节省大修关键路径时间 7 天，充分体现了 EPR 机组的先进性。

#### 4.5.1.6　乏燃料密集储存技术

台山核电采用了 CPR1000 机组已广泛应用的成熟技术——乏燃料密集储存。因此，台山核电的乏燃料水池比参考电站具有更大的设计容量，总共 1 210 个贮存小室，每个贮存小室可以放置一组燃料组件。其中，一区有贮存小室 374 个，主要用于储存非计划卸料的整个堆芯的燃料、可再入堆的燃料组、待入堆的新燃料组件、由于燃耗太低而不能贮存在二区的乏燃料组件和 5 组破损燃料组件；二区有贮存小室 836 个，只用于存储乏燃料组件。按平均每批换 72 组燃料组件和 18 个月换料周期计算，两个区的贮存容量可容纳 20 年的乏燃料卸料量和一个完整堆芯的卸料量。

### 4.5.2　核岛工艺系统设计

台山核电核岛工艺系统设计方面，通过四列安全系统冗余、专设安全系统设计优化，提高了安全性、可靠性和经济性，通过一回路大容量设计延长操纵员允许不干预时间以减少人因失误，设置部分停堆限制功能以增加可用性。

#### 4.5.2.1　四列安全系统冗余设计

在冗余性设计方面，采用 N+2 设计理念，安全系统设计上都配备四个独立系列，即一列运行、一列备用、一列故障（单一故障准则）、一列检修，四列均为实体独立，功能上互为备用，一列可用即可保证机组核安全。

安全注入系统、应急给水系统、蒸汽大气排放系统等专设安全系统均采用四列冗余设计，分别布置在四个实体隔离的安全厂房内，一列运行即可满足堆芯和乏池冷却的要求，两列运行可保证机组正常安全运行。此外，核岛电气系统、仪控系统和重要厂用水及设备冷却水系统也采用了四列冗余设计和实体隔离。在丧失厂外电源和主发电机组的情况下，四列独立的应急柴油发电机组的任一列启动，都可保证机组实现应急安全停堆。

EPR 采用四列安全系统冗余设计提高了安全系统的可靠性，降低了堆芯熔化概率，可实施单列在线检修以缩短停堆换料大修工期，提高了经济性。

#### 4.5.2.2 核岛一回路大容量设计

通过增大堆芯容量及一回路主设备（压力容器、蒸汽发生器、稳压器等）的水装量，增大主系统的热惯性，延长事故工况下操纵员的允许不干预时间，以减少人因失误。

EPR 反应堆冷却剂系统采用四环路设计，由反应堆和四条并联的闭合环路组成。这些环路以反应堆压力容器为中心呈辐射状布置，每条环路包括一台蒸汽发生器、一台主冷却剂泵和主管道的热管段、过渡管段、冷管段。稳压器通过波动管连接到第三环路热管段上，用于压力调节和过压保护。EPR 机组采用 241 组 14 英尺燃料组件的堆芯设计，堆芯容量全球最大；一回路总容积为 460 $m^3$，稳压器容积为 75 $m^3$。得益于更大的水装量，堆芯更不容易裸露，增大稳压器空间也有利于提高一回路对瞬态工况的响应能力。蒸汽发生器二次侧容积也相应增大，因此瞬态波动对蒸汽发生器水位的影响变小，降低了误停堆的风险。当发生蒸汽发生器传热管破裂事故（SGTR）时，操纵员有更充分的时间应对。对于完全丧失给水事故，烧干时间至少有 30 分钟。

#### 4.5.2.3 专设安全系统设计

为提高系统的利用率及可靠性，EPR 对专设安全系统设计进行了优化和改进，主要内容包括：

- 专设安全注入系统除了承担事故工况下专设安全注入的功能外，还承担机组正常运行工况下的余热排出功能；
- 化学与容积控制系统取消了高压安全注入子功能，改由新增专设应急硼化系统承担高压安注功能；
- 将安全冷冻水系统和运行冷冻水系统分开布置和设计，通过对安全冷冻水系统冷冻机多样性功能设计（风冷与水冷），进一步提高了系统安全冗余和系统可靠性。

#### 4.5.2.4 部分停堆功能设计

为优化电站的可用性，EPR 新增设计部分停堆（Partial Trip，PT）限制功能。该功能是在保护通道动作之前进行预保护，属于典型的自动触发的快速修正动作，目的是快速降低功率。

部分停堆的触发条件有如下几种情况：失去一台主泵、失去一台主给水泵、甩负荷限制或汽轮机跳闸、高线功率密度、低偏离泡核沸腾比（Departure from Nucleate Boiling Ratio，DNBR）、燃料包壳相互作用 PCI、一回路平均温度/压力超限（顺序落棒）。部分停堆的目标功率如表 4－2 所示，其中 PRrep 表征反应堆功率水平，必须准确且足够迅速，以保证顺序落棒的效果，是反应堆热功率滤波值与核功率微分滤波值之和。

通过掉落一定数量的控制棒，并与发电机功率相匹配来实现部分停堆。掉棒方式有同步落棒和顺序落棒两种。

- 同步落棒，即部分停堆信号发出后首先完成的掉棒方式，同时掉下若干个棒束，掉棒距离由棒的价值和功率变化量决定；
- 顺序落棒，如果同步落棒功率没达到目标功率则会跟随顺序落棒。掉棒逻辑在 RGL 系统中实现。

表4－2 部分停堆的目标功率

| 序号 | 触发PT因素 | 反应堆目标功率PRtgt | 汽轮机侧目标功率PGtgt |
|---|---|---|---|
| 1 | 失去一台主泵 | 45%$P_n$ | 40%$P_n$ |
| 2 | 失去一台主给水泵 | 60%$P_n$ | 56%$P_n$ |
| 3 | 燃料包壳相互作用 | Max（PRrep－30%$P_n$，45%$P_n$） | PRtgt－0.1*（100%$P_n$－PRtgt） |
| 4 | 高线功率密度 | Max（PRrep－30%$P_n$，45%$P_n$） | PRtgt－0.1*（100%$P_n$－PRtgt） |
| 5 | 低偏离泡核沸腾比 | Max（PRrep－30%$P_n$，45%$P_n$） | PRtgt－0.1*（100%$P_n$－PRtgt） |
| 6 | 甩负荷或者汽轮机跳闸 | Max（一级进汽压力算出的汽轮机功率，50%$P_n$） | 甩负荷或者汽轮机跳闸 |

## 4.5.3 冷源系统设计

台山核电采用多样性的冷源系统设计，并根据厂址条件特点配置循环水泵、优化海工和取排水设计，保证了冷源的安全性和可靠性。

### 4.5.3.1 核岛冷源系统多样性设计

为提高核岛冷源系统的安全性和可靠性，台山核电除了设计通常的重要厂用水系统（SEC）作为最终热阱外，还设计了专设最终冷却水系统SRU作为备用热阱。

台山核电SEC系统由互相隔离、独立的四列组成。SEC系统的电源由独立供电系列提供，并由应急柴油发电机提供后备电源。当SEC最终热阱不可用时，则由两列独立的专设最终冷却水系统（SRU）继续为反应堆安全壳和乏燃料水池提供冷源，保证安全壳的完整性和乏燃料水池的衰变热导出，从而缓解事故后果，保证电站安全。SRU的冷却水源采用两种不同的取水方案，可以分别从核电厂的取水口或排水口取水，保证水源的可靠性。主厂区消防水采用除盐水，可以向PTR及ASG系统应急补水，进一步增加冷源的可靠性。

### 4.5.3.2 循环水泵配置和变流量运行

循环水系统用于冷却经汽轮机做功后排入凝汽器的乏汽。台山核电采用单元制海水直流供水方案，海水先后经过取水明渠、海底隧道、海水库、循环水泵、循环水廊道，在凝汽器完成热交换后排到虹吸井，再经排水暗涵和排水明渠流回大海。

台山核电每台机组所需的循环水流量达91.9 $m^3/s$，如果采用国内常用的每台机组两台循环水蜗壳泵的配置方案，单泵流量约需46 $m^3/s$，国内外的供应商尚无能力制造如此大流量的蜗壳泵。经过比选，台山核电采用了每台机组两列四泵的配置方案，每列两台循环水泵并联，为一半的凝汽器提供冷却水，在每台循环水泵出口设置重锤式缓闭蝶阀，单台循环水泵的流量可降低至22.975 $m^3/s$，四泵配置方案大幅降低了设备制造难度和循环水廊道的布置难度。

根据最初技术规范要求，单列两台泵启动的时间间隔不能超过15分钟，如果单列单泵运行将会导致泵超流量运行。为了解决此问题，在虹吸井溢流堰顶增加叠梁门，抬高循环水泵扬程，将单列单泵运行时的流量控制在允许的范围内，在不改变循环水廊道的前提下，实现了单元制循环水系统的变流量运行，同时也为首次启泵调试创造了条件。在冬季海水温度较低的情况下，可以减少1台循环水泵的投入，也能满足机组满功率发电的需要。另外，该设计也为循环水泵在线检修创造了条件。

#### 4.5.3.3　海工和取排水设计

台山核电厂由于工程海域滩缓水浅、泥沙含量高，还有珠江治导线等制约因素（治导线以内不能有突出海床线的建构筑物），给取排水方案设计造成很大困难。台山核电厂的冷却水取排水工程可以说是迄今为止国内滨海核电厂址中规模最大、最复杂的核电海工项目。

（1）因地制宜解决 CRF 取水问题

由于台山核电近岸水域条件限制，常用的近岸取水方案无法取到干净的、足量的海水。经过进一步的调查和研究，发现在距离主厂区约 5 km 的大襟岛设置取水口可以满足核电站取水要求，但由于珠江治导线的限制，不能采用传统的取水明渠方案。

通过对取水沿线地质情况的考察，最终选择在大襟岛凤尾咀修建取水明渠，然后通过闸门井连接海底盾构取水隧洞，最后再通过闸门井连接陆域的海水库的取水方案。整个取水通道长约 9 km，利用三种不同的结构形式，最终将大襟岛干净足量的海水引到泵房前池。

（2）采用纳潮取水解决 SEC 取水问题

由于 CRF 取水隧洞沿线的地质情况缺岩石支持层，无法将其设计成为安全级的取水隧洞，故必须以其他的方案给核岛的最终冷却系统供应冷却水。设计上，CRF 取水系统（取水明渠、取水隧洞等）能达到厂址基本烈度的抗震性能，考虑到如在超出设计工况下正常取水系统被破坏，则必须为核岛最终冷却系统取水另外寻找解决方案。最终确定在海水库边靠近大海的位置修建“取水口＋取水短隧洞＋出水口”的安全级纳潮取水工程。

该工程充分利用台山海域不规则半日潮的特点，考虑超越厂址基本烈度的地震工况将主隧洞破坏后的一段时间内（约 6 小时），先利用海水库内的蓄水量进行冷却，并趁潮补水（高潮位时进水）。但是由于近海海水泥沙含量太高，如果平时就让纳潮取水工程补水的话，那么较短时间内海水库就会被泥沙充满，故纳潮取水又创新性地采用了充气橡胶坝进行拦水。该橡胶坝在正常工况下充满气体并阻挡外海的浑浊水进入海水库，而在地震时进行放气后进水。这样不仅保证了极端情况下的补水，也保证了正常工况下携带大量泥沙的海水不会进入海水库和取水系统。

### 4.5.4　大型汽轮发电机技术

台山核电汽轮发电机组功率为 1 750 MW，是目前世界上单机功率最大的发电机组，采用了很多新设计、新技术、新工艺。

#### 4.5.4.1　大容量汽轮机

台山核电的汽轮机包括一个高中压缸和三个低压缸。其中，高中压缸采用了合缸设计，高压缸材料为 GX6CRNIMO12－1，中压缸材料为 A216 Gr.WCC，均为单层铸造结构，两缸相对布置，蒸汽在缸体内双向进汽，以平衡蒸汽对汽缸的推力。两缸通过垂直中分面螺栓分别连接成为整个缸体的上下两半，为了确保其密封性能，在高中压垂直中分面结合处增加了密封堆焊层。低压缸由内外缸组成，材料为 A516 Gr.60。内外缸之间采用“O”形橡胶密封圈柔性连接，在保证蒸汽不会外泄的同时，又允许内、外缸有相对运动。由于内缸前后两端外伸的猫爪支撑整个内缸及转子的重量，外缸采用不落地结构，因此整个低压模块的重量通过凝汽器壳体传递到基础上。低压缸进汽口布置在低压缸下半部，在开缸时可减少拆管工作量，有利于缩短维修工期。这种结构的汽缸可以保证在任何工况下都不受冷凝器真空的影响，避免了由于真空引起外缸变形对通流动静间隙的影响，保证了机组运行安全和通流效率。轴承座的落地结构，增强了轴承支持刚度，可以使各轴承合成刚度增大，保证了良好的轴系和轴承的稳定性。由于汽轮机基础不承受真空力，可以使汽轮机支承基础横梁尺寸减小，降低成本和建设周期。

高中压转子为组合型，由整体锻造的高压转子和 3 个锻件焊接成的中压转子组合焊接而成。3 根低压转子具备互换性，分别由 10 个锻件焊接而成；焊接转子的主要优点是选材容易，所有转子的材料均为 A471 class 2，转子本身质量轻，离心应力小，导热性能优良，热应力低，但是对焊接工艺要求较高。高中压转子全部动叶以及低压转子前三级动叶均采用叉型叶根，用销钉铆接在轮盘上，低压末级及次末级叶根采用受力特性更好的枞树形叶根。

EPR 机组蒸汽流量大，为了减小余速损失必须增大排汽面积。增大排汽面积有增加低压缸的数量和增加末级叶片长度两种办法。前者将显著增加机组轴系长度，并且受到轴系稳定性和转子临界转速的限制。台山核电采用 3 个低压缸，加上发电机整个轴系已长达 69 m，轴系长度已不宜再增加。因此，选择了增加末级叶片长度的方案。末级叶片长度需考虑叶片材料应力和强度的限制。如果采用全速汽轮机，同样长度的叶片工作时承受到的离心力是半速机的 4 倍。考虑到既要满足末级叶片长度的要求，离心力又不能超过叶片材料的许用应力，台山核电选择采用已有成熟经验的半速机。在相同末级叶片长度下，半速机叶顶速度降低，叶片的水蚀量减小；并且半速机可以改善蒸汽的流动特性，从而有利于提高热效率。

#### 4.5.4.2 1 750 MW 大型发电机

台山核电的汽轮发电机额定功率为 1 750 MW，由 GE－ALSTOM 设计、东方电机有限公司制造。GE－ALSTOM 采用精细化设计理念，充分吸收和借鉴法国 58 台在运核电机组运行经验，在发电机的设计和制造中采用了一些创新性技术。

**1. 三流环密封系统**

发电机配置三流环密封油系统，即空侧密封油回路、氢侧密封油回路和真空侧密封油回路，密封瓦组件在结构上包括氢侧密封瓦和空侧密封瓦，每个密封环在圆周方向设计有通流槽，空侧和氢侧密封瓦叠放安装，中间设计多个凸台以保证空侧与氢侧之间形成通流间隙，形成位于两者中间的真空侧回路。三流环密封油系统正常运行时，空侧、真空侧及氢侧三个环路分别通过各自环路的油泵提供压力为 6.5 bar、6.7 bar、6.7 bar 的密封油进入密封瓦，处于中间环路的真空油路在空侧和氢侧之间起到隔离作用，彻底阻止了油液中空气和氢气的混合，防止氢气纯度下降。三流环密封油系统可以降低空侧油和氢侧油的平衡要求，只要真空侧的油压略高于空侧油压即可起到隔绝作用，从而维持发电机内高质量的氢气。一旦真空处理系统出现故障而退出运行即进入双流密封状态，发电机仍可在较高的氢气质量状况下长期运行。三流环密封系统保证了发电机在高压氢气状态运行下氢气损失最小和发电机运行时氢气纯度要求。

**2. 压紧式氢气冷却器密封结构**

氢气冷却器是发电机内外热量交换的唯一部件。在正常运行时，氢气冷却器随着发电机内部氢气温度升高而产生自由膨胀，氢气冷却器的下承板与端罩接触面之间密封间隙是氢气密封重点部位。为保证高氢气压力发电机密封性能，台山核电的发电机利用内部压力自压紧式原理，设计了新型 L 型密封圈。随着氢气冷却器温度升高，密封圈会产生移动并达到 7 mm 膨胀，从而解决了高氢气压力下氢气冷却器密封难题。

**3. 转子导电杆端部双层密封**

台山核电的发电机转子引出线密封设在导电杆与转轴励端中心孔的配合挡位置，而不是常规的导电螺钉位置。设计两道密封结构，防止氢气从导电杆泄漏至发电机外和励磁机内。这一设计考虑了发电机正常运行期间密封失效，不需要抽出转子就可以直接通过转轴励端中心孔更换密封圈，有效地降低了维修难度和风险，极大地缩短了密封更换工期。

**4. 转子多段轴向径向通风设计**

转子线圈采用多段轴向－径向通风系统。冷却气流从转子本体两端的副槽口沿轴向进入，然后转弯进入铜线上的通风孔，沿铜线的轴向风道流动一段后转为径向，最后通过槽楔流入定转子气隙。线圈内部多段轴向风道大大增加了气流和铜线的接触面积，提高了冷却效果。

**5. 转子采用通长槽楔**

发电机转子槽楔为通长槽楔，由铜合金材料制成。除固定转子线圈的作用外，槽楔也是转子阻尼绕组，通过转子绕组端部阻尼环连接在一起，形成一个类似鼠笼的短路阻尼环，提高了发电机承担不平衡负荷的能力。

**6. 定子槽楔固定新工艺**

定子槽楔由上、下两层圆弧式接触面组合的弹性组合槽楔组成，分别称为槽楔和斜楔，与传统波纹板槽楔相比，避免了波纹板在运行过程中弹性失效而导致的定子线棒固定不牢问题，检修期间在不退槽楔的情况下，就可以打紧槽楔。

**7. 过渡引线软连接采用螺栓固定**

与常规的现场组装、逐片焊接的连接方式比较，螺栓固定连接方案大大缩短了现场装配工期并降低了施工难度。

**8. 发电机侧润滑油系统设计优化**

在发电机部分回油管道上另外增加了一套排烟风机，并且按照一用一备原则配置，避免了回油管道气阻造成漏油，确保设备的可靠性和冗余性。

**9. 主发电机油挡组件间隙优化**

台山核电主发电机采用三流环的密封油系统，密封瓦与转轴之间的间隙为 0.2～0.27 mm。为控制发电机内的密封油泄漏，密封瓦配套的中油挡、挡油环、内油挡组件与转子之间的初始间隙为 1.6～2.04 mm，容易发生密封油泄漏。对油挡组件与转子之间的间隙进行优化改造，间隙减小至 1.0～1.1 mm，解决了发电机漏油的问题。

#### 4.5.4.3 汽轮机控制系统

台山核电汽轮机控制系统由汽轮机调节系统、汽轮机保护系统和汽轮机监测系统组成，主要功能为跳机、快速甩负荷、主蒸汽压力限制或蒸汽流量限制、高压缸入口进汽压力限制、互锁功能、部分停堆、总/净功率控制模式等。该系统采用 GE－ALSTOM 的 P320 平台最新的 ControSteam V3 版本，在国内属首次使用。ControSteam V3 版本的 P320 平台，与核电厂前期普遍采用的 V2＋版本相比，具备较大优势。

- 控制性能更优。采用全新的控制器，运算周期和存储周期更短，在应对机组瞬态期间导致工艺参数大量变化工况（如甩空载、甩厂用电、RUNBACK、电网故障等）有更快的响应速度。
- 运行操作体验更友好和便捷。对历史记录功能进行了改进和扩展，在机组状态追溯方面更为方便和先进。改进了调试和维修工具 CONTROCAD tool，具有更人性化的使用体验，降低了调试和维修诊断的工作量。新增 Web 维护服务，可以进行远程诊断维修等。
- 保护系统安全性更高。汽轮机保护系统采用全新的 CE3500 控制器，具备更好的安全性，具备更长的平均故障间隔时间（MTBF），显著提高了系统可靠性。
- 生命周期更长。V3 系统为 GE－ALSTOM 最新的产品，其产品生命周期更长，在设备维护、备件采购方面更有优势。

## 4.5.5　常规岛及 BOP 布置设计

基于大功率容量和厂址特点，台山核电常规岛采用下沉式的汽轮机厂房和独立的循环水泵房布置，统筹优化 BOP 总体布置设计。

### 4.5.5.1　汽轮机厂房整体下沉式布置

为提高电站的经济性，台山核电结合厂址条件，汽轮机厂房采用整体下沉式半地下布置，底部地面标高为－13.7 m，其厂房设计和设备布置主要有以下三个方面的特点：

（1）采用整体下沉式布置方案，在施工阶段降低了土建基础处理费用，在布置上降低了冷凝器布置高度，降低了大流量循环水泵的扬程，提高了电厂运行经济性；

（2）采用二级再热立式汽水分离再热器，属国内核电首次应用。相对卧式结构，其设备容积更小、荷重更大，布置在机头两侧后相关水汽管道布置可以更紧凑，大大提高了厂房的空间利用率。运转层较卧式布置的机组更简洁，在厂房面积不显著增大的同时，为维修空间和人员通道预留了足够大的空间，有利于运行维护。

（3）取消了单独的除氧间，减少了常规岛的总跨度和占地面积。

以上三个方面的优化和改进，不但基于电站经济性和特殊设备的首次应用，而且考虑到 EPR 机组功率增大，设备和管道数量更多、尺寸更大，对厂房有效容积的要求更高。通过提高厂房高度和合理布置，优化了厂房占地面积，提升了经济效益，并且为汽轮机提供了更大的检修平台。

### 4.5.5.2　循环水泵房布置

台山核电循环水泵房按一机一房配置，不再采用以往的联合泵房方案。核岛四列重要厂用水泵每两列共用一个安全级泵房，分别位于循环水泵房的两侧。

循环水泵房内平行布置了四列流道，对应四列过滤鼓网和 4 台循环水泵，重要厂用水、循环水、辅助冷却水系统均从同一列的鼓网后取水。重要厂用水系统的安全级蝶阀布置在循环水泵房内，可通过控制蝶阀实现取水管路互相切换供水。为降低循环水泵的启动功率，防止启动时电流过大并避免循环水泵停机时出现倒转，在循环水泵出口布置了重锤式缓闭蝶阀。此外，将辅助冷却水系统的泵组布置在循环水泵房，为汽轮机厂房系统设备布置节省了空间。循环水泵房内的四列安全级设备分别布置在实体独立的电气间和设备间，包括10个设备深坑，设备坑最深达23 m，远超一般的核电厂。为降低日常巡检人员劳动负荷，提高响应能力，在泵房的循环水泵坑和辅助冷却水泵坑设置了电梯。

#### 4.5.5.3 BOP厂房总体设计和布置

根据电站分期建设的总体规划并参考可行性研究报告，在确保各期功能完整性、安全性和可靠性的前提下，台山公司提出统筹考虑一期和二期的需要，BOP辅助设施按四机共用的总体方案进行设计。

在众多BOP子项中，除盐水站、空压机站、辅助锅炉房、氢气贮存和分配站、主开关站、厂区实验室、热机修车间及仓库、冷机修车间及仓库、危险品库、油脂库、培训中心，均是按照四机共用的容量设计。海水库按照四机共用的目标设计，分阶段实施。此外，淡水水库、220 kV变电站、应急指挥中心、消防站、净水厂、污水处理站等为全厂共用。

通过统筹考虑BOP设施的共用需求，因地制宜设计一期、二期BOP厂房合建，减少了十几个独立的BOP子项，使全厂总图在布置上有了更充分的优化空间，不仅节约用地，而且也有利于降低工程造价。BOP子项相对集中布置，也更有利于核电厂运行期间的维修管理，节约寿期内运行、维护成本。BOP厂房总体设计和布置充分体现了先进的设计理念和规划，为项目的安全、质量、进度、成本和环境控制作出重要贡献。

### 4.5.6 电气系统设计

台山核电配置厂外电网、汽轮发电机、柴油发电机、蓄电池组等多重电源，实现电源的多样性、冗余性和可靠性，通过厂用电交叉供电设计，提高检修便利性和机组可用率。

#### 4.5.6.1 电源冗余性和多样性设计

为了保证核岛电源的可靠性，避免共模失效和单一故障，更好地应对事故工况，台山核电的电源设计充分考虑了冗余性和多样性要求。按照纵深防御原则，共有7种不同供电方式，其中厂外电源为三回路的500 kV主电网和220 kV辅助电网，厂内电源包括每台机组的汽轮发电机组、4列独立的10 kV核级柴油发电机组、2列690 V SBO柴油发电机组、4列220 V的2小时蓄电池组和2列220 V的12小时蓄电池组。

10 kV核级柴油发电机组和690 V附加柴油发电机组在机组正常运行时备用，电站功率运行时要能随时启动以实现其安全功能，一直处于热备状态。在丧失厂外电源和主发电机组情况下，4列独立10 kV应急柴油发电机组的任一列启动，即可保证机组的应急停堆。如4台应急柴油机均不可用，则两列SBO柴油发电机组中的任一列启动，即可保证反应堆安全供电和冷却。

通过上述电源多样性、冗余性设计，有效保证了EPR机组系统、设备的高可用率，也提高了应对事故工况的能力和机组供电的可靠性。

#### 4.5.6.2 厂用电交叉供电设计

台山核电的核岛厂用电系统采用四列的冗余配置。通过不同列间的交叉供电设计，保证了四列工艺系统安全负荷冗余运行的要求，为各独立列维修提供照明、电源等，缩短维修时间，有利于提高机组可用率。

根据负荷类别不同，共分为仪控系统或母线控制电源、燃料水池冷却系统、内部安全壳隔离阀、正常照明、应急照明、690 V 核岛正常配电系统、燃料水池冷却系统和通风系统、通风系统、外部安全壳隔离阀等 9 类交叉供电设计。

为避免交叉供电引起的两路电源同时送电的风险，设计了交叉供电开关间的逻辑切换顺序，通过机械联锁手动操作控制，确保了交叉供电的可行性和安全性，实际的实施效果符合预期。

#### 4.5.6.3 全厂移动应急柴油发电机设计

日本福岛核事故发生后，国家核安全局对各核电厂提出了改进要求，要求各核电厂综合考虑福岛核事故后的经验反馈，增加移动式应急电源。台山核电在综合考虑全厂断电工况下，保证反应堆堆芯冷却和保持必要的事故后监测能力的要求，配置了 2 台 10 kV 移动柴油发电机组和 1 台 400 V 移动柴油发电机组（自带 400/690 V 变压器），为安全壳余热排出、仪控设备、主控应急照明等负荷应急供电，监测及缓解事故工况，为恢复厂内外交流电源赢得时间窗口。

移动柴油发电机组及其实体接口的设计、采购，严格按照国家核安全局颁发的《通用技术要求》执行。为了连接移动柴油发电机组，综合考虑防水淹、防雷、抗震、物理隔离、方便应急人员现场操作、避免临时在厂房内敷设电缆并且不对原有系统产生影响等因素，对原有电气系统做了适应性修改，在两个安全厂房和柴油发电机厂房布置了固定接口。通过配置应急移动电源，为丧失全部交流电源后实施应急措施提供了动力，增加了台山核电厂用电源的冗余性和多样性。

### 4.5.7 智能化仪控技术

作为全厂神经系统和控制中心，仪控大量采用了智能化控制技术。对仪控结构进行优化和改进，实现更高的多样化和独立性要求；参考以往机组运行经验，集成操纵员辅助功能，采用分散控制、集中管理的 DCS 平台，由计算机实现对电站的自动控制和超前保护。在设计中大量采用标准化、模块化设计，提高效率，降低错误率。

#### 4.5.7.1 EPR 仪控总体结构设计改进

为了进一步增强仪控总体结构的健壮性，在原有仪控总体结构中增加 HKS，在 SPPA－T2000 完全丧失的情况下可以通过 HKS 系统实现 F1B 安全功能。

考虑到功能多样性要求，HKS 系统必须采用多样化的平台，确定选用现有的安全级 DCS 平台 TXS 来实现相关功能。TXS 平台通过了 F1A 鉴定，与 SPPA－T2000 是多样化的平台。HKS 系统是基于 TXS 平台的非安全级系统，采用四列冗余配置，具备与相关子系统的接口。经过优化，各种工况处理手段如表 4－3 所示。

**表 4－3 改进后的仪控处理手段**

| 设计工况 | 控制系统 | 缓解手段 |
|---|---|---|
| DBC－1 | PAS/RCSL | PICS/SICS |
| DBC－2/3/4 | PAS/RCSL/SAS/PS/HKS | PICS/SICS＋就地操作 |

续表

| 设计工况 | 控制系统 | 缓解手段 |
|---|---|---|
| DEC－A | PAS/RCSL/SAS/PS | PICS＋EOP＋就地操作 |
| DEC－B | SA I&C/SAS DEC－B | PICS/SICS |

台山核电的仪控总体结构改进方案通过了监管部门组织的专家评审，率先突破了 EPR 仪控系统面临的技术难关，为 1 号机组后来居上超越参考电站奠定了基础。基于仪控总体结构设计相关的标准法规，经过充分分析和论证，在实现 F1B 安全功能的前提下，尽可能简化硬核系统 HKS 的规模。

#### 4.5.7.2　多样化、自动化、智能化的机组控制

EPR 机组控制系统具有多样化、自动化及智能化的特点。

控制系统多样化方面，仪控系统由 TXS 及 SPPA－T2000 两个不同的控制平台组成，不同的供应商、独立的系统设计、不同的部件以及独立的制造/验证过程，确保了控制系统的可靠性及多样化。保护功能的多样化方面，对于重要保护功能（如安注功能、跳堆功能等）除在 RPR 系统中实现外，在 SAS 系统中进行了多样化实现，确保机组安全的可靠保护。

机组控制的自动化方面，一是根据控制系统采集的信息自动判断机组运行状态，通过机组运行状态控制操纵员控制平台的报警项目；二是大量成组使用控制，实现了复杂/重要操作的顺序控制、一键启停，如一键机组自动升温升压、一键机组自动升/降功率等；三是实现重要参数的自动控制，发现偏离时自动补偿，无须操纵员干预；四是实现事件/事故的自动诊断（AD），通过分析 6 个关键状态参数（堆芯次临界度、剩余功率导出、一/二回路水装量、蒸汽发生器完整性、安全壳完整性）实现事件/事故的自动诊断及运行策略导向。这些措施降低了操纵员工作负荷，有利于避免人因失误。

机组控制的智能化方面，EPR 机组设计了操纵员辅助功能（OAF）、运行限制条件（LCO）、运行限制功能，对机组运行异常及瞬态自动进行被动干预、主动干预。被动干预一般为机组停止升功率、控制棒停止提升；若在被动干预执行后被保护参数仍然恶化，主动干预介入，机组开始主动降功率、主动插控制棒，直至把机组带回被动干预区间。通过被动干预及主动干预功能的介入，避免保护系统动作，确保机组的可用性。

EPR 机组控制系统的高自动化及智能化不仅简化了操纵员的操作，降低了人因失误，也给机组运行提供了更多的缓冲空间，降低了非计划停机/停堆概率，在确保机组安全运行的同时提高了机组的可用性。

#### 4.5.7.3　EPR 机组异常及瞬态运行自动干预

EPR 机组在以往反应堆参数控制与保护、稳压器液位/压力、蒸汽发生器水位等一、二回路重要控制的基础上，提出了异常及瞬态运行自动干预的设计理念，按照一定逻辑优先顺序，对汽轮机、控制棒进行自动控制，确保通过计算机手段自动将机组运行保持在受控状态。

EPR 机组自动干预主要通过运行限制条件（LCO）、操纵员辅助功能（OAF）和运行限制功能来实现。当参数偏离达到 LCO 阈值后，触发 LCO 相应的报警及动作，如果参数

继续恶化，将触发相应的 OAF 或运行限制功能，当参数仍旧恶化的情况下，将触发反应堆保护动作。

LCO 包括 T2000 系统中实现的一回路压力、稳压器液位、蒸汽发生器水位和在 TXS 中实现的 LCO 功能。其中在 TXS 中的 LCO 限制功能，用于监测和限制反应堆过程参数的变化，维持机组运行在正常范围之内。

OAF 属于 EPR 专用的仪控功能，用于参数超出正常控制范围时，专门调节一回路压力、稳压器液位和蒸汽发生器水位。

限制功能根据机组过程参数偏离正常允许范围的偏差触发和生效。当过程参数超出设定的限制阈值时，触发相应的限制功能动作。

LCO 功能可以减缓瞬态或者设计基准条件工况的进一步发展，并采取必要的措施将机组过程参数重新调节至允许范围内。

OAF 信号可以有效降低操纵员的负荷，确保参数控制的有效性；限制手动控制时参数的变化范围；保护一回路关键设备；避免达到安全限值触发保护动作，提高机组的安全性和有效性。

限制功能在保护系统触发前动作，可以使机组恢复正常运行，避免进入设计基准条件工况，它与 LCO、保护系统设置一道，共同实现核电厂纵深防御的设计理念。

#### 4.5.7.4　操纵员辅助系统设计

为帮助操纵员在各种机组工况下收集机组信息，正确判断机组状态，达到运行和控制机组的目的，EPR 机组在人机界面设计中增加了操纵员辅助系统（KAE）。它主要包括正常工况下的机组状态诊断、事故工况下事故策略诊断。

机组状态是机组在某一个时刻所处的唯一的状态，通过一些物理参数（温度、压力、液位）的计算比较得出。机组状态被划分为三大类 18 个基本状态。三大类分别为：正常运行状态、异常运行状态、未识别状态。

机组状态诊断在信息处理与控制系统（Process Information and Control System，PICS）中实现，包括 DCS 系统对机组状态的处理、选择和显示。机组状态的处理，通过 17 个处理模块根据机组物理状态参数或判断准则进行逻辑运算。一个通用的位于二层的机组状态选择单元，用来在 18 个不同的机组基本状态中选择一个计算状态。机组状态显示单元，是一个标准的位于 PICS 的显示状态，主要用来计算、显示必要的机组状态信息。

事故策略自动诊断是一个仅在事故工况下使用的计算机系统，用来评估电厂机组降级的情况和选择最合适的事故策略。事故策略自动诊断过程逻辑全部在 PICS 的处理单元完成。其数据来源于工艺系统的参数测量或者手动指令，逻辑结果用于定向至合适的策略及在分解界面上显示结果。

机组状态诊断能够直观、实时显示当前的机组状态；通过仅显示与当前机组状态下密切相关的报警的方式限制报警数量，减轻操纵员的工作负荷；通过语音和界面控件颜色变化，及时通知操纵员机组状态的变化，进而达到提醒操纵员注意监视机组重点物理参数的变化和运行技术规范对应机组模式发生的改变等。事故策略自动诊断不仅能够保证核蒸汽供应系统状态诊断和运行策略的可靠性，避免人因失误，还能够将操纵员从重复不断的监视中释放出来，因而提高了电站控制的可靠性和 DCS 系统的控制水平。

#### 4.5.7.5 T2000/SAS F1B 和 SAS 网络设计

台山核电仪控总体结构设计应用了 T2000 SAS 仪控子系统和 SAS 网络。T2000/SAS 平台通过 F1B 鉴定，用于实现 F1B 级的自动/手动控制和测量功能，也用于执行部分 F2 SC1/NC 级的功能。

SAS 系统由 AS620B（S7）来实现，使用冗余的 AP 以及不冗余的 FUM 卡（关键功能配置冗余 FUM 卡）。SAS 网络是由 X112－2 型交换机和工业以太网总线（FO）搭建而成的总线，分为两列，互为冗余。Island Bus 和 SAS Bus 通过以太网交换机实现与 Plant Bus 的数据通信。Plant Bus 在收集了来自 PAS 和 SAS 系统的信号后，将数据通过操作和监视单元（PU）传往终端总线（Terminal Bus），再送到操作终端（OT）显示。

安全级 SAS F1B 网络应用，提高了电站控制系统的安全性和可靠性。

#### 4.5.7.6 多样化优先级管理模块设计

台山核电应用多样化的优选模块，分别是 PAC－A 模块（AV42E＋SPH11）和 PAC－B 模块（AV42E＋SPLM－PC11）。

PAC－A 模块由 1 块 AV42E 和 1 块 SPH11 组成。AV42E 由 PLD、微处理器和 ProfiBus DP 接口构成。PLD 负责处理硬接线命令、优先级管理、驱动控制、重要设备保护、执行器反馈信号处理和 SICS 盘台上的指示信号。微处理器处理通过 ProfiBus DP 网络传送的来自 SPPA－T2000 的指令、向 PLD 发送指令和监控执行器等。SPH11 模块内没有处理器，是转接线模块，收集来自 AV42E 模块的指令和来自执行器的反馈信号。

PAC－B 模块由 1 块 AV42E 和 1 块 SPLM1－PC11 组成。AV42E 由 PLD、微处理器和 ProfiBus DP 接口构成。微处理器处理通过 ProfiBus DP 网络传送的来自 SPPA－T2000 的指令、向 PLD 发送指令和监控执行器等。SPLM1－PC11 由 PLD 构成，PLD 负责处理硬接线命令、优先级管理、驱动控制、重要设备保护、执行器反馈信号处理和 SICS 盘台上的指示信号。在 SPLM1－PC11 的 PLD 中处理的硬接线命令会在 AV42E 的微处理器中复制，以确保支持 SPPA－T2000 正确监控执行器和在 PICS 中正确显示信息。

采用 PAC－A、PAC－B 两种模块实现优先级管理，是 EPR 项目采用多样化设计原则的具体表现形式，可以避免优选模块共模故障，以确保安全功能的实现，增强了 EPR 电厂的可靠性，提高了电站的安全性。

#### 4.5.7.7 DCS 宏模块规模应用

在以往的核电项目中，通常采用逻辑图（Logic Diagram，LD）/模拟图（Analog Diagram，AD）来表现工艺系统功能图，LD/AD 图通过使用基本功能图（Basic Function Block，BFB）以及驱动块的组合搭配来实现控制逻辑，不同功能的控制逻辑需要单独搭建，设计效率较低。台山核电通过 BFB 与宏模块的组合搭配来实现控制逻辑。宏模块是法马通在驱动控制模块（Drive Control Module，DCM）的基础上叠加 BFB 逻辑封装而成的功能块，DCM 用于执行器的命令优先级管理、故障管理以及在二层上的显示等。

这种集成封装使得每一个过程模块（Process Macro）可以直接对应一种类型的执行器、传感器并提供了与外部的逻辑接口、人机接口以及与 Level 0 的接口。具体到某一个特定执行器、传感器，则可根据其自身特性配置过程模块的内部参数或启用过程模块不同输入/输出端口以匹配该执行器、传感器所需实现的功能。同一个过程模块对于一大类执行器、传感器来说是通用的，这使得组态工作变得更加便捷。

#### 4.5.7.8　加强型生命信号监测

DCS 二层由内部的监测程序进行自我监测，但独立性不足，无法确保信息的正确性和可靠性。因此在 DCS 二层自监测以外，通常采取额外的措施对 DCS 二层进行独立的第三方监控。由于一般监控的主体限制在 DCS 一层和二层之间的关键设备接口服务器上，并未对二层涉及的所有设备和进程进行监控，这就导致信息监测存在不完整的风险。

为了提高监测的独立性，需要使用独立的安全级设备来探测 DCS 二层的故障。台山核电采用独立的 DCS 一层控制装置对 DCS 二层状态进行监测。同时，为了进一步保证监控的可靠性，使用安全级别高于 DCS 二层的 SAS 平台来执行监测功能。鉴于 DCS 二层自身已有自监测功能，同时 SAS 中的监测信号将针对 DCS 二层所有相关设备及必要进程，因而该生命监测信号命名为加强型生命信号（ELS）。ELS 设计原理是从 SAS 发出 ELS，ELS 经历监测通道后返回 SAS，与发送信号进行比较。如果一致，可以认为该通道工作正常；如果不一致，则说明有异常，将产生信息或报警；因而有多少个屏幕，SAS 就会发出多少个 ELS。

通过 F1B 的高可靠性的 SAS 平台来执行 DCS 二层监测功能，配合冗余和独立的监测方法，提高了 DCS 二层生命信号监测的可靠性。

#### 4.5.7.9　主控室和人机接口

主控室位于 2 号安全厂房的 16.3 m 层房间内，采用盒中盒的模块化实体结构。外层盒由四面墙和上下楼板构成的土建主体结构，内层盒为主控室钢框架，包括钢结构框架盒、防静电地板和天花板、电缆托盘等物项。钢结构框架盒在厂房附近的地面拼装成型，并在外盒楼板开始施工前利用大型起重机整体引入。内外盒之间通过 18 个抗震弹簧连接，满足主控室的抗震要求。盒中盒设计本身可以有效降低噪声的传递，此外，内外盒之间还设计有隔音棉，大大降低了主控室的平均噪声水平。主控室的设计具有良好的人因工程特性，包括涂料色彩、灯光照度、设备及家具尺寸等充分考虑了中国人的身体特征，满足可居留性设计要求。

基于 Windows 操作系统的人机界面符合多数人的操作习惯，人机界面友好，颗粒度精细，操作简单，数据调用和查询便利，同时大量采用自动化和智能化的控制理念，开发出对应的操作画面，上述措施可有效辅助操纵员对电站进行监视和控制。

### 4.5.8　设备设计与制造

台山核电在反应堆压力容器、蒸汽发生器、主泵轴封、一回路主管道、核燃料组件等关键设备的设计与制造上进行改进与创新。

#### 4.5.8.1　反应堆压力容器设计

反应堆压力容器是核电厂一回路的核心设备，主要作用是容纳核燃料组件和冷却剂、包容核裂变反应等，属于核安全的第二道屏障。在设计和制造上，要求在任何工况下都能够为燃料组件提供足够的冷却，并确保堆芯能够始终淹没在冷却剂中，确保堆芯安全。为满足三代核电的安全目标，结合已运行核电厂的运行经验，EPR 反应堆压力容器的主要改进包括：采用四环路设计、接管筒节一体化、压力容器本体法兰与 8 个管嘴环段采取整体锻造成型、取消了连接焊缝及其在役检查环节等。核燃料与堆芯筒节之间设置重反射层替代以往机组常用的“围板”，降低了从堆芯内部泄漏的中子数量，既能够提高核燃料的利用率，又可以保护反应堆压力容器免受快中子过度照射，降低其引发的寿命缩短、脆性断裂的风险。反应堆压力容器的所有堆芯测量仪表贯穿件都集中从反应堆压力容器顶盖引入，下封头不再布置贯穿件，从而提高了整体结构性能。通过上述改进，反应堆压力容器的设计强度提高至 17.6 MPa 以上，增加了燃料燃耗深度，降低了对燃料富集度的要求以及从堆芯泄漏的中子数量，使用寿命达到 60 年以上。

#### 4.5.8.2 AFA 3GLE 核燃料组件设计

为增加堆芯功率，EPR 设计采用新型核燃料组件 AFA 3GLE，堆芯组件的数量增加到 241 组，组件长度由 12 英尺增加到 14 英尺。AFA 3GLE 核燃料组件由燃料棒、定位格架、导向管、上管座和下管座组成，每个组件包含 265 根燃料棒、24 根控制棒导向管及 11 个定位格架。在设计上，其显著特点是：

- 燃料棒底部设置了空置的支承管，因此燃料棒的气腔体积更大，可以容纳更多的裂变气体，可限制辐照期间堆芯的内压；
- 定位格架的数量增加到 11 个，其中 8 个格架带有整体混流翼片，位于堆芯活性区，另外 3 个格架位于堆芯顶部和底部，用于燃料棒的支撑和定位；
- 导向管为控制棒、中子源及仪表提供通道，其上部内径较大，以保证控制棒的快速插入，下部内径变小，为控制棒末端提供缓冲；
- 上、下管座是燃料组件骨架结构的顶部和底部连接构件，上管座流水孔增加至 4 个，下管座防异物滤网的网格更细（2.7 mm × 2.7 mm），可以有效地过滤异物。

用国际通用的表征燃料可靠性指标（Fuel Reliability Indicator，FRI）衡量，AFA 3GLE 处于优秀水平，这反映了其设计性能的优越。

#### 4.5.8.3 主管道一体化锻造技术

一回路主管道连通反应堆压力容器、蒸汽发生器和反应堆冷却剂泵，与这些设备共同组成反应堆冷却剂压力边界。为了提高整体机械性能，降低破裂、断裂等事故风险，更好地保证产品质量，主管道设计和制造技术改进与优化如下。

- 提高制造要求：采用一体化锻造管道，管嘴为整体锻造拔制，减少了应力集中。
- 提高材料性能：采用材料为牌号 X2 Cr Ni 19 10 的奥氏体不锈钢，钴含量小于 0.06%，机械强度、冲击韧性、抗晶间腐蚀等性能显著增强。
- 减少焊缝数量：主管道每回路现场焊缝数量从 8 道减少到 6 道。
- 提高在役检查要求：执行 100%的役前及在役无损检测。

通过以上改进，提高了主管道性能，进一步降低了主管道发生断裂的风险。

#### 4.5.8.4 主泵静止轴封设计

EPR 主冷却剂泵（简称主泵）为立式单级混流泵，满足高温高压条件下反应堆冷却剂工况的要求。主泵主要由泵本体、轴封和电机三大部分组成，其最主要特点是静止轴封技术，即在以往主泵三级轴密封的基础上，增加了“静止轴封”。

主泵的第一级密封是可控泄漏密封，是液膜润滑密封；第二级和第三级密封是摩擦面密封；静止轴封则为金属对金属的接触密封。当主泵失去轴封冷却水或者各级轴封逐级失效时，有可能导致冷却剂突破三级密封造成泄漏。静止轴封则可以防止此类冷却剂泄漏事件。当主泵停止时，静止轴封启动，承受运行压力的冲击，防止一回路冷却剂流失，确保一回路压力边界的完整性。

#### 4.5.8.5　蒸汽发生器设计改进

蒸汽发生器是连接一回路与二回路的设备，主要功能是作为热交换器设备将一回路冷却剂中的热量传递给二回路的水，使其转变成饱和蒸汽。

EPR 采用饱和蒸汽自然循环式蒸汽发生器。与以往核电机组不同的是，EPR 的蒸汽发生器增设了轴向节能器，可以大幅提升热交换效率。增加轴向节能器源于对常规自然循环式蒸汽发生器的改进：在蒸汽发生器冷段的给水下降通道设置了双层围板，管束中间安装一个分隔板（从管板到第 6 个管束支撑板的高度），用于将给水导向冷段管束，100%的给水和 10%的再循环水汇集到传热管冷侧，对给水起到预热作用，直至达到饱和状态。这个设计的优点包括：

- 提高了蒸汽发生器管束的传热效率，在相同的管束传热面积下，出口蒸汽压力可以提高 0.3 MPa。
- 管束之间没有直接的横向交叉流，无管束振动的风险。
- 管束维修和检查得以简化。

此外，EPR 蒸汽发生器换热管为三角型排列，传热管数量增加至 5 980 根，换热面积增加到 7 960 $m^2$，提高了换热能力。

#### 4.5.8.6　防高压熔堆严重事故泄压阀设计

高压熔堆是指反应堆冷却剂系统在高压条件下失效时发生的堆芯熔化。高压堆熔物一旦喷出到安全壳的钢衬里上，将可能熔穿钢衬里，进而破坏安全壳的密封。另外，一回路的高温高压将严重威胁回路的设备和部件。为了防止高压熔堆严重事故的发生，EPR 在稳压器上设计了严重事故泄压排放阀组。当反应堆冷却剂在高压状态下缺失、存在高压熔堆风险时，严重事故泄压排放阀组开启，向泄压箱泄压，从而转化为“低压熔堆”，以利于中低压时启动安全注入。最严重时，由堆芯捕集器实施“低压熔堆”严重事故缓解，从而确保放射性包容功能。

严重事故泄压排放阀组是 EPR 的特有设计，安装在稳压器顶部通过专用管嘴引出的两条冗余的大流量管线上。每条管线串联安装一个阀组（一台闸阀和一台截止阀）。阀组开启时最高容许温度为 600 ℃。严重事故泄压排放阀组开启后，可迅速将堆芯压力降至 2 MPa 以下，防止高压熔堆（2.5 MPa 以上压力），并保证安注系统的有效性，从而减缓堆芯熔化进程。

## 4.6　设计采购小结

台山核电初期，设计采购工作基于中广核成熟的翻版工程建设管理模式进行策划。进入到项目的中后期，由于参考电站延期，台山公司审时度势、主动求变，决定将台山核电 1 号机组作为 EPR 首堆管理。

首堆建设管理模式比翻版工程难度大，管理上加大力度整合上下游供应链资源，推动系统集成；参与设计方案的决策，主导设计采购，包括：组建现场设计团队，深度介入设计管理，强化对设计进度的掌控；推动部分设计自主化，促成上游向下游的设计授权，推动下游带技术方案澄清；联合国内单位组建 BNI 联合执行团队，建立设计方和供货商的快速沟通渠道，实行精细化管理，推动设备到货；提升采购自主化能力，拓宽国产化替代渠道，建立大宗材料缓冲库；建立以能力和效率为中心的自主化分拣机制，快速高效地解决现场问题。

此外，为适应首堆工程建设特点，台山公司不断优化设计采购流程，抓住影响设计固化的关键因素和环节，实现流程升级，包括重视并推动设计固化、转变配置管理方法、分类管控设计开口项、以现场需求引领设计、分段实施设计变更等，使首堆的各项难题在管控边界内妥善、有序地解决。

在 EPR 首堆建设过程中，台山公司充分发挥业主的主导作用，一方面，继承中广核 30 年不间断建设所积累的人才与经验优势；另一方面，针对首堆建设面临的新情况、新问题、新挑战，台山公司及时作出调整，大胆创新和实践，积极探索首堆新形势下的设计采购管理方法，走出了一条切合实际的设计采购管理之路，为 EPR 首堆建设奠定了基础。

# 第 5 章
# 施工管理与技术

## 5.1 概述

施工是从设计采购到调试运行的重要环节，起到承上启下的作用，通过施工活动建设厂房、安装设备并集成为全厂系统，将设计蓝图变成现实，为调试和运行创造条件。施工活动也是验证设计和设备质量的重要环节，施工管理效果直接影响项目的安全、质量、进度、成本和效益。

台山核电在施工初期，根据参考电站和国内核电建设经验组织施工，进展总体较为顺利，以穹顶吊装为标志逐步超越参考电站 FA3 项目。设备安装开始后，继续沿用了以往“先区域、后系统”的施工管理策略，但是新技术、新堆型、首堆等特性逐渐显现，按原定策略实施困难。经过探索和尝试，台山核电逐渐调整了施工管理策略，以调试需求的系统为导向集中攻坚突破，为机组调试创造了有利条件。同时，发挥自身优势协同推动设计固化和设备材料供应，及时组织完成了安装上量和设计变更现场实施，为形成首堆之势奠定了基础。

施工过程中，台山核电强化了安全质量管理，优化了施工逻辑，解决了物资仓储难题，改进了管理流程；通过技术攻关，掌握了 EPR 核岛大体积混凝土浇筑、双层安全壳施工、核岛主系统安装、汽轮发电机组安装等三代核电施工新技术，并在焊接、大件吊装、三维测量等技术领域积累了新经验。

## 5.2 初期策划

### 5.2.1 工作范围和管理目标

#### 5.2.1.1 工作范围简述

按专业划分，台山核电施工管理工作范围主要包括：

（1）厂址准备、管理和维护；

（2）现场临时供水、排水、供电、照明、通讯和道路的规划、施工和维护；

（3）建立、维护现场测量网，向施工单位提供测量基础数据并进行监督；

（4）金属质量控制与监督；

（5）厂房及构筑物土建施工；

（6）核岛、常规岛及 BOP 机电设备安装与部分试验工作，包括管道及部分储罐预制、部分现场设计管理；

（7）大件吊装与运输（场内）；

（8）调试支持服务；

（9）役前检查；

（10）工程物资现场接收检验、存储与管理；工程物资的场外运输；备品备件及专用工具管理；进口民用核安全设备口岸放行申报和开箱检验申请工作。

按管理对象性质分，包括：

（1）对施工现场进行总体技术管理和协调，审核与论证重大施工方案、组织和实施技术创新工作，与现场活动有关的技术文件管理；

（2）施工质量控制：严格按照质保体系运作，监督现场施工单位按照合同要求提供合格的产品和服务，重要质量控制点的现场检查与旁站监督；

（3）施工三级进度和四级进度管理；

（4）合同管理：审核监督施工单位工作量申报，为商务支付提供支持；

（5）现场施工场地、工作面、施工工料机资源的协调与调度；

（6）与设计、供货等上游部门的配合与协调、施工单位之间的接口与协调管理、下游调试及生产部门的沟通和协调、对外部监督单位，如核安全局等的配合工作；

（7）现场的施工安全、环境管理相关工作；

（8）对施工单位交付的工程组织竣工验收，办理工程接收手续。

#### 5.2.1.2 主要工程量

施工初期，根据当时已有的图纸资料进行统计，发现 EPR 堆型工程量远大于其他堆型，随着设计逐步固化，工程量还在不断增加，最终施工完成时，台山核电一期实际工程量如下。

核岛土建：包含 71 个子项。两台机组核岛钢筋总量约 12.1 万 t，结构混凝土约 50 万 $m^3$，钢结构约 4 500 t，预埋件约 9 500 t，门 3 340 樘，油漆约 67 万 $m^2$，不锈钢水池 36 个。

常规岛土建：共包含 84 个子项，两台机组工程量为钢筋约 8.8 万 t，结构混凝土 56.5 万 $m^3$，钢结构 3.5 万 t，回填砂石料 77 万 $m^3$。

BOP（电厂配套设施）及海工土建，共计 40 多个子项。

核岛安装工程：包括全部核岛设备的安装工程、调试服务和移交前设备维护以及合同范围内所涉及的工作。核岛安装工程包括 EM1～EM10 共 10 个机电安装包；调试服务包括：役前检查的支持性服务、调试阶段的服务、调试阶段的测量和检查、吊车运行指示标记、EESR 后的工程服务等；还包括现场设计和大件吊装总承包管理等。其中主系统重型设备 20 台，总重 6 000 余吨，EM3 辅助设备 2 082 台，EM4 辅助系统 2″以上管道约 10.5 万 m，2″（英寸）及以下管道约 19 万 m，电气盘柜 3 000 多台，电缆约 8 000 km，通风管约 7 万 $m^2$。

常规岛及 BOP 安装：包括汽轮机、发电机、主行车、凝汽器、汽水分离再热器、高低压加热器、除氧器、电动给水泵、凝结水泵、BOP 循环水泵、鼓网、闸门及其辅助系统设备等工艺设备约 600 台套，3″（英寸）及以上管道 6 673 t，3″（英寸）以下管道 15.37 万 m，通风管 2.46 万 $m^2$。BOP 包括循环水泵房、供水、供气、供辅助蒸汽、供输电及废液处理等共计 47 个子项（不含纯土建类子项），以及环水廊道、重要厂用水廊道、各类电气廊道、废液廊道、消防廊道、机械廊道等在内 63 条廊道管道施工。

#### 5.2.1.3 特色施工内容

有特色的施工内容主要包括：防大飞机撞击双层厂房结构及双层安全壳，柴油机预制底座，堆芯捕集器，反应堆重反射层，下沉式布置的常规岛汽轮发电机厂房，结构复杂、多层重叠的廊道，海底隧洞，海水库等建构筑物及结构施工；高强度混凝土及牺牲混凝土配比研发和施工，大体积混凝土整体浇筑，触变浆施工，单机容量世界最大的常规岛汽轮发电机组安装、立式汽水分离再热器安装；利用液压提升装置吊装核岛主设备，利用机器人进行辅助管道内部打磨，三维摄影测量等新技术应用。

#### 5.2.1.4 施工管理目标

为引进 EPR 三代核电新技术并自主建设，台山核电施工管理目标包括：

（1）完成硬指标：确保施工质量优良，安全、进度满足要求，成本可控；

（2）增强软实力：自主建造，掌握 EPR 施工核心技术和管理方法，培养人才，积累经验。

### 5.2.2 施工管理组织与分工

#### 5.2.2.1 施工管理组织

台山公司施工管理部门主要人员来源于中广核工程有限公司，台山公司负责人员管理和工作安排。施工管理部门下设 9 个专业队办，并随着工程进展逐步完善，与国内其他核电项目施工管理的配置基本相同。在核岛安装工作开始后，生产线技术部在役检查人员编入核岛安装队开展役前检查相关工作。

施工主要参建方包括：中国核工业二三建设有限公司（简称二三公司）、中国能源建设集团广东火电工程有限公司（简称广东火电）、中国核工业华兴建设有限公司（简称华兴公司）、中国建筑第二工程局有限公司（简称中建二局）、中交四航局有限公司（简称四航局）、中铁隧道集团有限公司（简称中铁隧道）以及专业化分包商等。

#### 5.2.2.2 任务分工

主要施工任务分工如下。

（1）施工总体管理

台山核电施工管理部门负责施工总体管理、规划、协调、控制工作，包括厂址准备、临建、海工、土建、安装、调试服务及役前检查等各项工作。

（2）土建施工

1 号核岛土建由华兴公司承建；2 号核岛土建和 1 号、2 号常规岛土建由中建二局承建；

土石方工程、海工工程、海底隧道、淡水水源等配套设施分别由华兴公司、四航局、中铁隧道、中水珠江规划勘测设计有限公司等专业化公司承建。

（3）核岛安装

核岛主安装工程由二三公司承担，主要包括核岛 10 个机电安装包的工作，以及部分预制和调试服务工作。主系统安装（EM2 工作包）由法马通提供部分技术支持。

（4）常规岛及 BOP 安装

常规岛及 BOP 安装工作由广东火电承担，主要包括设备和材料安装、部分常规材料和设备采购、辅助配合工作和服务等。

（5）专业分包

广东火电力特公司作为核岛安装和土建主承包商的分包商，承担全场大件吊装与场内运输工作，工程高峰期又引入了中国核工业中原建设有限公司分担了部分大件设备吊装任务。

2 号核岛钢衬里及主要不锈钢水池钢覆面由华兴公司专业分包。

IRWST 吸水管线及箱体预制和安装由国外供应商分包给二三公司承担。

此外，现场引入了专业的行车维保队伍，专门负责常规岛主行车等安装完成后至移交生产前的维保工作。

## 5.2.3 施工阶段划分与重点、难点

虽然台山核电各阶段施工的重点和难点与 CPR1000 项目有相似之处，但是新技术、新堆型也给施工带来了新挑战，如：EPR 采用较多新技术、新材料、新工艺，部分技术标准有所提高，缺少可借鉴的成熟经验；部分设计尚未完成和最终固化，设计变更多；厂房布置和系统设计更复杂。

### 5.2.3.1 前期准备

重点是主体工程开工准备，完成四通一平及海工、地下防渗等工程和生产、生活等配套设施建设。难点是土石方工程量大、安全风险高，需要做好海工石料需求与厂区土石方开挖的动态平衡，避免二次倒运。

### 5.2.3.2 土建施工阶段

1 号核岛第一罐混凝土后土建施工进入高峰期，主要以穹顶吊装为目标，重点确保关键路径进度，完成各厂房主体结构和预埋设备引入，为设备安装创造条件。常规岛施工的重点是尽快完成汽轮机厂房和泵房施工，为行车和设备引入创造条件。

安装准备方面主要围绕安装合同签订、三级和四级施工计划编制、安装技术准备及人员培训等方面开展，并跟踪安装图纸出版、设备与大宗材料到货情况，启动场外预制，配合土建施工完成环吊等预埋设备引入。

主要难点是设计和供货与计划产生偏差，工程量大，施工逻辑复杂等。

### 5.2.3.3 设备安装阶段

穹顶吊装后，核岛安装进入主体施工阶段，重点是主设备安装、主管道焊接，重要的核岛辅助设备、工艺管道、通风系统的安装。安装初期主要以房间移交为基础组织施工，确保安装工程量按照计划推进，当安装工程量达到一定比例后，工作重点转移到完善系统，通过完善系统水压试验回路，签署安装完工报告将系统由安装单位移交至调试部门。常规岛安装初期主要围绕汽轮机低压外下缸就位目标开展方案策划、文件准备、主行车安装、凝汽器安装、管道预制等工作。汽轮机低压外下缸就位后，进入主体施工阶段，重点工作包括汽轮发电机、立式汽水分离再热器、常规岛管道及辅助设备等安装。BOP 安装方面，推进泵站进水为核岛及常规岛设备和系统提供冷源，是各项调试工作开展的重要条件，也

是安装重点工作之一。电仪专业的施工重点是三路电源安装、电缆敷设端接上量，其中三路电源为调试创造条件，确保单系统调试、多系统联调直至冷试均能有电源保障。电缆敷设端接上量是为系统完整性创造条件，同时也是打通系统内、系统间电气仪控通道的必要条件。此阶段土建施工的重点是配合安装，交叉施工。

主要难点是：上游条件方面，施工初期大量文件处于初始设计阶段，内容不够详细、针对性不强，预计设计变更较多而且安装图纸与设备材料供应进度有偏差；由于缺少成熟的 EPR 标准安装程序包文件，且上游文件完整性和配套性不强，编制文件的适用性有待检验。安装方面，根据已有文件判断，设备、管道、电仪工程量大；采用了较多新技术，与以往项目差异较大，原有安装技术和施工经验不完全适用；部分主设备安装条件与参考电站不同，需要根据实际情况优化逻辑安排；按施工合同计划，施工周期短，资源高峰集中。厂房平面布置、土建施工顺序改变，房间数目增多，造成多厂房、多工种深度交叉施工，人力和设备需求大，加大了通道布置、设备运输路线、专业施工协调的难度，同时增加了安全隐患；计划工期下，房间返移交、核清洁等时间窗口短。

#### 5.2.3.4　系统移交与调试服务

冷态功能试验完成后，安装进入收尾阶段，主要围绕调试需求完成安装剩余工作，不断完善系统状态，以支持热试和装料。工作重心是短期批量化处理安装尾项，做好系统移交调试及通信、照明、吊车等自调系统移交。该阶段土建施工的重点是核岛厂房核清洁与厂房移交，重点关注房间返移交进展；其次在各专业深度交叉的同时做好区域管控，特别是防异物管理。

主要难点是：系统数量多，移交工作量大；尾项处理窗口协调难度大；系统移交与厂房移交同步进行，厂房数量多，移交时间紧；各专业交叉施工，核清洁区域管理难度大。

### 5.2.4　自身优劣势分析

基于台山核电工程特点、以往成熟项目管理经验、合作伙伴和上游条件，分析施工管理的优劣势，有利于采取有针对性的管理策略和措施。

台山核电施工管理的优势包括：

（1）团队优势：管理骨干具有完整的成熟核电项目建设经历；国内核电连续多年不间断建设，施工队伍经验丰富、技术能力强、人才及资源供应较为充足；队伍总体上是以老带新，有适当数量的年轻员工，创新能力强。

（2）管理优势：业主及主要施工单位的质量管理体系、施工文件体系比较完善；国内产业链完整，响应速度快、效率高。

劣势包括：EPR 施工新技术、新材料、新工艺多，缺乏经验；国内同期建设的核电项目多，对施工关键技术人员和产业工人的需求大，关键资源总体偏紧；年轻员工施工经验不足。

### 5.2.5　应对策略与措施

台山核电基于当时已掌握的信息和对未来形势的预判，除了沿用以往核电施工管理常用的“两级 QA，三级 QC”“六级计划”、关键技术方案评审、高风险作业管控等成熟管理方法之外，计划采取一系列有针对性的管理措施，发挥既有优势，克服劣势与不足。

#### 5.2.5.1 实施三大策略

（1）跟随策略

紧密跟随参考电站，借鉴其成功的技术与管理经验，尽可能减少施工未知风险和不确定性。

（2）“先区域、后系统”施工

根据成熟核电项目建设经验，设计和供货等上游条件较好，设备安装通常先按“区域施工”，将厂房划分为不同的安装区域，每个区域的房间数不同，同一区域的房间大多在同一楼层，少数区域因设备原因贯穿几个楼层。设计文件按照区域编制出版计划，相关的预制工作按照区域编制施工计划，核岛安装施工组织也按区域开展。房间移交后，安装单位按照区域集中力量完成工程上量，待工程量完成达到 40%左右时，开始按“系统施工”，即从系统的角度分析和考虑水压试验回路，完成水压试验后，考虑系统收尾，集成整合系统并向调试部门移交。“区域施工”是法国核电建设施工管理的常用方法，通过大亚湾核电建设引进到中广核，并在 CPR1000 机组批量化建设中发挥了重要作用。“区域施工”阶段重点关注工程量的积累，“系统施工”阶段重点关注系统的完善。从大亚湾核电建设开始，核岛施工管理都是围绕区域开工、系统完工进行组织。

台山核电工程初期，技术资料尚不完备，参考 CPR1000 工程准备了施工合同文本，确定了参建单位的施工组织设计，并根据当时有限的上游信息完善了设计者提供的参考文件和工程量。施工管理部门和安装单位的组织机构、人员配置、管理模式和策略也与岭澳二期基本相同，仍然保持“先区域、后系统”的推进策略。

（3）差异化管理

通过收集、整理、消化上游出版的技术文件、典型图纸、采购技术规范等，梳理和识别 EPR 与 CPR1000 的技术差异，分析与以往核电项目的施工差异，充分利用参考电站技术转让文件，针对 EPR 新技术（主回路安装等）运用、新设备（堆芯捕集器等）安装、新工艺（辅助管道焊缝内部打磨等）实施，组织专家研讨会，提前识别关键点，抓住重点、区分轻重缓急，对新技术、新挑战重点管理。

#### 5.2.5.2 做好三类基础工作

（1）严控安全质量

通过研究国内外同行经验，明确易于发生安全质量问题的重点专业、重点设备；以关键技术为基础，有针对性地制定安全质量控制措施；确保安全质量保证体系运作有效，避免文化与体系漏洞导致共因问题；将安全质量要求落实到行动上。

（2）团队建设

施工上下游大团队合作，优势互补，共同应对挑战。发挥国内施工单位的经验、技术、资源优势，协助上游设计解决技术问题；加强对施工单位的服务与支持，解决其后顾之忧，妥善应对工程量增加、设计迭代和工期延长等困难；通过老中青结合及开展形式多样的培训，加强员工队伍建设，使新员工队伍快速成长。

（3）管理优化

优化流程，完善点系统，建立管道、阀门、电缆、特殊材料、设计变更、移交尾项等各种数据库，提高管理水平和效率。

#### 5.2.5.3 应对四大挑战

（1）具有 EPR 特色的施工新技术

组织技术攻关，掌握具有 EPR 特色的混凝土施工技术、主系统安装技术、大型汽轮发电机组安装技术、关键设备和管道焊接技术、大件吊装技术等关键施工技术。

（2）设计变更施工

台山核电 EPR 堆型设计尚未完全固化，必然存在一定数量的设计变更。需要优化和管控设计变更、妥善解决材料问题、完善组织措施，应对设计变更挑战。

（3）工程上量

EPR 工程量大，需要协调和确保资源投入、推进工厂化预制等措施，及时完成庞大的工程量。

（4）上游条件不确定性

新技术、新堆型带来上游条件的不确定性，需要根据上下游条件调整施工逻辑，优化资源配置，应对上游条件变化及新技术带来的进度管控挑战。

## 5.3 施工管理历程

施工初期，按照事先策划部署，“实施三大策略、做好三类基础工作、应对四大挑战”，土建围绕穹顶吊装开展施工，安装按区域开展预制和准备工作，进展符合预期。进入安装阶段后，由于设计和供货情况远不如预期，“先区域、后系统”的施工策略难于有效实施。台山公司结合实际条件，探索和调整了施工管理策略，上下游协同推进设计供货，优化施工逻辑，创新施工管理方法，在确保安全质量的前提下，及时完成了安装上量和设计变更实施、系统移交等工作，为首堆工程建设打下了坚实基础。

### 5.3.1 初期施工实践

**1. 前期准备**

台山核电前期准备工作于 2007 年 12 月陆续展开。四通一平阶段根据现场情况，实时动态调整临时交通线路，并在核岛浇筑第一罐混凝土前进行了交通模拟演练。土石方工程方面，协同施工单位加大资源投入，实现现场连续施工，并重点关注土石方开挖和主体骨料备料、海工工程的密切配合与衔接，实现一期工程主体骨料以及护岸、码头、排水明渠、取水明渠、海水库等海工工程石料的自我供应。混凝土生产链建设采用了一体化模式，实现了砂石场与搅拌站无缝链接。同年启动大体积混凝土配合比设计，引入了掺和料双掺（粉煤灰与矿渣粉）技术，并通过四次全比例试验以及现场模拟试验进行验证，最终满足设计对温度和裂缝的要求。核岛筏基钢筋绑扎阶段，面对工程量大、结构复杂等困难，台山公司积极协调施工单位抽调人力，于 2009 年 5 月至 8 月期间完成 2 700 t 核岛筏基钢筋绑扎，创造了当时筏基钢筋绑扎记录，为 1 号核岛浇筑第一罐混凝土奠定了基础。

**2. 土建施工**

1 号核岛浇筑第一罐混凝土后，项目进入了全面土建施工阶段，核岛、常规岛、BOP

等厂房结构施工及海工工程同步推进建设。施工管理按照：第一罐混凝土→安全壳与钢衬里施工，内部结构和周边厂房跟进建设→穹顶吊装的关键路径推进。

EPR 反应堆厂房设计采用双层安全壳、防飞机撞击屋面（APC 壳）、四环路布置，结构复杂。新增的堆芯熔融物通道、堆芯捕集器等构筑物，均为首次施工；设计文件出版进度不能满足现场需求；核岛厂房土建工程量大，预引入设备多，对施工资源需求和组织安排带来较大挑战。

为尽早实现穹顶吊装，并为设备安装创造条件，台山核电采取了以下几方面措施：

（1）跟随参考电站，吸取经验，优化施工方案，规避重大风险。通过优化混凝土配比等技术措施，保证了核岛筏基大体积混凝土（超过 9 200 $m^3$）浇筑一次成功，质量满足要求，避免了参考电站因筏基裂纹影响工期的质量事件；针对参考电站底部钢衬里焊接困难和质量控制难题，台山核电结合国内成熟的施工经验分析出根本原因，并有针对性地优化了施工方案和施工逻辑，将大量焊接组装活动由现场转移到预制场地，既提高了效率，又保障了质量，土建施工的质量和进度明显优于国外项目；台山核电基于国内成熟的经验和技术，提前优化了环吊牛腿焊接方案，有效避免了参考电站曾发生的焊接质量问题。

（2）通过差异化管理，识别了 EPR 与 CPR1000 及参考电站的重大施工技术差异，在混凝土技术、大件吊装、施工逻辑优化、施工标准差异等方面进行了详细研究。针对堆芯熔融物通道、堆芯捕集器等新增构筑物，提前安排技术攻关，找出关键点，通过施工组织设计提前策划，做好技术、物资、人员准备，抓住了施工管理的重点，进展顺利。

（3）为应对 EPR 新堆型挑战，利用“基本队伍＋短期调配”的方式，保障了现场人力资源需求，满足了 EPR 工程量大增的需求；根据实际条件优化了穹顶吊装前的主要施工逻辑，确定了先内安全壳后外安全壳的施工方案，使得外安全壳施工退出了关键路径，不仅缓解了高峰期设计和施工资源紧张的矛盾，而且可以集中优势资源用于关键路径，加快了总体施工进度；通过“下游推动上游”“带方案澄清”“上下游面对面技术交流”等方法，有效提升了设计与施工的协同效果，缓解了设计对施工的不利影响。根据预引入设备的到货情况，合理调整施工方案，通过预留临时结构孔洞等方式缓解了设备延误对主线推进的影响。

（4）完善协调机制，加快重点工作推进。建立穹顶吊装协调委员会和日会制度，日会由施工经理主持，推动解决现场问题，做到“责任到人、问题不过夜”，提高了解决问题的效率。

在参建各方的共同努力下，1 号机组于 2011 年 10 月 23 日实现了穹顶吊装，从核岛筏基第一罐混凝土浇筑到穹顶吊装的实际工期为 23.9 个月，创造了同类机组的最短阶段性工期纪录。

**3. 安装施工**

工程初期安装单位主要是配合土建安装预埋设备和局部区域施工，采取“跟随”策略，充分利用 OL3、FA3 项目的经验反馈和技术资料，对主要施工方案进行详细研究和准备。按照“先区域、后系统”策略，核岛场外预制开始后，预制厂的预制活动按照区域编制施工计划，并下发班组执行，由于有完整成熟的组织体系和程序控制体系，预制进展较为顺利。现场安装开始后，由于预制提前开始，有足够的库存支持现场安装连续性施工，工程进展比较顺利。设计供货虽然有一定滞后，但尚未造成较大影响。

### 5.3.2 偏差逐渐暴露

台山核电初期在建安施工方面取得了一定的成果，然而，EPR 建设中各种潜在问题尚未充分暴露。一方面应对上游设计和供货环节存在的困难和问题的措施有限，另一方面，对安装技术要求提高的程度、工程量倍增的程度认识不足，施工组织管理方式仍然沿用常规的管理办法，难以有效应对未来的挑战。随着工程的推进，特别是进入设备安装施工阶段，越来越多的矛盾逐渐暴露，主要体现在以下几个方面。

**1. 核岛房间移交与区域安装不匹配**

在 CPR1000 堆型中，穹顶吊装往往是核岛土建施工向核岛安装转化的重要节点，穹顶吊装意味着核岛土建施工高峰已过，进入土建收尾阶段，核岛安装进入全面施工时期。EPR 项目由于堆型不同，厂房布置（双层安全壳、环绕型下沉式主厂房、多层地下廊道、独立应急柴油机厂房等）和 CPR1000 项目存在较大差异，核岛反应堆周边厂房土建工程量较 CPR1000 大幅增加，同时施工过程中面临设计文件出版滞后、变更多、固化难等特点。加上穹顶吊装阶段施工资源向关键路径倾斜，导致周边厂房土建施工整体进度延误，进而影响装饰装修工作与房间移交进度。房间移交与计划的偏差越来越大，到 2012 年 10 月（穹顶吊装一年后），核岛实际移交房间数仅占房间总数的 33.8%，且移交的房间分布零散，不是完整的区域，不能有效支持区域安装施工，对安装进度产生较大影响。

**2. 设计供货与预制、安装需求不匹配**

设计文件出版和大宗材料供应是预制、安装高效平稳推进的前提。随着核岛场外预制推进，上游设计供图和大宗材料供应不足的矛盾逐渐突出，已无法按照区域继续组织预制活动。一方面，图纸出版和大宗材料供货进度均较原计划延误较多，另一方面，已出版图纸与已到货材料的匹配性存在较大偏差，导致无法高效、完整组织预制工作，同时预制的大量半成品积压在仓库。

**3. 设计变更制约预制和安装**

随着安装工作的推进，设计方不断发起的设计变更（DEN）对现场的预制和安装工作带来了冲击。核岛反应堆厂房土建二次钢结构图纸出现全面升版，导致已加工完成的二次钢结构无法使用，同时反应堆厂房内外壳之间的内部钢结构也因设计修改导致安装延误，进而影响反应堆厂房与周边厂房相连物项的引入和安装；核岛辅助管道专业陆续接收到管线及支架的设计修改，造成预制和安装不断返工以及大宗材料的额外消耗。

### 5.3.3 主设备安装符合预期，辅助系统安装艰难起步

穹顶吊装之后，项目推进以核岛主回路设备引入和主管道焊接为关键路径，同时兼顾推进其他辅助系统安装。1 号机组主设备安装进度符合预期，而辅助系统安装进展受房间移交滞后、设计供货问题制约逐渐偏离原计划。

台山核电核岛主回路安装逻辑性强、技术新、要求高，是核岛安装关键路径之一，其逻辑为：穹顶吊装→环吊及液压提升装置安装和调试可用→RPV 引入→主泵泵壳及主管道引入及焊接→蒸发器引入安装及主管道焊接→堆内构件及主泵安装→核回路冲洗→冷试。

具体施工安排采取“关键路径不停工”和“非关键路径穿插”的原则，科学编制主回路安装关键路径计划，紧密跟踪并灵活调整施工逻辑。在做好关键路径活动施工规划的同时，紧盯非关键路径活动的设计、供货及土建状态的跟踪协调和现场施工，在关键路径受阻时及时调整和穿插非关键路径活动，减少不利影响。

穹顶吊装之后，环吊和液压提升装置安装和调试的开展标志着核岛主回路安装进入关键期。EPR 堆型以液压装置取代了传统的龙门架完成主设备引入，以临时吊耳取代抱箍和翻转支架，结合双液压装置抬吊空中翻转的技术完成主设备就位。由于这些技术为首次应用，台山公司利用 CAD（计算机辅助设计）技术事先进行了 4D 模拟，验证了方案的可行性。

通过培训、试验掌握了主管道自动焊工艺、积累了焊接数据，研究了主设备安装调整措施；掌握了坡口机及打磨机器人等新设备应用技术；与主管道焊接设备制造商签署维保服务合同，确保了现场主管道焊接工作顺利开展。

1 号机组从压力容器就位至主管道焊接完成实际工期与计划工期相符。

除主设备之外的其他核岛辅助系统安装，由于受到房间移交滞后、设计文件以及材料供货的影响，无法按策划开展区域安装上量，原计划“面”上的区域施工变成了零散房间“点”上的施工作业。在该阶段，现场安装只能考虑将已经到货的设备、预制的管段和支架尽可能安装到已移交的房间，施工组织按什么具备条件就安装什么，工程进展演变为消耗库存原材料、设备，化整为零、逐步积累预制和安装工程量。

### 5.3.4 落实条件，推进核岛辅助系统上量

及时完成安装上量是系统移交和调试全面开展的基础。安装上量需要设计、供货、房间移交、施工资源投入等各方面条件基本具备。台山核电核岛安装上量的施工组织总体经历了先机务专业后电仪专业的过程。2013 年底，1 号机组机务专业具备安装上量的条件，2014 年底电仪专业进入安装上量阶段。另外，电仪专业在 2015 年冷试之后经历了热试状态的大范围改造，与成熟的核电施工管理规律大不相同。

2013 年以后，台山核电上游条件逐步改善，设计文件出版、设备材料供应、房间移交逐步满足了安装上量的条件。台山公司与安装单位基于对上量条件的预判，达成增加资源投入的共识，在共同推动下，安装关键劳动力快速到岗，工程建设步入安装高峰期。

**1. 多措并举，完成核岛辅助管道安装上量**

核岛辅助管道安装是核岛最大的机电安装工作包，历来是核电厂安装上量的重点和难点。台山核电单台机组核岛辅助管道安装点数为 380 余万点，占核岛安装总工程量的 43%，具有工程量大、构成复杂等特点。为了及时完成辅助管道安装，采取了如下措施：

（1）提前谋划，增加有效储备点数。重点加强了大宗材料采购进展的跟踪与协调、预制工作量的储备与推动、安装人力动员、土建房间移交协调、图纸供应与技术问题跟踪等。根据施工逻辑梳理房间、材料等上游条件之间的匹配性，将可以施工的工作转化为有效的储备点数，为核岛安装上量做好准备。

（2）建立管道预制储备基础数据库、阀门安装数据库，有效跟踪辅助管道安装储备工作量。

（3）成立房间移交专项小组和建安横向协调小组，加强房间移交以及建安接口协调管理，通过土建与安装团队的紧密协同，共同保障安装工作面的有效展开。

（4）通过工作面、储备工作量的动态匹配性分析，准确预测未来人力需求并做好组织动员，确保了储备工作量和人力动员有效匹配。辅助管道安装人员高峰期达到了 1 261 人，其中直接生产工人 1 094 人。

（5）业主单位调整管理人员作息时间，与施工单位作业人员同步，确保满足现场连续施工需求。

通过各方共同努力，核岛辅助管道安装上量成果明显。在 2013 年单台机组辅助管道安装月均完成 9 万点，2014 年实现单台机组月均完成 15 万点的关键爬坡，并于 2014 年 9 月份 1 号机组单月完成 18.8 万点，2014 年 11 月单月完成水压试验回路文件包签署 102 个，确保了工艺系统水压试验的顺利开展，为后续系统移交创造了条件。

**2. 推动电仪安装上量，单月工程量创历史新高**

核岛电仪安装是影响工艺系统完善的关键，其工程量仅次于核岛辅助管道安装。台山核电单台机组核岛电仪安装点数为 330 余万点，占核岛安装总工程量的 37%。2013 年在现场设计团队（TDT）组建后，上游设计状态逐步向好，到 2014 年年中以后逐步具备了安装上量的条件。为完成电仪安装上量，尽快向调试移交系统，采取了以下措施：

（1）提前开展针对性分析和研究，制订施工计划，并对所有前置条件进行详细梳理，包括施工图纸、大宗材料、专用工具等。如针对即将开展的大量 DCS 端接工作，评估发现供货方提供的专用工具数量无法满足现场需要，通过多方协调完成补充采购，为高峰期 DCS 端接上量做好准备。

（2）根据施工计划，提前梳理储备工作量。根据储备工作量，制订安装人力动员计划。通过高层协调推动并与商务措施相结合，保障了工程上量所需人力。核岛电仪安装人员高峰期达到了 1 374 人，其中直接生产工人 1 128 人。

（3）在核回路冲洗、冷试等重要目标牵引下，建立电缆数据库、电气设备安装数据库等。除了密切跟踪文件和材料等上游条件外，还对劳动力效率、周完成点数等施工过程数据进行动态分析和评估。

（4）团队协同方面，建立了高效的接口协调机制。通过开发技术问题跟踪系统，施工与设计供货的日常跟踪协调更为快速和有效，并采取带方案澄清等方式，提高问题解决效率。

通过上述举措，2015 年核岛电仪安装完成点数超过 160 万点，施工高峰期单月完成点数最高超过 20 万点，月敷设电缆达 400 km。三项指标均创历史新高，为冷试系统移交打下了基础。

**3. 深度推进管道工厂化预制，提升安装效率**

管道安装工程量庞大，核岛现场空间狭窄，如果所有管道焊口都在现场焊接，则会因工作面受限和焊口射线探伤占用时间长，总体效率不高。通过管道工厂化预制，则可以大幅度提高现场的安装效率。除了推进常规范围的管道工厂化预制外，台山核电在衬胶管工厂化预制等方面也进一步拓展，取得了较好效果。

台山核电的衬胶管道工程量大，施工流程逻辑性强，分为一般管段预制、一般管段安装、调整段预制、调整段安装、整体压力试验五个阶段，各阶段环环相扣，相互影响；DN900 和 DN1 200 的管道法兰尺寸大、单根管道重量大，法兰栓接及平行度调整难度大，用于吸收管道安装公差的调整段数量多达 270 段；调整段现场预制过程中，需对管道焊缝切割、补焊，以调整法兰平行度，该方法不仅实施复杂，成功率低，还容易造成多次返工；同时，多次切割焊口有可能对焊口附近母材造成损伤，造成母材缺陷，严重的导致材料报废。

为了增加工厂化预制比例，提高工作效率，经台山公司与设计单位充分沟通，结合现场实际情况，决定将现场焊接的调整段改为工厂化焊接，选取管道固定支架、设备连接、管道弯头等特殊部位确定为调整段，从而有效减少了调整段数量，单台机组调整段减少了 34%。通过调整段设计优化，减少了现场焊接管段 149 t，同时也减少了二次运输和储存成本。台山核电通过工厂化预制，引入固定焊接、焊缝逐层调整等方法控制了调整段预制平行度，最终保证了管道衬胶后的安装平行度测量全部一次合格，法兰连接气密性试验全部一次合格。及时完成了衬胶管系统施工并移交调试，满足了关键路径上泵站进水和系统调试的需求。

通过深度推进工厂化预制，不仅打破了现场工作面限制、改善了劳动条件，而且减少了现场焊接工作量，提升了安装效率。

**4. 及时评估材料库存，建立材料缓冲库，支持现场施工**

大宗材料等物资供应是确保核岛安装上量的重要保障。核岛安装所需的大宗材料供货由 NIEP 联合体负责，采用 PDMS－VPRM 平台对设计和大宗材料进行统筹管理，理论上有利于材料采购的精细化管理，实现设计、采购的精细化链接。但由于部分核岛设计未固化、设计变更多等原因，导致设计与采购之间存在衔接不紧的问题。设计数据不能及时提取和转化为采购订单，导致大宗材料采购进度偏差大。材料供应不能满足现场预制和安装的需求，大量工作受缺料影响。

随着现场安装上量全面铺开，为缓解缺料影响，为现场预制、安装创造有利条件，解决材料供应保障问题迫在眉睫。经充分研究，台山公司决定建立材料缓冲库，以彻底解决现场缺料问题。由台山公司确定缓冲量，供应商按要求落实采购，事后再确定采购责任。此方案贯彻了“技术先行、商务跟进”的原则，更有利于总体进度。台山公司先承担兜底责任，消除了供应商的顾虑并取得其理解和支持，促成了大宗材料缓冲库建立。此后，业主与安装单位、设计单位、供应商紧密协作，通过缓冲库、定期协调会等多种机制，保障了大宗材料及时采购和供应。创建缓冲库使大宗材料供应占据了主动，有效解决了影响面广的缺料难题，为安装上量创造了有利条件。

此外，台山公司及时跟进设计进度，掌握准确的设计需求信息，在与采购量核对后，动态分析评估采购信息和库存信息，并推动及时启动补充采购。通过与安装单位定期梳理材料设计量、变更量，并对基础数据进一步加工处理，逐一核实确认，确保数据的完整准确，根据材料评估余量及时发出采购预警。为了满足工程关键系统的安装要求，台山公司分析并提出专项材料需求计划，提醒上游提前备货，同时要求安装单位做好专项预留，为后续的冷试等关键目标按期完成提供材料保障。

**5. 经验反馈**

台山公司通过采取一系列措施完善了上游条件，确保了资源投入，推进了安装上量，也积累了相关经验。核岛辅助管道、电仪安装工作量大，是安装上量的重点，需要确保足够的人力投入；工厂化预制可以提高效率，是安装上量的重要措施；建立材料缓冲库，有效保障了大宗材料及时采购和供应，有利于现场施工持续推进。

### 5.3.5 应对设计迭代的施工管理

为妥善应对设计迭代和设计变更对施工的影响，台山公司一方面积极化解合同执行中存在的困难，另一方面充分利用施工经验，优化设计或施工方案，同时确保材料供应、完善保障措施，及时、高效地完成了设计变更执行。

**1. 积极化解安装合同执行中存在的困难**

设计变更导致核岛安装返工的工作量远超过预期，合同执行面临困难。为了解决问题，台山公司和施工单位按照实事求是、合法合规的原则积极协商，建立了辅助管道专业、通风专业、辅助吊车以及电仪专业的变更返工点数计算规则，使返工工程量能够得以准确记录、计量和商务结算。这样既保障了返工和变更执行不受商务问题影响，又妥善解决了施工单位的合理关切，加深了合作伙伴之间的互信。

**2. 充分利用施工经验，优化设计或施工方案**

充分利用施工多年积累的现场经验，提前分析设计或施工方案的合理性、可行性及偏差，并及时将偏差分析反馈给设计方，避免后续反复变更或非必要的变更影响工程进展。

（1）通过总结核岛钢衬里施工经验，研究设计计算书、委托第三方核算，提出了优化钢衬里自由高差的方案，并得到原设计方认可，使得钢衬里施工不再受内安全壳混凝土施工的影响，为穹顶吊装创造了有利条件。

（2）为满足密封性试验要求，施工部门根据经验和现场试验，对核岛通风系统防火风管垫片选型提出修改建议。通过与设计方沟通、澄清及试验验证，及时更换为密封性能更好的 F 型硅胶垫片，将问题消除在了设计阶段，避免了安装返工和耽误工期。

（3）为解决蒸汽发生器人孔盖板开启困难的问题，设计单位参照 FA3 项目经验提出了设计变更，要求降低整个房间的钢平台标高。该方案对整个区域影响大，费用高。经过现场研究，台山公司提出在人孔盖板下方加装一个垫块的替代方案，设计方采用替代方案，在节省费用的同时减少了返工、节约了工期。

**3. 妥善应对材料短缺问题，确保施工一线物资供应**

因为大量设计变更，造成辅助管道预制和安装所需的大宗材料短缺，而补充采购的周期较长，影响安装进度。台山公司通过统筹和甄别，在确保质量满足设计要求的前提下，采用已有库存的材料替代短缺的材料，缓解燃眉之急。同时，推动建立大宗材料缓冲库，并通过预测性采购，储备一部分将来可能会需要的关键材料。上述措施实施后有效缓解了缺料的影响程度。

**4. 加强核岛设计现场代表力量，提高技术问题答复效率**

在台山核电建设初期，由于现场缺少设计代表，技术问题的答复大多需要经过正式函件流转到法马通欧洲总部处理，流程长、答复慢、效率低。后来，设计方先后向现场派遣土建设计代表 10 余人，加快了设计问题的解决效率。2013 年，法马通派遣 3 人与施工管理部门组成核岛技术协调管理组（TCM），按照日会运作，查找制约核岛关键系统安装的

TOP10 问题并给出处理意见。对于核岛主设备及电仪安装等技术复杂的工作，法马通派遣经验丰富、解决问题能力强的设计人员常驻现场，与施工管理部门工程师共同办公，遇到问题时一起到现场处理。从 2011 年 4 月至 2018 年 5 月，共投入 300 多人月，有力推动了现场施工进展。

**5. 充分利用集中停盘窗口执行变更**

1 号机组在完成冷试后，核岛电仪专业面临包括 M003/004 核岛中压电气盘改造、M007 核岛电气贯穿件改造、DCS 改造等集中实施的设计变更修改。这些修改涉及面广，改造量大，窗口逻辑性强，需要综合考虑现场实施条件、执行窗口等。为此现场编制了详细的集中停盘计划，提前做好人力动员和组织安排，成功完成了设计变更的实施，降低了对其他专业的影响。

**6. 经验反馈**

作为 EPR 首堆工程，由于设计变更数量大，对现场施工管理挑战很大。台山公司充分发挥主导作用，尽可能减少对施工的影响，主要经验反馈包括：通过预测性采购、建立大宗材料缓冲库等措施，有效保障设计变更施工所需的材料供应；通过加强现场设计代表的力量，提高设计变更处理效率；充分发挥施工队伍的技术优势，优化设计变更，减少不必要的变更；完善组织措施，建立快速决策机制和专项组，提高设计变更执行力。

### 5.3.6 系统移交与管理

调试开始后，对系统完整性的需求越来越迫切。虽然部分区域的安装工作量有了一定积累，但是受制于上游条件，难以形成完整的系统，无法开展系统调试和功能验证。同时，由于核岛电仪专业的安装进度与机务专业不匹配，造成相关已安装到位的设备无法正常送电和调试。为推动调试工作，尽早验证相关设备及系统功能，在系统移交初期，台山公司曾尝试开展了 EESR 签字前调试临时介入安装区域，开展设备静态检查、使用临时电源或调试装置进行设备试验，如电动阀门单体调试以及开展管道冲洗等活动。如何尽快形成可供调试的完整系统成为安装上量后期面临的又一挑战。

#### 5.3.6.1 主要措施

经过初期的探索和总结，为了更好地支持和配合调试工作，从 2014 年 5 月份开始，施工经理与调试经理定期召开系统移交专项协调会，根据现场实际安装进度和后续设备供货计划，协商确定系统移交的范围以及优先级，针对关键问题探索优化措施或采用替代方案。根据协调会达成的一致判断，施工经理组织施工、调试、设计采购部门和安装单位定期召开“四方会”，围绕调试部门的系统需求，详细梳理制约系统移交的设计供货及安装问题，并制定明确的清除时间，逐步推动核岛系统移交步入正轨。

（1）明确系统最小调试需求

确定调试急需的“完整”系统并动态调整和优化，分三个步骤：调试部门确认 EESR 子系统包（EESR Subsystem Package，ESP）文件；调试和施工共同确定每一个系统需要的设备、阀门、仪表、管道、材料等范围，在设计和供货条件不满足的情况下，施工与调试逐一讨论可以延后移交的设备和仪表；当上游设计供货发生变化时，第一时间与调试讨论其带来的影响，并重新确定移交的范围。

（2）保障优先系统的物资材料供应

在确定了系统的移交范围后，施工管理的关键是以移交完整系统为目的，做好物资的预留，并按照轻重缓急的优先次序调配，集中优势资源完成急需系统。

针对技术类和缺料类问题数量大、涉及环节和人员多、信息繁杂等情况，为了将信息准确、及时地传递到人，台山核电开发了技术问题跟踪信息系统。通过系统可以方便地统计每一个系统当前最新的问题和补充供货的实际进展，便于预估系统移交的真实时间和统筹安排现场施工活动。

（3）围绕系统完善的专项组运作

成立各系统管理专项组织，明确牵头部门和责任，集中资源满足调试需求。如电缆修改应急管理专项小组运作半年多时间，共完成 4 600 多条电缆端接修改和调试配合任务，60%的问题从发现到完全解决的时间不超过 3 天；电缆补充采购与现场管理专项小组针对因电缆供应不足对系统集成造成的影响，按照“1 号机组优先于 2 号机组，2 号机组冷试相关系统优先于其他系统”的原则统一了管理思路，对各种电缆按照轻重缓急区分优先级，并分批次优化电缆制造和发货进度计划，为保证系统完善和移交发挥了重要作用。

#### 5.3.6.2　经验反馈

为配合调试工作，施工管理将有限的资源集中于关键目标，由“平均用力”改为“重点突破”，上下游目标一致，目的性和针对性更强，协同效果更高。施工图详细设计、材料供应、房间移交从单纯追求数量转向急需的关键系统和关键区域，引导各单位将资源始终投放到最急需的系统，使得关键系统迅速得以完善，为系统调试和总体突破打下了基础。以下经验可供参考。

**1. 对于新堆型，宜尽早以“系统”思想指导施工**

区域施工是水压试验回路的起步阶段，这一阶段核岛安装管理人员通过对核岛子系统 ESP 文件的编制和审查，可以逐渐学习和认识到系统的基本设计原理，并通过这一认知来辅助判断和解决一些具体安装问题，在技术成熟的项目中效率比较高。但是，存在对系统完整性关注不足，施工人员对系统原理、调试需求了解不够等。对于新堆型，应该尽早关注“系统完整性”，通过完整性梳理可以及早发现和消除潜在的深层次问题。

**2. 上下游工作均应根据系统完整性安排优先级**

扩大调试子系统 ESP 文件的运用，除了安装部门用于指导现场实体系统完善使用，设计采购部门宜尽早同步消化和运用。围绕系统建立设计采购完整性管理措施，按照项目整体调试逻辑、子系统调试工期以及项目实际进展，梳理出不同阶段系统集成的准确需求，作为设计和采购管理的重要信息输入，向供应链传递系统集成的压力，推动设计和供货。调试部门也需要根据上游供货条件、现场施工进展，有针对性地确定“急需系统”的最小范围，并合理安排优先级。

**3. 管理方法的变化与适用范围**

针对 EPR 首堆特有的挑战，为配合调试而调整的上述施工管理方式，可以概括为“围绕系统完整性的施工管理”，即提前将施工管理的重心和关注点由“区域上量”转移到“系统完整性”上，将有限的资源用于最急需的系统，为系统调试尽早创造条件。与“先区域、后系统”相比，“围绕系统完整性”的施工管理策略有以下区别：

（1）目标变化：配合调试所进行的工作，淡化了工程量最大化的目标，转变为以完成调试急需的系统为目标。

（2）考核导向变化：内部考核淡化了工程量、里程碑考核指标，强化了系统移交指标；对安装单位管理也发生了变化，鼓励其集中资源优先进行急需的系统施工。

（3）资源安排变化：材料、物项的发放、预留均优先满足“急需系统”，不允许为了工程上量而将有限的材料用于非优先系统。

（4）协调与管理重点发生变化：由“区域上量”转为“系统完整性”，消除“最小系统”尾项，尽快移交给调试。

“围绕系统完整性施工”与“先区域、后系统”的两种施工管理策略是为了适应不同项目的实际条件，解决不同的具体矛盾应运而生的。对于成熟堆型，设计供货条件更好，“先区域、后系统”的施工管理策略更有优势；但是对于EPR首堆等具体首堆特征的项目，“围绕系统完整性”的施工更能适应项目需求，抓住主要矛盾，因地制宜采取相应的策略与措施，应对和破解各种首堆难题。

### 5.3.7　工程尾项管理

1号机组冷试之后施工管理的重点逐步转向了工程尾项处理。由于受前述各项设计、供货问题的制约，系统在移交调试之后仍会遗留一定量的尾项工作。同时随着系统调试的不断进行，新发现的各类需现场处理的问题也会不断补充到尾项工作中（AWN等）。施工单位在尾项清除过程中，一方面，需要得到上游设计、供货的支持，为其解决澄清答复、NCR处理和补供物项等问题；另一方面，为了解决工程尾项管理问题，对调试部门提出消缺窗口的需求，施工管理部门在组织、管理、信息共享、协调配合等方面进行了优化。

（1）组建消缺应急小组

为了提高消缺工作效率，保证消缺资源投入，快速解决调试对消缺工作的紧急需求，施工管理部门与调试部门在高峰期共同成立了消缺应急小组，集中统一管理尾项消缺。消缺应急小组负责尾项跟踪、统计、分析、报告，制订消缺工作计划，对于难以协调的问题，及时通过专项会等渠道解决；增加消缺资源投入，施工单位抽调专门人力由台山公司统一管理，通过与调试部门建立快速接口，有效推动了系统消缺进展，保障了系统调试需求。

（2）标准化、批量化管理尾项

在尾项消缺初始阶段，采用逐条核对的管理方式。随着工程推进，尾项数量增多而且集中，传统管理方法由于信息反馈效率低，管理人员难以掌握尾项消缺总体进展。为此，台山公司对尾项采取标准化、批量化管理，具体措施如下。

1）标准化：采用统一编码规则，对不同的消缺工作编码；统一划分消缺工序步骤，并标准化命名；消缺工作流水化处理，从跟踪内容转变为跟踪编码。为批量化处理打下基础。

2）批量化：根据标准化工序，梳理和建立消缺工作清单，清单包括消缺工作内容、编码、调试需求时间、执行步骤、完成情况等，根据统一划分的工序筛选和统计尾项，对相同状态或相同原因的尾项批量化处理，可以一次性批量解决同类尾项。

3）优先级：根据对后续工作的影响和紧急程度，对尾项实施差异化分类管理，确定处理的优先级。

通过采取上述措施，有效提升了尾项消缺效率，大幅减少了现场协调工作量。

（3）建立尾项盘点数据库，加强信息共享

针对消缺工作信息共享不及时、不全面，消缺工作被动等不足，根据尾项标准化、批量化处理进展，台山核电建立了尾项盘点数据库，及时更新并保持实时在线。通过共享信息提高了沟通效率，以便于及时跟踪实际进展，统筹安排下一阶段工作计划。

（4）组织尾项消缺专项会

尾项消缺既需要得到设计供货方面的支持，解决技术性问题和物项补充供应等问题，又需要调试方面合理安排消缺窗口。按通常的尾项消缺管理，施工单位只需将已具备消缺条件的尾项通过工作票审批流程向调试部门提出申请，调试部门根据现场条件批准工作票后即可开展消缺。台山核电在系统调试阶段，设计采购、施工和调试活动仍然存在深度交叉和互相影响，按传统的管理方式消缺效率较低。因此，有必要突破常规，采取更为积极主动的管理措施。

台山公司由施工经理牵头召开调试、施工、设计采购部门和安装单位共同参加的尾项消缺专项会，参会人员必须具有充分授权，能够当场决定相关事项。高峰期按照每周两次的频率召开，按照子系统梳理和协调尾项消缺相关的重大问题、共同制订消缺计划，并跟踪检查。

通过专项会，推动了尾项消缺紧急技术问题的解决和急需材料设备的供应，及时协调确定了合理的消缺计划安排，加快了消缺工作进展。

## 5.4 施工基础管理

### 5.4.1 施工安全质量管理

经过多年不间断建设，我国核电建设在管理理念、质保体系、程序制度等方面都已比较完善。台山核电沿用了以“两级 QA、三级 QC”为特色的核电工程质量管理体系和成熟的安全管理体系。由于“新堆型”“首堆”等特点，台山核电采用了许多新设计、新技术、新设备、新材料、新工艺，首堆试验的影响和风险尚需研究，存在一些未知和不确定因素，安全质量管理面临着诸多新挑战。台山核电通过加强经验反馈和风险控制等措施，确保了施工安全质量。

#### 5.4.1.1 分析行业施工经验教训，筛查监控重点

从类似项目的经验反馈可以发现，风险、缺陷发现越晚，造成的影响和损失越大，重大安全质量事件对工期和成本影响很大。

**1. 按专业分析**

在土建、安装施工中，混凝土、金属焊接、大件吊装等施工难度大、风险高，一旦发生安全质量问题，处理代价大，重大建造事件大多集中在这些领域。

**2. 按问题根源分析**

（1）核安全文化薄弱

包括不遵守程序、严重违章、侥幸心理；提供虚假资质、材质证明文件，将工作任务

分包给没有资质的单位；发现缺陷未及时汇报或私自违规处理缺陷等。

（2）质量管理缺陷

质量控制不严，不符合标准，未及时发现缺陷，后期处理困难。

（3）技术水平不足

关键技术水平不足，技能水平不高等，导致关键施工环节出现质量问题，一次合格率低。

（4）优秀施工队伍和熟练产业工人资源不足

技术和管理人员在经验、能力上存在断层，新加入的参建者缺乏经验和技能传承，且人力资源有限，有核电经验的更少，核级焊工、无损检测等关键资源缺乏。

（5）管理机制问题

工程管理模式不能适应项目特点，在核安全文化建设、质保体系运作、经验传承、资源统筹与协调等方面面临挑战。

（6）经验反馈不充分

经验反馈不充分，未能提前识别和规避重要风险、及时消除隐患。

台山核电根据上述分析结果，提前识别了存在重大风险的领域及产生问题的根源，从而有利于抓住关键、有的放矢提升安全质量管理水平。对关键专业和薄弱环节配置了经验丰富的技术专家，并从上游设计和供应商寻求支持；对关键设备和系统，要求施工单位配置足够的优秀工程师和技术工人，并提前进行详细技术准备，在大体积混凝土、环吊牛腿焊接等方面吸取了同行经验教训，采取了有针对性的改善措施。

#### 5.4.1.2　做好基础工作，将安全质量落实到行动上

台山核电重视核安全文化建设，确保程序体系运作有效，坚持高标准严要求，将安全质量要求落实到最基础的工作中。

（1）坚持高标准

为了确保关键工作质量，组织技术人员提前分析质量风险，坚持高标准严要求，不放过细微差异，甚至主动提高技术要求，虽然因此增加了资源投入或者延长了工期，但质量能够得到保证，体现了“好就是快”的管理理念。

根据试验，核岛筏基混凝土搅拌 40 秒就可以达到技术文件要求，而搅拌 60 秒性能更好，但是搅拌时间增加了 50%，影响混凝土的产能和效率。考虑筏基施工的重要性和大体积浇筑的潜在风险，确定按 60 秒的标准执行，保证了 9 200 多立方米筏基混凝土浇筑一次成功。对现场部分重要设备保养，技术文件规定每周测量一次温湿度，考虑到现场高温高湿环境，为了更精确掌握设备保养状态，台山核电加大了检测频率，每天检测，虽然增加了 6 倍工作量，但提升了发现偏差的及时性，确保了保养效果。

（2）钻研技术原理，优化检验设备

针对重要设备的质量检验，在寻求上游设计支持的同时，自主研究技术原理，根据现场实际进行检查验证。例如：在 CRDM 耐压壳直线度检查工作中改进了检测设备，及时验证了耐压壳直线度相关数据，保证了后续施工；反应堆气动球测量系统安装过程中，自主设计制作了一套试验工具，完成管线冲洗试验、泄漏试验及小球通过性试验，不仅满足了质量要求，还节约了工期。

（3）落实设备维保，应对工期延长挑战

作为EPR首堆工程，项目推进过程中，部分已安装设备短时间内不能投运，需进行投运前维护保养。通过建立设备台账，针对不同设备不同阶段的维保要求，编写专项及通用维保程序，分类、分级进行维保管理，同时成立设备维保专项小组，配置专职维保人员，保证设备在从安装到投运的良好性能。在设备维保问题中，防锈蚀问题尤为突出，特别是重要设备内部防锈蚀问题。现场通过布置大型空调转轮机组，采用临时管道将干冷空气分别引入汽轮机、发电机、汽水分离再热器及除氧器、高低压加热器等重要设备，并通过仪表多点位监测，每日记录设备内部湿度及温度，发现异常及时调整干冷空气流量及布置，保证设备内部空气湿度及温度满足保养要求。

（4）专项攻关，持续提升质量水平

针对质量管理难题，台山核电统一组织专项“QC 小组”活动，由技术骨干组成临时小组，通过理论研究和现场试验，解决特定难题，例如大型起重设备防雷接地改进等。

（5）加强监督，从源头控制质量

台山核电主要施工单位的管理能力和技术水平得到了多个核电项目的验证，其质保体系成熟健全。尽管如此，台山核电仍未放松管控，对其质保体系、施工组织设计、关键技术方案、人员资质等进行了细致评审，并按计划进行质保监督监察。为了规范管理供应商在现场的维修或尾项处理工作，质保体系向上游延伸，不仅现场施工单位严格执行质保规定，而且将质保体系延伸到供应商在现场的维修业务，施工单位的分包采购也执行同样规定，全过程控制质量，不留死角。

（6）遵守程序，反对违章

持续开展“遵守程序，反对违章”教育，严格执行技术文件要求，对于高风险作业，加强检查评估力度。除了例行监查之外，还针对性地组织专项安全质量检查，评估其人员、程序、工机具的安全状态，并根据需要进行演练。

（7）落实责任，提升核安全文化

施工部门将安全质量责任落实到每个员工的绩效计划中，列入年度绩效考核。在层层落实责任的基础上，台山核电还经常性组织核安全震撼教育，公司管理层带头授课并开展深入反思，将核安全文化教育延伸到最基层的作业班组，利用早班会等形式开展案例学习和警示教育。

（8）技能比武，提高参建人员业务技能

台山核电通过开展焊工技能、无损检测人员技能、员工安全质量技能等多种比武活动，达到交流互鉴、提高项目参建人员的业务技能、保证质量的目的。

#### 5.4.1.3　加强经验反馈管理，规避重大风险

针对参考电站在建设过程中遇到的各种困难和问题，台山核电认真分析原因，吸取经验教训，持续改进和提升。EPR虽然是新堆型，但以往核电建设的经验教训同样具有重要参考价值。台山核电充分利用各种渠道，既掌握了国内核电厂建设经验，又熟悉国外同行经验教训，不仅重视新技术、新工艺的钻研攻关，也重视成熟施工经验的传承，提前作了针对性准备，抓住了关键，提前识别和规避了重大风险。

在施工经验反馈方面主要采取了以下强化措施：

（1）完善施工经验反馈体系

一方面，建立健全管理机制：各队办设立经验反馈协调员，落实责任；补充完善经验反馈信息系统，除了利用中广核统一的经验反馈平台，还根据自身业务需求，建立了自身适用的经验反馈数据库，作为经验反馈平台的有益补充，用于收集具体、实用的经验反馈；鼓励主动开展经验反馈，对先进个人及时给予物质或荣誉奖励，只要是有利于规避风险、改善工作的实践经验，不论大小，一律鼓励。

另一方面，拓宽经验反馈来源：及时学习和反馈国外经验，派遣骨干人员到欧洲参与FA3项目的建安施工管理，EDF派人参加台山的施工管理，法马通和GE－ALSTOM定期提交OL3、FA3的经验反馈等；同时，充分利用国家监管单位和施工单位的国内经验反馈，定期收集核电和民用工程反馈信息，整理成教材；不仅反馈经验教训，而且把各项目的良好实践也纳入反馈内容。

（2）建立重要经验反馈清单，有针对性地开展工作

利用经验反馈系统，根据各专业工作范围筛选形成经验反馈清单；根据内部和外部反馈的信息及时补充完善经验反馈清单；重大施工活动前自查，根据各自关注范围，梳理经验反馈清单落实情况，制定针对性的措施并严格执行。

（3）将重要经验写入程序，落实到现场

对于重要、高风险的经验反馈，写入工作程序或者作业指导书，作业前进行详细交底，重点落实应对措施。

（4）做好1号机组向2号机组的经验反馈

定期梳理1号机组发布的不符合项报告（NCR）、技术澄清（CR），根据问题性质，及时修订工作程序，或跟踪上游设计升版技术文件，固化经验，并反馈到2号机组。

通过上述措施，取得了如下效果：

（1）梳理出大量重要施工经验反馈

在混凝土、焊接、吊装等关键施工领域梳理出大量有价值的经验反馈，其中仅核岛部分就有1 300余项，涵盖堆芯设备安装、机器人应用、大件吊装、水压试验、主管道焊接等各个重点领域。

（2）成功规避重大风险

利用经验反馈系统避免了重大问题，例如参考电站出现的核岛筏基混凝土浇筑裂缝、钢衬里焊接变形超标、环吊轨道梁牛腿焊缝裂纹等问题和国内其他项目出现的典型事件，都在台山核电得到了充分反馈，并通过有针对性的措施成功规避了重大风险，参考电站出现的重大施工安全质量事件零重发。

（3）1号机组向2号机组反馈效果显著

通过开展1号机组向2号机组的经验反馈，2号机组提前消化了设计变更、设备改造和系统遗留项的影响，优化了部分施工方案和调试方案，技术方案的可执行性得到明显提升，施工质量一次合格率进一步提高，减少了1号机组出现的返工修改问题，建设效率显著加快。

（4）台山核电施工经验向外输出

台山核电不仅从其他项目吸取经验，同时也向其他项目输出了大量经验。核岛筏基混

凝土整体浇筑、钢衬里模块化施工、主设备吊装 4D 应用、主管道窄间隙焊接等新技术也陆续被其他核电项目借鉴和采用。

#### 5.4.1.4 排查隐患，防患于未然

台山核电施工作业多、隐患和未知风险多，为了及时识别、消除安全质量隐患，采取了下列措施：

**1. 建立隐患排查信息系统，提高跟踪处理效率**

台山公司建立了隐患排查信息系统，实现对隐患排查、分类、跟踪处理、查询等全过程管理。通过统计分析，发现重点隐患区域和隐患类别，采取有针对性的改进措施，提高隐患消除效率。现场每日对作业点进行安全质量巡视评估，并按照风险类型、责任单位等进行隐患分类统计，通过定期筛选分析，确定后续需重点关注的风险类型与安全质量管理薄弱的班组，为制定针对性的监管行动提供数据支持。

**2. 建立设备维护保养管理系统，改善设备维保效果**

台山核电现场环境温湿度高，大量设备需要长期维护保养，跟踪管理工作量大。为此，台山核电开发了设备维护保养管理系统，实现了缺陷录入、跟踪、处理、关闭全过程管理，并实现施工、调试多部门共享信息，流水化处理设备维护缺陷，保障了设备维保效果。

**3. 隐患信息共享，将隐蔽风险显性化**

现场施工单位众多，部分施工单位或业主发现的隐患信息，如果不能及时共享，对其他单位来说，仍是隐患。为了解决上述问题，从各个渠道收集隐患信息，共享给所有参建单位，使隐蔽风险显性化。例如，地下廊道、地下厂房布置错综复杂，台山公司收集全部图纸后，统一建立 CAD 平面模型，标注出廊道等地下设施位置及承载力，将地下设施信息显性化，使得施工单位在制定大件吊装、运输方案时，能有效规避风险。

**4. 开展全员隐患排查与治理工作**

提倡全员参与，大力开展全员隐患排查与治理工作，并制定一系列要求及规定，对各专业队办及接口的各施工单位进行区域责任划分，设置隐患排查整治指标，对隐患处理进行抽查验证。每周对排查数量及整改率综合分析，每月统计考核。结合现场施工进展，适时调整优化指标。

通过上述措施提前发现并及时消除了隐患，促进了现场安全质量绩效进一步提升。

#### 5.4.1.5 经验反馈

台山核电施工期间没有发生对项目整体有重大影响的安全质量事件，这是首堆建设成功的前提之一；通过多渠道反馈经验，深入分析安全质量通病的根源，可以提高措施的针对性，达到事半功倍的效果；确保安全质量体系运转有效是不发生系统性风险的关键；掌握关键施工技术，有助于抓住安全质量监控的关键点，采取切实有效的措施；选择经验丰富、安全质保体系完善的施工队伍，可以降低安全质量风险发生的概率；施工过程中，从点滴做起，做好最基础的工作，是安全质量管理的基石。

### 5.4.2 施工计划管理

EPR 首堆施工管理逻辑复杂，上游条件不确定性大，为确保施工计划目标的实现，台山核电针对关键施工逻辑进行优化研究及实施，并采取了弹性动态的施工计划管理方法和

专项任务管理措施。

### 5.4.2.1 关键施工逻辑优化

**1. 双层安全壳施工逻辑优化**

EPR 机组双层安全壳是土建施工的重点和难点。其中内安全壳采用后张拉预应力钢筋混凝土结构，外安全壳与周边厂房直接连接。内壳施工直接影响穹顶吊装进度，外壳施工影响周边厂房施工。内外安全壳均采用悬挂模板系统，由于壳间净距仅 1.8 m，同时同标高施工难度大，安全壳的施工逻辑与穹顶吊装和核岛总体进度关系密切，既要保证安全壳本身的施工进度，又要保证周边厂房的施工进度。

参考电站采用先外壳后内壳的方式施工，外壳高于内壳，可确保周边厂房不受外壳施工影响，但因外壳已施工，导致内壳作业空间狭小，施工困难；内壳钢筋工程量大，钢筋密集，施工难度大；施工涉及钢衬里、预应力管道、钢筋、预埋件、大型模板，套管贯穿件等，交叉施工多。这些困难将导致内壳施工进度远远落后于外壳，进而导致穹顶吊装关键里程碑推迟，影响总体进度。

台山核电在充分调研的基础上，综合分析“先内壳后外壳”和“先外壳后内壳”两种施工逻辑的利弊，如果先施工外壳，内壳及穹顶吊装等关键路径施工将受制约并严重延误；外壳施工不在关键路径上，先施工内壳可以为穹顶吊装创造更有利的条件；周边厂房尚不具备全面施工条件，外壳推迟对周边厂房影响较小。基于这些因素，决定调整和优化施工方案，按照“先内壳后外壳”和周边厂房“先外部后内部”的逻辑施工，确保了穹顶吊装等关键里程碑的实现。

**2. 核岛主回路关键施工逻辑优化**

虽然上游技术文件对核岛主回路安装逻辑给出了指导意见，但没有充分考虑现场实际条件，可操作性差且工期较长。台山核电结合实际情况，根据自身技术和管理经验，对核岛主回路安装逻辑进行了优化，如表 5－1 所示。

**表 5－1 台山核电核岛主回路安装逻辑优化**

| 优化项目 | 优化前 | 优化后 |
|---|---|---|
| 主设备液压提升装置安装逻辑优化 | 在穹顶吊装和环吊就位后，通过设备闸门引入临时液压提升装置（TLD），用环吊中央拱架安装 TLD；受制于中央拱架安装调试时间，施工周期长、效率低 | 在穹顶吊装前，利用大型起重机直接将 TLD 吊装到环吊大梁上；安装效率高，可缩短穹顶吊装后环吊和 TLD 的安装及调试工期，节省关键路径工期 30 天 |
| 压力容器泄漏管安装逻辑优化 | 在压力容器安装完成且堆腔＋7.44 m 混凝土底板施工完成后才开始安装。受空间所限，局部只能采取盲焊，质量风险高、效率低 | 将泄漏管焊接工作安排在压力容器引入堆坑前完成；作业环境好、焊接操作方便，与压力容器吊装前的其他准备工作同步，并且不会增加关键路径工期 |
| 蒸汽发生器上部横向支撑安装逻辑优化 | 在主管道焊接期间安装蒸汽发生器横向支撑基板与铰接座；主设备房间存在上下交叉作业，基板二次灌浆带来粉尘污染，焊接工具、气源临时存放及人员通行受影响，安全质量控制风险高 | 主管道安装以后再进行基板与铰接座安装，并提前搭设脚手架，为基板与铰接座安装作好准备；有利于保障关键作业主管道焊接的施工环境和通行条件，避免了交叉作业，对降低风险和缩短工期均有贡献 |

通过上述优化，顺利完成了核岛主回路设备安装，节约关键路径工期约 2 个月。

**3. 常规岛安装逻辑及工期优化**

常规岛原安装逻辑是以主行车安装及可用→凝汽器安装→汽轮发电机安装为主线，以立式汽水分离再热器（Moisture Separator Reheater，MSR）及顶轴油系统安装等为辅线开展。由于设计、设备供货延误，对主线进度影响较大，原方案已不适用。为此，台山核电对常规岛安装关键施工逻辑进行了优化，如表 5－2 所示。

**表 5－2 台山核电常规岛安装逻辑优化**

| 优化项目 | 优化前 | 优化后 |
|---|---|---|
| 凝汽器引入逻辑优化 | 在主行车调试可用后引入凝汽器，则可能导致大幅度的延期 | 在主行车可用前将凝汽器需预存的部件预先引进厂房，将凝汽器拖运就位与主行车安装、调试平行作业 |
| 凝汽器安装逻辑优化 | 凝汽器需要三列同时从下到上逐层安装，因疏水扩容器和中间模块到货延期，整体工作进展受影响 | 经过充分分析论证，调整施工逻辑，将 A 列和 C 列预留为晚到货设备的引入通道，B 列继续向上施工，减小了人员窝工和对工期的影响 |
| 立式汽水分离再热器安装逻辑优化 | 汽轮机管道需要在MSR壳体水压试验后与之满焊连接；由于 MSR 安装受制造类问题影响，工期滞后，难以与汽轮机主线施工计划匹配 | 为优先满足主线的推进计划，临时拆除 MSR 管道封头，将相应管道先与 MSR 壳体点焊连接，达到负荷分配的条件；在 MSR 壳体水压试验时，再重新恢复封头以满足水压试验条件，避免了因辅线工作影响常规岛主线进度 |

通过对施工逻辑和工期的优化，成功克服了上游条件延误的困难，常规岛的主线进度满足总体进度要求。

### 5.4.2.2 弹性动态的施工计划管理

计划是施工管理的龙头，建安阶段采用成熟的六级计划进度管理法，但现场实际条件的不断变化使施工计划管理面临新的挑战。

（1）无成熟参考计划：不同于已有多项目、多基地、多机组建设经验的 CPR1000 项目，EPR 作为三代核电新堆型，并无成熟、完整的经验和进度计划可供参考。土建阶段尚可跟随参考电站，当 1 号机组的实际进展逐渐追上并超越参考电站后，就失去了参照对象。

（2）不确定性：EPR 设计尚未完全固化并经过工程验证，技术上还存在一定的未知和不确定性，并且技术问题答复周期长、效率低，国外采购和技术支持人员到场不及时。

（3）设计和供货进度滞后，不能匹配现场施工的实际需求。

（4）设计变更多、涉及面广，对施工进度影响大，需要及时调整施工计划。

对于上述情况，传统管理方法的适应性大大下降，计划的指导作用减弱。为此，台山核电逐渐探索出了一套适合首堆工程的施工进度管理方法——“专项计划＋日计划”。

**1. 施工计划编制**

（1）施工专项计划

专项计划是指基于对总体进度的分析评估和阶段性目标，识别出影响全局的关键路径、次关键路径和关键因素，针对关键工作编制专门的施工及配合计划。如核回路冲洗前的关键系统移交、冷试前的堆腔主线及二次侧水压试验等。

专项计划按照总体最优的原则安排，涵盖上下游全部工作，避免因局部因素影响总体进度，有利于将有限的资源发挥出更大的作用，推动计划的目标尽早实现。在计划执行过程中，能够结合实际进展和形势、任务变化动态调整和优化施工进度计划，始终聚焦关键、保证重点并按正确的路径推进。

（2）日计划

专项计划主要面向中长期工作安排，对于专项计划中关键路径和关键区域的工作，主要依据日计划推进。日计划编制遵循以下原则：

1）充分发挥作业负责人作用

作业负责人最清楚其作业所需的各种前提条件、过程中所需的各种配合以及预计完成时间。另外，部分专项工作交叉复杂，计划编制者不可能熟悉所有专业，计划编制时需要作业负责人支持，作业负责人能提供接近实际的工期、逻辑等。

2）明确作业优先级

为保证有限的资源始终聚焦在关键路径施工活动，计划编制时即识别出关键工作、次关键工作、非关键工作，分别标识高中低三个优先级。计划执行过程中，要求所有资源优先满足关键工作的需求。

3）坚持动态调整

由于缺乏实际经验，对许多首次开展的工作工期预估难免会存在偏差。一方面随着计划执行可逐步积累各类施工活动的实际数据，另一方面可以修正相关数据、动态调整相关计划。

**2. 计划执行**

（1）作业前准备

作业前的准备包括资源准备和预案准备。

资源准备要求做好作业齐套管理，即在作业开始前保证作业所需的各项资源准备就绪。齐套管理中的难点在于某些关键资源的准备，如外部支持专家的到场、某些紧缺的特殊工器具等。对于影响关键路径的资源设置资源缓冲，提前锁定，预留资源缓冲时间，以应付各种不确定性。

由于首堆项目不确定性大，计划制订时假设的前提条件随时可能变化。在作业开始前，要对作业过程中可能遇到的风险进行分析，制订针对性的预案，包括技术风险预案、安全质量风险预案、进度风险预案等。

（2）负接口施工，防止接口时间浪费

因不同单位之间的接口不顺畅导致时间浪费是常见的施工问题。为避免接口时间浪费，对紧前、紧后作业负责人均有管理要求。对于持续时间超过一天的作业，紧前作业负责人每日动态预估剩余工作所需时间并反馈给计划负责人；对于持续时间不足一天的作业由负责人在预计作业完成前 3 小时通知紧后作业负责人。紧后作业负责人需要密切跟踪各项紧前作业的进展，动态调整作业准备，在紧前作业结束前半小时进入现场准备，避免接口时间浪费。

（3）执行中安排有充分授权的业主人员负责现场协调

影响计划执行的因素往往涉及不同单位，如果只让作业负责人之间协调，由于关注点和立场不同，作业负责人不一定总能从全局考虑和处理问题，从而影响总体效率。因此需安排充分授权、立场公允的业主人员负责在现场协调各相关单位。

（4）资源动态调配

在计划执行中，如果因情况有变导致某个关键路径活动难以执行，可将资源将立即投入次关键路径活动中。

**3. 计划监控**

根据进度计划的动态管理原则，进度计划的监控分为对计划本身的监控和现场实际进展的监控，并在适当的时候发出预警或采取干预措施。

（1）对计划的监控及优化

在计划编制时往往由于信息有限，存在未知、风险和不确定性。随着项目推进，对项目的认识逐渐加深，将会发现一些未知的未知，并尽可能将其转换为已知的未知、已知的已知；同时，内外部条件、技术方案、意外事件也都有可能导致一些新变化。因此，计划应紧跟变化，按照最新的情况及时动态调整优化。

某些情况下当具体项目进度取决于不确定因素时，可考虑设置一些决策点，编制多个不同方向的计划预案，达到决策条件时再根据已经明晰的因素选择不同的预案。

（2）实际进展的监控及干预

每日监控实际进展，当实际进展不及预期可能影响计划目标时，可对关键工作采取干预措施，包括增加资源投入、优化技术方案、调整作业逻辑、采取临时措施替代或补偿实际需求等。

**4. 实施效果**

台山核电施工采用“专项计划+日计划”进度管理方法，弹性安排、动态调整、高效协同，妥善应对了首堆建设中的变化、未知、风险和不确定性，掌握了施工管理的主导权。

### 5.4.2.3 专项任务管理

台山核电核岛堆腔主线施工、蒸汽发生器二次侧水压试验等重点工作处于全厂关键路径上，直接影响主线进度。面临的挑战包括：涉及单位和人员众多，在反应堆厂房内集中了土建、安装、调试、生产等各单位人员，高峰期多达数千人；涉及地面打磨、油漆、钢结构、机务、电仪、通风空调等各专业的工作交叉，作业空间小，工作面紧张并且彼此互有影响；大部分施工需要起重设备支持，因而环吊成为关键资源，工作负荷大并且需要动态协调；各单位侧重的目标不同，协调难度和工作量大。台山公司通过理论研究和实践总结，按照“项目制”管理思路，采取针对性措施，提升了管理效率和效果。

（1）研究项目管理理论，确定管理方法

所谓“项目制”管理就是以工程项目为对象，以项目经理负责制为基础，以关键路径与网络计划为工具，以合同管理为措施，实行动态管理和生产要素优化，从施工准备到完工的一次性的施工管理活动。作为管理对象的“项目”有明确的目标、明显的时间与资源约束，项目是一次性的，而不是例行的或日常性的。项目管理理论现已在工程建设领域普及应用，并取得了良好的效果，一般用于项目整体，而不是用于局部或者某项具体工作。

台山核电在实践中发现，上述关键任务或关键区域的管理特点与“项目管理”的特点具有相似性。对于这类关键工作，将其看成“小微项目”。按项目制管理，将专项协调人或者厂房经理看作“小微项目经理”，给予充分授权，更有利于打破组织界限，更有利于统一协调和管理，更符合“小微项目”管理规律。由此确定了对部分关键工作按“项目制”管理的基本思路。

与专项组运作方式比，“小微项目”管理具有如下特点：

1）更加强调 “项目经理”的统筹管理作用，各单位的工作统一由“项目经理”协调；

2）作业计划由“项目经理”统一编制，编制时就注意避免计划冲突，而不是各部门各自编制后再协调修改；

3）有限资源，统一调度；

4）有限目标，有限范围，聚焦于某项具体任务（小微项目），效率高。

（2）“项目经理”负责制，明确责任

“项目经理”既是计划员，同时又是推动者、组织者、协调员、调度、监督员，全面负责空间、时间、资源的协调。要求“项目经理”对各个专业均能有所涉猎和理解、工作意愿强烈、熟悉现场、有较好的逻辑能力、计划软件应用能力。

（3）充分授权，统一组织

“项目经理”代表施工经理组织协调工作，有顺畅报告和沟通渠道，统一协调和管理该工作涉及的施工单位及工程、调试、生产等各部门。

（4）常驻现场，直接协调

“项目经理”常驻现场，根据现场实际进展编制专项计划，细化到小时，高峰期每天升版。直接协调、调度环吊等重要资源，协调现场工作面使用等。

关键任务“项目制”管理在台山核电取得了良好效果。在 1 号核岛反应堆厂房主线推进中，254 天的计划实际执行仅偏差 2 天；在生产运行综合楼建设中，通过“项目经理”协调众多施工单位、供应商，迅速完成土建、二次精装修、安装、调试等工作，按期具备了办公条件。

#### 5.4.2.4　经验反馈

根据实际情况优化施工逻辑可以减少上游条件对现场施工的影响，有利于缩短整体工期；设备吊装、组装等技术方案对逻辑优化有重要影响；面对首堆建设中的不确定性，传统计划管理模式面临挑战，台山核电通过“专项计划 + 日计划”的施工计划管理方法，计划层级简洁清晰，更适于关键路径、关键区域的详细计划管理；施工计划编制和执行时，综合考虑了工序完成的概率，通过制订多种预案、以弹性计划和动态调整有效应对变化和不确定性；弹性不仅体现在工期上，而且体现在逻辑关系、资源投入、完成概率、关键路径的变化等方面；根据实际进展和最新信息，动态调整施工计划，有利于始终按最优的计划安排推进；为了提高计划的可实施性，需要相对准确的基础信息，需要作业负责人的支持和配合；在关键工序资源适度冗余有利于保障计划的执行率。专项任务“项目制”管理，有利于聚焦重点任务，打破部门藩篱，促进团队合作，其执行力强，管理效率高，可以解决复杂型问题。

### 5.4.3　差异化管理

差异化管理是对传统普通化管理的改进，主张对性质不同的管理对象实施不同的管理措施；或者是将管理对象与参照体系对照，找出差异项，再对差异项实施更有针对性的管理；或者在计划执行出现偏差时进行纠偏管理。差异化管理有利于抓住关键，提高管理效率。

EPR 与 CPR1000 同属压水堆核电技术，即有共性，又有差异。即使是同样采用 EPR 技术，台山核电与参考电站也存在一些差异。我国在 CPR1000 项目建设中已经掌握了核心技术，积累了丰富的经验、成熟的技术和管理方法。这为引进、消化、吸收 EPR 三代核电新技术奠定了坚实基础。因此，通过梳理和识别台山核电与 CPR1000、参考电站的差异，明确施工技术与管理的不同并采取适当的应对策略，对于抓住关键、控制风险、合理配置资源都具有重要意义。按照差异化管理方法，台山公司在项目初期开展了深入的分析和研究。

#### 5.4.3.1 主要技术差异

**1. EPR 与 CPR1000 的差异**

EPR 适用的技术标准和法律法规与 CPR1000 不同。核岛混凝土采用欧洲标准设计；焊接方面采用 RCCM2007 和欧洲标准（EN15614、EN15607 等），核岛辅助系统安装执行 RCCM2007 和欧洲标准 EN13480，管道、贯穿件及阀门焊缝均为对接焊，焊接量与探伤比例增加，支架大量采用标准型支架和预埋板。

EPR 与 CPR1000 厂房设计上不同。为了防抗大飞机撞击，EPR 主要厂房采用双层结构设计；内安全壳预应力体系发生了显著变化，钢绞线张拉力提高至 1 200 t；为了应对堆芯熔融风险，增设了堆芯捕集器等。

施工技术、逻辑、要求及难度不同。EPR 主设备采用液压装置吊装，空中翻转；主管道安装采用窄间隙自动焊和三维摄影测量技术；主系统安装逻辑改变，蒸汽发生器采用后装工艺，主管道基本焊接完成后再引入蒸汽发生器；反应堆以重反射层替代围板，国内首次安装；核岛周围廊道密布，对大件吊装与运输带来了挑战；汽轮发电机组功率世界最大，可参考的安装经验少。

**2. 台山核电与参考电站的差异**

厂址气候条件有差异，FA3 厂址气候寒冷干燥，OL3 靠近北极圈，气候更加寒冷，台山核电厂址位于亚热带，气候炎热湿润，台风和暴雨多。与环境气温有关的通风系统容量比 FA3 增加 30%以上，与海水冷却相关的系统容量也相应增加，施工工程量有显著增长；设备维护保养难度大；汽轮机厂房采取下沉式布置，对提高运行经济性有贡献，但对于设备、管道、电仪安装施工带来较大影响，施工方案、脚手架布置都产生很多变化；因厂址条件特殊，增设了海底隧道和海水库；应急柴油发电机功率比参考电站大为增加，安装技术要求也相应提高。

#### 5.4.3.2 针对差异的管理措施

上述技术差异对施工的影响主要包括技术标准提高、厂房设计和系统配置不同、施工方法和施工逻辑变化、厂址环境变化、工作量增加等。对此，台山核电采取了如下措施。

**1. 通过技术攻关，掌握施工新方法**

针对双层结构施工，研究确定了内屋面预制板吊装加一次现浇混凝土、外屋面采用预制梁吊装加三次现浇混凝土的施工方案；优化了双层安全壳施工逻辑，解决了施工空间狭窄和相互干扰影响的问题。通过深入研究，掌握了高强度、高性能混凝土配合比研发的核心技术和核岛筏基大体积混凝土整体浇筑技术、大吨位预应力施工技术，实现了钢绞线国产化。

通过 4D 模拟技术，掌握并验证了主设备吊装方案；通过培训和现场实践，掌握了重型液压吊装设备的操作方法；通过技术试验，掌握了 EPR 主管道焊接的各项工艺参数和控制方法；通过结合现场实际研究新式安装技术，在国内首次实施了蒸汽发生器后装工艺；通过临时加固和架桥等方式克服了地下廊道对大件吊装的影响。

充分借鉴以往施工经验，研究常规岛安装技术，顺利完成世界最大汽轮发电机组安装。

**2. 采取多种措施，满足新的技术要求**

针对 RCCM2007 和欧洲标准焊接新要求，各施工单位按照台山公司质量保证大纲要求，分别编制出版了适合本单位实际的质量保证大纲及管理和技术程序，调整了焊材采购、复验及焊接工艺评定项目要求，根据新标准调整了核岛辅助系统安装管道、贯穿件及阀门焊缝的连接形式，增加了探伤比例，预制了大量标准支架和预埋板。

通过研究技术要求，模拟配比、多次分析化验等措施，满足了蒸汽发生器二次侧水压试验水质配比要求，掌握了适合 EPR 要求的药品配方，等等。

**3. 优化施工逻辑，适应 EPR 施工特点**

根据机械配置和场地情况，分析设备引入路径，优化了核岛、常规岛主设备安装逻辑和方案。例如针对常规岛下沉式布置，统筹考虑设备、管道引入需求，提出了“土建钢结构预留＋设备管道引入专项方案＋新增临时吊装口和吊装设备”的整体解决方案。

**4. 调整关注点，应对厂址与气候条件差异**

芬兰和法国需要面对冬季施工的防寒、防冻、保暖保温问题，台山核电则需要面对防台、防洪、防暑降温以及设备维护保养除湿防腐蚀等差异化问题。台山核电专门成立了设备维保小组、出版设备维保工作程序、增加采购了干燥机等设备，增加了设备保养巡检频率，开发了设备维护保养隐患管理系统，采用了设备保护罩等新方法，确保设备始终处于良好的状态。针对台风暴雨多的特点，成立了现场防洪小组、制订了较为完善的“三防”预案，在场地规划、物资准备、人员培训等各方面提前做了充分准备。

#### 5.4.3.3　经验反馈

差异化管理的关键是：对于共性的部分，尽可能充分借鉴已经验证成熟的方法管理，有利于规避风险；对于存在差异的部分，则重点是分析研究和对症下药、逐步突破，将不熟悉的难题转化为熟悉的、已知的问题解决。

对于新堆型、新项目，差异化管理有利于减少未知风险，提高管理措施的针对性。台山核电建设初期，根据当时已知的条件，重点分析技术差异。随着工程推进，上游困难逐渐暴露，管理模式和管理方法的差异日渐明晰。台山核电及时调整了施工管理策略和方法，取得了事半功倍的效果，有一定的推广价值。

### 5.4.4　施工物资仓储管理

工程准备阶段，在设计资料不齐、信息有限的条件下，为了推动工程进展，主要参考岭澳二期的仓储规模与需求制订了仓储规划，通过安装合同规定了甲供物资的仓库面积。随着工程推进，工程物资到货量不断增加，所需仓储的数量远远超过岭澳二期。同时，EPR 对设备仓储要求也有了较大提高，其他项目部分可以在室外存储的物资在台山核电要求室内存储，如反应堆压力容器、蒸汽发生器、稳压器、电缆桥架等。由于物资的实际到货进度与土建、安装进度不匹配，也增加了物资仓储所需的时间和空间要求。部分设备在仓库储存周期远超预期，如电气盘柜、蓄电池等，长时间占用仓库。

受上述因素影响，原规划的仓库面积远不能满足实际需要，仓储面积不足问题日益严峻，为缓解矛盾，台山核电采取了以下措施：

**1. 现场增建仓库**

台山现场增建约 23 000 $m^2$ 的室内仓库和 2 000 $m^2$ 的恒温恒湿仓库；搭建 10 000 $m^2$ 大件设备棚库，用于存放蒸汽发生器、稳压器、汽轮机等设备；在室内库中搭建了密封棚库约 200 $m^2$，放置空调和抽湿机使其成为恒温恒湿库用于储存堆内构件等；采用空置集装箱搭建电缆专用储存棚库，有效解决了核岛电缆长时间室外储存问题，相比采用临时彩钢瓦棚库，既节约了成本，也提升了防台能力。

**2. 借助社会资源**

分别在珠海、江门、台山、南沙、河北等地合计租赁 41 000 $m^2$ 仓库。

**3. 充分利用已建成厂房储存**

改造特种车库为室内库，利用热机修车间、开关站、管片厂、运行仓库、冷机修车间、永久危化品仓库等临时存储部分工程物资，缓解了高峰期室内库的储存压力并节省了仓库建设成本。

利用专用厂房储存典型设备，如主泵电机到货后，利用其专用维修厂房储存，既解决储存问题，也可利用厂房内大型行车进行翻转。螺栓拉伸机根据其储存规范应恒温恒湿储存，但由于其尺寸太大，现场恒温恒湿库不具备储存条件，而热机修车间内有专门用于螺栓拉伸机组装测试的房间，在该房间内加装了空调以满足其恒温恒湿储存要求，螺栓拉伸机到货后直接储存在机修车间。

**4. 与供应商建立设备联动机制**

台山公司牵头，供货、土建、安装等上下游各个单位共同参与，制定设备供货联动工作机制，以现场实际需求及工程整体进度需要为出发点，全面跟踪和对比最新设备供货计划，针对各种不匹配性统一进行协调。工程进度管理部门把握进度需求底线，设备供应商提供设备制造计划，施工管理部门联合现场土建、安装单位预估土建交安装的时间及安装实际需求设备的时间，物资管理部门提供仓储信息，最终由设计采购管理部门审核设备联动信息并协调供应商根据联动协调结果进行供货或暂缓发货，较好地解决了设备供货进度与现场需求的匹配性问题，缓解了仓储空间紧张的矛盾。

通过上述措施，在合理可行的成本下解决了物资存储难题，保障了工程需要。

### 5.4.5 施工与上下游的协作

在一般成熟的核电项目建造过程中，设计、采购、施工、调试均有各自经过实践检验的进度计划作为管理输入，各计划之间的逻辑关系是相互衔接和支持的，各环节按部就班推进，施工管理的职能重点在于如何按照既定施工计划保质保量完成现场施工活动。由于首堆项目缺乏成熟项目参考，设计、采购、施工、调试各环节都可能存在不匹配、不协调从而制约工程整体进度的情况。这种现状下，施工管理除了执行现场安装集成这一既定功能（以技术为基础，掌握计划、进度、质量、工作规范和边界的要求和规定，并了解现场的实际问题；与工程中有关各方通过沟通达到共识，从而进行具体的分工协作，解决工程中出现的不协调问题），同时还发挥了不断发掘和提出首堆未知（设计上、接口上、设备质量上、系统功能上等）、执行信息搜集、综合加工和反馈（综合调试需求和现场实际进展，向设计采购反馈系统集成的需求、提出预警）、更深度参与和做好系统调试服务等外延功能。

施工处于设计采购和调试之间，发挥承上启下的功能。为了加强部门间协同，促进工程整体进展，施工管理部门充分发挥纽带作用，向上游延伸，协助设计供货方解决问题，向下游拓展，为调试部门提供现场服务保驾，取得了良好效果。

（1）发挥经验优势，带方案澄清，提高方案可行性

对于施工过程中碰到的技术问题，身处现场的技术人员更清楚问题的本质所在，经验丰富的施工单位技术人员往往能够提出切实可行的解决方案。台山公司鼓励施工单位在提出技术澄清时，能够结合现场条件和自身经验，给出合理化解决方案。该方案连同技术澄清一起发给设计方，经设计方复核后答复执行，不仅提高了答复效率，而且更加符合实际、执行效果更好。

（2）优化技术问题处理流程，提高工作效率

根据CPR1000的经验反馈，台山公司向上游设计方提出给予现场施工单位一定范围的设计修改授权。设计方明确授权范围，针对设计文件中的一些简单问题，授权现场直接进行修改，如针对辅助管道施工图纸给出修改设计授权，一定程度上减少了施工单位发出图纸澄清的数量，加快了施工进度。为了快速解决部分简单的技术问题，启用了现场变更申请（FCR）快速流程。对于现场问题，第一时间通知设计和采购各方，沟通确认解决方案后，再由现场发起快速FCR流程，描述现场具体问题和处理方案，由相关参与方（设计、供货、必要时包括厂家等）共同签字确认。现场即可依据该快速FCR开始施工，同时在计算机系统内同步发起正式的变更流程。

针对2号机组发现的与1号机组相同问题，由设计采购部门授权施工部门根据1号机组相同问题的上游设计答复意见直接答复，答复文件下发施工单位执行。

（3）深度参与、保障调试

调试部门在开展单系统调试以及系统联调阶段，都需要施工部门提供相应的调试服务工作，主要是根据调试需求，负责必要的临时设备、旁通管线或其他装置的详细设计、安装和拆除临时设备、临时电源、旁通管线或其他装置以及为役前检查提供支持性服务等，以保障调试工作正常开展。除了调试阶段的一般性服务，1号机组作为EPR首堆，原本在参考电站实施的部分首堆试验改为在台山核电实施，现场增加了一系列的配合、支持工作，包括：首堆试验工机具运输、作业控制区搭设、试验用仪表拆装配合、相关主设备吊装配合等，为首堆试验的顺利开展提供了保障。

（4）加强内部协作，优化移交流程

为了提高项目移交接产效率，工程与生产部门结合现场情况，优化了系统移交流程。在移交接产组织牵头下，以“下游协助上游、串行优化并行”的理念为指导，电厂与工程双方针对优化系统移交流程进行了详细策划、讨论、实施与跟踪，推行了技术性厂房系统实行EESR与TOB并行检查、TOM与TOTO并行检查，非技术性厂房的施工自调系统采用责任转移等简化流程。对于吊车、电梯、通信照明等系统调试，由施工部门负责完成后，直接移交给生产部门。

## 5.4.6 管理优化与能力建设

### 5.4.6.1 优化施工物项采购，改善服务

台山核电施工专用工具大多从国外进口，备件少、价格高、维修保障不及时，对现场施工影响较大。部分临时设备，如果交给施工单位管理，不仅占用其资源，而且效果不如专业化公司。为了保障现场施工，台山核电采取了主设备专用工具维修及零部件采购本地化、临时空调管理专业化等优化措施。

**1. 核岛主设备专用工具维修及零部件采购本地化**

台山核电主设备专用工具一般随设备供货，由主设备供应商提供，是主设备安装必备的工具，一旦出现问题，将直接导致整个主设备安装陷于停滞状态，维修需求往往比较紧急。由于台山核电工期长等因素，专用工具存放时间较长，产生损耗及老化，维修需求更加频繁。其维修服务具有较多困难：（1）专用工具结构复杂性，缺少可替换性，维修技术要求高。部分专用工具本身就是一套复杂的设备，甚至是一个系统，如主设备液压提升装置，分多套系统，各种部件合计自重 400 多吨；反应堆压力容器螺栓拉伸机，自重 70 多吨，具有复杂的液压和电气控制系统。这些工具一般是专门为某种设备或部件而设计和生产的，无法用常规工具替代，而且备件也是专用的，数量有限。（2）质保期结束：根据合同约定，台山核电主设备专用工具的质保期为从首次使用开始起 18 个月或工程结束，以先到为准。工程后期，主设备液压提升装置、主管道及波动管焊机、坡口机、蒸汽发生器干燥机等均已超出质保期。（3）如果通过原供应商国外采购维修服务，时间长，反应慢，价格高，国外维修人员不能及时到场。

为加快专用工具的维修响应速度，降低工程成本，提高专用工具维护保养的自主化能力，采取了优化措施：（1）编制采购技术规格书：对专用工具及其备件的工作原理、技术参数、安装要求进行详细研究，确定同类产品替换的可行性，编制采购技术规格书，为市场采购提供技术支持。（2）确认代理商的技术水平和质保能力：通过专业渠道进行市场调查，比对产品的技术参数和外形尺寸，调研代理商的技术能力和质保能力。（3）确定合理的采购方式：根据市场调研及技术、质量对比，确定两种方式采购：国内采购，根据部件参数，采购同类型不低于原性能的国产部件；通过国内代理商或分公司采购相关备件或服务。

通过以上措施，在国内完成了主设备螺栓液压拉伸机维修服务采购、主管道自动焊机维保服务采购、逆变器及变频器采购、蒸汽发生器干燥机采购、蒸汽发生器水室堵塞密封采购、主设备液压提升装置蓄电池采购、90 t 运输小车维修服务采购等多项采购任务。

通过本地采购同类型产品或服务，在保证质量的同时大幅缩短了采购周期和响应时间，满足了现场施工的紧急需求，降低了采购成本，提升了自主化能力。

**2. 临时空调管理优化**

为了满足仪控盘柜及电气盘恒温恒湿的环境条件要求，在盘柜储存及安装现场需要布置临时空调系统。一般情况下，现场临时系统的设计安装均委托安装主承包单位执行，投运期间的维护也由安装单位负责，但是常规岛及 BOP 安装合同中，没有临时空调相关的条款，需要另外委托实施；临时空调的设计、施工和维保大都以日工形式计量和结算，不利

于成本控制；安装单位投入的维护人员也并非空调专业人员，在空调系统发生故障时，不能及时有效解决，只能依靠外部专业人员，处理周期偏长；核岛和常规岛分别由不同的安装单位负责，不方便现场管理。

经过研究分析，台山公司选定临时空调系统管理的专业化公司，签订了空调维保的总承包合同，包括空调维保及后期拆除，将成本控制在预期范围内。按照先易后难的原则，从常规岛开始试点实施，将临时空调系统分批次移交给专业化公司，重新制定巡检维保制度，定期监督检查。由于专业化人员来自空调厂家，空调部件和材料的采购流程简便、周期短，对于空调使用过程出现的问题能够第一时间响应解决，因此，工程期间有新增的临时空调安装需求，也委托该单位实施，维保效率有了明显提升，能够满足现场的紧急需求。常规岛试点成功，经双方协商，核岛的临时空调也逐步移交给了专业化公司，实现了全厂临时空调的统一管理。在工程后期，对全厂临时空调安排统一拆除、存放和处置，降低了管理难度和成本。

#### 5.4.6.2 优化施工管理流程，降本增效

台山核电在工程初期沿用了成熟核电项目的施工管理流程。随着工程进展，EPR 首堆工程量大、尾项多等特点逐渐显现，原有的一些管理流程已无法适应实际需要，有必要根据实际情况进行优化，以提高工作效率和资源利用率。

**1. 点焊分离，优化焊接资源**

在传统管道焊接工序中，管道组对时，需要一名焊工配合管工进行点焊固定，固定完成后 QC 人员将对现场拟焊接焊口的各项准备情况进行质量检查，确认合格后开始进行后续焊接，这一过程存在焊工等待时间长、施工不连续的情况。对于小口径管道而言，组对点焊工序会占到整个接头焊接施工时间的 50%甚至更多。台山核电 EPR 机组管道安装工程量大，施工高峰期，焊接人力紧张。面对大量的焊接任务，需要优化焊接管理，在确保质量的前提下提升焊接施工效率。

为此，台山核电采取了点焊分离措施，将组对和焊接两步工序合理分开，安排不同焊工分别承担，缩短了原先等待的时间，优化了焊接资源，充分发挥和利用焊工优势，提高了批量焊缝施工条件下的工作效率，焊接质量也能够得到保障和提升。

**2. 提前介入，加强预埋质量控制**

核岛主回路设备埋件大部分为甲供预埋件，其尺寸大、重量重、结构复杂、定位精度高、控制难度大，其预埋质量是核岛主回路设备安装顺利开展的关键因素之一。

为此，台山核电建立了预埋件专项协调和控制机制。施工准备阶段，土建和安装专业对预埋件到货计划和现场需求的匹配性进行专项跟踪和协调，对到货状态、定位技术要求等进行联合检查和交底；施工过程中，安装专业提前介入，在混凝土浇筑前，对预埋件进行复测，满足技术要求后，才允许浇筑混凝土。此项控制措施保证了核岛主回路设备重要埋件的预埋质量，确保了核岛主回路设备安装的顺利开展。

#### 5.4.6.3 加强内部培训，提升团队能力

面对 EPR 涉及的众多新技术、新设备、新材料、新工艺，施工管理人员需要不断加强自身学习，掌握关键技术；对于新员工由于施工管理经验不足，在技术和管理方面的培训需求尤其迫切。

为此，施工管理部门采取多种形式开展员工培训，鼓励员工坚持学习，拓宽工程建设知识视野，提高自身业务素质。主要措施如下。

（1）常态化内训，教学相长。为了提升团队的业务能力和技术水平，施工管理部门从成立之初便制定了详细、系统的培训计划，各队办坚持每周培训一次。每一名员工都积极钻研施工技术文件和公司程序，轮流编制教材进行讲解，既是讲师，又是学生，相互学习，共同进步。

（2）同步分享外训经验。为学习 FA3 和 OL3 的 EPR 施工管理经验和先进技术，台山公司选派部分骨干人员前往这两个海外项目开展在岗培训。2009 年 2 月和 9 月，有 5 名学员在 FA3 学习，2010 年 9 月和 2011 年 5 月，有 9 名学员在 OL3 学习。培训期间学员每周提交学习报告发回国内分享，按照专题形式整理学习成果，形成了很好的讨论、反馈机制，为台山核电施工准备获取了第一手宝贵资料。

（3）角色假设，开阔视野，提升能力。施工管理部门结合自身培训经验，创造性地开展“我做总工/科长/厂房负责人”系列培训活动，在力争保持自身管理优势的同时，开阔视野，提升能力，要求成员不仅能审查施工方案、工作程序，还能从更高的角度对技术方案提出改进意见，分析识别重大风险并给出解决建议。

（4）到施工单位基层锻炼，积累现场经验，改善合作关系。为了加强与施工单位的沟通与交流，更好地配合现场工作开展，提高施工管理水平和现场验收效率，开展了“我在施工单位做施工员”活动，分批安排员工深入施工单位学习、实践，通过亲眼看见、亲身经历、亲自实践施工人员所做的工作，换位思考学管理，切身体会学技术。这样既有利于员工自身成长，也有利于改善与施工单位的合作关系。

通过上述措施，提高了员工技术水平和管理水平，积累了施工经验，使新员工快速成长为业务骨干。

#### 5.4.6.4 施工管理工具应用与改进

台山公司在常用管理工具的基础上，结合 EPR 特点和实际进展，对核岛安装“点系统”、施工管理信息系统等部分管理工具，进行了继承、发展和再创新，积累了具有 EPR 特色的管理数据和经验。

**1.“点系统”**

工程管理过程中，管理者一般希望能对工作量有一个相对精确、标准统一的量化统计分析，以便工程计量计价、控制进度和成本支出、配置工料机资源或者分析质量趋势。

对工程计量的方法有很多，如使用实物工程量、消耗的工时等。利用实物工程量统计直接直观，但工程物项属性不同，各类物项之间缺少可比性；而工时系统利用投入的人工工时表征工程量，也有明显缺陷。为了解决该问题，需要找到一个类似于货币的“一般等价物”。

“点系统”是我国在建设大亚湾核电厂时，从法国企业引进的一套核岛安装工程计量体系，成为中广核核电工程管理的重要工具。核岛安装中的“点”是指一名熟练法国工人在一小时内完成的工作量。它是一个工程综合指标，是对完成一个单体活动所耗用的工时、使用的机械设备、生产工人的平均水平等技术信息的综合反映，代表着企业内部平均水平。

与 CPR1000 等成熟核电项目相比，点系统在台山核电的应用存在以下问题：

（1）点数计算规则存在差异，需考虑 EPR 独有的技术特点；

（2）缺少应用经验，部分安装包的点数计算规则不适合台山核电的实际情况；

（3）设计变更数量庞大，为统计返工工程量，需要考虑制定返工点数计算规则；

（4）设计方最初给出的点数工程量不完整，随着工程进展，实际点数大幅增加，给现场资源安排、进度控制带来较大挑战；

（5）传统的工程管理中，点系统的应用大多集中在工程计量、支持合同结算等范畴，未在质量管控、精细化管理、市场价格估算等方面应用。

为此，台山核电在 EPR 点系统的管理和运用上进行了改进。

（1）在核岛安装工程上量初期，为更好地开展工作计划编排以及准确评估和掌握安装人力需求，对 EPR 点系统计算规则、应用范围及其应用情况与以往项目作了详细对比，对比结果为核岛安装施工资源配置以及工作计划编排提供了重要参考。

（2）积累了 EPR 机组建设的实际点数数据，按月统计，具有详细记录。

（3）电仪部分发现有局部计算规则不适用，计算结果与实际进展不符，根据现场实际情况进行了改进和优化。

（4）制定了返工工程量点数计算规则，量化和积累了设计变更引起返工的工程量点数，同时也为商务结算提供了支持。

（5）在应用上进行了拓展尝试，如通过分析点效率监控工程建造的质量状况、采用点系统测算零星工程的工作量以及市场化估价等。

通过上述措施，点系统为进度管控、资源管理、合同与成本管理提供了有力支撑，对质量管理也有一定的参考价值，为首堆建设提供了保障。

**2. 施工管理信息化**

信息系统在核电项目建设中应用越来越广泛，已经成为设计、施工、物资、移交等各个业务部门常用的管理措施。台山核电施工管理信息化也具有鲜明的特色。

（1）工程进度监控统计数据库

工程初期，为了配合区域施工，施工管理部门用 Access 等常用软件自主开发了工程进度监控统计数据库，包括阀门数据库、等轴图数据库、电缆清册数据库、电动主给水泵系统设备数据库、特殊电缆材料数据库、IED（通信、火警、照明）系统移交数据库等。

（2）缺陷及变更数据库

1 号机组冷试后，电气和仪控系统遇到第一次大面积设计变更，为快速缓解调试需求和现场执行之间的矛盾，施工管理部门利用常用办公软件创建了缺陷及变更数据库。这些数据库直接对口调试工作需求。每一个需求都有一个独立且唯一的编号。一切针对这个需求的工作进展，都直接录入数据库，以便调试查询。专项组每天负责数据的更新和完善，数据库共享解决了工程师的工作时间不同步问题，避免了信息交流不畅。此外，设计好各个工作步骤，要求执行每个工作步骤的人员完成工作时，更改数据表的标注，方便下一环节执行人员及时开展工作，这等同流水线作业。

（3）技术问题跟踪信息系统

由于设计变更新增了材料需求，需要及时准确获取补充采购信息。为保障施工提出的补充采购和设计澄清信息能够及时、完整地传递给设计采购部门，台山公司开发了技术问题跟踪信息系统。施工管理部门将遇到的设计采购问题输入信息系统，自动触发邮件系统提醒设计采购部门的接口工程师。设计采购管理部门负责维护系统中技术问题答复和采购进展模块，邮件系统也直接将信息发送给施工管理工程师。设计与施工部门的双方管理层监督检查本部门责任工程师第一时间将问题输入系统，并保证系统中的信息是最新信息。借助计算机系统的数据管理能力，可以方便地统计每一个系统当前最新的问题和补充供货的实际进展，便于预估系统移交的准确时间和统筹安排现场施工活动。

（4）三维模型

除了数据库及信息系统以外，台山核电在施工活动中充分利用三维模型，实现可视化施工，利用三维模型渲染出图，布置于各主要厂房施工区域。由于三维模型具有立体、直观的优势，模型的效果图与实物的安装效果相近，一方面，可以方便施工人员了解房间设备布置，有效指导现场施工；另一方面，可以使施工人员及管理人员对施工进展有一个宏观的掌握。在小口径管道施工中，技术人员根据三维模型，对同一区域的小管图纸集中梳理，一次交付给施工班组，并提供三维效果图，使施工班组方便理解设计意图，加快了施工效率。

## 5.5 施工技术与创新

台山核电采用了很多新技术、新材料、新工艺。为了掌握这些技术，台山公司组织设计和施工共同攻关，突破、创新和掌握了具有 EPR 特色的关键施工技术，为工程顺利推进发挥了重要作用，也验证了参建单位三代核电自主建造的实力。

### 5.5.1 混凝土技术

EPR 机组对混凝土的设计强度、有害成分含量等方面提出了更高的要求，关键区域的混凝土技术要求基于欧洲标准制定，需要根据中国标准进行原材料代换和配比研发。筏基、汽轮机基座等大体积混凝土浇筑需要严格控制质量，避免产生有害裂纹等缺陷。

台山公司组织开展了技术攻关，在混凝土生产工艺、浇筑工艺、浇筑温控和施工组织等方面进行了一系列改进和创新，首次成功实现了 EPR 核岛筏基大体积混凝土整体浇筑，混凝土质量符合技术标准，避免了因质量问题影响工程推进。

#### 5.5.1.1 核岛筏基混凝土整体浇筑

核岛筏基混凝土一般采取分层分段的浇筑方法，施工效率低、工期长。台山核电核岛筏基采用混凝土整体浇筑技术，国外尚无成功的先例，技术难度大，质量风险比较高。

面对一系列技术难题，台山核电充分吸取国内外经验反馈，通过技术人员的合作研究、大量模拟试验与技术创新，基于本地材料和环境条件，掌握了高强度、高性能、超大体积混凝土的生产运输、浇筑养护、温度控制、裂缝控制等关键技术。通过搅拌时间试验，确定加冰混凝土的最小搅拌时间；通过控制水泥和骨料使用温度，监控调整混凝土搅拌、运输、浇筑及养护温度，使混凝土最高温度成功控制在规范要求的 75 ℃以下；增加抗裂钢筋网片进行裂缝控制；采用全自动的运输及上料装置取代了传统的铲车和运输车上料方式，稳定性更好，而且在运输及上料装置出现异常时，还可以通过运输车上料作为应急方案，增强了混凝土生产链的抗风险能力；优化了布料机选型和布置站位；搭设了混凝土养护棚并设置碘钨灯调节内外温差，设置了 S 型带针眼的养护水管，覆盖土工布及塑料薄膜，充分保湿和保温，改善养护条件；除温度监测外，密切关注应力应变监测数据，以及时调整养护措施；此外，还改进了施工组织方法，对人员、方案、应急措施进行了充分准备和演练。

1 号机组核岛筏基混凝土整体浇筑一次成功。混凝土整体浇筑技术不仅保证了质量，避免了类似项目出现的有害裂纹，而且比传统方法节省了关键路径工期 2 个多月，经济效益显著，并在常规岛、2 号机组以及其他核电项目全面推广应用。

#### 5.5.1.2 自主研发高性能混凝土配合比

台山核电设计采用高强度混凝土。筏基混凝土的强度等级为 C50（国标），并且要求施工过程中混凝土最高温度不超过 75 ℃，内安全壳采用 C75（国标）的混凝土，对混凝土的强度、耐久性尤其是对各类侵蚀性元素含量的控制提出了更加严格的要求。由于 EPR 构筑物结构尺寸增大，混凝土工程量大，筏基、内安全壳和外安全壳等属于大体积混凝土施工，工程量显著增加，且混凝土浇筑机械化施工，对混凝土的工作性能，尤其是泵送性能提出了更高的要求。因此，混凝土不仅需要具备高强度、高耐久、高工作性能等诸多优异性能，同时还需要满足大体积混凝土的技术要求。传统的混凝土配合比设计已无法满足技术要求。

台山核电在混凝土配合比研发过程中，在大量试验的基础上作了一系列开创性工作。

（1）通过应用聚羧酸外加剂、矿渣粉及硅粉等材料，提高了混凝土的综合性能。

（2）通过优选骨料料源，优化骨料级配，成功突破了弹性模量的技术瓶颈。

（3）开创性地应用粉煤灰和矿渣粉、粉煤灰和硅粉的大掺量双掺技术，使混凝土的工作性能得到改善，强度富余系数大大提高。

经过国内外专家多次评审，确认配合比各项性能指标优异。台山核电使用 C50（国标）混凝土配合比成功完成了核岛筏基和常规岛筏基等超大体积混凝土整体浇筑任务，各项性能指标均合格，没有产生有害裂缝。使用 C75（国标）混凝土配合比成功完成了内安全壳施工，混凝土泵送性能良好，质量稳定，10 次连续滚动标准偏差小于 3.0 MPa。

该高强度、高性能混凝土配合比研发的成功经验已相继在阳江、防城港等核电项目得到了推广，其他核电项目根据台山核电的经验升版了混凝土技术规格书。这标志着我国掌握了核电领域高强度、高性能混凝土的核心技术，为三代核电技术引进、消化、吸收、再创新提供了经验。

#### 5.5.1.3 牺牲混凝土配合比研发与国产化

为了缓解堆芯熔融严重事故后果，EPR 设计增加了堆芯熔融物收集与冷却系统（堆芯捕集器）。牺牲混凝土作为堆芯捕集器的重要组成部分，其配合比研发是关键技术。鉴于其技术复杂性，可以直接采购国外参考电站的原材料，并按其配合比和工艺生产。这种方式虽然较为简便，但不利于三代核电技术的引进、消化、吸收，同时也存在采购流程长、成本高、系统适应性差等不足。

台山核电通过自主研发牺牲混凝土配合比，解决了中国标准与德国标准不一致、上游文件不齐全、配比设计要求不明确、施工环境苛刻等一系列难题。通过综合运用和改进聚羧酸外加剂、优选原材料、优化试验流程，成功解决了混凝土低含水率、高有效成分和高施工性能之间的矛盾，实现了牺牲混凝土配合比自主研发和全部原材料的国产化。

经应用测试，其各项性能不仅满足设计要求，在化学有效成分、施工性能、干化能力等多项性能上优于国外同类产品，且显著节约了成本，有着良好的经济效益。

台山核电牺牲混凝土配合比自主研发的成功，不仅为首堆建设做出了贡献，也填补了中广核在此类特殊混凝土配合比设计方面的空白。

#### 5.5.1.4　首次引入预应力触变浆技术

EPR 核电厂安全壳预应力系统灌浆工艺复杂，在管道尺寸、管道长度、弯曲起伏、钢绞线穿束数量、灌浆量等方面施工条件更为严苛。在这种大灌浆量、大起伏的情况下，传统的缓凝浆灌浆工艺需要采用二次灌浆修补，不能很好地满足浆体密实度的要求，需要研发全新的浆体。先期开工的参考电站触变浆浆体研发过程并不顺利，参考价值不高。

台山核电开展了 EPR 核电预应力触变浆技术攻关，在大量试验数据的基础上，确定了触变浆的流体性能，识别了其影响因素，解决了触变浆性能控制条件复杂、浆体稠度稳定性差的问题；在此基础上，改进生产工艺，成功完成了全比例试验和预应力施工。

台山核电基于全比例试验结果制定的验收标准获得了国内外专家的认可，通过了法国专业化公司的技术评审。台山核电的触变浆浆体研发、全比例试验、预应力施工均先于国外 EPR 完成，不仅在国内核电首次实现了触变浆的自主研发和生产，而且各项指标达到国际先进水平。

### 5.5.2　核岛双层安全壳综合施工技术

台山核电 EPR 双层安全壳空间狭窄，模板安装困难，施工相互影响。台山核电结合国外经验反馈，通过自主研究分析，对施工顺序和措施进行了优化。

#### 5.5.2.1　钢衬里模块化施工技术

核岛安全壳钢衬里是反应堆厂房结构的重要组成部分，是防止放射性物质泄漏的第三道安全屏障。钢衬里自身重量大、贯穿件套管多、刚度有限，与反应堆厂房底板、内安全壳钢筋混凝土施工深度交叉，且位于穹顶吊装主关键路径，其施工工艺是核岛土建施工的重点、难点之一。

OL3 项目从底板到穹顶全部采用模块化施工，FA3 项目从底板到筒体的最顶层全部采用分块现场拼装，实施过程均遇到了一些挑战。台山核电吸取了参考电站的经验教训，对钢衬里施工方案进行了优化：截锥体及以上筒体共四层采用模块化施工，底板、第五层筒体及以上采用分块拼装。钢衬里模块，采取在车间预制壁板、现场拼装成模块、整体吊装就位的施工流程；设计了网架式吊装工具；采用高精度组对焊接就位技术；优化了钢衬里自由高差。

通过一系列技术革新，实现了钢衬里模块化吊装，掌握了钢衬里模块化（构成、拼装、吊装、对接控制等）施工技术、网架式吊装工具设计制造技术、钢衬里高精度组对焊接技术。模块化施工减少了与土建施工的交叉，提高了施工效率，缩短工期 2 个月。此施工技术已在国内阳江、防城港等核电项目成功推广实施，为大幅度缩短反应堆厂房土建施工关键路径工期作出了重要贡献。

#### 5.5.2.2　EPR 安全壳预应力钢绞线国产化

台山核电采用 ETC－C《EPR 土建工程技术标准》，选用高强度低松弛的预应力钢绞线，原拟采用法国某公司建工系列预应力材料，但存在成本高，供货不及时，难以满足现场需求等问题。

为了保证钢绞线质量、节约成本和及时供货，台山核电对 EPR 预应力钢绞线国产化相关标准进行了研究，分析了欧标、法标和国标之间的差异，确定了 EPR 预应力钢绞线国产化采用的标准；对 EPR 预应力钢绞线国产化流程和钢绞线生产质量控制要点进行分析和把控；总结了 EPR 预应力钢绞线的几何、力学性能和等温应力松弛、偏斜拉伸、应力腐蚀及疲劳等技术指标要求；建立了预应力钢绞线国产化认证试验的整套试验装置、试验程序及试验要求，得出 EPR 预应力钢绞线国产化全性能试验和匹配性试验的试验结果，并对试验结果进行了详细分析。

成品试验时，国内厂商按正常工艺生产钢绞线，施工单位和外方技术支持单位随机在钢绞线母线盘和分线盘上截取产品。一方面，将钢绞线样品送国内独立试验室进行试验；另一方面，将原盘条及钢绞线样品由法国公司委托欧洲试验室进行试验。

钢绞线全性能试验完成后，法国公司根据试验结果编制钢绞线总体评估报告，由施工单位和外方技术支持单位根据试验结果确定 1～2 家钢绞线供应商，对钢绞线再次取样进行专门试验，验证钢绞线与法国公司 55C15 预应力系统的匹配性。匹配性试验完成后，由法国公司提交试验报告。最后，由施工单位根据该源地评审报告、钢绞线总体评估报告及匹配性试验报告，确定国内某线缆有限公司生产的钢绞线通过全部试验验证，成为钢绞线合格供应商。

台山核电预应力钢绞线国产化不仅实现了关键材料国产化、拓展了国内供应渠道，而且保障了施工需求、节省了材料费用。

#### 5.5.2.3 大吨位预应力施工技术自主化

内安全壳是反应堆厂房第三道安全屏障，除底板外，筒体、环梁和穹顶均为预应力钢筋混凝土结构，预应力施工质量关系到内壳结构变形和裂缝控制，影响内壳设计功能实现。台山核电预应力系统、锚固方式、钢束数量及分布、钢绞线强度均与 CPR1000 项目有较大差异，CPR1000 安全壳设计压力 5.2 bar.a（a 代表绝对压力），设计 4 个扶壁柱，单根钢绞线由 7 股 $\phi$15.7 mm 高强低松弛 1 770 MPa 钢丝组成，水平钢束 223 束，穹顶 174 束，每束由 19 根钢绞线组成，双向张拉，预应力等级为 400 t；竖向 144 束，每束由 36 根钢绞线组成单向张拉，预应力等级为 800 t。台山 EPR 安全壳为双层，内壳设计压力 6.3 Bar.a，设计 3 个扶壁柱，单根钢绞线由 7 股 $\phi$15.7 mm 高强低松弛 1 880 MPa 钢丝组成，每束预应力钢束包括 gamma（竖向及穹顶）104 束，竖向 47 束，水平 119 束，每束由 54 根钢绞线组成。水平、gamma 双向张拉，竖向钢索顶部单向张拉，预应力等级统一为 1 200 t。CPR1000 的施工方案不适用 EPR，需要根据 EPR 技术要求重新研究施工方案。

为确保预应力施工质量，在原材料控制、施工方案制定及后期反馈上进行了深入研究。通过比较国内外标准差异，经详细技术论证并得到设计方认可后，用国内标准代替国外标准，实现钢绞线材料国产化并跟踪生产过程，确保钢绞线质量合格。为配置符合设计文件要求的浆体，首次使用触变浆，并在理论配比基础上，组织进行全比例摩擦力张拉试验及灌浆试验。多次组织专家评审会，对管道制作和预埋、预应力张拉、灌浆等施工工艺进行评审和重点控制。通过管道密封性试验、摩擦力试验、等应力张拉、缓凝浆及触变浆研制、全比例灌浆试验、真空辅助灌浆工艺应用等措施，施工过程全面监控，特别是管道预制及安装、砼浇筑与振捣等全过程控制，杜绝了漏浆与空鼓等缺陷。

通过采取一系列技术及质量管控措施，1 号和 2 号机组预应力工程全部满足设计要求，其管理及施工经验已经反馈至华龙一号项目。

#### 5.5.2.4　防大飞机撞击双层屋面施工技术

为防止飞行物撞击破坏核电厂主体结构，台山核电燃料厂房和 2 号、3 号安全厂房主体结构外部设计了一道 1 800 mm 厚的混凝土抗飞行器撞击的结构。封闭的 APC 壳结构对内部建筑物起到了屏障保护作用，但其与厂房内部结构屋面板之间仅有 300 mm 的空隙。如此狭小的施工空间，如果采用普通楼板施工方案，外屋面板浇筑后将无法拆除支撑装置。选择何种类型的支撑方案，是双层屋面施工的主要挑战。

燃料厂房不锈钢水池区上方屋面为双层屋面，内屋面厚 550 mm，外屋面厚 1 800 mm。屋面跨度大，下部结构为乏燃料水池，双层屋面间空间狭小。按照传统施工工艺，面临狭小空间难以支模拆模、底部水池区域无法搭设承重脚手架、双层屋面施工周期过长影响下部不锈钢水池施工等一系列问题。

台山核电 APC 壳双层屋面施工在国内核电建设中尚属首例，缺少可借鉴的施工经验。台山公司投入大量技术人员，研究和优化双层屋面施工方案，并付诸实施，前后历时 3 年。

为解决双屋面施工问题，台山核电成立专项小组。项目组成员经过多次商讨，并与设计方共同探讨研究，最终确定了燃料厂房内屋面采用预制板吊装加一次现浇混凝土、外屋面采用预制梁吊装加三次现浇混凝土的施工方案。同时，针对大件吊装风险，小组还讨论确定了内外屋面预制梁采用场外预制、设计并场外制造专用吊装工具的总体吊装工艺，在确保满足安全、质量要求前提下完成吊装过程，缩短了关键路径工期。

2 号和 3 号安全厂房，原设计在场外预制 19 根承重梁，吊装后分三次浇筑混凝土。但现场难以提供足够预制场地，且现有起重机无法覆盖部分预制梁的吊装区域。经过对原设计方案多次探讨，提出了原位预制承重梁后分层浇筑方案，通过填砂法支撑预制梁。并采用“砂垫法原位预制”和“砂垫法异位预制 + 吊装”法，克服了采用传统方法无法解决的双层屋面结构施工难题，主要施工特点如下。

（1）针对 APC 壳外屋面的结构特点，通过使用高强钢筋及特殊机械接头，并采用工字梁代模、免拆钢模、可拆卸支撑装置等施工技术，分层浇筑混凝土，保证了 APC 壳屋面的顺利施工；

（2）将大面积屋面结构划分出多道预制混凝土工字梁，并通过可拆卸钢棒支撑系统支撑在下部楼板上，混凝土工字梁浇筑过程中采用砂子作为底模支撑，待工字梁达到强度后，使用可拆卸支撑装置支撑工字梁，然后移除砂子底模，最终整个结构混凝土完成后拆除可拆卸装置并灌浆；

（3）工字梁之外区域，采用免拆钢模拼接形成封闭底模，并通过可拆卸点式支撑装置传递荷载；

（4）最后按照整体分区分层方法现浇混凝土并及时拆除支撑，保证整个 APC 壳屋面结构的整体性；

（5）为保证预制梁钢柱能将梁自重可靠地传至下层结构，在内屋面板底部空间跨度较大的区域应设置了钢管柱加砂箱组合支撑体系。

上述施工方法解决了预制场地问题，为周边厂房提前开工创造了有利条件，同时，避免了大件吊装与土建交叉施工风险，灌砂及掏砂施工简单易行，质量可控，安全风险小，同时降低了工程造价。

## 5.5.3　核岛主系统安装技术

### 5.5.3.1　主管道自动焊与变形控制技术

主管道自动焊与变形控制技术是核岛主系统安装核心技术之一，掌握这种技术，不仅有利于保障核岛主系统的施工质量和效率，而且对于电站运行后的延寿、更换主设备等高辐射作业具有参考价值。

1989 年，主管道窄间隙自动焊技术在法国 PENLY2 核电厂开始应用，2011 年 1 月国内在宁德核电 1 号机组应用。与其他国内核电项目相比，EPR 技术要求高，其主管道焊接参数、焊接设备、检验方法等有一定差异：

（1）技术要求：EPR 基于 60 年寿命设计，根据主管道断裂排除设计原则，采用窄间隙自动焊技术。

（2）安装逻辑：EPR 采用蒸汽发生器后装工艺，即先完成主管道与反应堆压力容器及主泵的焊接，再安装蒸汽发生器，这对三维模拟和测量提出了更高要求。

（3）过渡段安装：EPR 主管道过渡段采取整体供货，减少了现场焊接工作量，但同时减少了误差缓冲的机会，增加了测量、计算、坡口加工和组对难度。

（4）焊接调节口布置：主管道调节补偿口是指最后焊接的焊口，在端部留有余长，用于补偿设备制造、安装等阶段的误差和位移。EPR 因为采用过渡段整体安装工艺，其调节口是与蒸汽发生器相连的两道倾斜焊口（H3 和 U1），需要将每道焊缝收缩量分解到水平和垂直方向，这对坡口测量与计算、现场加工、焊口组对等带来较大挑战。

（5）专用工具：EPR 主设备供应商提供的专用工具更加完备，方便主管道安装调整，但部分专用工具结构复杂，尺寸庞大，其引入、安装、使用等都需要研究和掌握。

（6）尺寸与壁厚：EPR 主管道外径与壁厚较大，例如主管道冷段外径 932 mm，壁厚 76 mm。

（7）制造工艺与材质：以往压水堆主管道一般采用离心铸造，台山核电主管道采用锻造工艺制造，材质也有所不同。

台山核电通过技术攻关并在设计供货方的协助下，解决了主管道安装和自动焊难题。

（1）通过试验和工程实践，研究积累原始焊接工艺参数。组织国内安装单位开展了一系列技术攻关，研究了包括焊缝深度、焊缝宽度、焊接收缩量、焊缝成型、焊接位置与方向等技术参数，并通过焊接工艺评定对焊接电流、电压、行走速度、送丝速度、保护气体流量等工艺参数进行试验和优选，形成了详细的焊接数据包。

（2）通过试验，获得焊缝的机械性能数据，包括机械强度、冲击性能等各项重要参数。

（3）积累了 EPR 堆型主管道安装组对经验，掌握了新型专用工具安装和使用方法。

（4）掌握了控制焊接变形技术。主管道焊接收缩量为 9 mm 左右，而且各阶段变形比率差异较大，变形不均将导致主泵水平度超差或影响蒸汽发生器垂直度，增加一回路内部应力。在试验数据的基础上，通过正式焊接过程中反复测量和计算，改变起焊位置，适当调整焊接参数等方式，成功控制了焊接变形。

台山核电自主完成了我国两台 EPR 机组主管道自动焊，通过 50 多道焊口的实践检验，积累了施工经验，掌握了 EPR 主管道安装相关技术。

#### 5.5.3.2　主管道过渡段整体安装技术

台山核电 EPR 主管道过渡段整体到货，现场只有两道焊口，过渡段焊接工作量比分段到货减少 50%，但整体安装也降低了安装误差补偿的可能，增加了吊装、坡口加工以及焊口组对的难度，主要有以下几个方面：

（1）最后两道焊口测量计算复杂。

（2）最后两道焊口为斜坡口，坡口加工难度大，只能一次成功。

（3）主管道过渡段外径约 1 m，长约 8 m，整体重达 20 t，引入通道空间余量仅有 50 mm，容易发生刮擦，引入难度大。

（4）过渡段对口需要强制反向位移，并用专用工具调整蒸汽发生器位置，对口难度大。

台山核电按照技术程序详细测量，并采取多次切割逐步逼近的方式进行坡口加工，每切割一次，测量计算一次，得出剩余裕量，反复操作，逐步逼近，最终加工数据由法马通协助核算，避免了一次切割导致超差的后果。提前精确测量吊装引入通道，并临时拆除主管道支架底板等干涉物项，增加了空间余量，确保了顺利引入，控制了风险。所有过渡段安装均一次成功，为按期完成主系统安装创造了条件。

#### 5.5.3.3　主管道与主设备专用工具应用

以往核岛主管道安装专用工具数量有限，部分工作需采用手拉葫芦和临时脚手架进行调整，精度控制困难，调整时间长。台山核电采用了大量专用工具，包括主管道调整支架、过渡段位移工具、泵壳位移工具、蒸汽发生器位移工具、主泵垂直支撑临时拉杆、蒸汽发生器垂直支撑临时拉杆等，用于主管道引入导向、组对调整、焊接应力控制、过渡段强制反向位移等。

使用专用工具有利于保证调整精度，管道错边和间隙误差可控制在 0.5 mm 以内，调整时间较短，但这些工具结构复杂，使用技术要求高，需要根据安装进展不断调整其状态。同时，这些工具大多是国内第一次使用，缺乏经验，具有一定挑战性。

台山公司详细研究并掌握了这些专用工具的原理、使用方法，并组织安装单位对现场工人进行了多次技术培训，如根据焊接技术要求，在主管道根部打底焊接时需将其固定，随着焊接过程中焊缝产生收缩变形，需要及时改变主管道调整支架的锁紧状态。为了确保准确实施这些步骤，台山核电在安装质量文件中专门增加了《专用工具紧固与松开状态检查表》，每次焊接前，经过班组成员、施工队 QC、质检部 QC、业主工程师四级检查，确认完毕后才开始下一步工作。

通过上述措施，探索出了适合解决现场实际问题的方案，并掌握了全套专用工具的使用方法，顺利完成了主管道引入、安装、调整、焊接工作。

#### 5.5.3.4　蒸汽发生器后装工艺

EPR 蒸汽发生器安装充分借鉴了国外在役机组蒸汽发生器更换技术，采用蒸汽发生器后装工艺，即在蒸汽发生器引入反应堆厂房前，先安装主管道及反应堆压力容器、主泵泵壳。将蒸汽发生器作为环路闭合点最后焊接，可实现过渡段整体安装，减少焊口数量，有利于缩短工期。后装工艺既适用于新核电厂主系统安装，也可用于在役核电厂蒸汽发生器更换。国内目前尚无核电厂实施过蒸汽发生器更换工作，部分在役电厂已运行超过 20 年，将来如果延寿也可能面临主设备维修或更换问题。

后装工艺实施过程具有以下挑战：蒸汽发生器尺寸及重量庞大，其高度约 25 m，直径 5 m，重量超过 520 t，主管道对口时，需要将蒸汽发生器来回移位、调整，以同时满足两个焊口精确对中要求，实施难度大；主管道与蒸汽发生器焊口组对间隙不大于 1 mm，错边量不大于 1.5 mm，调整难度大。

台山核电根据现场条件进行了充分准备和优化，在安装期间实施了精确三维测量和安装模拟，详细测量蒸汽发生器制造竣工尺寸、现场安装位置、主管道焊接后的空间位置，将测量数据录入系统进行测算，并及时掌握蒸汽发生器安装调整专用工具的使用方法，顺利完成了我国首次蒸汽发生器后装逻辑下的主设备安装工作，积累了相关实践经验。

#### 5.5.3.5 反应堆重反射层安装

EPR 机组反应堆压力容器内部以“重反射层”替代传统的“围板”，消除“围板”铆钉或螺钉脱落风险。重反射层由 12 块板堆叠组装而成，高 4.7 m，直径 4.1 m，重 85 t，其功能是作为反应堆压力容器的“防护盾牌”，将运行过程对反应堆压力容器本体有害的辐照中子反射回来，从而实现对反应堆压力容器的保护。此外，它为燃料组件在反应堆内提供横向支撑，并为燃料组件定位提供保障。

重反射层属新型设备，缺少安装经验，对其安装技术、潜在风险都需要深入研究和消化。重反射层吊装就位是反应堆设备安装关键控制点之一，水平度要求高（0.4 mm），装配间隙小（最小间隙仅 0.1 mm），吊具需自行组装，并具备水平度调节的功能。吊装过程中有可能产生干涉和摩擦，存在损伤反应堆压力容器等重要设备的风险。

台山核电通过深入研究技术文件，重点对安装顺序、技术要求、吊装引入过程中与反应堆压力容器及堆内构件的刮擦风险控制、重反射层水平度调整等进行研究和讨论，制定详细技术方案，并用三维软件模拟吊装就位过程，对比各项参数，对所用吊装专用工具提前进行了充分的检查和准备。

下部堆内构件首次吊入反应堆压力容器后，开始重反射层的安装，吊装过程实时监视吊装载荷变化，并派专人监视空间狭窄的部位，实时与吊装指挥联系。

通过上述措施，两台机组的重反射层均顺利安装就位，填补了我国在此技术上的空白，积累了新的施工经验。

#### 5.5.3.6 燃料修复设备安装

EPR 堆型设计了燃料组件检查和修复的设备，配合装卸料机、乏燃料吊车和新燃料升降机使用，在换料时，如果燃料组件有疑似破损或变形，可以用燃料检查装置进行定量分析破损变形情况，并对损坏位置进行精确定位，将缺陷燃料组件吊装到修复装置中，打开燃料组件上下管座，更换燃料棒，然后再回装组件，完成燃料组件的修复。

燃料组件修复设备共有 11 块设备基板，全部焊接于乏燃料水池侧面墙壁预埋板上。其中有 4 块设备基板用于驱动机构和控制系统定位使用，在池壁的一条铅锤直线上依次排列，首尾两块高差 11.63 m。根据安装要求，在基板焊接完成后，4 块基板在垂直于墙壁方向上的平面度不大于 0.08°，单块板的水平度不大于 0.1°，厚度偏差不大于 0.2 mm。考虑预埋板施工公差、设备基板加工公差、焊接变形偏差和测量公差等因素，安装难度最大。为达到上述安装精度要求，采取了以下措施：

（1）预埋板研磨：采用研磨方法，将预埋板平面度控制在 0.1 mm 以内。

（2）模拟焊接：为了掌握设备基板焊接变形及控制技术，获取焊接变形的具体数据，现场制作了与预埋板结构一样的临时装置，用与设备基板相同材质、厚度、形状的钢板代替设备基板进行模拟焊接试验，记录在一定焊接参数下的焊接变形量及过程数据，积累经验。

（3）设备基板加工：根据试验数据和研磨后预埋板的实测数据，在考虑变形和偏差补偿量前提下，计算设备基板的加工量，采用高精度数控设备加工，确保设备基板与预埋板之间能够完全贴合。

（4）焊接实施：将设备基板圆周焊缝分成 16 段，逐层分段对称焊接，每层焊接后使用高精度测量仪器（精度 0.02 mm）测量设备基板数据，根据实时变形量调整焊接参数，控制变形，确保每一层焊缝的变形量都满足要求。

通过上述措施，成功应对了安装过程中遇到的挑战，完成了首台 EPR 核燃料修复设备的安装。

#### 5.5.3.7 定量化控制燃料传输管焊接

燃料输送管悬臂端长度约 6.2 m，重量约 2.6 t。由于只有内安全壳连接件处的一个支撑点，且要求燃料输送管安装后的水平度不大于 0.5 mm，因此内安全壳连接件的焊接变形控制是整个输送管安装的重点和难点。必须保证在焊缝应力释放后，输送管在重力作用下的中心标高、位置等仍满足定位要求。

为满足上述施工要求，在焊接前，通过理论计算和建立三维模型，模拟燃料输送管在焊缝应力释放过程中的位置变化，以及这一过程中重力的影响。通过计算得出焊后变形量，采取预留反变形的组装方法，使输送管下沉端有一个向上的预留偏差，用于抵消焊后变形。为使这一过程能够得到有效控制，在焊接过程中，在燃料厂房侧用一个可以直接读数的拉力计提升输送管，焊接过程中实时监控拉力计读数，并用百分表监测输送管位置变化情况。边焊接边释放拉力计（减小提升力），同时核对百分表读数变化是否与理论计算结果相符，在输送管焊接完成 80%时完全释放拉力计（剩余焊缝的焊接过程对位置影响较小）。焊接过程中通过控制焊接工艺参数来控制输送管位置变化。

以上是对输送管垂直方向的位置控制。在实际焊接过程中，水平方向也需进行位置控制。由于没有重力引起的不均匀影响，水平方向的控制相对容易。焊接前组装到位，焊接时两侧同时施焊，均匀成型，两端分别加百分表监控焊接过程中的位移，必要时实时调整焊接参数。

拉力计加百分表定量检测控制焊接变形的方法取得了较好的效果，积累了燃料传输管焊接变形数据和中间过程拉力数据。

### 5.5.4 核岛辅助设备安装技术

EPR 机组核岛辅助设备安装面临的主要困难在于：环吊结构复杂，安装挑战大；堆芯捕集器是全新设计，缺乏施工经验；应急柴油发电机组安装调整精度要求高；部分辅助管道焊缝新增内部打磨要求；无可参考的相关水压试验回路文件，需要自主完成边界划分并制定辅助管道试压流程图等。

### 5.5.4.1　环吊安装

环吊是反应堆厂房内唯一大型起重设备，核岛大型设备引入就位和材料吊运都需要环吊配合。台山核电核岛环吊安装主要施工难点包括：环轨梁楔块数量多，加工精度高，需反复测量，工期长；如果按照设计文件给出的安装方法，大梁就位困难；反应堆压力容器等重要设备吊装受制于临时液压提升机构（TLD）安装进度，关键路径受影响。

根据实际情况，现场对安装技术和施工逻辑进行了优化，具体如下。

（1）环吊轨道梁楔块一次加工成型技术

楔块加工处于环吊安装关键路径上，若采用传统的加工方法，需要使用千斤顶等工具配合。多次将楔块插入轨道梁底部，模拟安装和测量后，再次加工，加工完毕后再次安装和调整。施工风险高、工期长，精加工周期约需 15 天，在此期间现场安装工作处于等待状态。

采用楔块一次加工成型新技术，即在环轨梁地面预组装过程中测量环轨梁地面坐标。在反应堆厂房牛腿移交后对牛腿表面坐标进行测量，通过将地面组装时的坐标系与牛腿测量时的坐标系拟合，精确计算出楔块厚度。利用数控加工设备，一次精确加工成型，避免了多次安装、拆除、加工、再安装的工作，减少了现场工作量，节约了工期，降低了安装风险。

（2）主梁和端梁吊装优化

设计文件提供的对应梁带两根端梁的吊装方法，大梁难以落位。结合现场实际情况，对原方案进行了优化，采用先吊装电气梁，再吊装对应梁，吊装前在对应梁上只组装一根端梁，剩余一根端梁用塔吊吊装就位的方案，解决了大梁落位难的问题。

（3）临时提升装置安装逻辑优化

根据设计文件，核岛反应堆压力容器等重型设备引入须使用临时液压提升装置（TLD）。该装置就位于环吊大梁上。设计方原建议使用环吊中央拱架吊装 TLD，这将导致在中央拱架安装调试完成之前，无法安装 TLD，进而影响反应堆压力容器等重型设备吊装工作。核岛主设备安装关键路径将面临延期风险。

经深入研究，在穹顶吊装前，使用现场 1 600 t 履带式起重机提前将 TLD 吊装到环吊大梁上，将不受中央拱架安装调试时间限制，可节约工期 30 天。此外，还采用上述方法提前将环吊试验平台、吊架及试重块等引入至核岛反应堆厂房临时存放，避免了倒运环吊载荷试重块占用关键路径。

经过上述优化，核岛重型设备引入关键路径工期压缩了 1 个多月。1 号机组反应堆压力容器在 FCD + 31 即成功引入厂房内，核岛主回路安装得以及时开展。

### 5.5.4.2　堆芯捕集器安装

堆芯熔融物稳定系统（RSC）又被称作堆芯捕集器（Core Catcher），是 EPR 新增设的安全设施，由锆砖、排放渠、熔融塞组件、熔融塞运输小车及调度站、中子屏蔽块、扩展区冷却元件及牺牲混凝土、非能动淹没排放管线等组成。其用途为：当反应堆压力容器发生熔融事故时，堆芯熔融保护系统通过牺牲混凝土的物理和化学作用，吸收、稳定具有放射性的高温熔融物，控制安全壳内温度和压力增长的风险。同时收集、引导堆芯熔融物进入扩散区，并最终将堆芯熔融物存储在扩散区，确保安全壳及混凝土筏基的完整性，防止放射性物质泄漏。

堆芯捕集器属于新设备，缺乏相关安装经验。一方面，土建中心塔吊拆除、穹顶吊装、堆芯捕集器安装、反应堆压力容器就位等工作之间存在串联关系，给堆芯捕集器安装计划编排带来一定挑战。另一方面，冷却元件制造公差余量大导致接口不匹配，房间预埋板偏差等问题也是安装过程中面临的实际困难。

经研究，将堆芯捕集器的施工工序纳入反应堆压力容器引入专项计划中统筹考虑。为了尽可能减少占用关键路径时间，提前做好施工准备。在土建中心塔吊拆除后，立即开展堆坑清理及放线工作，穹顶就位后开始堆芯捕集器的安装。同时，根据耐火材料保质期的实际情况，采取了一系列改进和优化措施，包括：优化保护层施工逻辑，排放渠底部及侧壁安装后，暂缓施工顶部，等后期与堆坑同时施工，以减少工作面冲突；自主研发施工辅助工具，如排放渠耐火砖支锚固件焊接热处理及锚固板固定工具、20°斜面耐火混凝土施工工具、堆坑设备安装中心放线工具等，提高施工效率；协调法马通技术支持人员常驻现场，快速处理设计澄清等。

针对制造公差设置偏大且固定型钢焊接变形影响冷却元件安装问题，现场经过实地测量和计算，查明问题根源，并根据现场实际情况提出建议方案。经设计确认后，对侧墙冷却元件宽度及制造偏差进行了外委再加工处理。针对房间内部分预埋板实际位置与理论值存在偏差问题，在冷却元件安装前，对墙面整体尺寸和每块预埋板的实际位置进行测量和分析，并将测量数据反馈给设计方。由设计方给出偏差埋板问题处理的通用原则，确保了冷却元件的顺利安装。

通过上述措施，台山核电顺利完成了堆芯捕集器安装，为反应堆压力容器引入创造了条件，积累了施工经验。

#### 5.5.4.3 应急柴油发电机机座调整

台山核电 10 kV 应急柴油发电机组由 MAN－GE 联合体分体供货。柴油机整体就位于房间内左右两侧底座上，每侧底座分为 3 段，位于底座上方的柴油机机座长 6 200 mm，两侧上表面分别设有 8 个检查测量点。安装要求调整柴油机四个角处于同一水平面，四个角的高低差≤0.05 mm，并将机座两侧均调整成类似“香蕉”形曲线，每侧的最高点在两端，最低点在中央，相邻两点高差≤0.05 mm，最高点和最低点高差≤0.15 mm。由于设备调整精度要求高，且在调整四个角在同一平面时，机座曲线也会跟随变化，四个角和机座曲线需要反复交叉调整，且需要找到能同时检测两个尺寸的合适方法。

台山核电结合现场条件，采用了水平面法检查四个角是否在同一个平面，采用了钢丝法检查基座曲线。两种检查方法相结合，满足了安装要求。水平面法检查四个角的高度差，是通过将柴油机机座上两侧的槽连通加水，配合圆头型测量工具测算出机座上表面到水平面的距离，确保四个角的测量差值≤0.05 mm。钢丝法检查基座曲线，是将四根钢丝支架分别固定在柴油机两侧机座驱动端和非驱动端，在钢丝支架上分别挂 0.3 mm 钢丝及配重。根据机座单侧两个角标记的差值，调整钢丝，依次测量标记位置到钢丝的距离，从而算出各测量点间的差值。

通过上述方法，顺利完成了应急柴油发电机机座调整，安装结果满足设计要求。

#### 5.5.4.4 应用机器人打磨辅助管道焊缝

EPR 核岛辅助系统部分管道焊缝，在焊接完成后，需要对焊缝内表面进行打磨抛光，以减少焊缝应力集中，缓解焊缝疲劳，提高关键系统管道的使用寿命，是 EPR 管道安装的新要求。由于大部分管道内径较小，人员难以进入管道内部打磨，需借助焊缝打磨机器人进行远程打磨操作，并在打磨完成后，利用除尘机器人完成清洁工作，保证管道内部清洁度。

经过市场调研，台山核电从德国引进 4 台打磨机器人和配套的除尘机器人，覆盖管径从 DN100 到 DN500 的打磨范围。该技术在国内核电管道安装工程中尚属新技术，缺少使用经验，为此，台山核电组织技术人员深入研究机器人原理及使用方法。通过工程实践，掌握了机器人的构造原理、作业控制逻辑、打磨方法、简易故障排除及维修方法，顺利完成了相关焊缝打磨工作，在机器人技术应用以及管道焊缝内部打磨施工上积累了经验。

#### 5.5.4.5 辅助管道水压试验回路设计

完成管道水压试验是工艺系统移交的前提条件。成熟核电机组的辅助管道水压试验回路编制均有参考电站作为输入和参照，回路范围的选取以及边界设置的合理性均经过参考电站实践的验证，可执行性较好。台山核电辅助管道安装无可参考的水压试验回路文件，需要根据 EPR 设计标准、调试部门提供的系统边界以及现场管线具体布置来完成辅助管道水压试验回路的设计，属于一项原创工作。

台山公司设计、施工、调试等各方联合研究法规规范、设计文件、设备材料性能参数、压力试验过程控制等诸多方面的技术，梳理计算回路内管线、设备承压能力，对设计技术要求和 RCCM、RSEM 规范进行了深入分析研究。1 号机组共完成 800 余个辅助管道水压试验回路的设计，保证了系统符合性检查、水压试验和工艺系统移交工作的顺利开展，并经过冷试、热试、装料、临界、商业示范运行等工况检验，核岛辅助管道安装满足系统功能要求。

#### 5.5.4.6 感温电缆敷设

核岛感温电缆为光纤，外形纤细，容易折断。按照设计文件要求，在控制和测量托盘中，感温光纤需要接触式敷设在其他电缆的上方，在低压及中压托盘中则采用扎带绑扎在托盘底部支撑及支架上。按照此要求，低压及中压托盘中感温光纤的敷设方式在后续托盘做防火包裹时容易损伤光纤，增加了施工难度。

为了减少资源浪费以及更好保护感温光纤，结合实际情况，提出了新的方案，并推动设计方对感温光纤的敷设方式进行了优化。不论托盘类型，在其他电缆施工已完成的前提下，将感温光纤接触式敷设在托盘中其他电缆的上方。对于前期已按照原有方案敷设完毕的感温光纤，在需要托盘包裹的地方利用托盘盖板对感温光纤进行附加保护，很好地避免了感温光纤在防火包裹施工期间损坏的风险。

按照新的方案执行后，1 号机组未发生因托盘包裹对感温电缆的挤压导致感温光纤损坏的事件。2 号机组采用新的方案敷设，相对于 1 号机组缩短了 2 个月工期，托盘做防火包裹时也无须额外对感温光纤采取二次保护。

## 5.5.5 汽轮发电机组及电站附属设施安装技术

台山核电汽轮发电机组单机功率 1 750 MW，机组容量增加导致设备重量、体积、安装难度均有较大增加，且在国内属于首次安装。为了解决上述困难，台山核电引入了液压提升装置、穿转子工装、MSR 专用翻转工装等新型专用设备，安装过程中采用了多项新技术。

### 5.5.5.1 利用液压装置吊装发电机定子

台山核电汽轮机厂房设置一台 300/70 t 行车和一台 20 t 行车，而发电机定子重量为 495 t，主行车无法满足发电机定子吊装需求。如果采购专用大型吊装设备，成本高昂，制造周期长，不能满足现场需求。

经研究论证，决定租用液压装置吊装发电机定子。由于发电机定子基础的基坑开口尺寸长为 14 716 mm，而发电机定子本体套装两端端罩时所需的尺寸为 15 797 mm。若发电机定子本体先行就位于基础台板上，基坑将没有足够的空间进行端罩套装施工。

经详细测算，决定先将定子吊装至基础临时支撑上，临时支撑的高度需要满足端罩套装的空间需求，在两端端罩套装之后，再进行二次吊装（带端罩）整体就位。液压装置的一对筒柱布置于常规岛汽轮机厂房挡土墙外侧的支承平台上，形成轨道梁一侧的支撑点。另一侧支撑点则在运转层平台上铺设相应的专用支墩，通过两侧的支撑点架设轨道梁，轨道梁架设完成后调整水平及轨道平行度，然后在厂房内的轨道梁上布置液压装置。利用大型运输拖车将发电机定子运输至吊装系统下方并绑扎吊索，即可开始吊装施工。通过提升→转向→再次提升→水平行走→临时就位→端罩套装→二次吊装，最终完成定子就位。

利用液压装置吊装发电机定子，不仅解决了发电机定子吊装的技术难题，还节约了专用大型吊装设备采购成本。

### 5.5.5.2 发电机穿转子新工装应用

EPR 发电机转子的尺寸、重量均比以往核电发电机转子大，缺少合适的专用工具，穿转子工作面临较大挑战。为了顺利完成穿转子工作，台山核电使用了一套“轨道＋气垫滑块＋液压推进系统”组成的新工装，该装置在中广核范围内为首次应用。

为此，台山核电深入研究，充分准备。在穿转子之前，充分学习和培训专用工具的使用，包括新工装的操作、风险控制、故障排查、导轨安装、台车、推车及推进千斤顶安装调试、滑板就位和固定、延长轴安装、汽励端转子支撑安装、气垫滑块安装、转子保护夹安装等。

发电机转子穿装分为两个阶段。第一阶段：与一般发电机安装类似，使用主行车吊挂转子进行穿装，主行车行走至极限位置，转子汽端通过滑块支撑在定子膛内的滑板上，转子励端通过支撑及台车支撑在导轨上。第二阶段：对气垫滑块进行充气，使之膨胀形成气囊顶起转子汽端，操作液压推车向前顶出，推动台车向前移动，使转子向汽端移动，直至完成一个行程。重复操作，直至转子到位。

发电机穿转子新工装的成功应用，验证了新工装的可行性，特别在第二阶段，通过千斤顶推进时转子穿装全过程平稳，提高了穿转子的安全性。

### 5.5.5.3 立式汽水分离再热器壳体翻身技术

1 号机组汽水分离再热器（Moisture Separator Reheater，MSR）是中广核首台立式 MSR，

总体重量（410 t）超出主行车最大载荷量（300 t），若再热器在制造厂组装成整体，则因内部结构受力条件所限，无法采用卧式运输。因此，MSR 分为壳体（含分离器）、一级再热器、二级再热器和上封头四部分供货，现场安装后组合成整体。其中壳体直径 5.8 m，长 21.5 m，重 252 t，需要翻转直立吊装，仅靠主行车本身无法完成翻转吊装作业。

根据 FA3 项目经验，采用行车与液压提升装置相配合的专用工具，利用液压装置和行车大小车的升降及移动来调整壳体，翻身就位。MSR 翻身使用的液压提升吊装工具体积小，重量轻，施工现场占用场地小；起重能力强，可长时间载重悬停；多重保护，整套液压提升设备采用液压系统自锁及夹持器逆向机械自锁等技术，安全可靠；运行平稳，冲击力及振动极小；可在各种工况实现负荷升降与停留并随时转换；在施工过程中，姿态可进行调整，全程计算机控制。

1 号机组两台 MSR 壳体吊装由外方厂家技术人员来现场操作。为掌握吊装软件的操作能力，台山核电专业工程师在 1 号机组吊装过程中全程跟踪学习，具备了自主操作能力，经授权后独立自主完成了 2 号机组壳体吊装，节约了工期和成本。

#### 5.5.5.4 新型氢冷器下法兰安装技术

台山核电发电机共设计 4 台氢冷器，分别位于汽励两端端罩两侧的方形槽内。氢冷器下法兰采用 GE 新设计型式，在氢冷器下法兰内侧设置两道凹槽，内装两条 L 型密封条，消除下法兰与氢冷器下管板之间的间隙以达到密封效果。新型氢冷器下法兰结构形式复杂，安装精度高，稍有不慎就易出现漏气现象。安装过程中遇到不少困难，尤其是 L 型胶条，穿装过程容易出现扭曲损坏，调试进行发电机吹扫期间，氢冷器又需多次抽装。L 型胶条损坏概率较高，准备好备件的同时，也需提高安装一次成功率。

为了确保安装质量，采取了下列措施成功完成了氢冷器安装工作。

（1）氢冷器穿装过程中，底部始终安排人员监视氢冷器在安装通道内的穿装情况，防止产生磕碰，同时关注两侧密封胶条，不得出现破损。

（2）当氢冷器缓慢降落至离端罩安装 150 mm 左右停止，将上法兰 $\phi 7$ 密封圈安装至密封槽内，安装前在上法兰安装槽内涂抹凡士林，继续下降至最终位置。

（3）氢冷器底部下法兰安装时，先将 $\phi 7$ 密封圈安装至下法兰顶部密封槽内，同样安装前在安装槽内涂抹凡士林。将两条 L 型密封条安装至下法兰侧面的 2 层密封槽内，密封槽内同样涂抹凡士林。利用先前悬挂下法兰的 2 条导向杆及螺栓，同时用扳手旋紧 2 条导向杆上的螺母，缓慢提升上法兰。提升过程中需使下法兰保持水平状态，同时密切监视内侧 L 型密封条的位置情况，特别是当下法兰提升到密封条开始接触氢冷器密封面时，如发现 L 型密封条扭转等情况，应立即停止提升，用塞尺将 L 型圈密封条调正。之后继续提升下法兰至最终安装位置。安装下法兰螺栓，利用千斤顶或者螺丝顶调整下法兰与冷却器密封面的间隙，达到设计要求的 0.5～0.7 mm。

#### 5.5.5.5 下沉式常规岛安装

台山核电常规岛采用了下沉式布置，汽轮机厂房地下分为 −13.7 m 和 −7.5 m 两层，汽轮发电机平台顶部标高为 + 10.9 m，大量设备及管道均布置在地下两层。下沉式布置提高了运行经济性，但增加了施工难度，主要表现为：大件设备吊装难度增加、管道引入难度增加、照明不足、通风不畅、防洪防淹没风险增加。

为了满足安装期间密集的设备、管道引入需求，需要解决主行车利用率偏低、吊装通道单一的问题。台山核电将设备、管道引入整体考虑，进行了常规岛设备管道引入整体策划。在技术上，提出了“土建钢结构预留+设备管道引入专项方案+新增临时吊装口和吊装设备”的整体解决方案。在管理上，建立了主行车每日协调机制，制定了吊装口及运输通道占用管理规定、管道预存管理要求、厂房二级库管理等规章制度。

为了消除地下两层因照明不足、通风不畅引起的安全风险，将临时措施与正式系统同步投用。临时照明采取整体照明和局部照明相结合的方式，在各层主要通道设置整体照明，并根据施工需要补充局部照明。临时通风则采用机械送风的方式，在厂房下层形成可靠的空气流动，可将厂房底部的湿气、焊接烟尘等及时排出厂房。

在防洪方面，采用疏堵结合的双重措施，既对防洪风险点进行排查及封堵，及时完善正式边界确保安全，又布置了必要的应急排洪系统，并推动正式排水系统尽快投用。

通过总体研究和策划，形成了下沉式布置厂房施工期间的整体解决方案，既保证了现场施工正常推进，又确保了现场照明、通风、防洪等符合安全文明施工要求。

#### 5.5.5.6 海底光纤通信与动力复合电缆敷设

台山核电正常冷却水源取自 5 km 外的大襟岛外侧海域，通过取水明渠和海底隧道引水。大襟岛设置辐射监测站、办公楼、循环水加药间等，通过海底电缆与陆地侧实现厂房供电、信息传输等方面的连接。长距离海底电缆敷设在核电项目尚属首次，无经验可循，且海底电缆敷设及使用环境较为特殊，需制作耐海水腐蚀特殊工艺的光纤复合动力电缆。光纤与中压动力电缆复合到一根电缆中，外增加钢丝层、缓冲层、铅套及隔离层，中间不设置接头，单根长 5 000 m，重约 130 t。电缆敷设中面临退扭、摩擦、长距离隧洞内施工安全风险等挑战。

针对以上挑战，台山核电研究并使用了多项措施来保证安全质量。包括：细化施工方案，并对盾构井和隧道作业的安全风险，如通风、照明、消防，进行了重点评估和审查；搭设长距离脚手架使用卷扬机将电缆引出盘，解决电缆退扭问题；根据电缆破断拉力计算结果，考虑牵引机的牵引力，电缆前端使用牵引网套，隧道内采用约 50 台电缆敷设机配合滑轮组同步控制，并在盾构井处设置一段缓冲区，保证电缆不受力且电缆敷设机中间不弯折；控制电缆出盘速度，在多处控制点设置专人看管，并用对讲机实时通话，控制电缆敷设机开关；现场建立安全、QC 人员巡检制度，实时监督巡检，佩戴氧表保证施工人员安全，同时确保电缆敷设过程中不摩擦地面，以免损伤电缆；电缆敷设前、敷设完成后截断端接前，进行绝缘、耐压、光纤通信测试，完全合格后进行固定、端接。

海底电缆敷设工程的顺利完成，保证了隧道按期进水，积累了核电项目海底隧道电缆敷设的经验。

#### 5.5.5.7 无线通信系统自主调试

台山核电无线通信系统的主要功能是在无线网络覆盖范围内，通过定制的 WiFi 手机，实现 WiFi 手机之间的语音通话及消息发送（语音、文本及图像），实现 WiFi 手机与固定电话之间的语音通话。在供货合同中，设备供应商仅提供调试技术支持和指导，而 WiFi 网络配置及信道配置、优化等工作，在安装合同和供货合同中均没有明确。同时，台山核电 WiFi 系统采用新技术方案，共需完成 812 个无线接入点（Access Point，AP）终端和 63 台交换机的调试工作，涉及通信网络领域中“路由与交换”“无线局域网”“网络安全”3 个技术方向。根据中广核信息技术中心评估报价，该项工作若委托供应商实施，合计需要人工费超过百万元人民币。与此同时，涉及装料最小 TOTO 系统移交，WiFi 调试工作急需尽快完成。

为了掌握技术，节约成本，满足装料前应急演习要求，决定成立专项小组自主调试，调试主要工作由电仪专业安装技术人员实施。调试前，专项小组充分准备，通过学习与培训，熟悉系统功能需求，统计设备清单，收集线缆测试报告、交换机端口统计表等信息，并搭建了小型试验平台，完成了基本的配置及通信测试。调试过程中，采用了各种技术措施，包括网络总体规划、AP 跨三层网络注册到接入控制器（Access Controller，AC）上、无线信道规划、AP 管理地址规划、路由规划、终端信号优化等技术。验证阶段，技术人员对每台交换机进行配置，对每个 WiFi 终端进行验证，确保厂区无线信号全覆盖。

通过无线通信系统自主调试，掌握了该领域调试技术，提高了解决无线通信技术问题的能力，节约调试成本 90%以上。

## 5.5.6 大件吊装技术

台山核电大件吊装工程遇到了诸多挑战，包括：采用液压提升装置等新的吊装设备和工艺，其使用技术、风险控制、应急处理方法等均需研究消化；柴油机等设备运输空间狭窄；大型起重机与塔吊交叉作业频繁，安全风险高等。

### 5.5.6.1 核岛主设备吊装

蒸汽发生器、反应堆压力容器等设备重量超过 500 t，环吊起重能力只有 320 t，不能满足主设备吊装需求。台山核电使用了临时液压提升装置，该装置分成三部分：厂房外的龙门架及液压提升机、水平运输装置、反应堆厂房内的临时提升装置。主设备吊装前，先使用外部吊运系统将重型设备运输至厂房内，然后使用环吊大梁上的两套临时液压提升装置对重型设备进行抬吊、空中翻转，再吊装就位。

蒸汽发生器等核岛重型设备一般为立式安装，设备吊装就位时，需要将其从运输时的水平状态翻转成竖立状态，以往核电项目为了完成翻转竖立工作，一般需要在设备尾部安装临时抱箍和翻转支架。翻转竖立时，起重机提升设备头部，同时水平移动吊钩（或者由拖车运输翻转支架向前移动），直至将设备翻成竖直状态。EPR 蒸汽发生器等主设备尺寸大、重量大，传统的吊装设备（卷扬机、滑轮组等）尺寸过于庞大，安装布置困难。台山核电通过环吊大梁上的临时液压提升装置（主提升 TLDA 和辅助提升 TLDB），采用“双机抬吊，空中翻转”技术完成主设备翻转竖立，不再使用翻转支架和抱箍。

这种液压提升装置在国内核岛主设备安装中，属于首次应用，面临的挑战包括：设备吊装及水平移动均为计算机控制，需要掌握其原理和操作方法；厂房内空间狭窄，设备尺寸庞大，空间关系复杂；吊具与钢绞线倾斜角度控制、起升速度与平移速度的配合、设备重心的变化与控制、设备旋转过程的油路切换等方面缺乏实践经验，这些因素带来的风险需要重点研究和应对。

在详细研究上游技术文件的基础上，通过 CAD 模拟和试验，制定了翔实可行的技术方案；深入研究两台液压提升机构的配合技术，掌握了液压系统电脑控制操作方法，包括液压系统故障处理和吊装过程油路切换等技术；吊装前进行详细的经验反馈和学习，排查安全隐患，制定了紧急情况下的应急措施；吊装过程中利用经纬仪等设备随时监测吊索偏角变化，专人监控液压系统钢绞线与设备结构间隙，避免刮擦；液压装置厂家技术人员到场在线支持。

通过上述措施，掌握了主设备空中抬吊翻转技术，及时完成了全部主设备吊装工作。该技术取消了抱箍和翻转支架，减少了工作量，缩短了工期，而且避免了抱箍安装带来的碰伤设备风险，积累了重型液压设备使用和风险控制经验。

#### 5.5.6.2　380 t 柴油机平台吊装

核岛应急柴油机平台（预制基础底座）为钢筋混凝土结构，重量达 380 t，共 8 件。由于厂房设计时没有考虑该平台的运输通道，原计划在厂房封顶前，使用 900 t 履带式起重机将其吊装就位，但 900 t 起重机在市场上数量较少，及时性难以保证。而且 8 件柴油机平台吊装不连续，需要起重机多次进出场，每次进出场都要重新拆卸、运输和组装，耗时长，费用高。

台山公司与大件吊装承包商通过深入研究，决定在柴油机厂房墙体上预留临时运输通道，并加固了柴油机厂房的楼板，使用现场已有的液压顶升塔将其吊装就位。该顶升塔为劳辛格 34PT8552WT 型，额定起重能力 770 t，原用于常规岛汽轮机设备卸车，常驻现场。用 50 t 及 630 t 起重机配合组装液压顶升塔，通过场地优化及多次移位，解决了吊装过程中液压顶升塔难以转弯的困难，顺利完成了柴油机平台吊装。

相比用 900 t 起重机的方法，这种方案不仅技术可行，也更具经济性。

#### 5.5.6.3　应急柴油发电机组拖运

核岛应急柴油发电机组是世界最大的核级柴油发电机组，其中柴油机重达 112 t，发电机重达 64 t。厂房外地下廊道多，地面承载力有限，厂房门与核岛之间空间狭窄，不具备大型起重机吊装作业的条件。柴油机及发电机共 20 件，若采用液压提升机吊运柴油机，则面临液压提升机组装时间长、费用高（参照柴油机平台吊装合同，估算吊装费用近千万元人民币）。另外，受现场施工进度影响，这 20 多件设备不能同时吊装，起重设备需常驻现场待用，与其他大件吊装工作冲突，协调困难，可能导致工期延误。

通过综合分析作业可行性、安全性及经济性，决定自主设计实施“土办法”完成应急柴油发电机组拖运方案。

（1）利用蒸汽发生器及稳压器运输梁搭设了临时承重梁和拖运轨道，在廊道上方“架桥”，避免了廊道超荷损坏；

（2）用运输拖车将柴油机运到汽轮机厂房，利用主行车将柴油机调转 90°，二次装车，由常规的“纵向装车”改为“横向装车”，运输到柴油机房外，避免了在狭窄的“小胡同”里调头；

（3）用运输拖车液压自卸功能将设备卸在支墩上，此时设备离地面约 1.2 m 高，然后利用千斤顶及道木垛逐渐降低设备高度，直至地面；

（4）最后利用滚轮小车及卷扬机将柴油机拖运进厂房。

采用上述方法，工具随时可用，作业过程安全可靠，顺利完成了柴油机和发电机共 20 件大型设备的吊运工作，材料、工具费用低，成本节约明显。

#### 5.5.6.4　4D 模拟技术

EPR 核岛主回路设备安装工艺复杂，吊装就位难度大，主要体现在：蒸汽发生器及稳压器无法垂直吊装就位，需采用“空中翻转”及“倾斜就位”的全新施工工艺；核岛主回路设备在引入过程中与土建结构的间距小，碰撞和干涉的潜在风险较大。

为确安装工作顺利开展，台山核电利用三维建模软件，完成 1 号机组反应堆压力容器、蒸汽发生器及稳压器等核岛主回路重型设备吊装引入的精确模拟。不仅实现了三维模型的空间尺寸验证，而且完成吊装全过程的动画模拟，由三维扩展到四维，通过模拟验证了设备引入通道的可行性。制定了详细的吊装方案，识别关键接口位置，在设备引入过程中实行专人重点监控，对于间隙过小的、风险较大的位置采取增加间距或优化逻辑等措施，控制碰撞风险。

两台机组反应堆压力容器、蒸汽发生器、稳压器等核岛主回路设备吊装引入均一次成功。4D 模拟作为一种辅助措施在人员培训、工机具验证、协调冲突和碰撞检查、施工逻辑优化等多方面起到了重要作用，保证了施工质量，避免了碰撞风险，节约了关键路径时间，提高了施工技术水平，是精细化施工的成功实践。

#### 5.5.6.5　风险控制及安全技术改进

（1）大型起重机防雷接地技术改进

鉴于 EPR 吊装设备数量多，设备重量大，台山核电先后引入 1 600 t、900 t、800 t、630 t、600 t 履带式起重机等多台大型起重机。这些起重机吊臂竖起高度一般超过 100 m，是现场最高的几台设备。施工现场雷雨多发，存在一定安全隐患，迫切需要研究并改善起重机的防雷接地性能。

根据起重机厂商的要求，一般采用在地面打入钢筋等方式接地，但说明书未提及接地电阻检测标准，而且这种方式接地电阻大，效果不好。同时，台山核电采用的履带式起重机，根据工作需要经常变换工作位置，难以随时布置接地网及接地线。在起重机说明书相关要求基础上，结合国内相关规范，总结出大型起重机防雷接地经验，提出了大型履带式起重机防雷接地的技术要求，设计了接地扁钢连接地网，在现场大型起重机常用作业区域设置了多个接地点，方便起重机就地选择接地点进行直接连接。

经过上述改进后，检测起重机接地实测电阻比改进前减小 96%以上，安全性获得较大提升。

（2）大件吊装与塔吊群交叉施工风险控制

台山核电大件吊装设备数量多，遍布各个厂房。大型起重机经常变换工作地点，现场塔吊密布，核岛施工区域高峰期布置了 18 台塔吊，大型履带式起重机与塔吊群交叉施工管理面临较大挑战。为确保吊装作业安全，台山公司采取：① 临时移位塔吊，1 号机组穹顶及环吊、安注箱等大件吊装前，将 8 号塔吊向核岛东侧移位 60 m，为 1 600 t 履带式起重机让出站位场地，2 号机组根据 1 号机组的经验反馈，将 8 号塔吊由固定式改为轨道式，方便移位；② 临时降低塔吊高度：穹顶吊装前，将 1 号塔吊下降 24 m，为穹顶吊装留出通道；③ 调整塔吊吊臂长度：马蒙特液压提升装置安装完成后，将 5 号塔吊吊臂截短 10 m，避免与液压提升装置的顶部动力装置碰撞；④ 现场安装、土建、大件吊装三家承包商签订交叉施工作业专项协议书，明确配合协作责任，确定交叉作业优先级。

上述措施合理安排了吊装现场的空间资源，降低了起重机刮擦碰撞风险。

#### 5.5.6.6　参与制定行业技术标准

由于大件吊装与运输工作的重要性高、风险大、技术复杂，国内部分行业专门编制了技术标准，以便规范管理、控制大件吊装风险。例如我国石油石化行业的《大型设备吊装工程施工工艺标准》（SH_T_3515—2003）等，但核电行业尚没有类似规范。其他通用要求针对性和适应性不强，没有考虑核电特点，亟须编制核电行业的大件吊装运输技术标准。尤其是近年来三代核电机组大件吊装的新技术、新要求、新风险均应及时纳入技术标准，供后来者借鉴，规避风险。

2015 年，由我国能源行业标准化技术委员会提出核电大件吊装运输标准编制要求，中广核工程有限公司组织编写，台山公司派人参加了编制和评审工作。经过一年多准备和编写，2016 年，国家能源局正式发布了下列两项行业标准：

中华人民共和国能源行业标准 NB/T 20385—2016，《核电厂大件吊装通用技术要求》；

中华人民共和国能源行业标准 NB/T 20386—2016，《核电厂大件运输通用技术要求》。

以上两项标准规定了核电厂建造阶段大件吊装和运输的通用技术要求，对核电厂吊装物项分类分级、作业监管、组织与实施、人员资质、机械设备与吊索具要求、技术文件、作业环境、安全要求、先决条件、操作步骤、应急撤离等作出了通用性规定。

其中，液压提升机、地下廊道、地基承载力测试、风力要求、起重机试验等部分的内容，充分吸纳了台山核电经验。

上述标准的制定，对于规范我国核电行业大件吊装与运输管理，控制施工风险发挥了重要作用，也是台山核电建设经验对行业的贡献。

### 5.5.7　焊接技术

台山核电安全壳内换料水池（In－containment Refueling Water Storage Tank，IRWST）采用单面焊双面成型新技术，需开发研究新工艺；小口径管道焊接及汽轮机厂房钢结构焊接工程量庞大，需改进工艺，提高焊接效率。

#### 5.5.7.1　IRWST 水池单面焊双面成形工艺研发与应用

台山核电 IRWST 水池结构不规则，焊缝纵横交错，异形构件多，且焊缝与背面的检漏槽（位于焊接接头背面，用于焊缝射线检测和收集水池泄漏时流出的水）相互独立，存在间隙，无法作为焊缝背面充氩保护的载体。为解决焊接难的问题，台山核电 IRWST 水池建造采用单面焊双面成形焊接工艺，与 FA3 及 OL3 带垫板焊接工艺不同，为核电厂不锈钢水池建造领域首次应用，无借鉴经验，为此对这种新技术开展了深入研究：

（1）选择合适的焊接方法，这是焊接工作的核心和基础。TIG 焊能实现高品质焊接，保护气对电弧及熔池的可靠保护排除了氧、氮、氢等气体对焊接金属的侵害；钨电极与母材间产生的电弧在惰性气氛中较为稳定，焊缝成形美观平滑，焊缝质量优良，满足核电厂建设及运行的严苛标准。基于上述两点，选择了手工钨极氩弧焊作为单面焊双面成形工艺的焊接方法，并通过一系列试验确定了焊接参数。

（2）通过调研及试验，研制了可移动氩气室作为背面保护气的载体，通过支撑装置送入焊接接头背面，实现充氩保护。

（3）解决了复杂结构构件的制作难题。在天花板与墙体相连、墙体与底板相连转角过渡区域有许多形状特殊、结构复杂的连接件，在制作时无法一次成形。为解决上述问题，台山核电研发了异形构件成形方法，设计了预埋焊缝背面气体保护装置，有效解决了复杂结构构件的制作难题。

（4）采用符合现场需求的施工方法。IRWST 水池结构不规则，采用“化整为零，最后整合”的施工方法，将整个水池化分为多个独立施工分区同时施工，并制定安装流程和施工要点，设计组对工装，提高施工效率，满足施工质量和现场进度要求。

（5）采用拍片孔进行射线检测。拍片孔是实现单面焊双面成形工艺的重要手段，可实现水池焊缝背面充氩保护及射线检测，拍片孔自身的封堵焊缝同样进行单面焊双面成形焊接和射线检测。

台山核电 1、2 号机组核岛 IRWST 水池采用单面焊双面成形工艺顺利完成安装，射线胶片可达焊缝 100%检测，满足技术规范要求。

#### 5.5.7.2 随焊锤击消应力法

台山核电常规岛主厂房采用全钢结构设计，厂房主钢结构工程量约为 1.5 万 t，焊接工作量大幅增加，要求在确保焊接质量的同时，提高工作效率。焊接残余应力是导致焊接变形、焊接接头疲劳开裂、应力腐蚀开裂的主要原因，需严格控制焊接残余应力。传统的热处理消应力法，一道焊缝需要 7～8 个小时，而随焊锤击消应力法利用焊缝冷却时间通过锤击的方式降低焊接残余应力，不但提高了工作效率，而且避免了因移动笨重的热处理设备而导致的安全风险，有利于保证复杂钢结构焊缝的消应力效果。

台山公司技术人员参考相关文献及设计文件，进行了大量试验并根据试验结果，确定采用某种规格的球形锤头，并对锤击工作风压、锤击温度等工艺参数进行了研究和优化。锤击应避免在 300～400 ℃之间进行，因为此时金属材料正处于蓝脆阶段，锤击焊缝容易造成焊缝开裂。在使用风铲锤击的整个过程中，用红外测温仪严格控制锤击温度。

通过对焊后接头进行无损检测、力学性能分析、金相分析等方式，确定其力学性能皆满足工艺评定标准的要求，与未经过消应力处理的焊缝相比，处理后残余应力仅剩 24.8%。

通过采用随焊锤击消应力法，常规岛主厂房质量、安全、进度均得到了有效保障。按照设计要求，焊接完成后进行了无损检测。检测数据显示，1 号机组常规岛主厂房钢结构一级焊缝 9 418 m，超声检测一次合格率 99.88%；二级焊缝 17 878 m，超声检测一次合格率 100%。随焊锤击消应力法在台山核电的应用获得成功。

#### 5.5.7.3 小管自动焊工艺

台山核电 1、2 号机组不锈钢小管总重约为 324 t，碳钢小管总重约为 128 t，全部采用对接焊形式。一般小管预制及安装的焊接施工常以手工焊为主，手工焊对焊工的技术水平要求高，焊工投入较多，工人劳动强度大，如果长时间连续工作，焊接质量不稳定。

针对小管预制及现场安装工程量大、质量要求高的特点，开发了小管自动焊工艺，其主要适用对象为直径 2 in（$\phi$60.3 mm）及以下的碳钢和不锈钢管道对接焊，为 TIG 全位置自动焊，包括填丝与非填丝两种类型。先后共进行了 7 项焊接工艺评定。工艺评定的重要参数包括焊接方法、母材材质及规格、焊材材质及规格、接头类型、焊接位置、坡口形式、保护气体种类及流量、选用电流的种类及参数、电流频率和占空比。RCCM 2007 标准对工艺评定焊缝和产品焊缝无损检验的要求较严格，因此不填丝工艺的焊接参数必须特别精确。若热输入稍大可能会造成表面焊缝低于母材，达不到标准要求，而热输入稍小则会产生根部未焊透缺陷。

在进行前期工艺试验时，发现小管焊接完成后出现内凹，而其他手工焊接过程中常见的缺陷则不会出现。内凹是自动焊中最常见的一种缺陷，其主要形成原因是：坡口加工精度未能满足要求、背面充氩（不锈钢）流量过大、背面充氩（不锈钢）排气口过小、焊接工艺参数不合理（不稳定）等。针对以上原因，采取相应的处理措施：严格控制背面充氩流量，优化背面充氩排气口，一般控制在$\phi$3.0 mm。通过以上措施有效避免了管道焊接完成后产生的内凹缺陷。

台山核电自主评定并确定了一套稳定的小管自动焊参数，包括：焊段数、脉波频率、占空比、行走延迟、电压、电流（高峰、低峰）、气体流量等，实现了管道不填丝 TIG 自动焊，焊缝检测结果满足标准要求，焊接效率高，质量稳定，具备一定推广价值。

#### 5.5.7.4　环吊牛腿制作焊接

单台 EPR 机组有 45 件牛腿，每个牛腿重 4.5 t，合计约 200 t。预制厂虽然有丰富的环吊牛腿制造经验，但也是第一次制造三代核电的环吊牛腿。为此，台山核电组织设计、施工和预制厂的技术人员一起攻关，对比分析与参考电站、CPR1000 环吊牛腿的相同与不同点，重点就坡口形式和尺寸、构件切角形式、无损检测方式、钢筋热处理焊后热处理方式等关键问题进行研究，取得了实施经验。

（1）采用了手工电弧焊技术，未采用参考电站的混合气体保护焊技术。

（2）焊接前按照 1:1 制作模拟件，验证了焊接工艺，确定了焊接顺序，减少了不均匀收缩应力，控制了焊接变形。

（3）严控氢的来源，减少氢脆裂纹，包括：保证预热温度，减少焊材与母材温差；焊后作消除氢热处理工艺；焊条烘干保温；控制环境湿度；清理坡口处的污物等。

（4）焊前严格按照焊接工艺规程检查坡口间隙、错边量和平直度等。

（5）严格按照工艺指导书规定的电流等参数实施焊接，焊接过程中对电流进行复核检查。

（6）在公差范围内减小坡口加工角度，减小焊接热输入，控制焊接变形。

通过上述措施，台山核电环吊牛腿制作和安装一次成功，为后续环吊安装奠定了基础。

### 5.5.8　测量技术

#### 5.5.8.1　工程前期测量控制网的建立与维护

台山核电工程前期测量点布置包括初级测量控制网和次级测量控制网。分别为前期工程地质勘探、土地征用和后续工程建设及运营提供不同精度等级的测量基准。初级、次级测量控制网由台山公司负责建立及维护，其中初级控制网 18 个点于 2005 年底全部建成。次级网由 14 个强制对中测量观测墩及 2 个高程控制点组成，分阶段建设，2009 年 12 月底完成。

随着现场施工的逐步展开，为保证现场控制网可用，采取了下列措施：

（1）选点时尽量避开可能发生变更的位置，同时分阶段建设。在次级网观测墩位置设计上，既要尽可能选择在靠近主体厂房施工的区域，又要远离爆破区域。由于初级网主要用于厂区的前期工程建设，随着厂区、道路、临建及附属工程的建设推进，厂区内的初级网点很可能遭到损坏。因此，对于初级网点，必须根据施工进展及网点的破坏情况及时加密，保证厂区后续工程施工时有足够的初级网点可用。对于关键测量点，应加强保护，爆破期间加强基准点稳定性监测。需要随时掌握观测墩周边区域的爆破情况，以便及时调整观测墩的位置；在控制网投用后 2 个月内监测其稳定性，如发生较大变化，及时加固基准点并更新坐标成果。

（2）提前制定多种测量基准点的使用方案

通过上述措施，测量点的保护效果得到了保证，厂区开挖完工后，仅损坏了 4 个点位，保留了 10 个网点，并且有备用方案对损坏的测量点进行恢复，为主体土建建设提供了良好的次级网基准。

**5.5.8.2　三维摄影测量技术**

EPR 堆型核岛主设备安装采用了三维摄影测量技术，通过三维拍照系统及 V-STARS 配套软件，实现主设备制造竣工尺寸精确测量、三维模拟及数据在线处理计算，并结合 MDM（Metride Dim Master）、SA（Spatial analyzer）软件将主设备垫板加工与关键路径解耦，节省安装关键路径工期，确保主设备一次精确就位。

该技术的原理、测量方法及数据生成方式不同于激光三维测量技术。摄影测量需要在主设备上布置大量反光片（无须激光测量所用的靶球），反应堆压力容器布点数达到 500 个以上，测量过程中使用专用相机拍照，然后利用软件将测点照片传到计算机，自动测算各个点位坐标。通过大量测点，形成“点阵云”，生成主设备三维图像。与激光测量方法相比，自动化程度更高，技术难度更大，高度依赖计算机系统。除了需要熟练操作软件、硬件外，还需要一定的现场布点和数据处理经验以确保数据准确。

三维摄影测量设备及软件为法马通供货并协助业主实施，为了掌握摄影测量技术，实现自主化技术目标，采取了多项措施。

（1）专项培训：组织安装单位和台山公司测量工程师参加由法国专家讲授的专项培训，并在法国专家指导下完成了三维高精度测量模拟操作，掌握了该项技术的基本内容。

（2）人员保障：台山公司测量技术人员与安装单位 EM2 测量专职工程师组成专项小组，全程参与测量培训和实践。

（3）方案制定：结合 OL3 项目及 FA3 项目的经验反馈，中方人员单独进行三维高精度测量方案的制定，并优化主管道 H3/U1 焊口测量（最后两道焊口）逻辑，完成后与法国测量专家共同讨论，并得到专家认可。

（4）迅速响应：紧密跟踪法国专家对测量数据结果确认的流程，EM2 测量人员全程待命，条件具备后现场立即实施测量工作，保证测量与施工无缝衔接，最大限度减少现场等待时间。

经过专项培训、实战演练，台山核电掌握了三维摄影测量技术，在 1 号机组 1、3 环路主管道焊接施工过程中，安装单位测量人员与台山公司测量工程师各自独立完成了所有现场测量与数据处理工作，并一次性通过了法国专家的复核。在 2 号机组的测量中独立完成了所有 EM2 主设备及主管道高精度测量，100%达到了精度要求。

## 5.5.9　役前检查

台山核电役前检查缺少可借鉴的检验大纲；部分检验技术尚属空白；传统的自动检验设备无法适用于 EPR 机组，需要开发新的检验设备；主管道、CRDM 等设备检查方案和技术要求也与以往经验不同。

### 5.5.9.1　能力验证

进行役前检查（PSI）及在役检查（ISI）无损检验前，需要进行能力验证，以确定所用的仪器、设备、检测方法能够满足 EPR 堆型的技术要求。对于成熟机组，如果使用同一套设备，可以互相等效，无须每个机组均做能力验证。台山核电能力验证存在的主要困难有：

（1）能力验证的输入不足，即检验大纲的不确定及部分检验技术的空白；

（2）能力验证必须在现场实施前完成，验证项目多，验证工作量大，时间有限；

（3）能力验证活动国内实施案例不多，能力验证活动的组织协调有难度。

对于能力验证输入不足问题，从 2010 年开始，通过台山公司与 EDF 之间的协议，与 EDF/FA3 组织定期专题交流会，系统了解了 FA3 项目的役前检查及能力验证工作状况，进一步掌握了具体的检验技术规范、检验设备、试块等相关技术细节。同时，对检验相关的各类技术文件进行了系统性研究，就缺少或者不明确的被检设备结构、尺寸以及可达性等细节信息，向核岛设计方提出了一系列澄清。通过上述方式，对被检设备及检验要求有了较为完整清晰的认识，能力验证的输入变得相对完整。

但在检验技术通过能力验证后，在现场实际环境和真实设备上进行役前检查时，发现仍有一些细节未能在能力验证中考虑到。对于这些偏差，及时反馈至验证机构，对验证技术规范和检验程序等进行升版，完善了检验技术。此外，对国家监管部门评审 ISI 大纲以及后续 PSI 实施过程中识别出的一些新的检查需求，又进行了补充能力验证。

台山核电 PSI 窗口长，且为避免因主泵射线检验（EPR 机组特有检查项目）可能导致的主泵重复拆装工作，PSI 必须提前实施，相应的能力验证也必须尽早完成。在此情况下，编制了分期分批能力验证方案。对于要求在现场检验中较早应用的检验技术（比如主泵与主管道连接焊缝 RT、主泵螺栓 MT），或者验证条件较早具备的项目，安排在第一批次进行验证。对于反应堆压力容器筒体焊缝相关的几项验证，一方面现场检验可以安排在役前检查后期实施，另一方面专用检查设备的准备工期长，尤其是所需的盲测试块准备工期较长，因此安排在最后批次进行，分批实施，避免了对前期工作的影响，为后续项目实施争取了准备时间。

能力验证涉及的接口多，准备工作复杂，协调难度大。为了加快进展，同步采购能力验证试块原材料，及时在现场焊接试块，并委托英国专业公司加工特殊验证的盲测试块。通过上述措施，总共 63 项检验技术的能力验证都在 PSI 实施前圆满完成。

### 5.5.9.2　反应堆压力容器本体的役前检查

相比 CPR1000，EPR 反应堆压力容器尺寸增大，内径由 3 989 mm 变为 4 985 mm，壁厚由 204 mm 变为 252 mm；结构也有所不同，取消了底封头贯穿件，管嘴由 6 个变为 8 个，且采用 SET－ON 设计，取消管嘴和法兰段筒体焊缝，改为一体化锻造等。因此，CPR1000

的反应堆压力容器自动检验设备不适用 EPR 项目，需要开发新的检验设备以满足检验要求。

FA3 项目的反应堆压力容器本体自动检验设备开发和役前检查实施由 AREVA Intercontrôle 公司进行，该公司采用 MIS 机技术（集成了超声、射线和闭路电视检查功能的成套设备），虽然 MIS 机功能齐全，但当时其主要使用的 MIS 二代机也不适用于 EPR 机组，正在开发 MIS 三代机。

为实施反应堆压力容器本体的无损检验，从 2010 年起，台山核电详细梳理技术开发和检验实施的技术难点，并分别与 AREVA Intercontrôle 公司和中广核检测公司进行研讨，综合考虑能力经验、项目风险和成本投入等因素，联合中广核检测公司开发了反应堆压力容器本体的无损检验设备，顺利完成了反应堆压力容器本体的役前检查，为自主化积累了经验。

#### 5.5.9.3 控制棒驱动机构离线役前检查

台山核电 1 号机组已安装的控制棒驱动机构（CRDM）须在装料前整体更换，如果役前检查占用 CRDM 更换的关键路径，将影响堆芯的安装调试工作。

鉴于 CRDM 耐压壳相关焊缝已在工厂实施过水压试验，并完成了制造阶段所有相关活动，现场 CRDM 靠法兰连接进行安装，相关安装活动不会导致待检焊缝制造质量发生变化，满足《HAD103/07 核电厂在役检查》规定中关于现场检验可以作为役前检查的一部分的条件，经过详细技术研讨，提出了离线役前检查方案：

（1）提前对新到货的 CRDM 在安装前进行了役前检查（UT 和 ET 检查），确认到货 CRDM 的质量，避免了因 CRDM 全部安装就位后，如果超声波（UT）或涡流（ET）检查不合格，而导致拆除顶盖吊装机构及部分 CRDM 的风险。

（2）在 CRDM 全部安装完成后在典型位置进行可达性验证，确保了验证役前与在役检查可达性一致，综合离线检查结果和可达性验证情况形成 ISI 检查零点（含检查结果零点和可达情况）。

CRDM 役前检查方案满足规范要求，也通过了现场实施验证，避免了对堆芯安装调试工作的影响。

#### 5.5.9.4 核岛主管道自动超声检验

不锈钢材料晶粒粗大，历来都是超声检查技术难点。EPR 核岛主管道采用不锈钢锻造工艺取代传统的铸造工艺，增加了超声检验要求，由于主管道直径大、管壁厚，其超声检验更具挑战性。

台山核电研发了自动检验技术和工具，主管道焊缝检查采用大尺寸晶片分层聚焦检验技术。新工具可以实现轴向和周向移动功能，精度可以控制在 5 mm 以内，满足要求。主管道超声检查为能力验证中的特殊项目，除了技术评审之外，还按要求进行了明测、盲测能力测试。

台山核电 1 号机组主管道超声检查于 2016 年顺利完成，成为国内首次实施主管道超声检查的核电项目。

#### 5.5.9.5 VVP、ARE 自动超声检验

台山核电的设备分级体系与以往项目不同，二回路管道被划分为 1 级（以往一般为 2 级），相应的检验要求也有所提高。隔离阀前的二回路管道需进行超声检查，但因为 VVP、

ARE 贯穿件焊缝结构原因，被检焊缝位置需经过宽度约 42 cm、长度约 250 cm 的套筒缝隙，到达指定位置非常困难。为解决以上问题，针对 VVP、ARE 贯穿件开发了自动检验技术，设计出自动检验设备，安装到固定位置后可自动扫查被检区域。

通过上述措施，顺利完成了 VVP、ARE 贯穿件焊缝的自动超声检查。

## 5.6 施工总结

面对 EPR 首堆工程带来的各种挑战，台山核电因势利导，采取了灵活的施工管理措施，有效应对和克服了工程建设期间出现的各类困难，经受了首堆严峻形势的考验，在确保施工上量的同时，集中力量完善调试急需的系统，为调试创造了条件；同时，坚持“安全第一、质量第一”的管理理念，将安全质量要求落实到行动上，施工过程中没有发生有较大影响的安全质量事件；组织技术攻关，自主掌握了 EPR 堆型核心施工技术；新员工在实践中得到成长，培养丰富了施工管理队伍，实现了既定目标。

首堆施工中取得的经验成功应用于 2 号机组并取得了较好的效果，其他核电项目也从 EPR 首堆施工中获得了有价值的经验。

# 第 6 章
# 调试管理与技术

## 6.1 概述

调试是核电工程建设的重要环节，旨在机组投入商运前，对系统和设备的设计、制造、安装质量以及构筑物的设计和施工质量进行全面验证。通过调试试验发现和消除缺陷，使其满足设计要求，保障机组长期安全稳定运行。

由于参考电站总体延误，台山核电主动转变并走上了EPR首堆工程之路。台山核电的调试与管理由台山公司自主负责，如何驾驭EPR首堆调试风险、高质量地组织完成机组调试是关键。受设计迭代、供货延误等综合影响，调试过程面临试验条件难具备、进度进展不确定、现场情况复杂等困难。

为推进工程建设，探索出EPR调试的可行路径，在台山公司“大业主”管理模式下，调试部门吸收国外参考电站及国内CPR1000项目管理经验，从调试组织与人员配置、安全质量与物资管理、调试进度与技术研究、系统移交、核安全接口监管等方面着手进行策划。组建多方组成的联合调试队伍，通过自主编制与整合调试程序、完善长周期下的调试物资管理、优化进度管控等方面，建立起适应台山 EPR“新”特点、“新”变化的首堆调试技术保障与管理体系。

进入调试阶段，调试发挥专业优势，强调调试技术与试验方法的创新，明确工作优先级和底线需求，分阶段推动冷热试、装料及机组启动。创建首堆试验分类方法，确定17项首堆试验项目。开展调试重大专项技术研究，先后解决了热试一回路加氢钝化及汽轮发电机组非核蒸汽冲转，机组升功率阶段遇到的堆机系统匹配性、堆芯设计验证、堆控系统验证、超大容量机组入网稳定性等重要技术问题，高质量地完成了首堆机组全部调试任务。

## 6.2 调试管理与实践

台山核电的调试管理体系主要是参考国内CPR1000项目的成熟经验建立，为更好地适应首堆工程特点，通过不断探索和优化，以管理目标为指引开展调试工作，实现调试资源的高效配置及按计划顺利开展，最终形成了具有显著首堆特色的调试管理方法。

### 6.2.1 调试总体安排

#### 6.2.1.1 调试目标

统筹做好台山核电调试组织与实施，通过调试的自主化实践，消化吸收并掌握EPR三代核电机组调试技术，培养一批具备机组整体启动及风险控制、掌握核心关键技术能力的调试人员。

安全方面，以“安全第一、质量第一、追求卓越”和“管生产必须管安全”的安全管理理念为指导，促使调试人员不断强化安全意识和行为习惯，以保障调试相关人员、系统、设备和环境的安全。质量方面，建立包括试验报告、变更文件、试验结果分析单等在内的技术性质量控制，完善调试全过程质量控制和监督，以实现质量三重事件（重大重发、重大共模、重大延误）为零的管理目标。技术方面，开展 EPR 设计改进项、重大技术专题对调试影响及调试策略的研究，建立覆盖集团内外、国内外的调试技术屏障体系，掌握 EPR 三代核电调试新技术。进度方面，根据工程总体计划，采用正向条件推算进度与目标反向需求计划相结合，全条件梳理与最小条件相结合的方法，编制并动态管理调试联调计划和专项计划，以合理的工期完成调试任务。

#### 6.2.1.2 调试任务及应对

调试作为工程建设的末端环节，首要任务是通过试验完整验证设计功能、设备特性、建造质量，发现并消除各类缺陷，将满足设计要求的机组投入商运。基于 EPR 技术在台山核电的首次应用，除其他常规任务外，调试需特别完成的任务主要如下。

（1）组建调试联合队伍，策划编制适合台山核电调试组织与实施的管理程序体系；

（2）针对 EPR 技术不同点落实 EPR 调试物资需求，建立调试物资仓库；

（3）应对复杂、多变的首堆调试计划，落实计划引领作用，建立多元变量的主线控制机制；

（4）完善 EPR 系统调试程序体系，参与调试程序整合、优化、自主编制；

（5）确定 EPR 调试技术后援支持及外委试验项目，落实相关资源；

（6）落实调试技术准备，开展 EPR 首堆调试技术的专题研究，确定试验方案；

（7）应对设计迭代对调试影响，落实变更再验证；

（8）建立了多层次的首堆调试技术保障体系，提高自主决策应对能力；

（9）建立多维度多重屏障的风险管控体系。

#### 6.2.1.3 调试阶段推进策略

冷试阶段，调试策略是整体推动冷试相关 186 个子系统的移交和调试，针对分析梳理出的“42 个冷试关键机务子系统及 14 个重点辅助子系统”重点推动。由于设计配置状态文件升版滞后，为解除设计配置状态升级对冷试的制约，采用满足冷试配置状态进行冷试，其他配置状态修改在冷试后执行。成立冷试专项组，以冷试节点为目标，下游推动上游、逐级推动的策略安排，以最小条件开展冷试准备及实施。

热试阶段，基于冷试前主回路甩项较多、系统移交率较低，因配置状态升级而导致大量设计变更。热试准备阶段重点工作在于推动堆腔主线、设计修改和设备改造、热试相关系统的移交和调试三方面的工作。关于堆腔主线，总体推进策略是先完成 PSI 和 CFTRVO－1 试验，接着进行 PMC 干试和 CTT 打压试验，CTT 后开始首堆试验仪表安装，并在扣盖条件下进行 BAS 试验。冷试后尽早完成设计变更现场执行，明确了热试相关系统清单并优先推动移交和调试。

装料准备及实施期间，总体工作推进策略以核安全条件为总纲，围绕全条件梳理机组状态，重点推动 HK 接料、仪控、通风消防等系统调试，落实装料准备期间的尾项消缺和执照申请，开展三废系统桶外搅拌配方研制。成立装料委员会和尾项消缺等专项组，形成完整的装料推动体系，安排、跟踪、分析、决策执照申请等装料相关事宜。

机组启动阶段，面临首堆调试启动过程带来的潜藏风险，调试无法绝对避免未知运行事件的发生。机组启动后调试重点在于风险控制，以重大设备的不可逆损坏、人员的伤害、机组的核安全为底线尽快完成商运前试验任务。通过各试验阶段不断摸索、总结、推演及复盘，逐步建立起完善的高风险试验准备、过程风险管控、异常问题分析及处理等运作机制，确保调试安全及异常事件发生后的后果可控。

## 6.2.2 调试组织与人员

### 6.2.2.1 组织模式

根据工程建设的需要，台山公司成立了调试部门，开展调试策划、准备与实施工作。在工程生产一体化模式下，既能充分发挥调试与设计采购、施工及生产部门的整体协同效应，又能够充分利用中广核工程公司调试专业化团队在标准化、批量化、集约化建设CPR1000 机组中积累的技术、经验和人才等优势，高效应对 EPR 首堆建设中面临的各种困难、风险和挑战。台山公司以岭澳一期调试组织模式为基础，与中广核工程公司签署了“以调入与人力派遣相结合、辅以专项委托”的调试服务合同，共同组建调试队伍，建立了 EPR 首堆调试组织模式。

参照以往项目的成熟经验，台山核电调试部门设置了经理室、技术管理队、核岛调试队、常规岛及 BOP 调试队、电气调试队和仪控调试队。为加强调试质量控制，在技术管理队成立了独立于专业队的质控组；为加快处理调试期间发现的设备故障，同时承担调试期间的设备维护保养任务，组建了纠正性维修队。

为加强上下游各单位之间的协调与日常决策，台山公司建立了两个跨部门的组织机构：现场调试委员会和调试启动工作组。现场调试委员会是职能机构，主要从核安全角度出发，确保在总体试验过程的各个阶段中，所有确定的试验条件已满足，并以此批准调试阶段状态转换。调试启动工作组是现场调试委员会下设执行机构，主要负责制定和监督计划的执行、处理和协调现场调试、施工和维修等其他相关工作，确保现场调试工作顺利有序开展，实现机组从调试到商运的平稳过渡。这两个组织为调试准备及调试期间各项工作开展提供了指挥、协调和决策平台，有利于集中力量攻克难题。

### 6.2.2.2 人员构成

调试人员的构成是否合理，是否具备相应的资质、是否形成了 EPR 机组调试所需要的完整能力是决定调试成效的关键。台山核电的调试人员主要来源包括：中广核工程公司调试中心、台山公司生产部门、法国电力公司（EDF）、法马通、外部支持单位等，如图 6－1 所示。

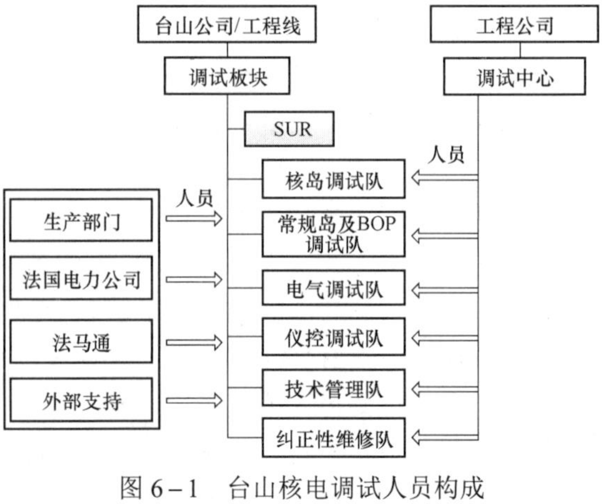

图 6－1 台山核电调试人员构成

**1. 中广核工程公司调试中心调入及派遣人员**

由中广核工程公司调入及派遣的调试人员是台山核电调试管理和调试执行的主力，高峰期470人左右，分为三类：第一类是核心岗位人员，该部分人员工作经验丰富，负责专业或系统的工作管理或技术把关，人员保持长期相对稳定；第二类是重要岗位人员，主要负责现场执行及管理，熟悉所负责的系统与设备，保证6个月以上的稳定期；第三类是一般岗位人员，具备调试岗位资质，执行现场调试活动，根据实际需要动态调配。

**2. 参与调试的生产人员**

生产人员参与调试，是完整调试能力拼图的重要组成部分。一方面利用生产人员在运行、维修等方面的专业技术能力，协助联调期间的机组控制与风险分析，有利于快速解决调试中发现的设备与设计问题；另一方面有利于提高生产人员对设备和系统的熟悉程度，为后续的生产运行积累经验。根据工作需要，部分生产人员加入调试的全职关键岗位，如值班工程师SSE，安全壳打压试验组、堆芯物理试验组、柴油机专项组、DCS专项组等。

**3. EDF管理与技术支持人员**

EDF作为台山公司的股东方，在调试部门配置了13个管理岗位。为发挥其在EPR机组设计方面的优势，根据调试需要，由专业技术能力强的人员担任，重点是仪控总体试验、电源切换试验、通风系统调试等方面，在部分专项试验策划与执行等领域发挥了重要作用，是台山核电调试人员的有效补充。

**4. 法马通的调试支持人员**

为保证设计供货类缺陷和问题澄清能够得到快速、高效地解决，法马通安排了三类人员参与调试工作，是调试人员构成的一个重要补充。第一类是调试供应商代表（SUR），负责调试与设计的接口，重点是技术类问题处理，人数在10人左右，覆盖核岛调试各专业。第二类是调试人员（SUT），台山核电对核岛重要系统采用双试验负责人策略，由设计经验丰富的外方人员与调试管理及执行经验丰富的中方人员联合担任，分工明确并形成优势互补，中方人员具有丰富的现场调试经验，外方人员可更直接和高效地获取法马通后台支持，间接加强了现场调试与后台设计的接口。SUT人员专业上覆盖关键系统，高峰期约20人。第三类是后台支持人员，前台的SUR和SUT依托后台的法马通总部设计团队，在安全准则变更后的安全分析、核岛验证完整性分析、设计变更仪控验证、重大技术问题分析处理等方面发挥了重要作用。

**5. 国内外专家专项支持人员**

除上述四类人员之外，还通过委托合同或框架协议等方式获得国内外专家专项的支持。专家专项支持人员主要包括三类：第一类是设备供应商代表，通过设备供应合同中的技术服务条款实现，主要为设备首次启动及设备故障诊断与处理提供支持；第二类是国内科研院所的专家支持人员，通过签订委托合同实现，涉网试验、固废配方自主研发、碘吸附器试验、滞留床试验等重要试验都在专业院所的支持下顺利完成；第三类是中广核集团内的技术专家，主要包括中广核工程公司、运营公司、研究院、“8+1”重大设备办公室等单位的专家，这部分人员主要通过与框架性支持协议实现。技术专家的加入，为调试提供了重要的技术支持，在重大设计问题、重大设备缺陷处理的过程中发挥了重要作用。

#### 6.2.2.3 培训与授权

调试人员接受培训并取得授权，是从事现场调试的前提。按照“上岗必须授权、授权必须培训、培训必须考核、考核必须合格”的全员培训与授权的原则开展。结合 EPR 与 CPR1000 的技术不同点和实际情况，具体措施如下。

（1）为满足调试人员在台山核电和 CPR1000 项目之间流动的需要，须保证授权的通用性。因此，规定中广核工程公司和技术支持单位人员取得台山核电授权前，必须先取得调试中心授权，再针对 EPR 技术特点进行培训，取得台山核电调试授权。

（2）对于外方人员的授权，由于现场缺少成熟的外语教学调试授权课程，优先采取由中外双方的专业队资深技术人员共同认定的等效授权课程；如没有可等效的授权课程，则由中外双方的专业队资深技术人员认定其核电项目经历，并通过面试来评估外方人员是否符合该门课程培训要求、是否达到授权要求，所有要求都满足方可授权。

（3）对于中外双试验负责人，中方试验负责人申请授权时需通过英语面试，面试人员由外方人员直接担任，保证技术交流沟通顺畅。

### 6.2.3 调试安全与质量

#### 6.2.3.1 调试安全质量控制

调试前承设计施工，后接核电厂商业运行，调试质量直接关系到核电厂商业运行后的核安全。在核电厂调试中，除必须遵守工业安全管理规定外，还必须遵守核安全相关法律法规的规定。

为安全、优质地完成调试工作，台山公司结合 EPR 技术特点，从程序、制度、文化层面进行安全质量管理体系建设。在程序层面，出版了《调试安全管理细则》和《调试风险分析与控制》等管理程序；在制度层面，建立个人安全承诺制度，安全责任绩效考核制度，入厂前安全、消防、急救培训考试制度，安全管理工程师现场巡视制度，安全月活动制度，安全奖惩制度，事故应急演习制度，承包商或供应商代表安全承诺制度，“三防”制度及班组安全员备案制度等；在文化层面，创办安全刊物、安全栏，组织安全技能比武等竞赛，提高员工核安全文化意识，以“人人都是一道安全屏障”为理念，营造诚信透明、整体联动、纵深防御的核安全文化氛围。

为优化和提升调试质量控制的独立性和有效性，调试部门以《调试阶段质量保证大纲》为指导，积极开展独立质控。通过立规矩、定标准、建体系三个层次来实现制度化，加强调试过程质量控制。针对核安全相关的、关键设备的试验项目，包括带安全验收准则的试验、10 kV 电机和泵首次启动、核安全局和监督站选定的监督项目、异物引入风险高的设备开口调试试验项目等，必须编制质量计划并严格执行。涉及安全验收准则的试验步骤，必须设置为停工待检点（H 点）；其他试验步骤根据重要性程度分别设置为见证点（W 点）、控制点（C 点）；质量控制工程师须到场见证停工待检点（H 点）和见证点（W 点），并根据试验程序要求判定合格后方签字放行。

#### 6.2.3.2 调试经验反馈及风险控制

调试经验反馈及风险控制是调试准备的重要组成部分，调试部门利用风险分析与经验反馈信息化平台，落实国内外核电建设的经验反馈，增强调试参与人员的风险意识，提升调试安全与质量控制水平。

**1. 调试经验反馈**

调试经验反馈是对调试活动中产生的经验和教训进行归纳、总结、吸收和应用的全过程。通过编制经验反馈管理细则、组建经验反馈组织、完善调试事件报告、制定事件根本原因分析、典型事件培训、经验反馈考评制度等，建立了调试内部经验反馈体系。从设计变更、调试异常、生产缺陷及优化改进项、执照运行事件、内部运行事件、敏感关键设备管理（CCM）等方面全面梳理，按阶段识别并闭环跟踪落实各阶段共性、重要的事件，同时吸取经验教训、推广良好实践、积累调试经验，为后续调试工作提供参考。

**2. 联调风险管控**

为提前排查 EPR 首堆机组可能存在的设计缺陷，降低联调高风险试验首次执行的风险，台山公司通过深入总结、验证、实践，逐渐将传统的“四会三单”风险管控流程扩充为“七会三单”：试验前增加分析、推演、模拟验证，试验中增加干预和监控，试验后进行复盘和反馈。为进一步规范防人因措施和提高人员操作可靠性，提出三项要求，最终强化形成“七会三单三要求”的风险管理模式，保证了调试验证安全顺利开展。联调试验风险管理模式如图 6－2 所示。

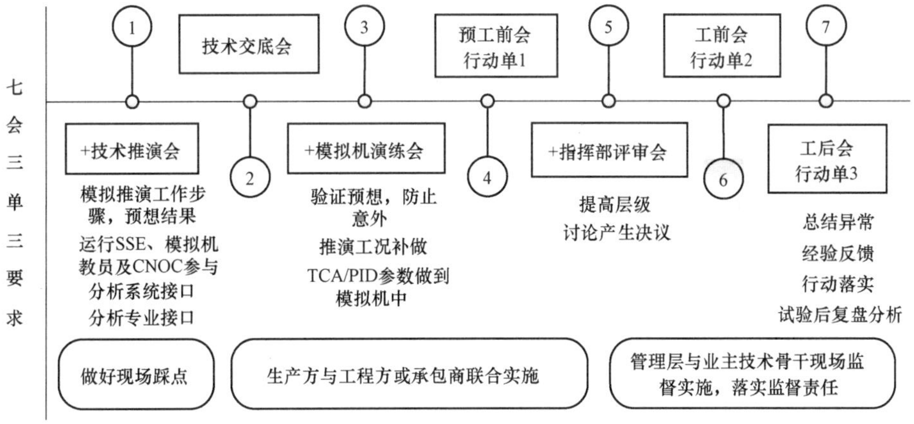


图 6－2　联调试验风险管理模式

### 6.2.3.3　调试不符合项与变更管理

**1. 调试不符合项管理**

在调试阶段，上游设计文件、制造文件如与现场不符、对试验程序内容或试验结果存有疑问，则通过发起设计变更申请（DCR）或填写试验澄清报告（TCR）向上游澄清；试验执行中发生偏离设计要求的意外事件，则发出意外事件单（UES），核安全相关的 UES 还需报送监管部门。

首堆调试过程中不符合项数量较多，为提高处理效率，试验人员在发起澄清流程时，大部分会同步附带自主提出的建议方案。对于 NIEP 范围的部分紧急不符合项，直接发至法马通，由现场 SUR 及后台法马通人员联系加快答复流程。

**2. 变更工作管理**

系统安装竣工状态报告（EESR）移交给调试部门后，在系统上需执行的所有变更工作，按照安装竣工报告之后的修改跟踪单（PECFUS）流程管理，以跟踪、监督、检查变更工作的执行及验证情况。由于是首堆机组，台山核电变更数量较多，为加快变更处理，降低对现场试验的影响，采用了分批下发、集中改造、闭环验证的处理方式。

**3. 变更实施及再验证**

在调试过程中组织实施大量的设计变更，对试验方案的实施、调试计划窗口安排、进度控制、系统状态配置管理等带来巨大的挑战。在设计变更实施中，台山公司立足于自主准备与实施，以匹配调试需求为目标，研究提出具体实施方案，将设计变更实施对调试的影响减至最小。

（1）要求设计方按台山公司梳理的设计变更分批下发，以更好的匹配现场需求；

（2）下发的变更经审查后，按变更量自主安排集中修改、分批、分区修改的方式执行；

（3）落实并形成一套以离线下装风险分析、数据库比对工具在内一整套工具与方法，提高了执行的效率；

（4）修改完成后分析是否需再验证及确定再验证方式，确认修改结果的有效性。

### 6.2.4 调试物资管理

调试物资是调试工作顺利开展的重要保障。台山核电调试物资种类多、使用量大、使用频次高，加上项目建设工期延长，导致调试各类设备、物资、化学品需在现场存储较长时间。为应对台山调试物资管理面临的挑战，调试部门在参考 CPR1000 项目经验并结合 EPR 特点的基础上，以保障现场调试需求为目标，在物资准备、化学品管理、仪器仪表计量管理等方面做了大量工作。

#### 6.2.4.1 调试物资准备

调试期间需要使用 1 800 多种调试物资，为此，调试部门提前制订了相应的调试仪器仪表、工具、消耗品、化学品、柴油及汽机润滑油等物资的采购清单，通过上游设计采购合同和代采购合同采购，并根据现场进度制定分批供货计划，以保证调试物资供应和现场使用。

通过搭建调试物资管理平台，对调试物资采购、入库、借领、计量等相关业务进行规范化、标准化、精细化管理；为实现调试物资利用率最大化，在满足调试需求的前提下，与生产部门共享调试物资，并在工程收尾阶段将剩余物资逐步移交生产部门。

#### 6.2.4.2 调试化学品管理

为有效管理调试化学品，避免供货与需求不匹配或化学品到货过早，使用时超过其有效期等情况，在调试准备阶段，对富集硼、氢氧化锂、锂化树脂等供货周期较长以及质保期较短的化学品统一谋划，采取多批次、小批量的供货方式，并按照需求时间合理规划单次供货的种类及数量。除此之外，建立定期复检的长效机制，将样品定期送往第三方复检机构化验，确保所使用的化学品合格。

提前策划调试物资库房的建设，对化学品分类分库存储管理，在调试准备阶段完成精密仪器库、公用工具库、个人工具库、低值消耗品库、维护保养库房的布置及相关配套设施配备，保证物资仓储条件。对于存储环境安全要求较高的化学品、油品则借助施工承包商库房存储。特别重视需尽早向当地公安部门备案的过氧化氢、硝酸等危化品的采购与仓储。

#### 6.2.4.3　调试仪器仪表计量管理

调试期间使用的仪器仪表（离线/在线），其计量管理是现场调试试验数据有效的保证。离线仪器仪表依照计量管理程序进行管理，定期送外检定或校准，确保现场调试所用仪器仪表计量准确有效。

由于首堆调试周期延长，在线仪表可能出现超计量周期的情况。为确保调试期间监视和测量的在线仪表得到有效的管理和控制，通过调研常规火电厂和其他核电厂的做法，结合国家计量法规要求和工程实际，参考 EPR 机组各系统预防性维修大纲和检定周期，编制出版了调试期间在线仪表管理程序，明确规定了调试实施过程中在线仪表的管理要求。对于强制检定的计量器具，按照国家计量检定规程要求或电网相关管理要求进行计量。对于非强制检定计量器具，通过交叉比较、定期校验、直接更换等方式进行计量管理。

### 6.2.5　调试移交管理

系统移交包括 EESR 移交和 3T 移交两大阶段。EESR 签字后，系统责任由施工单位转移至调试。3T 移交包括调试向生产运行部门申请调试试验区域隔离的隔离移交（TOB）、将设备维护保养责任转移至生产维修部门的维修移交（TOM）以及将系统临时运行责任移交至生产运行部门的临时运行移交（TOTO）。

系统移交由移交协调办公室、接产联络办公室共同牵头管理。通过及时总结系统移交工作的需求和特点，台山公司不断改进并完善管理方法，满足了系统移交的实际需求。

（1）EESR 前调试提前介入系统

为提前开展调试工作，及早发现并处理系统问题，台山公司制定了《EESR 前调试介入工作管理》程序。在系统 EESR 签字前，调试提前开展仅限于介入范围内设备的静态检查、使用临时电源或调试装置进行的设备试验、引入介质的单系统调试试验。

（2）3T 申请文件审查标准和过程指标控制

为了进一步规范系统 3T 移交工作流程，台山公司编制了 TOB/TOM/TOTO 过程指标控制管理规定、TOB/TOM/TOTO 申请文件编审标准等 6 份文件，细化了 3T 申请文件编写、递交、审查、3T 联检、意见项清除、证书签字等流程，明确了各环节的标准和时间，提高了 3T 申请文件质量，提升了文件审查和系统移交效率。

（3）EESR/TOB 并检

为尽早取得调试试验许可证，台山公司编制《台山核电系统 EESR/TOB 并行联检管理规定》，开展 EESR/TOB 并行检查，把 TOB 的申请、审查、联检、意见项清除环节融合到 EESR 过程中。所有制约 TOB 移交的一类项在 EESR 阶段就可以发现并清理，缩短了 EESR 至 TOB 的时间间隔，保证了系统移交进度。

（4）证书签字联合办公

针对 1 号机组装料前系统移交工作量大、时间集中的特点，台山公司成立装料所需 TOTO 系统移交专项组。根据系统遗留项情况以及调试试验完成情况，制订了系统移交计划，按优先级分批集中推动系统 TOTO 移交。通过证书审查签字联合办公，集中审查 TOM/TOTO 证书，对于影响证书签字的重大问题第一时间提交总协调层会议研究解决，加快了证书签字流转速度。这一良好实践也在后续工作中得到了进一步推广和应用。

## 6.2.6　调试技术准备

### 6.2.6.1　调试技术保障

EPR 采用全新的堆芯设计，提升了系统设备的功能，叠加首堆因素，调试试验较以往核电机组数量更多，内容更丰富，难度更大，没有完整的经验可供参考。为顺利开展及完成调试试验，必须建立匹配性好、完整性高、适用性强的调试技术保障体系，保证调试工作的有效推进。为此，台山核电建立了多层次的调试技术保障，如图 6－3 所示。

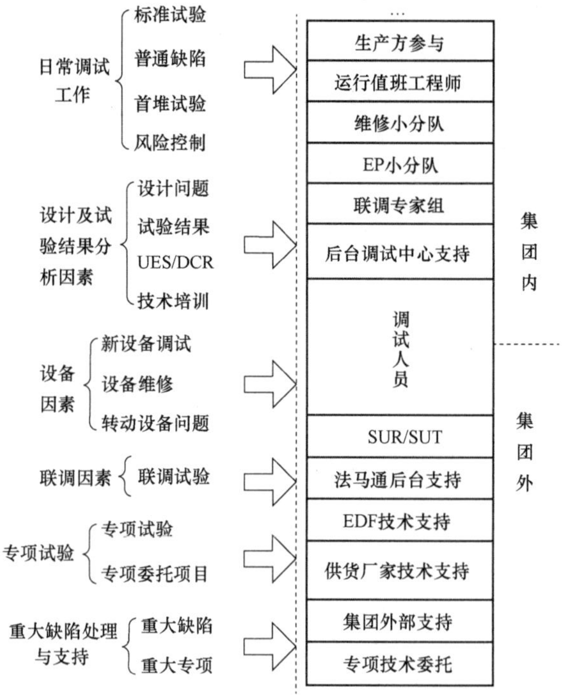


图 6－3　首堆调试技术保障

在策划调试阶段技术支持与保障体系时，结合调试自身能力评估，主要考虑如下。

**1. 设计及试验结果分析因素**

EPR 的核岛设计主要来源于法国和德国，调试期间发现的技术问题有时需要外方解决。同时，合同规定试验结果需要外方进行独立分析与评价，确保试验结果的准确性。这些工作如果都从国内流转到国外，再由国外返回国内，整个流转链条较长，且存在时差，流转效率较低。为此，设立法马通现场调试代表处，包括 SUR、SUT 人员，提高问题流转和处理效率。

**2. 设备因素**

台山核电部分设备为国外进口设备，部分设备为新设计的设备，对于这些设备的调试，缺少成熟的经验；由于工程延期，导致设备发货到设备调试的时间跨度增大，可能存在维护保养不足导致设备损坏、功能下降等风险。为此，台山公司强化了设备供应商现场技术支持的要求，推动供应商及时派遣技术人员，负责解决调试中发现的设备问题。

**3. 联调因素**

机组联调启动过程中，为了快速解决问题，同时也为了立足自身解决问题并提高问题处理效率，尽量减少对外方的依赖，借鉴 CPR1000 机组良好经验，台山公司组建了由中广核内部各单位、各领域专家组成的联调专家组，为联调启动提供在线技术咨询与专家支持。

**4. 专项试验**

EPR 机组调试过程中部分专项试验，例如安全壳打压试验、性能试验、涉网试验、动平衡等需要特定的技术资质与能力，必须通过外部专项技术支持单位实施。为满足专项试验的要求，通过与中广核工程公司、西安热工研究院、广东电力科学院等单位签订专项试验委托合同执行。

**5. 重大缺陷处理与支持**

调试过程中可能遇到重大的设备缺陷需要外部专门研究机构、专业研究单位进场专项分析处理。针对这种情况，台山公司与苏州热工院、中广核工程公司、设计公司等签订技术支持合同，组建重大缺陷保驾队伍，为调试过程中出现的重大缺陷分析、处理提供技术支持。

#### 6.2.6.2 调试程序完善

调试程序是调试活动执行的基础与前提，其完整性、适用性是保证调试活动的实施与机组商运后稳定运行的基础保障。台山核电的调试程序，大部分都包含在设计供货合同中。由于涉及众多供应商，并且合同关系复杂，调试技术文件涉及不同的出版方，存在不同设计体系和流程的影响。在调试文件编制的策划阶段，发现其完整性与适用性的不足，主要表现如下。

（1）分岛采购且无总体院，分包商众多、接口交互不完整，造成跨岛接口程序的缺失，突出表现在联调与总体顺序程序上。

（2）GE－ALSTOM 作为常规岛的设计总包方，由于合同接口关系，GE－ALSTOM 和广电院负责的调试程序需根据现场条件进行修改、升版。

（3）设计未固化的条件下，调试文件编制受到制约，存在滞后效应。

针对调试程序准备中存在的困难，台山公司通过系统性梳理、自主化参与程序编写出版和完整性验证工作，保证了 EPR 机组调试程序的完整性和适用性，其主要措施及工作包括：

（1）为加强供应商在调试领域的技术力量，调试人员加入法马通的程序编写组织，共同参与核岛程序编制。同时，调试部门承接常规岛调试相关程序的升版任务及 BOP 调试程序的编写任务。据统计，调试部门累计自主编写调试程序 1 276 份，升版程序 3 197 版次。

（2）自主整合出版联调与整组启动的跨岛顺序程序 8 份，解决跨岛接口程序缺失问题。

（3）补充完善仪控总体失电程序（COC/OIC），根据 EPR 的失电安全分析结果，确定了动力、控制、DCS 整列总体失电的试验策略，并通过审查、试验验证及自主分析确定缺省值。

（4）自主编制 11 份安全壳总体功能试验的试验程序，创新外层安全壳密封性试验方法，并首次在安全壳动态压降条件下完成了泄漏率定量测量与分析计算。

（5）调试与设计、供货方通过联合办公的形式，将分布于 20 多个分包商的三废系统设计文件、调试文件、运行维修文件进行统一集中梳理、编制和出版，有效保障三废系统满足热试与装料需求。

（6）主导对所有 125 项反应堆保护系统（RPR）的安全功能完整性分析，并实施补充验证，确保了 RPR 系统保护功能在现场调试阶段得到完整、有效的验证，保障了装料和启动试验的顺利进行。

#### 6.2.6.3 调试重大技术专题研究

台山公司通过积极主动开展 EPR 技术引消吸研究和调试技术准备工作，掌握了 EPR 三代核电调试技术，培养了一批掌握关键调试技能的调试技术骨干人员。在调试准备中，加强对调试试验新技术的研究和追踪，跟随工程需要，制订专题研究计划，加强 EPR 与 CPR1000 技术不同点、设计改进项对调试影响及调试策略的研究，并将研究成果反映到调试程序及现场实际调试工作中，确保了调试工作顺利进行。开展的主要重大技术专题研究包括：首堆试验专题研究、泵站进水研究、冷热试耦合研究、EPR 汽轮机组非核蒸汽冲转技术研究、超大容量机组入网技术研究、COC/OIC/BAS 专项试验研究、反应堆保护系统停堆准则研究、联调期间瞬态试验方案研究、联调计划逻辑关系研究及优化等。

## 6.2.7 调试核安全监督

调试阶段核安全监督的目的是确保调试管理、程序、人员、试验用仪器仪表、质量保证、试验结果等方面按相关法规、标准和已认可的机组调试大纲等文件的要求落实，保障 EPR 堆型在我国的首堆调试试验监督有效性。

### 6.2.7.1 机组调试大纲审批

调试大纲是监管部门发放“首次装料批准书”需要评审的文件之一，是调试工作顺利开展的纲领性文件，指导调试准备和实施，对构筑物、系统和设备进行调试启动试验所需的调试组织与责任分工、调试培训与授权管理、人员配备和资格要求、调试物资和文件管理、调试质量控制、调试事件与经验反馈、调试阶段划分、进度和主要试验内容等进行综合性描述和定义。

台山核电机组调试大纲的主要特点是内容多和升版频。“内容多”主要体现在试验项目多和验收准则多，“升版频”是因为设计变更多且反复，导致验收准则（尤其是安全准则）始终处于不断更新中。安全准则相关内容一直都是监管部门监督的重点对象，按照监管要求，大纲批复后出现安全准则的变更需有明确的设计澄清或充分论证，获国家核安全局及其技术审查单位审核通过后才能施行。为了尽可能避免安全准则的变更，在每次大纲升版前从安全分析角度进行评估，提早识别安全准则变更项；在大纲批复后，若出现安全准则变更需及时与监管部门进行充分的沟通解释，保证调试大纲与设计文件保持一致。台山核电机组调试大纲经历了多次升版、评审，最终得以完善，并满足核安全监管和调试工作开展的要求。

### 6.2.7.2 核安全监督检查项目确定

核安全监督检查项目包括调试监督试验和进口民用核安全设备性能试验两类。

调试监督试验依据安全重要性、均衡性、复杂性、独特性四个筛选原则，参考 CPR1000 机组监督经验，并考虑 EPR 机组特性，按照首堆试验、EPR 特有试验、重要试验以及其他重要试验四大类，最终选定了监督试验项目清单。

按照《进口民用核安全设备监督管理规定》（HAF604）的要求，监管部门对进口核安全设备的单体性能试验进行监督见证，其中核 1 级（含 1E 级）设备相关试验全部见证，核 2 级、核 3 级由监管单位选择性见证。根据进口核安全设备的总清单，排除监督试验覆盖的项目，按重要性原则选定了进口核安全设备监督见证试验项目清单。

### 6.2.7.3 控制点检查与释放

在调试期间设置状态转换控制点，是监管部门对核电厂调试阶段例行核安全检查的重要组成部分，控制点检查结果是监管部门释放控制点的重要依据。1 号机组的控制点包括冷态功能试验、热态功能试验、首次装料、首次临界、离开 25%$P_n$、离开 60%$P_n$ 等。

对于 EPR 机组和首堆项目而言，控制点检查与释放重点关注以下情况：

（1）关注调试试验开口项问题，提前梳理识别无法按机组调试大纲要求完成的试验项目，并进行分析评估对控制点释放的影响，编制专项报告，并及时向监管部门汇报，有利于控制点检查释放，避免影响现场项目的推进；

（2）由于1号机组建造周期较长，在未临时维修移交（TOM）至电厂运维部门前，需完善调试期间仪器仪表管理程序，梳理并定期检查在线仪表状态，确保在线仪表计量周期有效，避免出现超期的情况，保证了现场仪器仪表数据的准确性、可靠性；

（3）首堆项目意味着可能存在较多的设计变更和试验程序升版，需确保机组调试大纲与调试试验程序验收准则的一致性；

（4）尽早开始梳理并准确分析出影响控制点释放的不符合项，滚动跟踪处理；

（5）所需TOTO系统应及时完成移交，保证影响控制点转换的项目完成处理并关闭；

（6）生产定期试验按要求及时完成生效并按规定周期执行。

## 6.2.8 调试进度管理

调试进度控制体系原来是根据成熟堆项目调试经验建立的，为适应EPR首堆特点，台山核电对调试进度管理进行了优化与调整：采用年度进度计划体系，同时辅以对进度的动态调整。年度进度计划体系的优点在于能够基于现状较为准确地安排一年内的主线工作；在年度进度计划体系下，以阶段性里程碑为目标制定调试计划母本，再分解为调试年度计划、联调计划、专项计划、日常三天滚动计划，多维度地推动调试工作。调试进度计划控制遵循计划、实施、检查、调整的全过程动态闭环管理。

受设计迭代、设备供货延误、现场缺陷问题多、问题处理难等因素的影响，调试进度控制存在困难和挑战。为此，台山公司对管控方法和管控流程进行了改进和强化，充分发挥调试进度计划的引领作用，以阶段性目标为牵引，以下游需求促进上游资源，下游推动上游，使调试逐渐成为推进工程整体进展的“发动机”，推进首堆工程建设。

### 6.2.8.1 改进计划管控方法

EPR首堆因素导致调试进度由成熟堆型单一固定的主线控制转变为多元变化的主线控制。因此，计划管控方法上主要采取了以下改进：

（1）根据正向条件推算进度与根据节点目标反向明确的需求计划相结合，找出合适的方案，制订切实可行的年度、专项等进度计划，如图6-4所示；

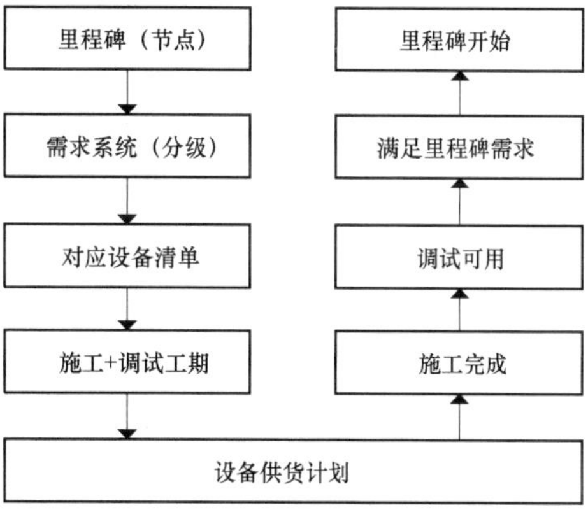


图6-4 正向与反向结合梳理逻辑

（2）全条件梳理与最小条件相结合，如图6-5所示，即在横向上每个项目利用最小条件实现阶段性目标，在纵向上每个项目在后面的不同阶段不同节点安排收口计划，将大阶段节点控制分解为更小阶段的目标控制，积小胜为大胜；

（3）结合调试总体试验方案，提早介入施工逻辑优化，推动系统、设备、厂房满足总体试验方案需求；建立EESR前调试介入进行部分试验的管理程序与机制。

### 6.2.8.2 强化进度管控流程

联调计划专指总体试验计划，如冷态功能试验计划、热态功能试验计划、机组整体启

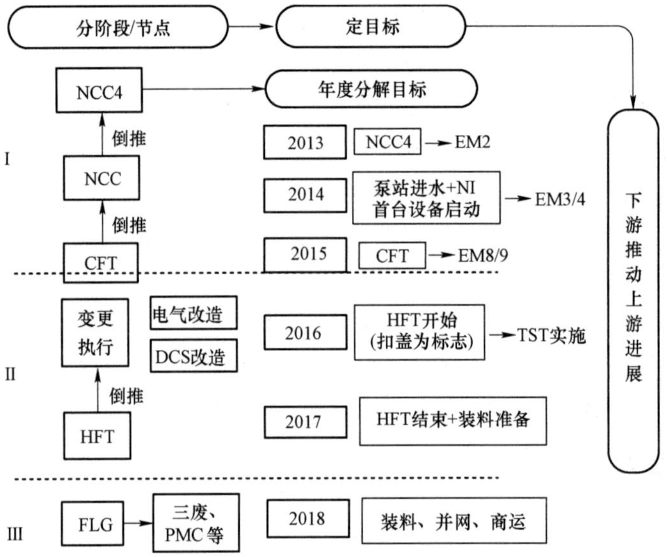


图 6－5　阶段里程碑目标分解逻辑

动试验计划以及安全壳试验计划等；专项计划指由专项小组为所负责的专项工作编制的计划，如 DCS 改造计划、电气盘改造计划等。联调计划和专项计划由工程生产一体化计划组统一管理，实际推进过程中以母本计划为基础、按照三天滚动方式执行。台山核电调试进度管控流程如图 6－6 所示，在进度管理组织上重点关注三个方面：

（1）确立调试计划组织的龙头地位，配齐配强计划组人员，按需要协调调动资源并将接口人临时纳入计划组；

（2）结合调试总体试验计划需求，上下游联动，有针对性地推动系统、设备、厂房状态满足要求；

（3）设定明确目标，采取分级决策并根据实际情况动态调整计划，寻求焦点和关键路径突破。

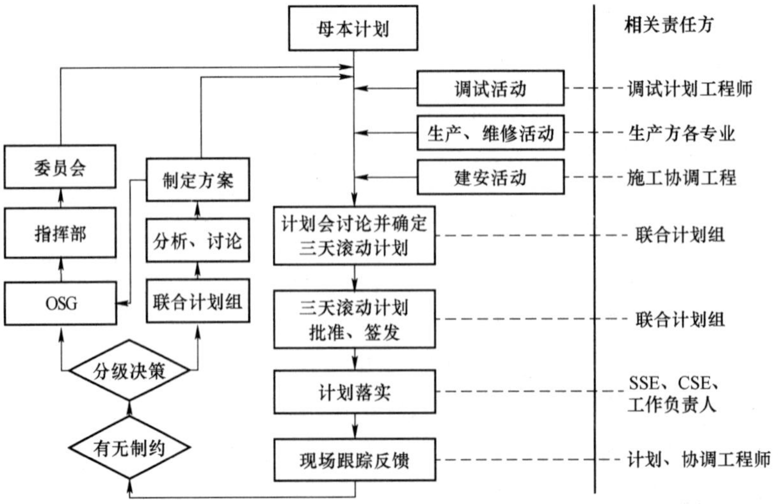


图 6－6　台山核电调试进度管控流程

# 6.3　调试方案与实施

台山核电 1 号机组在技术上采用单堆布置、双层安全壳、四环路设计、四套独立的专用安全系统等技术。新技术首堆机组调试就是一个不断发现问题、解决问题并熟悉机组运行和控制的持续过程。台山核电调试实施阶段按单系统可用、联调、机组整体启动的调试逻辑顺序划分为三个阶段，如图 6－7 所示。阶段Ⅰ为初步试验阶段，主要开展单体调试，进行冷试准备；阶段Ⅱ为总体功能试验阶段，包括冷态功能试验、热试准备、热态功能试验、装料准备，主要开展机组预运行试验；阶段Ⅲ为首次启动试验阶段，包括装料、预临界、临界及各功率平台，主要开展机组带核燃料状态的联调试验。

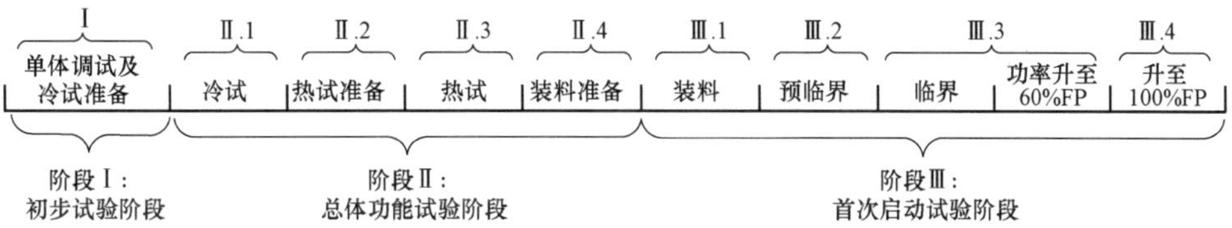


图 6－7　调试阶段划分图

## 6.3.1　冷试

根据设计要求，核电厂役前必须进行冷态功能试验，其目的是验证高压条件下一回路系统设备和管道的承压能力、一回路边界的完整性以及系统功能验证。台山公司结合工程进度提出尽早启动冷试、推动尽早完成详细设计固化、以重大工程里程碑作为阶段性目标的管理思路，以实现台山核电 1 号机组在 EPR 首堆工程建设中取得实质性突破的目标。

### 6.3.1.1　冷试推进方案

在上游条件推进及单系统调试具备一定条件的基础上，台山公司以计划为龙头，着手对冷试实施方案进行研究。核电常规调试思路是按照“NCC－开盖冷试－冷试”的顺序开展冷试。台山核电根据实际供货和系统移交计划，提出了两套冷试方案。方案一为按照 I “NCC－冷试”的执行顺序，通过对调试程序的分析以及监管、指导文件的研究和学习，确认开盖冷试非冷试执行的先决条件，故调整开盖冷试到冷试后实施，但该方案受制于通风系统设计固化和安装进度，对整体进度的贡献不大。方案二为“NCC－冷试（临时通风消防系统）”的执行顺序，即在方案一的基础上，采用临时方案保障通风、制冷、消防等系统的可用性，解决了方案一中通风消防系统对冷试启动的制约。在充分澄清并确认了方案二的可行性后，台山公司最终选择了 “NCC－冷试（临时通风消防系统）”的冷试推进方案。冷试推进方案实施中，针对难以满足冷试需求条件的重难点问题进行了深入的方案分析。

冷源方面，为解决因取水隧洞暂不具备进海水条件，核岛单系统调试无法启动的问题，通过采取“使用前池淡水＋系统排水再流回泵站前池循环利用”的闭式循环方案，保障了重要厂用水系统的调试和可用。

电源方面，为保障 1 号机组冷试期间电源的可靠性，按照三路电源可用的方案开展电源保障的准备工作，即厂变、辅变、一台应急柴油发电机可用且三路电源之间能够可靠地相互切换，在厂、辅变满足条件的前提下，增加应急电源保障。

DCS 方面，为保证冷试期间设备能够按照预期动作，冷试实施团队明确了 TCA 设置的原则、确定了 DCS 实施方案：闭锁不涉及冷试的功能信号、闭锁不必要的自动启动信号、保留设备保护信号、重设超压保护信号。

通风消防方面，对于通风系统安装状态较好的 SEC 泵房、应急柴油机厂房等区域投运正式通风；对于暂时不满足要求的 RCV/RIS 泵房等区域，按照设计要求的风量安装临时通风系统；对于主泵、变压器、柴油机等重要设备区域投运正式消防系统；对于其他暂不满足消防要求的区域，设置临时消防器材满足需求；成立专门的巡视小组，24 h 巡检保证临时通风消防设施的安全可靠运行。

**6.3.1.2　冷试准备与实施**

冷试是台山 EPR 首堆机组的首次大规模、综合性联调试验，存在较多的风险。为保冷试安全、可控，台山公司抽调经验丰富的调试、运行和法马通人员共同组建了冷试试验团队，负责冷试实施方案的策划、重难点技术问题的解决，确保对冷试实施的全面把控。

（1）试验程序准备

冷态功能试验程序是整个冷态功能试验的核心，也是冷态功能试验准备的主要依据，但由于是首堆项目的首次大型试验，设计方最初提供的试验程序并不完善，也无法直接用于现场实施。

为解决试验程序的可用性问题，台山公司安排调试部门和法马通联合对试验程序进行梳理编写。依托国内多项目的丰富调试经验和已确定的实施方案，试验团队解决了 RCV－RBS 泵切换问题、RBS 泵出口更换临时安全阀问题、泄压路径问题、逆止阀管线引压问题、超压保护问题、TCA 清单及系统状态设置问题等一系列影响冷试正常实施的重大技术问题，最终将其固化到功能试验程序中。

（2）专项技术研究

针对冷试实施方案中的重点、难点技术问题，组织团队进行专项研究，重点突破。

冷试边界确定：作为 EPR 首堆，上游文件未准确界定打压边界，试验团队经调研并商设计、施工部门，将冷试的压力边界确定为法定边界和扩展边界两部分，定义了 RCP99 的边界范围，为冷试水压试验图出版提供了重要依据。

冷试超压保护方案：EPR 机组由于水压试验泵选型及系统设计的变化，无法沿用 CPR1000 机组的压力控制策略。试验团队综合分析与考虑，选择高压减压站及其下游疏水管线作为超压保护通路，并配套设计了 DCS 控制逻辑，最终商设计确认作为正式方案固化在程序中。

水压试验泵无扰切换方案：一回路水压试验过程中，185 bar.g（g 代表表压力）前，一回路压力由 RCV 泵提供，185 bar.g 后，一回路压力由 RBS 泵提供；RBS 水压试验泵为柱塞泵，泵启动即达到 11.7 $m^3/h$ 的恒流量，不具备零流量或低流量调节功能。为实现无扰切换，试验团队经过分析研究，同时通过模拟机验证与低压平台的实际验证，最终确定了高压平台下 RCV－RBS 泵的无扰切换方案。

（3）冷试实施

2015 年 12 月 30 日，台山核电 1 号机组冷试各项条件准备完成，经监管部门确认并释放冷试控制点，一回路进水，冷试正式开始。

一回路升至 154 bar.g，执行一回路泄漏率试验，泄漏率一次合格。

一回路升至 233 bar.g，现场执行查漏，历时半小时后检查无异常，经监管部门确认检查合格，一回路开始降压，水压试验合格，冷试一次成功。

#### 6.3.1.3　冷试经验反馈

**1. 关注新型设备与新设计带来的风险**

台山核电 1 号机组冷试前与冷试期间，部分新型设备、新材料以及新设计项出现了一些缺陷，为试验带来了潜在风险，主要类型有：密封面漏水、特性参数不匹配、设备振动超标等。

密封面漏水典型事例，RCV 再生式换热器在安装阶段水压试验过程法兰漏水，经提高法兰紧固力矩得到解决；稳压器安全阀临时盲板在一回路升压过程中漏水，经更换垫片后得到解决；安注箱排放逆止阀密封面出现贯穿裂纹，经整阀更换后问题解决。综合这些典型事例，其主要原因为密封面材料多为首次使用，对新材料使用特性经验不足。

特性调节参数问题，代表性事件主要有：RCV 上充流量调节阀因阀位突变导致 RCV 泵出口压力高跳泵，在调整压力高跳泵相关的阀位阈值后，问题未重发；RCV 下泄高压减压站阀位突变导致下泄管线被隔离、高压减压站阀位振荡、被强制置手动，经重新试验、设置特性调节参数后，问题出现频次显著减少。

振动超差的设备主要包含 RCV 电机、RRI 孔板等。RCV 电机由德国一家首次向中国核电供货的制造商制造，振动超差的主要原因为轴承选型错误；RRI 孔板振动超差的主要原因为孔板选型问题，将单级孔板改为多级孔板后，振动超差得到解决。

**2. 重视超高压力平台检查活动的组织与实施**

一回路水压试验过程中，175 bar.g 及以上超高压力平台的现场检查活动属于高风险活动，需要在尽量短的时间内完成。台山核电 1 号机组冷试前，对超高压平台的活动进行了预先梳理，编制了专项检查单与指引流程，成立了 175 bar.g 平台仪表隔离小组、RBS/RCV 泵切换专项小组、查漏专项小组，并在冷试前、冷试低压平台进行多次演练，确保相关活动的高效实施。

**3. 专项组高效推进**

为推进首堆冷试的顺利开展，总经理部成员亲自参与专项组运作，聚焦解决影响冷试的系统移交、设备到货、设计固化及现场改造等问题，为冷试的顺利启动和胜利完成起到了重要的推动作用。

#### 6.3.1.4　小结

面对设计迭代、设备供货延误、系统移交缓慢、缺乏参考经验的巨大挑战，台山核电 1 号机组率先取得突破，成为全球首个开始并完成冷试的三代核电机组。冷试的成功一方面验证了以里程碑为节点，阶段性解决问题推动项目进展的总体思路的成功；另一方面，台山核电通过自主确定打压边界，设计超压保护方案，策划水压试验泵的无扰切换方案，提高了自身技术能力，增强了立足自身，自主化解决首堆建设问题的信心，为台山核电从跟随、主导到领先直至最终胜利完成 EPR 首堆建设奠定了坚实的基础。随着冷试的成功，台山核电及其合作团队一扫对成为首堆的疑虑，EPR 首堆建设进入了快车道。

## 6.3.2 热试

冷试结束后，1 号机组进入了热试准备阶段，此阶段主要任务是执行冷试后确定的设计变更和设备改造、首堆仪表安装、电源切换试验等热试主要准备工作，内层安全壳打压试验穿插安排在此阶段执行。

热态功能试验以压力容器扣盖为开始标志；反应堆冷却剂系统首次与其他核辅助系统联合运行；在无燃料装载情况下，对机组从冷停堆—热停堆—冷停堆的各个运行工况进行试验验证，包括功能与性能。二回路系统在热试期间执行首次启动，并执行汽轮机非核蒸汽冲转等工作。

### 6.3.2.1 热试准备

**1. 确定热试实施方案**

（1）电源切换试验与堆腔解耦

1 号机组热试准备期间，开盖冷试剩余试验、堆芯仪表安装及装堆扣盖两项串行工作均需要占用压力容器，是热试前的关键路径。开盖冷试剩余试验主要是安注流量验证和 PTR 水池相关试验以及电源切换试验，需向压力容器注水；堆芯仪表安装期间则不允许压力容器进水。经过分析电源切换试验对核岛各系统的状态需求，通过逻辑优化和试验方案改进将电源切换试验调整至扣盖状态下执行，提前实现压力容器扣盖。

（2）热试方案阶段划分

结合对系统移交、现场试验、程序固化、重要设备到货、首堆仪表安装等工作进展的评估，并综合考虑核燃料装卸贮存系统水下试验联调是否解耦、首堆试验仪表安装工期能否优化等重大问题，最终确定将热试分三阶段执行：第一阶段，压力容器扣盖到一回路进水；第二阶段，一回路进水到一回路具备升温升压条件（压力小于 24.5 bar.g，温度小于 60 ℃）；第三阶段，热试升温升压到热试结束，完成一回路排水。

（3）反应堆保护系统投运

对热试期间不需要的保护功能，如控制棒系统、核测系统、剂量探测系统等反应性控制与放射性剂量相关的保护信号，采取临时控制变更（TCA）进行闭锁或隔离，其他保护功能则全部投运。

（4）优化试验方案

热试总体程序中部分试验方案预计将导致机组多次瞬态，通过将 OIC105 试验初态由标准热停调整为安注试验结束状态；通过制定、实施全新的 OIC 核岛单列丧失试验后机组恢复方案，实现机组状态不后撤，高平台稳定恢复机组至初始状态等方案，有效地减少了热试期间的瞬态工况。

**2. 系统准备**

热试对系统的需求主要是基于热试期间机组状态，控制和转换对一回路系统、辅助和三废系统、常规岛和 BOP 系统的需求。此外，电源包括厂外主、辅电源，厂内应急电源等需要可用；仪控及 DCS 系统需要可用；安全壳内外通风系统需要可用；热试区域内的消防系统、照明、通信需要可用；化学实验室需要具备热试期间化学样品分析的条件。

为缓解单系统调试、缺陷处理与热试需求之间的矛盾，将参与热试系统细化分解到不同的平台，如图6－8所示。根据阶段需求清单，将单系统调试、缺陷处理纳入热试联调计划进行管控，提高整体执行效率。

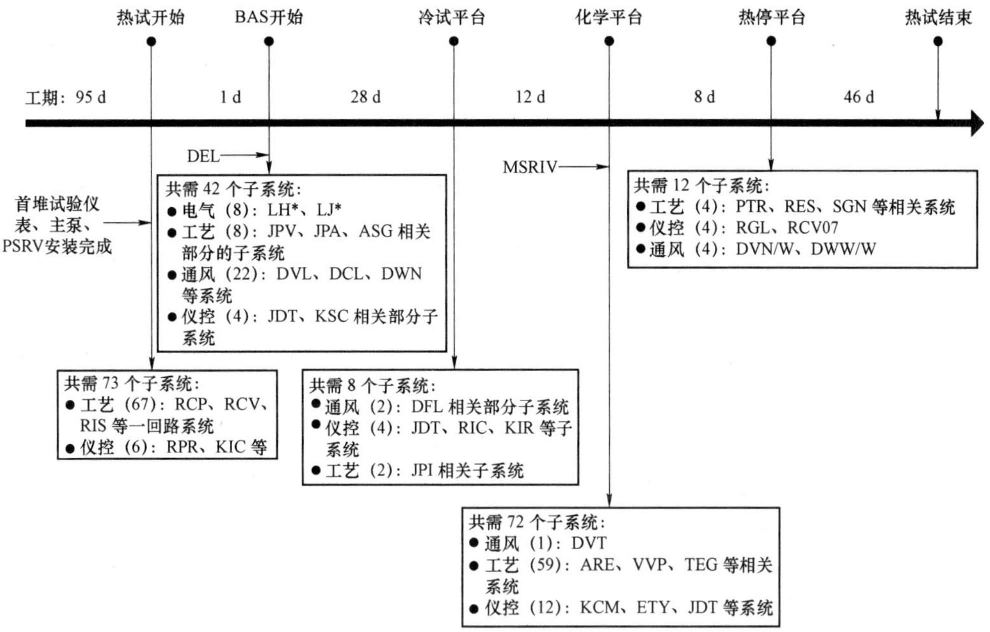


图6－8 热试平台需求系统划分

**3. 技术准备**

（1）一回路注氢钝化方案

一回路钝化是利用核电机组加热时一回路介质的弱碱性条件，促使一回路管网铁基金属表面形成钝化膜，减少腐蚀和并降低放射性。台山核电两台机组热试期间采用注氢钝化，通过RCV系统加氢站注入氢气，并维持一回路溶解氢浓度在35 cm³/kg。钝化分为三个阶段：第一阶段，预氧化（最少300小时）；第二个阶段，硼化；第三个阶段，氧化。如图6－9所示。

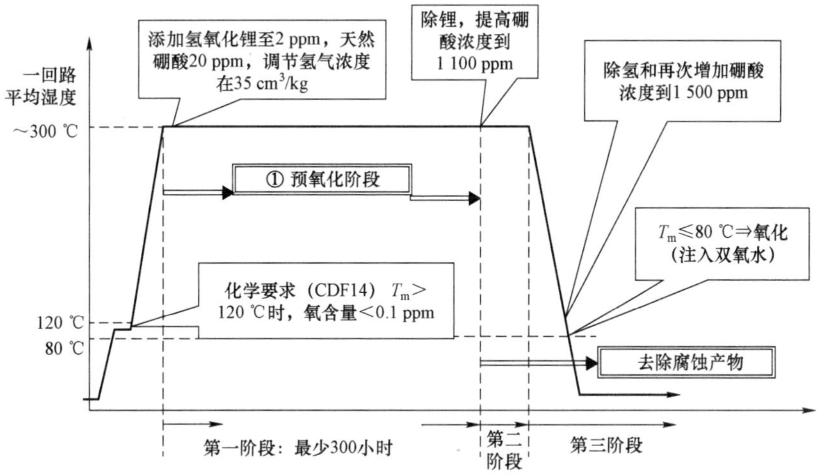


图6－9 热试水化学进展流程图

1 ppm=$10^{-6}$

（2）压力瞬态控制方案

试验团队通过全面分析热试期间可能导致机组出现瞬态的情况，制定了完善的控制导则。导则分为 LP 单相、HP 单相及 PZR 双相等不同状态下的压力瞬态控制方案。针对每个阶段分别设置了瞬态情况下的干预目标、立即行动项、机组状态检查、立即行动失败后措施等内容。

（3）NS/SG 模式二回路丧失工况下一回路控制导则

热停堆和正常中间停堆工况（NS/SG）模式下，丧失二回路冷却和给水事故工况时，一回路控制总体策略是尽可能稳定一回路在当前温度和压力平台，钝化期间一回路温度不能低于 285 ℃，如果二回路给水不能及时恢复，也要尽量避免辅助给水注入和机组后撤。

（4）水质控制方案

热试水质控制方案包含热试前化学相关的准备工作、热试各平台水质控制标准和化学控制手段、相关热试水质控制风险和经验反馈等。在一回路不同的温度平台，分别规定了取样频率、监测指标、水质控制要点、冷却剂超规范值后的措施；蒸汽发生器二次侧水质控制包括蒸发器湿保养和 NS－SG 模式下水质控制，其中 NS－SG 模式下水质控制方案规定了取样频率、监测指标、给水水质标准、SG－APG 排污水质标准、水质控制要点、冷却剂超规范值后的措施；二回路水质控制遵守热试期间二回路钠阳电导运行诊断图。

（5）火警消防系统配置方案

为确保热试期间能够对重点设备及区域的火灾风险进行连续监测，并保证事故状态下相关消防系统准确动作，现场人员能够规范、有效地干预，台山公司制定了热试火警消防系统配置方案，并对重点监视区域编制了“消防行动卡”。消防相关系统配置总体原则为：在保证水源情况下，固有消防系统与火警探测系统随主系统同时可用。

（6）氢气注入风险分析及预案

对废气处理系统（TEG）及其相连容器的氢气浓度分布进行了分析计算。计算结果显示 TEG 系统正常运行期间，系统以及相连容器内，氢气体积分数均低于 4%，处于风险可控的范围。热试期间氢气积聚风险主要集中在 TEG 停运、破口等异常工况，对此针对性地制定了风险预案：通过 KRH 监控有可能聚集氢气的房间，当氢气浓度达到设定值后，注氢管线自动隔离；当出现破口时，除了自动隔离外，安排人员进入厂房进行隔离状态检查，并加强通风；安排人员对可能出现氢气泄漏的房间定期巡视；TEG 系统跳机后，相连的各个容器保持正压，并减少或停止向各个容器的排水。

#### 6.3.2.2 热试实施

1 号机组热试包括以下 6 个阶段：

（1）一回路进水，主要完成一回路进水、一回路抽真空和充水、反应堆保护系统首次投运、一回路升压至 24.5 bar.g、含气量计算。

（2）升温升压准备，主要完成升温升压前消缺、一回路升温至 60 ℃。

（3）升温升压阶段，主要完成一回路升温升压、一回路静排气、启动主泵、化学加药、除氧、建汽腔、执行各平台试验。

（4）热停平台，执行预氧化平台、稳定平台、极稳定平台、扰动平台试验。

（5）降温降压，主要完成一回路降温降压、化学调整和热力调整、RIS－RHR 模式下的失电试验、灭汽腔，停运主泵、降压至 0 bar.g、开启稳压器顶部对空管线等。

（6）一回路排水，主要完成一回路排水至 3/4 环路、一回路抽真空等。

#### 6.3.2.3 热试经验反馈

**1. 强化新型设备应用研究**

1 号机组热试期间，部分改进型或首次应用设备在运行过程中出现偏离设计要求的情况，需要专项研究，逐一解决。

RCV 泵出口三通阀在流量低于 9 t/h 时，阀门无法自动开启至小流量。经多次试验验证和阀门内部检查，判断阀门内部弹簧和圆锥组件选型不当，设备在长时间运行后内部弹簧可能疲劳屈服，改变了设计特性，不能达到设计要求。最终经厂家分析确认，更换了阀门内部弹簧，解决了该问题。RCV 上充泵电机振动超差经返厂检修得以解决；RBS 泵出口逆止阀拒动，经设计分析后在阀腔内增加弹簧进行改进；APG 闪蒸箱液位仪表测量异常，最终通过调整冷凝罐高度和管线直径得以解决；VDA 调节阀阀腔承压导致阀门卡涩，偶尔无法开启，最终改进了阀笼结构，解决了该问题。

**2. 加氢方案改进**

加氢钝化相比自然钝化更有利于一回路内侧氧化物形成更致密的理想钝化膜，但加氢钝化的方案在国内核电厂为首次应用，国外少数核电厂在电厂改造时也有所应用，但难以找到有参考价值的信息。根据设计要求，一回路温度到达 303 ℃时开始加氢，一回路钝化 300 小时开始计时时，一回路冷却剂中氢气浓度需要达到 35 $cm^3/kg$。1 号机组热试期间，一回路平均温度到达 303 ℃、预期钝化计时开始点时，一回路冷却剂中氢气浓度接近 10 $cm^3/kg$，不满足目标值 35 $cm^3/kg$ 要求。

通过联合设计方及水化学专家进行分析，结果表明一回路冷却剂中氢气浓度无法达到 35 $cm^3/kg$，主要原因为：氢气本身是难溶于水的气体，随着温度上升，氢气溶解饱和度降低；稳压器汽相空间顶部连续吹扫，汽相空间氢分压持续偏小，液相冷却剂中氢气持续析出；RCV 系统下泄管线与容控箱压力降低，氢气析出，容控箱气空间吹扫时氢气被带走，加氢站新氢气无法溶解进冷却剂。

通过提高稳压器水位、减小稳压器连续喷淋流量、提高 RCV 容控箱压力并减小其下泄旁路流量、提高加氢站喷射流量、两台上充泵同时运行等方式，一回路冷却剂中氢气浓度最终达到 33 $cm^3/kg$，经设计澄清可以接受。同时上述改进措施将加氢效率提升了 1 倍有余。除此之外，将一回路开始注氢平台由 154 bar.g、303 ℃调整至 39 bar.g，钝化计时开始点的氢气浓度调整为 17 $cm^3/kg$。

**3. 联调试验管理良好实践**

1 号机组热试过程中，为提升执行效率与试验质量，降低风险，针对性地采取了一系列管理手段。热试期间，凡是与热试相关的现场工作，通过紧急工作票的工作流程管理，由计划工程师、值班工程师、当班副值长在主控室进行三级审批、放票，缩短了工作流程，提高了工作效率；利用全范围模拟机、工程模拟机、设计仿真系统对高风险试验与高难度试验提前进行验证，有助于提前熟悉试验过程、发现试验过程中的潜在问题，提高试验质量，降低风险；编制重要设备试验、关键启动过程与试验专项质量计划，以及专项操作单，有助于过程质量控制，降低风险。

#### 6.3.2.4　小结

1 号机组热试是对 EPR 机组的首次完整性实体验证，共执行了 186 份调试程序，顺利完成了热试阶段首堆试验、全厂电源切换试验、仪控系统切换试验、汽轮机非核蒸汽冲转试验等专项试验及主要工艺系统的功能验证试验。1 号机组热试的实施，对机组的整体启停过程进行了实际验证，为后续装料运行打下了基础。

### 6.3.3　装料

反应堆核燃料装载（简称装料）是指将核燃料装入反应堆的操作过程，要求安全、准确地将燃料组件装入堆芯预设的位置，机组进入到带核燃料状态，安全管理的重点转向核安全控制，满足核安全条件成为关键。

#### 6.3.3.1　燃料接收

核燃料接收是装料准备的重要一环，新燃料到厂后需接收至乏燃料水池存放。接料前，燃料厂房需满足乏池充满硼酸水、乏池冷却系统可用、燃料接收操作设备可用等条件，以确保接料工作安全平稳进行。

（1）成立接料专项小组

集合生产、工程等各专业资源成立接料专项小组，建立定期会议制度，跟踪解决重点问题，总体部署接料安排。

（2）编制接料规程

根据相关法规要求，明确接料期间需要考量的核安全要求，对接料产生直接影响的关键系统进行分析，编写并出版了《首炉燃料贮存阶段运行技术规范》《首次新燃料转存条件检查规程》《首次新燃料储存条件检查规程》等程序。

（3）确认接料条件

确定接料适用范围，以接料管控时间和安全要求为基准，分析最小接料系统和要求，根据现场 PTR、柴油机、SEC 冷源、通风等相关系统可用状态，明确了燃料接收的相关条件。

（4）确认厂房环境满足试验需求

确认通风照明情况以及工作区域的核清洁满足试验要求，工作区域无干涉，设备上游电源可用且具备冗余性。以计划为龙头，合理规划厂房不同部门间的交叉作业，避免相互影响。

（5）试验工器具准备

接料相关设备都安装在燃料厂房内，调试期间厂房周边环境复杂，调试所需的工器具，包括常规试验工具以及专用试验工具需提前备齐备好。接料相关设备所需的专用试验工具包括模拟燃料组件、载荷试验专用组件、燃料操作专用工具、模拟燃料组件容器等，也需准备妥当。

（6）接料设备调试

接料所需的设备包括总载重 23 t 的集吊装和燃料操作一体化的辅助吊车，换型成半开放式燃料舱的新燃料升降机，将吊钩操作改为内外嵌套双套筒行走式行车的乏燃料水池吊车，接料操作需要这些设备具备更稳定的机械性能，同时满足更精密的控制要求。其中，乏燃料水池吊车改成双套筒抓具后，对格架定位精度的要求有了本质上的提高，1 000 多个格架小室的定位偏差都要控制在±1 mm 范围内。针对该要求，现场采用初步定位、精细校验的方法完成了所有格架小室的定位操作。

在接料设备调试时，需要遵守以下逻辑：完成乏燃料水池吊车、新燃料升降机及辅助吊车的干态试验→水下试验→接料演练→接料操作模拟试验，待所有试验都完成后，具备接料条件。

#### 6.3.3.2 装料准备

机组进入装料准备阶段后，采取的主要措施如下。

（1）计划管理体现为工程生产需求高度融合。通过一体化计划、专项组计划、技术规范、定期试验等措施将具体工作串联起来。

（2）围绕全条件准备装料。以核安全条件为总纲，以专项组为抓手，按接料线、系统线全面检查装料准备工作实际进展，稳步推进机组具备带核燃料运行条件。

（3）以系统完善度为目标开展尾项清理。目标是完整并高质量地完成系统 TOTO 和厂房 BHO 移交，对于需重点推动和紧密跟踪的尾项，通过日计划会跟踪推动，加快移交。

（4）成立首次装料专项组，具体负责装料的准备、组织、协调和实施。制定核燃料贮存管理、现场安全管理、现场燃料吊装管理、装料过程信息沟通管理等相关规程，并组织落实接料相关工作。通过清理首次装料前提条件、解决燃料装载设备问题、优化燃料组件存储方式、展开装料联合演练、组织厂房撤离演练、制作装料监测探头吊装工具、编制装料及其风险控制相关管理规定等手段，确保机组安全、稳定、顺利具备带核状态转换条件。

在具体工作的安排上，以“拆堆→首堆试验仪表拆除→1HRA 区域 PMC 试验实施→主回路进硼水→PMC 整体水下试验实施”为主线工作，对三废系统试验、通风消防试验、DCS 改造、电气盘停运、EDG 改造及试验、DEL TXS 改造等次关键路径和辅线工作制订专项计划，指导和推动装料准备工作前行。该部分工作基本收尾后，对国家核安全局首次装料前综合检查提出的核安全管理要求及问题整改项逐一落实，完成整改，并完成电气盘停运消缺、RPR 补充功能验证、DCS 改造及各系统缺陷处理、机组核清洁等工作。在全面完善了机组装料条件后，获得监管单位的装料许可。

#### 6.3.3.3 装料实施

装料操作前须确保堆外源量程探头和临时装料探头中子响应性能正常。装料专项组提出在装料操作开始时使用带初级中子源的组件依次靠近临时装料探头，检查其响应性能，解决了原有方案操作复杂且占用关键路径较长的问题。

装料操作是将燃料组件从乏燃料厂房存储位置移动到反应堆厂房堆芯指定位置。EPR 堆芯装载 241 束燃料组件，其中包含 3 束初级中子源组件；97 束富集度为 2.1%的组件、72 束富集度为 3.2%的组件和 72 束富集度为 4.2%的组件。首次装料依据 TP DEM 031 试验程序执行，主要步骤包含机组初始状态检查、临时装料系统安装、燃料装载、堆芯照相、上部堆内构件安装、扣盖并充水至 3/4 环路水位。首次装料步序如图 6－10 所示。

装料过程中，反应堆厂房和乏燃料厂房的操作互不干扰，反应堆厂房燃料就位前部分乏燃料厂房的操作可提前进行；且厂房之间存在物理隔离，不会影响堆芯的安全论证。反应堆厂房和乏燃料厂房的操作于时间上的重叠，可使得整个装料过程更连续，除节约关键路径外，还可以降低人因失误的概率。

| | A | B | C | D | E | F | G | H | J | K | L | M | N | F | R | S | T |
|---|---|---|---|---|---|---|---|---|---|---|---|---|---|---|---|---|---|
| 17 | | | | | | 13 | 12 | 11 | 10 | 3 | 2 | 1 | | | | | |
| 16 | | | | 238 | 35 | 34 | 33 | 32 | 19 | 18 | 17 | 16 | 15 | 14 | | | |
| 15 | | | 41 | 42 | 40 | 39 | 38 | 37 | 36 | 25 | 24 | 23 | 22 | 21 | 20 | | |
| 14 | | 89 | 88 | 87 | 86 | 85 | 84 | 83 | 82 | 81 | 80 | 65 | 28 | 27 | 26 | 239 | |
| 13 | | 94 | 96 | 99 | 103 | 108 | 135 | 134 | 133 | 132 | 131 | 79 | 66 | 30 | 29 | 31 | |
| 12 | 7 | 95 | 98 | 102 | 107 | 136 | 140 | 141 | 142 | 143 | 144 | 130 | 78 | 67 | 49 | 47 | 46 |
| 11 | 8 | 97 | 101 | 106 | 137 | 139 | 153 | 152 | 151 | 150 | 149 | 145 | 129 | 68 | 51 | 48 | 45 |
| 10 | 9 | 100 | 105 | 120 | 138 | 154 | 158 | 159 | 160 | 161 | 162 | 148 | 146 | 69 | 53 | 50 | 44 |
| 9 | 90 | 104 | 113 | 121 | 155 | 157 | 171 | 170 | 169 | 168 | 167 | 163 | 147 | 70 | 55 | 52 | 43 |
| 8 | 91 | 109 | 114 | 122 | 156 | 172 | 176 | 177 | 178 | 179 | 180 | 166 | 164 | 71 | 57 | 54 | 6 |
| 7 | 92 | 110 | 115 | 123 | 173 | 175 | 189 | 188 | 187 | 186 | 185 | 181 | 165 | 72 | 61 | 56 | 5 |
| 6 | 93 | 111 | 116 | 124 | 174 | 190 | 194 | 195 | 196 | 197 | 198 | 184 | 182 | 73 | 62 | 58 | 4 |
| 5 | | 112 | 117 | 125 | 191 | 193 | 207 | 206 | 205 | 204 | 203 | 199 | 183 | 74 | 63 | 59 | |
| 4 | | 240 | 119 | 126 | 192 | 208 | 212 | 213 | 214 | 215 | 216 | 202 | 200 | 75 | 64 | 60 | |
| 3 | | | 118 | 127 | 209 | 211 | 230 | 227 | 224 | 221 | 219 | 217 | 201 | 77 | 241 | | |
| 2 | | | | 128 | 210 | 236 | 234 | 231 | 228 | 225 | 222 | 220 | 218 | 76 | | | |
| 1 | | | | | | 237 | 235 | 233 | 232 | 229 | 226 | 223 | | | | | |

图 6－10 首次装料步序

装料完成后，临时探头拆除过程中存在径向大幅晃动，碰撞刮伤压力容器内壁或燃料组件的风险。针对该问题，专项组利用特制的定滑轮加上专用滑轮轴，并配合 PMC 平台上的三脚架搭建出可横向移动的定滑轮平台，确保临时探头的吊装和拆取更加平稳。

#### 6.3.3.4 装料经验反馈

基于次临界监督要求，对临时装料探头的安装窗口和可用性验证进行优化。若堆池充水后各系统的定期试验和 PMC 调试试验等已完成，应在装料窗口明确前安排一次堆池排空窗口进行安装，以避免临时装料探头在高浓硼水下长时间浸泡而故障失效。临时装料探头安装前利用外部中子源执行中子源试验，以验证其功能可用；装料开始前利用初级中子源组件分别接近 4 个临时装料探头，再次确认探头响应正常，初级中子源组件需全部插入堆腔，但换料机不松开组件，待验证完成后继续下一步操作。初级中子源选择装载的位置需确保燃料和换料设备的绝对安全，防止存在燃料倾斜或碰撞的风险。

堆芯物理试验期间发现低功率平台象限功率倾斜超标，其根本原因是燃料组件实际铀装量及富集度存在制造公差，导致堆芯一个方向组件富集度整体偏高。考虑到低功率平台机组有足够的安全裕量，可将相应的设计准则适当放宽。后续燃料循环应对装料方案进行优化，提前梳理并考虑富集度制造偏差，对称位置使用实际富集度最接近的燃料组件。

#### 6.3.3.5 小结

首次装料是台山核电建设过程中的一个重要里程碑，此时绝大多数系统和功能已经具备正常运行条件并移交生产，机组进入装料后调试启动阶段并产生核安全风险。1 号机组装料专项组全面梳理首次装料前提条件清单，认真组织装料联合演练和厂房撤离演练，完善次临界监督过程和手段，优化燃料组件装载方案和步序，最终历时 6 天圆满完成首次装料操作，为后续零功率物理试验及堆芯首次临界奠定了坚实的基础。

## 6.3.4 冲转

冲转试验是检验汽轮发电机组设计、制造、安装以及单系统调试质量的重要试验。台山核电汽轮发电机采用了新型设计，作为全球单机容量最大的汽轮发电机组，缺少成熟的启动经验，也无同类机组试验数据可参考。为提前检验汽轮发电机组相关设备性能，发现并解决机组可能存在的缺陷，1 号机组在热试阶段提前筹划并择机实施了一次汽轮发电机组非核蒸汽冲转，针对非核蒸汽冲转过程中暴露的重要缺陷，利用装料前检查和消缺的窗口进行了处理，将可能占用装料后关键路径的工作转化到非关键路径上平行开展，为核蒸汽冲转的顺利实施和机组并网打下了坚实的基础。

### 6.3.4.1 非核蒸汽冲转

非核蒸汽冲转是利用反应堆冷却剂泵和稳压器内电加热器所提供的热量使一回路升温，并利用系统蓄能在蒸汽发生器二次侧产生蒸汽来冲转汽轮发电机组。基于 EPR 机组设计特点，热试期间常规岛基本具备冲转条件，但执行非核蒸汽冲转面临着无试验程序、无参考数据等诸多问题。为此，台山公司在准备阶段通过自主化研究、理论计算及模拟机演练，最终制定了 1 号机组非核蒸汽冲转试验方案，明确了一、二回路能量控制措施，优化了一、二回路关键参数控制策略，减少了冲转期间的热量损失，在 EPR 首台机组实现了非核蒸汽冲转，提前验证了新型汽轮发电机组的性能，为提前发现和解决问题赢得了时间。

**1. 非核蒸汽冲转方案确定**

（1）理论分析及计算模型

以一回路介质为热量研究对象，通过分析一、二回路的产热和耗热，建立热平衡模型。热平衡计算公式为：$E_{主泵}+E_{PZR}+E_{释热}+E_{显热}=E_{SG}+E_{补水}+E_{其他}+E_{下泄}+E_{轴封}$，即主泵产生的热量（$E_{主泵}$）、稳压器加热器产生的热量（$E_{PZR}$）、一回路管道设备温降产生的显热（$E_{释热}$）、一回路冷却剂产生的显热（$E_{显热}$）之和，与蒸汽发生器蒸汽排放的热量（$E_{SG}$）、注入蒸汽发生器中的补水耗热（$E_{补水}$）、其他散热（$E_{其他}$）、稳压器注入上充冷水的耗热（$E_{下泄}$）、主泵轴封水加热的耗热（$E_{轴封}$）之和相等，维持热量平衡。其中蒸汽发生器蒸汽排放的热量包括三个部分：汽轮机冲转蒸汽能量、汽机旁路系统（GCT）排放蒸汽能量和汽水分离再热器系统（GSS）及二回路疏水排放能量。其他散热损失由四个部分组成，即主泵热屏带走的能量、一回路主设备及管道散热、二回路管道散热和蒸汽发生器排污系统（APG）排污释放的热量。

（2）控制策略

1）关键参数控制限值

为保证非核蒸汽冲转过程中的机组安全，识别出影响机组安全的关键参数，并在试验中遵循重要控制限值，任何一个参数达到限值即要求手动打闸停止试验，非核蒸汽冲转关键控制参数如表 6－1 所示。

表 6-1　非核蒸汽冲转关键控制参数列表

| 序号 | 核岛关键控制参数 | 常规岛关键控制参数 |
|---|---|---|
| 1 | 一回路温度 | 低压缸排汽温度 |
| 2 | 一回路压力 | 高中压汽缸胀差 |
| 3 | 稳压器水位 | 低压缸转子绝对膨胀 |
| 4 | 一回路温降速率 | 汽轮发电机轴瓦同一瓦块前后瓦温偏差 |
| 5 | 蒸汽发生器水位/二次侧压力/二次侧压降 | 汽轮发电机各轴瓦回油温度 |

2）一回路控制策略

基于稳压器水位调节的理论分析及上充下泄设计特点，制定了一回路水位控制策略。冲转前，提升一回路温度和稳压器水位至设计上限值，增加一回路蓄能。冲转过程中，一方面根据一回路温降梯度，在 200 r/min、500 r/min 暖机平台恢复一回路温度至初态，另一方面降低稳压器补水干预值，减少补水耗能。

3）二回路控制策略

二回路主要从提升初始蓄能和减少蒸汽发生器补水耗能角度，优化其控制过程。冲转前，提高蒸汽发生器水位、除氧器水位与水温，增加二回路初始蓄能。冲转过程中，升速至 500 rpm 期间，调整给水流量，维持蒸汽发生器水位保持不变，离开 500 r/min 时隔离蒸汽发生器补水并制定蒸汽发生器水位干预值，最大限度地减少补水耗能。

4）非核蒸汽冲转阶段规划

整个非核蒸汽冲转分为两个阶段，升速率为 50 r/min，第一阶段升速至 100 r/min 打闸，进行摩擦检查；第二阶段经 250 r/min、500 r/min 暖机后升速至 1 500 r/min。经理论计算及模拟机验证，汽轮机能升速至 1 500 r/min 且维持约 15 min，各项关键参数如图 6-11 所示。

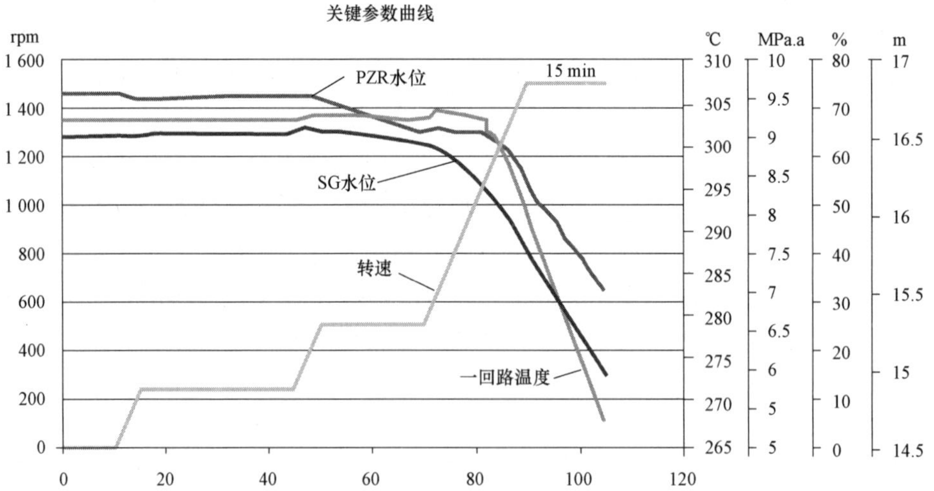

图 6-11　关键参数与转速变化曲线

（3）系统配置

根据一、二回路控制策略，在热试正常热停工况的基础上对部分系统配置作了调整：

1）核岛系统：提高稳压器和蒸汽发生器初始水位，手动投运稳压器加热器，隔离蒸汽发生器排污系统。

2）常规岛系统：提高除氧器初始温度、水位，关闭汽轮机各级抽汽隔离阀并将汽轮机本体疏水阀门保持 50%开度；投运汽轮机保护控制系统。

3）电气系统：隔离发电机励磁、封闭母线，退出发电机和输电保护系统的跳机信号和发电机定子接地保护装置电源。

**2. 实施及效果**

第一阶段冲转至 100 r/min 就地打闸进行摩擦检查。挂闸后进行第二阶段冲转，在 250 r/min、500 r/min 分别停留进行暖机，恢复一、二回路水位、压力、温度参数至初始值。在 500 r/min 平台，检查发现发电机 9 号和 10 号瓦出现甩油、发电机轴振出现间歇性扰动的情况，经专项组分析评估，判断其风险在可控范围内，继续升速至 1 500 r/min 额定转速。机组到达 1 500 r/min 平台后，停留 18 分钟执行汽轮机打闸。整个冲转过程中，一、二回路参数平稳，距离试验前设定的限值还有较大裕量，尤其是一回路瞬时最大温降速率 60.51 ℃/h 远远小于限值 250 ℃/h。非核蒸汽冲转顺利完成并达到了预期目标。

#### 6.3.4.2 核蒸汽冲转

**1. 核蒸汽冲转前提及准备**

（1）系统条件

核蒸汽冲转试验需要常规岛主机系统、二回路水系统、辅助系统冷源正常投运，除此之外，对部分系统还采取了临时专用方案，主要包括：

1）由于在冲转过程中，汽水分离再热器系统是首次采用就地 PLC 控制疏水箱液位，在实际试验过程中，安排专人监视，根据实际情况准备干预作业，确保液位控制在正常运行范围。

2）为保证发电机长期安全运行，发电机氢冷器进风口设置临时吹扫滤网，用于过滤发电机内微小铁磁性颗粒，吹扫结果合格后拆除滤网。

3）EPR 机组未设计在线的二回路凝结水精处理系统，为预防首次核蒸汽冲转期间，二回路水质发生恶化，现场保留了二回路冲洗期间的临时冲洗管道，以便水质恶化时能快速换水控制水质。

（2）技术文件

为保证整个冲转过程严格可控，台山公司编制了详细的试验操作单、风险预案、管理规定，专项分析并逐项落实现场临时措施、模拟机演练所有试验操作单、明确试验干预措施，确保试验顺利执行。

**2. 实施及效果**

汽轮机核蒸汽冲转试验包括首次核蒸汽冲转试验、发电机吹扫试验、汽轮发电机超速试验三部分。首次核蒸汽冲转试验时，汽轮发电机平稳经过了 100 r/min、200 r/min、500 r/min、1 500 r/min 等平台，并在 1 500 r/min 平台完成了润滑油泵切换、各轴瓦润滑油压测量、发电机吹扫、发电机密封油系统真空侧油泵启动等试验项目。在发电机首次吹扫结束后，进行主汽阀严密性试验，汽轮机降速至 250 r/min 以下，机组打闸停机。根据发电机吹扫滤网检查情况，1 号机组在完成 3 次发电机吹扫后，开始执行汽轮机超速试验。

（1）首次核蒸汽冲转试验

为优化试验执行逻辑，台山公司与设计方澄清确认了将冲转试验功率平台由 25%$P_n$ 提前至 10%$P_n$ 执行。调整后，在发电机吹扫试验期间，可同步执行 10%$P_n$ 升至 25%$P_n$ 期间的试验，发电机吹扫试验从关键路径转化为次关键路径。

核功率稳定在 9.8%$P_n$，在确认汽水分离再热器二极管板温度大于 120 ℃后，汽轮机开始执行冲转操作。在 100 r/min 平台，完成汽轮机本体各项参数检查、各轴瓦润滑油压测量后，执行打闸停机，惰走过程中就地进行汽轮机摩擦听音检查。机组重新挂闸，先后在 200 r/min、500 r/min 稳定约 30 分钟，过程中汽轮机各轴瓦振动、瓦温、膨胀等关键参数均正常。在 1 500 r/min 平台，执行润滑油泵、顶轴盘车停运等试验，过程中各参数稳定正常。发电机吹扫试验结束后，执行主汽阀严密性试验，汽轮机惰走 126 分钟后主盘车啮合。

（2）发电机吹扫试验

发电机吹扫试验的主要目的是通过在发电机氢冷器进风口位置安装临时滤网，利用发电机风扇驱动膛内气体循环过滤发电机内杂质，以确保发电机长期安全稳定运行。1 号机共执行三次发电机吹扫，前两次吹扫后检查临时滤网，发现存在少量铁磁性物质和较多非铁性物质，第三次吹扫后，检查滤网清洁程度满足规范要求，吹扫试验结果合格。

（3）汽轮机超速试验

汽轮机超速试验的目的是真实验证汽轮机在升速到 1 656 r/min 时能否自动跳闸，同时监测该过程中机组的各项参数。试验开始后，汽轮机冲转至额定转速 1 500 r/min，然后升速至 1 530 r/min。稳定后，再以 250 r/min 的速率自动升速。当汽轮机转速达到 1 656 r/min 时自动跳闸。试验期间机组各参数正常，结果合格。

#### 6.3.4.3　冲转经验反馈

**1. 非核蒸汽冲转经验反馈**

通过 1 号机组非核蒸汽冲转，提前发现并解决冲转阶段才能暴露的设计或设备缺陷，如首次挂闸后，汽轮机进汽调节阀门异常全开、发电机 9 号和 10 号垂直轴振显示跳变、9 号和 10 号瓦轴颈处甩油、发电机吹扫临时滤网破损等问题，节约了装料后的主线工期。通过对 1 号机非核蒸汽冲转数据复盘分析，经验反馈如下。

（1）因 EPR 机组在热试期间常规岛就具备冲转条件，1 号机非核蒸汽冲转的成功证明，新机组提前开展非核蒸汽冲转对工程主线的推进意义重大，后续 EPR 机组可考虑将非核蒸汽冲转作为热试必做项目，并体现在调试程序中。

（2）将一回路上充下泄投入运行，验证了投运上充下泄的可行性，避免了隔离上充下泄可能引起的一回路热冲击。

（3）结合热试期间其他试验反馈，分析推算出非核蒸汽冲转时蒸汽发生器初始水位的最高值，提高蒸汽发生器蓄能，避免汽轮机升速时因虚假水位报警引起跳机跳堆。

（4）利用启动给水处理系统的除盐水补水管线供水给除氧器，作为冲转期间因汽轮机疏水导致除氧器水质恶化后，向蒸汽发生器供水的备用方案。

**2. 核蒸汽冲转经验反馈**

（1）发电机氢冷器安装就位前，采用压缩空气吹扫氢冷器冷却管板间夹缝，检查确认清洁度，避免机组冲转后板管间存在的异物被吹扫至发电机定子和转子通风槽内。

（2）机组启动初期，有必要安装抗燃油临时真空滤油机，以保证水分超标时能及时进行除水。台山核电在冲转准备阶段，定期化验抗燃油油质时，发现其水分超标，分析其原因是系统投运期间回路内的水汽溶于抗燃油中，由于汽轮机调节油系统除水回路本身流量小，处理效率较低，水分含量短时难以下降，通过增加临时真空滤油机进行处理，确保油品质量满足要求。

（3）后续首次冲转或发电机氢冷器拆装后重新启机的准备阶段，建议在现场提前布置临时风扇。台山核电在发电机吹扫试验结束后，对发电机充空气升压检查泄漏点时，发现氢冷器低压时存在微量漏点，随着压力升高漏点消除。分析原因是发电机吹扫后重新回装氢冷器，下法兰 L 型密封胶条经高压压迫后实现自密封。为避免发电机在充氢低压阶段出现微漏，通过在现场布置临时风扇等措施以防泄漏的氢气在发电机附近聚集。

（4）后续新机组设计阶段，建议考虑调整汽机旁路系统扩散器布置，避免盘车时出现汽轮机转速随核功率升高而上升的现象，影响主线工作安排。台山核电在机组盘车时，检查发现汽轮机转速随着核功率升高同步上升，通过现场验证及对设备结构的分析，判断其原因是汽轮机旁路系统扩散器和双联低加在凝汽器内布置在了同一标高，缺少相对位差，排放蒸汽在扩散器内未能得到充分的凝结，导致这部分蒸汽驱动汽轮机叶片，引起转速上升。

（5）采用新设计理念的系统首次投运，应提前进行风险分析，做好应急干预措施。如台山核电的发电机密封油系统采用了三流环密封瓦结构的全新设计，在机组首次冲转到 1 500 r/min 时，根据程序投运真空侧密封油泵后，发现油氢压差快速上涨，调试团队按照预案，及时干预稳定油氢压差。经分析，判断油氢压差升高的原因是首次冲转吹扫试验时，发电机膛内压力低，密封油需求量较少，启动真空油泵后大量密封油无法及时泄出，导致油氢压差上涨。在机组后续试验中，优化了系统的控制逻辑，待发电机充氢至 6 bar.g 且稳定 1 500 r/min 后，密封油需求量增加，再重新启动真空侧密封油。经验证，系统运行正常。

#### 6.3.4.4 小结

1 号机组汽轮发电机首次核蒸汽冲转试验成功，得益于台山公司通过自主创新建立的一套完整的非核蒸汽冲转试验实施体系，包含理论计算、控制策略、方案制定、现场实施及风险控制等部分。通过非核蒸汽冲转，提前验证了冲转所需系统的匹配性，发现并解决了一些设计和设备缺陷。冲转试验中所暴露的问题具有明显的首堆特点，隐蔽性强。通过问题排查与处理，最终完善了新机组的设计和设备性能，为机组并网及长期安全稳定运行打下了良好基础。1 号机组的良好实践也推广应用到了 2 号机组，取得了良好的效果。

### 6.3.5 并网

并网是机组首次并网的简称，是机组调试阶段的重要节点，以此将发变组整组启动联调试验划分为并网前和并网后两大部分。发变组整组启动联调试验指从汽轮发电机首次冲转至发电机满载运行期间所进行的发电机短路、空载试验、自动电压调节器（AVR）空载试验、同期并网、旋转二极管断相试验、电力系统稳定装置（PSS）特性试验以及发电机进、滞相等试验项目。台山核电 1 号机组采用 1 750 MW 半速型发电机，是迄今为止全球单机容量最大的机组，发电机与主变压器采用单元接线方式，发电机出口电压 27 kV，主变压器高压侧通过出口断路器接入 500 kV 升压站。主变由三台单相变压器连接而成，其额定总容量达到 2 100 MVA。

#### 6.3.5.1 试验准备与实施

**1. 差异性分析及预防**

为了确保电气整组启动试验的顺利进行，基于 CPR1000 机组已有的调试经验，对 EPR 机组与 CPR1000 的差异项进行了分析梳理，影响试验的主要差异项如表 6－2 所示，针对这些差异，制定了相应的预防措施。

表 6－2 EPR 机组与 CPR1000 机组差异项分析

| 序号 | 差异项 | 台山核电 EPR 机组 | CPR1000 机组 | 对发电机启动试验影响及措施 |
|---|---|---|---|---|
| 1 | 主接线 | 发变组出口断路器设置在主变高压侧 | 发电机断路器设置在主变低压侧 | 主变随着发电机升压，电压会超过主变额定电压，需确认主变满足要求 |
| 2 | 短路试验排 | 水冷空心铜导体 | 风冷铜排 | 需测量计算短路试验排冷却水流量满足要求 |
| 3 | 发电机和输电保护系统（GPA）与厂内电源切换关系 | 厂辅助变压器切换全部指令、核岛柴油机部分启动指令由 GPA 保护触发 | 不参与电源切换逻辑 | 试验时 GPA 系统做好预防措施，防止人因失误造成电源切换 |
| 4 | 并网后试验顺序 | 两次并网后进行电源切换试验 | 首次并网后进行电源切换试验 | 需合理安排试验顺序，使整个启动试验工期最优 |

**2. 试验逻辑策划**

在发电机整组试验前的静态试验中，自主设计了模拟机组动态工况下旋转二极管（DNC）正常运行、断一相故障、断两相故障以及断多相故障波形的旋转二极管仿真试验，并通过可编辑的信号发生器模拟机组动态试验工况下的断相情况。通过使用该试验方法，提前判断装置是否存在缺陷。试验原理图如图 6－12 所示。

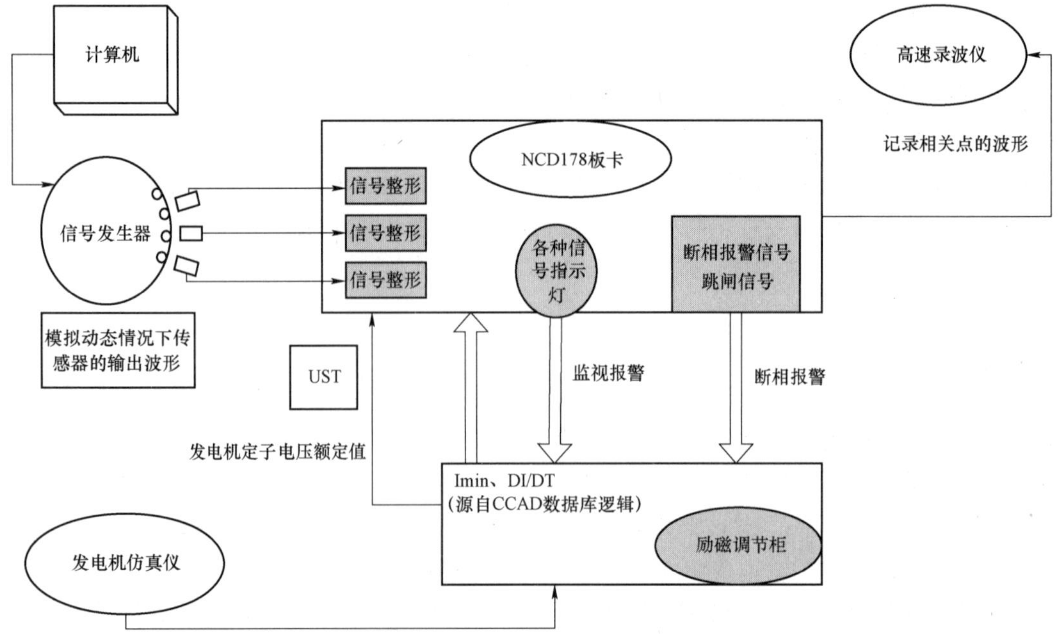


图 6－12 旋转二极管仿真试验原理图

经多次模拟机组动态工况并测试比对，发现断相报警与跳闸逻辑实际为断两相不跳闸，断三相才跳闸，与原设计文件的相关描述不符。经与设计方澄清确认，修改了断相试验逻辑，将断三相试验加入动态试验中。为了确保1号机组首次并网成功，在参考CPR1000机组整组启动经验的基础上，结合台山EPR机组的实际状态，优化了试验逻辑。

主线计划在机组首次并网后安排一次停机消缺，经技术分析后决定利用并网后的停机消缺窗口完成断两相试验所需的安装工作，机组再次启机后依次进行断两相、断三相和断一相试验。通过这样的安排，在风险可控的情况下，进一步优化了试验逻辑，节约了商运前的主线工期。

**3. 主要前置试验策划与实施**

发电机首次并网相关的主要电气系统包括发电机励磁系统、输电系统、同步并网系统、发电机和输电保护系统、主开关站和超高压配电装置系统。这些系统在发电机电气整组启动试验前需要完成前置试验，具备并网条件。

（1）励磁调节器仿真试验

发电机励磁系统的主要功能是调节发电机电压，其自动励磁调节器是一个典型的闭环控制系统，常规方法无法在机组启动前对其进行有效的动态测试。为此，研发了一套发电机各种运行工况的实时仿真装置。通过该仿真装置真实模拟发电机的运行工况试验励磁系统的动态特性，并应用于1号机组发电机励磁调节器，全面验证了励磁系统的动态性能。

（2）励磁调节器整流桥大电流试验

励磁调节器整流桥大电流试验需要使用试验变压器和试验电阻。1号发电机额定功率为1 750 MW，配套的励磁机参数也随之有所变化。因此，试验变压器和试验电阻无法使用其他项目已有的设备，需重新选型采购。根据发电机供货商提供的试验变压器规格建议书，发现其虽然能满足各项试验参数，但是现场难以找到与其配套的试验设备，同时也会增加设备、人因失效带来的安全风险。为解决这一问题，台山公司根据实际情况对试验变压器的参数、电阻选型进行了深入分析和细致计算，自主化编制了试验方案并采购了试验所需变压器和电阻，最终完成了整流桥的各项试验。

（3）主变压器干燥方法及其验证

1号机主变压器从进场注油到送电投用，在现场存放时间较长，为防止变压器内部绕组因受潮导致绝缘下降，引发异常事件，采用低频加热的方法对主变压器行了除潮处理。采用真空滤油机对变压器进行热油循环，结合低频电源给变压器绕组通大电流，利用绕组短路损耗从变压器内部加热，提高了加热效率，实现了对主变压器内部绝缘的干燥处理。

为了检测低频加热试验处理效果，分别在加热前、温度升到70 ℃和热油循环完成后取油样送检。检测数据显示，在试验加热到70 ℃时油中水分比加热前有所增加，说明变压器内绝缘层中存在微量水分，经过加热处理稀释到了变压器油中。在加热油循环过滤过程中，油中含有的水分已被过滤出来，其表征就是加热完成后绝缘油耐压值得到了提高。通过现场低频加热处理效果明显，解决了主变压器绝缘受潮问题。

### 6.3.5.2 实施及效果

1号机组冲转至额定转速后，开始了短路试验，依次完成的主要试验如下。

（1）发电机组短路试验；

（2）发电机组空载试验；
（3）AVR 空载试验；
（4）主变压器变高开关假同期试验，首次并网一次成功；
（5）发电机组旋转二极管断相试验；
（6）厂用电切换试验；
（7）发电机组 25%功率平台试验；
（8）发电机组 60%功率平台试验；
（9）PSS 试验；
（10）发电机组 80%功率平台试验；
（11）发电机组 100%功率平台试验；
（12）发电机组 168 小时性能考核试验，具备商运条件；
（13）发电机进相、滞相试验。

其中，发电机组旋转二极管断相试验由首次并网前调整至并网后实施，PSS 试验由100%功率平台提前在 60%功率平台实施，具有 EPR 首堆特殊性。

试验过程中，发现 1 号机组轴系扭振引起了有功功率小幅波动，负荷越高有功功率波动越明显。为了保证机组及电网安全，经电网同意，在 60%额定功率平台提前执行了电力系统稳定器整定试验。在电力系统稳定器时间常数优化后，试验结果表明：1 号机组本机振荡均在 1.1 Hz 附近，试验期间随着系统运行方式变化，会产生±0.1 Hz 的变化。在不投电力系统稳定器的情况下，±2%负载阶跃有功振荡次数为 3 次；在推荐的电力系统稳定器参数下，振荡次数减少到 1 次就收敛了，阻尼比得到了提高，对振荡的抑制效果显著。

#### 6.3.5.3　并网经验反馈

**1. 搭建 EPR 机组入网稳定性仿真试验平台**

将现场励磁系统备件组装接入 RTDS 仿真系统，在 RTDS 中建立 EPR 机组参数与运行方式、电网参数与运行方式、发电机/励磁机/调速系统、主变参数与合闸角度等模型，搭建动态仿真试验平台，在 RTDS 仿真模型中加入 2 MW/6 Hz 和 2 MW/11 Hz 的机械功率干扰用以模拟转子轴系扭振。RTDS 动态仿真结果重现了 1 号机组的有功低频振荡波形，验证了有功功率 1 Hz 的振荡源头为转子轴系扭振。机组入网稳定性仿真试验平台如图 6－13 所示。

**2. 比例积分调节器（PID）和电力系统稳定装置参数优化**

针对 EPR 首堆机组入网功率波动问题，根据机组入网动态仿真分析结果，将机组 PSS 试验由常规方式在 100%$P_n$ 下执行提前至 60%$P_n$ 下执行，并提前在 60%功率平台投入机组电力系统稳定装置功能，使机组功率波动得到有效抑制。

在 RTDS 仿真试验中调整多组励磁主环比例积分调节器和 PSS 参数，检查不同参数调整对抑制机组低频振荡的效果。试验结果表明，可以通过优化相关参数来有效抑制机组有功和励磁电压的振荡，同时在不投电力系统稳定装置的情况下，可以提高机组的阻尼系数。根据仿真测试期间制定的多种励磁主环比例积分调节器和 PSS 参数优化方案逐一进行了现场验证，得出了最优的一组参数，有效抑制了机组功率波动。

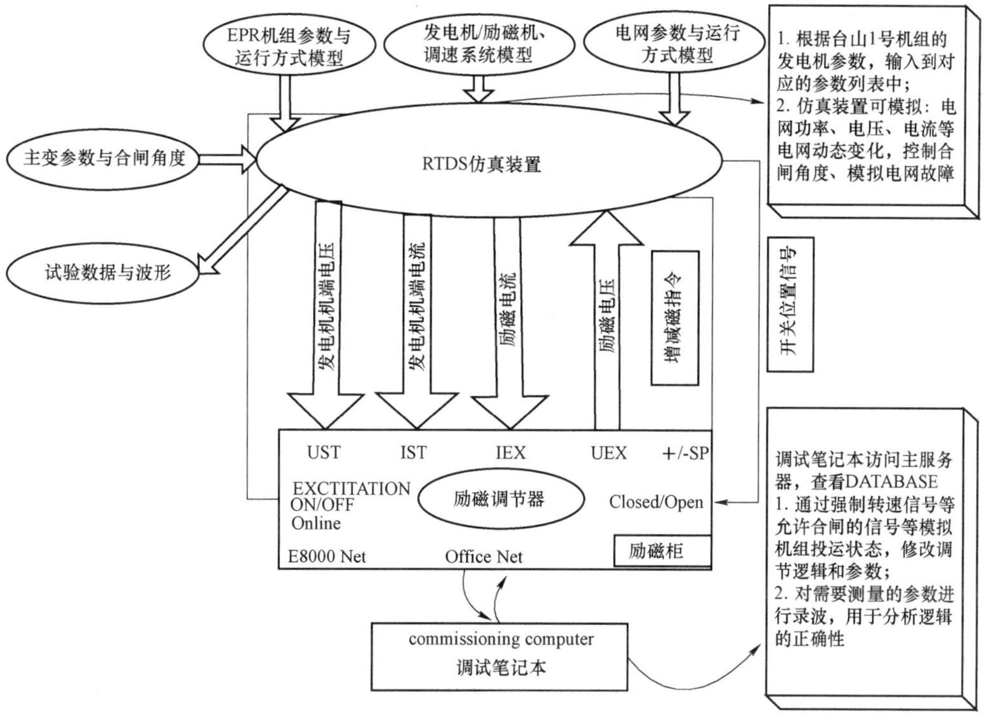


图 6－13 机组入网动态仿真试验平台

#### 6.3.5.4 小结

在电气整组启动试验的准备与实施期间，台山公司有效应对了技术参数存在明显差异、参照标准多样、参数调整需现场反复检验等首堆特征明显的潜在困难和风险。通过建立仿真平台，排查并处理了系统逻辑问题，最终实现首次并网一次成功，成为全球首台并网发电的 EPR 三代核电机组。在电气整组启动及涉网试验期间发现和解决的问题，为排除隐患、完善 EPR 设计和保障机组商运后安全稳定运行打下了良好基础。

### 6.3.6 堆芯物理试验

堆芯物理试验是堆芯启动过程中对堆芯设计的全面验证，也是各平台瞬态试验的前提，是机组装料后联调启动试验和安全稳定运行的重要保障。

#### 6.3.6.1 试验准备

组织管理方面，基于《调试启动物理试验管理》，成立启动物理试验专项组，并通过双周会形式，梳理试验准备情况，推动和解决制约试验的各项问题及影响机组启动的其他问题。

技术准备方面，试验专项组提前介入，解决程序和相关文件中存在的疑点和问题；对比分析 EPR 与 CPR1000 机组在设计及试验方法方面的异同点，参考 CPR1000 机组启动和运行期间的经验反馈，甄别试验风险并制定相应措施。试验团队在模拟机上演练试验方案，掌握各项试验的初态判断和具体操作步骤，识别分析各项操作存在的风险，生效试验操作单；识别梳理运行技术规范豁免的项目，并结合运行与控制逻辑分析其影响，制定应对措施。

#### 6.3.6.2 试验实施

堆芯物理试验包括机组首次临界试验、零功率物理试验、各功率平台物理试验，涉及装料至满功率的数据和参数计算、修改与跟踪，主要试验内容如下。

（1）首次临界试验主要包括手动停堆功能验证、达临界操作、寻找源量程饱和点、寻找核加热点、确定零功率物理试验范围及校验反应性仪。

（2）零功率物理试验主要包括在各种棒位状态下执行调硼法测量控制棒价值、临界硼浓度测量、等温温度系数测量和 SWAP 法测量控制棒价值。

（3）功率平台物理试验涉及 10%$P_n$、25%$P_n$、60%$P_n$、80%$P_n$ 和 100%$P_n$ 功率平台，主要试验项目包括偏离泡核沸腾率计算保守性检查、参考棒位下堆芯状态检查与堆内/外核测系统校刻、燃耗相关参数修改、棒插入状态下的堆芯状态检查、升功率前阈值修改。

试验期间发现了堆芯功率分布超差、线功率密度和偏离泡核沸腾率裕量不足、堆外探头响应精度不足等问题。针对组件功率偏差和象限功率倾斜偏大问题，增加 20%和 40%功率平台通量图测量，以确定组件功率分布和象限功率倾斜的变化趋势，由设计方进行关键安全参数的计算，给出结论性评价，进而修正堆芯计算模型，对修正前、后的偏差进行包括整个寿期的安全论证。针对线功率密度和偏离泡核沸腾率裕量不足问题，寻找阈值计算裕量，缩小不确定度，升功率期间控制轴向功率偏差。针对棒序 1 下堆外探头响应精度不足的问题，在 100%$P_n$ 功率平台瞬态试验前将控制棒切至棒序 2，以提升堆跟机速度，防止一、二回路的功率不匹配而触发保护动作。

#### 6.3.6.3 堆芯物理试验经验反馈

因 EPR 机组的堆芯监测系统、控制策略和堆芯硬件设置等与 CPR1000 机组存在很大不同，堆芯首次启动过程中面临大量技术难题，重要经验反馈如下。

（1）原累计计数方法造成达临界过程中源量程计数率频繁跳动，引入带卡尔曼滤波的计数新方法，具有良好的伺服性与稳定性。

（2）部分 P 棒的子棒组棒价值偏差超出设计准则。零功率下对全部 RCCA 棒束使用插棒直测法测量单根棒束积分价值，使用硼补偿法测量 PA 棒微分及积分价值，使用控制棒交替法重新测量 PB、PC、PD、PE、PG、PH、PI 棒积分价值，使用硼补偿法测量 N1、N2 棒某个四元组的积分价值，以进一步了解堆芯功率分布情况。

（3）机组启动过程中出现线功率密度和偏离泡核沸腾率裕量不足以升至满功率的趋势。台山公司通过优化机组限制和保护阈值，按照功率平台逐步提高计算精度；适当提高 LPD 研究值，进而提高 LPD 阈值设置。变更升、降功率策略，升功率前将控制棒插入至 $P_{MAX}$ 棒位水平，以保证有足够的价值调整裕量；升功率时控制轴向功率偏差，防止轴向功率偏差过负而导致的参数裕量不足。

（4）控制棒棒序 1 距离功率量程探头的位置过于接近，随着机组功率或控制棒棒位的变化，核功率变化趋势明显，在参考棒位和 $P_{MAX}$ 棒位状态下超出了探头精度的设计准则。堆外探头响应精度不足直接影响机组堆跟机速度，加剧了一、二回路功率不平衡的现象。100%$P_n$ 功率平台瞬态试验前将控制棒切至棒序 2，改善堆外探头响应精度以提升堆跟机响应速度。

#### 6.3.6.4　小结

堆芯物理试验贯穿机组零功率至满功率的整个调试启动过程，是各主要功率平台试验执行的前提和机组状态上行至更高功率平台的保障，试验结果对机组的安全性和经济性有直接影响。EPR 机组堆芯设计和控制策略较二代技术有多项改进，其中尤以重反射层的应用最为典型。台山公司始终秉承核安全高于一切的理念，通过零功率平台附加试验获取基础数据对问题抽丝剥茧，通过堆芯计算模型修正和功率控制策略优化向答案层层逼近，最终在成功实现堆芯物理试验目的的同时也探索出一套 EPR 机组堆芯启动控制策略，为后续燃料循环提供了宝贵的基础数据和经验反馈。

### 6.3.7　瞬态试验

瞬态试验是涉及（反应）堆 –（汽轮发电）机 –（电）网各控制系统响应的大联锁试验，目的是验证一、二回路系统控制响应能力符合设计要求和安全准则。EPR 机组在一、二回路设计上首次采用操纵员辅助功能（OAF）、部分停堆（PT）、轴向偏移自动控制（AO）及运行限制条件（LCO）等控制功能，并新增了大量辅机故障减负荷（Run Back，RB）工况，提升了机组的自动化水平和安全性。由于缺乏实际机组的经验数据，这些被引入的新设计理念在实际执行时，遇到了很大的挑战和困难，特别是调节参数优化方面的问题尤为突出。比如一、二回路响应匹配、除氧器液位及压力控制、主给水泵转速及蒸汽发生器液位调节等都需要通过多个平台的试验进行摸索优化，这极大增加了首堆瞬态试验的难度和风险。台山公司在试验筹划和实施过程中通过仿真模拟验证、方案推演优化、控制逻辑改造等措施，较好地控制了瞬态试验中跳机跳堆的风险。

#### 6.3.7.1　瞬态试验总体筹划

1 号机组在瞬态试验筹划阶段，没有成熟经验可供参考，系统设计的初始参数均是通过理论计算得出，尚未经过实践的验证。因此，在试验筹划阶段，通过瞬态试验过程推演、模拟验证，提前发现设计上的隐藏缺陷，制定防范措施，优化试验方案，最大限度控制跳机跳堆风险，提升试验可操作性。EPR 机组瞬态试验有 28 项，其中 40%$P_n$ 失去一环路试验属于首堆试验项目，详见表 6 – 3。

**1. 瞬态试验模拟验证**

瞬态试验期间机组状态变化剧烈，各参试系统逻辑调节和联锁动作如存在异常就可能导致试验失败。因此在瞬态试验筹划过程中为了确保各系统 DCS 控制逻辑的正确性，使用静态功能测试、现场仿真测试、模拟机交叉验证三种方法进行多重检验，提前发现 DCS 中可能存在的问题，降低了试验风险。

（1）静态功能测试

静态功能测试的目的主要是为了解决 DCS 参数设计缺乏真实机组参照导致的控制器设置及量纲匹配性问题。该静态功能测试主要应用于反应堆控制调试准备阶段，侧重于控制器模块功能，包括参数检查、执行器动作检查、开环响应测试和控制模式检查。参数检查包括比例积分调节器参数、滤波功能参数、函数发生器和重要常数等检查。执行器动作检查包括指令与反馈一致性检查、开关时间测试和响应速度测试。开环响应测试包括动作方向检查、纯比例测试、纯微分测试和纯积分测试等。控制模式检查包括内外模式切换、手自动切换、切换速率测试和后备盘控制测试等。

表 6-3 主要瞬态试验项目

| 试验平台 | 试验项目 | 试验平台 | 试验项目 |
|---|---|---|---|
| 25%$P_n$ | 25%甩空载试验 | 100%$P_n$ | 100%跳机不跳堆试验 |
| 25%$P_n$ | 25%甩厂用电试验 | 100%$P_n$ | 100%$P_n$甩空载试验 |
| 25%$P_n$ | 不带 AO 控制的负荷线性变化试验 25%-10%-25% | 100%$P_n$ | 100%$P_n$甩厂用电试验 |
| 25%$P_n$ | AO 控制下负荷线性变化试验 25%-15%-25% | 100%$P_n$ | CEX RUNBACK 试验 |
| 40%$P_n$ | 失去一环路试验 | 100%$P_n$ | GSY RUNBACK 试验 |
| 60%$P_n$ | 60%$P_n$跳机不跳堆试验 | 100%$P_n$ | GSS RUNBACK1 试验 |
| 60%$P_n$ | 60%$P_n$甩空载试验 | 100%$P_n$ | GSS RUNBACK3 试验 |
| 60%$P_n$ | 60%$P_n$甩厂用电试验 | 100%$P_n$ | GSS RUNBACK4 试验 |
| 60%$P_n$ | APA RUNBACK 试验 | 100%$P_n$ | SICS RUNBACK 试验 |
| 60%$P_n$ | GSS RUNBACK1 试验 | 100%$P_n$ | APA RUNBACK 试验 |
| 60%$P_n$ | GSS RUNBACK2 试验 | 100%$P_n$ | 失去一环路试验 |
| 60%$P_n$ | 60%-25%-60%负荷线性变化试验 | 100%$P_n$ | 90%-80%-90%负荷阶跃变化试验 |
| 60%$P_n$ | 45%-25%-45%负荷阶跃变化试验 | 100%$P_n$ | 100%-60-100%负荷线性变化试验 |
| 60%$P_n$ | 60%跳堆试验 | 100%$P_n$ | 100%平台跳堆试验 |

1 号机组通过静态功能测试发现部分 DCS 参数与机组实际需求差别较大，有些甚至是 DCS 平台算法块的默认参数，测试过程发现多处比例积分调节器控制参数设置以及归一化及量纲匹配参数错误。有效解决了 DCS 中单纯依靠理论计算参数引起的控制设置及量纲匹配性问题。经实际运行检验，修正后参数可满足各系统调节稳定性和可靠性要求。

（2）现场仿真测试

现场仿真测试是瞬态试验准备过程中重要的一环，目的是对瞬态试验相关的 DCS 软、硬件详细设计进行测试。仿真测试主要内容是在单系统扰动和多系统扰动试验前，通过反应堆仿真测试装置与相关 DCS 硬件通道连接，对控制器、硬件通道、软件组态、重要信号网络传输时间、硬接线及系统间联锁逻辑、操作画面、试验程序操作单进行验证，并对控制参数的动态调节性能进行初步优化。

1 号机组现场仿真测试发现 76 处参数设置、逻辑组态或试验程序错误，以及 151 项柜间电缆问题，涉及蒸汽发生器主给水系统（ARE）、汽轮机旁路系统（GCT）、反应堆冷却剂系统（RCP）等多个系统。通过该测试优化程序及改进试验操作单，为后续瞬态试验成功创造了有利条件。但由于反应堆仿真测试装置性能限制，该测试不能发现信号网络传输时间问题，需现场试验验证。

（3）模拟机验证

模拟机验证主要是通过不同类型的仿真平台对试验程序、操作单及控制逻辑进行验证。考虑到模拟机的数据与实际机组存在一定的偏差，通过不同类型的仿真平台交叉验证，提高验证的可靠性。

1 号机组模拟机验证主要在全范围模拟机、工程和 MANTA 仿真机平台上执行。通过这几种仿真平台对试验程序、操作单及控制逻辑进行验证，对比分析瞬态参数变化趋势、极值和重要参数保护裕度；通过假想故障交叉验证机组响应，提前发现逻辑设计缺陷，优化试验方案及风险预案，多次迭代反复进行验证，最终确定试验方案。模拟机验证共发现问题 64 项，其中涉及跳机跳堆有 GRE 系统新蒸汽压力限制裕度过小、三环路运行蒸汽发生器液位低触发 OAF 停堆、三环路运行启动主泵过程中 SG 虚假高液位、CEX RB 期间触发堆芯控制棒插入限制 LCO2（计数棒位与插入限制线棒位偏差＜–50 步）四个主要问题。针对这些问题，对操作单、风险预案及部分控制逻辑进行了改进。

**2. 试验方案技术分析及优化**

瞬态试验参试系统众多、保护与联锁动作复杂、参数变化剧烈，发生跳机跳堆和重要设备损坏的风险很大。因此，对原始试验方案进行技术分析和优化很有必要。在瞬态试验准备过程中，通过对机组重要设备保护参数及联锁动作分析，制定专项风险预案，优化试验场景，有效规避了多项重大风险，提升了试验的可执行性。

（1）分析机组重要设备保护参数及联锁动作逻辑

为了确保瞬态试验期间关键联锁和保护动作的可靠性，对系统控制逻辑查漏补缺，提前发现跨系统信号、跨岛信号、跨专业 DCS 接口方面的重要逻辑问题，对可能导致跳机跳堆的重要接口信号进行了梳理和分析。主要涉及汽轮发电机及其辅助系统联锁跳机保护信号，反应堆跳堆保护信号，常规岛主给水、凝结水、循环水、冷却水等主要泵组保护信号，汽轮机跳机和挂闸期间主要联锁动作信号，功率升降期间汽轮机辅助系统、汽水分离再热器及给水系统主要设备联锁动作信号等。台山核电 1 号机组通过对上述涉及的近 300 个信号进行全面梳理，发现了并处理了 DCS 柜间信号不通，系统间 A、B 两列互为备用的信号不同步，跨岛信号量程错误等多项问题，并对试验操作单和风险预案进行了完善和优化，有效提升了参试人员对机组参数的把控水平，保证了后续瞬态试验的顺利执行。

（2）制定甩厂用电期间设备超频专项风险预案

在甩厂用电试验过程中，甩负荷至厂用电负荷后瞬间汽轮机转速会大幅上升，导致厂用电频率升高，可能会引起电气设备超频损坏。特别是 100%$P_n$ 负荷试验期间汽轮机转速上升最高，根据“试验期间汽轮机不超速”的试验准则，经计算在甩厂用电工况下全厂电源频率可能会大幅上升至最高 55 Hz，设备超频风险很大。为了保证设备运行安全，经过对全厂用电设备的分析，发现除 DER–A 冷冻机外，其他设备均能在该最高频率下安全运行。针对 DER–A 冷冻机工作频率上限为 52.5 Hz（对应汽轮机转速为 1 575 r/min），在甩厂用电试验期间可能超频的问题，制定专项预案如下。

1）在试验开始前手动停运 DER–A 冷冻机，在甩负荷后汽轮机转速降至 1 575 r/min 以下后手动重新投运 DER–A 冷冻机。

2）试验期间，设置专人手动启停 DER–A 冷冻机，确保在冷冻机停运后 1 分钟内重新启动，避免冷冻机停运导致堆坑和主蒸汽阀门所在房间温度上升。

通过实施该项预案，100%$P_n$负荷甩厂用电试验期间汽轮机转速最高 1 584 r/min，未对 DER－A 冷冻机造成损坏。在瞬态试验后，对 DER－A 冷冻机的防超频保护功能，进行了专项改造，新增甩厂用电信号触发自动停运 DER－A 冷冻机，而后延时自启动的逻辑。

（3）优化辅机故障减负荷试验方案

为了保证关键设备发生故障后，机组能通过自动控制，在不停机的情况下，保持最佳负荷安全运行，提高机组可用率，EPR 机组设计引入了大量辅机故障减负荷工况，这些工况需要在调试阶段首次实际验证，跳机跳堆风险大。针对该问题，经过模拟机验证、逻辑组态研究、试验推演后，从初始负荷、触发条件等方面逐项分析。主要优化项目有：

1）CEX RB 试验，触发方式由“模拟信号跳一台凝结水运行泵”优化为“手动停运一台凝结水运行泵”，增加了试验期间凝结水泵手动干预措施。

2）SICS RB 和 GSY RB 试验，调整初始负荷，减小负荷扰动。

3）GSS RB1 试验，采用信号模拟的触发方式，降低因汽水分离再热器隔离带来的风险。

### 6.3.7.2 瞬态试验实施

**1. 瞬态试验逻辑**

1 号机组瞬态试验计划在保证验证完整性的前提下，按照从小负荷变化试验到大负荷变化试验、从低风险试验到高风险试验逐步推进的原则安排，并且统筹考虑各个试验间所需的功率平台衔接，尽量减少机组负荷升降消耗的关键路径。以 100%$P_n$ 平台瞬态试验为例，试验计划做了如下调整：

（1）将负荷变化更大的甩空载和甩厂用电试验调整到负荷变化较小的 CEX RB 和 APA RB 后执行，降低试验失败风险；

（2）将风险更高的失去一环路运行试验调整至跳堆试验后执行，控制意外停堆风险。

（3）将 RB 试验先后顺序进行了适当的优化，穿插在大瞬态期间执行，尽量使前一个试验结束后的机组功率与后一个试验前要求的机组功率匹配。

调整后最终执行的试验计划如图 6－14 所示。

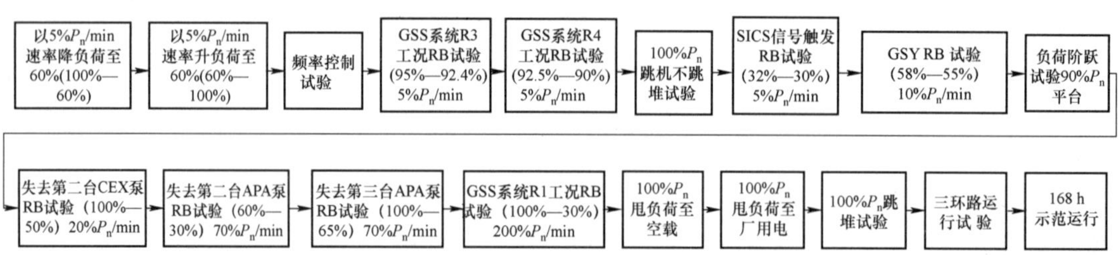


图 6－14 EPR 机组 100%$P_n$ 平台试验逻辑

**2. 瞬态试验过程**

瞬态试验实施的前提条件约束多，参试系统配置复杂，对外部电网影响大，因此试验窗口非常难得。1 号机组执行的 28 项瞬态试验中，25 项一次试验成功，3 项首次试验时出现异常，经改进后再验证成功。各试验具体执行情况如下。

（1）负荷线性和负荷阶跃试验

负荷线性试验是验证一、二回路控制系统将各主要参数维持在正常运行区间的能力，试验依次在 25%$P_n$、60%$P_n$、100%$P_n$ 功率平台执行。在 60%$P_n$ 功率平台负荷线性试验（60%－25%－60%）中，机组以 5%$P_n$/min 速率降负荷时，由于一、二回路不匹配引起一回路过热，叠加蒸汽发生器水位控制器负荷映像缺陷，触发蒸汽发生器水位高导致跳堆。经事后分析，修改升降负荷速率为 2.5%$P_n$/min，同时优化蒸汽发生器水位控制逻辑后重新进行试验合格。100%$P_n$ 功率平台负荷线性试验（100%－60%－95%），5%$P_n$/min 的负荷速率可匹配一二回路功率变化，经试验验证结果合格。

负荷阶跃试验是机组以 1%/s 的速率升降 10%$P_n$ 负荷，验证一、二回路控制系统响应能力，试验准则要求无运行限制条件（LCO）报警触发、无限制功能触发、GCT 不动作、不触发停堆、操纵员不手动干预。试验分别在 45%$P_n$ 和 90%$P_n$ 平台执行，结果合格。

（2）跳机不跳堆试验

跳机不跳堆试验是在 60%$P_n$、100%$P_n$ 功率平台通过手动打闸停机，验证汽轮机跳机后一、二回路控制系统是否能将机组功率稳定在 25%$P_n$，汽轮发电机组安全停运。

60%$P_n$ 跳机不跳堆试验首次实施时，由于在汽轮机旁路系统阀门逻辑中临时变更增加手自动控制模块限制了阀门需求开度变化速率，导致蒸汽发生器压力高触发意外跳堆。取消该模块后重新试验，结果合格。100%$P_n$ 功率平台试验一次合格。

（3）甩空载、甩厂用电试验

甩空载试验是通过手动断开发电机出口断路器，验证机组稳定在 25%$P_n$ 功率平台，汽轮发电机组维持空载运行的能力，试验依次在 25%$P_n$、60% $P_n$、100%$P_n$ 三个平台执行，均一次成功。100%$P_n$ 平台甩空载试验汽轮机最高飞升转速 1 615 r/min。

甩厂用电试验是通过手动断开 500 kV 超高压断路器，检验机组稳定在 25%$P_n$ 功率平台，发电机带厂用电负荷运行，同时反应堆控制系统将各主要参数维持在正常运行区间的能力。试验依次在 25%$P_n$、60%$P_n$、100%$P_n$ 三个平台执行，均一次成功。100%$P_n$ 功率平台甩厂用电试验，汽轮机最高飞升转速 1 584 r/min，试验期间实施 DER－A 冷冻机防超频专项预案，成功避免了设备受损。

（4）辅机故障减负荷试验

1 号机组共 11 项辅机故障减负荷试验，其中 5 项甩负荷幅度小、负荷变化速率慢，主要验证辅机故障减负荷工况的动态控制逻辑。剩余 GSS RB1、CEX RB 和 APA RB 等 6 项试验对机组负荷引入较大扰动，主要检验设备出现故障后的一、二回路控制系统快速响应，在不停机的情况保持最佳负荷安全运行的能力。

GSS RB1 试验主要验证机组在触发 GSS RB1 信号后，甩负荷逻辑触发正常，机组以 200%/min 速率降负荷，并最终能稳定在 30%左右功率。试验依次在 60%$P_n$ 和 100%$P_n$ 执行。

CEX RB 试验主要验证机组在 100%$P_n$ 失去一台凝结水泵后，甩负荷逻辑正常触发，机组以 20%/min 速率降负荷，并最终能稳定在 40%左右功率。试验期间在快速甩负荷结束时触发了停堆裕度 LCO1（计数棒位与插入限制线棒位偏差＜0 步）报警，现场根据试验预案及时干预，避免了跳堆。经分析，导致上述问题的原因为一、二回路功率控制不匹配，将 CEX RB 甩负荷速率修改为 200%/min 后，再次试验成功。

APA RB 试验主要验证机组在失去一台主给水泵时，甩负荷逻辑触发正常，机组以 70%/min 速率降负荷，并最终稳定在目标负荷（初始负荷 – 35%）。APA RB 试验依次在 60%$P_n$ 和 100%$P_n$ 平台执行，其中 60%$P_n$ 试验一次合格，但在首次执行 100%$P_n$ 试验时，由于主给水泵超流量跳泵，蒸汽发生器液位低导致跳堆。通过对试验过程中热功率下降趋势和主给水泵流量变化情况进行分析，最终优化方案确定修改部分停堆逻辑中延时参数和优化主给水泵超流量保护逻辑，改造后再次执行 100%$P_n$ 试验合格。

**3. 瞬态试验的控制逻辑优化**

在低负荷平台跳机不跳堆及 GRE 控制模式切换试验执行期间，发现二回路 ADG 液位控制、GSS 疏水液位控制存在逻辑缺陷。经优化改进，有效降低了高负荷平台瞬态试验因 ADG 液位和 GSS 疏水液位异常导致的跳机跳堆风险。

（1）除氧器液位控制逻辑优化

在 60%$P_n$ 跳机不跳堆试验期间，除氧器液位大幅上涨至 3 404 mm（高二 3 350 mm，跳机 3 505 mm）。CEX 阀站除氧器上水阀强制关闭后，液位仍持续升高，有触发汽轮机跳机的风险。经数据分析，导致该问题的原因是除氧器液位采用 PI 串级控制，单一的 PID 参数，无法同时满足稳态工况和瞬态工况下液位控制需求。机组稳定运行工况下，可以应对缓慢的液位波动，但当机组出现瞬态时调节滞后，无法响应大瞬态造成的除氧器进水量与用水量的偏差。

针对该问题，台山公司制定了除氧器液位控制双 PID 切换改进方案。在机组主要瞬态工况（跳机跳堆、跳机不跳堆、甩空载、甩厂用电、负荷变化大的 RB、发电机调频等）触发时，除氧器液位控制立刻切换为一组大比例 PID 参数进行调节，优先保障液位稳定。待稳定一段时间后，缓慢切换回稳态 PID 参数，维持除氧器液位的最终平稳。除氧器液位控制逻辑改进方案实施后，所有瞬态试验中除氧器的液位均得到了较好的控制。

（2）GSS 系统应急疏水控制优化

在执行汽轮机调节系统负荷模式控制切换试验过程中，机组功率从 437 MW 快速下降到 399 MW，GSS 一级再热器进汽压力迅速下降，导致一级疏水箱发生闪蒸，触发 GSS 一级再热器隔离，最终触发机组跳机。

经分析，GSS 系统疏水液位控制采用了“开环 + 闭环控制”。开环控制部分利用抽汽流量、疏水压力、温度和阀门 Cv 值，计算出保持疏水箱水装量平衡的疏水阀开度用于前馈；闭环控制部分，采用 PID 调节，实现疏水箱液位的精确控制。在稳态时蒸汽参数稳定，开环控制可以将疏水阀开度稳定在当前位置。当机组发生瞬态时，由于抽汽流量、疏水压力、温度突然变化，使开环计算值发生突变，抑制了正常疏水阀的闭环控制，最终导致正常疏水阀动作异常，疏水箱液位无法稳定。

针对该问题，台山公司主要从两方面进行了优化：

1）优化开环逻辑中阀门通流系数，抑制开环计算值突变，同时调整闭环控制 PID 控制器输出上下限，降低疏水箱液位波动，保持自动控制稳定。

2）增加应急疏水阀快开逻辑，在机组功率发生大幅变化可能出现闪蒸时快速全开，从而有效降低了机组跳机风险。

#### 6.3.7.3 瞬态试验经验反馈

1 号机组瞬态试验期间通过各项技术措施和风险预案减少了大量试验风险，发现了首堆工程中存在的隐蔽性问题。针对瞬态试验过程中发生的异常事件，通过技术和管理两方面的改进成功解决了各项问题并有效提升了试验风险控制能力，相关经验反馈如下。

**1. 60%$P_n$跳机不跳堆试验期间触发反应堆自动停堆**

1 号机组 60%$P_n$跳机不跳堆试验期间，手动停运汽轮发电机组后，因汽轮机旁路系统调节阀未能快速开启，导致蒸汽发生器二次侧压力异常上涨，触发反应堆自动停堆及蒸汽大气排放系统阀门开启。

经分析跳堆原因是汽轮机旁路系统调节阀为了临时实现手自动切换功能，在阀门总开度调节模块出口增加手自动控制模块 TCA，TCA 实施后限制该调节阀实际需求开度变化速率最高到 2%/s，导致调节阀无法快速响应瞬态下需求开度，引起蒸汽发生器压力高触发跳堆。在模拟机验证期间未发现此问题，主要原因是该 TCA 没有体现在模拟机逻辑中。取消 TCA 模块，并复核了 1 号机组全部未关闭的 TCA 对试验的影响，再次进行试验，汽轮机旁路调节阀动作正常，试验合格。经该问题的经验反馈，在模拟机验证前，首先通过检查确认模拟机逻辑与现场逻辑（包含控制变更）保持一致，再进行瞬态试验项目验证，同时在试验前全面分析现场未关闭的 TCA 对于试验可能产生的影响。

**2. 60%$P_n$负荷线性变化试验触发反应堆自动停堆**

1 号机组 60%$P_n$ 负荷线性变化试验期间，机组以 5%$P_n$/min 速率下降，由于汽轮机旁路系统在阀门闭锁状态下，压力控制器仍然产生了蒸汽负荷信号参与蒸汽发生器液位控制，导致蒸汽发生器流量调节阀迅速全开，液位上涨至 17 m 停堆阈值，反应堆跳堆。

经分析跳堆原因发现蒸汽发生器水位控制的负荷映像设计存在缺陷。当汽轮机旁路系统实测压力值大于设定值时，汽轮机旁路系统控制器不断输出虚假的蒸汽负荷映像给蒸汽发生器的水位调节系统，导致给水流量持续增大，蒸汽发生器液位高触发停堆阈值。促成因素是机组以 5%$P_n$/min 速率快速降负荷，导致一回路过热，蒸汽发生器二次侧压力高于设定值。经深入分析，由于 RPN 的测量干涉效应，P 棒插入会导致 RPN 功率测量偏低，实际堆芯功率高于测量值导致一回路过热，因此机组设计上不支持 60%$P_n$ 负荷下以 5%$P_n$/min 的速率快速降负荷。通过修改 GCT 至 ARE 负荷映像控制逻辑，在汽轮机旁路系统闭锁情况下，将送蒸汽负荷映像的开度信号置 0，并将 60%$P_n$ 负荷线性变化速率修改为 2.5%$P_n$/min，再次试验成功。在瞬态试验准备期间模拟机验证阶段，可增加模拟一、二回路功率不匹配假想故障，提前识别该设计缺陷，减少后续试验风险。

**3. 100%$P_n$APA RB 试验期间触发反应堆自动停堆**

1 号机组 100%负荷 APA RB 试验时，通过模拟信号使一台运行主给水泵跳闸触发 RB 信号，机组以 70%/min 速率快速甩负荷。在 RB 信号触发 26 秒后，由于一、二回路功率偏差过大（机组负荷已降至 70%，但热功率仍为 89%），蒸汽发生器给水需求量大，导致在运的两台主给水泵因超流量保护动作跳闸，进一步导致蒸汽发生器液位低于阈值触发停堆。

经分析主要原因为给水流量失配，部分停堆参数设置不合理，一、二回路功率下降速度不匹配：反应堆控制棒下插有速率限制，APA RB 甩负荷速率为 70%/min，控制棒即使以最大速率下插也无法满足热功率下降需求；EPR 机组设计新增了部分停堆功能用于快速降功率，但试验过程中 APA RB 触发 26 秒后主给水泵就因超流量跳泵；部分停堆延时不满足 APA RB 试验需求，同时主给水泵超流量保护逻辑不能满足机组 RB 的要求。最终通过修改优化失去一台主给水泵的部分停堆延时和主给水泵超流量保护逻辑成功解决了该问题，改造后再次试验结果合格。给水流量失配问题在于一、二回路接口设计提资出现偏差，单纯依靠逻辑分析很难发现，需要根据不同平台瞬态试验结果，及时复盘分析提前发现潜在缺陷，避免高负荷瞬态试验停机停堆。

#### 6.3.7.4 小结

1 号机组首堆瞬态试验是对 EPR 机组性能的大考，综合检验了机组在各种瞬态工况下按设计预期维持运行的能力。台山公司克服了全新机组试验缺乏参照、自动控制逻辑复杂、系统变更多、试验资源有限等诸多困难，实施了多项技术改进，确保成功完成各项试验要求；针对试验期间发生的停机、停堆事件，台山公司组织进行了根本原因分析并采取了应对措施，使问题得到有效解决，未再重发；通过瞬态试验，一方面，台山 EPR 机组的性能得到了验证，另一方面，台山公司调试人员发现问题、分析问题、解决问题的能力得到了显著提高，也进一步加深了对 EPR 设计理念和机组特性的理解。

### 6.3.8 首堆试验

台山核电建设从跟随向主导、领先的定位转变过程中，首先面临的问题就是首堆试验的划分。在充分借鉴原型堆试验选取原则的基础上，成功开发出“控制变量法”进行首堆试验项目的选取。最终确定了 17 项首堆试验，并获得多国监管单位（MDEP）的认可。在首堆试验的实施过程中，以设置专项组、模拟机验证、试验过程推演等全流程控制为核心，建立了满足多国监管要求的技术体系，并最终在 MDEP 现场见证下圆满完成所有首堆试验。

#### 6.3.8.1 首堆试验准备

**1. 首堆试验背景**

根据国际原子能机构和中国核安全相关法规要求，对 EPR 新设计、新系统、新设备需要通过相关试验来验证其正确性和性能。台山公司开始探索和研究 EPR 首堆试验的选取与确定、仪器仪表组成、设备安装、试验窗口安排、试验实施及结果评价等相关内容，并着手建立一套首堆试验实施控制体系。

作为改进型设计的 EPR 堆型，设计上大量吸取了法国 N4 型和德国 KONVOI 型压水堆核电厂的经验，并在安全方面采用了一些新技术和新概念，其调试试验可参考上述两个电站在首堆试验方面的经验，将首堆试验分为三类：首台机试验、首 *N* 台机组试验、项目首堆试验，如图 6－15 所示。

**2. 首堆试验选取方法及确认**

在明确首堆试验的类型后，综合法规和设计文件的要求，试验团队梳理所有的首堆因素，并将每一个因素作为控制变量，选取最关键的几项变量来作为选取首堆试验的关键因素，最终确定将瞬态风险、布置差异、设计差异等 15 个变量作为首堆试验选取的依据。为提高首堆试验选取的效率、准确性、规范性和可追溯性，台山公司建立了一套首堆试验选取流程。

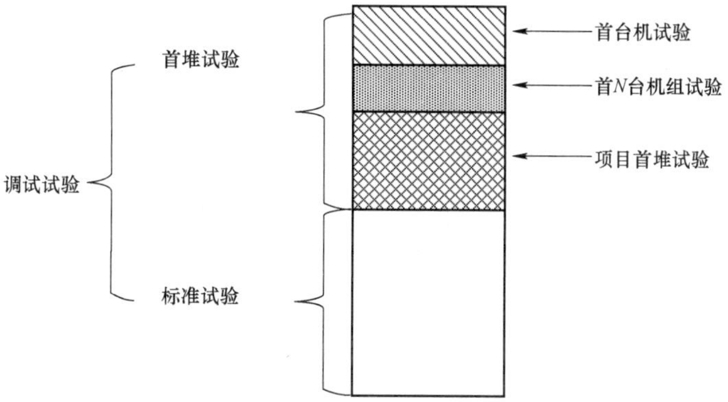


图 6－15　EPR 调试试验组成

第一步：建立需要执行试验的完整清单。

第二步：根据首堆试验的选取变量选择哪些项目可以不在所有的机组上执行。

第三步：根据首台机试验选取变量、首 $N$ 台机组试验选取变量、项目首堆试验选取变量确定试验清单。

第四步：确定首堆试验方案，同时进行完整性论证和风险分析。

第五步：联合设计方、营运单位和监管部门进行最终审查，并批准。

台山核电最终确定的首堆试验清单如表 6－4 所示。

**表 6－4　EPR 首堆试验清单**

| 序号 | 程序 | 类型 | 程序名称 |
|---|---|---|---|
| 1 | TP RCP 202 | EPR 首台机试验 | 堆内构件流致振动试验 |
| 2 | TP RCP 200 | EPR 首台机试验 | 不同主泵配置工况下稳压器喷淋效率试验 |
| 3 | TP RCP 203 | EPR 首台机试验 | 自然循环试验 |
| 4 | TP RRC 120 | EPR 首台机试验 | 失去一台主泵试验 |
| 5 | TP KIV 103 | EPR 首台机试验 | 反应堆冷却剂系统和主泵部分的振动监测系统特殊振动校验 |
| 6 | TP RCP 125 | 台山核电首堆试验 | 反应堆冷却剂系统热损失测量 |
| 7 | TP RCP 204 | 台山核电首堆试验 | 部分冷却试验 |
| 8 | TP PER 104 | 台山核电首堆试验 | 蒸汽发生器裕度试验 |
| 9 | TP PER 105 | 台山核电首堆试验 | 除堆芯外核岛热功率输入测量试验 |
| 10 | TP ASG 101 | 台山核电首堆试验 | 应急给水系统在热停工况下注入蒸汽发生器试验 |
| 11 | TP RIS 200 | 台山核电首堆试验 | 一回路真空下安全注入系统在 RHR 模式运行试验 |
| 12 | TP VDA 103 | 台山核电首堆试验 | 一列蒸汽大气排放系统的排放能力和噪声水平试验 |
| 13 | TP VVP 112 | 台山核电首堆试验 | 暖管管线最小流量试验 |
| 14 | TP OIC 106 | 台山核电首堆试验 | 中间停堆 RIS－RHR 连接工况下 PICS－SICS 切换试验 |
| 15 | TP OIC 108 | 台山核电首堆试验 | 中间停堆 RIS－RHR 连接工况下 MCR－RSS 切换试验 |
| 16 | TP BAS 109 | 台山核电首堆试验 | 黑启动（失去包括 SBO 在内的全部电源） |
| 17 | TP BAS 105 | 台山核电首堆试验 | 柴油发电机带载性能试验 |

**3. 技术准备**

1 号机组作为 EPR 全球首堆，所有的初始参数均是由理论计算得出，部分参数甚至是 DCS 平台算法块的默认参数，这些参数与机组实际需要的参数存在较大的差别。为控制因理论参数与实际参数存在偏差为实际试验带来的风险，保证试验的有效性和可执行性，在进行首堆试验技术准备时，主要对试验方案的完整性、可行性、风险进行分析与论证，主要分为三个阶段：试验推演、风险识别；模拟机、仿真验证；试验分析复盘，确定预防措施。

（1）试验推演，风险识别

通过技术交底会、预工前会，安排相关专业提前进行风险预识别；对整个试验过程进行推演，以验证各预识别风险点发生的可能性以及后果，并识别出新的风险点。

（2）模拟机、仿真验证

模拟机验证主要验证控制逻辑，仿真主要验证给定工况下一、二回路机组重要参数的变化情况，通过两者相结合的方式，提前分析首堆试验的重大风险。在完成模拟机演练后，试验负责人组织运行、安工及各专业人员召开试验推演会，对验证结果进行讨论与分析，重点讨论系统间接口逻辑、重要控制逻辑、重要高风险操作及应急预案执行等相关细节，对不足之处加以改进完善，优化方案。

（3）确定预防措施

对试验过程中的所有情况再次进行复盘、推演，讨论试验的风险预案执行、试验步骤控制、重要参数比对、重要逻辑动作、模拟及仿真验证重大异常情况，针对风险组织制定可行、有效的预防措施，并形成指导现场执行的文件。

### 6.3.8.2 首堆试验实施

首堆试验执行阶段如表 6–5 所示，试验效果如下。

**表 6–5 1 号机组各阶段执行的 EPR 首堆试验**

| 阶段 | 程序 |
|---|---|
| 冷试阶段 | TP RIS 200，TP KIV 103 |
| 热试准备阶段 | TP BAS 105，TP BAS 109 |
| 热试阶段 | TP RCP 125，TP RCP 204，TP ASG 101，TP RIS 200，TP VDA 103，TP VVP 112，TP OIC 106，TP OIC 108，TP RCP 202，TP RCP 200，TP KIV 103 |
| 40%功率平台 | TP RRC 120 |
| 100%功率平台 | TP PER 104，TP PER 105，TP RCP 203 |

1）通过堆内构件流致振动试验，验证了堆内构件的振动指标符合设计预期，能够保证在 EPR 机组整个 60 年的核电厂寿期内，堆内构件安全稳定运行。

2）通过部分冷却试验，验证了部分冷却功能能够满足一回路冷却需要，并保留足够裕量，能满足核安全需求。

3）在自然循环试验过程中，一回路冷热段温差先上升、然后稳定，自然循环成功建立，整个自然循环试验期间，稳压器水位控制、蒸汽发生器水位控制响应正常，验证了 EPR

机组在布置上形成自然循环的可靠性。

4）在失去一台主泵试验过程中，机组参数控制稳定，在三台主泵运行的情况下，机组能够稳定运行在设定功率上，验证了该功能的可靠性。

5）通过黑启动首堆试验的成功实施，有效的验证了在全厂失电情况下两台 SBO 柴油发电机为 690 V 安全设施供电的能力，确认了 EPR 机组供电上的安全冗余性。

6）通过反应堆冷却剂系统和主泵部分的振动监测系统特殊振动校验的执行，对反应堆冷却剂系统振动监测系统正式探头振动信号、反应堆压力容器内外部的临时探头振动信号进行了记录和分析，通过分析得到了 EPR 堆型一回路振动特征频率的特征振型，为反应堆冷却剂系统振动监测系统测量提供了基准参数。

#### 6.3.8.3　首堆试验经验反馈

**1. 重视一回路异物引入风险及预防措施**

堆内构件流致振动试验需要在堆内构件安装 51 块临时测量仪表，涉及的零部件达 2 000 多个；如果零部件在安装时未被完全紧固，极易在热试期间松脱，成为一回路的异物，影响机组正常运行。

在仪表安装阶段，在现场搭建了封闭的无尘作业间，采用 24 小时安保和出入控制，安排专人对安装过程进行监护；制定联调期间（包括冷试、热试）一回路内松脱件或异物监控专项管理规定，通过监视一回路振动波、噪声，监控一回路部件松脱、异物进入情况。

1 号机组热试结束后，对堆内构件进行了检查，发现少量临时探头的部分蝴蝶片和电缆脱落并丢失，立即建立丢失异物台账并全面排查，最终找回全部丢失部件。为确保一回路的清洁度及排除异物，在每次联调试验、压力容器扣盖前，包括首次装料前，均执行一回路联合冲洗。

**2. 高度关注试验过程中测量参数的有效性**

部分首堆试验在调试期间只有一次执行机会，如堆内构件流致振动试验；部分试验项目因风险较高或会导致机组瞬态工况，试验过程须一次成功。执行上述类型试验前，除确保试验方案、风险分析及预案的完整性外，还须高度关注试验所需信号或参数的完整性与有效性。

对于堆内构件流致振动试验，需要充分考虑测量信号丢失的风险，确保测量探头及通道的冗余性、探头及通道失效后的补充措施，同时确保探头及其附属配件的制造质量、安装质量。试验执行过程中，密切监视各测量探头及其输出信号的有效性，若发生丢失信号或失效信号，及时进行分析与评估。

#### 6.3.8.4　小结

台山核电 1 号机组全部首堆试验项目的顺利完成，机组具备商运条件，标志着 EPR 首堆工程全面建成。从首堆试验项目的选取原则和方法的建立、试验方案的推演与论证、风险识别与预案准备、试验仪器仪表及装置的采购与安装、试验执行与结果评价，以及对首堆试验项目所有活动的组织与管理，均是由中广核首次主导完成，并由此建立了比较全面的首堆试验技术体系与管理体系。

## 6.3.9 电源系统试验

从厂用配电系统部分调试可用、引入必要的临时电源，到 220 kV 辅助电源系统调试可用、500 kV 主电源系统调试可用，台山核电通过统筹规划，分阶段推动电源系统可用，满足了机组不同调试阶段的用电需求，依次完成了四台 10 kV、四台 690 V 应急柴油发电机组的启动调试和性能试验；电源切换试验属核电厂特有的大型联调试验项目，试验贯穿冷试、开盖冷试、热试、装料准备、首次并网等各关键阶段。

### 6.3.9.1 引入临时电源，分步调试

针对 EPR 特点，提前谋划调试所需供电方案，结合施工临时电源配置，共为 23 个低压配电系统提供了临时电源。以核岛为例，共引入八路临时电源，其中四路给四列 690 V 交流电源配电盘供电，完成了蓄电池激活与容量试验，另外四路给四列 400 V 不间断电源配电盘供电，为 DCS 机柜供电并提供配电盘控制电源。

随着工程推进，核岛工艺系统、仪控系统调试的用电需求明显增加，需要 10 kV 电压等级电源、DCS 电源可用。考虑到 1 号机组核岛 86 个中低压配电系统移交已经滞后，结合下游用户需求，特别是 DCS 机柜急需供电的情况，制定了优先开展 400 V 交流不间断电源系统和核岛蓄电池直流不间断电源相关系统的调试，并采用临时电源送电的策略，同步开展中压配电盘调试，以便尽早转为正式电源供电。

第一步：完成四列 400 V 交流不间断电源系统的调试与送电，满足 DCS 机柜的用电需求，也为配电盘提供控制电源；

第二步：采用交流临时电源完成四列 690 V 交流电源系统的送电，逐步完成 6 个直流不间断电源系统调试并可用；

第三步：开展核岛其他厂用配电系统调试并可用，满足核回路冲洗相关负荷的用电需求；

第四步：全面完成核岛 86 个厂用配电系统的调试。

### 6.3.9.2 220 kV 辅助电源系统调试

220 kV 辅助电源系统调试时主要基于以下两个策划。

**1. 策划与实施半数字化保护装置调试**

220 kV 开关站距离辅助变压器约 1 280 m，其采用半数字化继电保护装置。在调试过程中发现：若用数字化继电保护测试仪进行校验，数字采集装置及其到保护装置之间存在盲区；若用模拟量微机保护测试仪进行校验，则存在高压侧测试装置或测试输入交流量时不同步等技术难题。

根据变压器保护的基本原理，结合台山核电辅助变压器差动保护特殊的配置方式，经过详细的分析论证，将与保护装置配套的数字采集器备品备件作为试验工具，对变压器高压侧电流互感器进行实时模拟，以解决高低压侧距离较远存在的技术难题，用模拟量微机保护测试仪对整个回路功能进行验证，以避免数字化微机保护测试仪存在的局限。

**2. 策划与实施带负荷试验**

1 号机组辅助变压器差动保护装置的精度决定了低压侧的各分支负荷分别达到 10 MW 才能完成带负荷试验。但是自投运以来 1 号机组厂用电长期处于低负荷运行状态，达不到

辅助变压器带负荷试验所需要的用电负荷，将影响1号机组冷试电源的可靠性。此外，低负荷运行导致220 kV开关站长期处于非正常运行状态，大大降低了220 kV双母线运行方式的灵活性。针对这种情况，结合现场条件，研究制定了1号机组辅助变压器B、C分支带施工负荷执行带负荷试验的方案和1号辅助变压器D分支通过应急柴油发电机组负载车执行带负荷试验的方案。

通过方案论证、技术分析、临时定值整定，确定了通过带施工负荷和试验负载车执行该试验的方法切实可行，最终解决了辅助变压器带负荷这一难题，提高了220 kV电源的可靠性。

#### 6.3.9.3 500 kV电源系统分阶段调试投用

500 kV开关站和线路的送电时机需要匹配电网的运行要求。为配合电网，保证开关站接入电网后的安全稳定运行，结合1号机组冷试的实际需求，分四阶段完成了500 kV电源系统可用：

第一阶段：完成一条线路及500 kV开关站设备充送电；

第二阶段：完成另外两条线路充电和500 kV开关站设备及二次回路带负荷试验；

第三阶段：完成1号机组气体绝缘封闭母线和A、B厂用变压器充送电；

第四阶段：完成1号机组A、B厂用变压器及相关二次回路带负荷试验，具备长期供电条件。

#### 6.3.9.4 应急电源调试

台山核电每台机组厂用电系统在核岛设置四台10 kV应急柴油发电机组、两台SBO（黑启动）柴油发电机，在常规岛设置两台690 V应急柴油发电机。

**1. 实现首台应急柴油发电机启动及并网**

首台应急柴油发电机并网带负荷是1号机组冷试的关键路径之一。调试期间发现并解决了涡轮增压器等缺陷，及时消除了隐患，提前实现了并网带载的目标，为全面推进应急电源调试打开了突破口，为及早开始冷试提供了重要保障。

**2. 应急柴油发电机组全面调试可用**

应急柴油发电机全面调试可用是电源切换试验的重要先决条件，处于机组调试的关键路径。在推进系统完善和调试的过程中，发现并解决了核岛10 kV应急柴油发电机冷却水和润滑油温度偏高、核岛SBO柴油发电机转速和功率控制不稳定、常规岛柴油发电机零序电流偏高等问题。

#### 6.3.9.5 冷试电源准备

根据调试大纲规定，冷试前电源配置应满足“三路电源系统（500 kV主电网、220 kV辅助电网、应急柴油发电机）中两路电源可用”的条件。为保障1号机组冷试电源的可靠性，实际工作是按照三路电源全部可用来推进的。冷试前，两路厂外电源（220 kV和500 kV）均可用且长期投运，满足了冷试所需的厂外电源条件和冷试准备阶段下游负荷的用电需求。厂变、辅变切换试验和应急柴油发电机可用是冷试电源系统面临的主要难题挑战，为此采取了以下措施。

**1. 优化冷试前厂辅切换试验**

结合冷试对电源的需求和现场用电负荷的实际状态，计划在冷试前仅执行第一列、第四列电源切换试验，并为此细化了冷试对厂辅电源切换的需求，如表 6-6 所示。

**表 6-6　冷试厂辅切换试验需求**

| 序号 | 冷试厂辅切换试验需求 |
|---|---|
| 1 | 第一列、第四列手动切换及自动切换功能可用 |
| 2 | 水压试验期间如发生失去 500 kV 电源，厂用电源第一列、第四列应自动切换至辅助变压器供电运行，电源切换时间<3 秒，实现水压试验泵由辅助变压器供电运行 |
| 3 | 厂辅切换失败后，由 2 小时蓄电池维持 UPS 继续供电运行，2 小时内尽快恢复厂外电源 |
| 4 | 厂辅切换失败后，应立即自动关闭 RCV1314VP（隔离下泄），停运水压试验泵 |

基于上述需求并结合主线计划，制订了冷试前电源切换试验方案的现场实施计划，完成了电源切换试验，满足了冷试要求。

**2. 首创应急柴油发电机跨列供电方案**

因第三列、第四列应急柴油发电机系统安装滞后较多，并且第一列电气、仪控设备整体进展比第二列滞后，现场选定了条件最好的第二列应急柴油发电机作为首台应急柴油发电机开展调试工作，并通过跨列供电方案保障了第一列的用电需求。在保证机组安全的前提下，通过对电源需求的精准分析，明确了第一列、第四列的供电方案，节省了冷试前的电源切换试验时间，使现场尽早具备了冷试开始条件。

### 6.3.9.6　电源切换试验

电源切换试验具有参试设备多、系统接口复杂、风险高、周期长、验收安全准则多等特点。除此之外，EPR 机组核岛全新的四列电源布置、常规岛两列四段的电源配置以及部分新技术新设备的首次使用，都为电源切换试验带来了巨大的挑战。

**1. 试验程序策划**

电源切换主要包括三大电源的切换试验、厂用电源向 SBO 备用柴油发电机的切换试验，程序由核岛、常规岛及 BOP 的设计方按照各自的合同范围分别编制。以 BAS107（30%$P_n$ 平台的电源切换试验）为例，原来的试验内容分散在三份程序中。台山公司将三份程序的相关内容有效融合并形成一份完整的试验方案，确保试验内容完整、逻辑清晰、顺序正确、总体风险可控。

在电源切换试验总体规划阶段，结合台山核电厂用电源整体架构与设计功能，增加并优化了基础逻辑联调试验，提高了电源切换试验的可靠性及成功率。依据机组调试启动各阶段的实际需求及现场实际，重新设计了厂变、辅变电源切换试验方案，自主化编制了相关试验程序。电源切换试验总体方案如图 6-16 所示。

**2. 执行文件准备**

（1）建立标准文件体系

结合电源切换试验准备任务清单所需要的试验文件，建立两个层级的标准体系文件，可以实现任务清晰化，并作量化处理。通过六步序多部门联合审查控制试验文件的编写质量，把控试验关键要点，提升试验准备和执行质量。

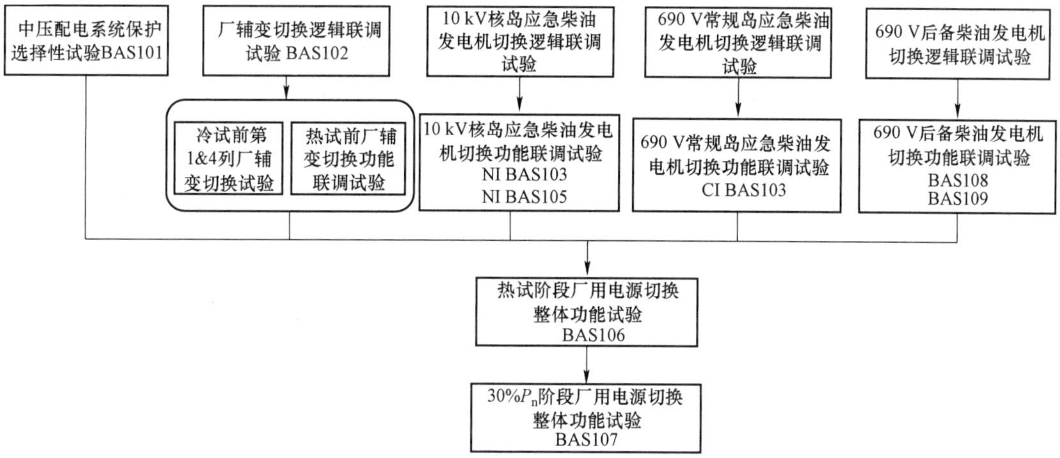


图 6-16 电源切换试验总体方案

（2）全面分析，重点识别

通过全面分析，将众多风险点分为电源切换与带卸载逻辑风险、一回路与二回路风险和设备风险三大类，分别进行识别管理。

（3）突破关键技术问题，制定完备风险控制预案

为有效控制机组，防止重大设备损坏，建立电源切换试验应急预案体系，制定了多项应急干预操作预案。

**3. 试验实施**

（1）基于快切装置功能的黑匣子仿真测试

EPR 首次采用基于厂用电切换装置（COD）集中管理的电源切换方案，在无调试程序指引的情况下，通过深入研究快切装置切换原理，分析 COD 的信号接口、逻辑控制、特性参数等信息，完成了基于快切装置功能的黑匣子整体技术方案。通过开展仿真测试试验，发现并解决了 13 项设计及设备缺陷，其中包括重大缺陷 2 项。

（2）厂辅切换逻辑优化

EPR 首次采用发变组保护系统、电源切换装置及数字化仪控系统共同管理厂辅变电源切换功能。通过分析厂辅变自动切换信号，发现发变组保护启动切换后，通过 GPA 分闸出口继电器送至 COD 的自动切换请求晚于厂用变压器进线开关分闸反馈送至 COD，COD 中 LG*自动模式将自动改变，导致自动切换过程终止，辅助变压器侧进线开关将保持分闸状态，自动切换失败。为解决两路信号动作时间不匹配问题，将 COD 中“正常模式”的转换时间点增加一定的后延时，以延迟 COD 中模式改变，确保切换指令能执行完成。

（3）EPR 厂用电源切换再鉴定

1 号机组热试后机组实施 DCS 改造，其中部分改造涉及厂用电源切换功能，需组织再鉴定试验，保证机组安全运行。针对与厂用电源切换相关的设计变更，结合主线推进进展及用电需求、电源切换试验验证要求，明确了再鉴定工作的影响范围，通过分类融合实现了对主线工作推进影响最小化的目标。厂用电源切换再鉴定总体技术方案如图 6-17 所示。

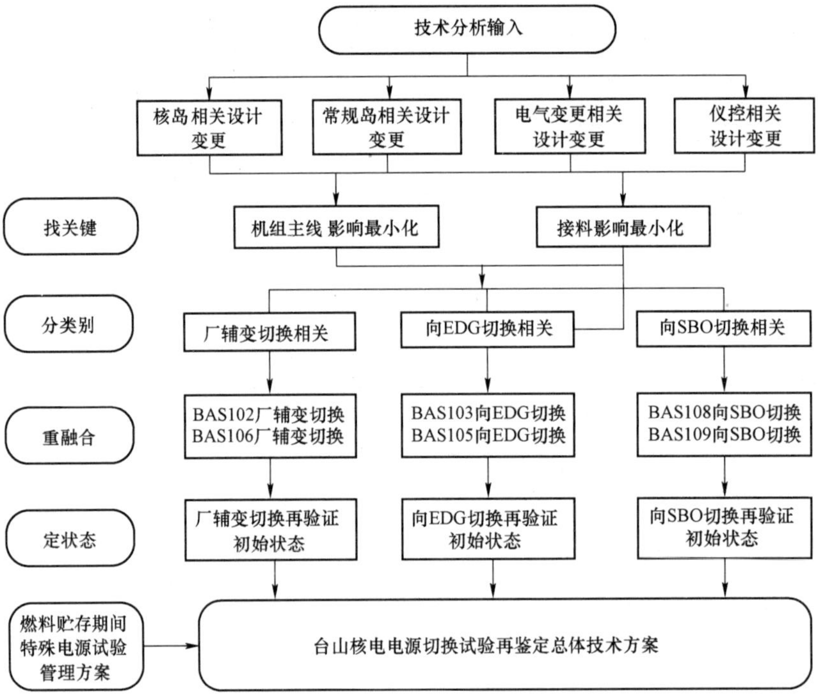


图 6-17 EPR 厂用电源切换试验再鉴定总体技术方案

（4）BAS105 首堆试验在扣盖后实施

BAS105 试验要求在一回路开盖状态下执行，以满足低压安注泵向一回路冷段注入，达到冷端注入的电机需求功率及注入流量要求。通过分析低压安注泵流量曲线，按其功率最大时的流量，结合小流量管线及 RIS-RHR 热力调整管线核算返回反应堆厂房换料水箱管线的流量值，提出中、低压安注泵通过热力调整管线返回至反应堆厂房换料水箱管线，采用 BAS 与堆腔解耦方案。该方案顺利完成了 BAS105 首堆试验，不仅充分验证了应急柴油发电机的性能，同时将该试验在扣盖后执行存在的一回路超压和溢流等风险降至最低。

（5）技术自主化解决试验中的问题

在电源切换试验中发现的一些缺陷，通过技术自主化研究课题的方式完成了处理，例如厂辅助变压器自动切换功能缺陷诊断与优化、常规岛柴油机切换与带卸载问题诊断与改进、10 kV 应急柴油发动机程序带载超出安全准则问题诊断与改进研究、优先级控制模件 T_RESTORE 对程序带载的影响研究等。

#### 6.3.9.7 电源系统调试经验反馈

**1. 厂用配电系统设计变更和设备改造控制**

厂用配电系统采用了新的设计理念，使用了部分新型设备，由于缺少实际的应用或运行经验，在实际调试中，暴露出一些共性的、涉及面较广的新问题。冷试结束时，CSE+状态的核岛配电盘配置已经不能满足下一阶段的用电需求。为妥善处理这些问题，台山公司决定集中开展一次全面停盘改造。考虑到核岛低压配电系统涉及的改造项目多、停电时间长，因此改造窗口以核岛低压配电系统的改造为主，由此制定了按供电序列依次“停盘-执行－恢复”的实施方案，统筹安排了全厂的中压盘、DCS、电气贯穿件、电缆的设计变更和设备改造计划。从核岛首列低压电气盘停盘开始，到最后一列全面送电，经过两个月的集中改造，全面匹配了 DCS 和主线系统调试的需要，落实了首堆调试期间发生的设计变更以及设备改造，为热试奠定了坚实基础。

**2. 10 kV 应急柴油发电机改造**

10 kV 应急柴油发电机是核电厂的应急电源，必须完成所有验收试验后，才能作为应急电源正式投入运行。10 kV 应急柴油发电机的功率高达 9 100 kW，在 1 号机组调试中发现当满功率运行时，发电机定子绕组的温度偏高，超过了报警值。经分析，其根本原因是发电机强制冷却进风量不足，发电机内部冷却散热效果不佳。为解决该问题，进行了如下三个方面的改造：

（1）对发电机进风和出风口尺寸、结构进行优化改造，扩大总进风面积，增加进风量；

（2）将轴流风扇换型，优化叶片动力学形状、增加叶片数量及叶片外径尺寸，提升发电机腔室冷却风量；

（3）将转子磁极散热片宽度增加了 5 mm，使铁芯散热更加充分，转子磁极表明温度可降低约 27%，消除了转子磁极散热不佳对发电机腔室温度的影响。

#### 6.3.9.8　小结

电源系统调试是核电厂顺利开展后续系统调试的前提，台山公司充分考虑工程状态和现场需求，统筹规划，通过引入临时电源的方式满足早期调试用电需求，分阶段实现了三大电源系统的调试可用，为后续各项试验的展开提供了先决条件。电源切换试验程序与试验方案的优化与创新，为切换试验的成功完成奠定了基础。电源系统试验的结果满足核安全法规的要求，达到了设计预期，验证了 EPR 核电机组厂用供配电系统的稳定性和可靠性，有力地推动了 EPR 首堆工程的建设。

### 6.3.10　数字化控制系统试验

数字化控制系统（DCS）是核电厂的重要组成部分，其设计水平和性能是核电机组安全性和经济性的重要保证，也是整个核电厂核心技术的集中体现。

台山核电 DCS 系统架构中引入了 TELEPERM XS 和 SPPA－T2000 两个仪控平台，前者构成了安全级 DCS，包括反应堆保护系统（RPR）和安全与信息控制系统（KSC）；后者构成非安全级 DCS，包括电站计算机信息和控制系统（KIC）、核岛过程与安全自动化系统（KCO）、常规岛仪控系统（KCM）、BOP 仪控系统（KCQ）和后备仪控系统（KCL）等。1 号机组 DCS 平台制造完成后，经过了工厂测试、系统调试、改造变更等过程，最终实现了 DCS 系统可用。

#### 6.3.10.1　DCS 工厂测试

DCS 工厂测试主要分为前期测试、逻辑测试和功能测试三大部分。前者由机柜硬件组装、单体测试、柜间通信、机柜报警、试验环境验证等组成，后两部分以验证软件功能、工艺逻辑功能为主。该测试是出厂验收的必要条件，也是对软硬件进行验证和调试的关键环节。为此，台山公司组织专业人员深度参与了 DCS 系统的工厂测试，确保 DCS 出厂质量。

#### 6.3.10.2　临时 DCS 策略

由于 DCS 进度延误，不能满足现场工艺系统调试的需求。试验团队研发了一套适用于 EPR 机组的临时仪控方案，包括临时 DCS 平台和硬手操器两部分，满足了部分单体设备远程监控和就地操作的需要。该临时仪控方案成功应用于 1 号机组泵站进水、核回路冲洗、厂用变压器倒送电、盘车试验等调试活动，确保了调试活动顺利推进。

#### 6.3.10.3　DCS 系统调试

DCS 各子系统统筹兼顾、平行推进，满足了工艺系统逻辑验证的需求，为机组监视与操作提供了稳定的平台。

**1. KIC 系统调试**

KIC 系统作为机组监视与控制的界面，主要实现全厂 DCS 数据接口以及人机交互功能，是核电厂 DCS 的重要组成部分，也是机组调试与运行的重要工具。系统调试期间解决了电缆设计偏差、服务器频繁重启、DCS 环网故障、数据库组态编译异常等问题，实现了系统可用。

**2. KCO/KCM/KCQ 系统调试**

KCO/KCM/KCQ 系统共用电厂总线环网，分别实现核岛、常规岛和 BOP 的过程控制和自动处理功能。系统调试期间完成了机柜检查、初步上电、网络搭建、功能测试、通讯测试、冗余测试等调试试验，在冷试前具备了系统可用条件，在热试前完成了所有单系统试验。

**3. RPR 系统调试**

RPR 主要执行反应堆保护系统的自动和手动保护功能，在假定的 DBC2 至 DBC4 始发事件中将反应堆带到可控状态。系统调试期间主要完成了机柜检查、上电试验、接口试验、最终启动、定期试验、文件和跟踪试验以及响应时间检查等试验内容。RPR 系统在非联调阶段实施整体隔离，并最终在装料前恢复保护投运，以有效控制调试期间保护误动的风险。机组装料前完成了 RPR 功能测试完整性分析及补充验证，顺利通过了装料释放点检查。

**4. KSC 系统调试**

EPR 对安全性和自动化程度提出了更高要求，KSC 系统在正常的 SICS 后备操作模式、RSS 远程控制模式之外，还新增了 EPR 特有的 HKS、SA I&C switch 等机组控制模式。同时后备盘设计了大量的成组控制模块，以实现系统一键启停和联动控制。试验团队通过合理统筹，提前梳理程序和设计的信号、核查程序相关逻辑、分析机组状态风险，加强组织协调和过程管控，高效地完成了 KSC 系统调试，保障了机组热试等关键目标。

**5. KCL 系统调试**

KCL 系统是基于审慎原则在 EPR 标准设计上新增的仪控系统，其目的是应对 SAS 机柜不可用叠加设计基准事故 DBC2 至 DBC4 的特殊情况。通过主控室 SICS 盘将机组控制模式切换到 HKS，激活 KCL 系统功能并将机组有效控制到安全可控的状态。系统调试期间完成了机柜上电前检查、上电及系统报警试验、系统接口试验、重启试验及定期试验，最终顺利实现系统可用。

#### 6.3.10.4　DCS 变更控制

在首堆工程设计变更多的背景下，台山公司在冷试、热试、装料开始之前，分阶段完成了 DCS 系统改造，满足了机组调试启动的需求。在装料后的调试启动过程中，为保障核安全，现场对设计变更、设备改造、临时控制变更实施和取消等环节进行了有效管控。

**1. DCS 设计变更执行策略**

非安全级 DCS 系统改造对各专业调试活动影响较大，通过梳理各项变更优先级，紧凑安排数据库升版计划，针对性选用机柜在线、单机柜停运、整列停运和全部停运等控制方案，有效匹配主线计划，尽可能降低 DCS 系统停运次数和影响范围，实现对变更执行安全、质量和进度的有效控制。在不同阶段，1 号机组非安全级 DCS 设计变更的执行方式如表 6－7 所示。

**表 6－7　非安全级 DCS 平台设计变更执行方式**

| 机组状态 | 数据库版本 | 变更方式 | DCS 停运方式 | 下装方式 |
| --- | --- | --- | --- | --- |
| 冷试前 | CFT | 全覆盖 | 全部停运 | 离线下装 |
| | CFT+ | 增量导入 | 全部停运 | 离线下装 |
| 热试前 | HFT | 全覆盖 | 全部停运 | 离线下装 |
| | HFT+ | 增量导入 | 分列停运 | 离线下装 |
| 装料前 | FLG | 增量导入 | 分列停运 | 离线下装 |
| | FLG+ | 增量手改 | 根据需要单柜停运 | 在线下装+确定的离线下装 |
| 装料后 | FLG+ | 增量手改 | 不停运 | 在线下装+避免离线下装 |
| 小修 | FLG+ | 增量手改 | 不停运 | 在线下装+避免离线下装 |

安全级 DCS 系统在非联调期间实施全隔离，除 RPR 系统的过程仪表预处理系统 PIPS 和执行器优先控制系统 PACS 需考虑对工艺系统调试的影响外，其他改造均不需要占用主线计划，因此可以在适应现场工作的情况下灵活安排。

**2. 设计变更风险控制**

在机组联调阶段，电气、冷源、通风、消防等系统已投入正常运行，DCS 设计变更执行过程中导致设备误动的风险较大。通过对 DCS 平台在线/离线下装进行风险分析并采取管控措施，实现设备隔离最小化，在 1 号机组历次 DCS 设计变更执行中有效控制了风险。

**3. 设计变更再验证**

变更执行前实施下游协同审查，变更执行后实施现场再验证，确保每一项变更形成“出版－实施－验证－关闭”的闭环流程，保证了变更执行的过程质量控制。充分利用 TXS 系统维护工具的优势，采用数据库比对方法，可快速自动完成全部安全级 DCS 系统的参数比对，精准筛选出变更实施前后的参数差异，有效避免变更实施中所产生的各项错误，降低了变更实施所带来的风险。

### 6.3.10.5　小结

由于首堆设计迭代的原因，DCS 系统经历了多次配置升版和大量设计变更，在此过程中台山公司通过采取科学的变更实施策略和风险控制措施，保证了调试工作的正常推进，同时采取变更前后数据库比对、特性化参数管理和临时控制变更恢复，有效保留了前期调试成果。DCS 系统调试期间解决了 AP 超容、PU 和 OT 异常重启等疑难问题，为机组调试启动提供了一个稳定可靠的数字化控制平台。

### 6.3.11 总体仪控试验

总体仪控试验（Overall I&C test，OIC）属于 EPR 机组中新设计的一类特殊虚拟系统总体试验，用于验证机组在特定事件工况下的控制和动作响应。该试验为机组总体联调试验（主体为核岛范围），包括机组单列丧失试验、机组运行控制模式切换试验、仪控系统性能试验和仪控特殊工况试验等。试验程序清单如表 6–8 所示，主要执行窗口在热试期间 RHR 连接中间停堆工况（120 ℃，24.5 bar.g）和标准热停堆工况（303 ℃，154 bar.g）。

**表 6–8 台山核电总体仪控试验程序清单及试验阶段**

| 序号 | 程序号 | 程序名称 | 试验阶段 |
|---|---|---|---|
| 1 | TP OIC 101 | 热停工况下核岛第一区丧失试验 | 标准热停堆工况 |
| 2 | TP OIC 102 | 中间停堆 RIS–RHR 工况下核岛第 2 区丧失试验 | 标准冷停堆工况 |
| 3 | TP OIC 103 | 热停工况下核岛第 3 区丧失试验 | 标准热停堆工况 |
| 4 | TP OIC 104 | 中间停堆 RIS–RHR 连接工况下核岛第 4 区丧失试验 | 标准冷停堆工况 |
| 5 | TP OIC 105 | 热停工况下 PICS–SICS 切换试验 | 标准热停堆工况 |
| 6 | TP OIC 106 | 中间停堆 RIS–RHR 连接工况下 PICS–SICS 切换试验 | 标准冷停堆工况 |
| 7 | TP OIC 107 | 热停工况下 MCR–RSS 切换试验 | 标准热停堆工况 |
| 8 | TP OIC 108 | 中间停堆 RIS–RHR 连接工况下 MCR–RSS 切换试验 | 标准冷停堆工况 |
| 9 | TP OIC 109 | 正常冷停堆（一回路泄压）工况下 HKS 切换试验 | 完全泄压工况 |
| 10 | TP OIC 112 | 选定仪控功能响应时间测量试验 | 无特殊阶段要求 |
| 11 | TP OIC 901 | 雪崩试验 | ENS23–DEM34 |
| 12 | TP OIC 902 | KAE 综合试验 | ENS23–DEM34 |

#### 6.3.11.1 试验准备

总体仪控试验策划和准备阶段工作包括试验参试文件准备、试验系统准备和试验技术准备等几个环节。

**1. 试验参试文件准备**

总体仪控试验是 EPR 机组备受关注的高风险试验之一，在试验方案策划初期建立了试验文件包清单，结合机组风险控制的特殊管理要求，在试验方案策划过程中还编制了专用的试验执行操作单、风险控制方案、经验反馈落实方案、安质环管理方案等参试文件。

**2. 试验系统准备**

确定试验期间参与系统范围及其配置要求，为使试验环境尽可能接近机组真实运行环境，应使尽可能多的工艺系统参与试验，主要关注如下方面。

（1）确定试验窗口

由于机组单列丧失试验所验证的失电工况可能发生在机组运行过程中的任何阶段，综合分析后选择标准热停堆和 RIS–RHR 连接工况两种平台进行主体验证。同时，基于 EPR 机组四列设计所特有的对称设计原则，出于优化试验窗口和节约调试主线的考虑，最终针对对称列在相同的机组工况平台验证其中一列的功能。

（2）确定参试系统范围

为了使参试系统更加接近机组真实运行情况，最终除部分专设系统不可真实动作外，其他全部系统均真实参与试验验证。

（3）优化参试系统配置

试验程序审查阶段，深入分析试验执行的机组工况及其下各参试系统状态要求，提前发现并优化部分试验初态配置方面的潜在不足和风险，例如：

1）在 RIS–RHR 工况下执行单列丧失试验，由于热试期间堆芯没有余热，此时如果使用单个主泵给三列蒸汽发生器供热，必然导致机组状态无法稳定。通过在试验过程中不停运其他非试验列在运主泵，及时隔离蒸汽发生器的方式进行了优化。

2）针对核岛第二列和第三列在 RIS–RHR 连接工况下执行单列丧失试验时风险后果的不同，最终调整了 OIC TP 102 和 OIC TP 103 的试验窗口。

3）首堆试验期间，当机组运行模式由 PICS 切换到 SICS 后，如果长时间将化学和容积控制系统（RCV）取水口切换到反应堆厂房内换料水箱运行，势必将导致一回路水质的变化。通过对本项功能的验证方案进行优化，缩短了从反应堆厂房内换料水箱的取水时间，同时也确保试验期间一回路水质满足化学规范的要求。

**3. 试验技术准备**

机组单列丧失试验不仅属于 EPR 机组降级运行的高风险联调试验项目，同时涉及 DCS 系统的丧失和恢复。这要求试验团队需要具备多专业扎实可靠的技术能力，如了解机组配电设计特点、熟悉电站各主要工艺系统的运行特征、掌握仪控系统整体架构及运行模式知识、精通 DCS 缺省值设计方法等。

总体仪控试验程序和操作单先后完成多次升版和优化，汇集了试验团队在技术准备方面大量细致的工作，其中试验程序、试验操作单、模拟机生效调试程序及操作单的总体准备情况如下。

（1）审查固化试验程序

试验团队主动承接、合理分解程序审查任务，联合多家单位技术人员，在热试准备阶段所有试验程序均完成固化，程序质量得到了有效保障，为首堆试验执行奠定了坚实的基础。

（2）编制试验操作单

机组单列丧失试验涉及核岛一个分区的全部系统失电验证，每一个试验期间将涉及到 100 多个系统的联动动作。从 10 kV 电源失去到 2 小时不间断电源失去之间，受制于后者的放电时间限制，试验时间不能超过 2 小时，试验人员需要在有限时间内执行大量的操作、检查和确认。因此，按照多线并行的模式编制试验操作单，将试验结果检查和就地干预任务按照不同属性分配给相应的参试部门和人员执行，同时单独将操作和控制机组主要参数的任务分配给操纵员执行，从而减轻了试验期间操作人员的工作负荷。

（3）模拟机生效调试程序及操作单

作为试验方案在真实机组执行前的有效检验手段，试验团队将模拟机生效调试程序及操作单窗口分散在不同阶段完成。第一至三阶段利用全范围模拟机验证，第四阶段利用供应商的工程模拟机验证。具体如下。

1）第一阶段：机组运行控制模式切换试验场景合理性测试，目的是验证程序策划的科学性和合理性，发现程序设计存在的缺陷，改进和提升程序质量。

2）第二阶段：机组运行控制模式切换试验程序固化测试及试验方案生效，主要基于试验操作单开展，用于验证固化试验程序质量和生效试验方案。

3）第三阶段：机组单列丧失试验方案固化测试及试验方案生效，基于已经相对成熟的试验方案操作单开展，用于试验方案的生效验证和问题排查。

4）第四阶段：机组单列丧失试验程序在工程模拟机验证固化。工程模拟机具有与机组基本同步的 DCS 软件组态数据库，可以对参试系统及其设备的联动逻辑进行模拟验证。

通过数轮模拟机演练，使得机组单列丧失试验方案的质量得到了有效保障，同时在真实机组试验之前有效测试了多线并行模式的可靠性。

#### 6.3.11.2 实施效果

台山公司成立了总体仪控试验推进专项组，通过有效组织，为总体仪控试验准备质量提升和试验执行发挥了重要促进作用。

通过精心策划、组织和实施，机组单列丧失试验、仪控性能试验和特殊工况试验均一次合格。此外，由于制定了 EPR 机组降级运行试验后机组状态恢复策略逻辑控制时序（分析与文件准备序列、丧失分区 DCS 恢复前干预序列、丧失分区 DCS 逐步恢复序列、DCS 恢复后机组状态恢复序列），在机组运行模式不后撤的情况下安全可控地完成了试验后机组状态恢复，有效缩短了试验执行时长。机组运行控制模式切换试验，除首堆试验 TP OIC 106 在首次执行过程中受制于单系统状态异常未一次成功外，其他各项试验均一次合格。

1 号机组总体仪控试验进展顺利，各项物理参数均与预期一致，未发生机组瞬态事件、工业安全事件和设备损坏事件，试验结果均达到了预期目标。

#### 6.3.11.3 总体仪控试验经验反馈

总体仪控试验策划和调试准备过程集中体现了正向设计思路，从台山核电总体仪控试验的实践来看，对于后续的项目，有如下经验反馈：

（1）初步设计阶段，需重点关注机组及仪控系统运行模式设计和初始定义，包括设备和功能实现的关系匹配、隔离和冗余设置等，完成仪控设备失效和丧失详细的功能需求和软硬件实现、仪控设备重启阶段输出闭锁设置等。

（2）详细设计阶段，重点关注缺省值设计详细文件的编制及单系统缺省值设置说明文件的出版。

（3）调试程序编制阶段，需进行试验覆盖功能完整性分析并编制出版相应的说明文件。

#### 6.3.11.4 小结

总体仪控试验主要考验数字化仪控系统单列丧失后的降级运行、常用仪控平台失效后的纵深防御和机组瞬态工况下的性能响应，其中单列丧失试验以其涉及范围之广和试验难度之大备受关注。1 号机组总体仪控试验能够全部一次成功，得益于试验准备阶段系统周密的策划，试验方案在不断迭代的过程中日趋完善，以及试验实施阶段多部门和多专业精细高效的合作，确保系统配置和机组控制准确无误。

## 6.3.12 安全壳试验

安全壳试验是核电厂调试启动过程中的重要试验，目的是验证核电厂安全壳的强度与密封性。EPR 机组采用双层安全壳，安全壳试验主要包含三部分：贯穿件密封性试验、内层安全壳密封性试验（CTT）以及外层安全壳密封性试验（OCTT）。

核电厂首次装料前，安全壳试验必须全部完成。在机组调试阶段，安全壳试验与其他调试活动之间并无强制的逻辑关系，根据现场实际情况与调试计划安排，具备条件即可实施。贯穿件密封性试验在单系统调试阶段、联调试验间隔阶段执行，内层安全壳试验须在贯穿件密封性试验完成且合格后才可执行。

台山核电 1 号机组内层安全壳试验在冷试与热试之间实施，外层安全壳试验在热试开始后、升温升压前实施。

### 6.3.12.1 安全壳试验准备

**1. 安全壳试验推进方案**

台山核电 1 号机组冷试结束后，执行 DCS 改造，因此利用该窗口执行 CTT，搭建临时 DCS 系统以满足安全壳试验的需求，并经研究后取消内层安全壳升压期间人员进岛检查的步骤。

外层安全壳试验对机组其他调试活动的影响较小，但对外层安全壳的密封性要求较高，须所有的孔洞封堵完成后才能执行。1 号机组外层安全壳试验在热试开始后、升温升压前执行。

**2. 专项技术研究**

（1）安全壳内体积权重系数的确定

1 号机组内层安全壳试验需要在安全壳内布置 70 个温度探头，15 个湿度探头，用于测算安全壳内的空气质量。由于安全壳内不同区域的温度、湿度是不同的，需要计算出各探头代表区域的体积权重系数，台山公司联合 EDF 对安全壳内的各区域的空间容积进行了测算，确定了各探头代表区域的体积权重系数。根据确定的区域及权重系数，编制了内层安全壳泄漏率计算软件。

（2）临时 DCS 系统的搭建

因正式 DCS 系统改造，1 号机组内层安全壳试验所需系统的运行、监视、控制功能不可用，需要搭建临时 DCS 系统以满足试验需要，临时 DCS 系统搭建包括控制逻辑设计、组态、电缆敷设与接入、功能验证等。内层安全壳试验涉及接入临时 DCS 系统的有 EPP、EVU、RPE、EVR、DER、RIS、RRI、SEC 等系统，总计 15 台泵、5 台电动阀、3 台制冷机、97 块仪表。

（3）EPP 系统设计改进

根据原设计，台山核电 EPP 系统采集机柜布置于内层安全壳内，监控终端布置于核岛安全厂房内。台山公司、中广核设计公司、法马通经过联合分析与论证，确定 EPP 系统采集机柜布置于内层安全壳内不利于系统的稳定运行及故障排查处理，经重新设计，将采集机柜移至安全壳外、核岛安全厂房内。

（4）外层安全壳泄漏率采集与计算系统开发

外层安全壳密封性试验的原理与内层安全壳密封性试验相同，无相应的泄漏率采集与计算系统，须自主开发。台山公司基于 LabVIEW 平台开发了数据采集与泄漏率计算软件，并搭建了系统。

#### 6.3.12.2　试验实施

1 号机组内层安全壳试验历时 214.5 小时，先后完成了 1 bar.a、2 bar.a、3.25 bar.a、4.6 bar.a、5.5 bar.a、6 bar.a、5.5 bar.a、3.25 bar.a、1 bar.a 压力平台的测量与检查。试验结束后，经进岛检查，未发现主要设备损坏。试验数据表明安全壳的整体密封性能良好，安全壳与闸门的结构性能经分析符合设计要求。外层安全壳密封性试验历时 7 天，共实施了 9 轮压力循环，泄漏率满足设计要求

#### 6.3.12.3　安全壳试验经验反馈

**1. 重视安全壳内空气湿度控制**

空气湿度会随着温度、压力的变化产生比较明显的变化，对安全壳内空气质量的计算产生不利影响，影响空气质量计算结果的准确性。1 号机组内层安全壳试验期间，因安全壳内空气湿度偏大，除湿过程占用了较长工期，主要原因是安全壳内换料水箱（IRWST）处于满水状态、制冷除湿过程中冷凝水排水不畅。

IRWST 满水是安全壳试验的条件之一，不能排空。为解决换料水箱满水带来的湿度问题，将 IRWST 的房门完全关闭，将回水孔洞临时封堵，留少量通气孔。为解决冷凝水排水不畅的问题，安装临时排水管将冷凝水排至 RPE 地坑。安全壳内空气湿度合格后，拆除临时排水管。上述两项措施实施后，安全壳内空气湿度得到有效控制。

**2. 防止安全壳内电动阀油脂泄漏**

1 号机组内层安全壳试验结束后，发现安全壳内部分电动阀电动头出现油脂泄漏的情况，对泄漏油脂进行了清理，并更换了电动头油封。经分析发现，出现该问题的原因是发生油脂泄漏的电动头的密封性不合格，真空度不满足要求。内层安全壳试验期间，随着安全壳内压力升高，电动头内的压力也升高，降压时电动头也随着泄压，油脂被排出。因此需要关注，有真空度要求的电动头，须在内层安全壳试验前重新抽真空；无真空度要求的电动头，则拧松电动头端盖螺栓，使其对空。

**3. 提前进行外层安全壳密封性检查**

1 号机组外层安全壳试验正式开始前，进行了约两个月的预试验与密封性检查。影响外层安全壳密封性的主要因素有 3 类：电缆孔洞泄漏、防火门泄漏和闸门（人员、设备）过渡段密封环泄漏。

经过对电缆孔洞重新进行封堵并喷涂专用密封胶、更换防火门密封垫，以及将闸门过渡段密封环紧固件由金属片抱箍更换为预应力钢缆，并喷涂专用密封胶，确保试验期间外层安全壳的密封性。

#### 6.3.12.4　小结

安全壳试验从贯穿件密封性试验至内层安全壳强度与密封性试验、外层安全壳密封性试验的时间跨度较长，涉及系统较多。除需要做好技术方案的准备外，还须做好管理方案的策划与执行，确保试验方案的完整性以及试验质量管控的有效性，包括试验过程合法合规、试验结果满足设计要求等。1 号机组安全壳试验的完整实施，为后续 EPR 机组安全壳试验积累了基础数据与经验，也建立了相应的技术体系与管理体系。

## 6.3.13　通风消防系统试验

EPR 机组通风消防系统主要特点为大容量、多列安全冗余，系统及设备遍布各厂房、各区域，系统多、设备多且与各大联调试验密切关联。台山核电 1 号机组在调试过程中遇到了诸多挑战，通风系统调试过程中通过优化试验方案，顺利完成了“两房”、Ⅲ型碘吸附器效率试验；消防、火警系统调试过程中通过创新试验工具，高效完成了消火栓性能检查、火警探测系统试验，保障了联调试验及机组各个节点的需求。

### 6.3.13.1　“两房”试验

EPR 机组提出了特有的“两房”概念，即将反应堆厂房划分为设备区和工作区两部分，由多个通风系统联合运行，维持设备区相对于工作区的负压，防止设备区内高放射性气体扩散到低放射性的工作区，允许工作人员在任何正常运行工况下进入反应堆厂房内的工作区（环廊、贯穿件区域、燃料平台、环吊等区域），执行维修和检查活动，从而可以减少停堆维修时间和提高机组可用率。

**1. 主要技术难点**

（1）试验程序待优化：“两房”概念为 EPR 技术特有，边界和系统运行状态配置在调试程序中无详细描述，无实施步骤等信息，不具备可执行性。

（2）压力边界多且复杂：试验涉及的边界众多，包括各房间门、孔洞、爆破盘、主泵间盖板、反应堆水池盖板、燃料水池水闸门、堆芯熔融物捕集系统等共计 3 189 个。

（3）多系统参与，试验前置条件多：多个通风系统参与“两房”负压调节，各系统的试验需要在热试前完成。

**2.“两房”试验方案确定**

“两房”试验的理论依据是克拉伯龙方程（$pV=nRT$）。就本试验而言，$p$ 代表反应堆厂房某区域的压力，$V$ 为该区域的体积，$n$ 为送排风物质的量之差，$T$ 为送风的热力学温度。负压的大小与送排风量的差值成正比。通风系统排风量可通过闭环控制维持恒定风量，送风量可手动调节至恒定风量（满足设计要求的值）。厂房送风量与排风量的差值最终通过压力边界的孔洞、门缝的漏风进行补偿。故“两房”建立的重点为压力边界的确定及密封性确认。“两房”试验总体计划如图 6－18 所示。

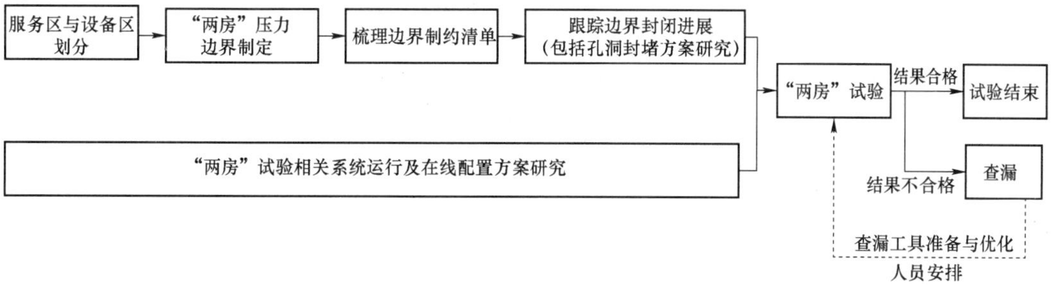


图 6－18　“两房”试验总体计划图

**3.“两房”边界确定**

正确划定“两房”边界是试验执行的前提条件。首先，区分工作区和设备区，完成“两房”边界的总体划分；其次，通过梳理厂房图纸及反复实地核查，逐步精确细化，并最终固化“两房”边界清单。“两房”试验涉及边界种类与数量众多，主要包括：

（1）反应堆水池盖板：该盖板为 EPR 机组特有结构，功率运行期间需要完成密封。

（2）孔洞、管道保温：包括机械孔洞和电仪孔洞，部分孔洞位置隐蔽不易查找，给查漏工作带来极大的不便。同时需关注管道保温，尤其是贯穿边界管道上的保温施工工艺，对“两房”的边界建立起着重要作用。

（3）中子门、屏蔽门、气密门：共涉及 52 扇门，针对每扇门封闭存在的制约因素（如密封垫破损、临时设施等）安排专人专项跟踪处理。

（4）ETY 系统爆破盘：共 104 片，分布在蒸汽发生器所在房间顶部，当蒸汽发生器房间温度超过 85 ℃或者内外压差超过 0.05 bar 时自动开启。

（5）通风系统边界阀门：阀板依靠橡胶密封垫密封，泄漏概率高，在试验开始前提前检查其密封垫及可关闭性。

（6）工艺系统在线及正确配置：涉及 EVR、EBA、EVF、DWN 及核岛内其他工艺系统，试验前需检查系统边界阀门及在线配置的正确性，包括废水收集坑内是否有水、地漏水封是否注水等。

**4. 试验工器具准备及优化**

查漏过程中需使用大量工器具，传统的检漏液查漏方法使用区域受限、需求量大、成本高，且对于微小泄漏的检测结果准确率不高、效率低。为此，台山公司通过工器具及查漏方法的优化配置，自主制定了查漏方案：

（1）利用发烟器进行查漏。通过发烟器的烟气流向判断泄漏情况，准确度高、直观性强，但是发烟器设备体量大、便携性差，适用于厂房初期查漏。

（2）自制工具。通过重量极轻的线绳或者羽毛配以长度不同的木杆，可适用于现场不同高度、不同空间的需要，成本和制作难度低，实用性及便携性强，但精确度不高，适用于不易接近且泄漏量较大的孔洞的查找。

（3）采用光测法。利用强光手电对边界门闪烁照射，检查边界上是否有透光现象，如无透光现象则证明密封性能初步合格。光测法仪器简单、便于携带、效果明显，主要用于边界门的密封性检查。

（4）利用风量测量仪表的风速探头检漏。探头尺寸型号多样、可弯曲 90° 并自带伸缩手柄，现场适应性较强，有较高的精度，适用于试验后期的隐蔽孔洞或泄漏量较小孔洞的检查。

**5. 试验的实施**

试验实施时需重点关注查漏与临时封堵、试验执行窗口两个问题。

（1）查漏与临时封堵

确定临时封堵方案，组织实施封堵。基于已有的工程经验，对比了木板拼接、玻璃胶密封、防火布封堵等多种临时方案，最终确定采用硅布封堵方案，利用现场剩余硅布进行临时封堵，节约成本且硅布易清理、对现场影响小。根据临时封堵方案组织人员封堵 “两房”边界上的所有机械及电缆孔洞，利用光测法检查边界门密封情况，通过门框平整度矫正、密封垫更换、边界门整体密封等方式保证边界门处密封合格。

（2）试验执行窗口

试验在热停期间执行，试验开始前，首先检查“两房”边界门的可关闭性及密封性。其次需进行系统的正确配置，包括完成 EBA 风量平衡试验及状态设置、关闭 EVR 边界阀门、拆除所有贯穿“两房”边界的临时管道、设备、动力电缆、换料水箱水池注水、封闭 RIS 溢流管道、RPE 系统注水等。

台山核电 1 号机组反应堆厂房“两房”试验期间，最终压力稳定控制在 –100 Pa，满足试验要求，验证了 EPR“两房”设计的可行性。试验实施期间，按以下步骤组织实施：

1）组织联检，再次确认边界，进行系统初态设置和检查。

2）关闭所有中子门，建立试验控制区。

3）试验正式开始，验证不同工况下的负压可满足设计要求。

4）如若结果不合格，则继续查漏，重新核查边界与系统状态，直至负压稳定。

#### 6.3.13.2 Ⅲ型碘吸附器效率试验

台山核电采用迄今最先进的Ⅲ型碘吸附器，传统的试验方法存在较大的环境和职业辐照健康安全风险、经济代价高昂，调试通过深入研究试验原理，把试验方法优化为包括甲基碘法和环己烷法，最终完成了碘吸附器效率试验。

**1. 甲基碘法**

1 号机采用同位素置换法，生成甲基碘作为指示剂。碘离子与碘代烷共存的条件下，碘离子与碘代烷之间会存在一个动态平衡的亲核取代过程，其反应式如下。

$$CH_3{}^{127}I + Na^{131}I \longleftrightarrow CH_3{}^{131}I + Na^{127}I$$

在溶液中，甲基碘和碘离子间存在着碘同位素的交换，其结果是碘同位素的组分在二者之间进行重新分配。碘吸附器效率试验时，首先使碘吸附器核空气净化系统在正常运行风量下运行，开启甲基碘气体发生装置，将甲基碘气体注入碘吸附器的上游风道中，在碘吸附器上、下游的采样口采样，在实验室用 $\gamma$ 谱仪分别测量样品的放射性活度，计算出碘吸附器净化效率。

**2. 环己烷法**

根据Ⅲ型碘吸附器的工作原理和本体设计，特别是样杯的引入，方便现场从炭床中取出炭样。试验基于 ASME 标准，采用泄漏试验和实验室的活性炭样吸附效率试验结合的方法评价吸附能力，不需在现场执行放射性操作和释放，从根本上避免了由于设备故障、人因失误等可能引起的辐照风险。台山核电 DCL 和 EVF 系统分别为主控室和反应堆厂房设备维修间送风，且均无试验回路，无法使用甲基碘法进行效率试验。因此，参照 ASME 标准探索使用环己烷试验法，包括泄漏率试验和活性炭样吸附效率试验，只有这两个试验结果均为合格时，才能认为碘吸附器的吸附效率合格。

（1）泄漏率试验：使用环己烷作为示踪剂，在现场吸附器上游注入，测量吸附器上下游环己烷的浓度，用其比值的百分率来表示泄漏率。

（2）实验室活性炭样吸附效率试验：在装填过程中执行活性炭取样，送至实验室以甲基碘法进行吸附效率试验。

#### 6.3.13.3 消防及火警系统试验工具创新

消防及火警探测关系到现场工业安全，系统可用是电气盘、变压器、涉及火灾风险重要设备启动、重大里程碑试验的前提条件之一。为提高试验效率、匹配主线计划，除了优化试验方案外，试验工具创新也发挥了重要作用。

**1. 核岛消防系统消火栓试验工具**

台山核电消防系统除水喷雾和自动喷水灭火系统外，还设计了大量消火栓作为人工灭火手段。1 号机组核岛厂房内的消火栓超过 200 个，要求对每个消火栓都测量充水后的静压和消火栓枪头打开后的喷射动压和流量。该消火栓为欧洲标准产品，国外厂家未提供专用的测试工具，国内也无专用的消火栓压力测试工具。台山公司经过多次技术分析及试验验证，在消火栓枪头与软管连接处增加可拆卸的测量装置，制作了试验专用工具，用以测量消火栓的压力，确保消火栓可用。

**2. 火警探测信号通道测试专用工具**

为避免联动设备误动或拒动，火警探测系统在与 DCS 的通信正式建立前，必须验证报警信号通道的正确性。台山核电的火警探测系统与 DCS 之间的通信采用硬接线，即每一个火警探测报警信号分别通过对应的硬接线送至 DCS，联动相关设备。传统的调试方法是在探测器报警后，使用万用表测量相应信号通道接线端子的电阻，判断是否有信号输出。这种方式存在试验工期长，容易遗漏试验以及验证不准确的情况。

根据火警探测报警信号以干接点形式传送至 DCS 的原理，试验团队制作了信号通道测试专用工具，在每个信号通道临时增设一个 LED 指示灯回路并引入外源。当探测点报警时，对应的信号通道干接点吸合，进而回路贯通，LED 指示灯亮。试验人员可通过指示灯是否点亮，判断信号通道是否输出正确。

新研发的试验工具操作便捷，准确率高，将试验工期由原预计的 9 个月缩短至 3 个月，同时避免通道漏测试，确保了试验的完整性和结果的可靠性。

**3. 高空火警探测器专用拆装工具**

台山核电在各厂房设置的火灾报警探测器大多数安装在高空位置，探测器拆装极为不便，每次作业都需要使用人字梯或搭设脚手架，费工费力并且增加了安全风险。为了能更便携、实用、高效地进行试验，结合现场实际情况，台山公司研制了一套高空火灾报警探测器拆装工具，主要部件包括：伸缩杆、两种探测器夹头及连接装置，经过实物加工、模拟测试及优化，能够满足现场的实际需求。

1 号机组在热试及装料准备阶段，应用该专用工具更换了 800 余个高空火警探测器，避免了大量脚手架搭设工作，节约了工期。针对不同厂家的探测器结构，仅需修改探测器抓头即可适配。

#### 6.3.13.4 通风调试经验反馈

**1.“两房”试验经验反馈**

（1）负压试验边界密封要求。“两房”试验负压边界种类繁多，涉及机械与电气类孔洞、试验边界门密封、反应堆水池盖板、设备舱门、气闸门等，因此在进行边界确认时需要提前规划好“两房”边界所涉及专业的施工顺序。机械、电气类孔洞需要提前明确孔洞清单及密封方式，要求边界上的孔洞在热试开始之前完成正式封堵，对于个别无法正式封堵的孔洞需要提前确定临时封堵方案，明确封堵材料，“两房”试验开始前完成封堵工作。对中子门、生物屏蔽门等同类型边界为避免日常工作中对门框密封面的损伤，建议在“两房”试验前对边界门密封条统一进行安装。对贯穿试验边界的排水地漏提前梳理，并对其进行水封处理确保边界完整。针对反应堆水池、燃料传输池、主泵所在房间顶部盖板，在完成吊装就位后用硅布对缝隙进行密封。

（2）试验相关系统边界状态及试验条件确认。核实所涉及工艺系统边界状态配置，提前完成设备舱门、气闸门的调试，保证热试前可用。重点检查边界上工艺阀门试验前正确关闭，密封性能合格。对于带有温度保护动作的设备，加强试验期间的巡视，特别是加强蒸汽发生器顶部温度的巡视测量，若出现爆破盘因温度高动作开启可优化蒸汽发生器顶部保温安装或加强房间通风冷却。

（3）临时封堵材料选择。经过台山核电 1 号机组“两房”试验实践，利用硅胶、硅布对临时孔洞及边界漏点进行临时封堵效果显著且材料成本低廉。

（4）边界漏点快速查找方法。试验过程中，通过投入 EBA 系统大流量模式对“两房”边界进行抽负压，利用大风量建立高负压后通过漏点节流异音可较快找出边界泄漏点。

**2. 碘吸附器试验经验反馈**

在碘吸附器试验过程中，出现了碘风机异常停运、碘风机软连接泄漏的情况，存在放射性气体不可控外泄的风险。

（1）风机异常停运。为规避试验期间风机异常停运的风险，需提前确认试验期间未安排电气盘停盘或者检修工作，同时为预防风机停运逻辑误触发，拆除风机停运指令线电缆，确保风机在试验期间保持稳定运行。

（2）风机出口软连接安装方式不规范导致泄漏量大。正常风机出口的软连接在施工阶段未进行打压试验，调试需要在试验开始前进行风机出口软连接的密封性检查。1 号机组在试验期间发现多处碘回路风机出口的软连接存在不同程度泄漏，由厂家及安装部门进行更换处理后重新试验合格。

#### 6.3.13.5 小结

台山核电 1 号机组通风、消防、火警试验的成功实施，验证了 EPR 通风消防设计的技术可行性，为机组后续的运行和调试试验提供了安全保障。面对设备多、逻辑复杂、众多新技术及新设备首次使用缺少经验的问题，台山公司以结果为导向，优化试验方法、创新试验工具，攻克了诸多难题，有效促进了 EPR 首堆调试进展，部分试验方法及试验工具的创新优化也为后续同类机组调试积累了经验。

## 6.4 调试技术与创新

为实现 EPR 首堆工程调试任务，迫切需要对原有的调试技术进行创新和突破，台山核电 1 号机组在调试准备及实施过程中始终重视调试核心技术研究，立足自主化，强调调试技术与方法的创新。通过 1 号机组的调试实践，确定首堆试验项目，突破了超大容量机组堆－机匹配及入网稳定性、多系统交叉控制电源切换、外层安全壳密封性等调试关键技术瓶颈，确保 1 号机组顺利商运，并反馈应用于 2 号机组的调试实践中。

### 6.4.1　首堆试验项目选取方法

首堆试验项目的选取及首堆试验验证是新核电技术从工程设计转入技术实施之后必须要进行的最重要的一项工作，是验证新设计、检验设备制造质量不可或缺的一环，也是评价新堆型安全性指标的主要手段，对新核电技术后续设计与制造技术固化、机组运行状态评估起着决定作用。

台山核电由于参考电站建设延误等种种原因，首堆试验项目的选取原则和方法如何确定、首堆试验的结果如何确保被不同国家互认、如何满足监管要求、掌握首堆试验的具体实施技术方案和实施后结果评价方法等都是首堆调试的主要挑战。台山核电通过探索、创新和实践，采用控制变量法，自主完成了 EPR 首堆试验的完整性分析，创建了 EPR 型号首堆与台山核电首堆试验分类方法与选取原则，确定了 17 项首堆试验项目，得到了多国设计评审（MDEP）的肯定，其试验结果也已被 MDEP 认可。

### 6.4.2　新控制策略下堆－机匹配瞬态验证

EPR 机组首次采用操纵员辅助功能（OAF）、部分停堆（PT）、轴向功率偏差（AO）及限制条件运行（LCO）、一键启停等控制功能，自动化程度高。二回路 CEX 阀站及 ADG 液位/压力控制、多种 RB 工况等设计导致控制系统和逻辑接口复杂，对堆－机匹配的响应提出了更高的要求。台山核电 1 号机组一、二回路控制匹配涉及堆－机－电复杂控制系统联锁逻辑的首次验证，不但试验难度巨大，非计划停机停堆的风险也更高。

调试开发了基于静态功能测试的 EPR 一、二回路匹配逻辑验证方案，在无核试验阶段搭建反应堆控制仿真平台接入现场 DCS 系统进行控制系统功能块分析、现场 DCS 硬件及逻辑组态联锁测试，在带核试验阶段采用全范围模拟机、工程仿真机、MANTA 仿真等三种仿真平台进行模拟机交叉验证，给出重要风险点和相应重要参数监控表。采用事故预想推演方法，基于关键系统的主要控制逻辑、参数调节变化趋势，结合事故预想进行推演，提前发现一、二回路调节跳机跳堆逻辑问题，优化试验风险预案，先后完成负荷线性与阶跃、跳机不跳堆、甩空载、甩厂用电及 RB 等 20 多项瞬态试验，有效管控了非计划停机停堆风险。

### 6.4.3　总体仪控失电试验机组控制策略研究与验证

EPR 机组从设计上要求当某一分区完全丧失后（包括该区电气、工艺和 DCS 系统）依旧可以实现机组控制并维持在当前状态，这些功能是通过一系列的总体仪控失电试验来验证的。EPR 机组由于设计和运行功能要求更严格，机组总体仪控失电程序复杂，涉及冗余独立列的动力与控制电源、DCS 整体丧失。设计上，核岛相关系统的缺省值设计不完善、常规岛部分缺省值缺失。由于 EPR 机组采用冗余设计，试验参与设备信号多，失电恢复后再启动时容易产生瞬态事件，导致设备误动；加上失电试验要求在热试期间真实工况验证机组列间缺省值，对试验风险控制提出更高要求。失电试验涉及众多系统切换功能的联动，试验结束后机组状态难以维持，尤其是通风、消防、照明和通信系统严重失效，如果按照 EOP 程序，机组需后撤到较深工况，增加很多工期及成本。

针对台山核电 1 号机组在执行总体仪控失电试验面临的以上种种困难，关键需要寻求机组缺省值真实验证、试验时长控制、试验后机组状态恢复等技术方案。根据 EPR 设计的缺省值是否影响试验结果和机组安全，调试组织对缺省值进行了深入细致的分析，自主制定缺省值验证方法，对存在设计遗漏和设计错误的缺省值进行修改完善，确定常规岛缺省值 794 个。试验前，分析识别机组状态恢复期间需要干预的 10 项核心控制功能，作为 DCS 系统恢复过程中信号分析和机组控制的主要依据和目的。

为了避免总体仪控失电试验期间机组频繁后撤至冷停堆模式，台山公司研究编制了机组热停平台不后撤进行状态恢复的方案。分区失电后，在电气盘侧隔离所有执行器负荷，非安全级 DCS 网络解耦隔离，运行分区 DCS 隔离有潜在风险的网络和硬接线指令，通过交叉供电首先恢复 DCS 系统，然后恢复电气系统，最后恢复工艺系统。试验期间通过编制整合操作规程对机组进行控制和操作，相关事故运行操作规程仅伴随试验步序同步生效，不作为机组状态控制依据，避免由于未经验证的操作规程存在偏差而影响试验结果。采用多线并行的方式执行试验，将机组状态控制、试验结果检查和就地干预任务按其专业属性进行分配和实施，成功将 10 kV 失电后的试验时间控制在 2 小时蓄电池组设计运行时长以内，提升了机组运行安全性和可用率。

### 6.4.4 超大容量机组入网稳定性技术开发与应用

台山核电采用 GE－ALSTOM 1 750 MW 半速型发电机，是迄今为止全球单机容量最大的机组。大容量机组在甩满负荷时对电网造成的频率冲击最大可降低 0.2 Hz，容易对很多对电网稳定性有严格要求的高科技企业造成影响；该半速型发电机易产生扭振，导致发电功率在厂侧有低频振荡进而影响电网有功功率，试验窗口难以协调。另外，超大容量主变压器全电压冲击试验过程中，由于激磁涌流的影响会导致相邻运行机组出现功率振荡，影响机组及电网的安全稳定运行。加上台山核电采用的 GE－ALSTOM V3 型励磁调节器，属于国内核电首次应用，导致并网后试验风险增大。

为查找低频扭振产生的原因，调试建立了一套入网稳定性仿真验证技术体系，通过分析电网侧、发电机励磁调节系统、机组二回路蒸汽及机械功率波动，一一排查掉可能造成低频振荡的原因。最终通过入网动态仿真分析，将 1 号机组运行工况在 RTDS（电力系统实时仿真系统）中进行仿真模拟，将励磁系统备件组装接入 RTDS 开展机组入网后的动态仿真试验。根据仿真结果分析，对于入网功率波动问题，将机组 PSS 试验由常规方式在 100%$P_n$ 下执行提前至 60%$P_n$ 下执行，并提前投入机组 PSS 功能，使机组功率波动得到有效抑制。通过优化励磁主环 PID 和 PSS 相关参数来有效抑制机组有功和励磁电压的振荡，同时在不投 PSS 的情况下，提高机组的阻尼系数，使 1 号机组功率波动问题得到了解决。

主变压器全电压冲击稳定性问题，调试率先开展了 2 100 MVA 主变压器在两种不同电气主接线方式下的全电压冲击动态稳定仿真测试。发现采用 500 kV 开关站全接线方式直接空冲主变的方法，机组功率大幅度扰动，严重威胁电网的安全稳定运行。而采用 500 kV 外线路与 500 kV 开关站解环直接空冲主变的方法，将大大降低功率波动，对机组和电网造成的扰动可忽略。最终根据分析结果制定了 2 100 MVA 主变压器全电压冲击抗扰动解决方案，验证了 500 kV 电网近端出线严重不对称故障下机组的励磁响应能力，保证了首堆机组接入电网后安全稳定运行。

对于 GE－ALSTOM V3 型励磁调节器，台山公司通过自主优化励磁机旋转二极管探头的动态波形设计，使用可编辑的信号发生器，为 1 750 MW 机组的 GE－ALSTOM V3 型励磁调节系统量身打造了一套完整的仿真平台。利用该仿真平台，对电气短路、空载、并网等试验进行测试，提前发现涉及 DCS 控制、跳机逻辑、电压和无功控制逻辑、DNC 断相逻辑等重大缺陷，同时为设备维护和故障诊断提供了新的方法，填补了目前 GE－ALSTOM V3 型励磁调节器仿真试验平台的空缺。

### 6.4.5　电源切换试验技术方案研究与开发

EPR 机组厂用电源上游控制系统除 SPPA－T2000 外，还采用 GPA、COD 切换装置、TXS 参与电源切换控制，从而形成了多系统交叉控制下的电源切换试验。台山核电电源切换程序设计工作由通用电气、法马通、中广核设计公司分别负责，造成试验内容分散在三份程序中。如何将三份程序有效融合在一起，确保试验逻辑清晰、顺序正确、内容完整，成为试验前必须解决的问题。按照原电源切换程序，冷试前直接参与试验的设备达 500 多个，现场工程实际进展无法满足程序执行要求。EPR 首次采用基于厂用切换装置（COD）集中管理的电源切换方案、基于宏模块失电特性对 SBO 后备柴油机负荷带卸载的影响等关键技术均需要深入研究。

电源切换程序的重新整合策划及构建，台山核电结合 EPR 电源整体架构与设计功能，增加并优化了基础逻辑联调试验，提高了电源切换试验的可靠性及成功率。依据机组调试启动各阶段实际需求及工程现场实际状况，重新设计厂辅变电源切换试验方案，自主化编制试验程序，保证了机组冷试节点的顺利实现。聚焦机组启动各阶段对厂用电源切换需求，以各合同包调试程序为切入点，破除各试验程序的壁垒，以调试验证点重新串联定义试验逻辑，高效整合试验内容，确保工作窗口内电源切换功能验证“不甩项”“不漏项”。

为应对电源切换技术难题，台山核电制定了多系统交叉控制下的电源切换技术方案，建立一整套基于事故运行规程，主要以一回路温度和 SG 水位控制，就地保驾等所构成的电源切换试验应急预案体系，建立 COD 仿真平台进行仿真测试，发现并解决设计及设备重大缺陷。结合润滑油泵增加一路动力电源改造，优化 SBO 黑启动控制方案为两个阶段，第一阶段执行失去预热预润滑 45 分钟以内完成黑启动；第二阶段将 SBO 失去预热预润滑 10 小时以上黑启动单独提出来，制定验证试验方案。最终圆满完成首堆电源切换试验，并实现技术体系向海外项目的输出。

### 6.4.6　外层安全壳泄漏率试验方法开发与创新

EPR 机组采用双层安全壳设计，内、外安全壳之间形成一个宽 1 800 mm 的环形廊道，环廊通过环廊通风系统（EDE）维持负压。在调试期间，机组启动前需通过外层安全壳密封性试验以验证外层安全壳密封性与通风系统设计的匹配性。外层安全壳的孔洞多，泄漏量大，试验压力与大气压的压差小，两个因素叠加导致外层安全壳泄漏率测量无法获得稳定的试验压力，现有的计算方案和试验方案均不适用。基于现状，台山核电通过自主研究试验方案，开发了外层安全壳泄漏率直接测量方法及用于数据采集、测量和计算的软硬件系统，自编调试程序等举措保证外层安全壳密封试验的顺利进行：

（1）动态测量试验方案的确定。建立外层安全壳模型，明确试验过程的压力特征分析采取“动态测量”的试验方案，在泄漏过程中动态测量环廊内的气体参数，通过数据拟合得到泄漏量与压差的函数关系，进而得到设计压力下的泄漏率，解决了试验期间无法采用稳定状态下直接测量泄漏率的问题。

（2）“匀速压降稳态”判定原则。试验期间，局部区域内使用气体参数梯度法进行泄漏率测量，为确保其气体状态满足“匀速压降稳态”要求，基于试验期间测量处于“非稳态不均匀”的现状，试验团队通过确定“匀速压降稳态”的判定依据保证计算的有效性。

（3）泄漏率计算拟合方法。通过研究外层安全壳泄漏路径确定了流量与压差的函数联系，并模拟对比线性函数拟合、二次函数拟合以及幂函数拟合方案的结果，确定了二次函数拟合关系作为最终的拟合方法，提高了试验准确性。

（4）数据采集与测量软硬件开发。基于数据采集方案、拟合函数选取、过程依据判定等方案研究，台山公司自主开发整套外层安全壳数据采集与测量系统。该系统提高试验数据测量和收集的有效性、准确性，提高了试验效率，使得外层安全壳试验得以成功实施。

### 6.4.7 调试技术管理实践应用体会

台山核电 1 号机组作为 EPR 首堆调试能够获得成功，很大程度上得益于调试准备阶段充分吸收参考电站、CPR1000 等核电项目的各类经验反馈，立足于台山核电本身技术特点，对关键技术难题开展技术研究。同时，对试验过程中暴露的问题，通过不断地复盘分析，优化试验方案、制定应对措施，避免同类问题重复出现，支撑着调试各阶段进展向前推进。重视经验总结和反馈落实，在 2 号机组调试上的效果体现最明显，突出表现在以下几方面：

（1）提前关注介入系统设备到货安装状态。在早期调试准备期间，可按调试阶段试验前提需求对设备和仪表到货需求进行全范围梳理，按照梳理结果给出设计固化、设备供货、设备安装各环节范围内所有工作的优先顺序，由工控负责管控相关单位将资源与力量侧重于最优先工作的执行，以避免关键的少数设备造成对节点的制约。

（2）缺陷清单动态管控。进入联调期间，要对机组缺陷清单进行梳理分类，该清单主要包括涉及变更的 UES/DCR、重大设备隐患、值班工程师缺陷清单、执照运行事件等。对梳理出来的完整缺陷清单，安排专人动态管理，组织工程、生产双方技术骨干共同分析识别缺陷项目是否对机组启动主线计划造成影响，形成各阶段必清项清单并提高层级推动落实。

（3）加强关键敏感设备管理。对于项目的第 2 台机组，根据 1 号机组试验结果及经验反馈进行全面梳理，识别风险、故障率较高的设备清单。要特别关注已经过保质期、老化的设备，被 1 号机组拆借的缺件类设备以及被消耗的易损类备品备件是否足够，提前梳理需要补供的物项完整清单，建立快速补充采购流程。对于会引起跳机跳堆的关键系统、关键设备，要严格按照“敏感设备、敏感区域、敏感活动”的控制要求对现场调试进行管控，提升设备的可靠性。在热试及装料准备期间，提前对控制区为红区的设备进行检查，发现的设备缺陷，如振动、跑冒滴漏列入清单及时处理。

（4）数据库比对分析。1 号机组完成各阶段调试任务后，其 DCS 数据库已经过现场实际验证。对于 2 号机组在开展调试任务前，可对标 1 号机组，对系统设备调试优化过的参数、仍未关闭的临时控制逻辑变更、未执行的设计变更等方面进行 DCS 数据库对比分析。找出差异性，一一进行分析，确保 1 号机组发现的问题能正确完整地反馈至 2 号机组。

（5）瞬态试验项目整合与优化。EPR 机组设计了大量甩负荷工况试验项目，包括多项甩空载与甩厂用电试验以及 RB 甩负荷试验，这些高风险试验的引入不仅带来了较高的跳机、跳堆风险，也占用了大量的主线工期。在 1 号机组实际执行过程中收集了大量试验数据，从实际执行情况上看，部分试验项目设计不合理，对机组实际运行没有参照意义；有的试验项目设计的甩负荷速率相同，验证准则存在互相覆盖的情况。在不改变原有设计验证工况要求的前提下，可取消没有执行意义的项目，对验收准则存在互相覆盖的项目进行合并。

（6）落实调试各阶段重大技术决策。在联调期间，不可预测的会发生一些重大技术问题，影响机组往后推进，此时需要快速准确地给出解决方案，如果按照正常处理流程，远远无法满足现场实际需求。在重大节点试验时成立由设计单位、设备厂家、特邀内外部专家、工程生产技术骨干等组成的专家组。根据台山核电 1 号机组实践，在冷试、热试、装料与机组启动不同阶段，专家组在重大技术问题的分析和决策中发挥了重要作用，提出了诸多技术决策建议。强化专家组的职能，承接指挥部布置的重要技术问题，牵头分析原因、制定解决方案，并为指挥部决策提供技术建议值得后续项目参考。

（7）应对变化落实计划的牵头地位。充分赋予计划的权威与权力，以计划为牵引，组织现场各项工作有序开展。做好关键路径活动负接口管理，实时跟踪计划落实与执行情况，通过偏差找原因，及时调整发布新计划，为应对不确定的变化因素，可提前预想多版本计划，供执行参考。机组启动阶段加强与电网的沟通与协调，结合 1 号机组涉网工作实践经验，启动前充分讨论启动方案的逻辑和措施，报备对电网安全挑战的“高/中/低”风险试验，避免执行过程中提出方案变更申请，以获得电网对启动计划的支持。

## 6.5 调试总结

通过台山核电 1 号机组的调试实践，中广核实现了对 EPR 调试核心技术的消化、吸收和创新，构建了完整的 EPR 调试程序体系，设立了多维度多重屏障的调试技术和风险管控方法，建立了全条件与最小条件及正反向计划相结合的调试进度管控体系，保证了各项调试试验的顺利完成及各阶段调试目标的成功实现。台山核电工程全面建成并投入商业运行，标志着中广核全面具备了 EPR 三代核电机组调试能力。

EPR 首堆调试自主化成果与经验已成功应用于台山核电 2 号机组，其联调工期可与成熟机组媲美。除此之外，调试核心技术的创新与成果，为国内华龙一号、国外 OL3、FA3、HPC 等在建机组的建设提供了参考，为核电建设可持续发展提供了可靠的体系平台和组织保障。

# 第 7 章
# 生产准备管理与技术

## 7.1 概述

核电厂的生产准备是指机组商业运行前由生产人员完成的所有准备工作，涉及组织机构的建设，人员的招聘及培养，管理制度与技术手段的建立，设备、系统和工程文件的接收，执照申请等，其目的是保证核电厂由工程建设阶段向生产运营阶段的顺利过渡，生产队伍能承担起核电厂长期安全、可靠和经济运行的使命。

台山核电生产准备从 2008 年 6 月正式启动，在总结、汲取国内外核电厂生产准备及运营经验的基础上开展，同时充分发挥了中法股东方在技术、管理上的优势。从组织管理、计划管理、预算管理、人员准备、文件准备、技术准备、物资准备、安全质保、移交接产、信息文档等十个领域总体策划和准备。在生产准备初期，管理方面主要是充分借鉴中法股东方的成熟体系及经验，技术方面主要跟随参考电厂，主要任务是人员招聘及通用培训、管理制度建立等。在生产准备中期，台山核电已呈首堆之势，面对无参考电站成熟经验的困难，采取“以我为主、及早解耦”的原则，主要任务是完成 EPR 培训体系建立及技术差异化培训、生产技术文件的编写、生产人员逐步参与工程等。在生产准备后期，台山核电首堆之实已形成，生产准备克服设计固化推迟、无成熟堆型运营经验等困难，依托中广核整体技术力量，不断创新管理方法，开启了技术自主化道路，主要任务是生产技术文件的生效、生产人员深度参与工程、移交接产、联调启动及日常生产提前运作等。整个生产准备过程中，通过工程生产一体化运作，生产人员得以更早、更全面、更深入地参与工程建设，得到了前所未有的学习和锻炼机会，培养了一支经得起首堆考验的生产队伍，形成了一套方法论，创新了一系列管理方式，积累了设计、安装、调试等方面的丰富经验，实现了 EPR 新技术的引进、消化、吸收、再创新，走出了从跟随到超越、领先的自主化发展道路。

## 7.2 工程生产一体化

为做好工程建设期间工程参与和生产准备工作的有机结合，在组织及管理方面，台山公司统筹考虑组织运作、资源利用及人才培养等因素，探索了一种新的组织运作模式——工程生产一体化。

### 7.2.1 组织方式

在开始阶段，大部分生产准备人员按专业对口原则加入工程部门工作。随着工程推进和形势变化，在形式和内容上不断地调整和优化。按专业特点和工程建设的需要，有以下五种组织方式。

**1. 生产部门同时承担工程和生产任务**

工程和生产共同需要的专业统一归口为一个部门管理，完成从工程建设、移交接产到生产准备的全部工作，能够精简组织结构、统筹优化人力资源配置，如信息文档部和化学环保部。工程建成后，转为按生产模式运作，从而可减少内部工作接口，提高了工作效率，如母本文件移交、化学试验室移交等接口协调。

这些部门员工经历了完整的工程建设期的锻炼，其业务能力伴随着机组状态不断成长，机组投产后达到了机组运维所需的技术水平。

**2. 生产与工程部门融合**

在工程建设期，部分专业除留下生产准备所必需的最少人力外，其余人员完全融合到对应的工程部门。生产部门的经理担任工程部门的副经理，技术人员充实到各业务组，切实独立承担各项工程建设任务。如电气部融合到电气设计队、仪控部融合到仪控设计队、机械部融合到核岛设计队和常规岛设计队等。

据统计，生产部门近 80%的人员陆续承担过设计采购工作，提前熟悉了对应的系统设备设计原理、内部结构、组装工艺等专业知识。

**3. 生产部门承担部分工程业务**

生产部门发挥专业优势，直接承接工程相关的任务。如技术部承接了全部的役前检查、核燃料采购及管理、工程防腐等业务，运行部和系统工程部协助审查设计文件等。

这一组织方式有利于生产人员通过实际工作锻炼快速提高专业技能、积累宝贵的实践经验。如通过设计文件审查，生产人员对系统和设备的原始设计、设计变更能够有了更直接、更深入地了解和掌握；通过承接役前检查任务，同时为在役检查积累了经验和原始数据。

**4. 生产人员承担部分安装、调试任务**

在安装和调试阶段，派遣部分生产人员加入安装、调试部门，在取得岗位授权后承担部分重要安装或调试任务，达到了分担任务、控制质量、锤炼队伍的目的。

通过实际担责，促进了维修人员快速成长。实践证明，在得到充分的培训后，维修人员不但能够考取试验负责人授权，而且能够真正承担某些重要设备的调试任务，达到满意结果，如应急柴油发电机系统调试等。

**5. 承担技术自主化攻坚任务**

在工程收尾阶段，大部分设计已固化、系统设备调试已完成，但是仍然受一些技术类难题和设备类疑难杂症制约，涉及设计固化、技术改造、设备校验、设备故障处理等领域。为此，台山核电整合资源采取技术自主化。过程中，生产部门发挥自身优势，通过实施技术改造，利用维修资源和渠道执行设备校验、重要设备维修等方式，解决了一大批工程难题，为 EPR 首堆联调启动扫清了最后的障碍。

### 7.2.2　设计采购领域

自 2009 年 7 月，生产人员就以上述第 1 和第 2 种方式加入工程部门工作。其中，在设计采购领域的工作最具代表性。生产人员以正式岗位加入而不是从旁协助，真正分担设计采购领域的工作，其特点如下。

**1. 同岗同责，切实承接任务**

生产人员和工程人员同岗同责，独立承担了部分系统和设备的设计审查、设计接口管理、采购管理、驻厂设备监造等工作，在助力工程的同时，也提高了自身的技术水平、专业能力。

**2. 参与设计审查，提前发现和解决问题**

因为自身工作经验、思考角度不同，生产人员更容易发现系统设计和设备设计中不利于将来运维的缺陷和问题。如仪控专业发现 130 个单一跳机信号设计缺陷，推动设计变更并验证通过，避免了潜在的误跳机/跳堆风险；机械专业发现核岛应急柴油发电机的手动球阀与管道的连接方式不便于维修，并直接影响柴油机的可用性，将阀门连接方式由焊接优化为法兰连接，提前消除了设计缺陷。

通过提前发现和解决问题，在设计源头就消除了隐患、提高了效率、创造了价值。通过设计审查提高了机组可用率，减少了不必要的设计变更。

**3. 参与驻厂监造、严控设备质量**

驻厂监造是另一项重要工作。生产人员通过积极参与蒸汽发生器、发电机等关键设备的驻厂监造，一方面将质量控制的关卡从移交接产提前到了设备制造阶段，另一方面能够提前熟悉设备结构、掌握设备相关的核心技术。如仪控专业全程参与了非安全级 DCS 测试，发现和消除了设计和制造中存在的隐患，为安装调试顺利开展创造了有利条件；电气专业全程参与了发电机和主变压器的驻厂监造，跟踪解决了多项重大技术问题，保证了设备顺利通过型式试验。

### 7.2.3 设备安装领域

进入安装阶段后，工程生产一体化的重点逐步从设计采购转向了设备安装。生产人员对于任务的承接更有针对性，同样取得了丰硕成果。

**1. 分类参与、事后分享**

根据设备重要程度和人员水平，生产人员以不同的方式参与到设备的安装中。对于汽轮机、发电机等重要设备，生产部门派遣经验丰富的员工参与安装，担当安装项目负责人，承担设备安装的责任，隶属安装部门管理，此为 A 类方式。对于非重要设备，生产人员只参加现场安装工作，但不承担安装责任，人员仍由生产部门管理，此为 B 类方式。

为了达到预期目标，针对重要设备安装，在项目开始前生产参与人员专门编制了《安装项目参与任务书》；在安装结束后及时总结、报告，并在内部培训分享。

**2. 发现解决问题、建档备查**

利用直接负责设备安装的机会，生产人员在设备安装期间及时发现和解决了大量技术问题，不仅保障了设备调试和运行稳定，而且减少了后续消缺的工作量。更大的价值是，生产人员能够从早期就建立重要设备的“健康档案”，记录设备发生过的每个问题及其处理方案。在机组商运后，运维中发现的各种异常，均可以在“档案”中快速查找可能的故障原因和可参考的解决方案。

**3. 协同解决设备保养问题**

由于设备供货进度与现场条件、实际需要不匹配，导致部分设备到货后在现场的储存时间较长，且部分设备安装后长期不运行。因此，设备保养的问题比其他项目更为突出，必须采取有效的保养措施，避免因保养不到位导致设备受损。为此，生产和工程部门联合成立了设备保养小组，建立了设备保养清单、检查实施流程、保养缺陷跟踪处理等制度，有效地解决了转动设备定期盘轴、容器充氮保养、泵加注润滑油、设备防腐等一系列难题。其间，还及时发现和解决了部分设备锈蚀、存放方式不当等问题，保障了设备质量。

### 7.2.4　设备调试领域

通过工程生产一体化，生产人员能够深度参与设备调试，熟悉系统和设备性能，跟踪记录调试中发现的问题，为机组长期安全稳定运行和维修积累宝贵的经验。其特点如下。

**1. 切实承担调试任务**

除了延续设备安装阶段的 A、B 类参与和《工作任务书》形式外，生产参与人员还考取调试岗位正式授权，A 类参与人员考取调试试验负责人或试验负责人助手授权，B 类人员考取助理试验员授权。在获得授权后，生产人员主动独立承担部分重要设备的全部调试工作，包括两列 10 kV 核岛应急柴油发电机的自主调试，保障了电源切换试验按计划开展；在大型变压器和配电盘调试中，以调试负责人的角色，独立完成了机组近 1/4 的设备调试工作；在燃料操作系统调试中，全程参与调试并推动及时解决设备问题，为首次接核燃料、首次装堆奠定了基础。

**2. 推动重要技术问题解决**

针对调试中出现的影响较大的技术问题，生产人员利用自身的技术优势积极推动解决。例如在主泵关键部件更换、制冷机组故障处理、安全阀解体维修等过程中，解决了关键的技术问题；在参与重要调试过程中，推动解决了制约系统移交的 400 余项问题，为冷试、热试尽早实现打下基础；在堆芯启动物理试验过程中，生产人员参与了现场检查、现场软件测试、硬件接线测试、首次达临界物理试验、首次零功率物理试验以及试验期间参数超标问题的处理，为运营期堆芯物理试验奠定基础；在生产人员全程参与和精心组织下，1 号机组安全壳压力试验比计划提前完成。

**3. 锻炼维修队伍能力**

深度参与调试是提升人员维修能力直接而有效的方式。1 号机组热试期间，EPR 机组特有的部分阀门出现缺陷，国内暂无同类型阀门维修经验，生产人员主动承担，自主设计和研发 6 种维修专用工具，解决了难题。通过积极、主动参与调试、深入现场、熟悉设备，维修人员的维修技能得到了提升。

### 7.2.5　小结

面对首堆建设的困难和挑战，工程生产一体化模式是一种新的有效尝试。利用大业主的独特优势，通过生产线部门同时承担工程线和生产线的双重任务、生产线部门与工程线对应部门的人员融合、生产线部门承担工程线对应的部分业务等方式，大部分生产人员得以深度参与工程设计采购、设备安装及调试领域，减少了公司编制上的压力，降低了人力资源的总体成本，锻炼了生产队伍，优化了人才培养的过程，也为技术上最终实现自主化起到了决定性作用；通过加强生产对工程的支持力度，促进了台山核电工程建设，为 1 号机组建成 EPR 全球首堆作出了重要贡献。

# 7.3　人员培训及培养

台山核电生产准备人员以校园招聘的大学生为主，缺乏工作经验和专业技能；且最初 EPR 培训工作体系尚未建立完善，人员培训面临巨大挑战。台山公司充分借鉴大亚湾核电基地和 EDF 的培训经验和成果，研究确定了生产准备阶段生产人员培训工作大纲。在培训工作大纲指导下，逐步建立了一套完整的 EPR 核电厂培训体系，包括培训管理程序体系、自主设计和开发的 EPR 系列培训课程、多模拟机的培训设施体系、规范和完善了执照人员和非执照人员培养流程、探索并应用了快速学习法等创新型学习方式，顺利完成执照人员培养与取照，非执照人员的培训、考核和授权，保证了生产准备阶段的培训质量，满足了 EPR 首堆建设对生产人员知识、技能培训等方面的需求。

## 7.3.1　EPR 培训体系建设

生产准备初期，培训体系建设主要是充分借鉴大亚湾核电基地的经验，并学习 EDF 在 FA3 的做法。生产准备中后期，为匹配首堆策略，培训策略也及时从“引进、消化、吸收”转变为“自主开发实施”，通过不断探索与创新，形成了具有台山核电特色的 EPR 培训体系。

### 7.3.1.1　总体情况

**1. 培训组织机构**

在生产准备初期，设立培训部门负责生产准备阶段的人员培训，依托外部资源建立生产准备人员的集中培训点，设立大亚湾培训代表处统筹管理集中培训点的各项工作。在生产准备中后期，成立教育培训委员会和核电厂操纵人员考评委员会，建成 EPR 三代核电技术的培训中心，负责开展生产准备培训和管理培训。

**2. 培训管理程序体系**

培训管理程序体系主要是参考中广核和 EDF 建立的，并通过与国内国际同行对标和培训实践的经验反馈，不断进行扩充和完善。

**3. 培训课程体系**

综合考虑大亚湾核电基地课程体系、FA3 课程体系和国家相关法律法规要求，结合 EPR 技术特点和实际需要，建立了一套完整的、覆盖各方面人员培训的课程体系，如图 7－1 所示。

其中，执照人员模拟机培训、EPR 核电站智能化控制的设计原理、EPR 安全分析基础等是基于对 EPR 技术深入研究开发的高级课程。

**4. 培训设施体系**

培训设施包括预培训模拟机、全范围模拟机、实体和多媒体模型、模拟机培训分析室、各类技能培训设施、各类教室等，如图 7－2 所示。

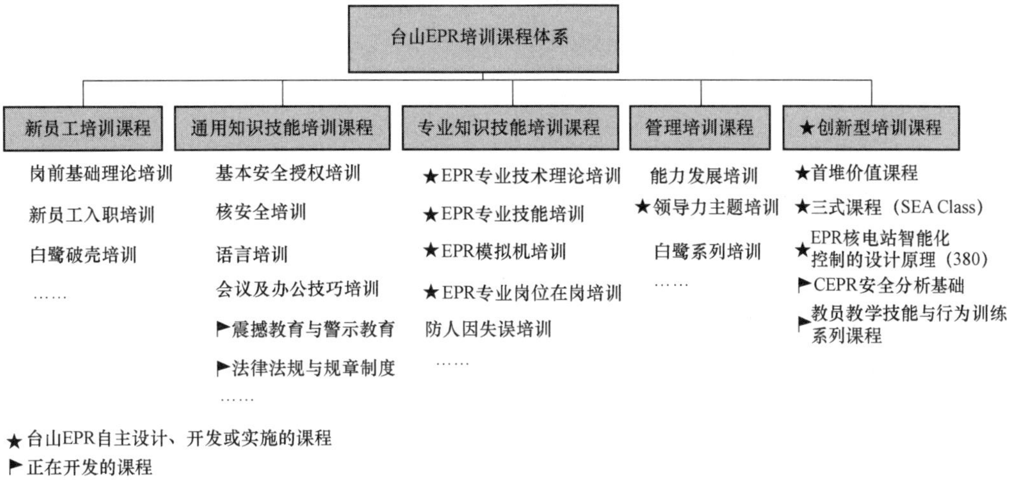


图7－1 台山核电培训课程体系

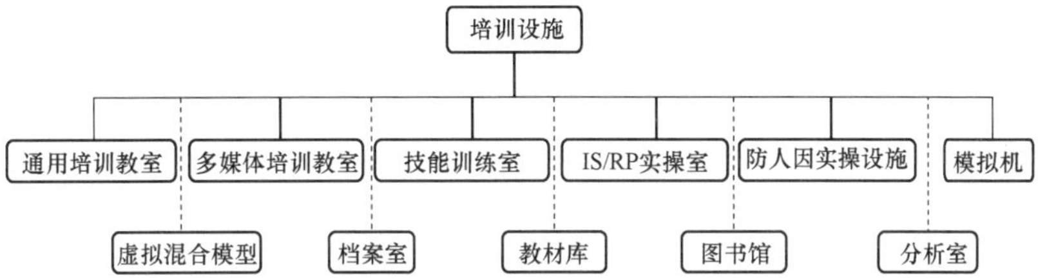


图7－2 台山公司培训设施

（1）双模拟机策略

先后建成了预培训模拟机（TFS）、全范围模拟机（FSS），后期又将预培训模拟机功能扩展到事故后模拟。7.3.4 节将详细介绍模拟机及配套设施建设过程中的困难和应对策略。

（2）开发 EPR 核电厂虚拟混合模型

将 EPR 厂房布置、核回路主设备的实体模型与多媒体技术相结合，实现虚拟交互技术。虚拟混合模型的建成，为《电厂布置》《EPR 核电厂系统与设备》等课程实施提供了更多样和有效的培训方式，促进培训效果的提升，也提供了对外交流和展示的平台。

（3）技能培训设施开发与改造管理规范化

专门编制了管理程序，对开展技能培训和行为训练教学活动中，所需要的培训设施开发与改造应遵循的管理要求和流程加以明确和规定。

（4）覆盖全面的维修各专业技能培训设施

技能培训设施和培训课程全面覆盖维修各专业，其中 GE－ALSTOM 的 P320V3 励磁仿真系统是台山首台设计建设的励磁试验机组系统，可模拟一个简单的发电机－自并励励磁系统的试验系统，可用于进行外部励磁装置的开环、空载、负载情况下的各种试验，是中广核首个励磁训练设施，可为台山核电及其他单位提供培训平台。

**5. 师资队伍建设**

在核电厂人才培养过程中，师资队伍起着至关重要的作用。台山核电从生产准备初期，就十分重视师资队伍的建设。管理内训师由中广核统一培养，专职教员、兼职教员和在岗培训教员均按培训、考核、授权、上岗的流程严格把关，建立了覆盖各领域的专兼职培训教员队伍。

针对专职教员，专门建立了教员、安全工程师和运行值班人员之间的沟通反馈机制、模拟机技术支持机制、专职教员现场实习机制。同时，十分重视教员的工程建设、调试实践经验。兼职教员基本是来自一线的骨干，参加过工程建设的关键环节，积累了丰富的现场实践经验。专职教员也根据工程不同阶段充分参与工程建设，一方面不断提高自身专业知识水平和现场经验，另一方面发挥强项主动服务一线工作。

为了维持和提高教员的专业技术水平和授课技能，除了常规的授权培训外，每年组织开展教员能力拓展，加强教员与外部单位之间的交流以及教员之间的交流，取长补短，交流借鉴。为强化教员培养，借鉴国内外先进培训机构的教员培养方式，筹建教员行为训练室，为教学技能提升、专兼职教员授权、精品课程开发和录制、教学技能研讨、教研数据库建设和三式分享者演练提供有效的平台。

**6. 探索和推广创新型学习方式**

为适应首堆建设的需要，台山公司积极探索和推广创新型学习方式，如快速学习、三式学习、领导力主题提升培训等，拓展了培训方式，提高了培训效果。

以快速学习法为例。由于 EPR 设计的创新性和复杂性，首堆建设中必然存在一些经验教训。为了将这些宝贵的经验反馈及时转化成更广泛员工的知识和技能，避免类似的情况再次发生或者提前预知可能的风险，台山公司推出了快速学习法，方便一线人员的快速学习和积累，解决了学习与工作任务繁重之间的矛盾。

快速学习法的应用有五个要素，分别是“摘、筛、拆、盖、晒”。从一个文件或反馈中摘录关键信息，筛选需传播的知识点，对知识点不断拆分，缩小聚焦，将同类知识点合并（总结和概括相同或相似点），形成一个新的整合知识点。通过邮件、网络、微信公众号等方式推广传播，主要是热门知识点汇编、JUST IN TIME（以下简称 JIT）知识卡和“一张图读懂 XXX”三种形式。台山公司定期利用以上三种形式将知识点发送给一线人员学习和参考。

（1）热门知识点汇编是通过收集冷试、热试、装料等重大项目中产生的经验反馈，发动教员分析其中涉及的重要知识点，把同类型的知识点汇编成小册子。

（2）JIT 知识卡是在台山核电 1 号机组装料后，由模拟机教员提前梳理机组重大操作相关的知识点，同时总结归纳经验反馈案例的知识点，一个知识点制作为一张 JIT 知识卡。

（3）“一张图读懂 XXX”是将工作中常用的方法和信息，通过一张图的形式，清晰的传递给他人。

### 7.3.1.2 实施效果

自 2010 年开始，台山公司的培训逐步转为自主实施，累计完成公司级培训 6 万多人次，在岗培训超过 17 万人次，人均年度培训时长近 260 小时，占工作时间接近 12%，符合人员培训的 721 原则，即人员知识、技能的获得，70%来源于工作实践，20%来源于向有经验者学习，10%来源于课程培训。台山公司员工通过培训、考核获得岗位工作授权、上岗的资格，有效保证了工程建设和生产准备对人员的资质要求。

## 7.3.2　EPR 执照人员培养

台山公司的首批执照人员培养是生产准备的关键任务。国外参考电站尚处于工程建设阶段，并且培养方式与国内成熟机组不同，可供参考的经验不多；EPR 新堆型执照人员的培养方案必须首先得到国家核安全局的认可；国家操纵员执照考核标准中尚没有 EPR 机组的相关内容，操纵员取照考试的考核范围需要尽快确定；作为新建电厂，台山公司内部的操纵员培训课程体系需要尽快完善。这些因素给执照人员培养带来了困难和挑战。

### 7.3.2.1　总体思路

优先解决 EPR 新堆型执照人员培养的标准化问题，建立符合国家法规要求的 EPR 执照人员培养方案和考核标准，严格按要求开展执照人员的培训与授权。在不具备自主培训条件前，首批执照人员充分依托大亚湾核电厂基地、FA3 和外部高校开展法规要求的知识、技能和态度培训。自主开发和建立台山核电 EPR 运行人员培训体系，逐渐实现执照人员的完全自主化培养。

### 7.3.2.2　建立执照人员培养方案和考核标准

**1. 培养方案**

2008 年 1 月，台山公司向国家核电厂操纵人员资格审查委员会汇报了 EPR 首批操纵人员资格审查考核情况，提交了关于第三代核电机组操纵人员考核标准及首批操纵人员培训方案的报告。

2010 年，国家核安全局发布文件，对核电厂首批高级操纵员（包括值长）的资格提出了更严格的要求：

新建核电厂首批《高级操纵员执照》申请人员，应有 3 000 小时等效运行经历，并至少有 300 小时在核电厂运行岗位工作和 600 小时在新建核电厂主控室进行调试的经历；新建核电厂首批值长应有 1 000 小时作为高级操纵员执照持有人员在核电厂的运行经历。台山公司严格按文件要求编制了《台山核电首批高级操纵员及值长培养方案》，于 2011 年 11 月向核安全局报送，2012 年 1 月获得国家核安全局复函同意。

关于操纵人员培养，2011 年 8 月台山公司正式出版了《操纵人员培训与再培训大纲》。2012 年 10 月，在核电厂资格审查委员会正式获得了通过。

**2. 考核标准**

由于原《核电厂操纵人员执照考核标准（EJ/T 1043）》中没有 EPR 操纵员取照考试相关的具体内容，针对台山核电 EPR 操纵人员考试题目的编制无据可依，考生也没有指导性的文件引导复习。为此，受核电厂资格审查委员会委托，2011 年核动力运行研究所牵头，台山公司组织多方力量编制完成了 EPR1750 核电厂操纵人员执照考核范围项目研究报告，于同年 11 月通过了核电厂资格审查委员会秘书处的评审。编写考核范围必须研读 EPR 所有系统知识、控制和保护内容，内容多、任务重，还要保证准确率、掌握难易程度，挑战很大。为此，台山公司组织所有系统负责人明确编写要求和难易程度，根据各系统知识、控制和保护的内容，结合 EJ/T 1043 难易程度，标准的详细要求，逐条对比分析，编制完成了针对 EPR 技术的执照考核标准内容。2013 年 11 月，国家能源局发布了《核电厂操纵人员执照考核 NB/T 20257－2013》，相关成果被包含在附录 D 中。2014 年 4 月 1 日，NB/T

20257－2013 标准正式生效。至此，EPR 操纵员执照考试的范围正式确定。

与此同时，核电厂操纵人员资格审查委员会在 2012 年 3 月审查通过了台山公司考委会组成方案，在 2013 年 12 月审查通过了台山公司首批操纵人员培训与取照方案。

#### 7.3.2.3 首批执照人员培养

首批执照人员先在大亚湾核电基地培训并通过其操纵员考试，获得操纵员资格后才成为台山公司 EPR 机组的预备操纵员，在具备了一定操纵员工作的知识和能力后，再返回台山公司开始 EPR 机组知识培训。首批执照人员的培养过程如图 7－3 所示。

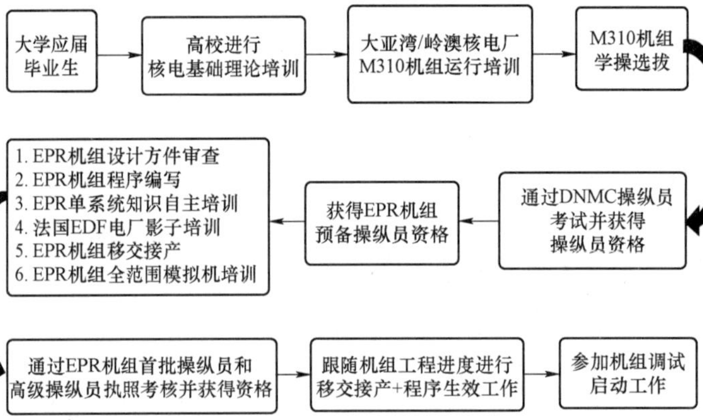


图 7－3 首批执照人员培养过程

**1. EPR 单系统知识自主培训**

在 EPR 专业知识课程尚未开发完成的情况下，台山公司从参考电站 FA3 引进了《技术人员 EPR 转换课程》和《操纵人员 EPR 转换课程》两门转换课程，针对首批执照人员开展 EPR 转换培训，重点针对 EPR 技术与 M310 技术的不同点进行差异化培训。

同时，首批培训学员开始研究 EPR 系统设计手册，从这些系统设计手册中学习 EPR 系统知识，编写各个单系统的培训教材和取照题目。由各系统负责人给学员讲解培训，内容包括所有的系统，通过每季度考试检查培训效果。

**2. EPR 模拟机培训**

在全范围模拟机未到货的情况下，台山公司提前谋划，利用 FA3 的阶段性成果先引进了预培训模拟机，开发了适合台山核电的预培训模拟机课程，提前开始操纵员的 EPR 模拟机培训。与此同时，台山公司积极推动全范围模拟机的设计制造进度，策划配套课程开发。在具备条件后，所有的 EPR 模拟机培训全部转到全范围模拟机上进行，陆续完成了 EPR 所有模拟机课程培训。

**3. 参与移交接产、技术程序编写和生效**

首批执照人员是 EPR 机组的系统负责人，需要自己完成程序编写，然后在系统移交调试阶段验证生效。在此过程中，首批执照人员加强了对机组和系统的了解。

**4. 首批隔离经理培养**

运行部门最早开始现场工作的是隔离办，隔离办运作必须有授权的隔离经理。台山公司在 2010 年 3 月首批选拔了 4 人分赴宁德核电厂和红沿河核电厂学习和参与移交接产阶段临时隔离办的工作。在 2010 年 8 月又选拔了 6 人分赴阳江核电厂、宁德核电厂进行隔离经理学习。首批隔离经理学习结束后，所在核电厂组织专门的考核，考核合格的给予所在核电厂的隔离经理授权。隔离经理返回台山公司后，再参加台山公司的授权考核，考核通过的给予相应的授权。通过这种方式，台山公司完成了首批隔离经理的培训、考核、授权和上岗，具备了临时隔离办运作条件。此后，首批隔离经理自主开发了台山核电的隔离经理在岗培训任务书和培训教材，逐步形成了自主培养能力。在首批隔离经理的指导下，陆续完成了多批次的隔离经理自主培养，为 EPR 机组调试提供了有力支持。

**5. 首批值长和副值长培养**

台山公司根据 EPR 机组特点和值长/副值长岗位职责，开发出了值长和副值长的在岗培训任务书。首批值长和副值长人选是在首批预备操纵员的基础上，由台山公司择优选拔，包括 6 名值长和 12 名副值长。根据在岗培训任务书，这批人员在早已到岗的值长顾问监护下开始了岗位培训，经过机组装料后 1 000 小时的陪同值班，首批值长已能够独立承担 EPR 机组的核安全责任。

#### 7.3.2.4　培养效果

台山核电从 2004 年开始到 2015 年完成了首批执照人员培养，累计 97 人通过操纵员取照考试、65 人通过高级操纵员考试。随着首批执照人员通过取照考试和培训课程体系不断完善，台山公司建立了标准的执照人员培养流程，实现了执照人员完全自主化培养。此后，第二、第三批操纵人员通过完全自主化培养，顺利完成了取照考试。

首批执照人员在机组移交接产、调试启动、机组运行阶段逐渐成长，并发挥了越来越大的作用；同时在集团内外各种技能竞赛中崭露头角。

### 7.3.3　维修和技术人员培养

成熟堆型新建核电厂经过 4～5 年的生产准备期，维修和技术人员就可以通过已商运电站的停堆大修及各种预防性维修、纠正性维修提高技能，再经过 4～5 年就可以锻炼出一支合格的维修和技术队伍。台山核电维修和技术人员培养的内容和所具备的条件与成熟堆型核电厂有所不同。一方面，新基地的人员培养、软件硬件和能力形成需要时间，不能像成熟基地那样从开始就具备较高的维修技能和技术能力；另一方面，通过自身机组尚不能提供足够的实操机会来培养和提升员工技能。因此，台山核电维修和技术人员培养面临的最大困难是缺乏已商运电站的依托。为使队伍的技能尽快成长，满足工程建设的需要，台山公司探索出了一种适合自身的人员培养模式。

#### 7.3.3.1　总体工作思路

台山核电维修和技术人员培养遵循中广核统一的培训标准和流程，同时充分利用所有可能的培训手段和措施，拓宽思路寻求突破，打造技术更高超、经验更丰富、适用面更广的维修和技术队伍。

#### 7.3.3.2　具体措施

在人员到岗后，首先进行核电基础知识培训；在自身基地尚不具备培养条件时，将人员派驻至大亚湾等核电基地进行岗位培训；在台山核电基地具备条件后，建立岗位培训大纲，利用培训中心的课程和实际维修工作进行培训等。除上述常规措施外，在相对漫长的建设期间，为实现维修和技术人员培养的总体目标，还采取了一些创新的手段和措施：

**1. 外语培训及参考电站实习**

台山核电是中法合作建设并且以 FA3 为参考电站，涉及大量国外供应商，维修和技术团队有大量的工作需要面对外语文件。为了提高工作效率，台山公司为维修和技术骨干提供了外语培训和国外参考电站实习的机会。通过国外实习，了解和掌握国际上先进的核电厂运维管理理念，如状态维修、防异物体系、零缺陷管理等。在提高后续日常工作效率的同时，也促进了团队整体能力提升。

**2. 专有系统技术培训**

为了更好地监测 EPR 机组各系统和设备的运行状态，EPR 机组增加了很多监测系统。这些系统在国内其他压水堆核电机组尚无应用，仅靠设计文件无法保证技术人员充分深入地了解和掌握这些系统，必须通过其他方式尽快掌握这些系统的核心所在。为此，台山公司组织人员参加了由设计方组织的技术培训，了解了相关系统在国外的应用情况和经验反馈，更加深入地理解了这些系统的设计理念。

**3. 工程生产一体化模式下学以致用和再提升**

经过大亚湾等基地的岗位培训和常规电站的实操培训，台山核电的维修和技术人员已经具备了相当的技能和经验，但仍然缺乏从培训学员到实际工作人员角色转变的机会，以及从理论到实践、再从实践中升华理论的过程。台山公司采取工程生产一体化模式，为维修和技术人员锻炼成长提供了平台。维修和技术人员全程参与到设计采购、安装、调试工作中，对系统和设备的熟悉程度都有了明显提高。通过担任主要系统或试验工作负责人，真正做到了理论与实践相结合，既提前熟悉了系统和设备状态，又能够针对提前发现的问题有效跟踪、处理。通过参与工程建设，不仅锻炼了队伍，而且还为移交接产、生产运营打下了坚实的基础。

#### 7.3.3.3 实施效果

虽然台山核电维修和技术人员尚未经历过商运电站的停堆大修，但是成长速度并没有被耽误，充分的培训和实践机会同样锻造出了一支技术过硬、能打硬仗的维修和技术团队，顺利完成了两台机组的移交接产、调试启动和设备维修保障，并通过了 T100 小修检验。

### 7.3.4 模拟机建设

操纵人员培养和取照是新建核电厂获取装料许可的必要条件，是生产准备的关键任务之一。由于国内没有 EPR 模拟机且无运行经验、国外培训成本高且培训资源也非常有限、新技术路线的全范围模拟机建设往往面临拖期风险（一般来说，成熟技术约需要 3 年，新堆型的约为 5 年）、新堆型的模拟机课程开发和验证使模拟机培训的总机时增加到成熟机组的 2 倍左右等因素，台山核电操纵人员培训可能会受全范围模拟机的严重制约，不能满足操纵员培训的需要。为此，台山核电采取了“双模拟机”策略，确保操纵人员能够及时接受培训。

#### 7.3.4.1 “双模拟机”策略

在调研和分析行业情况的基础上，2008 年台山公司决定在采购全范围模拟机（FSS）的同时，策划并引进参考电站 FA3 的模拟机作为台山核电的预培训模拟机（TFS）。当时

FA3 在设计进度上先于台山核电，预计预培训模拟机的投运时间至少领先全范围模拟机 2 年。且 FA3 的模拟机是全范围模拟机，预培训模拟机在技术性能方面也可以保证培训的有效性。

TFS 从 2010 年 7 月投用到 2014 年 3 月共开发和实施了每班 12 周的模拟机课程，完成了台山核电首批操纵人员 84%的模拟机培训量，为首批操纵员、高级操纵员的取照发挥了不可替代的作用，引进预培训模拟机完全达到了预期目标。而台山核电的 FSS 于 2009 年 10 月签订合同，到 2014 年 9 月可用。正因为有了 TFS，在 FSS 项目执行遇到困难时还能相对从容、主动应对，严格要求确保 FSS 交付性能。两台模拟机的实际进展如图 7－4 所示。

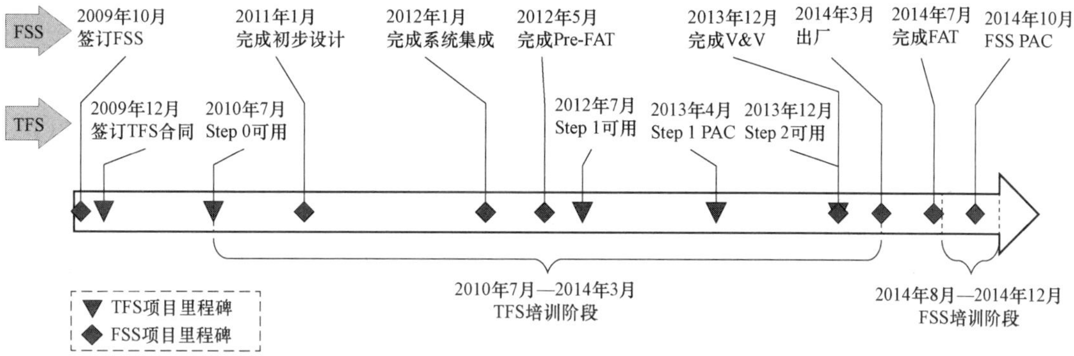


图 7－4　台山核电两台模拟机实际进展

#### 7.3.4.2　预培训模拟机建设

与 FSS 项目相比，TFS 在 FA3 模拟机完成阶段性验收测试后，需整体移植到台山核电。因此，在建设计划和验收测试等方面均作了特别安排。

**1. 知识产权**

在 TFS 合同谈判期间，将其知识产权纳入中法企业合资谈判范畴，并成功获得免费使用 FA3 模拟机知识产权的承诺，为 TFS 后续推进扫除了最大障碍，减小了不确定性和潜在成本。

**2. 交付点设置**

参照 FA3 模拟机交付点，台山核电的 TFS 也设置了三个交付点，在第一个交付点即可开始台山操纵员的培训。

**3. 验收测试安排**

在 FA3 模拟机完成验收测试后，整套系统安装到台山核电的 TFS 平台。因此 TFS 的验收测试目的在于确认完整、正确的安装。基于前述与 FA3 模拟机相应的 TFS 节点，TFS 验收测试可以借助 FA3 的测试成果，在供货商提供了 FA3 业主的验收测试证明和测试记录后，台山核电抽测部分稳定工况和瞬态过程，并要求测试结果与 FA3 的记录一致。

**4. 功能扩展**

TFS 在圆满完成了其初始使命后，为进一步发挥其价值，台山核电对 TFS 进行了两项重大技术改进。一是将原法语界面的 TFS，改造为具备法、英两种语言界面；二是将 TFS

功能进行扩展，开发了事故后模拟机的培训功能。TFS 可以在事故后模拟机模式与培训模式间切换。事故后模拟机用于操纵员高级复训课程，通过动态界面“看到”和学习事故的演化过程，更好地掌握事故运行程序。

TFS 在台山公司内部还可将其作为非运行岗位和管理岗位人员培训的平台。并将为后续国际合作项目、国际化人才培训提供培训服务，为中国自主三代核电的工程、运营人才培养作出贡献。

#### 7.3.4.3　全范围模拟机建设

台山核电 FSS 合同属于核岛设计采购合同的子项。FSS 合同包括了五个分包合同，加之上游设计数据来自核岛、常规岛和 BOP 的各设计单位，项目协调和推进的难度与复杂程度大。台山公司联合上下游各方，克服预计到的和意料之外的各种困难，在 2014 年 8 月以优良的性能投入培训，支持了 EPR 首批操纵人员的取照考试。

**1. 业主牵头协调上游数据提交**

上游设计质量和数据提交、固化进度直接影响 FSS 的研发制造进程，涉及多个合同和多家单位，合同关系复杂，协调困难。台山公司根据实际情况积极协调，成立各方共同参与的协调机制，共同管控数据提交、变更分析、一致性分析和设计相关问题沟通。对 FSS 验收测试程序，则发挥业主的优势，由台山公司的操纵员、教员完成编写。

**2. 多种措施应对 DCS 数据库变更**

模拟机项目相对超前 DCS 数据库设计并且面临 DCS 变更多的困难。为此，台山公司采取了多种措施应对。尽早启动了合同中 DCS 仿真的选项，DCS 仿真不但为系统模拟机尽快进入调试提供了平台，也为发现和修改 DCS 数据库问题提供了高效的工具。在设计数据相对稳定、模拟机性能基本确认后，再切换到虚拟模拟的 DCS 平台。建立了核电厂 DCS 和模拟机 DCS 双向反馈机制。一方面，现场 DCS 设计的变更、平台试验发现的问题、DCS 校验与确认（Verification & Validation，V&V）的结果等，全面反馈到模拟机项目组，由用户和供货商一起决策模拟机的修改策略、版本升级时间点等；另一方面，模拟机调试过程中发现的仪控设计问题，也以问题单的形式直接反馈给设计方，由设计方统一给出解决方案。这样既保持了全范围模拟机 DCS 数据库与核电厂 DCS 的一致，也利用模拟机对机组仪控的设计进行了验证。

**3. 组织成立现场 V&V 团队高效解决问题**

由于上下游合同关系复杂、涉及单位多、流程复杂，采用常规的办法解决效率低。为此，台山公司协调设计方、模拟机开发商、工程承包方、操纵员和教员等各方力量，在模拟机现场进行专项 V&V，直接调试、分析问题、解决问题。用这种模式短时间内就解决了 2 000 多幅 DCS 事故程序画面的测试与完善过程。

**4. 发挥业主所长“跨界”多做工作**

台山公司发挥操纵人员和教员掌握核电厂系统和运行知识的技术优势，跨合同界限承担了一些困难工作，是 FSS 得以顺利推进的重要因素。如合同规定 FSS 的验收测试大纲由供货商编写，但供应商编写确实存在困难。为此，台山公司主动承担，由操纵人员、教员完成了验收测试大纲的编写工作，满足了模拟机进入验收测试所必需的条件。

**5. 人力投入，多方收获**

TFS 和 FSS 项目同步执行，需求大量人力资源。为此，台山公司充分利用操纵员学员队伍，在 FSS 系统集成、V&V、测试等阶段以及 TFS 的法－英翻译中，超过 20 名学员参与，其主要收获如下。

（1）通过参与模拟机项目，学员对系统的理解和机组运行技能的了解有进一步加深；

（2）在模拟机测试中，可以直接验证台山公司正在编写中的运行程序；

（3）教员和操纵员学员参与系统集成、调试 V&V 等活动，等效于模拟机测试，既保证了模拟机的性能，也节省了验收测试工期。

**6. FSS 对 EPR 首堆联调启动的贡献**

在 EPR 全球首堆的联调启动过程中，台山公司的调试队伍充分利用 FSS 验证调试程序、培训调试工程师。在 1 号机组装料后，现场作业的安全要求更高，联调启动管理团队将现场高风险作业管控流程，由传统的“四会三单”扩展为“七会三单三要求”，其中就增加了模拟机验证环节。FSS 成为 EPR 首堆联调启动过程的重要技术支持和风险控制工具。

#### 7.3.4.4 小结

面对首堆项目的困难与挑战，台山核电通过 TFS＋FSS 的“双模拟机”模式成功完成了首批操纵人员培养。在 FSS 项目执行中，面临着设计与模拟机开发接口复杂、设计进度滞后于模拟机开发需求等典型问题。台山公司通过建立数据协调机制、专项 V&V 方式、采取 DCS 先 Simulation 后 Emulation 策略，保障了模拟机进度和性能，额外承担了验收测试大纲编写并从系统集成开始参与了所有的集成、测试和 V&V 活动，有效保障了模拟机性能。

### 7.3.5 EPR 课程体系建立与自主开发

根据合同约定，由供应商提供技术培训，但对于运行、维修、技术等核电厂各岗位人员的系统化培训则由台山公司自行承担。在项目初期，台山公司基于参考电站策略制定了“引消吸”的培训策略，通过引进 FA3 已开发完成的培训课程，在消化吸收后转变为台山公司的培训课程并组织实施。该培训策略在开始阶段实施效果较好，引进了 EPR 技术相关的三门培训课程。从 2011 年起，受参考电站项目延期的影响，FA3 的课程开发进度已不能满足台山公司的培训需求，台山公司面临“无课可引”的局面。为保证 EPR 人才培养能够满足项目需要，台山公司决定改变培训策略，从“引消吸”转变为“自主开发实施”。

#### 7.3.5.1 EPR 课程自主开发成果

从 2011 年至 2018 年，台山公司克服了没有 EPR 技术课程体系参考、上游文件不全、人员经验和技能不足、设计变更频繁等一系列困难，自主开发了技术理论、模拟机、专业技能和基本安全授权四大类课程，建立了能够满足需要、具有独立知识产权的三代核电 EPR 课程体系。

技术理论课程是 EPR 技术的基础课程，分初、中、高三级，共计 10 门 654 课时。初级课程满足通用类 EPR 基础理论知识的培训需求，包括《EPR 核电厂系统与设备》《EPR 压水堆核电厂基础知识》等。中级课程满足 EPR 控制、运行类知识的培训需求，包括《运行人员 EPR 转换课程》《EPR 核电厂高级运行》等。高级课程满足 EPR 控制原理、设计理念类的培训需求，包括《EPR 机组智能化控制的设计原理》等课程。

模拟机课程主要用于执照人员培训。根据国家的法律法规要求，台山公司分别开发了操纵员模拟机初训课程（14 周），高级操纵员模拟机初训课程（2 周），操纵人员模拟机复训课程（3 周），运行高岗位模拟机课程（3 周）。

专业技能课程用于核电厂维修技术员工的技能培训，保障电厂日常运维和大修，为后续相关维修工作奠定基础。根据 EPR 设备特点，台山公司开发了覆盖机械、电气、仪控和服务各个维修专业的技能培训课程，共计 24 门，246 课时。

基本安全授权培训用于核电厂人员的基本安全授权，分为 3 类，分别为工业安全授权、辐射防护授权和核安全授权，共计 25 门，160 课时。

#### 7.3.5.2　课程开发困难及解决方案

**1. 困难**

（1）没有 EPR 技术课程体系参考

核电厂培训课程体系建立是按照系统化培训方法，先分析培训需求，然后再设计和开发。对于技术路线类似的核电机组，可以直接参考。这种方式最为高效，难度最小。对于台山核电的 EPR 技术，没有 EPR 课程体系参考，无法直接进行培训需求分析和设计，给课程开发造成了极大的困难。

（2）所需技术文件不全，设计变更频繁

上游技术文件是课程开发的必要输入。在课程开发的前期（2011 至 2014 年），由于设计文件还处于审查阶段，而且课程开发无法与相关文件的可用性保持同步，给课程开发人员消化吸收技术内容和原理带来了很大的困扰，影响课程开发的质量。在课程开发的后期（2016 至 2018 年），由于设计变更多，很多已开发完成的培训内容与机组的最新设计不一致，如果不一致的重要内容未有效识别，有可能产生负面的培训效果。

（3）课程开发人员的知识和技能不足

在项目初期，EPR 三代核电技术内容多且复杂，对所有人都是全新的，包括课程开发的教员。在课程开发时，教员与学员一样，并未完全掌握相关的知识。课程开发工作涉及的知识点多，联系紧密，在有限的时间内消化吸收全新的知识，然后再开发出高质量的培训课程，难度很大。

（4）教员队伍年轻，培训工作经验少，人力不足

无论是模拟机教员还是理论教员，都分初、中、高三级。初级主要承担授课任务，中级主要承担课程开发任务，而高级主要承担课程体系的建立和评估。台山公司的中方教员，都是自主培养，最早的一批是 2004 年的应届毕业生。在 2009 年开始着手建立 EPR 课程体系和课程开发时，都是初级教员岗位，没有中级和高级岗位，缺乏相关经验，初期 6 名模拟机教员也难以满足工作开展的需要。

**2. 解决方案**

针对以上困难，台山公司采取了以下解决方案。

（1）识别共性与特性，保留共性，突出特性

中广核和 EDF 都采用系统化培训方法，基于此共性特点，台山公司人员培养的课程体系架构与其基本保持一致。在这一框架下，台山公司根据 EPR 的技术特点，逐步开发对应

的课程内容，形成了独具台山 EPR 特色的技术理论课程体系。《EPR 核电厂系统与设备》课程就是参考中广核的《核电厂系统与设备》框架开发出来的，其教学内容和目标与后者基本保持一致，但全部都是 EPR 的技术内容；鉴于 EPR 的自动化程度高、仪控设计复杂等特点，在中广核原有的技术理论课程体系框架基础上，台山公司又开发了《EPR 机组智能化控制的设计原理》高级理论课程，用于高级操纵员和设计人员的培训。

（2）做好培训偏差管理，实现闭环控制

首堆特点决定了在工程建设阶段，台山核电的课程开发与技术文件难以完全同步，而实际的人员培养需求又不能等到技术文件全部固化后，再进行课程开发。台山公司通过培训偏差管理的闭环控制来保证课程的质量。课程开发前，制定技术文件使用规则，确定用于课程开发的基本版本。课程开发中，对于技术文件不全造成课程开发人员无法完全理解的内容，作为课程开发存疑问题记录。各课程开发负责人根据培训偏差管理的规定，定期检查升版后的技术文件，识别课程开发存疑问题是否已得到解决，并识别机组的设计变更是否涉及培训内容。对于与机组设计不一致的知识点，做好记录和分析，采取集中补充培训或直接发放最新培训教材等措施保证与机组一致性，避免负面培训。培训偏差管理是 EPR 首堆课程开发的重要组成部分。为了做好偏差管理，台山公司培训部制定了严格的培训偏差管理体系，明确了偏差管理方法和要求，在核安全局装料前检查，国际原子能机构的运行前安全评估（PRE－OSART）评审中，均得到评审人员的认可。

（3）化整为零，先拆后合

EPR 知识体系庞大复杂，先消化其中的知识，再转化为课程，需要投入大量的时间和精力。课程开发初期，教员的知识和技能水平都不足。对此，台山公司采取化整为零的方案，把一门课程拆分为一系列的小模块，这些模块在知识深度上相互独立，广度上又相互关联。将拆分好的模块同时分发给不同的教员，保证单位时间内多个模块同时开发，教员的认知负荷也相对较小，可以专心地深入研究某一个问题。各模块开发完成后，教员进行互相的培训，进行模块的连接和整合，形成一门课程。以事故工况模拟机培训课程开发为例，模拟机教员面对完全陌生的知识领域，每人负责一个模块，深度钻研，然后横向连接，互相学习，最终 4 名教员用一个月的时间，完成了培训内容开发，在短时间内全面迅速提高了事故控制领域的知识和技能水平。

（4）中法结合，灵活调整，全力确保教员的质量和数量

教员队伍年轻既是劣势，也是优势。台山公司充分发挥年轻教员学习能力强，没有经验固化限制的特点，在 2010 年派两名模拟机教员前往 FA3 培训中心进行为期一年的工作实践。在这一年的时间里，通过深度参与课程体系建设、课程开发和授课工作，教员在短时间内积累了大量的经验，并建立了与 FA3 培训中心良好的合作关系。教员回国后，与 FA3 教员形成了定期沟通的机制，确保经验的持续交流和积累。针对教员人数的配置，台山公司在 6 名模拟机教员的基础上增加到 12 人，有效确保了课程开发、授课、模拟机调试等工作的同步推进，并且使“化整为零、先拆后合”的模块化课程开发策略得到了有效实施。

#### 7.3.5.3　课程开发经验反馈

通过持续八年的 EPR 课程自主开发实践，台山公司建立了全面的 EPR 人员培养课程体系，积累了丰富的课程开发经验。

**1. 同构参考、突出特色**

通过同构分析，找出培训领域 EPR 与其他核电机组的共性部分，例如系统化培训方法的应用，核电厂人员的能力要求和培训体系框架，明确 EPR 课程开发的大方向，沿着这一方向，再不断挖掘 EPR 的技术特点，对培训体系框架进行填充，不断完善培训体系和培训内容。

**2. 小步快走、快速迭代**

通过将整体分解成局部，开发单个培训知识点或模块，不断地发现问题，解决问题，积累经验，不断迭代，实现各知识点之间连接成线，升华成培训课程，培训课程的线再交织成网，形成培训体系。

**3. 以人为本、以学促教**

培训工作的核心是培养人，对骨干教员的大力培养是 EPR 课程体系全面建立的关键。只有把人培养起来，才会有源源不断的产出。从项目开始，台山公司就极其重视对教员的培养，先后将骨干教员派往大亚湾培训中心和法国 FA3 培训中心进行长期的工作和学习，骨干教员在能力上得到了大幅的提升，而且具备了国际化视野，为后续工作的开展，打下了坚实的基础。

## 7.4 生产技术文件准备

生产技术文件包括生产技术纲领性文件、技术程序和技术支持文件。台山核电的生产技术文件编制不同于成熟电站，在主要合同签订时，系统设计尚处于起步阶段，所以从首批 SDM 出版开始，运行维修人员便协助设计采购部门深度介入设计文件的审查工作，几乎贯穿了整个工程建设期，为生产人员提前学习、掌握 EPR 技术特点、提前发现可能存在的问题提供了机会。同时也是将在运核电厂、同类在建核电厂的经验反馈到设计的过程。2013 年底，生产人员直接介入了核岛设计固化审查、核岛设计变更审查等工作。

从 2009 年开始，生产部门累计参与总人次超过 1 100 人次，反馈的审查意见超过 50 000 条。生产人员在广泛参与上游文件审查过程中，逐渐掌握了系统和核电厂的最新设计以及应用技术，为各类技术程序的编制创造了有利条件。

### 7.4.1 EPR 生产技术纲领性文件编制

生产技术纲领性文件属于核电厂技术方面的顶层文件，规定了生产技术活动的要求，以实现对公众和国家的承诺。台山核电的生产技术纲领性文件包括了运行技术规范、安全相关系统及设备定期试验监督要求和监督大纲、化学与放射化学技术规范、机组性能试验大纲、在役检查大纲、维修大纲、堆芯启动物理试验监督要求、场内应急计划等。本小节对运行技术规范、定期试验监督大纲、机组性能试验大纲、在役检查大纲的编制进行总结。

#### 7.4.1.1 编制运行技术规范

运行技术规范（Operation Technical Specification，OTS）是源自核安全政策法规和核安全技术法规的核电厂纲领性文件，是为确保公众与工作人员安全必须遵守的技术规则，是国家核安全监管部门批准机组首次装料的法定文件之一。

台山核电通过对三代核电 EPR 技术的“引进、消化、吸收、创新”，不仅有效解决了缺乏编写与审评经验及上游输入滞后等管理与技术难题，在编制与审评中总结并开发出一套 EPR 机组 OTS 编制的方法论并自主完成了编制，并通过了国家核安全局的审评。台山核电成为首个完成 OTS 编制并通过国家监管部门审评的 EPR 项目。

**1. EPR 运行技术规范的特点和内容**

台山核电的 OTS 基于 EPR 的系统功能设计和安全分析论证编制而成，采用了全新的方法和理念。当各种假设的事故工况（设计基准工况 DBC1－4、超设计基准工况 DEC－A/B、超压保护 OPP、侵害等）发生后，通过一系列不同功能分级（F1A、F1B、F2）的技术手段（安全特性）使机组达到相应的物理状态（可控状态、安全停堆状态、最终状态），从而确保三大基本安全功能（反应性控制、余热导出、放射性物质包容）目标的实现。台山核电 OTS 针对这一系列技术手段制定了相关规则，用以确定机组在各运行模式下需满足的参数限值、运行条件和设备可用性要求，通过确定论辅以概率安全评估（Probabilistic Safety Assessment，PSA）及运行经验反馈确定所有的后撤时间和维修期限。

EPR 机组的 OTS 内容除了考虑了设计基准工况外，还涉及超设计基准工况以及一些侵害和纵深防御相关内容等。台山核电通过一系列可行性以及完整性分析，对运行技术规范进行了优化和补充，使得一些规则更加合理适用，确保了机组的安全性并兼顾了可用率。

由于台山核电 OTS 的编写从源头开始，其中涉及各项规则的制定原因、不满足规则的影响（影响到哪个假想事故的处理，会导致什么后果）、缓解措施的制定理由、后撤时间和后撤模式/维修期限的确定依据等。每一项运行限值和条件都能追本溯源，有助于规程的理解和应用。

**2. 编制方法论**

在编制与审评过程中，通过对原始资料的学习钻研、向国内外同行和设计单位交流咨询、向国家核安全监管部门的汇报研讨，总结并开发出一套系统性的 EPR 机组 OTS 编制方法论。该方法论的主要内容包括：

（1）EPR 安全系统设计理念；

（2）EPR 安全分析论证解析；

（3）确定论和概率论的运用；

（4）OTS 运行限值和条件的确定规则；

（5）核安全相关系统不可用（Incident Procedure No.0，I0）条款的确定与分组规则；

（6）缓解措施的确定规则；

（7）后撤模式的确定规则；

（8）后撤时间的确定规则；

（9）维修期限的确定规则；

（10）限制条件与特殊规定的确定规则；

（11）OTS 总体定义与规则的确定（总则）；

（12）I0 的累积规则；

（13）OTS 与各安全程序的接口管理（安全相关系统和设备定期试验监督要求、堆芯启动物理试验监督要求、事故运行程序、严重事故管理导则）；

（14）OTS 与大修管理；

（15）OTS 优化；

（16）OTS 完整性分析等。

OTS 编制方法论是相关技术领域的首个系统性的技术论证方法。在审评中，该方法论是国家核安全监管部门重点关注的内容。通过该方法论，审评专家可了解台山 EPR 的系统设计和安全分析，OTS 的编制理念和方法，以及运行技术规范各项要求的来源与依据。此外，通过该方法论也能方便地与 CPR1000 的运行技术规范对照比较。

**3. 编制和审评**

因为 OTS 对核电厂的安全稳定运行至关重要，所以历来都是国家核安全监管单位评审关注的重点。台山核电 OTS 又是 EPR 堆型的首例，监管部门和编制单位都无现成的经验参考。为此，台山公司确定了以自主钻研、自主攻关为主，以技术交流咨询、借鉴经验和专家支持为辅的编制策略，在规范编制过程中积极主动向监管部门沟通汇报，争取监管部门的指导和帮助，共同解决难题。

台山公司以安全工程师为主、各专业部门支持为辅编制运行技术规范，采取内外部多重生效的方式。内部生效包括台山公司内各专业部门审查、调试期间在真实机组上使用、在模拟机培训过程中使用、PNSC 审查；外部生效包括中国广核集团内和集团外审查。最终提交给国家核安全局评审，并针对评审专家提出的问题，反馈给设计单位或 FA3 共同讨论分析并确定解决方案。

台山公司在编制过程中定期向监管部门汇报编制思路、方法、进展和遇到的困难，多次组织召开专题研讨和汇报，提前让监管部门深入地了解 EPR 机组 OTS 的编制背景。在编写和审评过程中，双方共召开了 14 次会议（包括审评会、专题汇报和技术研讨），台山公司完成了 653 个评审问题单的答复。

审评专家在审评前期重点是关注 OTS 的编制方法、总则中相关要求的编制依据和来源、与在运核电厂 OTS 的对比，如后撤时间确定的依据等；在审评后期重点关注的是技术细节，如前后的一致性、所有内容是否闭环、文字描述是否准确等。

台山公司对 OTS 的完整性进行了全面检查，专门编写了完整性分析报告。通过与在运核电厂 OTS 的对比，梳理两者之间的差异，着重分析台山核电缺少的内容。若分析有必要，则补充完善；若分析确不适用或者已被其他内容包络，则解释说明。

**4. 上游输入文件出版难题及其应对**

OTS 编制需要各种上游分析文件的支持。在项目初期台山公司与设计方初步确定了上游输入文件清单和出版计划。为了吃透上游设计与分析，主动与法马通的工程师加强日常沟通，在双方工作层建立了快速且顺畅的交流、讨论渠道，通过邮件、电话讨论问题，通过定期会议（每月两次 Pre－DLM 之 OTS 专题会）面对面沟通协调，前期的编写进展良好。

随着参考电站延期，上游文件出版逐渐跟不上进展，对审查意见的答复时间越来越长。特别是在编写与审评的中后期，各类上游输入都出现了滞后的情况。设计方提出聘请相关专业技术人员并由台山公司支付额外费用，以及区分优先级并按优先级次序安排计划的需求。然而，区分优先级不仅未能有效解决问题，还使优先级靠后的相关文件都被长时间搁置。导致老问题未完全解决，新问题又不断增加，严重影响了 OTS 编写与审评。对此，台山公司采取的措施如下。

（1）通过与设计方工程师联合办公、共同合作，有效地解决了设计方人手不足的问题；

（2）针对设计方提出需额外支付的工作，选择了自主完成，通过参考各方资料、结合台山核电的系统设计，在 EDF 支持下完成了相关上游输入文件的编写；

（3）以中方为主完成评审对话和答辩工作；

（4）针对核岛以外涉及 OTS 的系统，相关单位无编制经验的问题，由台山公司自主完成相关上游输入文件编写。

**5. 建立机组后撤时间和维修期限的确定理论**

在编写过程中，台山公司发现存在影响机组可用率或程序可执行性的技术问题，最典型的问题是 I0（OTS 中的设备不可用事件）的后撤时间或维修期限过短。在运电站大都基于确定论方法给出后撤、维修期限，但是设计方最初提供的期限过于保守，选择了基于确定论得出的最短期限（某一系统的某一功能失去冗余期限为 3 天，某一功能全部失去时期限 1 小时），完全没有考虑工程判断和 EPR 机组的冗余水平。

对此，台山公司与法马通、EDF 成立了项目组联合工作，对后撤时间、维修期限进行优化。通过对所有 I0 条款逐个研究分析，在确定论的基础上结合概率安全分析、工程判断和运行经验反馈，充分考虑机组后撤过程中可能引入的瞬态、恢复或维修设备所需的合理时间等。结果，项目组拓展了 218 个 I0，包括 42 个第 1 组 I0 的后撤时间、143 个第 1 组 I0 的维修期限、33 个第 2 组 I0 的维修期限。

最后，台山公司与法马通一起制定了一套新的后撤时间和维修期限的确定理论。通过对后撤、维修期限的扩展和优化，消除了影响机组可用率的诸多隐患，而且能够避免因规定的维修时间不合理而造成不能遵守运行技术规范，产生不必要的运行事件报告。

**7.4.1.2 编制定期试验监督要求和监督大纲**

台山公司根据上游设计文件，按照监管部门的要求，采用中广核的传统做法，自行编写完成了安全相关系统和设备定期试验监督要求和监督大纲（Periodic Test Surveillance Requirement，PTS）。在定期试验监督要求和监督大纲编写之初，就建立了完整的方法论，系统筛选、单系统技术文件都依据该方法论完成编写。监督文件中所列的监督项目和准则经过调试阶段验证，内容合理可行。

**1. 编写方法**

PTS 的编写主要分以下两步实现：

（1）编写完成单个系统的监督内容

1）对照单系统定期试验完整性分析（PTCN）/定期试验完整性分析文件，确定每个安全特性中涉及的设备；

2）确定每个设备要求的准则和验证模式；

3）确定每个项目的责任部门，涉及的程序编码；

4）确定试验中会偏离运行技术规范的项目，明确产生哪些影响，记录哪些事件；

5）根据定期试验完整性分析文件编写专门的设备准则相关的监督表格；

6）试验中需要用到的曲线等内容作为单独的附录。

（2）文件整合及验证优化

单系统的监督项目文件编制完成后，按章节和系统顺序，将所有的项目整合到一起，汇总成 PTS。整个编写过程中，编写人员与设计方和核电厂执行责任部门紧密联系，对调试阶段验证的偏差项目及时进行了修正。

**2. 文件评审**

监管单位审查的重点及应对措施如下。

（1）文件之间一致性

文件之间一致性包括 PTS 与 OTS 的一致性、监督大纲和监督要求的一致性、监督大纲与维修大纲的一致性、监督程序与监督大纲的一致性等。

虽然每个系统的安全特性都是出自同一个上游文件，但 PTCN 与 OTS 中仍存在确认一致性的必要。通过对比 OTS 的系统清单，对于不在 OTS 要求的系统从 PTS 中剔除；对于不属于安全特性，但又作为事故分析初始条件的内容增加到 PTS 中。针对 PTS 与下游执行文件的一致性，通过执行责任部门的自查和编制部门的抽查来保证。

（2）准则合理性

监督的准则类型有参数类的和描述类的。对于参数类，主要来源于 FSAR 中的事故分析需要，这类参数在调试大纲中都有明确的体现，通过对比调试大纲，保证参数的准确合理性。对于描述类，则尽量将描述内容具体化，并保证与运行技术规范中的要求一致。

（3）周期合理性

试验周期的设计主要是基于设备故障对事故的贡献程度、运行的经验反馈、生产厂家的设计要求。台山核电试验周期主要是参考 FA3 项目，且 FA3 的试验周期已结合了概率计算的分析。从同类机组的设计一致性来说，可不再进行单独的概率分析。

（4）监督项目完整性

主要从两个方面来保证：一是设备的完整性，二是监督方式的合理性。设备完整性的保证有两个输入源：各个安全特性分析中涉及的设备和运行技术规范中明确要求的设备清单。监督方式的合理性则通过对比 PTCN 和其他基地同类设备的试验方式来分析确定。

#### 7.4.1.3　编制机组性能试验大纲

台山核电的 EPR 机组性能试验大纲范围涵盖了核岛、常规岛大部分工艺系统，涉及的项目包括安全相关定期试验、预测性和监督性的定期试验项目。由于没有成熟的机组可供参考，机组性能试验大纲需要从设计源头梳理和判别，以确定具体的范围和项目。从 2009 年起至 2015 年，最终明确了 956 项定期试验项目的关键信息，正式出版了 EPR 机组首份性能试验大纲。

**1. 总体思路**

首先明确 EPR 机组性能试验大纲涉及的业务类型，再对每类业务涉及工艺系统和设备进行分工、责任到人。由各个系统或设备的系统设计手册、维修手册、定期试验清单、标准或规范等上游设计文件来确定各个项目及其验收准则、试验周期等。根据 CPR1000 机组的经验反馈，比对梳理出 EPR 机组性能试验大纲所涉及的业务类型和内容。

（1）安全壳监督相关：A、B、C 类试验；

（2）振动监测与诊断：旋转机械振动周期性监督（泵、风机、柴油发电机）；

（3）通风系统过滤器监督：通风系统高效及碘吸附器净化效率监督试验；

（4）泵水力特性监督：工艺系统重要泵水力特性试验；

（5）热交换器特性监督：工艺系统重要热交换器特性试验；

（6）专项试验：特殊性能试验项目（RGL 落棒时间测量、主泵惰走等）；

（7）运行系统定期试验：性能监督专用运行系统的定期试验。

根据业务类型及涉及的内容、专业分为 7 类业务并具体到人。各业务负责人根据系统设计文件出版计划，安排相关文件的收集和审查。根据设计文件的规定，整理出需要定期试验的项目清单。

**2. 编制的反馈**

按照上述原则，7 类性能试验中涉及的各个系统，依据其上游设计文件固化进度和现场工程进展，到 2015 年 7 月已陆续确定了性能试验大纲中定期试验的项目清单、验收准则和试验频度。最终出版了性能试验大纲的初版文件。由于机组在运和大修期间的系统设备状态及要求还尚未完全固化，导致性能试验大纲项目的执行面临如下挑战：

（1）上游设计文件修改影响大纲中对应项目的执行要求；

（2）运行系统定期切换表的切换周期影响与设备在运状态相关的定期试验项目；

（3）机组投运后的实际环境影响项目的可执行性；

（4）其他问题（机组 I0 等）。

因此，在机组装料前后，性能试验大纲受上述因素影响进行了 4 次大的修改和调整，最终形成了批准的性能试验大纲。性能试验大纲后续优化是一个长期过程，结合机组商运后的运行经验与反馈，对执行过程中的面临的问题进行分析和处理，用以优化项目的执行周期或验收准则，从而持续改进 EPR 机组性能试验大纲。

#### 7.4.1.4 编制在役检查大纲

由于 EPR 机组的机械设备分级方法发生了较大的变化，原《核电厂核岛机械设备在役检查规则》RSE－M 1997 已不适用。为此，法国核岛设备设计、建造及在役检查规则协会（AFCEN）于 2011 年发布了 RSE－M 2010，相关核电厂需按此规范编制 EPR 机组的在役检查大纲。但因 FA3 延期且 EDF 在役检查文件体系与国内监管部门的要求不一致，使得 FA3 的相关文件参考作用有限。基于上述原因，台山核电自主编制了 EPR 机组的在役检查大纲。经过监管部门审评在 2015 年 12 月获得了批准，是 EPR 机组中首份获得监管部门批准的在役检查大纲。这既解决了 EPR 机组无在役检查文件体系可用的难题，又为台山核电执照申请奠定了坚实的基础。

在编制过程中，台山公司通过与法方专家专题研讨，明确了推进思路和编写方法，形成了在役检查大纲编制方法论；通过对 2 000 多个设备、逾 6 000 多个属性信息的分析计算和审查，精确识别了 1 号机组在役检查范围内的设备清单，提供了数据支撑；并结合监管单位评审要求和相关规则、国内外同行的良好实践及经验反馈等，逐步确定了检查部位、检查周期、检查方法等主要内容。

对于在大纲编制及应用过程中遇到的关键技术问题，台山公司采取的总体策略如下。

**1. 借鉴外部经验反馈**

EPR 机组设计源于法国 N4 机组和德国 KONVOI 机组，且 FA3 是台山核电的参考电站。台山核电在役检查大纲参考了上述机组的实践并得到充分论证。例如，新增的主管道自动超声检查、主管道管嘴焊缝手动超声检查、VVP 管线手动超声检查的检查要求等源于 FA3 役前检查大纲的经验反馈；制定蒸汽发生器二次侧视频检查周期、论证取消反应堆压力容器和蒸汽发生器管嘴异种金属焊缝射线偏移透照检测要求等，则参考了 N4 机组的实践。

**2. 根据役前检查实践优化在役检查大纲**

由于台山核电役前检查和在役检查由同一团队实施，通过役前检查的实施，对在役检查大纲中的检查项目进行全面验证并获得经验反馈，为后续在役检查大纲的优化提供了实践经验。例如，对 Lug 焊缝的检查要求、主管道与 RPV 安全端连接处同种金属环焊缝 UT 检查的接近方式等关键技术均在役前检查中得到了优化解决。

**3. 根据 EPR 系统设备设计及检修安排的特点优化在役检查大纲**

T101 大修准备阶段，台山公司根据 EPR 系统设备设计及检修安排的特点，对台山核电厂《在役检查大纲》提出适应性升版，通过调研中广核其他核电基地及 EDF 的实践，分析上游法规、规范中的相关要求，查阅设计文件（设计基准、应力分析报告、快速断裂报告等）并委托相关单位分析论证等方式，对蒸汽发生器在首次定期再鉴定期间的涡流检查范围，主管道及 CRDM 超声检查时机、蒸汽发生器一次侧水室电视检查时机等作了优化。

## 7.4.2 EPR 技术程序编制

核电厂技术程序包括了运行、维修、技术支持和安全领域的四类程序，本节重点介绍台山核电 EPR 运行程序和维修程序的编制。

### 7.4.2.1 EPR 正常运行程序

运行程序作为核电厂运行操作人员的书面指引，其编写、更新、生效和升版是新建核电厂生产准备的重要工作之一。EPR 机组的运行程序继承了 CPR1000 系列程序的主体思路，主体构架主要包括正常运行/特殊运行、事件/事故运行、严重事故管理导则。不同点为引入了新类型的操作指令单（MOP），保证操作指令单的通用性和独立性，达到一份操作指令单可为各种程序（如总体运行程序、系统在线程序、定期试验程序、甚至是事故程序等）调用，从而简化程序的篇幅；以数字化的形式植入到 DCS 系统页面中，方便调用。因此,EPR 机组运行程序是在运用成熟方案的基础上开创性地引入操作指令单的程序方式。

**1. 载体选择**

在程序所用载体的选择上，根据 EDF 在法国电站运营反馈的经验，EPR 将机组稳态功率运行时使用频度最高的两类程序数字化——操作指令单和系统报警卡，其他所有程序均为纸质程序，这与大部分采用 DCS 技术的核电厂思路略有不同。报警卡的数字化是共同的选择，但是对于事故运行程序，其他电站正朝着数字化方向努力，台山核电仍然采用纸质程序。主要考虑以下两方面原因：

（1）纸质版程序在执行者手中，翻阅、执行时能概览总体过程，能随时记录异常和缺陷。特别能通过前后连贯的联络关系使得其具备概览全局的特点，因而 EPR 对机组启停用的总体运行程序和处理事故用的状态逼近程序（State Oriented Procedure，SOP）都选择了纸质介质。这些程序偏向于策略性而非操作性，而策略的实现就是调用各种功能的操作指令单；因操作指令单植入在数字化控制系统中，具备调用方便的特点。其配合使用，能够使得程序执行者一方面手持纸质策略程序时思路清晰，另一方面执行具体操作时又能方便使用数字化控制系统的页面。

（2）纸质程序的升版和更新与机组数字化控制系统不关联，其升版的及时性和流程便利性优于数字化程序。数字化程序从指令书写、格式编译到下装至 DCS 画面的流程比较长，这决定了升版不能随时进行。不能及时升版是数字化程序在机组调试和商运初期面临大量生效修改时的困难。通过临时手段，比如临时使用打印出的数字化程序以获取快速更新的便利。

**2. 语言选择**

台山核电核岛和常规岛主设备及仪控系统的设计文件和所能提供的运行参考上游文件语言都是英文。台山公司在考虑程序文件合同规定的质量保证期和中法合营的顾问需求后，对于数字化报警卡和操作指令单（设计方以 SDM 第 6.2、6.3 章节的形式提供上游文件）编制英文版程序，同时为后期汉化做好准备，报警卡和操作指令单同时编制了中文版以备后用。对于总体运行程序、事故运行程序等设计方能够提供全套参考文件的情况，同样是编制英文版为主体。系统引导程序由台山公司自主编写，使用中文。定期试验程序的指令语言也使用中文，只是在验收准则部分，为便于法方顾问核查使用了中英双语。

**3. 编制过程**

（1）成立编写组织机构

2009 年 8 月，台山公司成立运行部，在此之前运行人员主要在开展理论外培、外语学习、大亚湾基地培训及取照工作。2010 年 7 月，运行部在生产准备阶段的组织机构成立，分为程序组、准备组、核安全组、培训组和支持组，其中程序组又分为核岛小组、常规岛小组、外围小组、电气小组、数字化小组和总体小组。程序组设两名负责人，各小组设置两名负责人；数字化小组内不设固定岗位，由各小组成员兼任。

（2）制定规则和制度

为了保证运行程序能有统一的要求和较高的程序质量，运行程序编制之初就编制了相关生产准备管理程序，规定了文件审查和程序编写要求等。

（3）编写成果

从编写组织机构成立到 2012 年底，完成了 1 508 份正常运行程序的编写，占当时计划编写总数（1 550 份）的 95.65%。因为设计固化和参考文件出版较晚的原因，剩余程序延迟到装料前完成。在运行程序体系建立初期，台山公司和 EDF 合作一起完成了前期工作。在计划制订和跟踪、总体运行程序的编写、特殊运行程序体系的建立、核安全相关程序编写等方面，台山公司从 EDF 得到了人员支持和文件支持。

#### 7.4.2.2 EPR 事故运行程序

台山核电的事故运行程序（应急运行程序）由设计方法马通编写后提供，台山公司完成事故运行程序的技术审查和生效工作。EPR 事故运行程序采用新的仪控结构设计及事故分析方法，共分为信息处理与控制系统（PICS）工况、安全信息和控制系统（SICS）工况、失去电站自动化系统（SPPA－T2000）工况、失去安全仪控过程控制系统（TXS）工况下的几类程序。每类程序基本分为一回路闭口程序及开口程序，还附加有大量的失去支持功能的辅助程序。程序总体数量达到 170 份。

由于是新堆型设计，EPR 事故运行程序的总体结构不同于其他在运核电厂的事故运行程序，而且程序数量大。

为了保证事故运行程序的审查和生效质量，并在 1 号机组装料前完成生效工作，台山公司成立了专项小组，建立了与法马通的定期技术讨论会机制，并注重收集和分析操纵员培训过程发现的问题。最终，按期完成了事故运行程序的审查及生效工作，保证了 1 号机组的装料目标顺利实现。

**1. 总体工作思路**

（1）审查和生效的目的和范围

应急运行程序审查和生效的主要目的是验证应急运行程序的可执行性，确认根据设计方提供的程序，是否可以顺利地将机组带入安全状态。设计方负责审查应急运行程序与 FSAR 的一致性比对。

（2）生效策略

因为事故运行程序的特殊性，在真实机组上无法实现大部分事故场景，所以台山公司采取了尽量利用全范围模拟机和机组调试正式场景来生效事故运行程序的策略。如果这两种条件不具备，则进行静态生效。

（3）生效场景选取原则

台山核电事故运行程序的生效场景选取原则有：尽量生效程序的不同序列、路径；场景在 FSAR 中 DBC/DEC 边界事故覆盖范围内。按照这些原则最终共选择了 39 个生效场景。

（4）生效报告

每个生效场景均形成一份生效报告，基本包括了生效的所有信息。

1）生效环境：全范围模拟机版本，所参考的系统设计手册版本；

2）生效时间及参与人员：生效时间，生效参与人员；

3）生效场景信息：场景初态，插入的事件/事故，事故运行程序执行顺序，生效场景结束点，生效场景中重要的时间节点（例如程序转换点、重要动作执行点等）；

4）生效曲线：生效场景涉及的重要的一/二回路参数曲线；

5）生效路径：生效场景中涉及的每本程序所走的具体路径（在每本程序中具体标出）；

6）生效问题：生效场景中发现的程序问题（整理后发给设计方法马通，作为程序升版的输入）。

**2. 生效组织与成效**

（1）全范围模拟机生效

全范围模拟机生效由安全工程师组织实施，并成立了专门的生效小组，包括组长、生效安全工程师、一回路操纵员（reactor operator，OP1）、二回路操纵员（steam－water operator，OP2）、协调员（supervisor，SUP）和模拟机教员，并清晰规定了各成员的职责。

（2）调试窗口生效

为使事故运行程序在生效后能完全满足在实际事件/事故中对机组状态进行有效控制的要求，台山公司充分利用调试窗口进行事故程序生效。由于事故运行程序生效需要有涉及机组整体状态的控制，所以装料前可利用的调试窗口均在热态功能试验期间。

利用调试窗口生效的活动由安全工程师组织和执行。生效前由安全工程师根据调试大纲、系统调试大纲、系统调试程序预先确定可利用的调试试验，再根据三天滚动计划及实际调试活动安排值班安全工程师在调试试验期间同步生效事故运行程序，共有 10 个调试试验可用于生效事故运行程序。

（3）静态生效

由于现场、SICS 及 PICS 页面多次升版，事故运行程序中操作设备的信息与实际情况可能有所差别。为保证这种信息的一致性，需执行静态生效，其主要目的是保证事故运行程序中所描述设备能在主控及现场准确地找到。

基于台山事故运行程序采用的模块化设计原则，为了优化静态生效执行方式，对于程序中公用的模块，仅进行一次静态生效，不必每本程序都重复生效。静态生效由安全工程师组织，运行部门及培训部门参与。

（4）实施效果

所有的事故运行程序均经过技术审查；除了硬核系统（HKS）程序、安全信息和控制（SICS）程序及部分开口程序进行静态生效，其他程序均在全范围模拟机上完成了生效。程序所包含的模块均在主控室进行了静态生效，现场操作单部分在现场进行静态生效。

**3. 经验反馈**

（1）明确事故运行程序生效的目的和范围

作为 EPR 新堆型的事故运行程序，首先明确事故运行程序生效的目的和相应的范围。在讨论事故运行程序生效策略时，最开始还包括了验证设计方提供的事故运行程序能完全覆盖 FSAR 中所包含的所有 DBC/DEC 事故。基于设计方编写事故运行程序的质量控制流程，该部分已包含在其流程之内。同时，由于台山公司现实的能力、人力、全范围模拟机的限制，不再对该部分进行验证。如果事先没有明确这一点，将导致事故运行程序生效既费时又不能达到预定的目标。

（2）对事故运行程序生效保持足够的资源投入

鉴于事故运行程序本身的重要性，需要得到足够的资源投入，包括人力、生效组织的有效运作等。对于新堆型新机组，事故运行程序生效方面的特殊性与成熟堆有较大差异，从生效发现的问题类型和数量来看，也验证了需要足够的资源投入。

### 7.4.2.3　EPR 维修程序

对比参考电站及 CPR1000 机组的程序体系，参考电站的维修程序架构、规划与中广核的通常做法存在明显差异，且编写计划不满足台山核电的需求。最终台山公司参照了 CPR1000 的程序体系，并结合自身实际特点，在组织管理、计划和进度控制、程序编写规范化、质量提升等方面进行了深入研究和实践，建立了完整的维修程序编写体系。

**1. 组织与策划**

维修程序编写具有以下特点：

（1）计划性强。需要匹配现场设备 TOM 的移交进度，确保移交后维修活动的正常开展。

（2）技术性强。维修程序作为现场检修的核心工作文件，必须确保其可执行性。

（3）关联性强。对于新堆型，在无法大规模移植维修程序、备件信息数据的情况下，维修程序编写必须与上游文件审查、备件需求提报、工具需求提报、维修大纲编写等紧密结合。

（4）规范性强。不同的专业维修程序需要保持格式统一、章节内容范围一致、用语一致等。

因此，台山公司在 2010 年 4 月成立了维修程序编写专项组，按照专项管理的方式运作，统一制定管理规定、合理安排编写计划、统一跟踪落实编写任务。通过专项组运作可以充分调动各方面的资源，共同解决编写过程中遇到的共性困难和问题。

**2. 确定维修程序模板**

首先是规范统一维修程序的模板，包括维修程序各类型以及程序中的内容分块。在综合考虑了国内核电厂和参考电站 FA3 的维修程序体系后，台山公司确定将维修程序分为检修程序、试验程序和润滑程序三类并分别确定了模板，其余维修程序依据这三类模板编写。同时，对维修程序的体系进行了合理规划。

由于 EPR 机组新设备多，现场布置、检修条件存在差异，编写人员在文件编写、设备检修的经验也有所不足。因此，为了确保不同人员、不同专业编写出的维修程序规范一致，编写人员对于维修程序模板中各章节内容要求的理解一致，维修程序编写专项组结合中广核的程序体系和台山核电特点，统筹、组织各专业编写了大量的规范化文件，统一明确了相关要求。然后，将规范化文件作为维修程序编写的授权培训内容，使编写人员和校核人员都熟悉和掌握管理规定，同时通过内部自查、抽查和质保部门检查，及时发现和纠正偏差，确保规范化要求得到贯彻落实。

**3. 计划与实际进展**

在项目准备阶段，台山公司编制了《维修程序编写方案》和《维修程序编写计划》，通过这两份管理文件，规划了维修程序编写实施的实施方案和框架计划。在实际执行中，根据上游文件出版条件和实际编写进展，每年对编制计划作适应性调整。总体上，台山核电维修程序编写可分为两个阶段：

（1）前期准备阶段：从 2010 年 4 月正式启动到 2010 年 9 月。

（2）编写实施阶段：从 2010 年 10 月到 2014 年 12 月，共编写完成了 4 693 份维修程序。

进度管控主要依托专项组和各专业负责人、程序编写协调员，每两周跟踪、报告一次实际进展。同时，通过维修领域季度、年中和年度总结对计划执行偏差、原因分析、困难及应对措施等进行研讨，制定改进行动方案。

**4. 困难及应对措施**

作为 EPR 首堆，台山核电在维修程序编写中的主要困难包括上游文件出版滞后、部分新型设备供应商编制的文件质量不高、维修程序编写人员检修经验不足、对程序体系理解不深等。应对措施如下。

（1）由于上游文件出版滞后、新型设备设计定型延迟等，造成维修程序中检修条件、配合工序、风险分析、检修工序、图纸等章节编写存在困难。台山公司根据已有资料或典型设备的检修经验，编制未完成版的维修程序，程序中允许留有“天窗”，然后通过维修跟踪系统记录和跟踪处理这些程序中的缺失或待完善部分。对于检修条件、风险分析及安全措施等需要现场核实的内容，在设备维修移交前统一核实并补充完善。根据实际进度，动态调整编制计划，确保计划的可执行性。

（2）针对上游文件出版滞后和部分新型设备供应商编制的文件质量不高，台山公司建立上游文件到达跟踪机制，对不能按计划到达或信息有误、不全的文件，及时反馈并通过业务主管部门和供货商的快速联系渠道催交、咨询、澄清。通过与供应商召开视频会议、电话会议或直接前往供应商交流等方式，寻求维修程序编写所需的支持材料和关键信息。各专业在内部分析其通用程序或相似设备，在无设备运行维修手册时尝试初稿编写，做好遗留问题记录和闭环管理，待设备运行维修手册出版后再补充修改。

（3）针对维修程序编写人员经验不足，通过规范化文件提出统一、明确的要求；通过邀请内外部专家组织专题培训，宣贯管理规定、传授知识和经验、学习同行的良好实践；编写人员通过从简单程序开始练习，逐步积累经验；积极寻求外部技术支持，参加供应商组织的专项技术培训。

**5. 维修程序生效**

维修程序生效是指在现场使用“试用”版程序时，工作负责人从维修程序中设备描述与现场的相符性、工序或工艺的完善性、检修标准的正确性、工器具的正确性、风险分析的完整性及合理性等方面对维修程序进行验证。经评估和修改完善后，及时在程序数据库中将“试用”版维修程序升版为“执行版”。在程序首次验证中，依据“维修程序验证检查单”对维修程序的适用性进行检查，然后及时填写“维修程序验证、修改跟踪单”对程序缺陷和程序的可用性评估结果进行记录。最后对评估、检查结果进行程序生效、升版的流程进行流转处理。台山核电维修程序生效允许的方式包括以下三种：

（1）现场程序执行、验证生效。

（2）调试活动、试验等效执行生效。主要是一些电气、仪控的试验、定值调整程序。

（3）提前介入到工程期间的设备维修。在系统维修移交前，对部分重要设备，按照核电厂的工作流程，现场使用维修程序执行维修活动，借此完成维修程序的验证、生效。例如在 2015 年 6 月，维修部门在调试试验许可证下，提前对 500 kV 开关站保护类设备进行检修和试验，完成了 58 份维修程序的验证和升版。

## 7.5 移交接产与联调启动

接产启动是生产准备中后期的主要工作，台山核电基于工程一体化运作模式，生产线人员深度参与其中，在移交接产，机组联调启动、日常生产管理体系建立等方面发挥了重要作用。

### 7.5.1 移交接产

国内核电建设中，“移交接产”通常是指对于完成安装调试的系统、设备及厂房，业主方通过检查验收流程，检查和消除缺陷后，再由业主公司接收。

台山核电以建设三代核电标杆工程为目标，不仅采用了世界先进的 EPR 技术，而且在管理上也追求卓越，对移交接产提出了更高要求，也带来了不少困难和挑战。一方面，EPR 机组的厂房和设备数量多，移交接产工作量大，并且面临的是大量新系统和新设备；另一方面，台山核电实际进展超过参考电站后，已经没有参考，面对新情况、新问题只能在摸索中前进。

面对困难和挑战，台山核电的移交接产先从扎扎实实的基础工作做起，逐步摸索出经验后，再大胆创新、寻求突破，最终取得了令人满意的成绩。总体上，1 号机组在各关键里程碑实现时的遗留项清除率优于控制目标，保证了接产质量，达到了重大设备损坏次数为零、未因接产设备质量和运行维护导致停机的目标。

#### 7.5.1.1 运作机制

基于国内通行的按（子）系统 EESR/TOB/TOM/TOTO 分步骤移交接产的基本模式，台山核电建立了自身的移交接产工作体系并不断完善。

**1. 组织与运作**

在移交接产工作启动时，台山公司成立了移交接产办公室，负责统筹协调工程、生产双方的联检、意见项确认、证书签字等流程，同时推进意见项清除，监控意见项清除率、TOB/TOM/TOTO 按计划签字率等重要指标。随着工作深入开展和负荷增加，移交接产办公室进一步扩展成移交协调办公室和接产联络办公室，分别负责工程线和生产线的统筹协调。同时，建立了工程和生产对口部门参加的 EOMM 小组、SDM 小组、标牌小组、设备钥匙小组、备品备件小组、阀门上锁小组、检修空间小组、图纸小组、Housekeeping 小组等专项小组。以周报、月报和月会为载体，推进影响移交接产的各专项工作开展。另外，建立了工作层、部门协调层和总协调层的三级沟通决策机制，对争议问题进行分级决策。

**2. 建立统一的（子）系统清单**

EPR 机组的系统数量多、参考经验少，最初在系统名称、数量、子系统划分上并无统一的清单和数据。为此，台山公司建立了统一的 EPR 机组（子）系统清单，以协调不同阶段和不同部门的移交接产工作。通过该清单，在台山公司内部统一了（子）系统命名、数量及移交方式，作为 TOB/TOM/TOTO 计划和系统责任转移证书签字计划的编制依据，保证了计划的完整性，相关各方对系统移交的总体进展、剩余任务有了更准确的判断，为判断系统移交完整性提供依据。

**3. 厂房移交与（子）系统移交关联**

随着移交接产深入开展，出现了厂房和构筑物已具备移交条件但内部系统尚未 TOTO 签字的不匹配现象。为此，台山公司完成了核岛、常规岛和 BOP 的厂房清单及各厂房内的（子）系统清单梳理。通过将各个厂房和其中的（子）系统相互关联，理顺了（子）系统移交和厂房移交的相互关系。此后，厂房移交效率迅速提高，移交接产更有条理。

**4. 管理程序完善及移交接产流程控制**

在移交接产初期，从提交申请文件到最后签字流程中各环节时间不可控，出现环节卡阻，消耗了大量时间。为此，台山公司逐步完善了相关管理程序和管理规定，对每一个环节的流转时间提出了明确要求。在证书签字流转阶段，还专门设计了登记制度和登记表格，确保证书的每一步向前流转和向后退回都有记录可查，证书状态和位置实时可查。通过对移交接产流程的管控，基本避免了流程长期停滞不前的情况，单系统完成移交接产的时间明显缩短，有力地支撑了计划按期实现和关键里程碑达成。

#### 7.5.1.2 创新及成果

**1. 确定了 EPR 机组调试各阶段所需 TOTO 系统标准清单**

系统完成临时运行移交（TOTO）是机组能顺利启动的一个前提条件。台山核电根据 EPR 机组特点，在 CPR1000 标准清单的基础上，重新梳理和总结出适用于台山核电工程实际的调试各阶段所需 TOTO 系统清单。

在冷试、热试经验反馈的基础上，建立了台山核电 1 号机组装料所需 TOTO 系统清单筛选原则，最终形成的清单共包含 450 个子系统。筛选原则如下。

（1）必须满足《运行技术规范》对装料后安全功能的要求；

（2）必须满足《定期试验大纲》的要求；

（3）必须满足“环保三同时”原则；

（4）不是以上三条原则所必需的系统，不列入清单。

这种方法、原则及清单在装料前核安全综合检查时得到了监管部门的认可。后续推广应用到 EPR 机组临界和冲转所需系统清单等。该方法和原则已被收录到了中广核的生产准备标准化文件《电厂调试各阶段所需系统、厂房移交规范》中，为后续各种堆型和调试各阶段所需系统移交提供了通用标准。

**2. 完善了非技术厂房系统责任转移流程**

非技术性厂房内的系统相对简单，一般都是建安一体化合同，由同一家承包商承担安装和调试，不存在 TOB/TOM/TOTO 移交流程。按照原程序规定，厂房移交时既对建筑物质量进行检查，也对系统质量进行检查。由于检查对象不同，检查的主体和责任人也不同，如果两者交织在一起难以保证检查质量，容易出现对系统检查不充分、系统文件没有移交流程、系统运维责任不明确等问题。

为更好地完成非技术厂房内的系统移交，台山公司制定了《非技术厂房移交管理细则》，对移交流程进行了详细规定：对于非技术厂房内照明、移动消防、污水类等与机组运行无直接关系的附属系统，按照“EESR＋责任转移方式”移交。在这些系统完成安装且基本调试完成后，由承包商发起 EESR 联检，此次联检既检查系统安装质量，又检查系统调试、运行质量，一并提出意见项。由于检查责任人单一，检查目标明确，有利于及时发现和解决问题，检查质量有保证。在意见项处理完成后，工程线准备责任转移证书，详细列出移交文件清单，保证了系统文件的移交质量和完整性。

该流程应用在非技术厂房内的照明、移动消防、污水类等与机组运行不直接相关的系统上，相比主系统 EESR＋TOB/TOM/TOTO 检查方式，缩短了流程，提升了效率。

### 7.5.1.3 小结

作为系统和设备最终的接收方和使用者，核电厂对移交接产的推动和质量控制起到了重要作用。采取工程生产一体化模式，更有利于台山公司生产线发挥特殊作用，主要体现在如下几方面：

**1. 提出问题和解决问题相结合**

生产线人员深度参与安装和调试，提前发现技术问题，部分问题在移交流程启动前已解决，未解决的被作为联检意见项。生产线人员还主动提出解决问题的思路或方法，减少了意见分歧，解决的效率和效果都得到了显著提升。

**2. 整治性维修和移交接产相融合**

由于工程延期，一些系统和设备从接产到机组商运的时间比较长，为了将设备维持在良好状态，整治性维修和预防性维修必须提前开展。为此，维修部门积极介入，基本上保证了设备在 TOM 后立即可以得到整治性维修，在 TOTO 后立即可以得到预防性维修。这实际上是将一般在机组商运前执行的整体停堆检修，提前在日常工作中消化了，节约了工程建设总工期。

**3. 从“要我接”转变成“我要接”**

移交接产刚启动时，生产线对接产存在“要我接”的被动心态，影响了整体移交接产进展，客观上也与设计固化晚、设备类缺陷多等因素有关。随着工程生产一体化的深入开展，生产线人员对系统和设备的了解逐渐增多，发现将系统和设备接产到手后更便于解决实际问题和提高维保水平。作为设备运维主体，逐步从“要我接”转变成“我要接”，成为加速移交接产的重要推动力，移交接产流程也更加顺畅。

## 7.5.2　联调启动

联调启动是核电厂建设最重要、最关键的工作，时间上是从冷试开始到机组具备商运条件。1 号机组作为 EPR 全球首堆，面临诸多未知和不确定因素。为了管控好联调启动阶段的风险，台山公司从人、机、料、法、环各方面严格把关，抓好人员准备，强化意识、提升技能；抓好文件准备、提升程序和报告质量；抓好工作过程的规范性，严格按程序办事；抓好风险识别和控制的有效性，精准发力、充分准备，防患于未然；抓好人员行为的标准化、规范化，防止人因失效；抓好施工、调试和生产活动的成品保护和防异物，不因保护不到位和异物导致设备损坏。同时，充分借鉴 CPR1000 的成熟经验，以风险控制为导向，调试管理向生产标准靠拢，确保机组的安全稳定运行。

### 7.5.2.1　组织机构

台山公司相继成立了 1 号机组冷试协调委员会、热试协调委员会、装料协调委员会，其作为联调启动期间的指挥协调机构，着力推动重要事项解决。为满足机组装料后核安全责任的有效落实，机组装料前 4 个月，台山公司成立 1 号机组调试启动委员会。这代表着安全、质量责任逐步由工程部门转移至生产部门主导。装料后，安全、质量责任全面转移至生产部门主导。调试启动委员会是装料后机组启动的指挥、协调和决策专设组织，秉承“统一目标、统一计划、统一指挥”的工作原则。

### 7.5.2.2　调试运行风险管控

在 EPR 首堆联调启动过程中，存在许多未知和不确定性，风险管控挑战很大，主要表现为以下几点：

**1. 问题和挑战**

（1）存在大量 TCA 和 TOI：同比 CPR1000 机组同期，EPR 机组的 TCA 的数量是其 3 至 4 倍，TOI 数量是其 4 至 5 倍。这些都对高风险活动的风险管控带来困难。

（2）报警数量多：最多时报警数超过 2 000 个，同比 CPR1000 机组同期，EPR 机组的报警数量是其 4 至 5 倍，这对机组监控带来很大挑战。

（3）设计变更多：近百个电气盘负荷需要重新改造、不断的仪控变更需要 AP 离线下装等工作对联调启动阶段文件准备、主线工作计划、风险管控造成极大阻碍。

（4）系统保护和控制系统更加复杂：同比 CPR1000 机组，EPR 系统保护、控制系统更加复杂，对联调启动试验风险分析能力要求极高。

**2. 管理措施**

风险控制一直是机组状态控制的重中之重，结合冷试、热试及其他基地经验反馈，台山公司在联调启动阶段对风险管控措施如下。

（1）计划管控：工程/生产所有工作进入一体化计划进行安排，禁止无票作业，禁止计划外作业；关键路径延误保证 30 分钟汇报制。

（2）风险分析：工程/生产所有试验活动及临时控制变更工作必须有见诸纸面的风险分析并联签方可执行。

（3）异常汇报：工程/生产人员在现场发现的任何异常需首先通知主控室，禁止未经主控同意的情况下进行干预和纠正动作。

（4）主控中心：工程/生产人员在主控室外（工程师站及现场）的一切操作需要征得主控的同意后方可进行。

（5）突发事件决策机制：机组任何突发事件可能导致影响核安全、设备安全、人身安全、主线计划推进时，启用突发事件决策，主要分为核安全突发事件决策流程和非核安全突发事件决策流程。

（6）指令线明确：各部门明确指令线，特别是主控室的指令线，明确副值长作为机组控制的核心，明确了现场和隔离办都作为主控室的后援支持。

**3. 风险控制过程演变**

（1）从核回路冲洗到热试前期

此阶段由于大量系统并未移交至生产线，整个风险管控以工程线为主导，生产线作为辅助和支持以参与为主，在此阶段主要的风险管控措施如下。

1）高风险试验梳理：因机组并未装料，无核安全风险，因此由工程线牵头，生产线配合，仅梳理可能导致设备损坏、导致工业安全事件的试验定义为高风险试验。

2）高风险试验前风险分析：试验活动及临时控制变更工作必须有书面的风险分析并联签方可执行。

3）模拟机演练：只针对类似 BAS 试验、冷试升压过程等高风险试验才进行模拟机演练。

4）高风险试验过程控制：高风险试验前执行当班值召开工前会（碰头会），明确风险控制手段，只有类似 BAS 试验、冷试升压过程等高风险试验才按四会三单控制。

（2）从热试中后期到机组装料前

此阶段风险管控手段有所提升。热试中期，针对出现的几次异常事件，台山公司认识到之前常规的风险管控措施不完全适用，为加强控制，增加措施主要如下。

1）缺陷管理升级：制定《缺陷跟踪单》，专人负责记录缺陷产生的时间、所属系统、标题、具体内容、缺陷来源、跟踪人、跟踪进展、是否关闭等；识别影响质量、安全、关键路径相关缺陷，由每日调试例会或启动早会、指挥部会推动缺陷的处理。

2）机组监控升级：梳理清除系统长期存在且不影响系统运行报警，并专项监视这些系统新产生报警；控制临时监督指令数量，完善主控巡盘表、现场巡视表，利用主控巡盘表、现场巡视表代替临时监督指令；紧急情况下的操作，先判断其必要性，再讨论其可行性及风险；依据已有程序作出操作决策，无据可依时需保守决策；对工作负责人所提要求保持质疑。

3）风险控制文件体系升级：在经历过几次异常情况实际干预时发现，前期风险控制预案不足，类似于一回路单相状态下压力异常的瞬态，前期风险控制预案太过繁琐，不利于主控室操纵员及时控制机组。因此台山公司及时梳理缺失预案加以补充并对原有预案进行升版，另外将风险控制文件分为两类，一类为风险控制预案，另一类为瞬态控制导则；而瞬态控制导则主要针对需要立即响应的机组异常工况。

4）仪控下装工作标准化：因系统设计无法固化、上游不断增加新的设计变更产生的仪控系统离线下装工作，台山公司制定离线下装标准流程。将离线下装前进行风险分析、拆解控制线、强制信号，离线下装中控制风险、进行干预，离线下装后恢复等流程均实现标准化。

5）过程控制升级：所有高风险活动（不仅限于试验）均采用“四会三单”制（技术交底会、预工前会、工前会、工后会、预工前会单、工前会单、工后会单）。

（3）从机组装料后到商运

机组装料后，核安全责任已经完全由工程线转移至生产线，为减少机组的自动停堆事件，进一步提高了对机组活动的风险管控措施要求，主要如下。

1）临时控制变更管控升级：清理现存所有临时控制变更，对其存在的必要性、风险、解除条件全面梳理，必要时采用临时措施（预案、临时运行指令等方式）控制风险；对新增的临时控制变更，在理论分析后，必须经过模拟机验证后才可实施。

2）工作许可证管控升级：对于工作许可证管理增加很多措施，技术规范要求系统除经过隔离经理预审外，必须再经过大修值长和安全工程师审批；工作许可证的延期除正常延期流程外，必须经过大修值长批准；增加紧急出票流程中大修值和计划部的管控和跟踪等。

3）高风险活动识别升级：除前期识别的高风险试验外，对首次执行活动和剩余试验重新梳理，例如除跳机、跳堆外，引起功率波动、温度波动、压力波动等活动均列为高风险活动。

4）过程控制再次升级：所有高风险活动均采用“七会三单三要求”，即在原有的“四会三单”基础上，增加高风险活动推演会、模拟机验证会、联调指挥部评审会等三会，增加现场踩点、生产方与承包商联合实施、管理层与技术骨干现场监督实施，落实监督责任等三要求，全面控制风险。

#### 7.5.2.3 实施效果

经过 1 号机组风险管控的不断改进和优化，2 号机组风险管理得到进一步完善，实现了 2 号机组高风险试验零跳机零跳堆的高目标。同时，1 号机组自装料至具备商运条件经历了 247 天，而 2 号机组自装料至具备商运条件经历了 148 天，工期节省 99 天，这与 1 号机组风险管控方案密不可分。

### 7.5.3 日常生产管理体系建立

与 CPR1000 机组调试阶段的组织管理不同：台山核电在冷试前 500 kV 开关站倒送电时就部分启动了日常生产项目组。生产准备期间提前启动日常生产项目组运作，是台山公司综合工程进展的实际情况作出的决策。项目组通过持续且与任务需求相一致的弹性运作，始终保持移交生产管辖的系统和设备始终处于可用状态，加快生产队伍磨合，逐步提升人员队伍能力。为保障和提升移交生产系统的运行可靠性作出了贡献，从多方面检查了生产准备的偏差并加以改进，为联调活动做铺垫，最终实现联调控制向生产控制的平稳过渡。

#### 7.5.3.1 提前启动日常生产管理的背景

由于设计修改较多、系统和生产文件有待验证，EPR 首堆在系统功能保障和潜在问题缺陷控制两方面存在风险。为提前识别和管控风险，生产线在冷试前就开始日常生产项目组的运作，相比其他基地提前启动了日常生产管理。

生产准备阶段，项目组运作的总体目标是：围绕系统功能保障，逐步按照商运标准，实施对已移交的厂房、系统及设备运维管理，同时兼顾工作效率，承接日常生产管理的功能。机组联调开始后，在不影响调试主线工作的前提下，开展日常生产活动。

#### 7.5.3.2 组织机构

日常生产项目组在组织机构设置上保留了一定的灵活性。项目组成立初期仅以最小功能运作，旨在推动解决 500 kV 开关站等少数系统设备运行中的困难。随着系统设备移交数量增加，结合日常生产活动实践及经验反馈，项目组不断对组织机构进行调整、完善，逐步将业务范围展开，并包络于商运后完整的项目组业务范围之中。最终建立技术、管理骨干队伍，形成项目组管理核心。同时，结合机组联调启动进展，提前组建防跳机跳堆、消报警等专项小组，其中通风、冷源、消报警专项小组，直接介入所辖系统设备缺陷处理。此外，加强与其他项目组（联调、接产、大修、CCM 等）之间的横向工作协调，并理顺各委员会的接口关系。机组联调启动结束之时，日常生产管理组织机构开始按照集团标准的组织模式运作。

#### 7.5.3.3 组织运作

建立项目组例会制度，并根据日常生产活动的执行情况进行调整，初期仅召开项目组管理月会，再逐步过渡到周会/日会机制，强化缺陷跟踪处理。

在机组联调启动期间，日常生产项目组保持和集团的新运营标准和要求同步发展。通过提前参与群厂日常生产管理例会，学习外基地日常生产管理的经验反馈及良好实践，逐步消化自用。2017 年 9 月，通过开展台山日常生产项目组运作启动同行交流，就总体架构、维修领域、运行计划领域、设备领域、安全领域等进行评审；针对同行评审提出的意见，结合台山实际情况推动改进。

#### 7.5.3.4 编写管理程序

为规范化生产准备阶段日常生产活动，保障移交生产的系统设备功能，项目组提前组织编写在商运后使用的管理程序，借此增强队伍向生产标准靠齐的意识。鉴于在联调启动阶段，针对程序存在与实际不符合、部分不适用等问题，项目组在尽量不改变正常商运期间要求的原则上补充完善相应暂行规定，确保了顺利过渡。

#### 7.5.3.5 日常生产风险管控

为建立适合台山 EPR 机组的风险管控机制，项目组成立初期，管理层明确以风险识别及控制为重点，以避免人身伤亡和重大设备损坏等颠覆性事件为首要任务。

作业准备期间，高风险作业由高岗位审查把关，作业人员严格按工作流程开展工作，通过现场执行，使得生产人员熟悉商运标准的工作流程并逐步规范化，验证了管理/技术程序的有效性，磨合锻炼了队伍，提高了生产人员专业技能，并在工程建设期间开始熟悉了解设备“脾性”。同时，针对 EPR 首堆难以完全复制 CPR1000 原有成果的特点，编制电气盘停盘风险分析参考文件、涉网设备/冷源/柴油机/防台等应急预案、针对主变等重大设备抢修计划等。这些基础性的风险管控工作，为联调启动阶段的作业管控打下基础。

1 号机组装料后，项目组提前参照商运标准，对日常生产活动进行风险管控，包括提前识别首次作业、技术规范相关维修、试验活动（I0）、开展日常生产活动风险（跳堆跳机）识别及分类、CCM 作业及敏感区域作业管理等。上述所有的措施都在联调启动后期高功率试验平台的作业实施中全部投入实践。结合实际工作对日常生产活动风险（跳机跳堆）活动清单进行升版，并把 A/B/R 类作业风险的管控措施和调试期间的“7+3+3”控制方式结合起来，在高风险活动控制上（联调、生产两个项目组）达成了统一的要求。

电气盘移交生产后，日常生产项目组组织各专业编制了停盘风险分析的参考文件，各部门对电气盘下面各自管辖的设备进行停盘风险分析，在后续的停盘维护过程中对该文件进行了检验和升版，为后续的同类工作开展奠定了基础。

#### 7.5.3.6 系统功能保障

日常生产项目组提前成立的主要目的就是让生产线有组织、有规范的参与工程调试，尽力保障系统设计功能，减轻工程线的压力。

具体执行过程中，通过工程生产一体化计划，对已 TOM 系统实施预防性维修，按照文件要求实施监督性项目。同时项目组承接了工程期间纠正性维修及工程改造活动，逐步提升设备健康状态，保障移交生产的系统正常功能。

最初阶段，日常生产项目组以“专项小组”组织模式，重点保障工程用水和用电的可靠供应，开展 500 kV、220 kV 开关站、除盐水系统以及电气盘的预防性维修按照维修大纲开展，同时兼顾考虑整治性维修，消除设备潜在的重大隐患。在 500 kV 开关站出线防风改造过程中，发现并快速处理了支撑套管线夹电流通流能力不够等影响机组正常发电能力的缺陷；在厂房标准化的过程中，除盐水生产厂房率先达到五星级厂房标准，成为其他生产厂房标准化的标杆。在整个联调启动阶段，项目组未发生因水电气等系统影响调试进度的事件。

#### 7.5.3.7 小结

为了机组商运前后管理的无缝衔接，在 1 号机组联调启动后期，日常生产项目组和联调项目组合并运作，日常生产项目组对照联调启动期间的各个问题，进行差异梳理和排查，对调试期间的缺陷问题同步管理，并在商运前逐步达到成熟运作的状态。日常生产项目组提前运作是台山核电在特殊背景情况下的良好实践，总体上达到了预期目标。通过提前引入生产标准，为商运前后平稳过渡奠定了基础。

## 7.6 生产技术与创新

在 EPR 全球首堆生产准备的过程中，台山公司积极引进国内外同行的先进技术和良好实践，但同时也遇到很多新情况、新问题，可供参考的经验有限，解决难度大。为此，台山公司一方面依靠参建各方发挥优势解决问题；另一方面针对关键难题坚持以我为主，积极开展自主技术攻关与创新，取得了显著成效。

### 7.6.1 培训体系建设及特色课程开发

为满足 EPR 机组启动调试、运行、维修等工作对人员能力的需要，台山公司在参考中广核和 EDF 已有培训体系的基础上，根据自身 EPR 技术特点和首堆建设过程中的经验反馈，使用系统化培训方法，建立并持续完善具有自主知识产权的台山 EPR 培训和课程体系。

**1. 运行执照人员模拟机课程培训体系**

台山执照人员模拟机培训课程体系以传统课程框架为基础并做适应性修改，根据 EPR 的技术特点逐步开发对应的课程内容，逐步形成具有 EPR 特性台山运行执照人员模拟培训课程体系，包含从重要的单系统调节、正常运行、瞬态和故障处理到事故控制等共计 22 周课程。

**2. JIT 学习项目**

EPR 技术先进性和复杂性带来了的大体量知识，对人员能力提升提出了较大的挑战，传统的培训体系和模式无法及时满足要求。根据实际需要，开发 JIT 学习项目，及时分析现场发生的实际问题，识别其中知识点和操作注意事项，然后反馈给现场工作人员，作到及时性、实用性和系统性，同时让 EPR 的知识逐步显性化。其分为知识卡、案例卡和工具卡。知识卡主要涵盖运行领域、维修领域和防人因领域，内容上以理论知识介绍为主；案例卡主要分析机组上重大操作以及各类复杂瞬态工况的现象，提出合理的机组运行控制建议；工具卡主要涉及典型系统典型故障案例分析，操纵人员 DCS 应知应会以及阀门，泵和调节系统的无扰切换等。

**3.《EPR 机组智能化控制的设计原理》**

EPR 机组重要的控制调节系统中采用了专家智能化控制系统，主要体现在机组状态自动诊断、事故策略自动诊断以及机组运行智能化控制和干预等方面。对于采用智能化的控制系统的核电站，操纵人员所需进行的日常手动操作和人工瞬态干预已大大减少，但对操纵人员监控以及智能化控制系统异常后的人工诊断和干预提出了更高的要求。《EPR 机组智能化控制的设计原理》（380）课程以设计者和操纵人员的双重视角来探寻 EPR 三代核电机组控制系统的“所以然”，深入阐述了 EPR 智能控制系统的设计原理，探讨各个自动控制系统之间的冲突和相互影响，识别控制系统的设计边界，从而达到知其然并知其所以然的效果。

**4.《EPR 安全分析基础》**

EPR 机组的安全性能提高，其安全分析方面的知识体系也相对更加理论化和复杂化。基础知识需要公司员工全面学习和理解，而相对应的核安全分析培训则显得尤为必要。《EPR 安全分析基础》着重介绍 EPR 核安全分析的基本设计理念和概念等内容。课程是在收集和梳理了 STA、运行人员和教员，在参与的 EPR 设计审查、核安全文件编制和审评、调试启动等过程中积累的大量核安全管理监督相关理论分析、实例、实践经验的基础上形成。课程的内容涵盖从“设计理念”—“安全分析”—“系统设计”—“电厂实际运维”中的核安全管理要求到具体的核安全管理和监督实践，使参加课程的人员不仅了解 EPR 的核安全管理的要求，还从源头上了解为什么有这些要求，从而能更好地遵守运行技术规范等核安全文件的要求，确保机组活动安全质量可控。

### 7.6.2 运营纲领性文件的自主编写

指导核电站 60 年运营期的纲领性文件，包括运行技术规范 OTS、定期试验监督大纲 PTS、化学运行技术规范、运行或维修大纲和程序、在役检查大纲等，一般实践由设计方提供，运维人员遵照执行。在台山核电，设计方因故无法提供，运维人员参考上游文件和中法两国现有核电站经验，自主编写了上述文件。

经过广泛的工程参与及设计审查，运维人员加强了能力提升和对设计文件的了解，成为自主编写的基础。在输入内容上，对上游原始设计文件进行了梳理、整合、细化，并运用用户需求分析、安全分析、已有电站经验借鉴等方法补充了部分缺失的上游内容；在形式上借鉴了 EDF 电站和中广核电站的文件框架，并适应性修改；制定了一系列的编写规范对流程和质量进行规范和控制；协调设计方回答或自主回答监督单位的评审问题；大部分程序在模拟机和调试过程中真实验证生效，少部分不具备条件的通过比对现场设备与设计一致性的方式静态生效。

台山核电不仅自主编写了以上运营纲领性文件，还总结出以运行技术规范编制方法论为代表的方法论，为台山核电长期安全稳定运行和类似项目借鉴打下了基础。

### 7.6.3 DCS 设计变更管控方法及工具

作为 EPR 首堆，在调试、启动阶段仍有多批次的 DCS 设计变更需要实施，这部分修改工作量大，未知风险多，风险控制难度高，任何失误都有可能引发设备误动或安全事件，在技术正确性保障、作业风险控制、进度控制方面面临巨大的挑战。为此，建立了基于基础任务块的 DCS 变更实施过程控制方法；自主开发了数据库比对工具和逻辑离线分析工具，在 DCS 设计变更实施中发挥了关键作用。

在过程控制方面，按照“不允许存在未明风险点、风险点必须有防范控制措施”的原则，从每个机柜数千个硬接线和网络信号开始，制定了 9 个通用风险分析数据表。经过归纳、识别，将 DCS 修改的整个分析、作业过程定义为 23 种基础任务块，以基础任务块为单位进行作业逻辑关系定义、计划制订和进度跟踪。采用逻辑风险和逻辑分析独立校验、逻辑修改离线复核、风险控制和执行过程优化、数据库比对等方法，进一步加强了安全、质量控制。由此建立了从风险识别、控制策略制定、风险控制实施和状态恢复在内的完整风险控制流程和基于基础任务块的计划控制方法。

调试和运营期间存在大量逻辑查询、分析的需求。查询分析 DCS 控制逻辑通常采用两种方法：一是通过系统设计文件查询，效率低；二是通过机组核心控制区的 DCS 组态软件，但终端数量少、必须授权访问，并且可能因误操作影响机组的安全稳定运行，风险高。台山公司自主设计开发了拥有完全知识产权的 DCS 逻辑离线分析软件。软件采用客户端/服务器架构，提取、封装、重建 DCS 离线数据库，并将该离线数据库部署到企业内网服务器，实现了物理隔离；用户通过客户端软件访问 DCS 离线数据，获取相关的控制逻辑，并以符合操作习惯的方式高效查询与呈现；通过数据库同步模块，感知离线数据库与机组数据库的差异并自动同步，保证两者控制逻辑的一致性。人员通过办公电脑即可查询分析与实际机组完全一致的 DCS 控制逻辑，极大地提高了效率，也避免了误操作影响机组安全稳定运行的风险。

1 号机组冷试结束后，DCS 的数据库累计进行动态参数修改 6 万余次、逻辑修改 10 万余次。为消除实际 DCS 与设计文件不一致而带来的安全隐患，需要核查调试期间的所有修改工作，确保所有流程正确关闭，核查范围覆盖 9 660 张 DCS 组态图、37.3 万个逻辑模块、558 万条参数。仪控人员逆向分析数据结构、正向制定比较算法，依次攻克了数据库结构解析、合理差异辨别、内存优化、组态规则自动检测、日志格式转换等技术难题，开发了自动分析软件工具，不仅能识别差异，还能对差异进行有效跟踪管理。该工具还能对 1、2 号机组间数据库进行差异对比和问题跟踪，修正了众多逻辑差异和参数差异。

在调试、启动阶段成功实施了 8 批次超过 3 900 页的逻辑修改，没有发生一起安全事件，也没有影响主线进度。《核电 DCS 离线数据库的构建、同步、呈现与分析方法及系统》已申请发明专利，并登记计算机软件著作权。

### 7.6.4 生产中长期计划制订和计划数据库建设

生产中长期计划是指导未来生产的战略指导文件，对于全新堆型，生产中长期策略如何制订，会影响整个生产准备基础工作的推进方向。台山公司充分吸取中广核和 EDF 在生产中长期计划方面积累的经验，深入分析 EPR 机组的设计特点及大修设计，制订了台山核电全寿期生产中长期计划，为后续各项工作的推进奠定了基础。

作为全新堆型，计划数据库无法参考和移植。如按照正式系统移交节点开始建立计划数据库，第一台机组商运后一个月才能完整建好。对于生产中长期策略的实际适用性、首次大修准备、工程延期导致的设备检修超期等很难得到有效控制和提前部署应对。台山公司创新性提出“体外数据库”和正式“计划数据库”并存的方式，在机组商运前三年便在系统外独立建设了完整的“体外数据库”。

通过对生产中长期计划制订及体外数据库建设，在过程中陆续发现影响机组未来发电能力的问题，通过“机组能力因子项目组”“在线维修项目组”进行管理，对于生产准备工作的总体推进，具有一定借鉴价值。

## 7.7 生产准备总结

台山核电通过工程生产一体化，生产人员发扬大团队精神，在工程建设最需要和最困难的时候支持工程，深度参与设计、采购、安装和调试工作，主动参与首堆技术问题的解决，克服生产准备和移交接产在人力资源上的短期困难，顾全工程建设大局，并为生产人员的能力建设做长远投资，培养了一支贯通工程生产全流程的队伍。通过自主开发实施具有台山核电特色的培训课程、确定 EPR 执照人员培养方案、考核标准和培训体系，实现了执照人员完全自主化培养；通过扎实、充分的生产准备，为保障机组长期安全稳定运行打下了坚实基础；通过设计文件审查和生产技术文件编制，加深了对 EPR 设计和技术的理解和掌握；通过优化移交接产、加强联调启动风险管控、提前启动日常生产管理体系，保障了机组由建设期向运营期的平稳过渡，为顺利开启 EPR 首堆运营新时代奠定了基础。

# 结束语

台山核电从 2007 年项目启动到 2018 年 EPR 全球首堆的建成，再到 2019 年一期工程全面建成，走过了艰难的十二年，历经跟随、主导、领先三个阶段，最终取得了满意的项目成果。整个建设过程中，安全和质量、工期和造价控制良好，技术自主化和设备国产化等符合预期，实现了“建设国际一流三代核电标杆工程、实现三代核电技术自主化”的战略目标。

安全质量方面，建设期间 20 万工时工业安全事故率为 0.02，未发生核安全二级及以上事件，未发生重大质量事件。安全质量各项指标均优于目标值。

工期方面，1 号机组从浇筑核岛第一罐混凝土到穹顶吊装 23.9 个月的工期与 CPR1000 机组的工期相当，短于芬兰 OL3 项目（47.1 个月）和法国 FA3 项目（67.3 个月）。从浇筑核岛第一罐混凝土到投入商运，实际建设工期 109.6 个月，不到国外参考电站预计总工期的 60%，是同期建设的三代核电首堆的最短工期。2 号机组建设过程中既全面支持 1 号机组建设，又及时从 1 号机组获取经验反馈，总体进展更为顺利，成为全球第二台投入商运的 EPR 机组。2 号机组从冷试至商运的联调工期为 14.1 个月，从装料至商运的工期为 4.8 个月，已达到 CPR1000 成熟机组的平均水平。

造价方面，台山核电的总造价尚在竣工结算中。据初步核算结果，两台机组每千瓦单位造价远低于国外同期建设的芬兰 OL3 和法国 FA3 项目的单位造价。

自主化和国产化方面，通过台山核电建设，EPR 已经形成了完整的设计文件、技术成果和相关产业链。其中，通过联合设计、技术转让、工程后期技术自主化和设计自主化实践，中方设计单位已经全面掌握 EPR 核电厂的总体设计、初步设计和核岛关键系统、构筑物的详细设计技术。在核岛工艺设计、核岛设备设计、核岛 BNI 设计、电气设计、仪控设计、土建设计领域已完全具备自主设计能力，形成了 EPR 技术翻版加改进能力，实现了三代核电设计自主化的目标。国内制造单位通过制造一台套完整的主设备，掌握 EPR 关键设备制造所需的各项技术和能力，形成了国内核电产业链，具备将 EPR 设备国产化的能力。中方单位已经掌握了 EPR 建安施工、调试相关技术，国内施工单位完全具备了自主建设 EPR 的能力，通过充分吸取台山核电的经验反馈还可以继续优化和降低成本。

在建设过程中所获得的技术和管理经验，适用于具有首堆特征的其他核电项目，还可以为具有研发型、大型复杂工程和大型国际合作项目提供管理上的借鉴。各参建单位积累了技术和经验，培养了能力和人才，为参建其他核电项目奠定了基础。

中法核能合作经过三十多年发展，在台山核电 EPR 首堆工程建设中进一步深化，得到了新的拓展、创新和升华，为新时代、新阶段中法、中欧核能和其他领域的合作作出了重要示范。

EPR 全球首堆的成功，充分证明了 EPR 技术的可行性，为世界三代核电发展提供了一种重要的现实技术选择。两台机组投入商业运行至今，一直保持着安全稳定运行，机组各项性能指标符合设计要求。预计每年可以向粤港澳大湾区提供超过 260 亿千瓦时的安全、清洁、稳定电力。对优化能源结构、保障能源安全、推动绿色发展和带动地方经济社会发展等方面具有重要意义。

EPR 全球首堆的成功，得益于中法两国政府、领导人长期以来给予的高度重视和大力支持，得益于中国改革开放以来长期良好的经济社会环境，得益于中国核电多年不间断发展积累的雄厚基础，也得益于每一名台山核电建设者在逆境中不断奋斗，发扬了首堆精神。

国家主席习近平对台山核电的关怀和鼓励、我国优越的社会制度、从中央到地方各相关政府部门的大力支持、中广核的正确领导和支持，激励着台山核电最终建成 EPR 全球首堆。台山核电建设自始至终得到了各级政府的高度重视和大力支持，得到了主管部门和监管部门的严格监督和悉心指导。在有关单位统筹协调下，能够组织动员整个核电产业链的优势力量分工合作、攻坚突破，引进、消化、吸收先进的三代核电新技术。

改革开放以来，中国经济高速发展、社会经济稳定，电力需求旺盛、高压电网互联互通并且鼓励发展清洁能源，为大容量核电机组建设提供了广阔的市场空间。改革开放基本国策和中法长期友好的合作关系，为引进先进的 EPR 三代核电技术提供了可能。台山核电与周边社区和谐发展，共享发展成果，得到了当地社会的广泛理解、认可和支持。这为台山核电建设提供了良好的发展环境。

中国通过多年不间断的核电建设已经培育形成了雄厚的建设、运维能力和产业链基础，具有成熟的管理体系、运作机制和保障体系，积累了丰富的技术和管理经验，培养和储备了一大批高素质的技术和管理人才。法方作为 EPR 技术的开发者，具有多年核电建设、运行经验积淀和长期的新堆型设计研发实践，设计理念先进，掌握了大量前沿新技术。中法两国关系长期友好，在核能领域从大亚湾核电开始建立了紧密的合作关系。这是台山核电能够后来居上建成 EPR 全球首堆的重要基础。

面对首堆难题和挑战，凭着高度的历史责任感、使命感和荣誉感，台山核电打造了一支具有首堆气质和灵魂的队伍。在各参建方领导的支持下，各项目管理团队、全体建设者多年如一日，设计、制造、施工和调试等各个环节、不同专业、多个地点，始终坚守初心、保持激情、勇于创新、默默奉献，为台山项目建设付出了辛勤、贡献了智慧、增添了精彩，体现出了敢为人先的开拓精神，超长坚持的奉献精神，跨界补台的团队精神，操之在我的担当精神，坚韧不拔的奋斗精神，一群平凡的人最终成就了不平凡的事业！

首堆工程已建设完成，首堆运营刚刚拉开序幕。展望未来，台山核电仍需长期坚持思想上的艰苦奋斗，认真总结工程建设经验，传承首堆精神，转变思想认识，进化行为模式，通过首堆运营的探索、创新和总结，逐步建立并持续完善 EPR 三代核电技术运营管理体系，确保电站长期安全稳定运行，努力开创机组运营新局面。

# 附录

附录 A

# 台山 EPR 首堆工程大事记

## 1988 年

1988 年 4 月，法马通和西门子签署协议，决定合作开发欧洲先进压水堆（EPR）。

1988 年 12 月，台山腰鼓厂址作为广东省第二核电站推荐厂址，开展首次查勘。

## 2004 年

2004 年 1 月，中广核召开三代招工作启动会。

2004 年 9 月，三代核电自主化依托项目核岛主设备发标。

## 2005 年

2005 年 2 月，三代核电招标日期截止，开始评标。

2005 年 5 月，中广核全面启动台山核电站可行性研究。

2005 年 12 月，台山核电筹备处正式成立，临时进场道路通车。

## 2006 年

2006 年 4 月，台山核电列入《广东省国民经济与社会发展第十一个五年规划纲要》。

2006 年 12 月，按照国家安排中广核与法方开始 EPR 项目谈判。

## 2007 年

2007 年 7 月，广东台山核电有限公司注册成立。

2007 年 8 月，决定将两台 EPR 机组从阳江厂址调整到台山腰古厂址建设。

2007 年 11 月 26 日，在中国国家主席胡锦涛和法国总统萨科齐的共同见证下，中广核与法国企业签署建设台山 EPR 项目的合作协议。

2007 年 12 月，国家发改委同意广东台山核电一期工程开展前期工作，厂平工程开工。

## 2008 年

2008 年 8 月，1 号机组核岛负挖开工。

2008 年 12 月，进厂道路全线具备通车条件。

## 2009 年

2009 年 9 月，1 号机组常规岛浇筑第一罐混凝土。

2009 年 10 月 26 日，1 号机组核岛浇筑第一罐混凝土，EPR 核岛筏基整体浇筑首次成功，一次浇筑混凝土超过 9 200 立方米。

2009 年 12 月 21 日，台山核电站开工暨台山核电合营有限公司成立仪式在北京人民大会堂金色大厅举行，国务院副总理李克强和法国总理菲永出席会议。

2009 年 12 月 22 日，中、法两国主要参建集团的最高领导建立了高层协调机制，成立台山项目协调委员会并召开第一次会议。

## 2010 年

2010 年 3 月，1 号机组核岛首个钢衬里模块吊装完成。

2010 年 11 月，1 号机组核岛安装开始。

## 2011 年

2011 年 6 月，首个工艺系统开始调试。

2011 年 10 月 23 日，1 号机组核岛穹顶吊装完成，实现了 24 个月内从核岛开工到穹顶吊装。

2011 年 10 月，反应堆压力容器到货；全长 4 330 米的 1 号机组海底盾构隧道贯通。

## 2012 年

2012 年 10 月 19 日，台山项目协调委员会召开第四次会议，决定按照 EPR 首堆策略建设台山核电。

2012 年 12 月，1 号机组核岛主回路重型设备全部吊装就位并完成主回路焊接；向 NNSA 和核与辐射安全中心提交台山核电厂 1、2 号机组 FSAR，成为全球首个向国家核监管单位提交 FSAR 的 EPR 项目。

## 2013 年

2013 年 8 月，1 号机组汽轮机开始扣缸。

2013 年 10 月，核岛设计团队整体转移至现场办公。

2013 年 10 月，英国财政大臣乔治 • 奥斯本访问台山核电，欢迎中企投资英国核电。

2013 年 12 月，法国总理埃罗访问台山核电，种下一棵象征友谊的常青树，并称赞台山核电是法中合作的一项伟大事业。

2013 年 12 月，1 号机组完成第一阶段核回路冲洗试验。

## 2014 年

2014 年 2 月，集合内外部优势力量集中完成核岛设计最终状态审查。

2014 年 9 月，全范围模拟机可用。

2014 年 10 月，1 号机组泵站进水。

2014 年 11 月，1+9 号机组核岛安装单月完成点数首次达到 40 万点。

2014 年 12 月，1 号机组核岛重要工艺系统首次启泵；台山公司与 NIEP 联合体就核岛设计一揽子解决方案达成一致。

## 2015 年

2015 年 3 月，1 号机组主控室可用。

2015 年 6 月，1 号机组常规岛盘车可用。

2015 年 12 月，1 号机组首批操纵员开始 24 小时值班。

2015 年 12 月 30 日，1 号机组开始冷试并成为世界首台开始冷试的三代压水堆核电机组。

## 2016 年

2016 年 6 月，1 号机组安全壳打压试验完成。

2016 年 4-8 月，1 号机组冷试后开展现场集中设计修改。

2016 年 11 月，1 号机组反应堆压力容器扣盖，进入热试前期阶段。

## 2017 年

2017 年 3 月，1 号机组热试开始进入升温升压阶段；法国、英国、芬兰和经济合作与发展组织派员与国家核安全局联合见证最为关键的 EPR 首堆试验（堆内构件流致振动试验），EPR 首堆试验结果得到了多国核安全监管机构认可。

2017 年 7 月，1 号机组汽轮机非核蒸汽冲转一次成功。

2017 年 11 月，1 号机组完成首炉核燃料接料。

2017 年 12 月，国家核安全局对 1 号机组进行首次装料前核安全综合检查。

## 2018 年

2018 年 1 月 9 日，国家主席习近平和法国总统马克龙共同为台山核电站 1 号机组成为“EPR 全球首堆工程”揭牌。

2018 年 4 月 10 日，国家核安全局颁发 1 号机组首次装料批准书，1 号机组开始装料。

2018 年 6 月，1 号机组首次临界、首次并网，成为首个并网发电的三代核电机组。

2018 年 10 月，1 号机组首次达满功率运行，成为全球发电功率最大的机组。

2018 年 12 月 13 日，1 号机组完成 168 小时示范运行并具备商运条件；翌日，国务院新闻办公室举行中外记者见面会，宣布建成 EPR 全球首堆工程。

## 2019 年

2019 年 4 月 12 日，2 号机组开始首次装料。

2019 年 5 月，2 号机组实现首次临界。

2019 年 6 月，2 号机组实现首次并网。

2019 年 9 月 7 日，2 号机组完成 168 小时示范运行并具备商运条件。

2019 年 11 月 6 日，国家主席习近平在同法国总统马克龙会谈中指出，“台山核电站 1 号和 2 号机组全部建成投入商运，为全球第三代核电站建设提供了成功范例”。

附录 B

# 系统代码

| 序号 | 代码 | 英文名称 | 中文名称 |
|---|---|---|---|
| | A | WATER SUPPLY - FEEDWATER AND CONDENSATE PLANT | 给水供应 – 给水和冷凝 |
| 1 | AAD | Start up and shut down feedwater system | 启动和停运给水系统 |
| 2 | ABP | Low pressure feed water heater system | 低压给水加热器系统 |
| 3 | ADG | Feedwater tank and gas stripper system | 给水除氧器系统 |
| 4 | AHP | High pressure feed water heater system | 高压给水加热器系统 |
| 5 | APA | Main feed water pump system (including lubrication) | 主给水泵系统 |
| 6 | APG | Steam generator blowdown system | 蒸汽发生器排污系统 |
| 7 | ARE | Steam generators main feedwater system | 蒸汽发生器主给水系统 |
| 8 | ASG | Emergency feedwater system | 应急给水系统 |
| 9 | ATD | Start-up water treatment system | 启动给水处理系统 |
| | C | CONDENSATION, COOLING, CONDENSER | 冷凝、冷却、冷凝器 |
| 10 | CET | Turbine gland seal system | 汽机轴封系统 |
| 11 | CEX | Condensate extraction system | 凝结水抽取系统 |
| 12 | CFI | Circulating water filtration system | 循环水过滤系统 |
| 13 | CPA | Cathodic protection system | 阴极保护系统 |
| 14 | CRF | Circulating water system | 循环水系统 |
| 15 | CTA | Condenser tube cleaning system | 凝汽器管清洁系统 |
| 16 | CTE | Circulating water treatment system | 循环水处理系统 |
| 17 | CVI | Condenser vacuum system | 凝汽器真空系统 |
| | D | AUXILIARY SYSTEMS NOT CRITICAL FOR POWER GENERATION (MISCELLANEOUS) | 与发电无密切关联的辅助系统（杂项） |
| | DA.* | LIFTS AND FREIGHT ELEVATORS | 电梯和升降机 |
| 18 | DAA | BOP building elevators | BOP 电梯系统 |
| 19 | DAB | Lifts and freight elevators for the operational production centre | 运行生产中心电梯系统 |
| 20 | DAF | Lifts and freight elevators for the non-classified electrical building system | 常规岛电气厂房电梯系统 |
| 21 | DAK | Fuel building lifts and freight elevators | 燃料厂房电梯系统 |
| 22 | DAL | Electrical building lifts and freight elevators | 电气厂房电梯系统 |
| 23 | DAM | Turbine hall lifts and freight elevators | 汽机厂房电梯系统 |

续表

| 序号 | 代码 | 英文名称 | 中文名称 |
|---|---|---|---|
| 24 | DAN | Nuclear auxiliary building lifts and freight elevators | 核辅助厂房电梯系统 |
| 25 | DAQ | Waste treatment building lifts and freight elevators | 废物处理厂房电梯系统 |
| 26 | DAR | Reactor building lifts and freight elevators | 反应堆厂房电梯系统 |
| 27 | DAW | Access building lifts and freight elevators | 进出厂房电梯系统 |
|  | DC.* | VENTILATION AND AIR CONDITIONING | 通风、空调 |
| 28 | DCL | Main control room air conditioning system | 主控室空调系统 |
|  | DE.* | CHILLED WATER (PRODUCTION AND DISTRIBUTION) | 冷冻水生产和分配系统 |
| 29 | DEL | Safety chilled water system | 安全冷冻水系统 |
| 30 | DER | Operational chilled water system | 运行冷冻水系统 |
| 31 | DEQ | Waste treatment building chilled water production system | 废物处理厂房冷冻水生产系统 |
|  | DF.* | SMOKE EXTRACTION – VENTILATION (ELECTRICAL ROOMS) | 排烟-通风（电气厂房） |
| 32 | DFL | Smoke control system | 烟控系统 |
|  | DM.* | HANDLING SYSTEMS | 吊装系统 |
| 33 | DMA | Hot workshop and warehouse handling equipment | 热机修车间和仓库吊装系统 |
| 34 | DMB | Handling equipment for the operational production plant | 运行生产中心吊装系统 |
| 35 | DMD | Diesel building handling system | 柴油机厂房吊装系统 |
| 36 | DME | Main switchyard and auxiliary transformers platform handling equipment | 主开关站和辅助变电站吊装设备 |
| 37 | DMG | Handling system of NI underground galleries | 核岛廊道吊装系统 |
| 38 | DMH | Miscellaneous hoists and lifting equipment in BOP building and areas | BOP 厂房和 BOP 区域内的各种吊装设备 |
| 39 | DMK | Fuel building handling equipment – fuel elevator | 燃料厂房吊装设备一燃料提升机 |
| 40 | DML | Safeguard auxiliary / electrical building handling system | 安全辅助厂房与电气厂房吊装系统 |
| 41 | DMM | Turbine hall handling system | CI 厂房吊装系统 |
| 42 | DMN | Nuclear auxiliary building handling system | 核辅助厂房吊装系统 |
| 43 | DMP | CRF and ESW pumping station handling system | 泵站吊装系统（CRF 和 ESW） |
| 44 | DMQ | Waste treatment building handling system | 废物处理厂房吊装系统 |
| 45 | DMR | Reactor building handling system (Polar crane) | 反应堆厂房吊装系统（环吊） |
| 46 | DMW | Handling system of Access building | 进出厂房吊装系统 |
| 47 | DMx | Other NI handling system | 核岛其他吊装系统 |
|  | DN.* | SITE (BUILDINGS AND OPEN AREAS) NORMAL LIGHTING SYSTEM | 厂区（厂房和户外区域）正常照明系统 |
| 48 | DNA | Normal lighting for waste annex building | 废物附属厂房正常照明系统 |
| 49 | DNB | Normal lighting for the operational production centre | 运行生产厂房正常照明系统 |
| 50 | DNC | ESW pumping station normal lighting system | 重要厂用水泵站正常照明系统 |

续表

| 序号 | 代码 | 英文名称 | 中文名称 |
|---|---|---|---|
| 51 | DND | Diesel building normal lighting system | 柴油机厂房正常照明系统 |
| 52 | DNF | Normal lighting for the non-classified electrical building | 常规岛电气厂房正常照明系统 |
| 53 | DNK | Fuel building normal lighting system | 燃料厂房正常照明系统 |
| 54 | DNL | Safeguard building normal lighting system | 安全厂房正常照明系统 |
| 55 | DNM | Turbine hall normal lighting system | 汽轮机厂房正常照明 |
| 56 | DNN | Nuclear auxiliary building normal lighting system | 核辅助厂房正常照明系统 |
| 57 | DNO | Normal lighting system for HOF building (the fire water pool and pump room） | HOF 厂房正常照明系统 |
| 58 | DNP | CRF pumping station normal lighting system | 循环水泵站正常照明系统 |
| 59 | DNQ | Waste treatment building normal lighting system | 废物处理厂房正常照明系统 |
| 60 | DNR | Reactor building normal lighting system | 反应堆厂房正常照明系统 |
| 61 | DNS | Normal lighting system for the site buildings | 厂区厂房正常照明系统 |
| 62 | DNT | Normal lighting for liquid waste hold tanks building | 废液储存罐厂房正常照明系统 |
| 63 | DNW | Normal lighting for access building | 进出厂房正常照明系统 |
| 64 | DNX | CI Power outlet distribution system | CI 电源出口分配系统 |
| 65 | DNY | Demineralization buildings normal lighting system | 除盐水厂房正常照明系统 |
|  | DS.* | SITE EMERGENCY LIGHTING SYSTEMS FOR THE BUILDINGS AND OPEN AREAS | 厂区（厂房和户外区域）应急照明系统 |
| 66 | DSA | Emergency lighting for waste annex building | 废物附属厂房应急照明系统 |
| 67 | DSB | Emergency lighting for the operational production centre | 运行生产厂房应急照明系统 |
| 68 | DSC | Emergency lighting for ESW pumping station | 重要厂用水泵站应急照明系统 |
| 69 | DSD | Diesel building emergency lighting system | 柴油机厂房应急照明系统 |
| 70 | DSF | Emergency lighting for the non-classified electrical building | 常规岛电气厂房应急照明 |
| 71 | DSI | Site security system (detection and intrusion surveillance system) | 厂区报警和监测系统 |
| 72 | DSK | Fuel building emergency lighting system | 燃料厂房应急照明系统 |
| 73 | DSL | Safeguard building emergency lighting system | 安全厂房应急照明系统 |
| 74 | DSM | Emergency lighting for the turbine hall | 汽轮机厂房应急照明 |
| 75 | DSN | Nuclear auxiliary building emergency lighting system | 核辅助厂房应急照明系统 |
| 76 | DSO | Emergency lighting system for HOF building (the fire water pool and pump room） | HOF 厂房应急照明系统 |
| 77 | DSP | Emergency lighting for CRF pumping station | 循环水泵站应急照明系统 |
| 78 | DSQ | Waste treatment building emergency lighting system | 废物处理厂房应急照明系统 |
| 79 | DSR | Reactor building emergency lighting system | 反应堆厂房应急照明系统 |
| 80 | DSS | Emergency lighting for the site buildings | 厂区厂房应急照明系统 |
| 81 | DST | Emergency lighting for liquid waste hold up tanks building | 废液储存罐厂房应急照明系统 |
| 82 | DSW | Emergency lighting for access building | 进出厂房应急照明系统 |

续表

| 序号 | 代码 | 英文名称 | 中文名称 |
|---|---|---|---|
| 83 | DSY | Emergency lighting system for the demineralization buildings | 除盐水厂房应急照明系统 |
| | DT.* | TELEPHONE, TRANSMISSION AND TELETRANSMISSION | 电话、传送和通信系统 |
| 84 | DTF | Computer network system (office applications) | 计算机网络系统（办公室用） |
| 85 | DTL | Closed-circuit television distribution system | 闭路电视分配系统 |
| 86 | DTV | Site communication system | 厂区通信系统 |
| | DV.* | VENTILATION-CONDITIONING (NON CONTAMINABLE) | 通风-空调（无放射性区域） |
| 87 | DVA | Generator circuit breaker room ventilation system | 发电机出口断路器小室通风系统 |
| 88 | DVB | Operational production centre ventilation system | 运行生产中心通风系统 |
| 89 | DVC | Training center ventilation system | 培训中心通风系统 |
| 90 | DVD | Diesel building ventilation system | 柴油机厂房通风系统 |
| 91 | DVE | Main switchyard ventilation system | 主开关站通风系统 |
| 92 | DVF | Non classified electrical building ventilation system | 常规岛电气厂房通风系统 |
| 93 | DVG | Security building ventilation system | 保安楼通风系统 |
| 94 | DVH | Storage and charging battery maintenance room ventilation system | 蓄电池充电维修间通风系统 |
| 95 | DVI | CI/BOP galleries ventilation system | CI/BOP 廊道通风系统 |
| 96 | DVJ | Oil and grease storage area ventilation system | 油脂库通风系统 |
| 97 | DVL | Electrical division of safeguard building ventilation system | 安全厂房电气间通风系统 |
| 98 | DVM | Turbine hall ventilation system | 汽轮机厂房通风系统 |
| 99 | DVN | Nuclear Auxiliary Building NC Switchgear/ Transformer Ventilation System | 核辅助厂房无级开关站和变压器通风系统 |
| 100 | DVO | Sub-station for construction and auxiliary switchyard ventilation system | 施工辅助开关站通风系统 |
| 101 | DVP | Circulating water pumping station ventilation system | 循环水泵站通风系统 |
| 102 | DVQ | Guardhouse, access control post ventilation system | 警卫室、进出监控区通风系统 |
| 103 | DVR | Air compressor building ventilation system | 空气压缩机房通风系统 |
| 104 | DVS | ESW buildings ventilation system | 重要厂用水泵站通风系统 |
| 105 | DVT | Main steam valve and main feedwater valve station ventilation | 主蒸汽阀门和主给水阀门间通风系统 |
| 106 | DVU | Fire water pool pumping station ventilation system | 消防水池泵站通风系统 |
| 107 | DVV | Auxiliary boilers building ventilation system | 辅助锅炉房通风系统 |
| 108 | DVW | Access building uncontrolled area ventilation system | 进出厂房非控制区通风系统 |
| 109 | DVX | BOP auxiliary electric building ventilation system | BOP 辅助电气厂房通风系统 |
| 110 | DVY | Demineralization ventilation and air conditioning system | 除盐水车间通风和空调系统 |
| 111 | DVZ | Central gas supply systems buildings ventilation system | 气体供应厂房通风系统 |
| | DW.* | VENTILATION – SMOKE EXTRACTION – AIR CONDITIONING | 通风、排烟、空调 |
| 112 | DWA | Hot workshop and warehouses ventilation system | 热机修车间和仓库通风系统 |

续表

| 序号 | 代码 | 英文名称 | 中文名称 |
|---|---|---|---|
| 113 | DWB | Conventional island liquid waste hold up tanks building ventilation system | 常规岛废液贮存罐厂房通风系统 |
| 114 | DWD | Radioactive source storehouse ventilation system | 放射源库通风系统 |
| 115 | DWE | Chlorination plant ventilation system | 制氯站通风系统 |
| 116 | DWF | Environmental station ventilation system | 环境实验室通风系统 |
| 117 | DWG | Site laboratory ventilation system | 厂区实验室通风系统 |
| 118 | DWH | Radiation measuring devices calibration l laboratory ventilation system | 放射性剂量标定实验室通风系统 |
| 119 | DWI | CI Diesel Generator building ventilation system | 常规岛柴油发电机厂房通风系统 |
| 120 | DWJ | Sewage system oil separator plant ventilation system | 含油废水处理间通风系统 |
| 121 | DWK | Fuel building ventilation system | 燃料厂房通风系统 |
| 122 | DWL | Safeguard building controlled area ventilation system | 安全厂房控制区通风系统 |
| 123 | DWM | Emergency management center ventilation system | 应急指挥中心通风系统 |
| 124 | DWN | Nuclear auxiliary building ventilation system | 核辅助厂房通风系统 |
| 125 | DWP | Structure for effluent disposal ventilation system | 污水处理站通风系统 |
| 126 | DWQ | Radioactive waste building controlled area ventilation system | 放射性废物厂房控制区通风系统 |
| 127 | DWT | Additional monitoring tanks building ventilation system | 废液储存罐厂房通风系统 |
| 128 | DWW | Access building controlled area ventilation system | 进出厂房控制区通风系统 |
| 129 | DWX | Ventilation system for operation chillers in NI | 核岛运行冷冻间通风系统 |
| 130 | DWY | Ventilation system for chemical dosing room for circulating water | 循环水加药间通风系统 |
|  | DX.* | SITE (BUILDINGS AND OPEN AREAS) POWER SOCKET SYSTEMS | 厂区（厂房和室外区域）电源插座系统 |
| 131 | DXA | Power socket for waste annex building | 废物附属厂房电源插座系统 |
| 132 | DXC | Power socket for essential service water pumping station | 重要厂用水泵站电源插座系统 |
| 133 | DXD | Power socket for diesel building | 柴油机厂房电源插座系统 |
| 134 | DXK | Power socket for fuel building | 燃料厂房电源插座系统 |
| 135 | DXL | Power socket for safeguard building | 安全厂房电源插座系统 |
| 136 | DXN | Power socket for nuclear auxiliary building | 核辅助厂房电源插座系统 |
| 137 | DXQ | Power socket for radioactive waste processing building | 废物处理厂房电源插座系统 |
| 138 | DXR | Power socket for reactor building | 反应堆厂房电源插座系统 |
| 139 | DXT | Power socket for liquid waste hold up tanks building | 废液储存罐厂房电源插座系统 |
| 140 | DXW | Power socket for access building | 进出厂房电源插座系统 |
|  | E | CONTAINMENT | 安全壳 |
| 141 | EAU | Containment instrumentation system (testing) | 安全壳仪表系统（试验） |
| 142 | EBA | Containment sweeping and blowdown ventilation system | 安全壳换气通风系统 |
| 143 | EDE | Annulus ventilation system | 安全壳环廊通风系统 |
| 144 | EPP | Containment leak rate testing and monitoring system | 安全壳泄漏率试验和监测系统 |

续表

| 序号 | 代码 | 英文名称 | 中文名称 |
|---|---|---|---|
| 145 | ETY | Containment atmosphere monitoring system | 安全壳内大气监测系统 |
| 146 | EVF | Containment internal filtration system | 安全壳内空气净化系统 |
| 147 | EVR | Containment cooling ventilation system | 安全壳冷却通风系统 |
| 148 | EVU | Containment heat removal system | 安全壳热量导出系统 |
| | F | SIMULATOR | 模拟机 |
| 149 | FSS | Full scope simulator | 全范围模拟机 |
| | G | TURBINE GENERATOR AND POWER TRANSMISSION | 汽轮发电机和电力传输 |
| 150 | GCA | Turbine fast cooling & conservation for long shutdown | 汽机快速冷却及停机期间的保养系统 |
| 151 | GCT | Turbine bypass system | 汽机旁路系统 |
| 152 | GEA | Auxiliary power supply | 辅助厂用电源系统 |
| 153 | GEV | Power transmission system (unit auxiliary transformer included) | 输电系统（包括厂用变压器） |
| 154 | GEW | Extra-high voltage distribution system | 500 kV 超高压配电系统 |
| 155 | GEX | Generator excitation and voltage control system | 发电机励磁及电压调节系统 |
| 156 | GFR | Turbine control fluid system | 汽轮机调节油系统 |
| 157 | GGR | Turbine lubrication, jacking and turning system | 汽轮机润滑油、顶轴油和盘车系统 |
| 158 | GHE | Generator seal oil system | 发电机密封油系统 |
| 159 | GME | Turbine measuring elements | 汽轮机监测系统 |
| 160 | GPA | Generator and power transmission protection system | 发电机和输电保护系统 |
| 161 | GPV | Turbine main steam and blowdown system | 汽轮机主蒸汽和疏水系统 |
| 162 | GRE | Turbine governing system | 汽轮机调节系统 |
| 163 | GRH | Generator cooling system (air or hydrogen) | 发电机冷却系统（空冷或氢冷） |
| 164 | GRV | Generator hydrogen supply system | 发电机氢气供应系统 |
| 165 | GSE | Turbine protection system | 汽轮机保护系统 |
| 166 | GSS | Moisture separator-reheater system | 汽水分离再热器系统 |
| 167 | GST | Stator (cooling) water system | 发电机定子冷却水系统 |
| 168 | GSY | Grid synchronization and connection system | 同步并网系统 |
| 169 | GTH | Turbine lubes oil treatment system | 汽轮机润滑油处理系统 |
| 170 | GTR | Turbine generator remote control and metering system | 汽轮发电机遥控和测量系统 |
| | J | FIRE PROTECTION AND DETECTION | 火灾保护与探测 |
| | JA.* | FIRE WATER PRODUCTION | 消防水生产 |
| 171 | JAC | Fire-fighting water production system | 消防水生产系统 |
| | JD.* | FIRE DETECTION SYSTEM | 火灾探测系统 |
| 172 | JDT | Fire detection system | 火灾探测系统 |
| | JP.* | FIRE PROTECTION AND FIRE WATER DISTRIBUTION SYSTEM | 火灾保护装置及消防水分配系统 |

续表

| 序号 | 代码 | 英文名称 | 中文名称 |
|---|---|---|---|
| 173 | JPA | CI diesel generator building fire protection system | 常规岛柴油发电机厂房消防系统 |
| 174 | JPB | Operation production centre fire protection and fire-fighting distribution system | 运行生产中心消防系统 |
| 175 | JPC | Fire fighting distribution system in the ESW pumping station | 重要厂用水泵站消防系统 |
| 176 | JPD | Fire fighting water distribution system | 消防水分配系统 |
| 177 | JPG | Site gas extinguishing system | 厂区气体灭火系统 |
| 178 | JPH | Turbine oil tank fire protection system | 汽轮机厂房消防系统 |
| 179 | JPI | Nuclear island fire protection and fire-fighting distribution system | 核岛消防系统 |
| 180 | JPL | CI electrical building fire protection system | 常规岛电气厂房消防系统 |
| 181 | JPS | Manually-operated & Hand held fire-fighting extinguishers | 移动式和便携式消防设备 |
| 182 | JPT | Transformers fire-fighting protection system | 变压器灭火系统 |
| 183 | JPU | Site fire fighting water distribution system | 厂区消防水分配系统 |
| 184 | JPV | Emergency diesel generator buildings fire protection and fire-fighting distribution system | 柴油发电机厂房消防系统 |
| 185 | 9JPI | Fire Fighting Water System for 9HQB/9HQS/9HQT and 9HGQ Gallery | 9HQB/9HQS/9HQT 厂房和 9HGQ 廊道消防灭火系统 |
|  | K | CONTROL | 控制 |
|  | KA.* | OPERATION AID SYSTEM | 计算机辅助系统 |
| 186 | KAC | Tagging aid computer system | 计算机辅助隔离系统 |
| 187 | KAE | Operating team help system | 运行值辅助系统 |
|  | KC.* | INSTRUMENTATION AND CONTROL EQUIPMENT (LOGICAL AND ANALOG) | 仪控设备（数字与模拟） |
| 188 | KCC | Nuclear accident emergency management system | 核事故应急指挥中心 |
| 189 | KCH | Demineralization plant I&C equipment | 除盐水车间仪控系统 |
| 190 | KCL | Hard Kernel I&C system | SPPA-T2000 的后备仪控系统 |
| 191 | KCM | CI operational I&C equipment (CO PAS) | 常规岛仪控系统（CO PAS） |
| 192 | KCO | NI operational I&C equipment（NI PAS and SAS） | 核岛仪控系统（核岛 PAS 和 SAS） |
| 193 | KCQ | BOP operational I&C equipment (BOP PAS) | BOP 仪控系统（BOP PAS） |
| 194 | KCU | Pumping station I&C equipment | 泵站仪控系统 |
|  | KD.* | DIAGNOSTIC, CONFIGURATION AND DATA ACQUISITION | 诊断、配置和数据采集 |
| 195 | KDC | Troubleshooting and configuration | 诊断和配置 |
| 196 | KDO | Data acquisition system | 数据采集系统 |
|  | KG.* | COMPUTERIZED MANAGEMENT SYSTEM | 计算机管理系统 |
| 197 | KGE | Waste management system | 废物管理系统 |
|  | KI.* | OPERATIONS INFORMATION SYSTEMS (CONTROL AND MONITORING) | 运行信息系统（控制和监测） |
| 198 | KIC | Process information and control system (PICS) | 过程信息和控制系统（PICS） |

续表

| 序号 | 代码 | 英文名称 | 中文名称 |
|---|---|---|---|
| 199 | KID | Diagnostic systems SIPLUG and ADAM | 开关和阀门诊断系统（开关诊断装置SIPLUG 与阀门诊断和评估方法ADAM） |
| 200 | KIF | Fatigue monitoring system (FAMOS) | 疲劳监测系统（FAMOS） |
| 201 | KIL | Leakage monitoring system (LUS & FLUS） | 泄漏监测系统（LUS & FLUS） |
| 202 | KIM | Diagnostic of rotating machinery DIROM | 转动机械诊断系统 DIROM |
| 203 | KIN | POWERTRAX/S - Core monitoring system | 堆芯监控系统（POWERTRAX/S） |
| 204 | KIR | Loose part monitoring system of reactor coolant system (KUS) | 反应堆冷却剂系统松动部件监测系统（KUS） |
| 205 | KIS | Seismic monitoring system | 地震监测系统 |
| 206 | KIV | Vibration monitoring of reactor coolant system (SUS) | 反应堆冷却剂系统振动监测系统（SUS） |
|  | KK.* | ACCESS CONTROL | 出入控制 |
| 207 | KKK | General access control | 综合出入控制系统 |
| 208 | KKO | Energy measuring and metering and substation I&C system | 电能测量、计量和子站仪控系统 |
|  | KKO4 | Switchyard instrumentation and control facilities | 开关站仪表和控制设备 |
| 209 | KKV | Site video surveillance | 厂区录像监控系统 |
|  | KL.* | INFORMATION SYSTEM NETWORK | 信息系统网络 |
| 210 | KLI | Local industrial network system | 工业内网系统 |
| 211 | KLP | 500 kV line protection system | 500 kV 线路保护系统 |
|  | KM.* | TEST INSTRUMENTATION | 试验仪表 |
| 212 | KME | Test instrumentation system | 试验仪表系统 |
|  | KN.* | REAL TIME SURVEILLANCE | 实时监控 |
| 213 | KNS | Real time data surveillance system | 电厂实时数据监视系统 |
|  | KO.* | TROUBLE RECORDER | 故障记录仪 |
| 214 | KOS | Trouble recorder | 故障记录仪 |
| 215 | KPE | Fast trouble recorder | 快速故障记录仪 |
|  | KR.* | ENVIRONMENT MEASURING | 环境测量 |
| 216 | KRC | Personnel radiation monitoring system | 个人辐射监测系统 |
| 217 | KRG | Instrumentation racks | 仪表格架 |
| 218 | KRH | Nuclear island hydrogen detection system | 核岛氢气监测系统 |
| 219 | KRS | Environmental monitoring system (radiation protection – meteorology – pollution) | 厂区辐射和气象监测系统 |
| 220 | KRT | Radiation monitoring system | 辐射监测系统 |
|  | KS.* | CONTROL ROOM – EMERGENCY SHUTDOWN PANEL AND CONTROL DESKS | 主控室－紧急停堆盘及控制台 |
| 221 | KSC | Main control room system (including SICS) | 主控室系统（包括 SICS） |

续表

| 序号 | 代码 | 英文名称 | 中文名称 |
|---|---|---|---|
| 222 | KSR | Remote shutdown station (RSS) | 远程停堆站系统（RSS） |
| 223 | KSU | Security management system | 保安管理系统 |
|  | KT.* | SPECIAL INDEPENDENT INSTRUMENTATION | 特殊独立仪表 |
|  | KZ.* | SPECIAL INDEPENDENT INSTRUMENTATION | 特殊独立仪表 |
|  | L | ELECTRIC DISTRIBUTION | 配电系统 |
|  | LA.* | 220 V UNINTERRUPTED POWER SUPPLY AND DISTRIBUTION | 220 V 不间断电源供应和配电 |
| 224 | LAA | NI 220/24 V DC uninterrupted power supply and distribution train 1 | 核岛 220/24 V 直流不间断电源供应和分配系统（系列 1） |
| 225 | LAB | NI 220/24 V DC uninterrupted power supply and distribution train 2 | 核岛 220/24 V 直流不间断电源供应和分配系统（系列 2） |
| 226 | LAC | NI 220/24 V DC uninterrupted power supply and distribution train 3 | 核岛 220/24 V 直流不间断电源供应和分配系统（系列 3） |
| 227 | LAD | NI 220/24 V DC uninterrupted power supply and distribution train 4 | 核岛 220/24 V 直流不间断电源供应和分配系统（系列 4） |
| 228 | LAK | Control rod drive mechanism power supply system train 1 | 控制棒驱动机构电源配电系统（系列 1） |
| 229 | LAN | Control rod drive mechanism power supply system train 4 | 控制棒驱动机构电源配电系统（系列 4） |
| 230 | LAV | CI 220 V DC uninterrupted power supply and distribution system train 2 | 常规岛 220 V 直流不间断电源配电系统（系列 2） |
| 231 | LAW | CI 220 V DC uninterrupted power supply and distribution system train 3 | 常规岛 220 V 直流不间断电源配电系统（系列 3） |
| 232 | 9LAD | NI 220/24 V DC uninterrupted power supply and distribution (supply Waste Building) | 核岛 220/24 V 直流不间断电源供应和分配系统（供废物厂房） |
| 233 | 0LAQ | 220V DC power supply system in HEB | 220 V 直流电源系统（HEB） |
|  | LB.* | 110V DC POWER SUPPLY SYSTEM (UNIT 0) | 110 V 直流电源系统（厂区专用） |
| 234 | 9LBW | 110V DC power supply system in Da Jin Island | 110 V 直流电源系统（大襟岛） |
| 235 | 0LBL | 110V DC power supply system in HUG | 110 V 直流电源系统（HUG） |
| 236 | 0LBN | 110V DC power supply system in HED | 110 V 直流电源系统（HED） |
| 237 | 0LBK | 110V DC power supply system in HYA | 110 V 直流电源系统（HYA） |
| 238 | 0LBU | 110V DC power supply system in HBB | 110 V 直流电源系统（HBB） |
| 239 | 0LBZ | Battery test and maintenance system in HBE | 全厂蓄电池试验维修系统（HBE） |
|  | LG.* | 10 kV DISTRIBUTION (NON EMERGENCY SUPPLIED) | 10 kV 配电（非应急供电） |
| 240 | LGA | CI 10 kV normal distribution system train 1 | 常规岛 10 kV 正常配电系统（系列 1） |
| 241 | LGB | CI 10 kV normal distribution system train 2 | 常规岛 10 kV 正常配电系统（系列 2） |
| 242 | LGC | CI 10 kV normal distribution system train 3 | 常规岛 10 kV 正常配电系统（系列 3） |
| 243 | LGD | CI 10 kV normal distribution system train 4 | 常规岛 10 kV 正常配电系统（系列 4） |
| 244 | LGF | NI 10 kV normal distribution system train 1 | 核岛 10 kV 正常配电系统（系列 1） |

续表

| 序号 | 代码 | 英文名称 | 中文名称 |
|---|---|---|---|
| 245 | LGG | NI 10 kV normal distribution system train 2 | 核岛 10 kV 正常配电系统（系列 2） |
| 246 | LGH | NI 10 kV normal distribution system train 3 | 核岛 10 kV 正常配电系统（系列 3） |
| 247 | LGI | NI 10 kV normal distribution system train 4 | 核岛 10 kV 正常配电系统（系列 4） |
| 248 | LGK | 10 kV normal power supply system ( for CI for electrical train 1 maintenance) | 常规岛 10 kV 正常供电系统（系列 1，维修） |
| 249 | LGN | 10 kV normal power supply system (for CI for electrical train 4 maintenance) | 常规岛 10 kV 正常供电系统(系列 4，维修） |
| 250 | LGP | CI 10 kV normal distribution system for pump station train 1 | 常规岛泵站 10 kV 正常配电系统（系列 1） |
| 251 | LGQ | CI 10 kV normal distribution system for pump station train 2 | 常规岛泵站 10 kV 正常配电系统（系列 2） |
| 252 | LGR | CI 10 kV normal distribution system for pump station train 3 | 常规岛泵站 10 kV 正常配电系统（系列 3） |
| 253 | LGS | CI 10 kV normal distribution system for pump station train 4 | 常规岛泵站 10 kV 正常配电系统（系列 4） |
| 254 | 9LGO | NI 10 kV normal distribution system (supply waste building) | 核岛 10 kV 正常配电系统(供废物厂房） |
| 255 | 9LGE | BOP 10 kV normal switchboard in HB- | BOP 10 kV 正常电源配电系统（HB-厂房） |
| 256 | 9LGJ | BOP 10 kV normal switchboard in HB- | BOP 10 kV 正常电源配电系统（HB-厂房） |
| 257 | 9LGS | BOP 10 kV normal switchboard in HPH/HE1 | BOP 10 kV 正常电源配电系统（HPH/HE1 厂房） |
| 258 | 9LGT | BOP 10 kV normal switchboard in HPH/HE1 | BOP 10 kV 正常电源配电系统（HPH/HE1 厂房） |
| 259 | 0LGL | BOP 10 kV normal switchboard in HLT | BOP 10 kV 正常电源配电系统（HLT 厂房） |
| 260 | 0LGM | BOP 10 kV normal switchboard in HLT | BOP 10 kV 正常电源配电系统（HLT 厂房） |
| 261 | 0LGN | BOP 10 kV normal switchboard | BOP 10 kV 正常电源配电系统 |
| 262 | 0LGV | BOP 10 kV normal switchboard in HED | BOP 10 kV 正常电源配电系统（HED 厂房） |
| 263 | 0LGX | BOP 13.8 kV normal distribution system for electrical boiler in HVA | BOP 13.8 kV 正常电源配电系统（HVA 厂房电锅炉） |
| 264 | 0LGY | BOP 10 kV normal switchboard in HBF | BOP 10 kV 正常电源配电系统（HBF 厂房） |
| 265 | 0LGZ | BOP 10 kV normal switchboard in HBF | BOP 10 kV 正常电源配电系统（HBF 厂房） |
|  | LH.* | EMERGENCY SUPPLIED 10 kV DISTRIBUTION | 10 kV 应急配电 |
| 266 | LHA | NI emergency supplied 10 kV distribution system (NI and essential service water system) train 1 | 核岛 10 kV 应急配电系统（核岛及 SEC 使用）（系列 1） |
| 267 | LHB | NI emergency supplied 10 kV distribution system (NI and essential service water system) train 2 | 核岛 10 kV 应急配电系统（核岛及 SEC 使用）（系列 2） |

续表

| 序号 | 代码 | 英文名称 | 中文名称 |
|---|---|---|---|
| 268 | LHC | NI emergency supplied 10 kV distribution system (NI and essential service water system) train 3 | 核岛 10 kV 应急配电系统（核岛及 SEC 使用）（系列 3） |
| 269 | LHD | NI emergency supplied 10 kV distribution system (NI and essential service water system) train 4 | 核岛 10 kV 应急配电系统（核岛及 SEC 使用）（系列 4） |
| 270 | LHP | NI 10 kV diesel generators set division 1 | 核岛 10 kV 柴油发电机组（系列 1） |
| 271 | LHQ | NI 10 kV diesel generators set division 2 | 核岛 10 kV 柴油发电机组（系列 2） |
| 272 | LHR | NI 10 kV diesel generators set division 3 | 核岛 10 kV 柴油发电机组（系列 3） |
| 273 | LHS | NI 10 kV diesel generators set division 4 | 核岛 10 kV 柴油发电机组（系列 4） |
| 274 | 0LHY | BOP 400 V emergency diesel generator system for HBM building | BOP 400 V 应急柴油发电机系统（HBM 楼） |
| 275 | 0LHZ | BOP 400 V emergency diesel generator system for HUG building | BOP 400 V 应急柴油发电机系统（HUG 楼） |
| 276 | 0YLH | Test bench for NI 10 kV diesel generators (EDG resistor test bench) | NI 应急柴油发电机放电装置（EDG 放电实验装置） |
|  | LI.* | 690 V NORMAL DISTRIBUTION | 690 V 正常配电 |
| 277 | LIA | CI 690 V normal distribution system train 1 | 常规岛 690 V 正常配电系统（系列 1） |
| 278 | LIB | CI 690 V normal distribution system train 2 | 常规岛 690 V 正常配电系统（系列 2） |
| 279 | LIC | CI 690 V normal distribution system train 3 | 常规岛 690 V 正常配电系统（系列 3） |
| 280 | LID | CI 690 V normal distribution system train 4 | 常规岛 690 V 正常配电系统（系列 4） |
| 281 | LIF | NI 690 V normal distribution system train 1 | 核岛 690 V 正常配电系统（系列 1） |
| 282 | LII | NI 690 V normal distribution system train 4 | 核岛 690 V 正常配电系统（系列 4） |
| 283 | LIS | NI 690 V normal distribution system train 4 | 核岛 690 V 正常配电系统（系列 4） |
| 284 | 9LIF | NI 690 V normal distribution system (supply waste building) | 核岛 690 V 正常配电系统(供废物厂房） |
| 285 | 9LIN | NI 690 V normal distribution system train (supply waste building) | 核岛 690 V 正常配电系统(供废物厂房） |
| 286 | 9LIT | NI 690 V normal distribution system train (supply waste building) | 核岛 690 V 正常配电系统(供废物厂房） |
|  | LJ.* | EMERGENCY SUPPLIED 690 V DISTRIBUTION | 690 V 紧急配电 |
| 287 | LJA | NI 690 V AC emergency supplied distribution system train 1 | 核岛 690 V 交流电源应急配电系统（系列 1） |
| 288 | LJB | NI 690 V AC emergency supplied distribution system train 2 | 核岛 690 V 交流电源应急配电系统（系列 2） |
| 289 | LJC | NI 690 V AC emergency supplied distribution system train 3 | 核岛 690 V 交流电源应急配电系统（系列 3） |
| 290 | LJD | NI 690 V AC emergency supplied distribution system train 4 | 核岛 690 V 交流电源应急配电系统（系列 4） |
| 291 | LJF | NI 690 V AC emergency power supply system sub distribution fuel pool aux.1 | 核岛（燃料水池）690 V 交流电源应急辅助配电系统（系列 1） |
| 292 | LJG | NI 690 V AC emergency power supply system sub distribution, train 2 | 核岛 690 V 交流电源应急辅助配电系统（系列 2） |
| 293 | LJH | NI 690 V AC emergency power supply system sub distribution, train 3 | 核岛 690 V 交流电源应急辅助配电系统（系列 3） |

续表

| 序号 | 代码 | 英文名称 | 中文名称 |
| --- | --- | --- | --- |
| 294 | LJI | NI 690 V AC emergency power supply system sub distribution fuel pool aux.4 | 核岛（燃料水池）690 V 交流电源应急辅助配电系统（系列 4） |
| 295 | LJK | NI 690 V AC emergency supplied distribution system train 1 | 核岛 690 V 交流电源应急配电系统（系列 1） |
| 296 | LJN | NI 690 V AC emergency supplied distribution system train 4 | 核岛 690 V 交流电源应急配电系统（系列 4） |
| 297 | LJL | CI 690 V AC emergency supplied distribution system train 2 | 常规岛 690 V 交流电源应急配电系统（系列 2） |
| 298 | LJM | CI 690 V AC emergency supplied distribution system train 3 | 常规岛 690 V 交流电源应急配电系统（系列 3） |
| 299 | LJP | NI 690 V emergency diesel generators set divisions 1 | 核岛 690 V 应急柴油发电机（系列 1） |
| 300 | LJS | NI 690 V emergency diesel generators set divisions 4 | 核岛 690 V 应急柴油发电机（系列 4） |
| 301 | LJV | NI 690 V AC emergency supplied distribution system train 2 | 核岛 690 V 交流电源应急配电系统（系列 2） |
| 302 | LJW | NI 690 V AC emergency supplied distribution system train 3 | 核岛 690 V 交流电源应急配电系统（系列 3） |
| 303 | LJX | CI 690 V diesel generator set train 2 | 常规岛 690 V 应急柴油发电机组（系列 2） |
| 304 | LJY | CI 690 V diesel generator set train 3 | 常规岛 690 V 应急柴油发电机组（系列 3） |
| 305 | LJZ | NI 690 V AC emergency supplied distribution system train1 (PTR third pump) | 核岛（燃料水池第三列）690 V 交流电源应急辅助配电系统（系列 1） |
|  | LK.* | 400 V NORMAL DISTRIBUTION | 400 V 正常配电 |
| 306 | LKA | CI 400 V normal distribution system train 1 | 常规岛 400 V 正常配电系统（系列 1） |
| 307 | LKB | CI 400 V normal distribution system train 2 | 常规岛 400 V 正常配电系统（系列 2） |
| 308 | LKC | CI 400 V normal distribution system train 3 | 常规岛 400 V 正常配电系统（系列 3） |
| 309 | LKD | CI 400 V normal distribution system train 4 | 常规岛 400 V 正常配电系统（系列 4） |
| 310 | LKF | CI 400 V normal distribution system, pumping station train 1 | 常规岛泵站 400 V 正常配电系统（系列 1） |
| 311 | LKG | CI 400 V normal distribution system, pumping station train 2 | 常规岛泵站 400 V 正常配电系统（系列 2） |
| 312 | LKH | CI 400 V normal distribution system, pumping station train 3 | 常规岛泵站 400 V 正常配电系统（系列 3） |
| 313 | LKI | CI 400 V normal distribution system, pumping station train 4 | 常规岛泵站 400 V 正常配电系统（系列 4） |
| 314 | LKK | NI 400 V normal distribution system train 1 | 核岛 400 V 正常配电系统（系列 1） |
| 315 | LKL | NI 400 V normal distribution system train 2 | 核岛 400 V 正常配电系统（系列 2） |
| 316 | LKM | NI 400 V normal distribution system train 3 | 核岛 400 V 正常配电系统（系列 3） |
| 317 | LKN | NI 400 V normal distribution system train 4 | 核岛 400 V 正常配电系统（系列 4） |
| 318 | LKP | NI 400 V normal sub-distribution system train 1 | 核岛 400 V 正常配电次级配电系统（系列 1） |

续表

| 序号 | 代码 | 英文名称 | 中文名称 |
|---|---|---|---|
| 319 | LKQ | NI 400 V normal sub-distribution system train 2 | 核岛 400 V 正常配电次级配电系统（系列 2） |
| 320 | LKR | NI 400 V normal sub-distribution system train 3 | 核岛 400 V 正常配电次级配电系统（系列 3） |
| 321 | LKS | NI 400 V normal sub-distribution system train 4 | 核岛 400 V 正常配电次级配电系统（系列 4） |
| 322 | LKU | NI 400 V normal sub-distribution system | 核岛 400 V 正常配电次级配电系统（供 HDA 厂房） |
| 323 | LKV | NI 400 V normal sub-distribution system | 核岛 400 V 正常配电次级配电系统（供 HDB 厂房） |
| 324 | LKW | NI 400 V normal sub-distribution system | 核岛 400 V 正常配电次级配电系统（供 HDC 厂房） |
| 325 | LKX | NI 400 V normal sub-distribution system | 核岛 400 V 正常配电次级配电系统（供 HDD 厂房） |
| 326 | 9LKP | NI 400 V normal sub-distribution system (supply waste building) | 核岛 400 V 正常配电次级配电系统（供废物厂房） |
| 327 | 9LKS | NI 400 V normal sub-distribution system (supply waste building) | 核岛 400 V 正常配电次级配电系统（供废物厂房） |
| 328 | 9LKT | NI 400 V normal distribution system (supply waste building) | 核岛 400 V 正常配电系统(供废物厂房） |
| 329 | 9LKE | BOP 380 V normal distribution system in HB- | BOP 380 V 正常电源配电系统（HB-厂房） |
| 330 | 9LKJ | BOP 380 V normal distribution system in HB- | BOP 380 V 正常电源配电系统（HB-厂房） |
| 331 | 9LKF | BOP 380 V normal distribution system in HPH/HZC | BOP 380 V 正常电源配电系统（HPH/HZC 厂房） |
| 332 | 9LKG | BOP 380 V normal distribution system in HPH | BOP 380 V 正常电源配电系统（HPH 厂房） |
| 333 | 9LKH | BOP 380 V normal distribution system in Da Jin Island | BOP 380 V 正常电源配电系统(大襟岛） |
| 334 | 9LKI | BOP 380 V normal distribution system in Da Jin Island | BOP 380 V 正常电源配电系统(大襟岛） |
| 335 | 0LKE | BOP 380 V normal distribution system in HBB/HSA | BOP 380 V 正常电源配电系统（HBB/HSA 厂房） |
| 336 | 0LKF | BOP 380 V normal distribution system in HED | BOP 380 V 正常电源配电系统（HED 厂房） |
| 337 | 0LKG | BOP 380 V normal distribution system in HVA | BOP 380 V 正常电源配电系统（HVA 厂房） |
| 338 | 0LKH | BOP 380 V normal distribution system in HVA | BOP 380 V 正常电源配电系统（HVA 厂房） |
| 339 | 0LKI | BOP 380 V normal distribution system in HBH | BOP 380 V 正常电源配电系统（HBH 厂房） |
| 340 | 0LKJ | BOP 380 V normal distribution system in HBG/HBE/HBK/HBX | BOP 380 V 正常电源配电系统（HBG/HBE/HBK/HBX 厂房） |
| 341 | 0LKK | BOP 380 V normal distribution system in HBC | BOP 380 V 正常电源配电系统（HBC 厂房） |
| 342 | 0LKL | BOP 380 V normal distribution system in HBI/HSA | BOP 380 V 正常电源配电系统（HBI/HSA 厂房） |

续表

| 序号 | 代码 | 英文名称 | 中文名称 |
| --- | --- | --- | --- |
| 343 | 0LKM | BOP 380 V normal distribution system in HBC/HEB | BOP 380 V 正常电源配电系统（HBC/HEB 厂房） |
| 344 | 0LKN | BOP 380 V normal distribution system in HED | BOP 380 V 正常电源配电系统（HED 厂房） |
| 345 | 0LKO | BOP 380 V normal distribution system in HAA | BOP 380 V 正常电源配电系统（HAA 厂房） |
| 346 | 0LKP | BOP 380 V normal distribution system in HBH | BOP 380 V 正常电源配电系统（HBH 厂房） |
| 347 | 0LKQ | BOP 380 V normal distribution system in HEB | BOP 380 V 正常电源配电系统（HEB 厂房） |
| 348 | 0LKR | BOP 380 V normal distribution system for HBM | BOP 380 V 正常电源配电系统（HBM 厂房） |
| 349 | 0LKS | BOP 380 V normal distribution system in HBF | BOP 380 V 正常电源配电系统（HBF 厂房） |
| 350 | 0LKT | BOP 380 V normal distribution system in HAA | BOP 380 V 正常电源配电系统（HAA 厂房） |
| 351 | 0LKU | BOP 380 V normal distribution system in HYA | BOP 380 V 正常电源配电系统（HYA 厂房） |
| 352 | 0LKV | BOP 380 V normal distribution system in HYA | BOP 380 V 正常电源配电系统（HYA 厂房） |
| 353 | 0LKW | BOP 380 V normal distribution system in HBY | BOP 380 V 正常电源配电系统（HBY 厂房） |
| 354 | 0LKX | BOP 380 V normal distribution system in HBC/HED | BOP 380 V 正常电源配电系统（HBC/HED 厂房） |
| 355 | 0LKY | BOP 380 V normal distribution system in HEB | BOP 380 V 正常电源配电系统（HEB 厂房） |
| 356 | 0LKZ | BOP 380 V normal distribution system in HUG/HZC | BOP 380 V 正常电源配电系统（HUG/HZC 厂房） |
|  | LL.* | EMERGENCY SUPPLIED 400 V DISTRIBUTION | 400 V 电源应急配电盘 |
| 357 | LLA | NI 400 V emergency supplied distribution system train 1 | 核岛 400 V 应急电源配电系统（系列 1） |
| 358 | LLB | NI 400 V emergency supplied distribution system train 2 | 核岛 400 V 应急电源配电系统（系列 2） |
| 359 | LLC | NI 400 V emergency supplied distribution system train 3 | 核岛 400 V 应急电源配电系统（系列 3） |
| 360 | LLD | NI 400 V emergency supplied distribution system train 4 | 核岛 400 V 应急电源配电系统（系列 4） |
| 361 | LLF | NI 400 V emergency supplied distribution system train 1, subdistr. Diesel aux | 核岛 400 V 应急电源次级配电系统（HDA） |
| 362 | LLG | NI 400 V emergency supplied distribution system train 2, subdistr. Diesel aux | 核岛 400 V 应急电源次级配电系统（HDB） |
| 363 | LLH | NI 400 V emergency supplied distribution system train 3, subdistr. Diesel aux | 核岛 400 V 应急电源次级配电系统（HDC） |
| 364 | LLI | NI 400 V emergency supplied distribution system train 4, subdistr. Diesel aux | 核岛 400 V 应急电源次级配电系统（HDD） |
| 365 | LLK | NI 400 V emergency supplied distribution system train 1, subdistr. SBO Diesel | 核岛 400 V 应急电源配电系统（系统 1） |

续表

| 序号 | 代码 | 英文名称 | 中文名称 |
|---|---|---|---|
| 366 | LLL | CI 400 V emergency supplied distribution system train 2 | 常规岛 400 V 应急电源配电系统（系列 2） |
| 367 | LLM | CI 400 V emergency supplied distribution system train 3 | 常规岛 400 V 应急电源配电系统（系列 3） |
| 368 | LLN | NI 400 V emergency supplied distribution system train 4, subdistr. SBO Diesel | 核岛 400 V 应急电源配电系统（系统 4） |
| 369 | LLP | NI 400 V emergency supplied distribution system train 1 | 核岛 400 V 应急电源次级配电系统（系列 1） |
| 370 | LLQ | NI 400 V emergency supplied distribution system train 2 | 核岛 400 V 应急电源次级配电系统（系列 2） |
| 371 | LLR | NI 400 V emergency supplied distribution system train 3 | 核岛 400 V 应急电源次级配电系统（系列 3） |
| 372 | LLS | NI 400 V emergency supplied distribution system train 4 | 核岛 400 V 应急电源次级配电系统（系列 4） |
| 373 | LLU | NI 400 V emergency supplied distribution system（HDA） train 1 | 核岛 400 V 应急配电系统（HDA 系列 1） |
| 374 | LLX | NI 400 V emergency supplied distribution system（HDD） train 4 | 核岛 400 V 应急配电系统（HDD 系列 4） |
| 375 | LLV | CI 400 V emergency power supply division 2 | 常规岛 400 V 应急电源次级配电系统（系列 2） |
| 376 | LLW | CI 400 V emergency power supply division 3 | 常规岛 400 V 应急电源次级配电系统（系列 3） |
| 377 | 9LLS | NI 400 V emergency sub-distribution system (supply waste building) | 核岛 400 V 应急配电次级配电系统（供废物厂房） |
| 378 | 0LLY | BOP 380 V emergency distribution system in HBM | BOP 380 V 应急电源配电系统（HBM 厂房） |
| 379 | 0LLZ | BOP 380 V emergency distribution system in HUG | BOP 380 V 应急电源配电系统（HUG 厂房） |
|  | LN.* | 220 V AV UNINTERRUPTED POWER SUPPLY AND DISTRIBUTION SYSTEM (UNIT 0) | 220 V 逆变电源系统（厂区专用） |
| 380 | 9LNW | BOP 220 V AV uninterrupted power supply and distribution system in HB- | BOP 220 V 不间断电源配电系统（HB-厂房） |
| 381 | 0LNK | BOP 220 V AV uninterrupted power supply and distribution system in HYA | BOP 220 V 不间断电源配电系统（HYA 厂房） |
| 382 | 0LNL | BOP 220 V AV uninterrupted power supply and distribution system in HUG | BOP 220 V 不间断电源配电系统（HUG 厂房） |
| 383 | 0LNM | BOP 220 V AV uninterrupted power supply and distribution system in HEB | BOP 220 V 不间断电源配电系统（HEB 厂房） |
| 384 | 0LNN | BOP 220 V AV uninterrupted power supply and distribution system in HED | BOP 220 V 不间断电源配电系统（HED 厂房） |
| 385 | 0LNQ | BOP 220 V AV uninterrupted power supply and distribution system in HBH | BOP 220 V 不间断电源配电系统（HBH 厂房） |
| 386 | 0LNU | BOP 220 V uninterrupted power supply and distribution system in HSA | BOP 220 V 不间断电源配电系统（HAS 厂房） |
| 387 | 0LNW | BOP 220 V AV uninterrupted power supply and distribution system in HBY | BOP 220 V 不间断电源配电系统（HBY 厂房） |

续表

| 序号 | 代码 | 英文名称 | 中文名称 |
|---|---|---|---|
| 388 | 0LNY | BOP 220 V AV uninterrupted power supply and distribution system in HBM | BOP 220 V 不间断电源配电系统（HBM 厂房） |
| | LO.* | 400 V REGULATED PRODUCTION AND DISTRIBUTION | 400 V 电源的可调节生产和配电 |
| 389 | LOA | NI 400 V regulated distribution system train 1 | 核岛 400 V 可调节配电系统（系列 1） |
| 390 | LOB | NI 400 V regulated distribution system train 2 | 核岛 400 V 可调节配电系统（系列 2） |
| 391 | LOC | NI 400 V regulated distribution system train 3 | 核岛 400 V 可调节配电系统（系列 3） |
| 392 | LOD | NI 400 V regulated distribution system train 4 | 核岛 400 V 可调节配电系统（系列 4） |
| 393 | LOF | NI 400 V AC uninterrupted power supply and distribution system, severe accident, train 1 | 核岛严重事故用 400 V 不间断交流电源供应和配电系统（系列 1） |
| 394 | LOG | NI 400 V AC uninterrupted power supply and distribution system, severe accident, train 2 | 核岛严重事故用 400 V 不间断交流电源供应和配电系统（系列 2） |
| 395 | LOH | NI 400 V AC uninterrupted power supply and distribution system, severe accident, train 3 | 核岛严重事故用 400 V 不间断交流电源供应和配电系统（系列 3） |
| 396 | LOI | NI 400 V AC uninterrupted power supply and distribution system, severe accident, train 4 | 核岛严重事故用 400 V 不间断交流电源供应和配电系统（系列 4） |
| | LS.* | TEST LOOPS | 试验回路 |
| 397 | LSA | Test loop | 试验回路 |
| 398 | LSI | Site lighting system | 厂区照明系统 |
| 399 | LTR | Grounding system | 接地系统 |
| | LV.* | 400 V UNINTERRUPTED PRODUCTION AND DISTRIBUTION | 不间断 400 V 电源生产和配电 |
| 400 | LVA | NI 400 V uninterrupted power supply and distribution system train 1 | 核岛 400 V 不间断电源供应和配电系统（系列 1） |
| 401 | LVB | NI 400 V uninterrupted power supply and distribution system train 2 | 核岛 400 V 不间断电源供应和配电系统（系列 2） |
| 402 | LVC | NI 400 V uninterrupted power supply and distribution system train 3 | 核岛 400 V 不间断电源供应和配电系统（系列 3） |
| 403 | LVD | NI 400 V uninterrupted power supply and distribution system train 4 | 核岛 400 V 不间断电源供应和配电系统（系列 4） |
| 404 | LVF | NI 400 V AC Uninterrupted power supply system (for electrical train 1, sub distribution) | 核岛 400 V 交流不间断电源次级配电系统（系列 1） |
| 405 | LVG | NI 400 V AC Uninterrupted power supply system (for electrical train 2, sub distribution) | 核岛 400 V 交流不间断电源次级配电系统（系列 2） |
| 406 | LVH | NI 400 V AC Uninterrupted power supply system (for electrical train 3, sub distribution) | 核岛 400 V 交流不间断电源次级配电系统（系列 3） |
| 407 | LVI | NI 400 V AC Uninterrupted power supply system (for electrical train 4, sub distribution) | 核岛 400 V 交流不间断电源次级配电系统（系列 4） |
| 408 | LVL | CI 400 V AC Uninterrupted power supply system train 2 | 常规岛不间断 400 V 交流电源（系列 2） |
| 409 | LVM | CI 400 V AC Uninterrupted power supply system train 3 | 常规岛不间断 400 V 交流电源（系列 3） |
| 410 | LVP | NI 400 V AC uninterrupted power supply and distribution system（severe accident, sub distribution）train 1 | 核岛不间断 400 V 交流电源（严重事故）（系列 1） |

续表

| 序号 | 代码 | 英文名称 | 中文名称 |
|---|---|---|---|
| 411 | LVS | NI 400 V AC uninterrupted power supply and distribution system (severe accident, sub distribution) train 4 | 核岛不间断 400 V 交流电源(严重事故)(系列 4) |
| 412 | 9LVI | NI 400 V AC Uninterrupted power supply system (supply waste building, sub distribution) | 核岛 400 V 交流不间断电源次级配电系统（供废物厂房） |
|  | LY.* | TEST CIRCUITS | 试验单元 |
| 413 | LYS | Test power circuit (battery discharge) | 蓄电池试验电路 |
|  | P | FUEL STORAGE PIT | 燃料贮存池 |
| 414 | PMA | Fuel storage racks – storage stands and accessories | 燃料存储格架-存储架和相关组件 |
| 415 | PMC | Fuel handling – refueling machine – spent fuel mast bridge – fuel transfer facility | 燃料吊装-换料机-乏燃料桥式吊车和燃料传输设备 |
| 416 | PME | Failed fuel rods detection system | 破损燃料棒探测系统 |
| 417 | PMG | Multistud tensioning machine (MSTM) | 螺栓拉伸机 |
| 418 | PMI | Multi-inspection facility | 用于执行辐照燃料组件的水下检查 |
| 419 | PMO | Handling tools – Lighting – Platform | 吊装工具-照明-平台 |
| 420 | PMT | Fuel handling : transfer and elevator system | 燃料吊运系统（传输和升降） |
| 421 | PMR | Fuel assembly repair station | 燃料组件修复系统 |
| 422 | PTR | Fuel pool cooling and purification system | 燃料水池冷却和净化系统 |
|  | R | REACTOR | 反应堆 |
| 423 | RBS | Extra borating system | 应急硼化系统 |
| 424 | RCP | Reactor coolant system | 反应堆冷却剂系统 |
| 425 | RCV | Chemical and volume control system | 化学与容积控制系统 |
| 426 | REA | Reactor boron and water makeup system | 反应堆硼水补给系统 |
| 427 | REN | Nuclear sampling system | 核取样系统 |
| 428 | RES | Steam generator secondary side sampling system | 蒸汽发生器二次侧取样系统 |
| 429 | RGL | Rod position control and monitoring system | 控制棒位置控制和监测系统 |
| 430 | RIC | Incore instrumentation system. | 堆芯测量系统 |
| 431 | RIS | Safety injection system | 安全注入系统 |
| 432 | RPE | Nuclear island vent and drain system | 核岛排气和疏水系统 |
| 433 | RPN | Excore instrumentation system | 堆外核仪表系统 |
| 434 | RPR | Reactor protection system | 反应堆保护系统 |
| 435 | RRI | Component cooling water system | 设备冷却水系统 |
| 436 | RSC | Core melt stabilization system | 堆芯熔融物稳定系统 |
|  | S | GENERAL SERVICES | 公用系统 |
|  | SA.* | AIR PRODUCTION AND DISTRIBUTION SYSTEM | 空气生产和分配系统 |
| 437 | SAP | Compressed air production system | 压缩空气生产系统 |
| 438 | SAR | Instrument compressed air distribution system | 仪表压缩空气分配系统 |

续表

| 序号 | 代码 | 英文名称 | 中文名称 |
|---|---|---|---|
| 439 | SAT | Service compressed air distribution system | 公用压缩空气分配系统 |
| | SB.* | HOT WORKSHOP SYSTEM AND DECONTAMINATION | 热加工车间去污系统 |
| 440 | SBC | HBC-HBY-HBL building low radioactive liquid waste collect system | HBC-HBY-HBY 厂房低放废液收集系统 |
| 441 | SBD | Decontamination system | 清洗去污系统 |
| 442 | SBE | Hot laundry facilities | 热洗衣房系统 |
| | SD.* | DEMINERALIZED WATER (PRODUCTION – TREATMENT - DISTRIBUTION - STORAGE) | 除盐水系统（生产－处理－分配－贮存） |
| 443 | 0SDA | Demineralized water production system | 除盐水生产系统 |
| | SE.* | WATER DISTRIBUTION AND TREATMENT (EXCEPT DEMINERALIZED WATER) | 水分配和处理系统（除盐水除外） |
| 444 | SEC | Essential service water system | 重要厂用水系统 |
| 445 | SED | Neutral demineralized water storage and distribution system (including seal water supply system inside NI) | 中性除盐水贮存和分配系统（包括核岛密封水供应系统） |
| 446 | SEF | Sea water intake system | 海水取水系统 |
| 447 | SEH | Waste oil and inactive water drain system | 废油和非放射性水排放系统 |
| 448 | SEK | Conventional island liquid waste collection system | 常规岛废液收集系统 |
| 449 | SEL | Conventional island liquid waste discharge system | 常规岛废液排放系统 |
| 450 | SEN | Auxiliary cooling water system | 辅助冷却水系统 |
| 451 | SEO | Plant sewer system | 电厂污水系统 |
| 452 | SEP | Domestic water distribution system | 饮用水分配系统 |
| 453 | SER | Alkaline demineralized water storage and distribution system | 偏碱性除盐水贮存和分配系统 |
| 454 | SET | Circulating water filtration sewer lifting and garbage removal system | 循环水过滤污水提升及垃圾移除系统 |
| 455 | SEU | Rainwater drainage system | 雨水排出系统 |
| 456 | 9SES | Heating system inside NI | 核岛厂房加热系统 |
| | SF.* | FILTRATION | 过滤 |
| | SG.* | FLUID DISTRIBUTION OTHER THAN WATER AND AIR | 除水和空气以外其他液体气体的分配系统 |
| 457 | SGA | Argon / Methane distribution system | 氩气/甲烷分配系统 |
| 458 | SGC | Carbon dioxide distribution system within CI | 常规岛二氧化碳分配系统 |
| 459 | SGH | Hydrogen distribution system | 氢气分配系统 |
| 460 | SGN | Nitrogen distribution system | 氮气分配系统 |
| 461 | SGO | Oxygen distribution system | 氧气分配系统 |
| 462 | SHY | Hydrogen storage and conventional island distribution system | 全厂氢气贮存和常规岛氢气分配系统 |
| | SI.* | CHEMISTRY REAGENTS AND TREATMENTS | 化学药剂及处理系统 |

续表

| 序号 | 代码 | 英文名称 | 中文名称 |
| --- | --- | --- | --- |
| 463 | SIH | Fixed chemical reagents distribution injection system in NI | 核岛化学试剂分配系统 |
| 464 | SIR | Chemical reagents injection system | 化学试剂注入系统 |
| 465 | SIT | Feedwater chemical sampling system | 给水化学取样系统 |
|  | SK.* | STORAGE OF FLUIDS OTHER THAT WATER AND AIR | 除水和气外的流体贮存 |
| 466 | SKH | Oil storage system | 油贮存系统 |
| 467 | SKR | Primary pump motor oil filling and draining | 主泵电机润滑油加注和排放系统 |
| 468 | SKZ | General gas storage and distribution system | 各类气体贮存及分配系统 |
|  | SN.* | VACUUM TREATMENT AND CLEANING SYSTEM | 真空处理和清洁系统 |
|  | SR.* | COOLING | 冷却系统 |
| 469 | SRE | Sewage recovery system (in HBC/HBY) | 放射性废水回收系统（HBC/HBY 内） |
| 470 | SRI | Conventional island closed cooling water system | 常规岛闭路冷却水系统 |
| 471 | SRU | Ultimate cooling water system | 最终冷却水系统 |
|  | ST.* | TRACING | 示踪 |
|  | SV.* | AUXILIARY STEAM | 辅助蒸汽 |
| 472 | SVA | Auxiliary steam distribution system | 辅助蒸汽分配系统 |
|  | T | WASTE TREATMENT | 废物处理 |
| 473 | TEC | Radioactive concentrates processing system | 浓缩液处理系统 |
| 474 | TEG | Gaseous radioactive waste processing system | 废气处理系统 |
| 475 | TEH | Radioactive waste oil storage system | 放射性废油储存系统 |
| 476 | TEK | Nuclear island liquid radwaste monitoring and discharge system | 核岛废液监控和排放系统 |
| 477 | TEP | Coolant purification degasification, storage and treatment system | 冷却剂贮存和处理系统 |
| 478 | TER | Additional monitoring tanks system | 附加废液贮存系统 |
| 479 | TES | Solid waste treatment system | 固体废物处理系统 |
| 480 | TEU | Liquid waste treatment system | 废液处理系统 |
| 481 | TEV | Radioactive waste solvents storage system | 放射性废溶剂储存系统 |
| 482 | THM | Temperature and humidity measurement system | 温湿度测量系统 |
| 483 | TRI | Component cooling waste treatment system | 废物处理设备冷却系统 |
|  | V | MAIN STEAM | 主蒸汽 |
| 484 | VDA | Atmospheric discharge system | 蒸汽大气排放系统 |
| 485 | VPU | Main steam (including drains) for CI part | 常规岛主蒸汽及疏水系统 |
| 486 | VVP | Main steam system | 主蒸汽系统 |
|  | X | AUXILIARY STEAM PRODUCTION | 辅助蒸汽生产 |
| 487 | XCA | Auxiliary steam production system | 辅助蒸汽生产系统 |

附录 C

# 厂房代码

## 一、核岛厂房及附属构筑物

| 序号 | 代码 | 英文名称 | 中文名称 |
|---|---|---|---|
| 1 | HRA | Reactor Building | 反应堆厂房 |
| 2 | HRB | Reactor Building Annulus | 安全壳环廊 |
| 3 | HLA/B/C/D | Safeguard Building Elec. division | 安全厂房电气分区 1/2/3/4 |
| 4 | HLF/G/H/I | Safeguard Building Mech. Division | 安全厂房机械分区 1/2/3/4 |
| 5 | HK- | Fuel Pool Building | 燃料厂房 |
| 6 | HDA/B/C/D | Emergency Diesel Generator Building | 应急柴油发电机厂房 |
| 7 | HLK/L/M/N | Main Steam and Feedwater Valve Compartment | 主蒸汽和主给水阀间 |
| 8 | HNV | Vent Stack | 烟囱 |
| 9 | HNX | Nuclear Auxiliary Building | 核辅助厂房 |
| 10 | HPA | Essential Service Water Pump Buildings Division 1 and 2 | 重要厂用水泵房分区 1 和 2 |
| 11 | HPC | Essential Service Water Pump Buildings Division 3 and 4 | 重要厂用水泵房分区 3 和 4 |
| 12 | HPS | SEC Water Discharge Structure Division 1 and 2 | 重要厂用水排水构筑物（安全厂房分区 1 和 2 供水） |
| 13 | HPT | SEC Water Discharge Structure Division 3 and 4 | 重要厂用水排水构筑物（安全厂房分区 3 和 4 供水） |
| 14 | HQA | Waste Annex Building | 废物附属厂房 |
| 15 | HQB | Radioactive Waste Processing Building | 放射性废物处理厂房 |
| 16 | HQS | Drum Store | 废物暂存库 |
| 17 | HQT | Additional Monitoring Tanks Building | 废液贮存罐厂房 |
| 18 | HW- | Access Building | 进出厂房 |
| 19 | HGA | Connection Gallery between Diesel Building 1 and Safeguard Building 1 | 连接（应急）柴油机厂房 1 和安全厂房 1 的廊道 |
| 20 | HGB | Connection Gallery between Diesel Building 2 and Safeguard Building 2 | 连接（应急）柴油机厂房 2 和安全厂房 2 的廊道 |
| 21 | HGC | Connection Gallery between Diesel Building 3 and Safeguard Building 3 | 连接（应急）柴油机厂房 3 和安全厂房 3 的廊道 |
| 22 | HGD | Connection Gallery between Diesel Building 4 and Safeguard Building 4 | 连接（应急）柴油机厂房 4 和安全厂房 4 的廊道 |

续表

| 序号 | 代码 | 英文名称 | 中文名称 |
|---|---|---|---|
| 23 | HGE | Electrical Gallery Div 1 - Unit 1 | 1 号机组 1 号安全厂房电气廊道 |
| 24 | HGF | Connection Gallery between Safeguard Building Division 1 and SEC Pump Building Divisions 1 and 2 | 连接 SEC 泵房分区 1/2 和安全厂房 1 的重要厂用水廊道 |
| 25 | HGG | Connection Gallery between Safeguard Building Division 2 and SEC Pump Building Divisions 1 and 2 | 连接 SEC 泵房 1/2 和安全厂房 2 的重要厂用水廊道 |
| 26 | HGH | Connection Gallery between Safeguard Building Division 3 and SEC Pump Building Divisions 3 and 4 | 连接 SEC 泵房 3/4 和安全厂房 3 的重要厂用水廊道 |
| 27 | HGI | Connection Gallery between Safeguard Building Division 4 and SEC Pump Building Divisions 3 and 4 | 连接 SEC 泵房 3/4 和安全厂房 4 的重要厂用水廊道 |
| 28 | HGQ | Wastes Gallery | 废物廊道 |
| 29 | HGS | Electrical Gallery Div 4 - Unit 1 | 1 号机组 4 号安全厂房的电气廊道 |
| 30 | HGU | SRU Gallery | 最终冷却水廊道 |
| 31 | HGV | Electrical Gallery Div 1 - Unit 2 | 2 号机组 1 号安全厂房的电气廊道 |
| 32 | HGW | Electrical Gallery Div 4 - Unit 2 | 2 号机组 4 号安全厂房的电气廊道 |
| 33 | HQR | Radioactive Contaminative Oil Storehouse | 放射性污染油贮存库 |
| 34 | HQV | Radioactive Spent Solvent Storehouse | 放射性废溶剂贮存库 |

## 二、常规岛厂房及附属构筑物

| 序号 | 代码 | 英文名称 | 中文名称 |
|---|---|---|---|
| 35 | HM- | Turbine Building | 汽轮机厂房 |
| 36 | HF- | Non Classified Electrical Building | 常规岛电气厂房 |
| 37 | HTP | Main Transformers Platform | 主变压器平台 |
| 38 | HTS | Step Down Transformer Platform | 厂用变压器平台 |
| 39 | HTX | Spare Transformer Platform for Main transformer | 主变备用变压器平台 |
| 40 | HTY | Spare Transformer Platform for Step Down Transformer | 厂变备用变压器平台 |
| 41 | HEC | Generator Circuit Breaker Room | 发电机出口断路器小室 |
| 42 | HDF | CI Diesel Building | 常规岛柴油机厂房 |
| 43 | HGO | Circulating Water Intake Gallery/Circulating Water Discharge Gallery | 循环水取排水管廊 |
| 44 | HGP | Auxiliary Coolant Intake System | 辅助冷却水取水管廊 |
| 45 | HGR | Auxiliary Coolant Discharge System | 辅助冷却水排水管廊 |
| 46 | HHE/F | Gallery between Non Classified Electrical Building and Auxiliary Transformers | 常规岛电气厂房至辅助变压器管廊 |
| 47 | HHG/H | Gallery between Non Classified Electrical Building and Step down Transformers | 常规岛电气厂房至厂用变压器管廊 |

## 三、BOP 厂房及其附属构筑物

| 序号 | 代码 | 英文名称 | 中文名称 |
|---|---|---|---|
| 48 | HAA | Office and Staff Amenities Building | 综合办公楼 |
| 49 | HAC | Site Concrete Laboratory | 混凝土实验室 |
| 50 | HAG | Heavy Part Jetty | 重件码头 |
| 51 | HAJ | Emergency Equipment Warehouse | 应急物资仓库 |
| 52 | HAN | Radioactive Source Storehouse for Construction | 施工期间探伤放射源库 |
| 53 | HAO | Detritus and Sand Production Plant | 沙石加工厂 |
| 54 | HAP | Construction Reservoir and Fresh Water Filtration Station | 施工配套水库及净水站 |
| 55 | HAY | Ground Samples Warehouse | 岩芯库 |
| 56 | HB- | Operational Production Centre | 运行生产中心 |
| 57 | HBB | Cold Warehouse | 冷机修仓库 |
| 58 | HBC | Hot Workshop and Warehouses | 热机修间和仓库 |
| 59 | HBD | Archive and Documentation Building | 档案馆 |
| 60 | HBE | Storage and Charging Battery Maintenance Room | 蓄电池充电维修间 |
| 61 | HBF | Cold Workshop and Warehouse | 非放射性机电仪仓库及办公室 |
| 62 | HBG | Garage | 车库 |
| 63 | HBH | Training Center | 培训中心 |
| 64 | HBI | Fire Fighting Training Building | 消防站 |
| 65 | HBK | Oil and Grease Storage Area | 油脂库 |
| 66 | HBL | Radiation Measuring Devices Calibration Laboratory / Profession Medical Center | 辐射计量实验室/职业医疗中心 |
| 67 | HBM | Emergency Management Center | 应急指挥中心 |
| 68 | HBN | Radioactive Source Storehouse | 放射源库 |
| 69 | HBO | Open Warehouse or Shed | 材料棚 |
| 70 | HBQ | Gantry Crane and Trolley Warehouse | 龙门吊及环吊小车仓库 |
| 71 | HBR | Restaurant | 餐厅 |
| 72 | HBS | Steel Storage Warehouse | 钢材贮存库 |
| 73 | HBV | Spent Fuel Transport Cask Transfer Station | 乏燃料运输运输容器转运站 |
| 74 | HBW | Spent Fuel Transportation Locomotive Rail | 乏燃料转运装置 |
| 75 | HBX | Dangerous Products Warehouse | 危险品库 |
| 76 | HBY | Site Laboratory | 厂区实验室 |
| 77 | HCA | Outfall Structure | 循环水虹吸井 |
| 78 | HCB | Intake Tunnel | 取水遂洞 |
| 79 | HCD | Circulating Water Discharge Culvert | 循环水排水暗涵 |
| 80 | HCE | Open Discharge Channel | 排水明渠 |

续表

| 序号 | 代码 | 英文名称 | 中文名称 |
|---|---|---|---|
| 81 | HCF | Sea Site Reservior | 海水库 |
| 82 | HCG | Flood Ditch | 排洪沟 |
| 83 | HCH | Bank Protection Structure | 护岸 |
| 84 | HCI | Water Inlet Channel / Water Intake Structure | 取水明渠 |
| 85 | HCJ | Open Channel Bridge 1 | 跨明渠大桥 1 |
| 86 | HCK | Building Slope | 厂区边坡 |
| 87 | HCN | Tide Suction Structures | 纳潮取水构筑物 |
| 88 | HCO | SEC Discharge Channel（HPX） | H P X 泵房区域重要厂用水排水渠 |
| 89 | HCP | Energy Dissipation Pool of SEC 1/2 | SEC 1/2 排水消能池 |
| 90 | HCQ | Energy Dissipation Pool of SEC 3/4 | SEC 3/4 排水消能池 |
| 91 | HCT | Flood Ditch Bridge | 跨排洪沟大桥 |
| 92 | HCU | Open Channel Bridge 2 | 跨明渠大桥 2 |
| 93 | HCX | Garbage Collection Workshop | 垃圾收集站 |
| 94 | HEB | Main Switchyard | 主开关站 |
| 95 | HED | Sub-Station for Construction and Auxiliary Switchyard | 施工辅助开关站 |
| 96 | HGL | Site Electrical Gallery | 普通电气管廊 |
| 97 | HGM | Site Mechanical Gallery | 机械管廊 |
| 98 | HHA/B/C/D | Gallery between Safeguard Building Elec. Division1/2/3/4 and Non Classified Electrical Building | 安全厂房电气系列 1/2/3/4 至常规岛电气厂房管廊 |
| 99 | HHL | 220 kV Site Electrical Gallery | 220 kV 电气管廊 |
| 100 | HHM | Gas Insulated Conductor Gallery | 500 kV 电气管廊 |
| 101 | HHP | Footbridge between HB- and HM- Building | HB-和 HM-厂房间人行连桥 |
| 102 | HHQ | Connection Gallery between HOF and HGF (train 1) | 连接消防泵房和 HGF 的消防廊道（第一列） |
| 103 | HHR | Connection Gallery between HOF and HGB (train 2) | 连接消防泵房和 HGB 的消防廊道（第二列） |
| 104 | HHS | Connection Gallery between HOF and HGH (train 3) | 连接消防泵房和 HGH 的消防廊道（第三列） |
| 105 | HHT | Connection Gallery between HOF and HGI (train 4) | 连接消防泵房和 HGI 的消防廊道（第四列） |
| 106\ | HHW | Footbridge between HM- and HW- Buildings | HM-和 HW-之间的连廊 |
| 107 | HHU | Connection Gallery between HGF and HPX (train1) | HGF 至 HPX 的廊道（第一列） |
| 108 | HHX | Connection Gallery between HGG and HPX (train2) | HGG 至 HPX 的廊道（第二列） |
| 109 | HHY | Connection Gallery between HGH and HPX (train3) | HGH 至 HPX 的廊道（第三列） |
| 110 | HHZ | Connection Gallery between HGI and HPX (train4) | HGI 至 HPX 的廊道（第四列） |
| 111 | HLT | BOP Auxiliary Electrical Building | BOP 辅助电气厂房 |
| 112 | HOF | Fire Water Pool and Pump Room | 消防水池及泵房 |
| 113 | HOP | Drinking Water Storage Tanks | 高位水池 |

续表

| 序号 | 代码 | 英文名称 | 中文名称 |
|---|---|---|---|
| 114 | HOW | Water Plant | 水厂 |
| 115 | HPH | Chlorination Plant | 制氯站 |
| 116 | HPX | Circulating Water Structures | 循环水泵房 |
| 117 | HQL | Conventional Island Liquid Waste Hold Up Tanks Building | 常规岛废液贮存罐厂房 |
| 118 | HSA | Environmental Station | 环境实验室 |
| 119 | HSB | Meteorological Station | 气象站 |
| 120 | HSC | Radiation Monitoring Station | 辐射监测站 |
| 121 | HSD | Structure for Effluent Disposal | 污水处理站 |
| 122 | HSI | Exhibition and Reception Center | 展厅及公关中心 |
| 123 | HSM | Drivers Offices | 车队管理楼 |
| 124 | HSW | Guard Camp | 武警营房 |
| 125 | HTA | Auxiliary Standby Transformers Platform | 辅助变压器平台 |
| 126 | HUA | Guardhouse | 控制区大门 |
| 127 | HUB | Fencing | 安全保护围栏 |
| 128 | HUD | Access Control Post | 保护区大门 |
| 129 | HUG | Security Building | 保安楼 |
| 130 | HUL | Police Sentry Box | 厂区武警岗亭 |
| 131 | HUP | Permanent Access - Roads - Parking Lots | 永久出入口、道路、停车场、候车廊道 |
| 132 | HUT | Marine Affairs Offices | 海事值班室 |
| 133 | HVA | Auxiliary Boilers Building | 辅助锅炉房 |
| 134 | HXF | Fire Emergency Storage of Oil and Water | 汽机事故排油坑 |
| 135 | HXG | Radioactivity Waste Oil Treatment Plant | 放射性含油废水处理间 |
| 136 | HXS | Sewage System Oil Separator Plant | 非放射性含油废水处理间 |
| 137 | HYA | Demineralization Water Production Plant | 除盐水生产车间 |
| 138 | HYB | Demineralization Water Storage Tanks | 除盐水贮存罐 |
| 139 | HZA | Gas Supply Building | 气体供应厂房 |
| 140 | HZB | Hydrogen Storage And Distribution Station | 氢气储存分配站 |
| 141 | HZC | Air Compressor Building | 空气压缩机房 |
| 142 | HZD | Carbon Dioxide Storage Area 1 | 二氧化碳贮存区 1 |
| 143 | HZE | Carbon Dioxide Storage Area 2 | 二氧化碳贮存区 2 |
| 144 | HZY | Chemical Dosing Room for Circulating Water | 循环水加药间 |
| 145 | OOX | General Site | 室外工程 |

# 附录 D

# 缩略语

| 序号 | 英文缩写 | 中文全称 |
|---|---|---|
| 1 | ALSTOM | 阿尔斯通公司 |
| 2 | ANP | 阿海珐核能公司 |
| 3 | APC | 飞机撞击 |
| 4 | ATP | 开工令 |
| 5 | BAS | 电源切换试验 |
| 6 | BCI | 常规岛配套设施 |
| 7 | BHO | 厂房移交 |
| 8 | BNI | 核岛配套设施 |
| 9 | BOP | 电厂配套设施 |
| 10 | BOPEP | 电厂配套设施设计采购合同 |
| 11 | CAE | （文件）竣工状态 |
| 12 | CFA | 空白试验报告 |
| 13 | CFC | 可供施工使用，执行版 |
| 14 | CFT | 冷态功能试验（冷试） |
| 15 | CFTRVO | 冷态开盖功能试验 |
| 16 | CGN | 中国广核集团 |
| 17 | CI | 常规岛 |
| 18 | CIEP | 常规岛设计采购合同 |
| 19 | CIN | 设备干预（介入）通知单/设备修改单 |
| 20 | CNPDC | 中广核工程设计有限公司 |
| 21 | CNPEC | 中广核工程有限公司 |
| 22 | COC | 仪控失电试验 |
| 23 | COD | 商业运行日期 |
| 24 | COD | 厂用电切换装置 |
| 25 | CP | 变更建议 |
| 26 | CPR | 中国改进型压水堆 |
| 27 | CR | 澄清要求 |
| 28 | CRDM | 控制棒驱动机构 |

续表

| 序号 | 英文缩写 | 中文全称 |
|---|---|---|
| 29 | CSE | 安装一致性状态 |
| 30 | CTT | 安全壳密封性试验 |
| 31 | DBA | 设计基准事故 |
| 32 | DBC | 设计基准工况 |
| 33 | DBD | 设计基准文件 |
| 34 | DBE | 设计基准地震 |
| 35 | DCR | 设计变更与澄清申请 |
| 36 | DCS | 分散控制系统 |
| 37 | DEC | 超设计基准工况 |
| 38 | DEM | 装料后的运行试验 |
| 39 | DEN | 设计变更通知 |
| 40 | DFEM | 东方电机有限公司，简称东电 |
| 41 | DLM | 设计联络会 |
| 42 | DNMC | 大亚湾核电运营管理有限责任公司 |
| 43 | ECN | EESR 后设计问题处理意见单 |
| 44 | EDF | 法国电力集团 |
| 45 | EDG | 应急柴油发电机 |
| 46 | EESR | 安装竣工状态报告 |
| 47 | ENS | 装料前的预运行试验 |
| 48 | EOMM | 设备运行维修手册 |
| 49 | EOMR | 制造完工报告 |
| 50 | EPC | 工程总承包 |
| 51 | EPR | 欧洲压水堆 |
| 52 | EXW | 工厂交货（指定地点） |
| 53 | FA3 | 弗拉芒维尔核电站 3 号机组 |
| 54 | FAC | 最终验收证书 |
| 55 | FAT | 出厂验收测试 |
| 56 | FCD | 第一罐混凝土 |
| 57 | FCN | 现场变更通知 |
| 58 | FCR | 现场变更申请 |
| 59 | FLG | 装料 |
| 60 | FOAK | 首堆 |
| 61 | FOB | 船上交货（指定转运港） |
| 62 | FPOT | 首台机试验 |

续表

| 序号 | 英文缩写 | 中文全称 |
| --- | --- | --- |
| 63 | FRA | 法马通 |
| 64 | FSAR | 最终安全分析报告 |
| 65 | FSS | 全范围模拟机 |
| 66 | GE-ALSTOM | 通用电气阿尔斯通公司 |
| 67 | HAD | 中国核安全导则 |
| 68 | HAF | 中国核安全法规 |
| 69 | HFT | 热态功能试验（热试） |
| 70 | HKS | 硬接线内核系统/硬核系统 |
| 71 | HVAC | 暖通空调 |
| 72 | I&C | 仪表和控制 |
| 73 | IAEA | 国际原子能机构 |
| 74 | IOER | 核电厂内部事件报告 |
| 75 | JDO | 台山项目核岛联合设计队 |
| 76 | LCO | 运行限制条件 |
| 77 | LOCA | 一回路冷却剂丧失事故 |
| 78 | LOE | 执照运行事件 |
| 79 | LOER | 核电厂运行事件报告 |
| 80 | LOOP | 失去厂外电源 |
| 81 | MCR | 主控制室 |
| 82 | NAR | 采购信息变更单 |
| 83 | NCC | 核回路冲洗 |
| 84 | NCR | 不符合项报告 |
| 85 | NFU | 可使用状态 |
| 86 | NI | 核岛 |
| 87 | NIEP | 核岛设计采购供货合同 |
| 88 | NNSA | 国家核安全局 |
| 89 | NSSS | 核岛主蒸汽供应系统 |
| 90 | OAF | 操纵员辅助功能 |
| 91 | OBE | 运行基准地震 |
| 92 | OIC | 总体仪控 |
| 93 | OL3 | 芬兰奥尔基洛托 3 号机组 |
| 94 | OTS | 运行技术规范 |
| 95 | PAC | 初步（临时）验收证书 |
| 96 | PCM | 项目协调会 |

续表

| 序号 | 英文缩写 | 中文全称 |
|---|---|---|
| 97 | PECFUS | 安装竣工状态报告后的设计变更跟踪单 |
| 98 | PICS | 过程信息和控制系统 |
| 99 | Pn | 反应堆热功率 |
| 100 | PSA | 概率安全评估 |
| 101 | PSAR | 初步安全分析报告 |
| 102 | PWR | 压水反应堆 |
| 103 | QC | 质量控制 |
| 104 | RO | 反应堆操纵员 |
| 105 | RPS | 参考电站 |
| 106 | RPV | 反应堆压力容器 |
| 107 | SAS | 安全自动化系统 |
| 108 | SBO | 全厂断电 |
| 109 | SCP | 系统调试大纲 |
| 110 | SCRO | 华南核与辐射安全监督站 |
| 111 | SDM | 系统设计手册 |
| 112 | SG | 蒸汽发生器 |
| 113 | SICS | 安全信息和控制系统 |
| 114 | SPPA-T2000 | 西门子电站自动化系统 T2000 |
| 115 | SRO | 反应堆高级操纵员 |
| 116 | STA | 安全技术顾问（安全工程师） |
| 117 | TA | 技术支持服务 |
| 118 | TCA | 临时控制变更 |
| 119 | TCR | 试验澄清报告 |
| 120 | TDT | 现场核岛设计团队 |
| 121 | TFR | 采购技术规格书 |
| 122 | TFS | 预培训模拟机 |
| 123 | TG | 汽轮发电机 |
| 124 | TGP | 汽轮发电机组整体采购包 |
| 125 | TOB | 隔离移交 |
| 126 | TOI | 临时运行指令 |
| 127 | TOM | 维修移交 |
| 128 | TOTO | 临时运行移交 |
| 129 | TP | 调试程序 |
| 130 | TR | 试验报告 |

续表

| 序号 | 英文缩写 | 中文全称 |
| --- | --- | --- |
| 131 | TS | 试验负责人 |
| 132 | TXP | 工艺仪控过程控制系统 |
| 133 | TXS | 安全仪控过程控制系统 |
| 134 | UES | 意外事件单 |
| 135 | VO | 变更令 |
| 136 | WANO | 世界核营运者协会 |

附录 E

# 参与丛书编写其他人员名单

（按姓氏拼音排序）

除丛书编写委员会及各卷册编写组人员外，对丛书各卷做出贡献的主要人员名单如下。

| | | | | | | | |
|---|---|---|---|---|---|---|---|
| 蔡　浪 | 曹世华 | 陈领锐 | 陈　宁 | 初晓明 | 樊光荣 | 冯　飞 | 高　建 |
| 龚　蜜 | 纪红卫 | 金劲辉 | 雷亚伟 | 李博明 | 李红波 | 李佳根 | 李　力 |
| 李晓峰 | 李艳东 | 林文沛 | 刘　波 | 刘　纯 | 刘　丰 | 刘广旭 | 刘清亮 |
| 刘　顺 | 鲁　剑 | 罗　意 | 欧　琦 | 潘　凯 | 潘威威 | 彭炳成 | 彭　喆 |
| 任学明 | 邵　宁 | 石胜利 | 孙雪峰 | 孙延旭 | 孙兆文 | 谭远林 | 陶建堂 |
| 王炳宽 | 王　军 | 王小强 | 王志佳 | 向　超 | 谢海峰 | 徐亚男 | 徐浙源 |
| 杨宏飞 | 杨洪振 | 杨　杰 | 杨军利 | 杨明伟 | 应勇锋 | 俞雅静 | 俞忠祥 |
| 袁小宁 | 曾　强 | 曾伟星 | 占孝华 | 张金昕 | 张　燕 | 赵　晶 | 赵　瑞 |
| 赵永春 | 周国强 | | | | | | |